JN297836

肥料の事典

尾和 尚人
木村 眞人
越野 正義
三枝 正彦
但野 利秋
長谷川 功
吉羽 雅昭
［編集］

朝倉書店

序

　世界の人口は着実に増加しており，2005年についに64億人を突破した．人口の増加は必然的に食糧需要の増加をもたらす．他国の食糧需要が増加する状況下では，食糧輸出国から輸入する農産物の価格がわが国で生産される農産物のそれより低いからといって，現在のように自由に輸入することが将来は困難になることが容易に予測される．わが国が積極的に食糧を輸入することによって食糧の国際的価格が上昇し，貧しい国々が購入できる食糧の量が制限されるという問題もあろう．さらに，アフリカ諸国をはじめとする経済的に恵まれない国々においては，不足する食糧を購入する資金がないために，飢餓人口が増加の一途をたどっている．したがって，そのような諸国においては人口増加抑制政策が必要であると同時に，食糧輸出国で過剰に生産される食糧の国際的分配と，食糧輸出国の農民に対する補償方法などの根本的な見直しを必要とする時期が間近に迫っていると考えることができよう．

　一方で，わが国の食飼料の輸入量が極めて多量になったために，食飼料に含まれて輸入される養分元素の量が，わが国の狭い農地面積で受容できる量をはるかに超える量に達した結果，輸入食飼料に含まれる養分元素起源の水質や土壌の劣化が進行しているという問題が顕在化しつつある．以上のような国内外の状況を考えると，わが国の食料自給率の向上が急務であるという結論に達する．

　各種の作物や野菜，牧草，果樹などの農産物生産量の維持，向上のために，肥料の施与が不可欠であることは自明である．それゆえ，肥料の重要性は今後ますます大きくなる．しかし，前述したように，肥料養分の過剰施与が河川水・湖沼水の富栄養化，地下水の水質劣化，土壌の塩基バランスの崩壊，さらには大気汚染などの環境問題を引き起こす一因になっていることから，わが国や欧米諸国では持続性のある農業生産体制の構築が今日的な重要な課題であり，肥料をとりまく状況は大きく変貌している．すなわち，わが国の農業に求められていることは，環境に与える負荷を可能な限り小さくできる栽培方法で，食糧自給率をいかにして上げて行くのかという課題である．このような状況を背景として，肥料および施肥の新たな指針となり得る事典の刊行はきわめて意義あることであると考え，本書の刊行を計画した．

　本書は8章から構成されている．第1章では，施肥に対する考え方の歴史的推移，化学肥料生産の歴史，食糧生産における施肥の役割ならびに環境劣化をもたらさない肥料と施肥法の開発の必要性が論じられ，環境への負荷が少ない肥料の形態と施肥法が提案されている．第2章では，世界的にみた人口増加に伴う食糧生産の増加と肥料消費の歴史的推移を世界全体および大陸別に総括的に論じた上で，各大陸の主要国における人口増加に伴う施肥量と食糧生産量の推移，ならびに，わが国における食糧生産と作物別栽培面積の推移を概説し，各大陸別，主要国別およびわが国における食糧生産の将来展望を行なっている．第3章では，肥料取締法における肥料の定義，普通肥料と特殊肥料，肥料の登録法と検査法，肥料の分析法と鑑定法が述べられ，第4章では，各種の化学肥料と，普通肥料として取り扱われる有機質肥料ならびに汚泥肥料，特殊肥料，緑肥，有機農法で使われる肥料などの有機性肥料について，それらの特性を詳細に解説し，第5章では，動物系資材，鉱物

系資材，合成資材からなる土壌改良資材を，地力増進法で指定されている資材と指定されていない資材に別けてわかりやすく解説し，さらに微生物資材についても解説している．第6章では，施肥法の基礎理論を解説した上で，土壌診断および植物の栄養診断に基づく施肥法と，水稲や各種畑作物，野菜類，果樹類，茶樹，飼料作物および花き類の施肥法ならびに養液栽培と養液土耕栽培における養分供給法を詳細に記載している．第7章では，第6章で対象とした各種作物や果樹類，茶，花き類に対する施肥と品質との関係を論じており，第8章では，施肥による地域環境と地球環境の汚染およびその制御法，ならびに，砂漠化地域の土壌，酸性硫酸塩土壌，塩類土壌や熱帯地域の低位生産土壌などの不良土壌の緑化における施肥法が解説されている．

わが国における各種の農産物の生産や品質向上ならびに持続的農業の推進に携わっておられる方々はもちろんのこと，これらの分野の教育者や勉学中の学生諸君，有機質・無機質を問わず新肥料の開発を志す方々，途上国の食糧問題のために尽力したいと志す方々，肥料起源の環境問題に関心のある方々，有機農業を志す方々におかれてはこの書を熟読して参考にしていただくならば，それにまさる喜びはないと考えるものである．

この書を出版するために50名におよぶ肥料学，植物栄養学，土壌学の専門家に多大なるご尽力をいただいた．ここに心からなる感謝の意を表する次第である．最後に，本書の編集から完成までの全期間にわたって校正を始めとする実務に携わっていただいた朝倉書店編集部に深甚なる謝意を表する．

2005年12月

編　者

■ **編集委員**（五十音順，*は委員長）

尾和　尚人　新潟大学農学部応用生物化学科　教授
木村　眞人　名古屋大学大学院生命農学研究科　教授
越野　正義　前農業環境技術研究所　部長
三枝　正彦　東北大学大学院農学研究科　教授
*但野　利秋　東京農業大学応用生物科学部生物応用化学科　教授
長谷川　功　日本大学生物資源科学部農芸化学科　教授
吉羽　雅昭　東京農業大学応用生物科学部生物応用化学科　教授

■ **執筆者**（執筆順）

三枝　正彦　東北大学	関矢信一郎　(財)北農会
但野　利秋　東京農業大学	西宗　昭　ホクレン
越野　正義　前農業環境技術研究所	高橋　正輝　前長野県野菜花き試験場
長谷川　功　日本大学	上原　洋一　野菜茶業研究所
新町　文絵　日本大学	加藤　俊博　愛知県農業総合試験場
野口　章　日本大学	中林　和重　明治大学
大坪　政廣　前三井化学	畠中　哲哉　畜産草地研究所
直川　拓司　電気化学工業(株)	梅宮　善章　果樹研究所
秋山　堯　東京家政大学	高辻　豊二　果樹研究所
羽生　友治　JA全農	駒村　研三　東北農業研究センター
小林　新　JA全農	野中　邦彦　野菜茶業研究所
関本　均　宇都宮大学	稲津　脩　前北海道立中央農業試験場
加藤　直人　東北農業研究センター	中津　智史　北海道立十勝農業試験場
吉羽　雅昭　東京農業大学	加藤　淳　北海道立十勝農業試験場
後藤　茂子　東京大学	谷口　健雄　前北海道立中央農業試験場
樋口　太重　JA全農	上村　幸廣　鹿児島県農業試験場
藤原俊六郎　神奈川県農業技術センター	井村　悦夫　日本甜菜製糖(株)
吉野　昭夫　(財)北農会	久場　峯子　沖縄県農業試験場
杉原　進　(財)日本肥糧検定協会	目黒　孝司　北海道立中央農業試験場
加藤　哲郎　東京都農林総合研究センター	原田久富美　秋田県農業試験場
尾和　尚人　新潟大学	齊藤　寛　弘前大学
安西　徹郎　千葉県農業総合研究センター	上沢　正志　農業環境技術研究所
建部　雅子　北海道農業研究センター	八木　一行　農業環境技術研究所
鳥山　和伸　国際農林水産業研究センター	岡崎　正規　東京農工大学

目　　次

1.　食糧生産と施肥

1.1　施肥に対する考え方の歴史的推移 …………………………………………………1
 1.1.1　ヨーロッパ地域 ………………………………………………(三枝正彦)…1
 1.1.2　アジア地域 …………………………………………………(但野利秋)…6
1.2　化学肥料の歴史 …………………………………………………(越野正義)…8
 1.2.1　販売肥料の始まり ……………………………………………………8
 1.2.2　化学肥料の出現 ………………………………………………………8
 1.2.3　日本における肥料の始まり …………………………………………10
 1.2.4　カリ鉱石の発見とカリ肥料工業 ……………………………………11
 1.2.5　窒素肥料工業の始まり ………………………………………………11
 1.2.6　日本における窒素肥料 ………………………………………………13
 1.2.7　日本におけるカリ肥料 ………………………………………………13
 1.2.8　化成肥料の始まり ……………………………………………………13
 1.2.9　新しい肥料の開発 ……………………………………………………14
1.3　食糧生産における施肥の役割 …………………………………(三枝正彦)…14
 1.3.1　今後の食糧生産 ………………………………………………………14
 1.3.2　植物生育と肥料 ………………………………………………………15
 1.3.3　化学肥料と有機肥料 …………………………………………………16
 1.3.4　化学肥料と有機肥料の併用効果 ……………………………………16
 1.3.5　最大効率最少汚染農業と生物多様性 ………………………………17
1.4　環境劣化をもたらさない肥料と施肥法の開発の必要性 ………(三枝正彦)…17
 1.4.1　環境条件と施肥利用効率 ……………………………………………17
 1.4.2　環境に優しい施肥形態と施肥法 ……………………………………18

2.　肥料需要の歴史的推移と将来展望

2.1　世界的にみた人口増加に伴う食糧生産の増加と肥料消費の推移 …(但野利秋)…23
 2.1.1　世界全体としての推移 ………………………………………………23
 2.1.2　大陸別の推移 …………………………………………………………25
2.2　各大陸の主要国における人口増加に伴う施肥量と食糧生産の推移 …(但野利秋)…28
 2.2.1　ヨーロッパ諸国における施肥量と食糧生産の推移 ………………28

2.2.2　北米諸国における施肥量と食糧生産の推移 ……………………………31
2.2.3　南米諸国における施肥量と食糧生産の推移 ……………………………33
2.2.4　アジア諸国における施肥量と食糧生産の推移 …………………………35
2.2.5　アフリカ諸国における施肥量と食糧生産の推移 ………………………38
2.2.6　オセアニア諸国における施肥量と食糧生産の推移 ……………………40
2.3　わが国における食糧生産と肥料需要の推移 …………………（但野利秋）…41
2.3.1　人口の推移 …………………………………………………………………41
2.3.2　全耕地面積および作物別栽培面積の推移 ………………………………42
2.3.3　化学肥料の総消費量および単位耕地面積当たり施肥量の推移 ………42
2.3.4　作物別にみた単位耕地面積当たり収量の推移 …………………………43
2.4　将来展望 ………………………………………………………（但野利秋）…44
2.4.1　世界全体としての人口増加予測 …………………………………………44
2.4.2　世界全体としての1人当たり平均穀物生産量の推移 …………………44
2.4.3　大陸別にみた1人当たり平均穀物生産量の推移 ………………………45
2.4.4　アジアとアフリカの主要国における1人当たり平均穀物生産量の推移 ……45
2.4.5　わが国における食糧生産の問題点 ………………………………………47

3.　肥料の定義と分類

3.1　植物の必須要素とその役割 …………………………………（長谷川功）…48
3.2　肥料取締法と肥料の定義 ……………………………………（長谷川功）…49
3.3　普通肥料と特殊肥料 …………………………………………（新町文絵）…50
3.4　肥料の成分 ……………………………………………………（野口　章）…53
3.5　肥料の登録と検査 ……………………………………………（長谷川功）…57
3.6　肥料の包装容器 ………………………………………………（長谷川功）…58
3.7　肥料分析法と鑑定法 …………………………………………（野口　章）…61
3.8　肥料の分類 ……………………………………………………（新町文絵）…67

4.　肥料の分類と性質

4.1　化学肥料 …………………………………………………………………………73
4.1.1　窒素肥料 ……………………………………………………………………73
　　a．窒素肥料の原料 ……………………………………………（越野正義）…73
　　b．窒素肥料の製造とエネルギー ……………………………（越野正義）…76
　　c．窒素質肥料各論 ………………………（大坪政廣・越野正義・直川拓司）…78
4.1.2　リン酸質肥料 ………………………………………………（秋山　堯）…89
4.1.3　カリ質肥料 …………………………………………………（羽生友治）…108

4.1.4　複合肥料 ………………………………………………………(羽生友治)…118
　4.1.5　肥効調節型肥料 …………………………………………………………134
　　a.　緩効性窒素肥料 ………………………………………………(越野正義)…134
　　b.　被覆材料 ………………………………………………………(小林　新)…140
　　c.　肥料窒素の化学形態変化制御剤とそれを利用した肥料 ………(関本　均)…146
　4.1.6　石灰質肥料 …………………………………………………(越野正義)…148
　4.1.7　マグネシウム質肥料（苦土質肥料）………………………(越野正義)…149
　4.1.8　ケイ酸質肥料 ………………………………………………(加藤直人)…150
　4.1.9　マンガン質肥料 ……………………………………………(越野正義)…154
　4.1.10　ホウ素質肥料 ………………………………………………(越野正義)…154
　4.1.11　微量要素複合肥料 …………………………………………(越野正義)…155
　4.1.12　農薬その他の物が混入される肥料 ………………………(越野正義)…157
　4.1.13　硫黄およびその化合物 ……………………………………(越野正義)…157
4.2　有機性肥料 …………………………………………………………………157
　4.2.1　普通肥料となる有機質肥料 …………………………………(吉羽雅昭)…158
　4.2.2　汚泥肥料など ………………………………………………(後藤茂子)…164
　4.2.3　特殊肥料 ……………………………………………………………170
　　a.　動物質の特殊肥料 ……………………………………………(樋口太重)…170
　　b.　植物質の特殊肥料 ……………………………………………(樋口太重)…172
　　c.　堆　肥 …………………………………………………………(藤原俊六郎)…173
　　d.　その他の特殊肥料 ……………………………………………(樋口太重)…180
　4.2.4　緑　肥 ………………………………………………………(吉野昭夫)…182
　4.2.5　有機農法で使われる肥料 ……………………………………(吉野昭夫)…184
　4.2.6　有機資材の窒素無機化シミュレーション …………………(杉原　進)…187

5.　土壌改良資材

5.1　土壌改良資材の定義 ……………………………………………(吉羽雅昭)…191
5.2　地力増進法で指定する土壌改良資材 ……………………………(吉羽雅昭)…192
　5.2.1　動植物系資材 …………………………………………………………192
　5.2.2　鉱物質資材 ……………………………………………………………195
　5.2.3　合成資材 ………………………………………………………………196
5.3　地力増進法で指定されていない土壌改良資材 …………………(加藤哲郎)…197
　5.3.1　動植物系資材 …………………………………………………………197
　5.3.2　鉱物系資材 ……………………………………………………………201
　5.3.3　合成資材 ………………………………………………………………203
　5.3.4　その他の微生物資材 …………………………………………………204

6. 施肥法

- 6.1 施肥法の基礎 ……………………………………………………（尾和尚人）…207
  - 6.1.1 最小養分律と収穫漸減の法則 …………………………………………207
  - 6.1.2 養分の天然供給 ……………………………………………………………208
  - 6.1.3 肥料養分の吸収利用率 ……………………………………………………209
  - 6.1.4 養分の生産能率，部分生産能率 …………………………………………210
  - 6.1.5 施肥位置と肥効 ……………………………………………………………211
  - 6.1.6 施肥時期と肥効 ……………………………………………………………211
  - 6.1.7 施肥量の決定 ………………………………………………………………212
- 6.2 診断技術と施肥法 ……………………………………………………………213
  - 6.2.1 土壌診断とそれに基づく施肥法 ……………………………（安西徹郎）…213
  - 6.2.2 植物栄養診断技術とそれに基づく施肥法 …………………（建部雅子）…218
  - 6.2.3 DRIS（診断・施肥勧告総合化システム）……………………（越野正義）…221
- 6.3 作物と施肥 ……………………………………………………………………222
  - 6.3.1 水稲の施肥 ………………………………………（鳥山和伸・関矢信一郎）…222
  - 6.3.2 畑作物の施肥 …………………………………………………（西宗　昭）…230
  - 6.3.3 露地栽培野菜の施肥 …………………………………………（高橋正輝）…241
  - 6.3.4 施設栽培野菜の施肥 …………………………………………（上原洋一）…248
  - 6.3.5 露地栽培花きの施肥 …………………………………………（高橋正輝）…256
  - 6.3.6 施設栽培花きの施肥 …………………………………………（加藤俊博）…261
  - 6.3.7 養液栽培の施肥 ………………………………………………（中林和重）…270
  - 6.3.8 養液土耕栽培の施肥 …………………………………………（加藤俊博）…277
  - 6.3.9 飼料作物の施肥 ………………………………………………（畠中哲哉）…288
  - 6.3.10 果樹の施肥 …………………………………………………………………297
    - a. 各種果樹類の栄養特性 ………………………………………（梅宮善章）…297
    - b. カンキツ類の施肥 ……………………………………………（高辻豊二）…299
    - c. リンゴの施肥 …………………………………………………（駒村研三）…301
    - d. ブドウの施肥 …………………………………………………（梅宮善章）…303
    - e. ナシの施肥 ……………………………………………………（梅宮善章）…304
    - f. その他の果樹 …………………………………………………（梅宮善章）…305
  - 6.3.11 茶樹の施肥 ……………………………………………………（野中邦彦）…307
- 6.4 日本の伝統的な施肥用語 ………………………………………（尾和尚人）…311

7. 施肥と作物の品質

- 7.1 コメ ……………………………………………………………………（稲津　脩）…312

7.2 畑作物 ··· 315
7.2.1 ムギ類 ·· (中津智史)··· 315
7.2.2 マメ類 ·· (加藤　淳)··· 317
7.2.3 イモ類 ··· 319
　　a. バレイショ ·· (谷口健雄)··· 319
　　b. サツマイモ ·· (上村幸廣)··· 320
7.2.4 テンサイ ·· (井村悦夫)··· 321
7.2.5 サトウキビ ·· (久場峯子)··· 323
7.3 野菜類 ··· (目黒孝司)··· 326
7.3.1 野菜の品質構成要素と品質変動要因 ··· 326
7.3.2 葉菜類 ··· 328
7.3.3 果菜類 ··· 331
7.3.4 根菜類 ··· 331
7.4 飼料作物 ·· (原田久富美)··· 332
7.4.1 牧草 ·· 334
7.4.2 トウモロコシ ·· 335
7.4.3 ソルガムおよび暖地型イネ科牧草 ··· 335
7.4.4 イタリアンライグラスとムギ類 ·· 336
7.5 果樹類 ··· 337
7.5.1 落葉果樹 ·· (齊藤　寛)··· 337
7.5.2 カンキツ類 ·· (高辻豊二)··· 339
7.6 チャ（茶） ·· (野中邦彦)··· 341
7.7 花き類 ··· (加藤俊博)··· 342

8. 施肥と環境

8.1 地域環境の汚染 ·· (上沢正志)··· 349
8.1.1 地下水硝酸汚染とその影響 ··· 351
8.1.2 河川，湖沼，近海の富栄養化とその影響 ·· 353
8.1.3 地域環境の汚染制御法 ··· 355
8.2 地球環境の汚染 ··· 358
8.2.1 温室効果ガスの発生とその評価 ··· (八木一行)··· 358
8.2.2 酸性雨原因ガスの発生とその評価 ·· (岡崎正規)··· 366
8.2.3 施肥と関連した地球環境の汚染制御法 ·· (岡崎正規)··· 369
8.3 不良土壌における緑化と施肥 ··· (岡崎正規)··· 370
8.3.1 砂漠の緑化と施肥 ··· 370
8.3.2 酸性硫酸塩土壌における緑化と施肥 ··· 371

8.3.3　塩類土壌における緑化と施肥……………………………………………373
　　8.3.4　熱帯地域の低生産性土壌における緑化と施肥……………………………376

索　引……………………………………………………………………………………379

1. 食糧生産と施肥

1.1 施肥に対する考え方の歴史的推移

1.1.1 ヨーロッパ地域

a. 植物の栄養源に関する考え方

1 mg にも満たない雑草種子がどのようにして，数 m にも数 kg にもたくましく成長するのであろうか．たった1粒の穀物種子からどのようにして数百〜数千の種子が生産されるのであろうか．植物は何を食物（栄養源）にして成長するかについては古くから多くの人々が関心をもってきた課題である．そこで植物の栄養源に関する考え方についてこれまでの総説を参考に以下に述べることにする（表 1.1 参照）．

古くはアリストテレス（Aristoteles；384-322 B.C.）によって，植物の食物は植物体を構成する成分そのものであり，それらは土壌中に存在して

表 1.1 植物の栄養源に対する考え方の推移

科学者	植物の栄養源に対する考え方
Aristoteles（384-322 B.C.）	植物体栄養源説
Palissy	残さや焼却塩類の肥効を発見（1563）
Van Helmont（1577-1644）	水が栄養源説
Boyle（1627-1691）	水が栄養源説を支持
Glauber（1604-1668）	硝石栄養源説
Mayow（1643-1679）	硝石栄養源説を支持
Woodward（1665-1728）	土壌栄養源説
Boerhaave（1668-1738）	土壌汁液栄養源説
Tull（1674-1740）	土壌細粒子栄養源説（この他に硝石，火，空気，水）
Home（1713-1813）	空気，水，土壌，塩類，火，油栄養源説
Wallerius（1709-1785）	腐植栄養源説
Ingen-House	光合成に関する先駆的発見（1779）
Senebier	重量増加は空気の固定（1782）
de Saussure（1765-1845）	炭酸ガスの同化を発見
Kirwin（1796）	腐植栄養源説支持
Thaer（1752-1828）	腐植栄養源説支持，「合理的農業原理」(1809-1812) 刊行
Senebier	無機養分が有効（1782）
de Saussure（1765-1845）	無機養分が有効
Davy（1778-1829）	腐植栄養源説支持
Berzelius（1838）	腐植栄養源説支持
Boussingault（1802-1887）	無機養分のみで生育（無機養分説）
Sprengel（1787-1859）	無機養分説，最少養分律
Liebig（1803-1873）	無機養分説，最少養分律
Lowes（1814-1900）	無機養分説，硝酸とアンモニアを利用
Gilbert（1827-1901）	無機養分説，硝酸とアンモニアを利用
Hellriegel（1831-1907）	根粒菌の窒素固定発見
Wilfarth（1853-1904）	根粒菌の窒素固定発見
Way	土壌の塩基置換能の発見（1850）
Knop（1817-1891）	水耕法確立，三要素（N, P, K）が重要
Howard（1873-1947）	「農業聖典」，「ハワードの有機農業」有機農業の基礎

いるとする考え方が提唱された．しかしながら実際に実験的にこのような問題に取り組んだのは16世紀以降である．

パリシー（Palissy）は1563年の著名な発表の中で糞や収穫残さを土壌に返すことは土から取り去られたものを土に返すことになり，麦わらを焼くと畑から取り去られた塩類が残り，それを土壌へ戻すと肥料として役立つことを述べている（Wild, 1988）[8]．

その後，ヘルモント（van Helmont）は水が唯一の植物の栄養分であるとする考えを提示した．彼は植木鉢に入れた乾燥土に雨水あるいは蒸留水のみを灌水し，5年間柳の栽培試験を行った．栽培終了後，土壌と植物体を測定したところ，土壌重量はわずか2ポンド減少したが，柳は164ポンドの重量増加があったことから水が唯一の植物養分であるとした．ボイル（Boyle）はかぼちゃの仲間のスカッシュでこの考え方を支持した．しかしながら，ヘルモントの柳のポット試験における重量増加が水によるのではなく，光合成によることが明らかになったのは18世紀になってからである．インヘンホウス（Ingen-Housz）は植物が光の存在下で大気中に放出するガスが動物と異なるとする光合成に関する先駆的発見をした．その後，セネビエ（Senebier；1782）は同様な結論を得，また空気の植物生育に及ぼす影響を調べ，ヘルモントの柳のポット試験における重量増加は空気の固定によるものとした．さらにソシュール（de Saussure）は炭酸ガスと空気の一定濃度の気体中で植物を栽培し，気体分析によりその変化を測定し，植物が空気中の炭酸ガスの同化を行うことをはじめて明らかにした．

一方，グラウバー（Glauber）は動物の排泄物からつくられる硝石が植物の栄養源であり，土壌に施用すると増収することを認め，メーヨー（Mayow）は栽培期間中の土壌中における硝石の消長からこの考え方を支持した．

その後，ウッドワード（Woodward）はヘルモントやボイルの水栄養説を受けて，雨水や河川水など起源を異にする各種の水を用いてオランダハッカの精密栽培を行った．その結果，ハッカの成長は清水より濁水の方が優ることより，土に関係する物質が植物の栄養として重要であるとした．また同じ頃，ブールハーフェ（Boerhaave）は，植物が土壌汁液を吸収し食物とすると考えた．

これに対してタル（Tull）は植物の養分となるのは土壌汁液ではなく土壌細粒子であり，この他に硝石，火，空気，水が成長に関係するとした．またホーム（Home）はポット栽培試験で，空気と水，土壌，種々の塩類（硝石や潟利塩，硫酸カリなど）火，油の6種が植物の食物として基本的に重要と考えた．

植物の生育にとって土壌の腐植が重要であるとする考え方は先述のアリストテレスの先駆的考え方にも見られるが，本格的な主張は17世紀に入ってから行われ，ワレリウス（Wallerius）は腐植説の創始者として最も有名である．その後，カーウィン（Kirwin），テール（Thaer），デーヴィ（Davy），ベルセリウス（Berzelius）などが腐植説を継承した．中でも大変著名な農学者であったテールは，植物は炭素やその他の栄養素を土壌中の腐植からとっており，当時すでに肥効の認められていた石灰，石膏，硝石などの無機物質は，腐植の分解を速めたりする副次的役割をもつに過ぎないと無視し，「腐植説」をその4巻の著書「合理的農業原理」（1809-1812）の中で提唱した．この腐植説は1844年に英訳され，リービヒが無機栄養説を発表した1840年を含む土壌学や植物栄養学の歴史上，The Modern Period（1800-1860）と呼ばれる時代においても強い影響力を示した．

植物の生育に無機塩類が重要であることはタル，ホーム，セネビエ，ソシュールなどによっても早くから指摘されていた．しかしながら，植物が無機養分のみで生育可能であることはブサンゴー（Boussingault）の圃場試験やシュプレンゲル（Sprengel）の植物体分析結果からはじめて明らかにされた．シュプレンゲルは多くの植物体の灰分組成を詳細に検討し，灰分中の15の元素（C, H, O, N, S, P, Cl, K, Na, Ca, Mg, Si, Fe, Mn）が植物の生育に不可欠なもので，このうち空気から供給されるC, H, O以外は土から供給されるとした．またF, I, Br, Li, Cuの5元素は微量であっても植物の生育に必要な可能性があるとしている（その後現在までに高等植物の必須元素としては

C, H, O, N, P, K, Ca, Mg, S, Fe, Mn, B, Cu, Zn, Mo, Cl, Ni の17元素が明らかにされている）．シュプレンゲルはさらにこれら元素の1つが欠けると他の元素がどんなにあっても植物の生育は阻害されることをはじめて明らかにしており，リービヒ（Liebig；1803–1873）の最小養分律に対する理論的展開の先駆者でもあった．

　植物が土壌中の無機栄養分を吸収して育つことが広く知られるようになったのはリービヒが英国において講演し，その後「農芸化学および生理学における化学の応用」と題された著書が1840年に刊行されてからである．リービヒは実践的農業者でも土壌肥料研究者でもなかったが，約100人の人々の200編もの論文や本を参考にして，それまでの主流であった腐植説を完全に否定し，新しい無機養分説を提唱した．すなわち，植物は空中から炭素を，土から無機養分を得ているので土壌肥沃度の維持には無機成分と窒素の還元が必要であること，作物収量は肥料として与えられた無機物質の増減に比例することをのべている．また最小養分律の考え方を示し，①1つの必須成分が不足あるいは欠如すると，他のすべてのものがあっても，その1つの成分を不可欠とする作物にとってその土壌は不毛となる，②植物生育に必要な環境条件が同じであれば，収量は堆・きゅう肥に加えられた無機成分量に直線的である，③無機成分が豊富な土壌では同じ無機成分を増施しても作物収量は向上しないことの3点を述べている．

　このようにリービヒの「無機栄養説」と「最小養分律」はシュプレンゲルのそれと，内容がほとんど同じであったのに，なぜリービヒは社会的に認められ，シュプレンゲルは認められなかったのであろうか．その理由としては，シュプレンゲルは腐植説の大御所テールの弟子であり，また極めて地方分権的な構成をとっていたドイツ農業について書いたため，ドイツ農業会全体の考え方を変えるには力不足であったためと推測されている．これに対して，リービヒが最小養分律の考え方を主張したのは30歳と若かったが，彼はすでに世界的な化学者でかつまたギーセン大学の教授であり，その著書はイギリス科学振興協会の依頼講演に基づくものであった．また旧世界も新世界も土壌生産力が疲弊し，その上，人口増加が著しく，飢饉の恐れがあったというタイミングの良さや，彼の著書が論争的，挑発的で多くの人の関心を集めたこと，さらには彼の有名さに加え，情熱的，論争的な話しぶりなどによって，植物の無機栄養説や最小養分律が広く受け入れられたものと考えられている．その後リービヒの無機栄養説や最小養分律に関する著書は，ドイツ，英国，米国，ロシア，オランダなど多くの国で出版され，またリービヒ理論はフェスカ（Fesca）によって我が国にも広く普及した．

　リービヒは植物養分としての腐植説を完全に否定し，無機栄養説と基本法則である最小養分律を通して施肥の重要性を提唱し，植物栄養学と農業の発展に大きく貢献した．しかしながら，リービヒはこれらの過程でいくつかの誤りも犯した．その1つはまだマメ科植物の窒素固定能が未発見であり，植物は窒素を空気中からアンモニアで吸収するとしたことである．このことは英国ローザムステッド農業試験場を創設し，長期施肥試験を行ったローズ（Lowes），ギルバート（Gilbert）らの実験によって訂正された．またその後，マメ科植物は根粒に共生する根粒菌によって，空気中から窒素を固定することがヘルリーゲル（Hellriegel）とウィルファース（Wilfarth）によって証明された．

　リービヒはカリウムやリン酸肥料の開発にあたり，降雨による溶脱を防ぐために，水溶性ではなく，不溶性のリン酸カリウムを開発した．しかしながら，前述のローズとギルバートは水溶性のリン酸肥料の方が，作物により有効であることを認め，水溶性の過リン酸石灰を1843年に製造，普及させた．その後，無機養分が水溶性成分でも降雨で容易に流亡しないことが，ウェー（Way）の土壌の塩基置換能の発見で明らかとなった．さらに，リービヒは植物はアンモニア態を利用するが硝酸態は利用しないと考えていたが，ウェー（1856）によって，硫安が土壌中で硝酸態に変化し，植物は硝酸態窒素も利用できることが明らかにされた．

　リービヒはまた植物は不溶性の成分を土壌から接触によって吸収し，水溶性成分をそのまま土壌

中から吸えないと考えていた．しかし，クノップ(Knop)は水耕法の基盤を確立し，土壌がなくても植物は十分に養分を吸収し成長できることを明らかにし，また窒素，リン酸，カリウムがとくに重要と考え肥料の三要素と呼んだ．

リービヒは無機塩だけが植物の養分であり，化学肥料で堆肥の肥効も代替できることを強調した．そして，当時の人口増とそれに見合う食糧生産が計画されたが，土壌生産力が著しく低下していたため，化学肥料の施用は穀物収量の向上に極めて有効であった．

一方，1896年の大英学術協会でウィリアム・クルーク卿は拡張可能な農地は限界に近づいており，人口増加に対応する食糧確保には窒素肥料の増施で小麦の増産を行う以外ないことを指摘した．そして放電で大気中から硝酸肥料を作る技術開発を提案した．その後，1913年にはドイツのボッシュがハーバーの理論を技術化し，ハーバー・ボッシュ法という大気中の窒素ガスと水素ガスを反応させ，アンモニアを合成する方法の開発に成功し，窒素肥料が急激に普及した．その結果，画期的に穀物の増収が可能となり，予想された食料危機は回避されたが，化学肥料中心の地力収奪型農業が展開されるようになった．

このような英国を中心とした化学肥料増施による地力収奪型農業に対し，アルバート・ハワード卿（1873-1947）は「農業聖典」，「ハワードの有機農業」を著し，厳しく糾弾した[5]．ハワード卿は堆肥の製造を軸にインドで地力再生型農業技術を開発し，現在の有機農業の基礎を築いた．

第二次大戦後も経済性を追及するあまり，欧州各地において化学肥料を多投する地力収奪型農業が展開され，先進国における穀物の生産過剰と硝酸態窒素による地下水汚染や亜酸化窒素による大気汚染が明らかになった．その結果，化学肥料の大量施用が社会問題となり，欧米では有機農業や代替農業，低投入持続型農業が提唱され，また生物性有機廃棄物の大量発生もあって，循環型農業，有機農業が緊急の課題となっている．

ところでリービヒはテールの腐植質説を真っ向から否定し，有名な無機栄養説を主張したため，またリービヒ理論はあまりにも強烈かつ理解しやすく，いち早く普及したため，彼が腐植無用論者であるかのごとく誤解されている．しかし彼の最小養分律における説明の1つである「植物生育に必要な環境条件が同じであれば，収量は堆・きゅう肥に加えられた無機成分量に直線的である」やリービヒが物質循環の観点から人糞中心の日本農業を完璧と評価した点などを考えると，リービヒは植物の直接的な食物としての腐植説は否定したが，無機養分の源であり土壌の化学性，物理性，生物性の改善に大きく貢献する腐植の役割は十分理解していたと思われる．

生物性有機廃棄物にあふれ，環境保全型循環型農業と農家経営の持続性が要求される現在，真のリービヒ理論を理解し，堆・きゅう肥とそれを補完する化学肥料の併用によって，環境と調和する高品質，多収栽培技術を開発することが近未来に予測される食料危機の克服に重要と思われる．

b. 施肥に対する考え方

The Modern Period にシュプレンゲルやリービヒらによって植物の無機養分説と最小養分律が明らかにされた．そのことによって初めて土壌に不足する養分を肥料として補うという施肥の考え方が確立した．ここでは施肥と植物の生育についての考え方の推移を述べることにする．

農耕地における作物の生育は，作物の養分の必要量に対して最も供給量が少ない養分（最小養分）に支配されるというこの原理は一般にリービヒの最小養分律と呼ばれるが，この原理の発見と一般への普及には以下のような経緯があり，呼び名の見直しが提案されている[7]．

1828年，シュプレンゲルは「作土と下層土の養分について」という論文の中で，「作物が生育するには12の養分が不可欠であり，これらの養分の1つでも欠けると作物は生育せず，また存在しても作物が生育に必要とする量より少ない時は常に貧弱な生育をする」という最小養分律の基本原理を初めて明らかにした．一方，リービヒは英国科学振興協会で行った1837年の講演を基にして1840年に出版した「農芸化学および生理学における化学」の中で，最小養分律を意味する考え方である「1つの必須成分が不足あるいは欠如すると，他

のすべてのものがあっても，その1つの成分を不可欠とする作物にとってその土壌は不毛となる．また植物生育に必要な環境条件が同じであれば，収量は堆・きゅう肥に加えられた無機成分量に直線的である」とする考え方を述べたが，シュプレンゲルの発表後30年余を経た1862年までは最小養分律を明確には公式化しなかった．このような経緯で誕生した最小養分律に対して，ドイツ農業試験研究所協会（VDLUFA）は生みの親であるシュプレンゲルのオリジナリティとその普及の親であるリービヒの貢献を讃え，1955年にシュプレンゲル−リービヒ賞を創設した．そしてそれ以来ドイツではこの最小養分律をシュプレンゲル−リービヒの最小養分律（Sprengel−Liebig Law of the Minimum）と呼び，世界的にもこのことを認めるように提案している[7]．

作物の生育に関与する因子は養分のほか，温度，空気，水分，光，炭酸ガス，病害，作物の遺伝子的特性，土壌の物理性などがある．ウォルニー（Wollny）はこれら作物の生育に関与するすべての因子に最小養分律の考え方を拡大し「作物の生育に必要な因子のうち1つでも不足するものがあれば，他の因子がいくら十分であっても作物の生育，収量はその不足する因子によって支配され，他の因子が増えても生育，収量は増大しない」とし，これを最小律と呼ぶことにした．この場合最も供給割合が少ない因子を制限因子といい，最小律によれば制限因子を増加させれば，作物の生育，収量はそれに応じて増加する．そしてその因子が充分供給されると，今度は別の因子が制限因子となり，生育，収量が頭打ちになるが，この因子を増やせば再び生育，収量が改善される．すなわち制限因子は次第に交代していく．しかしながら，施肥と作物の生育，収量との関係は，実際には最小律ですべてが決まるほど単純ではない．たとえば，窒素が制限因子で，ついでリン酸が制限因子の場合，最小律が厳密に成立するとすれば，窒素施用量とリン酸施用量と収量の関係は窒素とリン酸が交互に制限因子となってそれぞれを増やすことによって漸次，収量が直線的に増加するはずである．しかしながら，実際には窒素の増施による収量の増大はリン酸の施用量が少ないときは小さいが，窒素の施用量を増やすとリン酸の増施による増収効果は著しく大きくなる．すなわち，制限因子として複数の因子が働くことが予想される場合は，それらを同時に増やした方が制限因子を単独に増やすより増収効果が大きい場合が多い．最小律は制限要因と収量の厳密な関係を知るというより，圃場における作物生育制限因子が何であるかを知ることであり，栽培管理上極めて重要である．

一方，作物の生育が制限されるのは生育因子が不足する場合だけではなく，多くの適量を超えると，やがて過剰となり再び作物の生育制限因子となる．そこで，作物の生育に必要な因子のうち，過剰に存在すると生育，収量を制限する因子が存在すれば，他の因子がいくら適量であっても作物の生育，収量はその過剰となる因子によって支配されることになり，これを最大律と呼ぶことがある．

ドベネック（Dobenek）は作物の生長量，収量を樽の中の水量に，樽の側板を作物の生育に関与する諸因子として見立て，水の漏れ出している側板を制限（最小）因子とした．そして他の側板がどんなに長くても，樽に入る水の量（作物の生長量，収量）は最も短い側板である最小因子によって決まることをわかりやすく説明した．これをドベネック要素樽あるいは最小樽と呼ぶ．

最小律が厳密に成り立てば，窒素が制限因子になっている場合は，窒素を増施すると収量は直線的に増大し，窒素が制限因子でなくなると収量は一定になるはずである．しかし実際には窒素の施用量と作物の生育，収量は曲線関係で表される場合が多い．

ミッチェルリヒ（Mitscherlich；1909）はエンバクに対するリン酸石灰の施用量試験を行い，リン酸施用量とエンバク収量は対数曲線的関係にあることを明らかにし，次のように数式化した．

$$dy/dx = (A-y)k，\text{あるいは}\quad y = A(1-e^{-kx})$$

y：ある施肥量の時の収量，x：施肥量，
A：最高収量，k：定数

この式は「ある養分を単位量（dx）増加した場合の収量の増大（dy）は，養分が十分な時の最高収量（A）とある施用量（x）での収量（y）の差に

比例する」ことを意味している．すなわち施用量が少ないと得られる収量が少ないので最高収量との差（$A-y$）が大きくなるため，収量増大効果（dy/dx）が大きい．これを逆に言うと，施肥量を増やすと単位施肥量当たりの増収分（増収効果）が少なくなる．すなわち，「ある養分の増収効果は，施用量が小さいときほど大きく，施用量が増加するにつれて増収効果は小さくなる」ことを収穫漸減あるいは報酬漸減の法則という．

この施肥量と作物収量の関係を示したミッチェルリヒの報酬漸減の法則は，本来投資効率に関する経済法則の1つと類似した現象であることから名づけられたものである．すなわち，肥料を増施すると収量は増加するが次第に収量の増加割合が低下し，やがて収益増が肥料代に見合わなくなる．したがって，最高収量を得るための施肥量は必ずしも最大収益を得るための施肥量ではなく，一般的には最大収益を上げるための最適施肥量は，最高収量を得るための最適施肥量より低い値である．

第二次大戦後，ウィリアムス（Williams；1949）は農業の全因子の非代替性（必須性）と共に「同意義性」という基本法則を主張し，他の因子との相互作用を考えないで一因子のみの変化を捉えたミッチェルリヒの報酬漸減の法則を否定した[2]．すなわち，作物の生育に必要なすべての因子を常に満足させられれば収量は漸減することなく増大すると主張した．

ウィリアムスはまたリービヒの最小養分律も同様な理由で否定したが，最小養分律はそれぞれの因子の相互作用を加えれば，現在にも通じる基本法則と評価されている[2]．　　　　〔三枝正彦〕

文　献

1) Bould C.：Plant Physiology（ed Steward F.C.），pp. 16-22, Academic Press（1963）
2) 熊沢喜久雄：リービッヒと日本の農業，肥料科学，第1号，pp. 40-76, 肥料科学研究所（1978）
3) 熊沢喜久雄：植物栄養土壌肥料大事典，pp. 3-6, 養賢堂（1987）
4) 熊沢喜久雄：体系農業百科事典 I, pp. 277-279, 農政調査委員会（1966）
5) 西尾道徳：有機栽培の基礎知識，pp. 51-71, 農文協（1997）
6) 小野寺伊勢之助：肥料学綱要，pp. 1-11, 養賢堂（1940）
7) van der Ploeg R. R. et al.：On the origin of the theory of mineral nutrition of plants and the law of the minimum Soil, Sci. Soc. Am. J., **63**, 1055-1062（1999）
8) Wild A.：Russell's Soil Conditions and Plant Growth, pp. 1-30, Longman Acientific & Technical（1988）

1.1.2　アジア地域

a.　中　国

中国における肥料養分に関する認識は古く，約2,000年以上前にさかのぼる．草を焼いて田に入れることによって生産が上がることについてはすでに「呂氏春秋」に記載されており，「詩経」にも草肥の効果を経験的に認識していたことを示す記載がある．糞が肥料として使用されていたことを示す記載は，先秦時代に書かれた「荀子・富国」や「韓非子・解老」に見られる．漢代の紀元前1世紀後期に氾勝之が提唱した区田法は，施肥と灌漑によって作物の収量増がもたらされることを認識した農法であり，肥料として人や豚の糞を利用している．後魏に書かれた「斉民要術」（532～549）には，小豆や緑豆などを緑肥として農地にすき込むことによって作物の生産性は熟糞を施用した場合と同様に向上することが記載されている．

宋代に書かれた「農書」（1149）では，水稲の栽培のために米ぬか，わら類，落葉の焼却灰などに糞尿を混ぜて腐熟させることを薦めている．宋代には，このような方法で堆肥が生産され，利用されていたと考えられる．上記の「農書」では，さらに，生産性の低い水田に対して肥沃な土壌の客土やゴマ油の搾りかすの施用を薦めている．元代に入って，王禎が記載した「農書」（1313）では，中国農業における肥料を，踏糞（厩肥），苗糞（緑肥），草糞（草肥），火糞（草木灰），泥糞（河や池の低泥）の5種類に分類している．同時代に魯明善によって書かれた「農桑衣食撮要」（1330）には，個々の作物に対する上記肥料の施肥法が詳細に述べられている[1]．

その後，堆肥，緑肥，ダイズ・ナタネ・ゴマ・綿実などの搾りかすの利用が推進された．一方，

1900年代初期に硫アンなどの化学肥料の伝来がなされ，その使用量は徐々に増加した．中国で化学肥料の製造が開始されたのは1900年代中期であり，1949年における化学肥料の生産量は成分量換算で6,000tであった[2]．1950年代初期にソ連から3つの窒素工場と2つの過リン酸石灰工場を輸入して国内での肥料製造を開始し，さらに中国独自で窒素工場と過リン酸石灰工場を建設した結果，1955年の肥料生産量は成分量換算で8万tに増加した．その後，1958年に候徳榜が石炭を原料としたアンモニア合成の副産物である二酸化炭素をアンモニアと反応させて重炭酸アンモニウムを生産する工程を開発し，候徳榜法による小規模の重炭酸アンモニウム工場が各地に多数建設された[3]．この時期にはリン酸肥料として電気炉を用いた熔成リン肥の生産も開始された．その結果，1965年における全肥料生産量は成分量換算で172万tに増加した．

1970年代後期になって，石油および天然ガスの生産が増加し，中国政府の化学肥料の増施による食糧増産政策に基づいて窒素肥料の生産量と消費量は飛躍的に増加し，1998年における全肥料生産量は成分量換算で2,872万tに達した．現在では世界最大の肥料生産・消費国になるに至っており，中国東南部の農業地帯ではヘクタール当たり窒素施肥量が300～500 kgNにも達する地域が増加し，地下水，湖沼水，河川水の硝酸濃度の上昇による水質劣化が問題になりつつある．

b. 南アジア

インド以東の東南アジアは湿潤熱帯に位置しており，降雨量が豊富であるために古くから稲の栽培が行われ，人々は米を主食としてきた．この地域における肥料に対する考え方については文献が残っていないために不明であるが，稲の栽培のために古くから灌漑が行われており，灌漑水には低濃度ではあるが肥料養分が含まれていることと，湿潤熱帯の高温多湿な気候条件で生育が旺盛な窒素固定微生物による大気中窒素の固定によって，低レベルではあるとはいえ生産性が維持され，稲作地帯が主体であるインドの湿潤熱帯地帯，北ベトナム，インドネシアのジャワ島では古くから他の熱帯地帯と比べて人口密度が高かった．

山岳地帯での農業は焼畑農業が主体であったが，この農法は森林を焼却して，焼却灰に含まれる肥料養分を利用して作物を栽培する農法であり，作物を栽培するためには肥料養分が必要であるということについては，経験的に認識していたと思われる．平地の畑作地帯においても焼畑農業が行われていた．この焼畑農業においては，まず平地の森林を焼却した後開墾を行い，そこに無肥料で主食である陸稲を最初に栽培し，土壌中の養分が枯渇して生産性が落ちてくるとその次に吸肥力が強い作物を栽培し，最終的には最も吸肥力の強いキャッサバを栽培し，キャッサバの生産もできない状態になるとその畑での耕作は止めて雑草地として放置する輪作形態が採用された．雑草地として放置した後数年を経過すると，下層土壌の養分が雑草によって吸収され，その養分は雑草が枯死することによって表層土壌に集積し，そのくり返しがなされる過程でマメ科の雑草が生育を開始して，大気中の窒素が固定されるようになる．その結果土壌の生産性が回復するのを待って，雑草や灌木などを焼却して作物栽培を再開する．このような作物栽培法も，作物生産のために肥料養分が必要であることを経験的に認識していたことを示している．人糞尿は肥料として用いられてはいなかったが，家畜の糞尿が入手できる場合には農地に施用されていた．

西欧において19世紀に化学肥料の製造が開始され，作物生産のために使用され始めた後に，この地域にも化学肥料が導入されたが，輸入された化学肥料は西欧諸国の企業農園，すなわちコーヒー，茶，サトウキビ，チョウジなどに施肥された[4]．一般の農家が化学肥料を本格的に使用しはじめたのは1960年代に入ってからである．ちなみに，1964年におけるインド，インドネシア，タイにおける窒素質肥料の総消費量を全耕地面積で割ったヘクタール当たり平均窒素施肥量は，それぞれ3.3，4.7，1.3 kgである[5,6]．化学肥料の使用が開始された当初には，化学肥料は主食である稲に重点的に施肥された．化学肥料の消費量はその後次第に増加し，2001年の窒素質肥料の平均施肥量はそれぞれ64，58，50 kgN/haに増加している[7,8]．

〔但野利秋〕

文　献

1) 天野元之助：アジア歴史事典, Vol. 8, pp. 46-47, 平凡社（1992）
2) Ma Rong : The Development of Fertilizer Industry in China. Paper Presented at International Workshop, IFDC. 16-20（2000）
3) 越野正義：中国肥料工業の歴史と将来方向，季刊肥料, **94**, 17-25（2003）
4) 山本狷吉：アジア歴史事典, Vol. 8, pp. 47-48, 平凡社（1992）
5) FAO Year Book 1965, Production（1965）
6) FAO Year Book 1965, Fertilizer（1965）
7) FAO Year Book 2002, Production（2002）
8) FAO Year Book 2002, Fertilizer（2002）

1.2　化学肥料の歴史

1.2.1　販売肥料の始まり

　肥料製造のためには化学と植物栄養学の発達が必要であるが，18世紀までの進歩は遅かった．1770年代になってようやく肥料関連の元素，化合物の発見が続き，また植物生育についての化学的な知識も増えてきて，やがて19世紀における化学肥料の誕生に至った[8]．

　ヨーロッパで最初に販売肥料となったのは骨粉である．骨粉の肥効についてはローマ時代から知られていたが，取引きの対象になったのは，イングランド・シェフィールドの刃物工場であったといわれる．この町では刃物製造業が繁栄していたが，刃物の柄に使った骨，角，象牙の削りくずの肥効が次第に知られるようになり，刃物工場主が農家から代金をとるようになった[4]．やがて動物などの骨も使われるようになり，19世紀初頭には粉砕機を使った工場生産が始まった．1815年には大陸から骨がイギリスに輸出されるようになり，その量は年間3万tにまで達していた．これについてリービヒ（Justus von Liebig, 1803-1873）が噛みついている[8]．

　「イングランドは他のすべての国から肥よく度を奪い取っている．骨を求めるあまり，すでにライプツィッヒ，ウォータールーや，クリミアの古戦場を掘り返し，シシリーの地下墓地を掘り返し，数世代にもわたる人骨を持ち去った．毎年，イングランドは他の国から350万人の糞に相当する養分を取り去っている…吸血鬼のように他のヨーロッパ諸国の首に食いついているのである．」

　骨リン酸塩の需要が高まるとともに，他のリン酸資源としてアパタイト，リン灰土の利用も模索され始めた．ペルー沿岸の島にあるグアノまたは海鳥の糞の利用も19世紀前半には産業となっていた．グアノはドイツの博物学者フンボルトが1804年に持ち帰ったが，1840年にはイギリスで肥効試験が行われ，よい結果が得られた．

　硝酸ナトリウム（チリ硝石）の採掘も19世紀初頭には始められていた．ボリビアに住むドイツ人ヘンケ（Tadeo Haenke）は1809年に現在のチリ北部タラパカ地方に豊富な鉱床を発見し，この鉱石を硝酸カリウム（硝石）に変える工程を開発した．硝石は1830年にはヨーロッパ，アメリカ合衆国などに輸出され，第一次世界大戦が終わるまで世界の火薬市場に独占的に供給されていた．

1.2.2　化学肥料の出現

　グアノ，チリ硝石に次いで重要になった肥料は副生硫酸アンモニウム（硫安）である．照明用石炭ガスの工場は1795年にイギリスで初めてつくられ，1812年にはロンドンで大規模化された．このガス工場で1815年には副生硫安が製造され始めた．副生硫安の圃場試験データは1841年にスコットランドで出版され，ローザムステッド農業試験場でも同じ年にチリ硝石との比較試験が行われ，いずれも良好な肥効が認められた．

　骨粉の硫酸処理は19世紀前半には試みられ，これが過リン酸石灰工業の開始につながった．骨粉の使用が増えるにつれて，その肥効が土壌により異なることが明らかになり，骨成分（リン酸カルシウム）の溶解性をもっと高めて肥効を改善しようとする試みが各地で行われた[8,10]．アイルランドの医者マーレー（James Murray）は1806年に溶解骨粉（dissolved bones）を試験したと主張し，1835年には過リン酸石灰（superphosphate of lime）という用語を用いている．ボヘミアのケーラー（Heinrich Koehler）は，1831年に骨を硫酸

で処理した肥料についてオーストリアの特許をとり，少なくともその後 12 年間は生産していた．モラビアのエッシャー（Gotthold Escher）は 1835 年に骨粉を酸で処理してよい肥効が得られると述べている．

リービヒは，1840 年に「農業および生理学に対する化学の応用」を出版して，無機栄養説を主張し，化学肥料の基礎をつくったことはあまりにも有名である．〔ただ彼の無機栄養説，最小律は彼が最初に主張したものではなく，シュプレンゲル（C. Sprengel, 1787-1859）の功績であると最近見直されている〕[11]．リービヒは，骨粉は細かくして土壌との接触をよくすると肥効が高くなること，また酸で処理し水で希釈して施用するとよいことを書き，彼の指導で酸処理骨粉の肥効試験も 1839 年に行われていた．このため彼を過リン酸石灰の創始者とする著書もあるが，そのころには酸処理はかなり周知の事実であったのである．

リービヒは奇妙なことに自分の製品の特許をとることはなく，企業化もしなかったばかりでなく，のち 1851 年と 1855 年に当時すでにイギリスで過リン酸石灰の製造が工業化されていたのにもかかわらず，「骨を硫酸で分解するという試みは，科学的見地からは，靴磨きの処方よりも重要だとはいえないものである」と罵倒している．窒素を巡るローズ，ギルバートらとの論争もあり，イギリスに対して過度の対抗心を持ち，反発したものであろう．

リービヒは溶脱をおそれるあまり，焼成骨粉，ナトリウム，カリウム，カルシウムの炭酸塩，リン酸カルシウムからなる特許肥料をつくり企業化しようとしたが失敗に終わった．溶解性があまりに悪かったからである．

イングランドのローズ（John Bennet Lawes, 1814-1900）は，1834 年にローザムステッドの農園で骨粉をカブに施用したところ肥効がなかった（石灰質で pH が高い土壌のため）．そこで 1839 年に骨粉およびリン酸塩鉱物を硫酸で処理する試験を開始し，1841 年に 20 t の試作品をつくり肥効を確認した．

この骨粉またはリン酸塩鉱物を硫酸で処理してつくる肥料についてのイングランドにおける特許は 1842 年 5 月 23 日にマーレーとローズの両者に与えられた．その後 1846 年にローズはマーレーの特許を買収しており，また自身の特許も骨粉については放棄したが，これについてローズは優先権についてのトラブルを避けるためと述べている．このようにマーレーとの争いがあったが，過リン酸石灰の工場生産に成功したのは明らかにローズであった．なおローズはリービヒの 1840 年の著書は知らなかったと述べている．

「J. B. ローズの特許肥料」（J. B. Lawes's Patent Manures）は，1843 年にはロンドンの近くのデトフォード・クリーク（Deptford Creek）の工場で製造され始めた．この特許肥料は過リン酸石灰，リン酸アンモニウム，ケイ酸カリウムなどを混合した複合肥料であるが，過リン酸石灰も単肥として市販し，糞尿やガス液のアンモニア固定にも有用であると新聞で広告した．ローズははじめ原料として，糞化石（coprolite）を使ったが，1856 年にはノルウェーからリン鉱石を輸入して使った．

ローズは 1843 年にローザムステッドに農事試験場をつくり，化学者ギルバート（Joseph Henry Gilbert, 1817-1935）に試験を行わせた．現在まで 160 年以上になる長期連用試験も開始され，無機質肥料の効果を長期的に証明している．この世界最古の農事試験場の運営を可能にしたのはローズの特許肥料であった．

イングランドにおいては 1860 年までに 20 近い過リン酸石灰の工場がつくられた[9]．ヨーロッパの他の国やアメリカにおいても 1850 年代に生産が開始されたが，初期には骨粉を原料とするものが多かった．

1885 年には，トーマス製鋼法（1879）から副産されるトーマスリン肥についてドイツのシャイブラー（Carl Scheibler）が肥効を確かめた．

1.2.3 日本における肥料のはじまり[1~3,5]

「清良記」（1581）などの古い農業書に肥料を意味する糞，糞培（こやしの意味）が書かれており，人糞尿（下肥，しもごえ）は，奈良，京都において近郊野菜生産地が成立していたころには施用さ

れていた．江戸時代になると，農家は都市から有償で下肥を引き取っていた（販売肥料の始まり）．

17世紀の中ごろには干鰯（ほしか）の仲買人が大阪，やや遅れて江戸にも現われた．江戸末期の農業書である，大蔵永常の「豊稼録」（再版，1826）には，「干鰯，油かす，これを金肥という．金銀をいだして調うものなれば，かくいうなるべし」と書かれている．これらの金肥は当時の換金作物であったワタ，アイなどを中心に施用された．

佐藤信季・信淵親子の「培養秘録」（1817）には馬尿に今でいえば塩化アンモニウム，硝酸カリウムに相当する物が含まれていること，大蔵永常の「農稼肥培論」（1826）には，干鰯には食塩とともに硝酸塩が含まれ，また骨には「ホスホリュズ」（リン）が含まれており，これが肥料として「養の最第一なり」と書かれている．このような知識はオランダから長崎を経て入ったものであろうが，先駆者の知識レベルの高さがうかがわれる．このような背景があったため，明治開国後の肥料あるいはその知識の輸入はすばやかった．

日本での肥料の製造は，1875年（明治8）大阪造幣局がリン酸アンモニウムと過リン酸石灰をそれぞれ1箱試作し，内務省勧業寮に送り試験した時に始まる[3,6]．翌1876年に津田 仙（学農社）は骨を硫酸に溶解するとよいと書き，駒場農学校では1880年（明治13）にウミガメの骨から過リン酸石灰を試作し，トウモロコシでよい肥効を得ている．

本格的な過リン酸石灰工業は高峰譲吉（1854-1922）によって始められた[2,6]．彼はイギリス留学中の1880年に過リン酸石灰工場を見学実習し，1884年にはアメリカのニュー・オーリンズで開かれた万国博覧会でリン鉱石を見た後，過リン酸石灰6 t，南カロライナ・チャールストンのリン鉱石4 tを私財で買い帰国した．この過リン酸石灰は全国の都府県などに分与されて効果が試験され，またリン鉱石については1886年に大阪の硫酸製造会社で過リン酸石灰とされ，四国のアイで肥効を試験した[1,3]．

高峰・澁澤榮一らは1887年（明治20）に東京人造肥料会社（現 日産化学）を創立し，東京府南葛飾郡大島村釜屋堀で生産を開始した．この工場は関東大震災（1923）で破壊されたが，現在その場所（江東区大島1丁目の小公園）に化学肥料創業記念碑がある．

一方，多木久米次郎（1859-1942）は1885年ころに多木製肥所（現 多木化学）で骨粉の製造を始め，1890年ころには骨粉から過リン酸石灰を製造していた．また農事試験場〔東京府下西ヶ原（現北区）〕の初代場長 澤野 淳は1888年に「骨粉及過燐酸石灰製造法並用法」を出版した．緒言には，当時骨粉や過リン酸石灰についての関心が高まって多くの質問が寄せられており，それに答える煩わしさに耐えられず執筆したとある[1]．

釜屋堀で製造された過リン酸石灰については，農科大学のケルネル（Oscar Kellner, 1851-1911），古在由直らが試験を行い，結果は官報に掲載された[1]．しかし需要ははじめ微々たるものであり，先覚者は苦労をしたが，日清戦争（1894-95）により満州（中国東北部）からのダイズかすの輸入が止まり，また北海道でニシンが不漁で魚かすが入手難になったこともあって，過リン酸石灰の需要が増え始めた．1940年には戦前の最高の164万tに到達し，太平洋戦争後の復興もすばやく1960年には史上最高の213万tを記録した．その後は新しいリン酸肥料，あるいは化成肥料に代わられていった．

リン酸肥料の需要が増加するにつれて，1890年代に国内のリン鉱石資源の探索が農商務省地質調査所の恒籐規隆らによって開始され，小規模の採掘も行われたがすぐ枯渇した[2]．探索はその後南方諸島に向かい，南鳥島（1902年），ラサ島（1906年）での発見になった．ラサ島（沖縄県沖大東島）のリン鉱石は恒籐が創立（1911）したラサ島燐鉱合資会社（その後，ラサ工業）で採掘したが，戦後は途絶した．

1.2.4 カリ鉱石の発見とカリ肥料工業[8]

リン酸肥料に次いで工業化が始まったのはカリ肥料であった．その原料となるカリ鉱石の発掘はドイツ・シュタッスフルト地方で始まった．ここの湧泉水は古くから塩化ナトリウム（食塩）の生産に使われていたのであるが，地下にある岩塩層を直接利用しようとして，1839年にボーリングが

行われ岩塩層に到達したが「苦汁」成分が多く，食塩の採掘には不向きだった．1856年には深部にある利用可能な食塩層に到達したが，その上層にはカリウムとマグネシウムの塩化物が混入した食塩層があり，これは廃物の塩として当初は捨てられていた．この廃物の塩は塩化カリウム・マグネシウムの複塩であることが判明し，カーナライトと命名され，その後多くの鉱物塩発見の端緒となった．当時すでにリービヒはカリウムが必須元素であることを明らかにしていたことから，その肥効試験が行われ，1860年にはその効果が確認された．アドルフ・フランク（石灰窒素の発明者として有名）はカーナライトを塩化ナトリウムから分離し，さらに塩化カリウムを分離する工程を開発し，1861年にはこの工程を使った精製工場が建設された[4,8]．

当初，生産物の大部分は硝石の製造に使われたが，次第に肥料としての需要が多くなり，1880年代後半には50%以上，1920年代には90%以上が肥料に向けられた．ドイツからの輸出も多く，1884年にはカリシンジケートがつくられ，世界貿易を独占していた．このため第一次世界大戦の開始とともに連合国側ではカリ不足が問題となった．

アメリカではこのような事態に対処するため，アメリカ国内でのカリ資源を探索した[8]．1914年にはカリフォルニア・モハーベ砂漠のサールズ塩湖で，ブラインからトロナ法と呼ばれる分別結晶法で塩化カリを生産し始めた（それまでこのブラインではホウ酸塩が注目されていた）．その後，ネブラスカ，ユタ（ソルトレーク，サルデュロマーシュ）などでのカリも利用された．20世紀前半には高炉やセメントキルンからのダスト，海草，蒸留残さ，木灰などからの回収も研究された[8]が，これらは大戦後ヨーロッパからのカリ肥料の輸出再開とともに頓挫した．

一方，1925年にニューメキシコのカールスバドで，石油探索中にシルビナイトの鉱床が発見されたことから，アメリカはカリ肥料の大生産国に転換していった．1943年ころにはやはり石油探索中にカナダ・サスカチワンに世界最大の鉱床が発見され，そこでの生産が60年代から世界のカリ市場を圧倒していった[8]．

1.2.5 窒素肥料工業の始まり

19世紀末にはリン酸およびカリ肥料の工業的生産が始まったが，窒素肥料についてはチリ硝石と副生硫アンがあるのみであり，資源的な行き詰まりが心配された[2,8]．1889年「科学の進歩のためのイギリス協会」会長クルックス（Sir William Crookes, 1832–1919）はその総会で，「チリ硝石の前途はけっして楽観を許さない．鉱床は有限である．われわれの最も注目すべきものは空気中の遊離窒素である．この窒素を植物に吸収されるような化合物に変えて肥料をつくることは，もっぱらわれわれ科学者の双肩にかかっている」と演説し，空中窒素の固定が急務であることを訴えた．

当時，窒素固定法として研究されていた方法の主なものは次の三つであった[2,8]．

a. 窒素酸化法

窒素の酸化反応は，1784年キャベンディッシュ（H. Cavendish）が電気放電によって行っており，19世紀の終りころには，硝酸をつくる方法として最も可能性があると考えられていた．クリスチャニアのビルケラン（K. Birkeland）は1903年に電気アークによる工程を開発し，アイデ（S. Eyde）と工業化，1905年からNorsk Hydro社でノルウェーの豊富な水力電気を使って工場生産が始まった．つくられた硝酸は石灰と反応させ，ノルウェー硝石（硝酸カルシウム）として市販された．

この空気酸化法はエネルギーコストが高く，アンモニアの直接合成が始まるとともに衰退した．その後，Norsk Hydro社は硝酸系化成を開発するなど，ヨーロッパ最大級の高度化成肥料メーカーになっている．

b. シアナミド法

窒素を金属（または亜金属）と結合させて窒素を固定する方法はいくつかあるが，その代表が石灰窒素（カルシウムシアナミド）である．

19世紀末に南アフリカ・トランスバール地方で大金鉱が発見され，さらにシアン化物法による金の精錬法が開発されたことからシアン化物の工

業的生産が必要になっていた．1895年，ドイツのシャルロッテンブルグ工業学校のフランク（Adolf Frank）とカロ（Nikodem Caro）は，炭化バリウムに窒素を反応させてシアン化バリウムをつくったが，さらに安価な炭化カルシウム（カルシウムカーバイド）に窒素を反応させてみたところ，反応物は彼らの予想からはずれたカルシウムシアナミドであった[2,8]．

アドルフの子供アルベルト・フランク（Albert R. Frank）はカルシウムシアナミドが過熱水蒸気と反応してアンモニアを発生することから，これが肥料として有効でないかと推測し，ダルムシュタットのワグナー（G. Wagner）らが肥効を確かめた．

電気炉を使った石灰窒素の製造法はフランクとカロが考案し，1906年にイタリアのPiano d'Ortaの工場で成功した．日本への導入は素早く，1908年には石灰窒素の生産を目的にした日本窒素肥料会社が野口 遵，藤山常一らによって設立され，熊本県水俣市に工場を建設，1909年に生産が開始された[3,7]．

石灰窒素は，はじめは水蒸気と反応させてアンモニアとし，これから硫酸アンモニウム（変成硫アン）がつくられた．しかしアンモニアの純度，エネルギーコストなどで劣るため，合成アンモニアの成功とともに姿を消した[7]．その後，石灰窒素は変成をせずにシアナミドとしての特性を生かして，生誕後100年を経た今日なお使われている[2]．

窒化物ないし類似の化合物を経る方法としては，シアン化ナトリウム，窒化アルミニウムなども研究されたが，工業化には至らなかった．

c. アンモニアの直接合成[2,8]

ドイツ・カールスルーエ工科大学の化学教授ハーバー（Fritz Haber, 1868-1934）は1902年ころからアンモニア合成の研究を始め，1909年にはオスミウム触媒を用い200気圧の加圧下で6％（容量）のアンモニアを得た．この合成反応は一時に終結することはできず，生成物は合成ガス（窒素と水素）とアンモニアが平衡状態にあるが，この混合物を冷却してアンモニアを液化して取り出し，未反応ガスには合成ガスを加えて循環させることができる．ハーバーは1909年に，この循環式アンモニア合成法の特許をとった．この年，BASF（Badische Anilin und Soda Fabrik）社のボッシュ（Karl Bosch, 1874-1949）らはハーバーの特許を買い，以降ボッシュらが工業化を図った．

工業化に当たって難点となったのは，①安価で効率のよい触媒，②大型高圧反応器の開発，③合成ガスの安価な製造法の開発であった．触媒の開発についてはミタッシュ（A. Mittasch）らが貢献し，反応器についても様々な工夫がされた．合成ガス，とくに水素の製造技術も重要であったが，ボッシュらは水性ガス反応を利用した．

BASFのオッパウ工場では1913年9月9日に工場生産が開始された（日産30 t）．この成功の意味は大きく，ドイツ皇帝ウィルヘルムⅡ世が第一次世界大戦の開始（1914）に踏み切るきっかけになったといわれている．実際，この大戦中にドイツではアンモニアおよびこれから製造した硝酸の生産が急増した．このためハーバーが1918年にアンモニア合成でノーベル賞を受けた際に，連合国側には彼は戦犯でないかと非難する声もあったという．なおボッシュも1931年に高圧化学での貢献でノーベル賞を受賞している．

アンモニア合成に関するドイツの技術は卓越したものがあり，他の国においても開発が進められたが，成功するのには数年以上を要した．1920年以降になって合成ガスの製法，反応の圧力，温度が異なる種々の方式が開発されていった[2,8]．

1.2.6　日本における窒素肥料

日本で硫酸アンモニウムが使われた最初は，鈴鹿保家（東京日本橋横山町，のち深川佐賀町）が1896年（明治29年）にオーストラリア・シドニーから輸入した副生硫アン5tである．ただその販売には苦労したようであり，のち彼は肉骨粉と混合して窒素12％，リン酸6％という肥料として販売した．これがわが国の配合肥料の始まりである[5]．

副生硫アンは，1901年に東京瓦斯で国産を始めた．また明治末から大正にかけて東京，大阪，名古屋，函館などで，し尿を蒸留してアンモニアを

回収し，販売した記録がある（東京硫安などで1918 年に 850 t）が，周辺からの非難（悪臭）を招きやがて消滅した[7]．

石灰窒素からの変成硫アンの製造は，前記のように日本窒素肥料が始め，1920 年には 8 万 t 前後にまで達したが，それ以後は合成硫アンにとって代わられた．

アンモニアの合成[7]は，野口 遵が日本窒素肥料会社延岡工場（現在，旭化成工業）にカザレー式のアンモニア工場をつくり 1923 年から操業を開始したのに始まる．続いて 1924 年に第一窒素（東洋高圧を経て三井東圧肥料）がクロード法により山口県彦島で，1925 年には大日本人造肥料（現在，日産化学工業）がファウザー法により富山でアンモニア合成を始め，いずれも硫アンとして販売した．これら初期の合成工場の多くでは，水素は水力発電を利用した水の電解法で製造された．水電解法では発生する水素の純度が高く，合成ガスの精製もハーバー・ボッシュ法より容易であったからである．なお第一窒素では石炭を水性ガス反応でガス化しており，これは三池窒素工業（1931年設立，のち東洋高圧）三池工場に引き継がれた．

日本政府もアンモニア合成の重要性を認識し，1918 年に農商務省内に臨時窒素研究所（東京中目黒）をつくり，小寺房治郎所長のもとに当時の化学技術者の俊英を結集して研究を開始した[2,7]．ボッシュらの文献のみを頼りに，貧しい実験設備（高圧容器は小型ボンベしかなかった）と未発達の機械製造技術で苦労を重ね，また関東大震災（1923）の被害を受けながら，1925 年（大正 15）までに中規模設備による合成技術を完成した．1931 年，昭和肥料川崎工場（現在，昭和電工）において東工試法によるアンモニア合成（日産 15 t）と硫アンの製造が成功している．水素は夜間余剰電力利用の電解法でつくった．

アンモニア合成工業は太平洋戦争前までに大発展を遂げ，1941 年には硫アン換算で 124 万 t もの生産が記録されている．戦争中に壊滅的な打撃を受けたものの，戦後の経済復興時には「傾斜生産方式」で回復が図られた．50 年代にはコスト低減のために大型化，流体原料への転換が進められ最盛期は 263 万 t（1959）に達したが 1 次，2 次にわたる石油危機以後は国際競争力を失った．

1.2.7 日本におけるカリ肥料

日本に最初にカリ肥料が輸入されたのは 1905年ころ，鈴鹿保家による．当時は日本の土壌にはカリウムは不要であるという説も学者間にあったほどで，需要は少なかった．ドイツから本格的にカリ肥料が輸入され始めたのは 1920 年以降である[5]．

国産のカリ肥料としては，棚橋寅五郎が 1899 年ころにタバコくずから硫酸カリウムをつくり東京大崎で工場を設立した．その後 1906 年には，海草灰，タバコくずの焼却灰に硫酸を作用させ，これを反射炉で融解して硫酸カリウムとする方法を特許とし，1909 年に日本化学工業亀戸工場で工業化した．しかしこの国産カリ肥料はすぐに輸入肥料に圧倒された[2]．

1.2.8 化成肥料の始まり

マーレー，ローズらの過リン酸石灰はアンモニア化過リン酸石灰や配合肥料に使われた．日本においても，鈴鹿保家の輸入硫アン，東京人造肥料の過リン酸石灰はいずれも複合肥料にされて販売された．多木久米次郎の骨粉過リン酸も成分的には複合肥料であった．

農事試験場（西ヶ原）にいた鈴木千代吉は石灰窒素，リン鉱石，カリ塩，硫酸などを原料として化成肥料「天地配合肥料」をつくり，1910 年に父鈴木藤吉の名義で製造特許をとり，鈴鹿保家が「雷恩（ライオン）肥料」の名称で売り出した．鈴木千代吉はその後，大日本特許肥料を設立し，1919年に雷恩肥料をさらに改良した「トモエ特許肥料」を生産した[5]．

化成肥料のはじまりは，1928 年苦米地義三ら（大日本人造肥料）がつくった「みずほ化成」「ときわ化成」であり，粒状化された．同社は 1932 年に「千代田化成」の名でリン酸アンモニウムもつくった．わが国最初の高度化成である[6]．

リン酸アンモニウム（高度化成）は 1917 年にアメリカで American Cyanamid が小規模で生産し

たのが世界の最初であるが，20年ころにはアンモホス（16—20—0）として日本に輸入された．ドイツからもロイナホス（20—20—0），ニトロホスカ（硝酸系化成），アンモホスなどが輸入された．

1.2.9 新しい肥料の開発

太平洋戦争以後は尿素，塩アン，熔成リン肥，焼成リン肥などが新肥料として登場した[2]．これは食料増産のために肥料の役割が大きかったこと，水稲の秋落ちと老朽化水田の研究の結果として無硫酸根肥料が注目されたこと，硫酸などが戦後の賠償施設となり製造が制約されたことなどが背景にある．また水田でのケイ酸不足が注目されケイ酸質肥料（スラグなど）の普及も進んだ．

尿素は，柴田勝太郎（東洋高圧）らが1936年に彦島工場で工業化，1948年砂川工場で世界最初に肥料用として生産が始まった．70年代前半には世界最大の輸出国となりその技術は世界をリードしたが，石油危機以後は衰退した．

1960年代以降は単肥から化成肥料，とくに高度化成への転換が顕著になり，湿式リン酸の製造も一時は隆盛であった．二次要素（マグネシウム），微量要素（マンガン，ホウ素など）の肥料化，あるいは化成肥料などへの添加も多くなった．

1970年代になると緩効性窒素肥料，硝酸化成抑制剤入り肥料の研究が進み，また1980年代には多彩な被覆肥料（被覆尿素，被覆化成など）の開発があった．

戦後の肥料の歴史については，それぞれの項または他書[2]を参照していただきたい．

〔越野正義〕

文 献

1) 川崎一郎：日本における肥料及び肥料智識の源流，同書刊行会（1973）
2) 栗原　淳・越野正義：肥料製造学，養賢堂(1986)．
3) 黒川　計：日本における明治以降の土壌肥料考（中巻），同書刊行会（1978）
4) 高橋英一：歴史の中の肥料，農業と科学，平成15年2月号〜7月号（2003）
5) 東京肥料史刊行会：東京肥料史（1945）
6) 日本化成肥料協会：燐酸肥料工業の歩み（1972）
7) 日本硫安工業協会：日本硫安工業史（1968）
8) Nelson, L. B. : History of the U. S. Fertilizer Industry, TVA（1990）
9) Packard, W. G. : The History of the Fertiliser Industry in Britain, Proc. No. 19, The Fertiliser Society（1952）
10) USDA and TVA : Superphosphate ; Its History, Chemistry, and Manufacture（1964）
11) van der Ploeg, R. R., Boehm, W. and Kirkham, M. B. : On the origin of the theory of mineral nutrition of plants and the law of the minimum. *Soil Sci. Soc. Am. J.*, **63**, 1055-1062（1999）．〔http://soil.scijournals.org/cgi/content/full/63/5/1055〕

1.3 食糧生産における施肥の役割

1.3.1 今後の食糧生産

世界人口は2000年には62億人に達し，依然として0.8億人づつ増加しており，2050年には100億人に達するとも予測されている．これに対して世界の耕地面積の年間増加率は1950年代後半から減少し，1995年にはついにマイナスに転じたと言われる．さらに残された可耕地は開発に多大な費用を必要とするポドソルや泥炭土のような酸性土壌が大半を占めている．現在，先進国の穀物生産量は生産過剰傾向を示し，逆に途上国ではしばしば飢餓が報告されており，世界全体としての適正穀物生産量を予測することは難しい．しかしながら，現在の1人当たりの平均穀物消費量と耕地面積を前提としても，2050年には単位面積当たりの穀物収量を2000年度の1.6倍に引き上げる必要がある．これに加えて，地球温暖化と水不足，異常気象の発生，食習慣の欧米化（食品カロリー摂取量はインドでは2,000 kcal，日本では2,480 kcal，米国では3,200 kcalであるが，オリジナルカロリーではそれぞれ2,400 kcal，4,000 kcal，11,000 kcalであり，米国人1人はインド人5人分の穀物を消費）などを考慮すると単位面積当たりの収量を少なくとも2倍以上にする必要がある．

一方，産業革命以来の人間活動の量的，質的変化は地球環境に大きな影響を及ぼし，農業も経済性を重視するあまり極度の化学化（農薬や成長調節材，肥料などの多投），機械化（化石エネルギー

の消費)を進行させ，土壌環境や大気環境，水環境に大きな負荷を与えてきた．また無計画な土地利用や伐採は熱帯林の消失，砂漠化，土壌浸食，土壌劣化，野生生物種の消滅などを招いた．このような反省の下に低投入持続型農業（LISA：low input sustainable agriculture）や代替え農業（alternative agriculture），有機農法（organic farming）などが提唱されている．しかしながら，これらの農法はいずれも単位面積当たりの収量を現在以上に向上させることは難しく，むしろ低下させることが予測されている．それ故，これらの農法では先述の単位面積当たり穀物収量の大幅アップに対処できない．一方，わが国では環境保全型農業が提唱され「農業の持つ物質循環機能を生かし，生産性との調和などに留意しつつ，"土づくり"などを通じて化学肥料や農薬の使用等による環境負荷の軽減に配慮した持続的農業」の方向性が示されている．環境保全型農業では化学肥料や農薬による環境負荷の軽減に配慮することを指摘したもので，化学肥料や農薬の使用そのものを禁止するものではない．

このような極めて厳しい状況下で単位面積当たりの穀物収量を飛躍的に向上させるには肥料の施用量を制限するのではなく，最先端科学技術を駆使し植物による肥料の利用効率を最大限とし，逆に肥料による環境負荷を最少とする農業（最大効率最少汚染農業，MEMPA：maximum efficiency minimum pollution agriculture）がとくに重要である[1]．

1.3.2 植物生育と肥料

高等植物の生育には図1.1のドベネックの要素樽に示されるように，光，水，温度と炭酸ガスのほかにC, H, O, N, P, K, Ca, Mg, S, Fe, Mn, Cu, Zn, B, Mo, Cl, Niの17元素が必要であり，その多少は別にしていずれが欠けても正常な生育ができない．すなわち肥料は植物の生育にとって不足する養分を補足するものである．また植物の種類によっては必要とする元素の量が著しく異なり，適切な施肥管理を行わないと生育障害が生じる．たとえば，わが国は黒ボク土が多く，Pの肥効が悪い

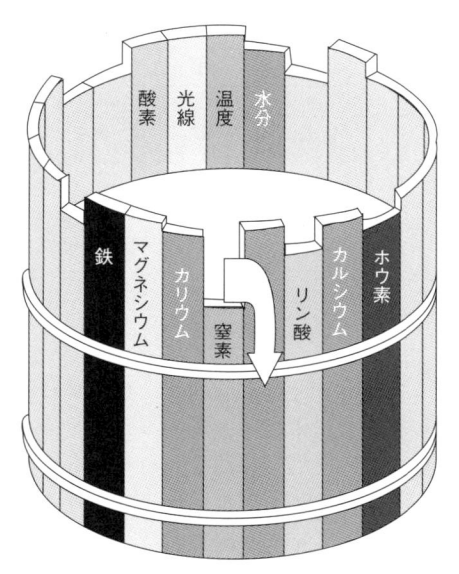

図1.1 ドベネックの要素樽（藤原俊太郎, 1994）

ことやPが3要素として重視されてきたことなどから化成肥料には一般にN, P, Kが同程度含まれる．しかし多くの作物ではPの要求量はN, Kの要求量の1/5程度と少ない．その結果，葉菜のように1年多作栽培ではしばしばPが過剰となり土壌に蓄積し，Caや微量要素と難溶性の塩を形成しこれらの要素の欠乏を引き起こすことが知られている．またマメ科とイネ科ではN, Ca, Si等の要求量が著しく異なり，連作すると土壌養分がアンバランスとなることはよく知られた事実である．したがって，集約的農業では適切な施肥管理，土壌診断を行い，不足する元素を化学肥料や有機肥料（コンポストなど）で補わなければ著しい減収や品質低下が起こる．

1.3.3 化学肥料と有機肥料

わが国を始めとする先進国では穀物生産が過剰であり，また化学肥料偏重で硝酸による地下水汚染や地球温暖化ガスである亜酸化窒素ガスの発生などの環境負荷が顕在化したこともあって，化学肥料に対する社会的評価には極めて厳しいものがある．またこれらに加えて，畜産排泄物や都市ゴミ，産業廃棄物などの生物性有機廃棄物の大量発生，あるいは消費者の食品の安全性に対する強い関心などから循環型農業，有機栽培が注目されて

表 1.2 化学肥料と有機肥料（コンポスト）の特徴

項目	化学肥料	有機肥料（コンポスト）
肥効	速効〜緩効で調節可	緩効的だが調節が困難
成分組成	単〜複成分で一定な組成 純品（夾雑物が無い）	複成分で組成が多様 重金属，雑草種子を含むことあり
形状	コンパクトで扱い易い	ボリュームがあり扱い難い
価格	相対的に高い	輸送コストが高
環境負荷	現状大→改善可	現状小→大量施用大
肥効以外の機能	なし	物理性，化学性，生物性の改善など多様

いる．しかしながら前述の如く，化学肥料は基本的には作物生育にとって不足する養分を補うもので，適切な施用を行えば，それ自身が有害なものでない．一方，有機質肥料や堆・きゅう肥（コンポスト）なども，多くの場合無機化して初めて植物が利用できるので，養分供給面では緩効的化学肥料と同じである．表 1.2 に両者の相違を見るとその成分組成の種類や安定性，形状，肥効以外の化学性や生物性，物理性の改善などが挙げられる．有機質肥料やコンポストは植物が必要とするすべての元素を含み，かつ肥効が緩やかであるので，消費者に安全，安心と考えられている．しかしながらコンポストなどの有機物も大量連年施用すると作物の養分吸収量との間に大きなズレが生じ，しばしば土壌養分バランスを崩すことが報告されている．とくに，施設栽培では硝酸や P, K の過剰集積が大きな問題となっている．この土壌の養分アンバランスは化学肥料の適正施用によって是正しないとやがて連作障害を引き起こすことになる．すなわち有機質肥料（有機栽培）と化学肥料（化学肥料栽培）は相対するものではなく，お互いに補完しあって最も理想的な栽培が可能となる．

耕地生態系で集約栽培を行い，単位面積当たりの穀物収量を飛躍的に向上させるにはそれに見合う養分を肥料として補給する必要がある．この場合，生物性有機廃棄物（コンポスト）を利用する循環農業は重要であるが，これだけでは前述の如く土壌養分のアンバランスが生じることや生物性有機廃棄物は畜産団地や都市域など特定の地域で産生し，輸送コストがかかることから使用可能地域が著しく限定される．それゆえ，今後とも化学肥料の重要性は変わらないと思われる．

1.3.4 化学肥料と有機肥料の併用効果

環境に優しく，かつ効率的な食糧生産を行うには化学肥料と有機肥料（コンポスト）の補完的施用がとくに重要と思われる．

堆肥と化学肥料を併用した場合の堆肥の水稲収量に対する施用効果が東北各地の試験場で検討された．大山 (1989) によれば，化学肥料（8 kgN/10 a）と堆肥 1 t の併用では昭和 50-59 年の平均では約 7％増収したが，2 t 以上では窒素過剰となりむしろ減収した．また堆肥 4 t/10 a では 10 年間連用しても化学肥料併用の 600 kg/10 a に到達できなかった．逆に，化学肥料単独では 4 回の分施で合計 16 kgN/10 a 施用しても，化学肥料 6 kgN/10 a に堆肥 3 t 併用区の収量には及ばなかった．

化学肥料と堆・きゅう肥を併用した高品質多収栽培の好例として「米作日本一」における稲作技術が挙げられる[1]．米作日本一における米づくり技術は土づくりを基本としており，各種土壌改良資材に加えて堆肥が 1.3-3 t/10 a と大量に施用されていること，基肥窒素の施用量が 6.7-11.3 kg/10 a と極めて多いこと，中山間地の気象条件を上手に利用していることなどが挙げられる．すなわち水稲の初期生育確保に速効性の化学肥料を，中，後期の生育確保に緩効的な堆肥由来窒素を利用している．その結果，米作日本一に見られる多収穫水稲の窒素玄米生産効率は 60-80 kg/kgN と極めて高い値である．窒素の玄米生産効率と白米のタンパク質含量には負の相関があり[2]，白米のタンパク質含量と食味評価値には負の相関が見られることから[3]，米作日本一の水稲は多収であるとともに良食味であったものと推測される．また平成

5年の冷害時の水稲は低収量に加えて食味が劣ったのに対し，平成6年は多収，良食味であった．わが国においては米の生産過剰もあって，水稲の多収栽培よりも良食味米や高品質米の生産が優先されているが，多収と高品質（とくに良食味）は必ずしも相反するものではなく，条件が揃えば可能である．この意味においては米作日本一における水稲栽培技術は極めて先進的な技術であったといえる．近年，有機栽培や循環型農業が重視される反面，化学肥料が悪者視されているように思われるが，両者の利点を活かした最大効率最少汚染農法で高品質多収穫栽培を行うことが重要と思われる．幸い，米作日本一の技術の中で最も苦労したコンポストは現在過剰生産気味であり，化学肥料と有機物の大量施用は可能である．

1.3.5 最大効率最少汚染農業と生物多様性

単位面積当たりの穀物生産量を飛躍的に向上させ，21世紀の食糧を確保するには肥料の施用が極めて重要といえる．すなわち，環境に配慮しながら21世紀の食糧を確保するには，肥料の投入量を制限するのではなく，作物の吸収利用を最大限とし，肥料からの環境負荷を最小限とする最大効率最少汚染農業が重要である．これに対して，肥料の投入量を制限すると耕地生態系の生産効率が著しく低下し，単位面積当たりの生産量も著しく低下する．その結果，必要とする食糧を確保するには自然生態系を破壊し，耕地面積を増大させる必要が生じる．近年，農薬や化学肥料の施用によって耕地生態系の生物多様性が低下していることが指摘されている．生物多様性は安全性や癒しの指標ともなり，その重要性は耕地生態系でも重要であるが，生物多様性の概念を必要以上に優先させると耕地生態系の生産効率が低下し，結果的に自然生態系を縮小させ，自然生態系の生物多様性をも危うくするものである．したがって，農薬や化学肥料の適正使用で最大効率最少汚染農業を展開し，耕地生態系の生産効率を向上させることは自然生態系とその生物多様性を保全することでもある．

〔三枝正彦〕

1.4 環境劣化をもたらさない肥料と施肥法の開発の必要性

1.4.1 環境条件と施肥利用効率

作物生産は気象や土壌，大気，水などの環境条件に大きく左右される．そこで耕地生態系における気象，作物，栽培様式，土壌，水，大気環境などを念頭におき，合理的な化学肥料の施用法，施用形態について具体例を述べることにする．

a. 気象と施肥利用効率

植物の養分吸収は養分が土壌溶液中に溶出して初めて起こる．したがって養分の可給性は土壌水分とも大きく関係している．極端な乾燥気候では土壌水分が不足し灌漑設備がないと施肥しても十分な効果を上げることができず，むしろ作物に塩類ストレスを起こすことが考えられる（乾燥地農業）．一方，適度の水分状態では施肥養分が効率的に作物に吸収され，速効性化学肥料でも高い施肥利用効率を示す．これに対して多雨地域では施肥養分（とりわけ土壌にはアニオン交換能がほとんどないので硝酸態窒素）の溶脱が激しい．したがって，適度な降水量で溶脱が問題とならない北海道の夏作では従来の速効性（窒素）肥料でも高い利用率を得ることができる．これに対して梅雨が存在する東北以南では，基肥施用の速効性肥料の利用率が著しく低い．このような地域では追肥重点施肥あるいは後述の肥効調節型肥料の利用が極めて有効である．

b. 土壌と施肥利用効率

畑土壌では施肥窒素は容易に硝酸化成し，アニオン交換能がほとんどないので降雨で容易に溶脱する．したがって下層土が強酸性で有効土層が薄いと基肥窒素利用効率が著しく低い．また活性アルミニウムや鉄が多い黒ボク土やオキシゾルではリン酸の特異吸着が起きる．このような場合，速効性肥料より肥効調節型肥料の接触施肥が極めて有効である．これに対して還元的な水田土壌ではアンモニア態窒素が安定であり，その利用率は負の一定荷電が多い2：1型質土壌で高い．米作日本

一はスメクタイト質な水田土壌で多く報告されたが，このような土壌では速効性の化学肥料でも緩効的な施用効果が期待される．これに対して自然堤防地帯の非膨潤性粘土を主体とする土壌では，水稲は秋落ち的生育を示し，追肥重点施肥や肥効調節型肥料が有効となる．また水稲栽培では土壌窒素の役割が大きく，窒素の無機化パターンを考慮した施用量，施用法が重要である．

c. 植物生理と施肥法

塩類ストレスに強いアブラナ科植物では速効性肥料でも作物根にかなり近づけることが可能であるが，耐塩性の弱いスイートコーンでは肥効調節型肥料でも接触施用すると発芽阻害や生育阻害を引き起こす．また作物の生育ステージは施肥養分の利用率に大きく関係し，生育初期は根張りが不十分であるため施肥養分は溶脱しやすく，生育中・後期は根張りが十分行われているので施肥養分の利用効率が大きい．したがって，一般的には基肥窒素より追肥窒素の方がはるかに利用率が高い．

作物の生育にとって緩効的で利用率が高い肥効調節型肥料が常に有効というわけではない．多くの作物は生育初期にはある程度の高い養分濃度がスタータとして必要であり，麦類や牧草はスプリングフラッシュを起こすために速効性化学肥料の春追肥が有効である．さらにカルシウム要求量の大きい，落花生やダイズ，アルファルファーなどでは難溶性の石灰よりも，これより溶解度が100倍も高い石膏の方が有効である．

作物によっては，栄養生長が重要な葉菜，栄養生長と生殖生長への切り換えが重要な穀類，栄養生長と生殖生長が同時に進行するトマトやキュウリなど多様な生育型を示す．したがって環境負荷の少ない栽培をするにはそれぞれの作物に適した肥料形態と施肥法が必要である．中でも栄養生長と生殖生長が同時進行する果菜類では，常にある程度の必要量を供給できる肥効調節型肥料が有効である．

d. 農業形態と施肥

牧草や果樹などの永年性作物では常に作土に吸収根が繁茂しているので速効性肥料でも高い施肥窒素利用率を示す．一方，トウモロコシやソルガムのような長大作物では機械施肥が難しくなる草丈1m以降の生育中，後期に窒素要求量が大きいので，速効性肥料と全量基肥施用が可能な肥効調節型肥料の併用が望ましい．

1.4.2 環境に優しい施肥形態と施肥法

a. 環境に優しい施肥形態

21世紀の食糧生産に果たす化学肥料の役割は，人口増加とともにますます重要になるが，人口増に伴う地球環境の悪化も加速されることが予想される．食糧確保と環境保全を両立させるには，作物による化学肥料の利用率を最大限向上させ，環境への負荷を最少とすることが重要である（最大効率最少汚染）．

環境への負荷を最少とする施肥形態としては①植物の生育にマッチした溶出パターンを示す肥効調節型肥料（直線型あるいはシグモイド型溶出曲線）と②溶出した成分がすべて植物に吸収されるような化成肥料（塩類集積回避型）が考えられる．

植物の生育にマッチして溶出が行われる肥効調節型肥料としては，ポリオレフィンあるいはアルキド系樹脂被覆肥料が普及している．この肥料には次のような特徴がある．①肥効が長時間持続する．②溶出が植物生育とマッチし，施肥利用効率が高い．③溶脱や揮散が起こらず環境負荷が少ない．④溶出が緩やかで低イオン強度のため低毒性である．⑤追肥が省略でき施用コストが軽減できる．⑥肥効が調節可能で作物による吸収過程のモデル化ができる．⑦土壌の酸性化が軽減できるなどである[4,5]．

これらの中で施肥窒素利用率が高いことは，収量，品質を維持しながら，施肥量の削減，環境負荷の軽減が可能となるので，重窒素追跡法による施肥窒素利用率の測定が数多く行われている．そして肥効調節型肥料の施肥窒素利用率は水田で80%程度，畑で60%程度と極めて高い値が得られている．

また肥効調節型肥料は溶出が緩効的かつ植物の生育にマッチして行われるので，イネやトウモロ

コシ，コムギ，イチゴ，ナスなど多くの作物で多数回の追肥を省略する全量基肥栽培が行われている．

b. 肥効調節型肥料を用いた接触施肥法

従来の速効性肥料を用いた栽培では施肥養分の溶脱，揮散，脱窒，固定不可給態化がしばしば問題となる．その理由は図 1.2 に示したように，従来の速効性肥料では肥料焼けを防ぐために間土が行われるので，作物は土壌を介して施肥養分を吸収することになる．この場合，酸化的畑土壌では施肥窒素は容易に硝酸化成され硝酸態窒素となる．しかしながら，通常の土壌では pH が 6 以上に管理され，アニオン吸着能をほとんどもたないため降雨で容易に溶脱が起こる．一方，還元的水田土壌ではアンモニウム態窒素が安定であるが硝酸態窒素は表層の酸化層で容易に脱窒される．また腐植や非晶質成分に富む土壌ではリン酸や銅の固定吸着が，アルカリ土壌では鉄の不溶化が起こる．これに対して溶出が緩やかな肥効調節型肥料を用いて接触施肥（*Co–situs* Application）栽培を行うと，作物根は土壌を介さず，肥料粒子から直接養分を吸収することが可能となり，作物による養分の利用効率が著しく向上する．図 1.3 は水稲乳苗と中苗の接触施肥である全量苗箱施肥を示したものである[6,7]．この方法で育苗し，本田に移植した水稲の基肥窒素利用率は 83% と従来の速効性硫アンを用いた側条施肥栽培の 33% に比べて極めて高い値である．

しかしながら，この肥料のもつ最大の長所は，このような肥料成分の利用率の向上に加えて，目的とした肥料形態をそのまま植物に吸収利用させ，農作物の質的向上が図れることである．

乳苗，籾下施肥

中 苗

図 1.3 水稲の全量苗箱施肥法

(a) 従来の間土施肥法

(b) 接触施肥法

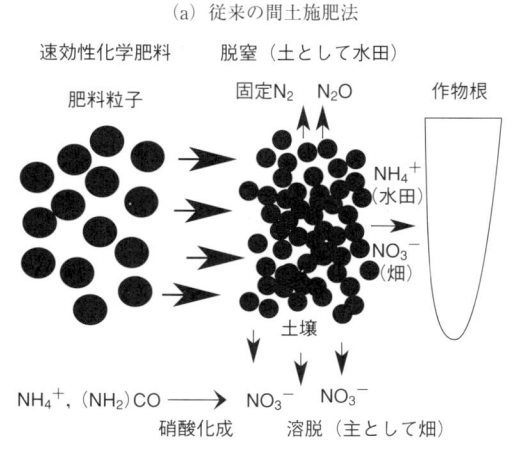

図 1.2 施肥法と土壌中における施肥窒素の動態

c. 畑でアンモニウム態窒素を！水田で硝酸態窒素を！

前述のように，これまでの速効性肥料では間土が必要で，肥料が植物根に吸収されるには必ず，土壌を経過する必要がある．その結果，水田では脱窒が，畑では硝酸化成が起こり，畑ではアンモニウム態窒素，水田では硝酸態窒素の供給がほとんど不可能であった．

一方，ホウレンソウの水耕栽培ではアンモニウム栄養でシュウ酸（腎臓結石の原因物質）や硝酸態窒素（ブルーベビー症や発がん性とも関係）が低減し，逆にアスコルビン酸（ビタミンCで抗酸化作用）や糖類（旨み成分）が増大することが知られている．しかし酸化的な畑状態では尿素や硫アンを施用しても容易に硝酸化成しアンモニウム態窒素を供給することは極めて難しい．ここで硫アンや第二リン酸アンモニウムを被覆した肥効調節型肥料を接触条施すると，表1.3に示すように，圃場で栽培されたホウレンソウもシュウ酸と硝酸態窒素の蓄積を軽減し，逆にアスコルビン酸を増加させることが可能となった[8~10]．

一方，水田土壌中では還元状態で水稲が生育するので，酸素を含有する硝酸態窒素の供給が水稲の生育収量に有効とする報告がある．そこで硝酸カルシウムを被覆した肥効調節型被覆肥料（被覆硝カル）を作成し，速効性の硝カル，硫アンおよび被覆尿素と肥効を検討したのが図1.4である[11]．これを見ると，速効性硝カルの基肥施用では，脱窒により施肥窒素利用率は2％以下と著しく低い値であった．これに対して接触施用した被覆硝カルでは，速効性硫アンとほぼ同程度の25％程度にまで利用率が改善された．しかし，被覆尿素の60％前後の利用率と比べるとまだ半分以下であり，更なる検討が必要である．このように肥効調節型肥料を用いて種子や作物根との接触施肥を行えば，酸化的畑土壌でアンモニウム態窒素を，還元的水田での硝酸態窒素の供給が可能となり，農作物の収量，品質を大きく改善することが

表1.3 ホウレンソウの硝酸，シュウ酸，アスコルビン酸含量

施肥形態	硝酸含量 mg/kg FW	全シュウ酸含量 mg/g DW	水溶液蓚酸 mg/g DW	不溶性シュウ酸 mg/g DW	不溶性シュウ酸割合（％）	アスコルビン酸 mg/100 g FW
AS	1933[a]	69.1[a]	64.7[a]	4.4[c]	6.1[b]	44[b]
POCU	153[b]	71.8[a]	54.4[ab]	17.4[a]	24.0[b]	55[a]
POCU–Dd	51[b]	34.4[c]	29.8[c]	10.6[b]	31.1[a]	51[a]
POC–DAP	126[b]	54.5[b]	48.7[b]	5.8[bc]	10.5[cb]	56[a]
POC–AS	181[b]	50.4[b]	41.3[b]	9.1[bc]	17.8[bc]	57[a]

AS：硫アン　POCU：被覆尿素　POCU–Dd：ジシアンジアミド入り被覆尿素　POC–DAP：被覆二リンアン，POC–AS：被覆硫アン．異なる英小文字は5％水準で有意差あり．

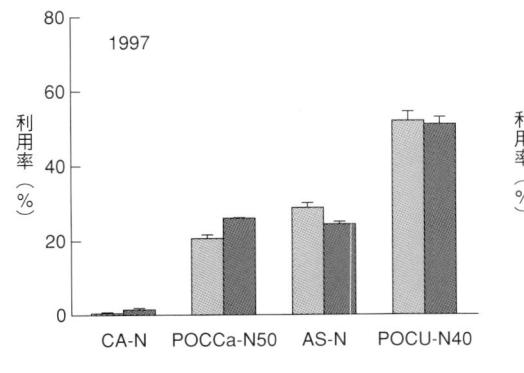

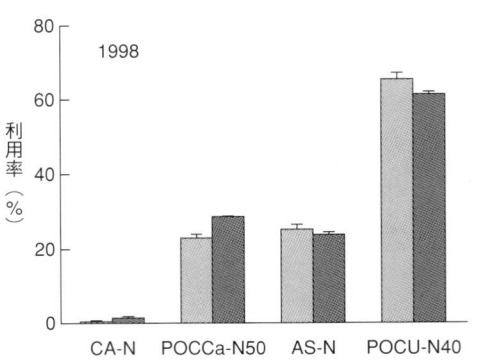

図1.4 水稲の基肥施用窒素利用率
（CA–N：硝カル，POCCa–N50：被覆硝カル，AS–N：硫アン，POCU–N40：被覆尿素）
■：最高分ゲツ期　■：収穫期

期待される．

d. 不可給化しやすい元素の直接供給

　土壌の介在を少なくすることによって改善される栄養状態としては，この他にも土壌中で不可給化しやすい元素の直接供給である．たとえば，アルカリ土壌では鉄が不可給化しやすく，鉄があるにもかかわらず，多くの作物が鉄欠乏で生育が阻害されている．このようなアルカリ水田土壌で，微量要素を含む被覆肥料を水稲根に接触施用すると水稲生育が著しく改善される．また，南條ら[12]はバン土性が強く，リン酸の固定，不可給態化が容易に起こる黒ボク土のリン酸肥料の利用率向上を目的として，リン酸を封入したゲルビーズ肥料と作物根を接触施肥する栽培を検討した．その結果，細根の多いアブラナ科植物はゲルビーズ肥料を包み込み，相対的に細根の少ないトウモロコシに比べてリン酸の利用率を著しく高めることが明らかとなった．また腐植に富む酸性岩質の黒ボク土ではもともと母材的に Cu, Co が少ないうえに，Cu, Co は多量に存在する腐植と強固なキレート化合物をつくるために，麦類の Cu 欠乏や反芻草食動物の潜在的 Co 欠乏が発生する．この場合，Cu を含む肥効調節型肥料とオオムギあるいはコムギ種子を接触して栽培すると，慣行の硫酸銅散布に比べて，1/5 程度の Cu 施用で正常な生育，収量を得ることができる[13]．

e. 肥効調節型肥料を用いた接触施肥の問題点と対策

　接触施肥の成否は肥料粒子と作物根の接触面積をできる限り大きくして土壌の介在を最小限にすることである．肥料と作物根の接触面積を増やす方法としては，根毛や細根の多い作目（たとえば，アブラナ科作物）や根量の多い品種の選択（水稲では穂重型より穂数型），根毛増大遺伝子（rol–a, b, c）を導入した形質転換植物の作出，根毛増大ホルモン入り肥料粒子の作製，根成長に対するストレス要因の除去などが考えられる．

　前述のように，接触施肥は施肥養分の利用率を向上させるとともに，土壌を介さず目的とした施肥養分，施肥形態を肥料粒子から直接作物根に供給できるという画期的な施肥方法である．しかしながら，現在最も普及している肥効調節型肥料はアニオンを含まない被覆尿素であり，局所に大量施用するとアンモニア障害，アンモニアの揮散ロスが生じるという可能性がある．このような問題を解決するには，耐肥性の強い作物，品種の選抜（たとえばスイートコーンよりデントコーン），肥料資材としてアンモニウム塩（リン酸アンモニウム，硫酸アンモニウム，塩化アンモニウム）の利用，ウレアーゼ活性（アンモニア化）の抑制，根との接触面積を増やし肥料尿素を直接吸収させるなどが考えられる．

　現在，多くの先進国では穀物生産が過剰となり，環境汚染も急速に進行していることから，減肥あるいは無化学肥料栽培，有機栽培が推奨されている．しかし化学肥料は基本的に作物が必要とする養分を供給するものであり，化学肥料そのものが有害なわけではない．化学肥料による地下水汚染のような環境負荷が問題にされるのは，その施用方法や施用形態が不適切で作物が十分に吸収利用できないためである．したがって肥効調節型肥料の開発のような，最先端科学技術を活用し，作物による肥料成分の利用効率を最大限とし，環境への負荷を最少とする農法，最大効率最少汚染農法が極めて重要である．

〔三枝正彦〕

文　献

1) 三枝正彦：肥料時報，406 号，30–35（2002）
2) 稲津 脩：土肥誌，**69**，88–92（1998）
3) 石間紀男ら：食品総合研究所報告，**29**，9–15（1974）
4) Saigusa M.: Nitrogen Nutrition and Plant Growth, pp. 305–335, Oxford & IBH Publishing Co. PVT. LTD New Delhi（1999）
5) Tian X. and Saigusa M.: *Tohoku J. Agric. Res.*, **52**, 39–55（2002）
6) 三枝正彦：日作紀，**70**，別 1，274–275（2001）
7) 佐藤徳雄・渋谷暁一：日作東北支部報，**34**，15–16（1991）
8) Ombodi, A. *et al.*: *Tohoku J. Agric. Res.*, **49**, 101–109（1999）
9) Ombodi A. *et al.*: *J. Plant Nutr.*, **23**, 1495–1504（2000）
10) 建部雅子ら：土肥誌，**67**，147–154（1996）
11) Saigusa, M. *et al.*: Fertilization in the third millennium–fertilizer, food security and environmental protection, pp. 315–321（2001）

12) Nanzyo *et al.* : *Soil Science Plant Nutrition*, **48**, 847-853 (2002)
13) Saigusa M., *et al.* : Plant Nutrition for Sustainable Food Production and Environment, pp. 655-656, Kluwer Academic Publisher, Japan (1997)

2. 肥料需要の歴史的推移と将来展望

2.1 世界的にみた人口増加に伴う食糧生産の増加と肥料消費の推移

2.1.1 世界全体としての推移

a. 人口と穀物生産量

1800年以降の世界人口の推移[1]をみると，1800年に約10億であった人口が20億に達したのは1930年であり，その間の年平均増加率は0.7%であった（図2.1）．さらに世界人口が25億に達したのは1950年であり，この20年間の人口増加率は年平均1.12%であった．これが2001年には61億3千万人になり，わずか50年の間に2.45倍に増加し，この間の年平均増加率は1.78%に達している．

人口が増加する場合には当然食糧に対する需要が増加する．世界全体としての穀物生産量は1950年には6.3億tであったが，その後年とともに増加して2001年には20.9億tに達した（図2.2）[1]．穀物生産量はこの50年の間に約3.3倍に増加したことになる．この増加率は1950年から2001年にかけての人口増加率2.45倍よりかなり上まわっており，1950年と比較すると2001年の世界全体としての食糧事情はかなり改善されたとみることができる．ただし，この間に増加した穀物のすべてが人間の食糧として直接消費されたわけではない．世界全体としての食肉生産量は1950年から1999年にかけて4,600万tから2億2590万tに増加しており，その増加率は4.9倍に達し，現在では世界全体で生産された穀物の約40%が家畜の飼料として消費されているのである．食肉生産の増加は，生活水準の上昇と対応しており，食生活の多様化をもたらすものであって，人類の食糧問題を考える場合でも決して否定的に取り扱うべきものではないが，食肉摂取量が国によって著しく異なるために，1990年度統計値[2]で，1人当たり穀物消費量が米国では800kgであるのに対して，中国では300kg，インドでは200kgであることや，食肉1kgを生産するために，家禽肉では2kg，豚肉では4kg，畜舎飼いの牛肉では7

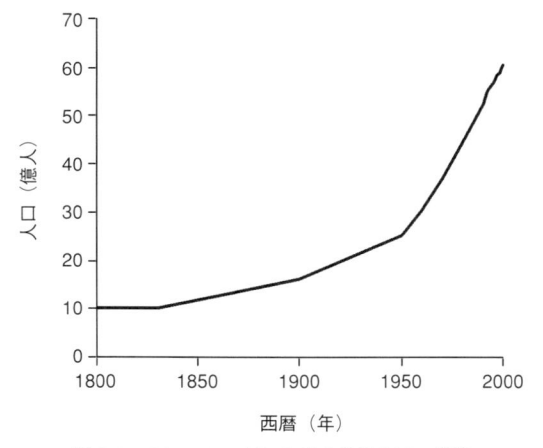

図2.1 1800～2001年における世界人口の推移
（FAO Year Book, Production）

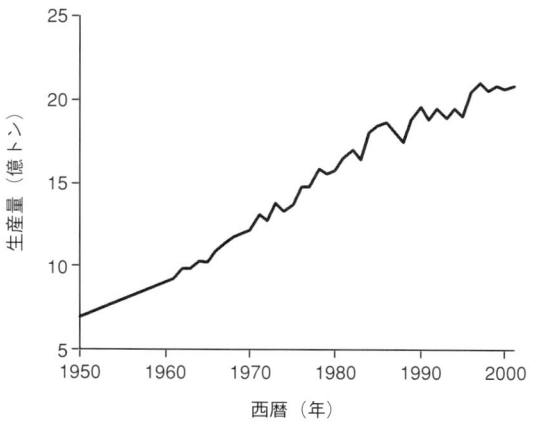

図2.2 1950～2001年における世界の穀物生産量の推移
（FAO Year Book, Production）

kg の穀物が必要であることを考えると，人類の飢餓問題が問われる近未来には，相当深刻な問題を含んでいる．

b. 耕地面積と単位面積当たり穀物収量

世界全体としての総耕地面積は，1964 年には約 14.1 億 ha であった（図 2.3）．この面積はその後 1970 年代初期まで増加しつづけて，1973 年に 15 億 ha に達した後ゆるやかな減少に転じたが，1990 年以後に主に南米，アジア，オセアニアにおける耕地面積の増加によって 1998 年まで増加した[1]．一方，穀物作付面積は，1950 年には約 6 億 ha であった（図 2.4）．この面積はその後 1980 年代まで増加しつづけて，1981 年に 7.35 億 ha に達した後ゆるやかな減少に転じ，2001 年には 6.7 億 ha にまで減少した．2001 年における穀物作付面積を 1950 年のそれと比較すると，穀物作付面積はこの 50 年間に約 12％ しか増加しなかったことになる．上記したように，この間に穀物生産量は約 3.3 倍に増加したのであるから，この増加はもっぱら単位面積当たりの穀物収量（単収）の増加に起因したことになる．実際，世界全体を平均した穀物の単収は，1950 年の 1.06 t/ha から 2001 年の 3.04 t/ha までほぼ一定の増加率で増加し続け，この 50 年間に約 2.9 倍に増加した（図 2.5）．このような穀物単収の増加は，高収量品種の開発と普及ならびに化学肥料の使用量の増加と農薬の開発・利用をはじめとする生産技術の進歩に負うところが大きい．

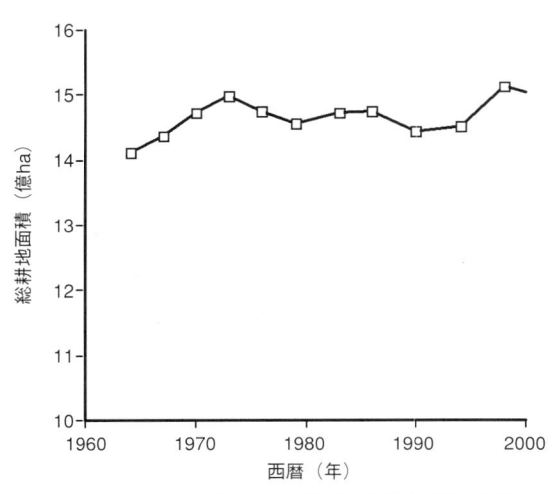

図 2.3　1964～2000 年における世界の総耕地面積の推移（FAO Year Book, Production）

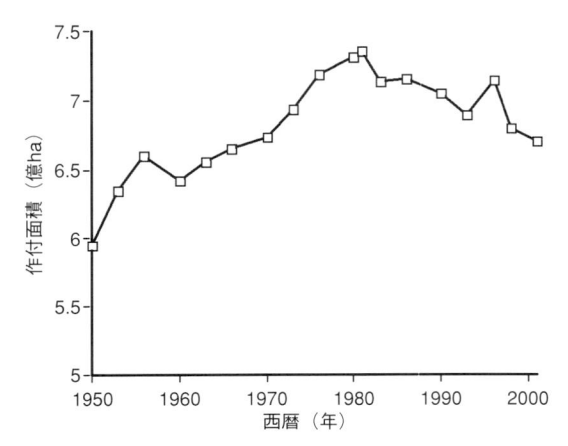

図 2.4　1950～2001 年における世界全体としての穀物作付面積の推移（FAO Year Book, Production）

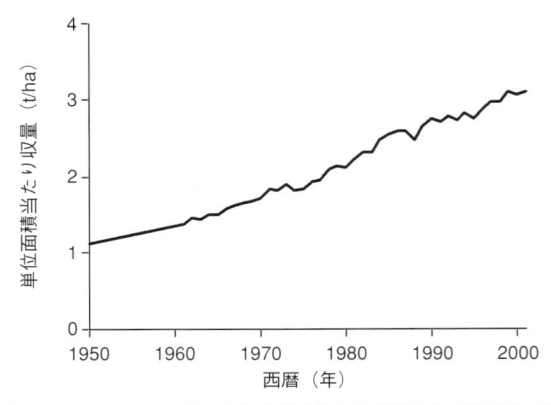

図 2.5　1950～2001 年における単位耕地面積当たり平均穀物収量の推移（FAO Year Book, Production）

c. 肥料消費量と単位面積当たり施肥量

世界全体としての窒素質肥料の消費量は，窒素換算で 1964 年には 1,640 万 t であったが，年とともに急速に増加して 1988 年に最高値の 7,970 万 t に達した後，減少に転じて 1993 年まで減少し，その後途上国における肥料消費量の増加によって再び増加して，1999 年にこれまでの最高である 8,500 万 t に達して現在に至っている（図 2.6）[3]．リン酸およびカリ質肥料の消費量も窒素質肥料の消費量よりは少ないが，その推移は窒素質肥料と同様である．世界全体を平均した単位耕地面積当たりの N，P_2O_5，K_2O の施肥量も同様に，1964 年にはそれぞれ 11.6，9.9 および 7.8 kg/ha にすぎなかったが，年とともに急速に増加し

記載する．

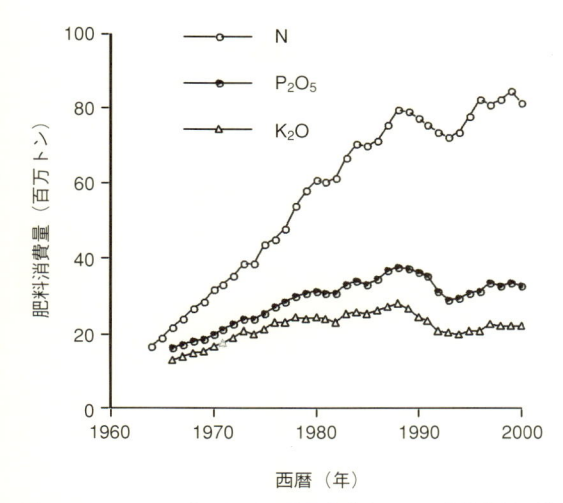

図 2.6 1964～2000 年における世界全体としての化学肥料の消費量の推移（FAO Year Book, Fertilizer）

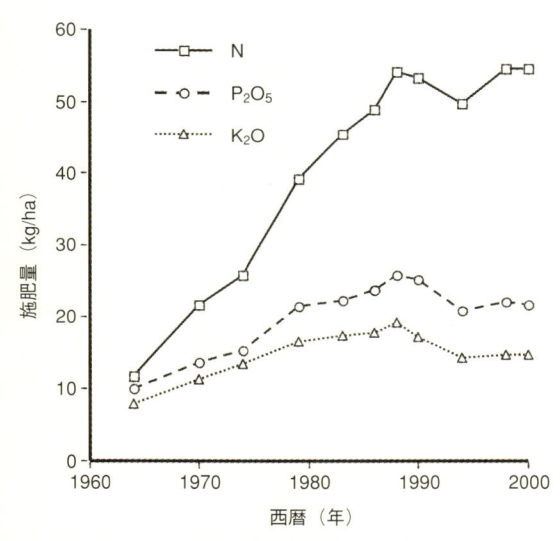

図 2.7 1964～2000 年における世界全体を平均した ha 当たり N, P_2O_5, K_2O 施肥量の推移（FAO Year Book, Fertilizer）

て 1988 年に第 1 回目の最高値である 54.2, 25.8, 19.1 kg/ha に達し，その後一時減少した後増加して現在に至っている（図 2.7）．1988 年までの化学肥料の使用量の増加と穀物生産量の増加ならびに単位面積当たり収量の増加はよく対応しており，化学肥料の施用量の増加が穀物生産の増加に対して大きな貢献をしたことは間違いのないところである．1988 年以後に世界全体としての化学肥料の消費量が一時減少したにもかかわらず，穀物生産総量も単位面積当たり収量もともに増加したことの原因については，2.2 節および 2.3 節に

2.1.2 大陸別の推移

a. 人口と耕地面積

人口，耕地面積，食糧生産量，肥料消費量に関する各大陸の信頼できる資料が少ないので，1950 年あるいは 1961 年以後の推移について論じることにする．

1950 年における大陸別の人口は，アジアで最も多く，それに次いで旧ソ連を除くヨーロッパ，北米，アフリカ，旧ソ連，南米，オセアニアの順であった（図 2.8）．1950 年以後，人口は各大陸ともに増加の一途をたどったが，その増加率は大陸によって異なり，1950 年と比較した 2001 年の人口の増加率は，アフリカで 3.75 倍と最も高く，それに次いで南米 3.19 倍，アジア 2.72 倍，オセアニア 2.49 倍，北米 2.26 倍，ヨーロッパ 1.85 倍の順である．なお，ヨーロッパの人口は 1991 年までとそれ以後で意味を異にしており，1991 年までは旧ソ連を含まない人口であり，それ以後はロシア連邦その他の旧ソ連所属のヨーロッパに位置する諸国を含む人口である．アジアについ

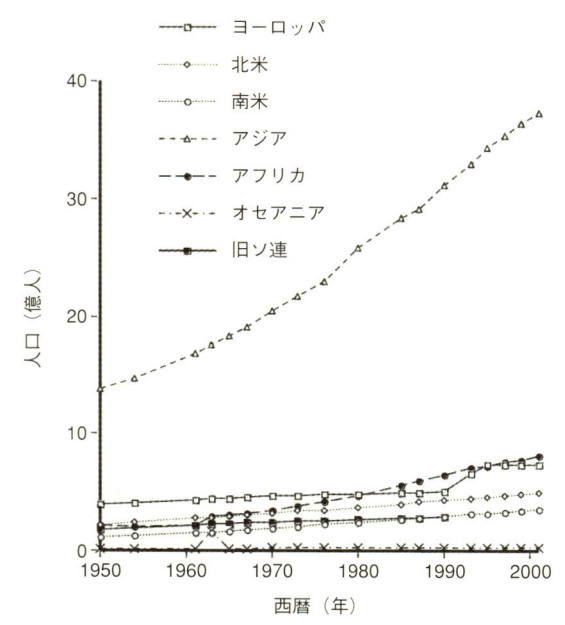

図 2.8 1950～2001 年における大陸別人口の推移（FAO Year Book, Production）
※ヨーロッパおよびアジアの 1992 年以後の人口には旧ソ連諸国の人口が加えられている．

も 1992 年より，アルメニア，アゼルバイジャン，カザフスタン，キルギスタン，タジキスタン，トルクメニスタン，ウズベキスタン等が組み込まれている．その結果，2001 年の人口はアジア（37.2 億）≫アフリカ（8.1 億）＞ヨーロッパ（7.3 億）＞中南米（5.3 億）＞北米（3.2 億）≫オセアニア（0.3 億）の順である．

耕地面積は全陸地面積が飛び抜けて大きいアジアで最も大きく，それに次いで 1990 年までは北米＞アフリカ＞ヨーロッパ＞南米＞オセアニアの順であり，1990 年までの旧ソ連は北米とアフリカの中間であった（図 2.9）．1990 年以後の統計表にはソビエト連邦に所属した諸国がヨーロッパに組み込まれたため，ヨーロッパの耕地面積は増加して，アジアに次ぐ面積になった．アジアの耕地面積は 1990 年から 2001 年にかけて約 9,000 万 ha 増加したが，そのうち 4,500 万 ha は旧ソ連から統計上参入した諸国の耕地面積であるので，アジアにおけるこの間の耕地面積の実質的な増加は約 4,500 万 ha であるとみなされる．1961 年の耕地面積に対する 2000 年のそれの増加率はオセアニアで最も高く 56％の増加であり，それに次いで南米 41％，旧ソ連を含まないヨーロッパ 18％，アジア 12％（実質増加率），アフリカ 4％，北米 4％である．オセアニアと南米の増加率は比較的高いが，他の大陸では耕地面積の拡大は限界状態にきているとみなされる．

b. 総穀物生産量と肥料消費量

1964 年から 2001 年までの大陸別にみた総穀物生産量は，どの大陸でも増加しており，その増加率は，オセアニア 2.77 倍，南米 2.56 倍，アジア 2.39 倍，アフリカ 2.28 倍，北米 1.99 倍，旧ソ連諸国を含まないヨーロッパ 1.79 倍であり，1964 年から 1990 年までの旧ソ連では 1.48 倍であった（図 2.10）．なお，図 2.10 に示したヨーロッパの 1992 年以後の穀物生産量は旧ソ連諸国を含むデータである．

一方，同時期における代表的肥料である窒素質肥料の消費量は，アジア，南米，アフリカ，オセアニアでは年とともに増加し，ヨーロッパと北米では 1980 年代初期まで増加したが，その後ヨーロッパでは減少に向かい，北米では頭打ち状態になった（図 2.11）．この間の増加率を大陸間で比較すると，オセアニア 15.8 倍＞アジア 14.8 倍＞南米 13.8 倍≫アフリカ 4.8 倍＞北米 2.9 倍＞旧ソ連諸国を含むヨーロッパ 2.29 倍の順である．なお，1964 年から 1990 年における旧ソ連の増加

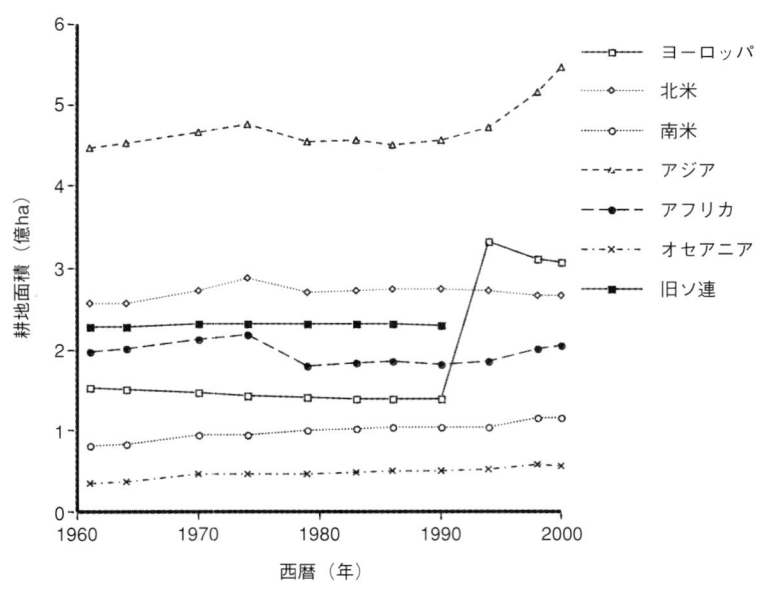

図 2.9 1961〜2000 年における大陸別耕地面積の推移
（FAO Year Book, Production）
※ヨーロッパおよびアジアの 1992 年以後の耕地面積には旧ソ連諸国の面積が加えられている．

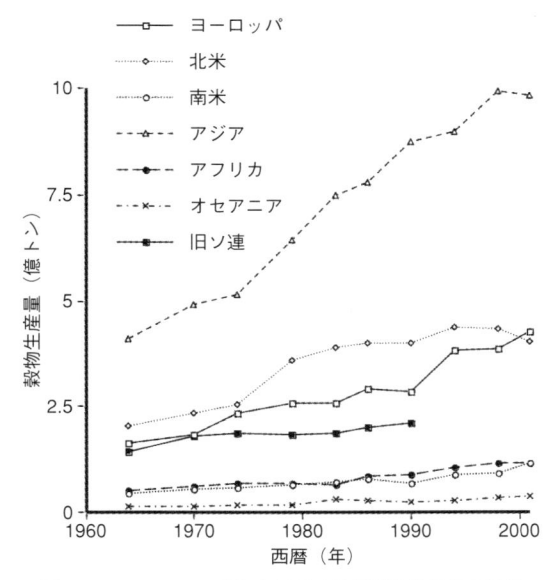

図2.10 1964～2001年における大陸別穀物生産量の推移（FAO Year Book, Production）
※ヨーロッパおよびアジアの1992年以後の穀物生産量には旧ソ連諸国の生産量が加えられている．

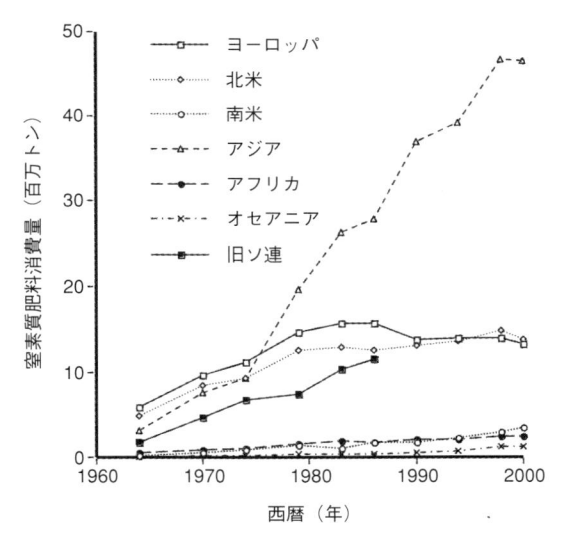

図2.11 1964～2000年における大陸別窒素質肥料消費量の推移（FAO Year Book, Fertilizer）
※ヨーロッパおよびアジアの1992年以後の肥料消費量には旧ソ連諸国の消費量が加えられている．

率は6.5倍であった．すなわち，肥料消費量の増加率が高いオセアニア，アジア，南米において穀物生産量の増加率も高く，穀物生産の増加に対して施肥が大きな貢献をしたことを示している．1960年代に肥料消費量が著しく少なかったアフリカでの肥料消費量の増加率が低いのが特徴的であり，肥料使用量の増加率が低水準であること

が穀物生産量の増加率も低い一因であると理解される．

c. 単位耕地面積当たりの施肥量と穀物収量との関係

穀物生産の増加に対して施肥が大きな貢献をしたことは，各大陸における単位耕地面積当たりの施肥量の推移と穀物収量の推移との関係から，より鮮明にみることができる．

1964年における単位耕地面積当たりの大陸平均窒素施肥量は，ヨーロッパ≫北米≫アジア＞南米≒アフリカ≒オセアニアの順であり，ヨーロッパでは38.5 kgN/haであったのに対し，北米21.4，アジア7.0，南米3.0，アフリカ2.5，オセアニア2.0 kg/haと極めて低レベルであった（図2.12）．その後窒素施肥量は，ヨーロッパでは1986年まで，他の大陸では現在まで年とともに増加した．とくに1986年までのヨーロッパと1990年までのアジアでの増加率は著しく高く，1986年における平均施肥量は，ヨーロッパ（112.6 kgN/ha）≫アジア（62.9）＞北米（45.8）＞南米（13.0）＞アフリカ（10.9）＞オセアニア

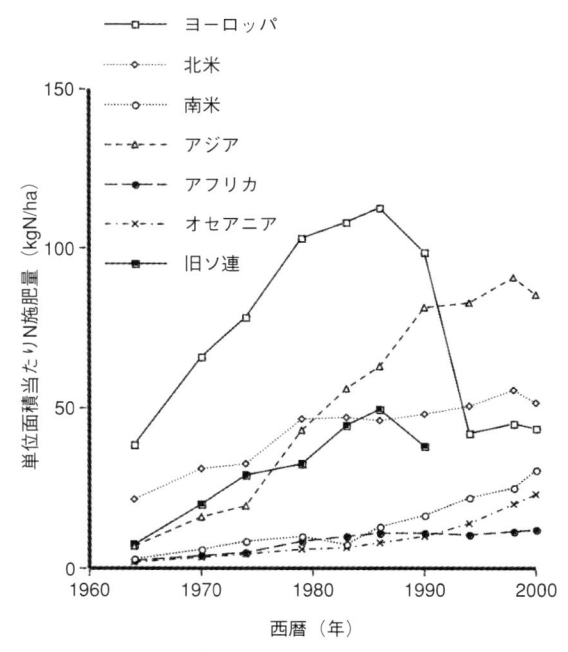

図2.12 1964～2000年における大陸別にみた単位面積当たり平均窒素施肥量の推移（FAO Year Book, Production）
※ヨーロッパおよびアジアの1992年以後のデータは旧ソ連諸国のデータを含む．

(8.1) の順になった．その後ヨーロッパ各国の窒素施肥量が減少したことと旧ソ連諸国が統計上組み込まれたために，ヨーロッパの平均施肥量が急速に減少した結果，2000 年にはアジア（85.1 kgN/ha）≫北米（51.3）＞ヨーロッパ（43.5）＞南米（30.5）＞オセアニア（22.7）＞アフリカ（11.9）の順となって現在に至っている．1964 年から 2000 年までのヘクタール当たり窒素施肥量の増加率は，アジア（12.2 倍）＞オセアニア（11.4）＞南米（10.2）＞アフリカ（4.8）＞北米（2.4）＞旧ソ連を含むヨーロッパ（1.13）の順である．

一方，単位耕地面積当たり穀物収量は単位耕地面積当たり施肥量の増加と対応してどの大陸においても増加しており（図 2.13），1964 年から 2000 年までの増加率は，アジア（2.28 倍）＞南米（2.20）＞北米（2.09）＞ヨーロッパ（1.58）＞オセアニア（1.53）＞アフリカ（1.45）であり，2001 年のヘクタール当たり穀物収量は，北米（4.65 t）＞ヨーロッパ（3.50）＞南米（3.17）＞アジア（3.14）＞オセアニア（2.10）＞アフリカ（1.25）である．これを上記したヘクタール当たり施肥量と比較すると，乾燥地面積の多いアジアでの穀物収量は肥沃な土壌の多い北米やヨーロッパより施肥効率が劣るためにやや低いが，ヘクタール当たり施肥量が少ないアフリカやオセアニアにおける穀物収量は極めて低く，おおむね，単位耕地面積当たりの施肥量が多い大陸ほど穀物収量が多いとみることができる．

〔但野利秋〕

文　献

1) FAO Year Book, Production 1964〜2001（1964〜2001）
2) FAO Year Book, Production 1990（1990）
3) FAO Year Book, Fertilizer 1964〜2001（1964〜2001）

2.2　各大陸の主要国における人口増加に伴う施肥量と食糧生産の推移

2.2.1　ヨーロッパ諸国における施肥量と食糧生産の推移

西欧諸国の代表として英国，フランス，イタリア，スペインの 4 カ国，東欧諸国の代表としてポーランドとブルガリアの 2 カ国，および西欧に属する西ドイツと東欧に属した東ドイツが合併したドイツの合計 7 カ国を選んで，各国における食糧生産と肥料需要の推移を国別にみることにする．

前節に示したように，ヨーロッパの人口増加率

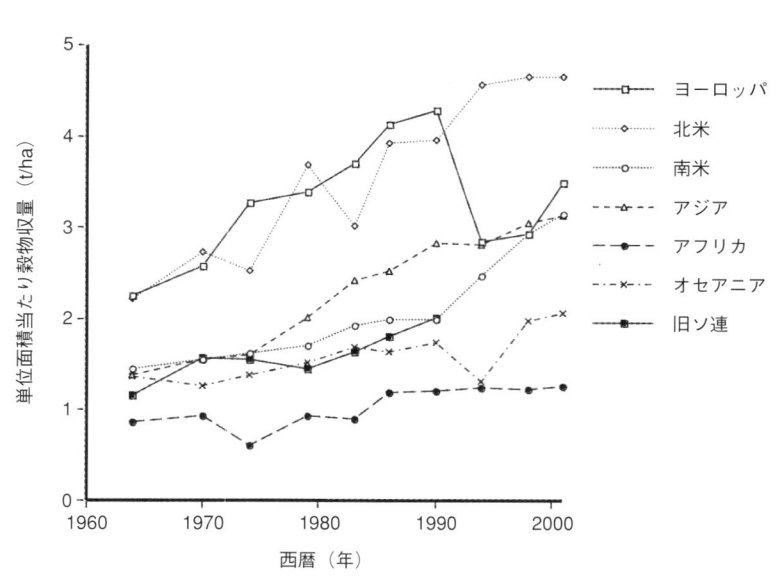

図 2.13　1964〜2001 年における大陸別単位面積当たり平均穀物収量の推移
（FAO Year Book, Production）
※ヨーロッパおよびアジアの 1992 年以後のデータには旧ソ連諸国のデータが加えられている．

は6大陸中で最も低い．上記7カ国の人口増加率も例外ではなく，1961年から2001年までの各国の人口増加率を高い順に並べると，スペイン（30.6%）＞フランス（28.8）≒ポーランド（28.7）＞イタリア（15.2）＞英国（13.2）＞ドイツ（11.8）＞ブルガリア（−0.9）の順であって，全体に低く（図2.14），ブルガリア，ドイツ，英国，イタリアでとくに低い[1]．それぞれの国の食糧事情は穀物自給率から判断できるので，百万人以上の人口をもつ諸国の2000年における穀物自給率を図2.15に示した[3]．自給率が100%以上の国は34カ国中14カ国におよび，80%以上の国となると21カ国に達している．自給率が50%以下の国は，耕地面積が約30万haのスロベニア，約90万haのオランダ，約317万haのポルトガルの3カ国にすぎない．すなわち，ヨーロッパ諸国には穀物自給率が高い国が多く，かなりの国が食糧を他国に輸出している状況にある．図2.14でヨーロッパ諸国の代表として選んだ7カ国の穀物自給率は，高い国から，フランス（228%），ドイツ（126），

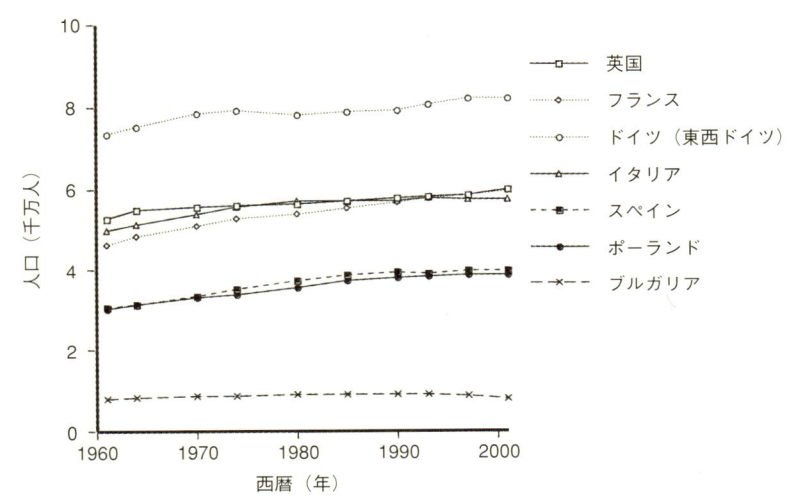

図2.14 ヨーロッパの主要国における人口の推移（1961～2001）
（FAO Year Book, Production）

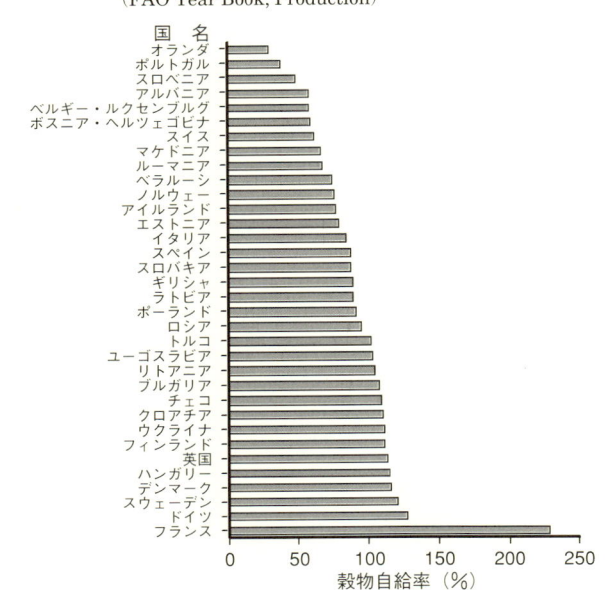

図2.15 人口百万人以上のヨーロッパ諸国の穀物自給率
（食料需給表，農林水産省，2003）
※穀物自給率：重量ベース

英国(112), ブルガリア(107), ポーランド(90), スペイン (87), イタリア (84) であり, ヨーロッパ諸国の状況をほぼ反映しているとみることができる.

上記の7カ国中で1964年から2001年にかけて耕地面積が増加した国はブルガリア (1.5% 増) のみであり, 減少率の高い順にイタリア (30%減), 英国 (20), ドイツ (11), スペイン (11), ポーランド (10), フランス (6) といずれも減少している (図2.16)[1]. これらの諸国における窒素質肥料の単位面積当たり施肥量は, 1964年以後急速に増加して, イタリアでは1979年, ブルガリアでは1983年, 英国, ドイツ, フランス, ポーランドでは1986年に最高に達して, その後減少に向かった (図2.17)[2]. スペインの施肥量は現在も増加中であるとみられる. 最高に達した年のヘクタール当たりの平均窒素施肥量は, 英国 (238 kg)＞ドイツ (184)＞フランス (135)＞ブルガリア (133)＞ポーランド (92)＞イタリア (89)＞スペイン (63) の順で, 1964年の施肥量と比較した増加率は高い順に, ポーランド (3.81倍) ≒ブルガリア (3.81)＞スペイン (3.55)＞イタリア (3.38)＞フランス (3.27)＞英国 (2.97)＞ドイツ (2.21) であって, 1964年の施肥量が少な

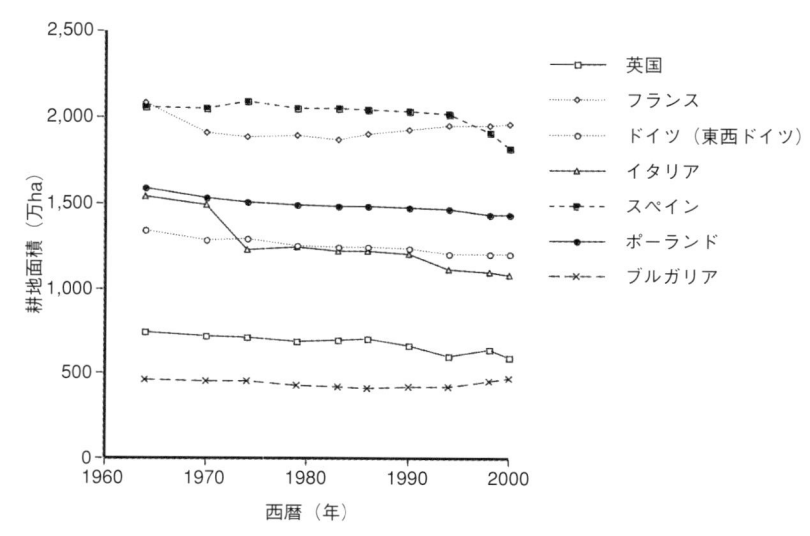

図2.16 ヨーロッパの主要国における耕地面積の推移 (1964〜2000)

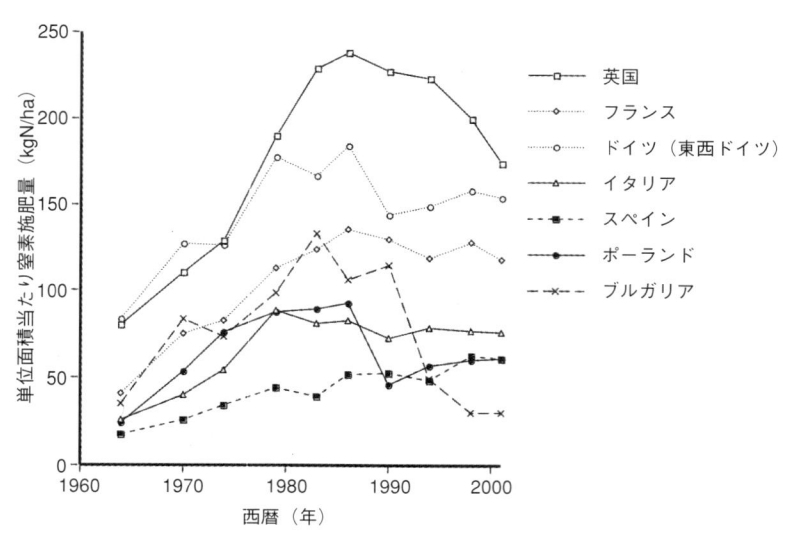

図2.17 ヨーロッパの主要国における単位面積当たり窒素施肥量の推移
(1964〜2001) (FAO Year Book, Fertilizer)

い国ほど増加率が高い．また，2001年における平均窒素施肥量は，英国（174）＞ドイツ（154）＞フランス（118）＞イタリア（77）＞ポーランド（61）≒スペイン（61）＞ブルガリア（30）であり，最高値を示した年と比較した減少率は高い順に，ブルガリア（-78%）＞ポーランド（-34）＞英国（-27）＞ドイツ（-17）＞イタリア（-14）＞フランス（-13）である．

一方，ヘクタール当たり穀物収量は，すべての国で施肥量の増加に伴って増加した．英国，ドイツ，フランス，イタリアの4カ国では施肥量が減少に向かった後でも増加しており，1990年以後に施肥量が激減したブルガリアでは急速に減少し，ポーランドでは施肥量が減少した後でもほぼ同じレベルの穀物収量を維持している（図2.18）[1]．

最高に達した時点での施肥量が多かった英国，ドイツ，フランスに焦点を当てて，1980年代中期以後に単位面積当たり施肥量が減少したにもかかわらず，単位面積当たり穀物収量が増加していることは何を意味するのであろうか．一見矛盾するように思われるこのような現象は，①これらの国では1970年代中期〜1980年代初期に多量の化学肥料を施与するのが普通の農業技術として定着し，その結果，現在の品種ではこれ以上施肥をしても収量は増加しない施肥レベルに達し，さらには不必要に多量の化学肥料の施与が行われる場合も多くなったことと，②その結果として，これらの諸国では地下水，河川水や湖沼水の中の硝酸をはじめとする肥料起源の養分イオン濃度が上昇し，水質汚染が環境劣化問題として顕在化したため，施肥量を減少するための努力が国家レベルでなされたことを反映していると考えられる．これらの諸国では，施肥量を10%や20%減らしても収量はほとんど変化しないレベルの施肥を行っていた地域が多かったと思われる．このような過剰施肥は，国全体としての単位面積当たりの平均施肥量が比較的低い米国やその他の諸国でも，主要穀物生産地帯で起こったことである．

一方，イタリアやポーランドでは，単位面積当たり施肥量が最高時でもあまり高くはなかったにもかかわらず，施肥量が減少した後でも穀物収量は増加あるいは同レベルを維持している．これらの国では化学肥料に替わって堆肥等の有機物施用量の増加が穀物収量レベルの増加あるいは維持のために貢献しているとみられる．堆肥施用量の増加は，近年ヨーロッパ全域で推進されている．

2.2.2 北米諸国における施肥量と食糧生産の推移

北米諸国の代表として，米国，カナダの2国の他に人口が米国に次いで多いメキシコとメキシコ

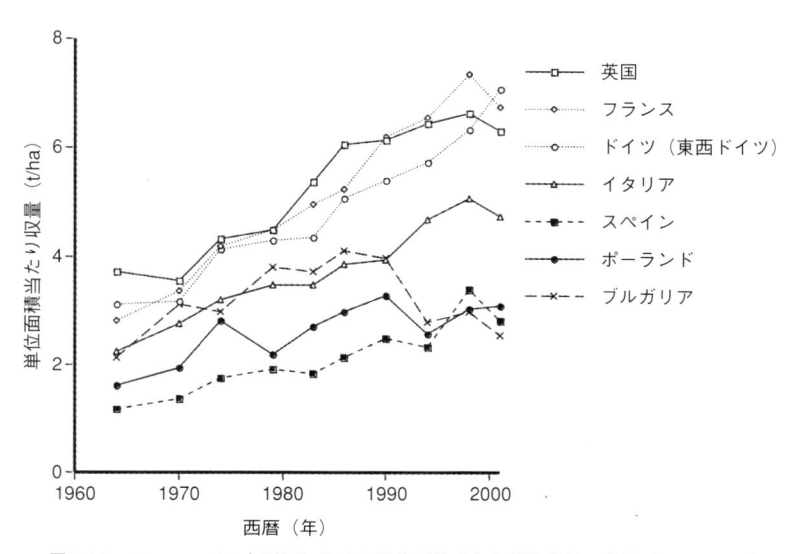

図2.18 ヨーロッパの主要国における単位面積当たり穀物収量の推移（1964〜2001）
（FAO Year Book, Production）

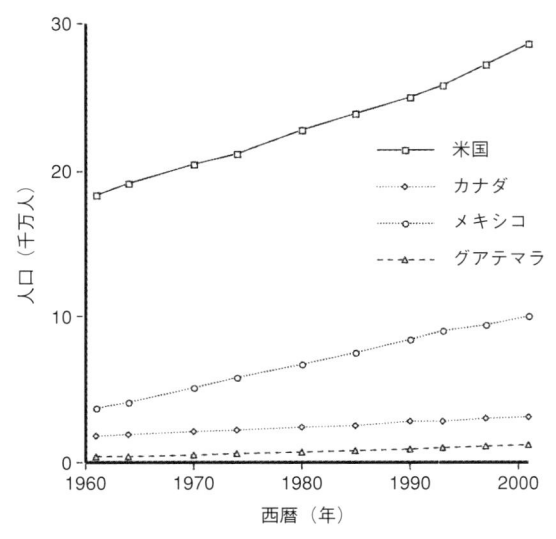

図 2.19　北米の主要国における人口の推移（1961～2001）
（FAO Year Book, Production）

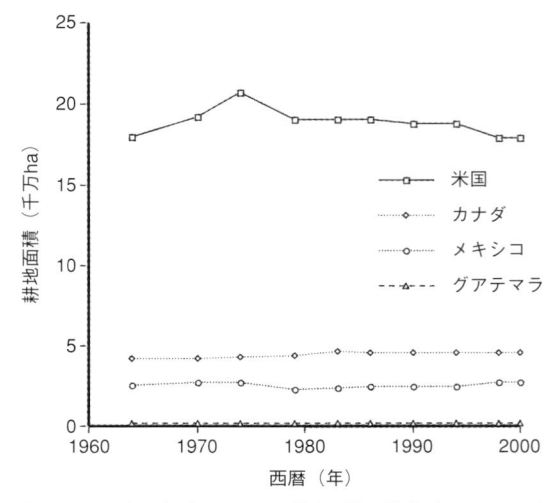

図 2.21　北米の主要国における耕地面積の推移（1964～2000）
（FAO Year Book, Production）

に次ぐグアテマラを選んで考察する．

1961年から2001年にかけた人口増加率はグアテマラ（2.97倍）＞メキシコ（2.69倍）≫カナダ（1.69倍）＞米国（1.56倍）の順であり（図2.19），グアテマラ，メキシコの増加率は北米の平均増加率（2.26倍）より高く，南米の平均増加率（3.19倍）より低い[1]．人口が百万人以上である北米諸国の2000年における穀物自給率は，広大な国土面積を持つカナダ（164%），米国（133%）の2国で100%を超えており，これらの2国は食糧輸出国であるが，北米13カ国中50～75%の国が5

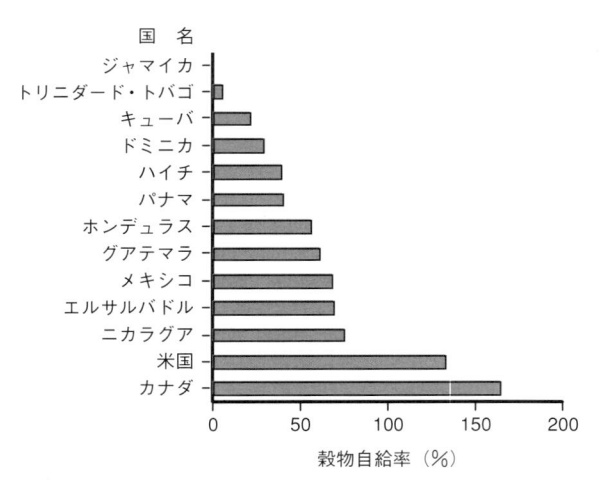

図 2.20　人口百万人以上の北米諸国における穀物自給率（2000）
（食料需給表，農林水産省，2003）
※穀物自給率：重量ベース

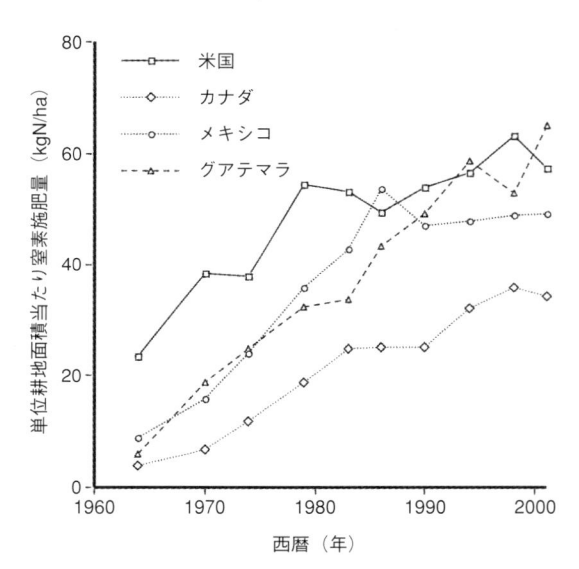

図 2.22　北米の主要国における単位耕地面積当たり窒素施肥量の推移（1964～2001）（FAO Year Book, Fertilizer）

カ国，50%以下の国が6カ国を占めている[3]（図2.20）．メキシコとグアテマラの穀物自給率はそれぞれ68%と61%である．

1964年から2000年にかけた耕地面積の増加率は，グアテマラで比較的高く29%であるが，他の3国では低く，カナダとメキシコで8%，米国では−0.5%である（図2.21）[1]．北米諸国においても現在の耕地面積は限界に近づいているとみられる．全耕地面積に対する窒素質肥料のヘクタール当たり平均施肥量は，1964年には米国（23.4 kgN/ha）≫メキシコ（9.1）＞グアテマラ（6.1）

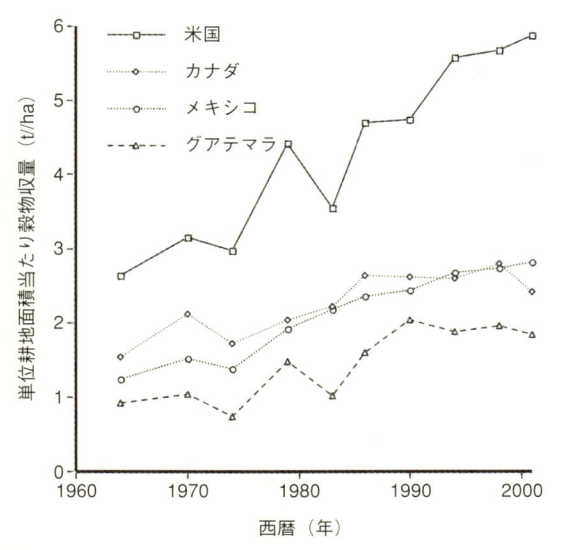

図 2.23　北米の主要国における ha 当たり穀物収量の推移（1964～2001）（FAO Year Book, Production）

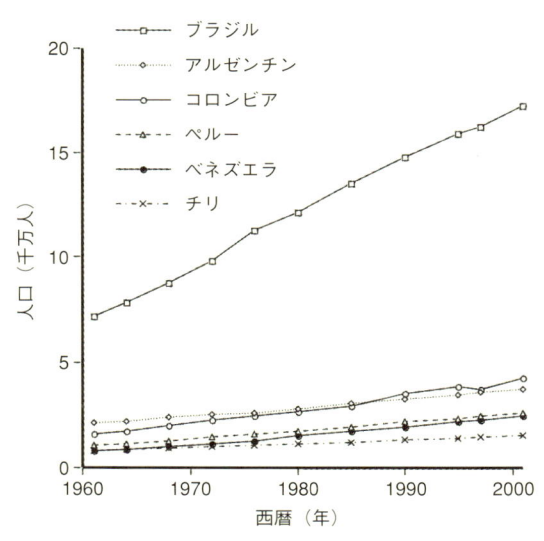

図 2.24　南米の主要国における人口の推移（1961～2001）（FAO Year Book, Production）

＞カナダ（4.0）であって，いずれも低レベルであったが，その後米国では 1979 年まで，メキシコでは 1986 年まで増加し，その後やや増加あるいは頭打ちになり，カナダとグアテマラでは 2001 年まで年とともに増加した[2]（図 2.22）．1964 年から 2001 年にかけた平均施肥量の増加率は，グアテマラで最も高く 10.6 倍であり，以下カナダ（8.5），メキシコ（5.4），米国（2.4）の順であった．一方，単位面積当たり穀物収量は，1964 年では米国（2.64 t/ha）≫カナダ（1.53）＞メキシコ（1.24）＞グアテマラ（0.91）であったが（図 2.23），施肥量の増加に伴っていずれの国においても増加し，2001 年には米国（5.89 t/ha）≫メキシコ（2.82）＞カナダ（2.42）＞グアテマラ（1.83）になった[1]．この間の増加率は，メキシコ（2.27 倍）＞米国（2.23）＞グアテマラ（2.01）＞カナダ（1.58）である．

2.2.3　南米諸国における施肥量と食糧生産の推移

南米諸国の代表として，人口，国土面積ともに最も多いブラジル，国土面積がブラジルに次いで多いアルゼンチン，人口がブラジルに次ぐコロンビアと人口がこれら 3 国に次いで多く，南米諸国の中では第 4，5，6 位であるペルー，ベネズエラ，チリを選んで考察する．

1961 年から 2001 年にかけた人口増加率は，ベネズエラ（3.08 倍）＞コロンビア（2.69）＞ペルー（2.53）＞ブラジル（2.40）＞チリ（1.95）＞アルゼンチン（1.77）の順であり（図 2.24），ベネズエラで 3 倍以上と高く，チリ，アルゼンチンでは 2 倍以下と比較的低い[1]．2000 年における穀物自給率は，アルゼンチン（255%）とウルグアイ（176%）が 100% を超えており，両国は穀物輸出国であるが，パラグアイ，ブラジル，ボリビア，エクアドルは 76～83% であり，その他の諸国は 50～63% である[3]（図 2.25）．人口百万人以上の国で穀物自給率が 50% 以下である国はない．南

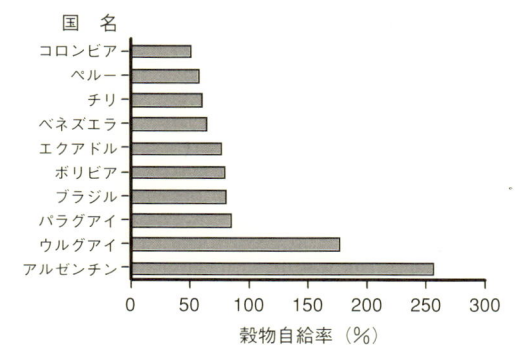

図 2.25　人口百万人以上の南米諸国の穀物自給率（2000）（食料需給表，農林水産省，2003）
※穀物自給率：重量ベース

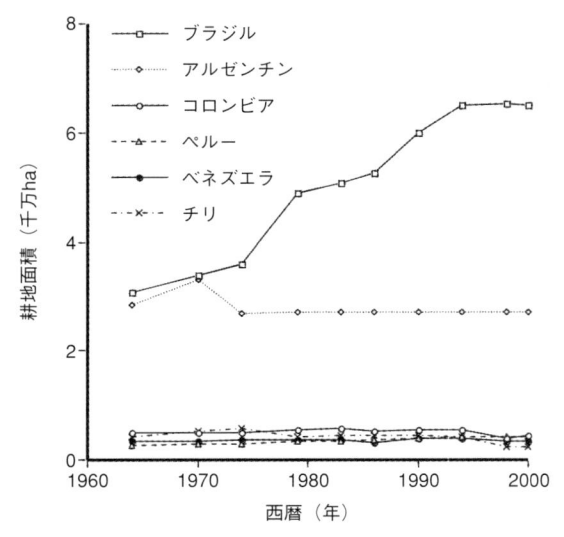

図 2.26 南米の主要国における耕地面積の推移（1964～2000）（FAO Year Book, Production）

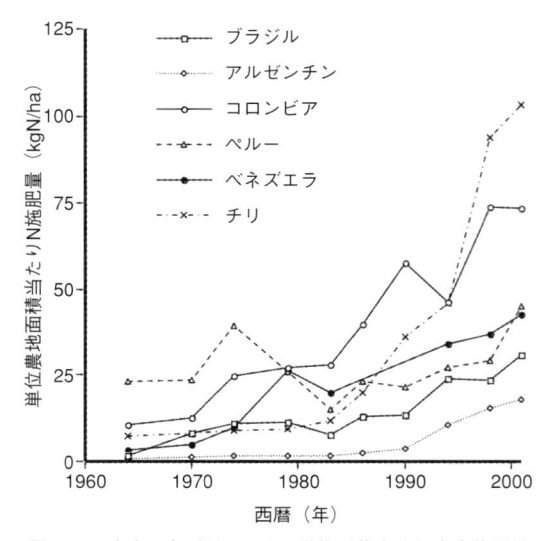

図 2.27 南米の主要国における単位面積当たり窒素施肥量の推移（1964～2001）（FAO Year Book, Fertilizer）

米諸国の代表として選んだ6カ国の穀物自給率は，高い順にアルゼンチン（255%），ブラジル（79），ベネズエラ（63），チリ（59），ペルー（57），コロンビア（50）である．

1964年から2000年にかけた耕地面積の増加率は，ブラジルで著しく高く112%に達し，ペルーでも61%増加したが，アルゼンチン，ベネズエラ，コロンビアでは3～10%減少し，チリでは46%減少した[1]（図2.26）．アルゼンチンにおける耕地面積の減少は，穀物自給率からみて単位面積当たり収量の増加に起因するものであり，作物耕作可能面積が限界状態になったためではないと考えられる．

1964年における単位耕地面積当たり窒素施肥量は，0.7（アルゼンチン）～23.1 kgN/ha（ペルー）であって著しく低く，その後も1980年代初期まで低レベルで推移したが，その後，チリとコロンビアでは急速に，ベネズエラとブラジルではゆるやかに増加した[2]（図2.27）．この中で，アルゼンチンでは1990年まで極めて低レベルであり，その後増加したとはいえ，2000年の施肥量は18 kgN/haにすぎない．また，ペルーの施肥量は1964年には南米諸国中で最も高レベルであったが，その後年による増減はありつつもほとんど増加していない．これらの結果，1964年から2001年にかけた単位耕地面積当たり窒素施肥量の増加率は，アルゼンチン（25.2倍）＞ブラジル（18.1）＞チリ（14.1）＞ベネズエラ（12.9）＞コロンビア（7.0）＞ペルー（2.0）の順である．

施肥量が著しく低かった1964年における単位面積当たり穀物収量は，1.2～1.7 t/haとこれも著しく低かったが，その後の施肥量の増加に伴ってどの国においても増加し，2000年におけるヘクタール当たりの平均穀物収量は，チリ（4.94 t/ha）＞アルゼンチン（3.39）＞コロンビア（3.27）＞ブラジル（3.10）≧ペルー（3.09）≧ベネズエラ

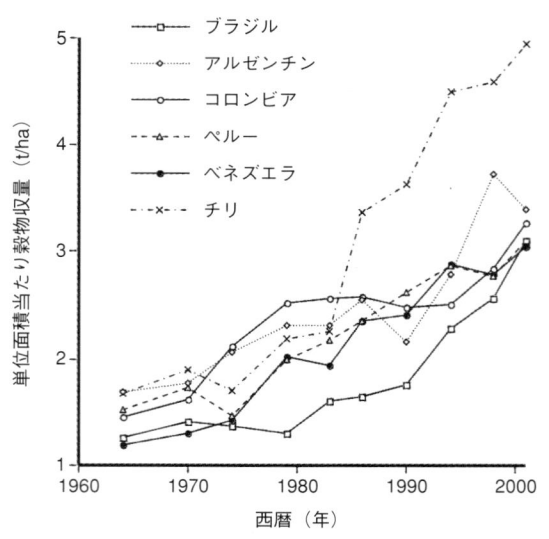

図 2.28 南米の主要国における単位面積当たり穀物収量の推移（1964～2001）（FAO Year Book, Production）

(3.04)である[1](図2.28).また,1964年から2000年にかけた増加率は,チリ(2.94倍)＞ベネズエラ(2.53)＞ブラジル(2.46)＞コロンビア(2.25)＞ペルー(2.02)≧アルゼンチン(2.0)である.

2.2.4 アジア諸国における施肥量と食糧生産の推移

アジア諸国の代表として,人口,陸地面積ともに圧倒的に多い中国とインドの他に,極東に位置する日本,韓国,東南アジアに位置するタイ,インドネシア,南アジアに位置するバングラデシュ,パキスタン,および中東に位置するイランの9カ国を選んで考察する.これらの9カ国中で2001年における人口が最も少ない韓国でも,その人口はアジア諸国中で11位であり,代表として選んだ諸国は人口が多い国である.

1961年から2001年にかけた人口増加率は,イラン(3.23倍)＞パキスタン(3.03)＞バングラデシュ(2.53)＞タイ(2.34)＞インド(2.32)＞インドネシア(2.23)＞中国(1.96)＞韓国(1.85)＞日本(1.34)の順であり(図2.29-1,図2.29-2),イラン,パキスタンでは3倍以上に達しており,北米の主要国中で最も高いグアテマラやメキシコより高い[1].また,アジアの主要国中で人口増加率が最も低い日本の増加率は欧州のすべての主要国より高い.

2000年における穀物自給率は,カザフスタン(178%),タイ(148)で高く,ベトナム,ラオス,ミャンマー,パキスタン,インド,カンボジア,バングラデシュ,ネパールでも高く,101～126%であり,中国,インドネシア,トルクメニスタン,

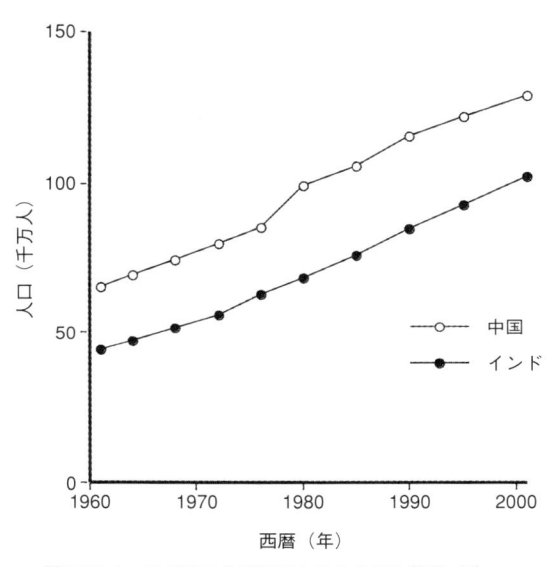

図 2.29-1 アジアの主要国における人口の推移 (1) (1961～2001) (FAO Year Book, Production)

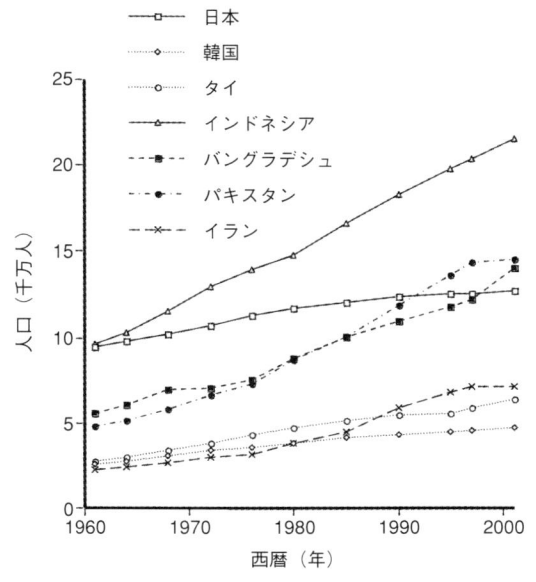

図 2.29-2 アジアの主要国における人口の推移 (2) (1961～2001) (FAO Year Book, Production)

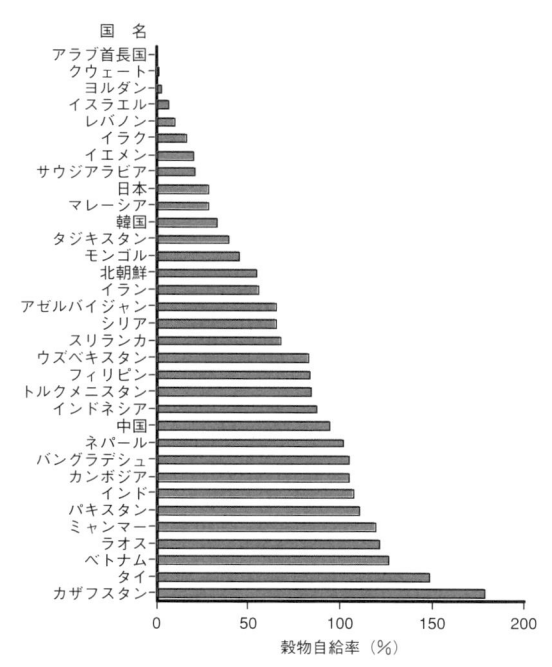

図 2.30 人口百万人以上のアジア諸国の穀物自給率 (2000) (食料需給表,農林水産省,2003)
※穀物自給率:重量ベース

フィリピン，ウズベキスタンでは 82～94% であって比較的高い[3]（図 2.30）．一方，アラブ首長国，クウェート，ヨルダン，イスラエル，レバノン，イラク，イエメン，サウジアラビアの穀物自給率は 21% 以下であり，これらの諸国の劣悪な土壌および気候条件を反映しているとともに，食糧を輸入できるだけの経済力を持っていることを示している．日本と韓国は食糧の生産にとって好適な土壌および気候条件下に位置する国であるが，穀物自給率は 28 および 33% と低く，工業製品の輸出と引き換えに食糧を輸入しなければならない状況をよく反映している．アジアの代表として選んだ諸国の穀物自給率は，高い順に，タイ（148%），パキスタン（110），インド（107），バングラデシュ（104），中国（94），インドネシア（87），イラン（55），韓国（33），日本（28）である．

1964 年から 2000 年にかけた耕地面積の増加率は，カリマンタン，サラワクなどの未開拓地域を残していたインドネシアで著しく高く，98.5% であり，以下，タイ（39.0）＞パキスタン（17.1）＞中国（13.1）＞イラン（5.4）＞インド（4.7）の順であって，バングラデシュ（−4.9），韓国（−11.5），日本（−19.6）の 3 国では減少している[1]（図 2.31-1，図 2.31-2）．1964 年から 2000 年にかけた耕地面積の増加率が高いインドネシア，タイ，パキスタン，中国の 4 カ国について，1990 年と比較した 2000 年の増加率を算出すると，それぞれ 52.5，−18.7，5.8，3.2% であり，耕地面積が今後さらに増加すると考えられる国はインドネシアのみであろう．

1964 年における単位耕地面積当たり平均窒素施肥量は，日本（126 kgN）と韓国（80 kgN）で飛び抜けて多く，他の 7 カ国では 1～9 kg と著しく少なかった[2]（図 2.32）．日本における窒素施肥量はその後 1979 年まで増加し，1979 年に最高値の 197 kgN/ha に達した後，今日まで漸減し続けている．韓国における窒素施肥量も日本の後を追うように増加して 1970 年に日本と同レベルに達し，日本の施肥量が頭打ちになった後も増加して 1990 年に最高値の 240 kgN/ha に達した後，漸減状態に入って今日に至っている．一方，1964

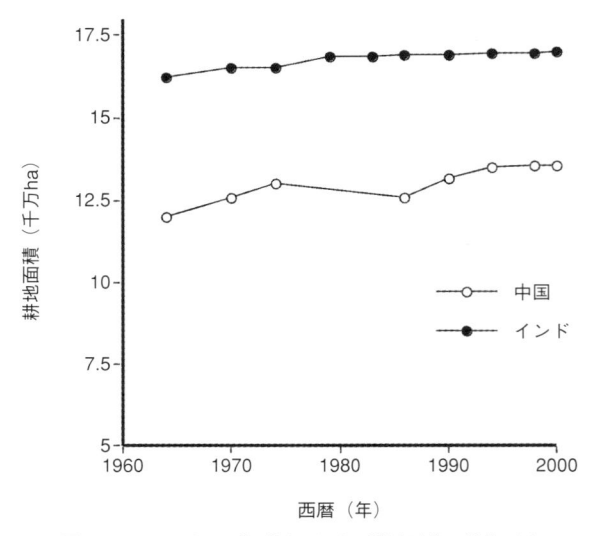

図 2.31-1 アジアの主要国における耕地面積の推移（1）（1964～2000）（FAO Year Book, Production）

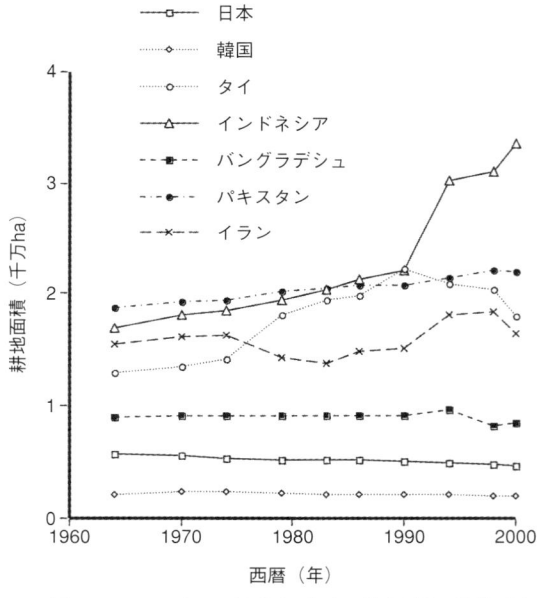

図 2.31-2 アジアの主要国における耕地面積の推移（2）（1964～2000）（FAO Year Book, Production）

年時点の施肥量が著しく少なかった 7 カ国においては，ヘクタール当たり平均窒素施肥量が年とともに増加した．とくに中国における窒素施肥量の増加がきわ立って多く，2001 年におけるヘクタール当たり平均窒素施肥量を 9 カ国間で比較すると，韓国（219 kgN）≫日本（169）≒中国（167）≫バングラデシュ（117）＞パキスタン（103）≫インド（64）＞インドネシア（58）＞イラン（50）＝

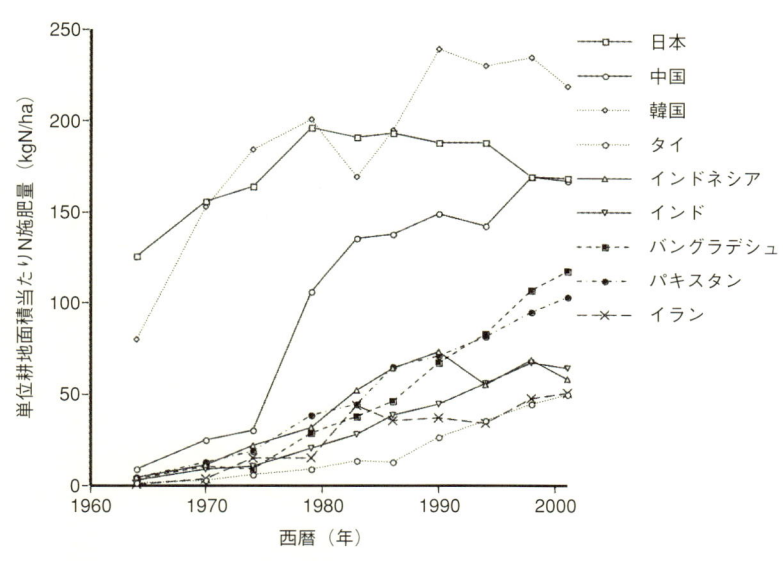

図2.32 アジアの主要国における単位面積当たり窒素施肥量の推移（1964〜2001）
(FAO Year Book, Fertilizer)
※日本の施肥量は，農林水産統計表による．

タイ（50）の順である．また，1964年の施肥量を基準として2001年の施肥量の増加率を比較すると，イラン（50倍）＞タイ（38）＞バングラデシュ（31）＞パキスタン（23）＞インド（20）＞中国（19）＞インドネシア（12）＞韓国（2.8）＞日本（1.3）であり，1964年時点で施肥量が少なかっ た7カ国の増加率は世界でも最上位に位置する．

1964年におけるヘクタール当たり平均穀物収量は，すでにかなり多量の施肥を開始していた日本，韓国で高く，他の7カ国で低かったが，その後どの国においても施肥量の増加と対応して増加した[1]（図2.33）．2001年における平均穀物収量

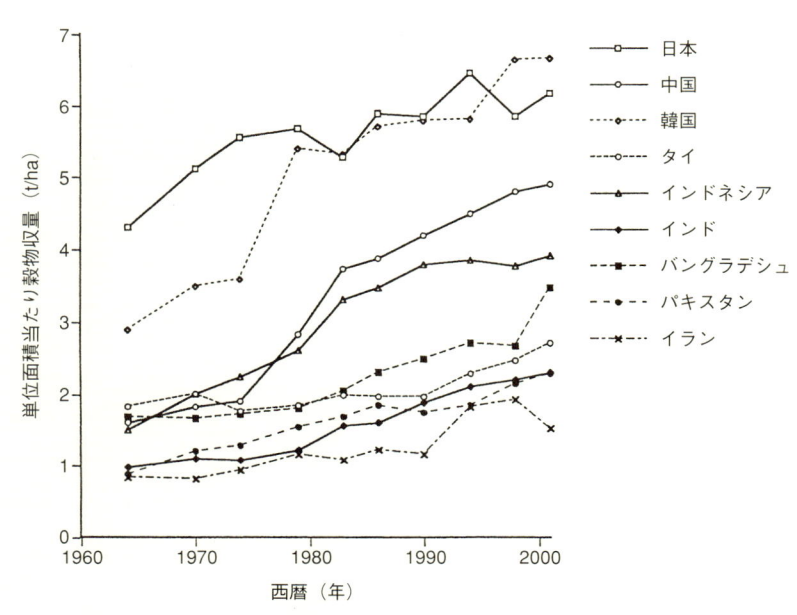

図2.33 アジアの主要国における単位面積当たり穀物収量の推移（1964〜2001）
(FAO Year Book, Production)

は，韓国（6.66 t/ha）＞日本（6.18）＞中国（4.90）＞インドネシア（3.92）＞バングラデシュ（3.48）＞タイ（2.71）＞インド（2.32）≧パキスタン（2.29）＞イラン（1.54）の順であって，上に示した平均施肥量との間には，タイ，インドネシアで平均施肥量の割には穀物収量が多いが，ほぼ対応した関係がある．1964年から2001年にかけた穀物収量の増加率は，中国（3.05倍）＞インドネシア（2.59）≒パキスタン（2.58）＞インド（2.33）≧韓国（2.29）＞バングラデシュ（2.05）＞イラン（1.80）＞タイ（1.48）＞日本（1.43）の順である．

2.2.5 アフリカ諸国における施肥量と食糧生産の推移

アフリカ諸国の代表として，アフリカ諸国の中で人口がそれぞれ第1，2，3，6，7，8位であるナイジェリア，エジプト，エチオピア，タンザニア，アルジェリアおよびケニアを選択した．アフリカ諸国中でのこれらの国の国土面積の順位はアルジェリア（2位）～ケニア（18位）の間に位置する．

これらの諸国の2001年における人口は，ナイジェリア1億1,690万人，エジプト6,910万人，エチオピア6,450万人，タンザニア3,600万人，ケニア3,130万人，アルジェリア3,080万人である[1]（図2.34）．1961年から2001年にかけた人口増加率は，ケニア（3.72倍）＞タンザニア（3.40）＞エチオピア（3.07）＞アルジェリア（2.80）＞ナイジェリア（2.66）＞エジプト（2.61）であり，他の大陸の諸国と比較すると高い．人口200万人以上の諸国における2000年の穀物自給率が100%を超える国はマラウイのみであるが，98～80%である国は南アフリカを始めとする13カ国，79～60%である国は15カ国であり，50%以下の国はセネガル等の11カ国にすぎない[3]（図2.35）．しかし，穀物自給率が高い諸国のすべての国で食糧需要量に対する供給量の割合が高いわけではない．穀物自給率はそれぞれの国における穀物消費量に対する国内生産量の割合であるので，国民が飢えていても経済力がないために食糧を輸入できない場合には穀物自給率が高い値になるからである．このような状況にある国はアフリカにおいてとくに多いのが実状である．アフリカ諸国の代表として選んだ6カ国の穀物自給率は，高い順にエチオピア（88%），ナイジェリア（87），タンザニア（81），エジプト（68），ケニア（62），アルジェリア（11）である．

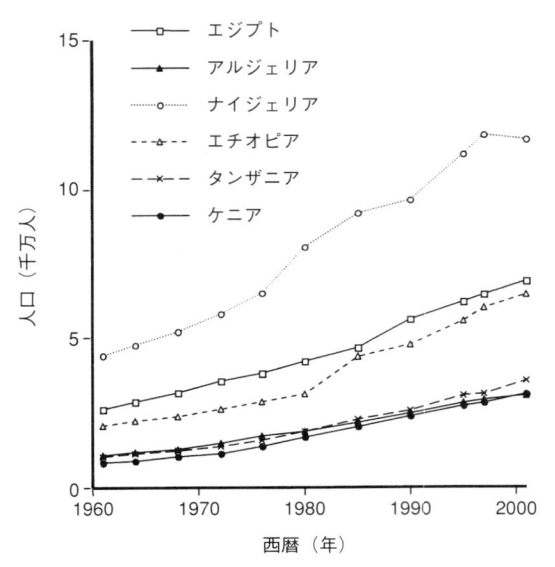

図2.34 アフリカの主要国における人口の推移（1961～2001）
（FAO Year Book, Production）

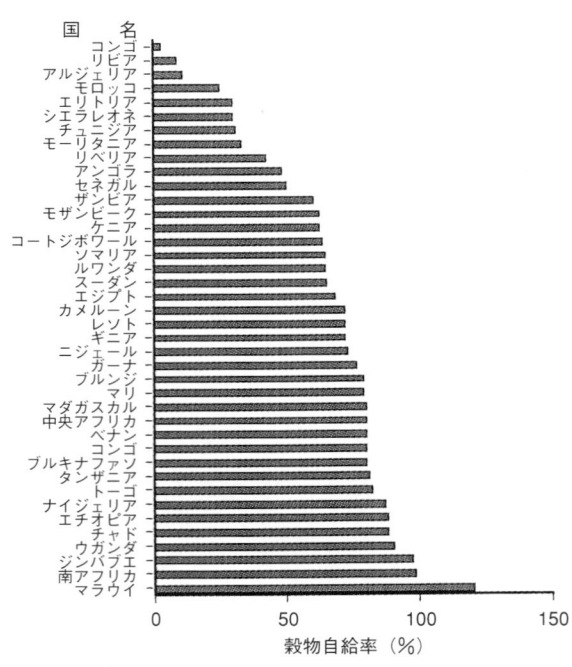

図2.35 人口2百万人以上のアフリカ諸国の穀物自給率（2000）
（食料需給表，農林水産省，2003）
※穀物自給率：重量ベース

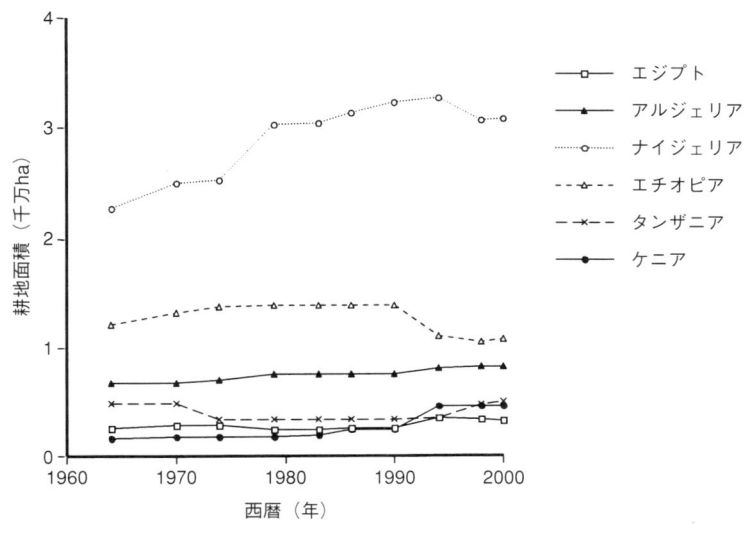

図 2.36 アフリカの主要国における耕地面積の推移（1964～2000）（FAO Year Book, Production）

　1964年から2000年にかけた耕地面積の増加率はケニアで最も高く169％に達しているが，統計値に疑問がある（図2.36）．他の諸国では，ナイジェリアで35％，エジプトで31％，アルジェリアで21％，タンザニアで2％増加し，エチオピアでは12％減少している[1]．
　1964年における単位面積当たり平均窒素施肥量は，エジプトで104 kgN/haとすでに同時期の英国，ドイツ，日本とほぼ同じレベルの施肥量であって，アフリカ諸国のなかでは飛び抜けて多かったが，他の諸国では0.1（ナイジェリア，エチオピア，タンザニア）～6.2 kgN/ha（ケニア）という低レベルであった[2]（図2.37）．エジプトにおける施肥量はその後も増加の一途をたどり，2001年における平均施肥量は326 kgN/haという世界でも最高レベルの施肥量に達している．灌漑農業が主体であるエジプトでは，地下水の硝酸汚染が進行しているとみられる．一方，他

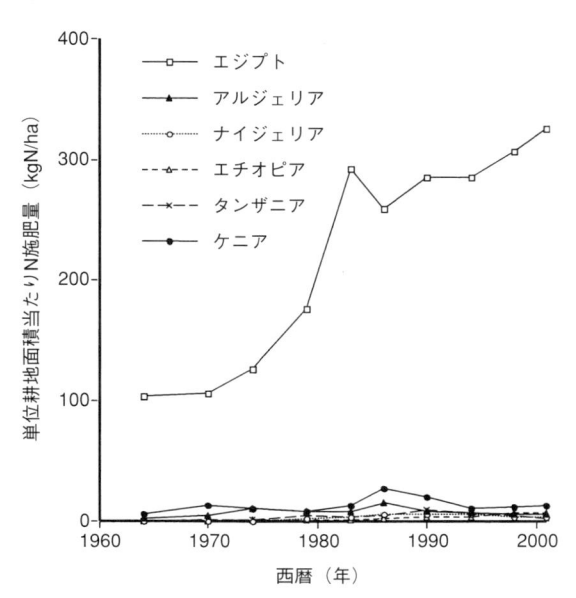

図 2.37 アフリカの主要国における単位面積当たり窒素施肥量の推移（1964～2001）（FAO Year Book, Fertilizer）

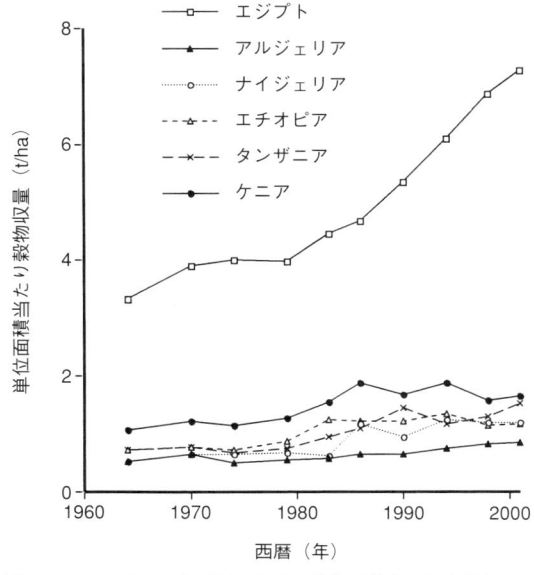

図 2.38 アフリカの主要国における単位面積当たり穀物収量の推移（1964～2001）（FAO Year Book, Production）

の諸国においては施肥量の増加速度が極めて低く，2001年の平均施肥量でも2.9（タンザニア）～12.6 kgN/haと著しく低い．

このような単位面積当たり平均施肥量の実態を反映して，1964年の単位面積当たりの平均穀物収量はエジプトで他の諸国より飛び抜けて高く，英国，ドイツ，日本と同レベルであったのに対し，他の諸国では極めて低く，その後も低く推移して今日に至っている[1]（図2.38）．エジプト以外の劣悪な気候および土壌条件下に立地するアフリカ諸国では，作物生産のための施肥効率も低くならざるをえないが，食糧生産の向上のために施肥量の増加が強く望まれるのであり，そのための国際協力も必要であろう．

2.2.6 オセアニア諸国における施肥量と食糧生産の推移

オセアニア諸国の代表として，オセアニア諸国の中で人口が第1, 2, 3位であるオーストラリア，パプアニューギニアとニュージーランドを選択した．

これら3国の2001年における人口は，オーストラリア1,930万人，パプアニューギニア490万人，ニュージーランド380万人であり，その国土面積と比較していずれの国においても少ない[1]

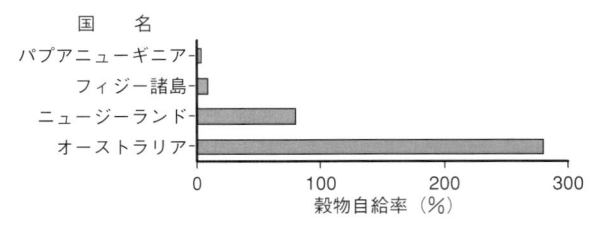

図2.40 人口百万人以上のオセアニア諸国の穀物自給率（2000）
（食料需給表，農林水産省，2003）
※穀物自給率：重量ベース

（図2.39）．1964年から2001年にかけた人口増加率は，パプアニューギニア（2.52倍）＞オーストラリア（1.82）＞ニュージーランド（1.57）であり，比較的低い．

人口100万人以上の国は4カ国しかないが，2000年におけるそれらの国の穀物自給率はオーストラリアで飛び抜けて高く280%に達しており[3]，オーストラリアが世界でも主要な穀物輸出国であることを示している（図2.40）．ニュージーランドの穀物自給率は79%であり，フィジー諸島やパプアニューギニアのそれは10%以下である．

1964年から2000年にかけた耕地面積の増加率は，ニュージーランドで4.49倍，パプアニューギニアで2.77倍であるのに対し，オーストラリアでは1.42倍である[1]．（図2.41）．穀物自給率からみられるように，オーストラリアの農業は輸

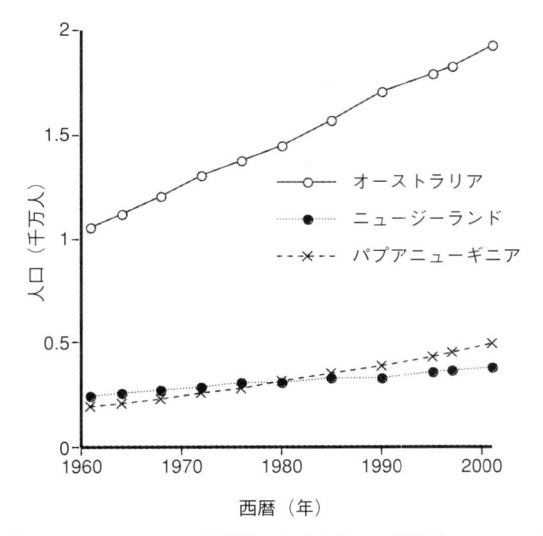

図2.39 オセアニアの主要国における人口の推移（1961～2001）
（FAO Year Book, Production）

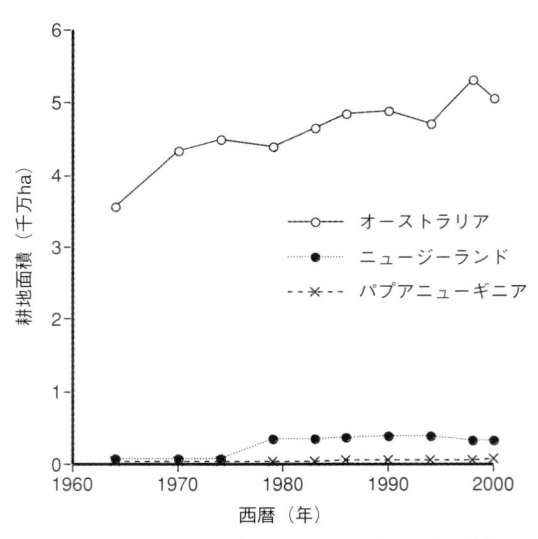

図2.41 オセアニアの主要国における耕地面積の推移
（1964～2000）（FAO Year Book, Production）

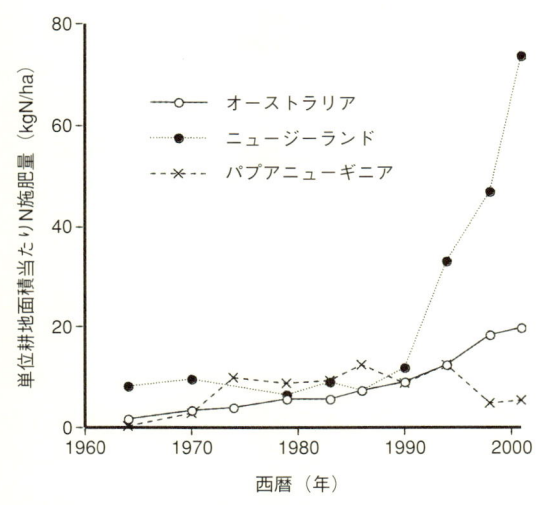

図 2.42 オセアニアの主要国における単位面積当たり窒素施肥量の推移（1964〜2001）
（FAO Year Book, Fertilizer）

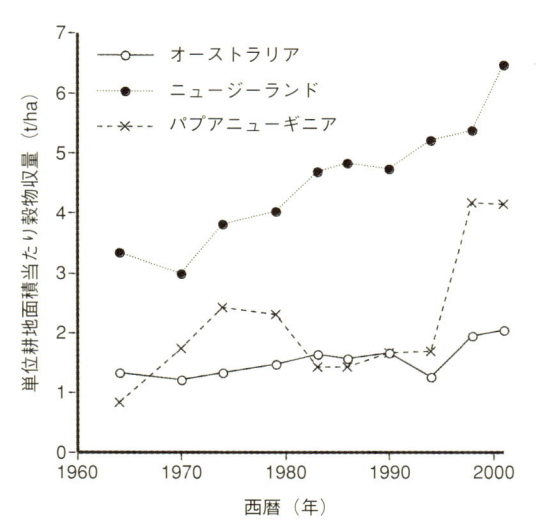

図 2.43 オセアニアの主要国における単位面積当たり穀物収量の推移（1964〜2001）（FAO Year Book, Production）

出農産物の生産を主要な目標として経営されているので，国際的な食糧需要によって食糧生産量の目標値が設定され，耕地面積もその影響下にある．したがって，オーストラリアにおける耕地面積の増加率が低いことがただちにこの国の耕地面積が限界に来ていることを意味するわけではない．それほど大面積ではないとは思われるが，ある程度の農耕可能陸地面積が残されていると推定される．

1964 年における単位面積当たり平均窒素施肥量は 0.3（パプアニューギニア）〜8.1 kgN/ha（ニュージーランド）と極めて低く，1964 年から 2001 年にかけた平均施肥量の増加率はオーストラリアとパプアニューギニアでそれぞれ 11 倍および 18 倍に増加したとはいえ，その絶対増加量は少ない[3]（図 2.42）．しかし，ニュージーランドにおいてはこれら両国とは異なって，1990 年以後に施肥量が急速に増加し，2001 年には 74 kgN/ha に達した．このような施肥量の推移と対応して，ニュージーランドにおける単位面積当たり平均穀物収量は 1964 年の 3.3 t/ha から 2001 年には 6.5 t/ha と約 2 倍に増加した[1]（図 2.43）．2001 年におけるオーストラリアの平均穀物収量は 2.03 t/ha であり，1964 年以後の平均穀物収量の推移は平均施肥量の増加とよく対応している．オーストラリアにおいて施肥量の増加が少ない理由は，農家一戸当たりの経営面積が極めて広大であるために単位面積当たり施肥量を増加することが経営を圧迫することと，食糧の過剰生産を警戒していることによると思われる．

〔但野利秋〕

文　献

1) FAO Year Book, Production 1964〜2001（1964〜2001）
2) FAO Year Book, Fertilizer 1964〜2001（1964〜2001）
3) 食料需給表：平成 13 年度農林水産省総合食料局編,（財）農林統計協会（2003）

2.3　わが国における食糧生産と肥料需要の推移

2.3.1　人口の推移

1950 年におけるわが国の人口は 8,290 万人であり，その人口は 1985 年までやや急速に増加して 1 億 2080 万人になり，1985 年から 2001 年まではゆるやかに増加して 1 億 2730 万人になった[1]（図 2.44）．1950 年から 1985 年までの年平均増加率は約 1.1% であるのに対し，1985 年から 2001 年までのそれは 0.33% にしかすぎず，1985 年以後の年平均増加率はそれ以前と比べて著しく低下したとみることができる．それでも 1950 年と比

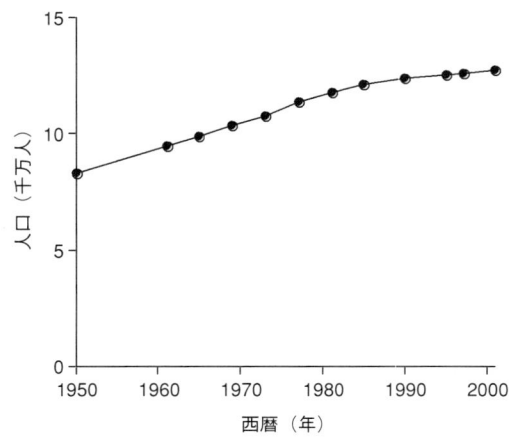

図2.44 1950～2001年におけるわが国の人口の推移
(FAO Year Book, Production)

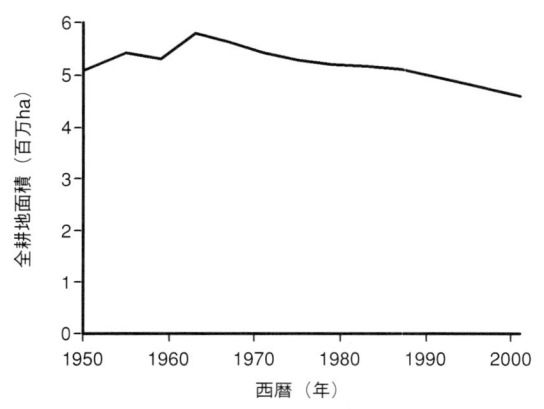

図2.45 1950～2001年における全耕地面積の推移
(農林水産統計表)

較した2001年の人口増加率は約54%であり，2.2.1項に示したヨーロッパの主要国と比較すると高い．

2.3.2 全耕地面積および作物別栽培面積の推移

　全耕地面積は1950年から1963年まで増加して1963年に最高の579万haに達した後，諸外国からの農産物輸入量の増加や米の生産過剰等によって減少に転じ，2001年には459万haにまで減少した[2]（図2.45）．耕地面積が最高であった1963年に比べた2001年の減少率は21%に達する．作物別にみた栽培面積は，1950年ではイネ（304万ha）で最も大きく，ムギ類（180万）でそれに次ぎ，以下マメ類（64万）＞野菜（46万）＞カンショ（40万）＞飼肥料作物（30万）＞雑穀（27万）＞工芸作物（25万）＞バレイショ（19万）＞果樹（10万）の順であって[2]（図2.46），国民の需要を国内生産農産物でほぼ満たしていた状況であった．しかし，その後は年とともに諸外国からの農産物輸入量が増加したために，ほとんどの作物で栽培面積が減少した．なお，イネの栽培面積の減少は単位面積当たり収量の増加と消費量の減少による生産過剰が原因である．その結果，1950年と比較した2001年の栽培面積割合を小さい順に並べると，カンショ(10.5%)＜雑穀(16)＜ムギ類(17.8)＜マメ類(33.9)＜バレイショ(47.9)＜イネ(56.2)＜工芸作物(73.1)であって，これらの作物ではいずれも減少したが，カンショ，雑穀，ムギ類，マメ類でとくに著しく減少した．栽培面積が増加したのは飼肥料作物（3.4倍），果樹（2.8）と野菜（1.1）のみである．栽培面積が1950年と比較して増加したこれらの3作目においても，飼肥料作物では1991年，果樹では1975年，野菜では1967年に最大面積に達し，その後は減少に向かって現在に至っている．

2.3.3 化学肥料の総消費量および単位耕地面積当たり施肥量の推移

　一方，わが国における肥料の総消費量は，窒素質肥料，リン酸質肥料ともに1979年に，カリ質肥料では1977年に最高に達し，その後カリで最も急速に減少し，リン酸でそれに次いで急速に，窒素ではゆるやかに減少して現在に至っている[2]（図2.47）．最高に達した年の消費量に対する2001年の消費量の割合は，窒素で76%，リン酸で62%，カリで45%であり，減少率はそれぞれ24，38，55%である．全耕地を平均したヘクタール当たりの施肥量も肥料の総消費量とほぼ同様に推移した[2]（図2.48）．1962年におけるヘクタール当たり施肥量は，N，P_2O_5，K_2Oでそれぞれ87，62，67 kgであったが，その後年々増加して，NとP_2O_5では1979年にそれぞれ最高値の197および160 kgに達し，K_2Oでは1977年に最高値の152 kgに達した後，減少に転じて2001年にはN，P_2O_5，K_2Oでそれぞれ169，111，78 kgにまで減

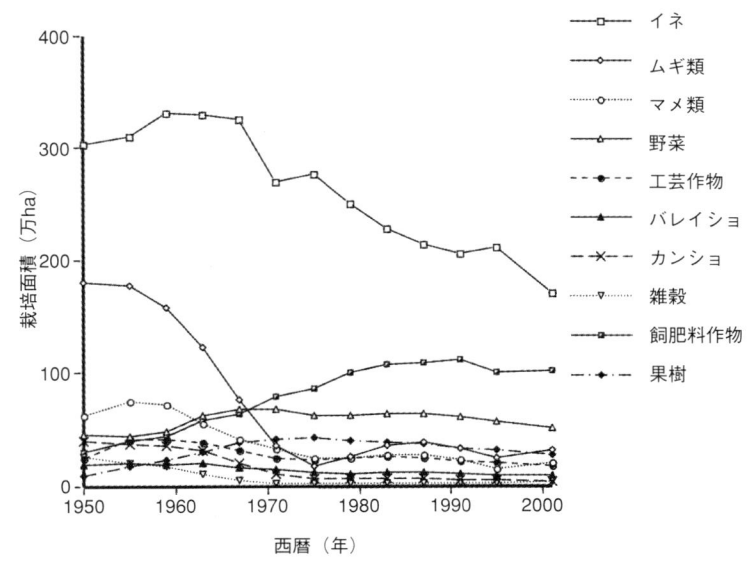

図 2.46 1950～2001 年における作物別栽培面積の推移（農林水産統計表）

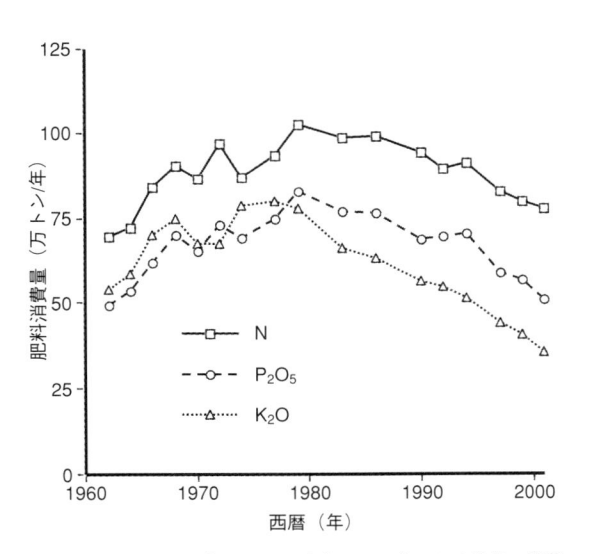

図 2.47 1962～2001 年における窒素，リン酸，カリ肥料の消費量の推移（農林水産統計表）

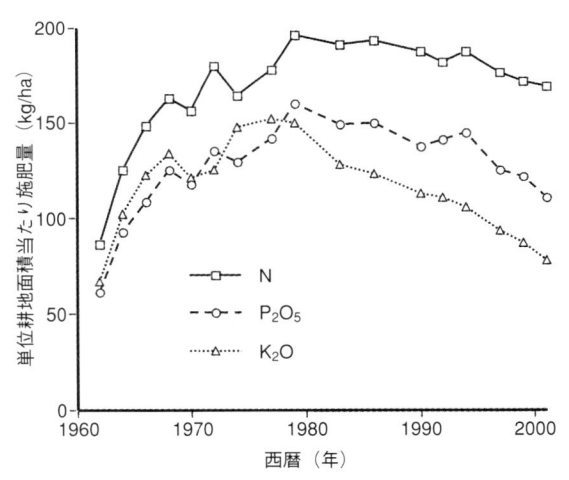

図 2.48 1962～2001 年における窒素，リン酸，カリ肥料の単位耕地面積当たり施肥量の推移（農林水産統計表）

少した．最高時の施肥量と比較すると，N，P_2O_5，K_2O でそれぞれ 14，30 および 49％ 減少したことになる．

2.3.4 作物別にみた単位耕地面積当たり収量の推移

単位耕地面積当たりの収量は，1979 年までの施肥量の増加に伴ってどの作物でも増加した[2]（図 2.49-1，図 2.49-2）．1962 年から 1978 年までの収量の増加率は，高い順にテンサイ（137％）＞バレイショ（87％）＞ダイズ（51％）＞コムギ（43％）＞イネ（31％）＝カンショ（31％）である．このような単位耕地面積当たり収量の増加は，施肥量の増加ばかりでなく施肥法や品種改良をはじめとする生産技術の改善の総合的な結果であるが，施肥量の増加も重要な要因である．しかし，1979 年以後，単位耕地面積当たりの施肥量が次第に減少したにもかかわらず，収量はコムギ，テンサイ以外のすべての作物で引き続き増加した．このことは，1979 年時点の施肥量がすでに必要以上のレベルに達し，その結果わが国の多く

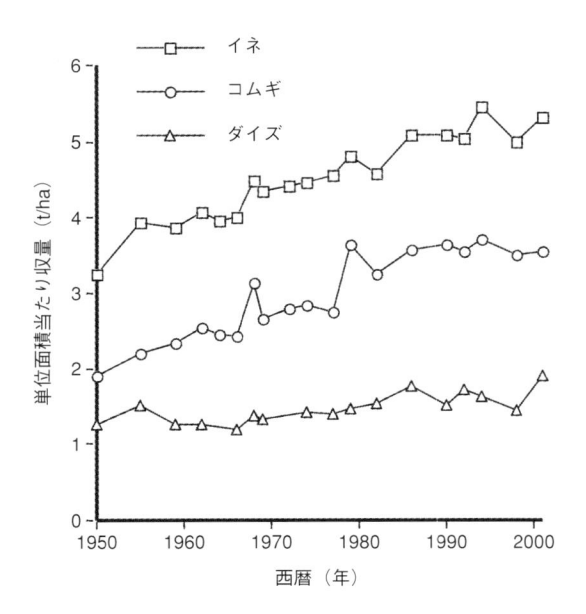

図 2.49-1 1950〜2001 年における作物別単位面積当たり収量の推移 (1)(農林水産統計表)

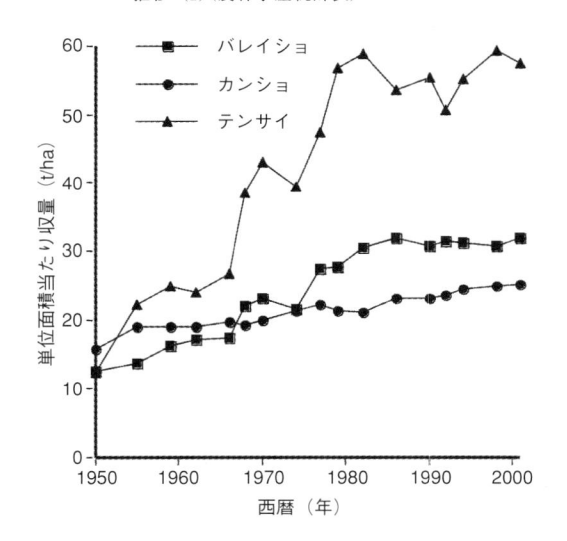

図 2.49-2 1950〜2001 年における作物別単位面積当たり収量の推移 (2)(農林水産統計表)

の農耕地には N, P_2O_5, K_2O としてそれぞれ 14, 30 および 49% 程度の施肥量の低下では収量が低下しないレベルにまで窒素，リン酸，カリなどの肥料成分が集積したことを示している．その結果，施肥起源の水質劣化が顕在化し，施肥量を抑制した栽培法の重要性が指摘され，環境保全型農業が国策として採用されるに至ったことは，2.2.1 項に記載した英国，フランス，ドイツの状況と同様である．なお，施肥量が減少したにもかかわらずコムギやテンサイのような施肥依存型作物以外の作物の収量が増加した原因として，施肥法の改善や品種改良その他の農業技術の改善の他に，堆肥施用量の増加も寄与している．〔但野利秋〕

文　献
1) FAO Year Book, Production 1964〜2001（1964〜2001）
2) 農林水産統計表：農林水産省（1951〜2002）

2.4　将来展望

2.4.1　世界全体としての人口増加予測

　国連人口基金が 2002 年 11 月に発行した「世界人口白書」によると，世界の人口は 2050 年には 93 億人に達すると予測している[1]．この予測値は 1999 年に発表された予測値より 4 億 1 千万人多い．現時点においても 36 カ国以上の国々で少なくとも 5 億人が食糧不足に直面していると推定されているので，もし世界人口が 2050 年に 93 億人に達する勢いで増加してゆく場合には，近未来における飢餓人口は増加の一途をたどらざるをえないと推定される．

2.4.2　世界全体としての 1 人当たり平均穀物生産量の推移

　食糧問題の将来予測をする場合に，過去から現

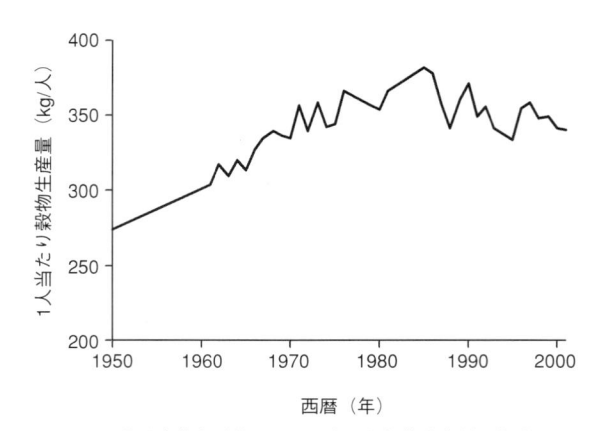

図 2.50 世界全体を平均した 1 人当たり穀物生産量の推移（1950〜2001）
（FAO Year Book, Production, 1951〜2002 より計算）

在にかけた1人当たり穀物生産量の推移は極めて重要な指針になる．そこで，世界全体を平均した1人当たりの穀物生産量の推移をみることにする．世界全体を平均した1人当たりの穀物生産量は，1950年から2001年までの52年間に274 kgから340 kgに増加し，この間の増加率は24%である[2]（図2.50）．このことは，2.2節で概説したように，肥料消費量が少なく，穀物収量の低い国が多数存在するので，これらの諸国の穀物収量が向上し，世界各国間の食糧の分配が公平になるようなシステムを構築することが可能になり，さらに現在の生産性の高い耕地面積が確保されるならば，世界全体としての人口が現在の64億人よりさらに20～30%増加しても現状より飢餓問題が深刻にはならないことを示唆している．人口が20～30%増加した時の世界人口は77～83億人である．

2.4.3 大陸別にみた1人当たり平均穀物生産量の推移

各大陸ごとに1人当たり平均穀物生産量の推移を比較することにする．1961年における各大陸の1人当たり平均穀物生産量は，北米（705 kg）＞オセアニア（602）＞ヨーロッパ（338）＞南米（243）＞アジア（219）＞アフリカ（209）であった[2]（図2.51）．この1人当たり平均穀物生産量は，その後アフリカを除く5大陸ではいずれも増加し，1961年の生産量に対する2001年の増加率は，オセアニアで最も高く約2倍に達し，ヨーロッパでそれに次いで高く78%であり，以下南米（35%）＞アジア（21）＞北米（17）の順である．この中で北米では1985年まで増加を続けて1985年には1961年比で54%増であったが，その後低下に向かって2001年には17%増になっている．一方，アフリカの1人当たり平均穀物生産量は，人口の増加速度が穀物生産量の増加速度を上回ったために年とともに減少して，2001年には1961年比で32%減になった．その結果，2001年における1人当たり平均穀物生産量は，オセアニア（1,211 kg）＞北米（822）＞ヨーロッパ（589）＞南米（328）＞アジア（265）＞アフリカ（143）であって，大陸間差は拡大した．人間が人間らしく生きるために最低限必要な1人当たり穀物の量は200～250 kgであると仮定すると，平均値がこの値以下である大陸はアフリカのみであり，しかもアフリカは最低必要量をはるかに下回っており，アジアの平均値は最低必要量にかなり近いとみることができる．

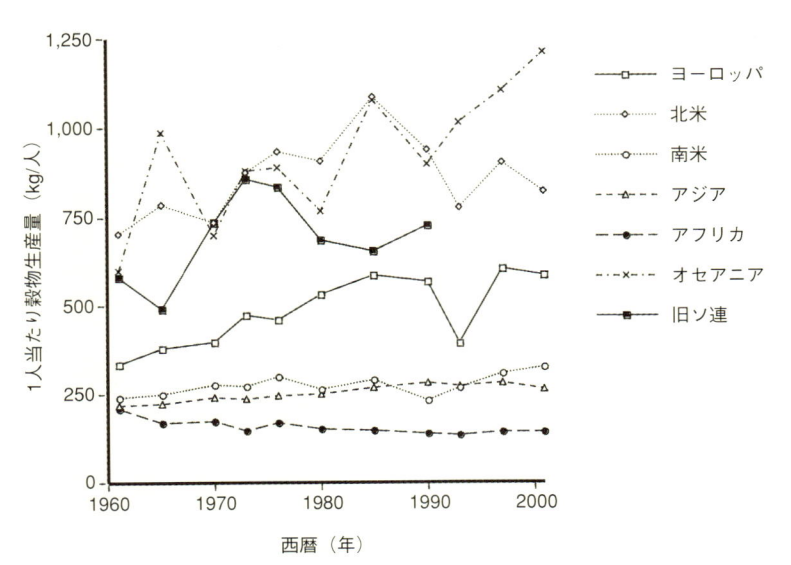

図2.51 大陸別にみた1人当たり穀物生産量の推移（1961～2001）
（FAO Year Book, Production, 1962～2002より計算）
※ヨーロッパおよびアジアの1992年以後の穀物生産量には旧ソ連諸国の生産量が加えられている．

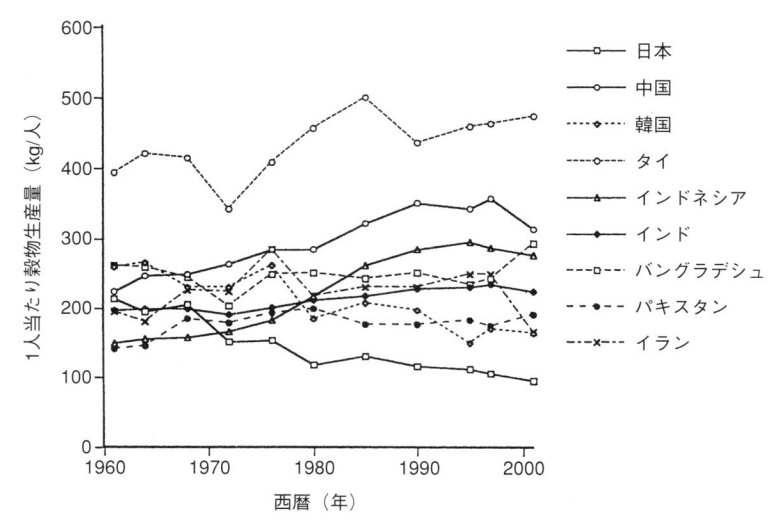

図 2.52 アジアの主要国における1人当たり穀物生産量の推移（1961〜2001）
（FAO Year Book, Production, 1962〜2002 より計算）

2.4.4 アジアとアフリカの主要国における1人当たり平均穀物生産量の推移

そこで，2.2.4項で採用したアジアの主要国における1人当たり平均穀物生産量の推移を比較することにする．1961年における1人当たり平均穀物生産量は，タイ（395 kg）＞バングラデシュ（261）≧韓国（259）＞中国（224）＞日本（214）＞インド（198）≧イラン（195）＞インドネシア（149）＞パキスタン（141）であって，200 kg以下の国は9カ国中インド，イラン，インドネシア，パキスタンの4カ国に及んだ[2]（図2.52）．しかし，その後日本，韓国，イラン以外の諸国の1人当たり平均穀物生産量は年とともに増加して，2001年には，タイ（473 kg）＞中国（313）＞バングラデシュ（293）＞インドネシア（276）＞インド（225）＞パキスタン（192）＞イラン（167）≧韓国（165）＞日本（96）の順になった．すなわち，1961年から2001年の40年間に，1人当たり平均穀物生産量が最低必要量のレベルであった韓国，中国，日本のうち中国はほぼ十分量の穀物生産量を達成し，日本と韓国は外国からの輸入量の増加により，最低必要量をはるかに下回る国になってしまった．また，1961年の1人当たり平均穀物生産量が最低必要量以下であったインド，イラン，インドネシア，パキスタンの4カ国のうち，インドネシアは最低必要量以上の生産量を達成し，インドは最低必要量のレベルまで増加するのに成功し，パキスタンとイランは最低必要量に達していない．

一方，アフリカの主要国についてみると，1961年の1人当たり平均穀物生産量は，エチオピア（228）＞ケニア（199）＞エジプト（189）＞ナイジェリア（176）＞アルジェリア（86）≧タンザニア（82）の順であって，エチオピアとケニアのみが

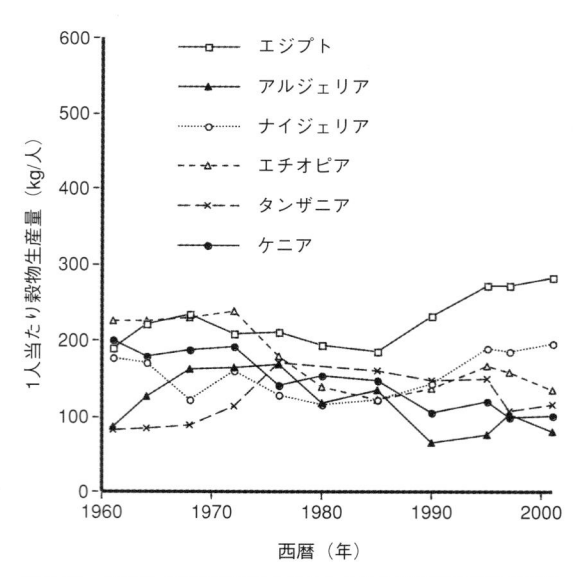

図 2.53 アフリカの主要国における1人当たり穀物生産量の推移（1961〜2001）
（FAO Year Book, Production, 1962〜2002 より計算）

辛うじて最低必要量に達していたが，他の諸国ではいずれもそのレベル以下であった[2]（図2.53）．しかも2001年までに，このような状況を改善して1人当たり平均穀物生産量を最低必要量以上にすることに成功したのはエジプト1国であり，その他の諸国はいずれも成功していない．それどころか，ケニア，エチオピア，アルジェリアにおける2001年の1人当たり平均穀物生産量は，1961年比でそれぞれ51，60，94%に減少した．その結果，2001年の1人当たり平均穀物生産量は，エジプト（282 kg）＞ナイジェリア（196）＞エチオピア（135）＞タンザニア（115）＞ケニア（101）＞アルジェリア（81）である．エジプト以外の諸国は2.2.5項に記載したように人口増加率がとくに高い上に，単位耕地面積当たりの穀物収量がとくに低い国である．したがって，日本をはじめとする先進諸国は，これらの諸国における食糧生産の向上と人口増加の抑制のために，最も効果的な技術協力や教育協力を実行することが必要であろう．食糧生産の向上のための協力としては，肥料製造工場の建設とそこで働く技術者の養成のための協力，劣悪な気候条件や土壌条件に対応した施肥法に関する研究および技術普及に関する協力，農民の作物栽培技術を向上させるための協力など，多面的協力が必要になる．

2.4.5 わが国における食糧生産の問題点

ひるがえって，わが国の1人当たり平均穀物生産量がアジアの中のみで比較しても極端に少ないことは重大な問題である．1960年における穀物自給率は82%，コメ，コムギ，オオムギ，ハダカムギからなる主食用穀物自給率は89%，国内で消費された食糧による供給熱量に対する国内産食料による供給熱量の割合である供給熱量総合食料自給率は79%であった[3]（図2.54）．しかし，

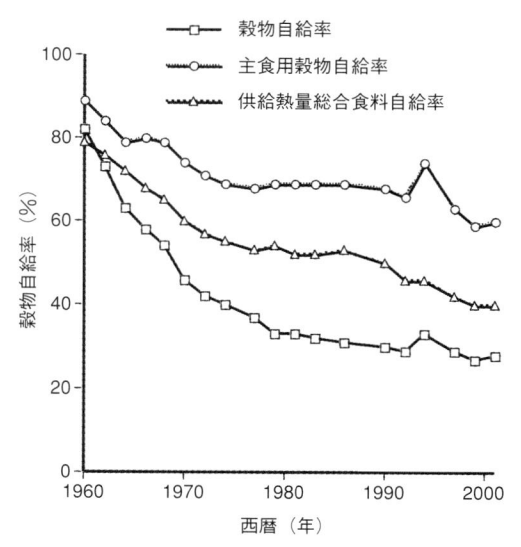

図 **2.54** わが国における食糧自給率の推移（1960～2001）
（食料需給表，農林水産省，2003）

これらの自給率はいずれも年々急速に低下して，2001年にはそれぞれ28，60，40%となっている．このような食糧自給率の低下は，農産物輸出入の国際的自由化によってもたらされたものであり，さらには工業製品の輸出増加によって引き起こされた国際収支の不均衡化の解消のためにもたらされたものである．しかし，途上国とくにアフリカにおける食糧飢餓問題が大問題になる21世紀においては，アフリカに対する食糧支援のあり方に関する国際的合意のための議論が重要になると同時に，国内の食糧生産のために最大の努力をした上で不足分を輸入するという原則をすべての国が守るための国際的議論が必要になるであろう．

〔但野利秋〕

文　献

1) 世界人口白書：世界人口基金編（2002）
2) FAO Year Book, Production 1951～2002（1951～2002）
3) 食料需給表：平成13年度農林水産省総合食料局編，（財）農林統計協会（2003）

3. 肥料の定義と分類

3.1 植物の必須要素とその役割

植物が正常に生育するために不可欠な栄養元素を必須要素という．植物に対する元素の必須性は2つの立場のいずれかによって検討し，必須性の証明がなされなければならない．すなわち，生育実験によって必須性を確認する方法と，その元素の関与する生体反応を解析して必須性を明らかにする生化学的な方法である．いずれもアーノン（Arnon）ら（1939，1959）によって定義されたもので，前者は

① その元素を欠除させると植物は，栄養生長・生殖生長の全過程すなわちライフサイクルを全うできない．

② その元素の欠乏症状はその元素に特異的であって，その元素を与えることのみによって回復し，他の元素では代替できない．

③ その元素は植物の栄養に直接関与しているものであって，環境条件の改善などの間接的な作用であってはならない．

という三原則である．それに対して，後者は

④ その元素が植物の基本的な生体反応で重要な役割を果たしており，他の元素によって代替されないことの証明がなされなければならない．

現在，これらの方法によって植物の必須元素とされているのは，炭素(C)，酸素(O)，水素(H)，窒素(N)，リン(P)，カリウム(K)，カルシウム(Ca)，マグネシウム(Mg)，イオウ(S)，鉄(Fe)，銅(Cu)，マンガン(Mn)，亜鉛(Zn)，ホウ素(B)，モリブデン(Mo)，塩素(Cl)，ニッケル(Ni)の17元素である．このうち，炭素，酸素，水素，窒素，リン，カリウム，カルシウム，マグネシウム，イオウの9元素は，植物の要求量が比較的多いことから多量要素と呼ばれ，中でも窒素，リン，カリウムは三要素という．それ以外の8元素は要求量が比較的少ない元素であることから微量要素と呼ばれる（表3.1）．

植物の必須要素のうち，炭素，酸素，水素は炭酸ガスと水から供給されるが，窒素，リン，カリウムの3要素は，栽培植物の生育にとって必要不可欠であるばかりでなく必要量も大きいので，天然供給量では作物生産量を増大させるのには不足することから，肥料として施肥供給される．また，カルシウム，マグネシウムは，酸性土壌を改良して植物の生育に適する土壌pHに矯正するために肥料として土壌施用されるが，同時に作物の養分としての供給をも兼ねている．また，マンガン，ホウ素は微量要素ではあるが，わが国の耕地土壌での天然供給量は比較的低いことから，これらも肥料として施肥されている．さらに，鉄，銅，亜鉛，モリブデンなどの微量要素も，欠乏症が発生するなど施用の必要があるときは，肥料に混入して施肥することが認められている．

表3.1 植物の必須元素

多量要素	炭素 (C)，酸素 (O)，水素 (H)	主として炭酸ガスと水から供給される元素
	窒素 (N)，リン (P)，カリウム (K)	この3元素を三要素という
	カルシウム(Ca)，マグネシウム(Mg)，イオウ (S)	
微量要素	鉄 (Fe)，銅 (Cu)，マンガン (Mn)，亜鉛 (Zn)，ホウ素 (B)，モリブデン (Mo)，塩素 (Cl)，ニッケル (Ni)	

肥料として施肥されたこれらの養分は，植物に吸収されて後，次のような機能を果たしている．

窒素 高等植物は一般にアンモニア態窒素，硝酸態窒素および低分子の有機態窒素を吸収・利用でき，アンモニア態窒素を好む植物と，硝酸態窒素を好む植物とがある．前者には水稲，陸稲，サトイモなどがあり，一般の畑作物は後者とされている．吸収された硝酸態窒素は体内で硝酸還元酵素により亜硝酸に還元され，さらに亜硝酸還元酵素によってアンモニアにまで還元される．体内で還元生成した，または吸収されたアンモニアはアミノ酸に合成され，さらにタンパク質に合成される．体内の窒素化合物はアミノ酸，タンパク質のほか，核酸，クロロフィルなどであり，作物の生育を最も強く支配する栄養素である．体内での窒素含量は少なくても多すぎても生育のマイナス因子となり，適正レベルの幅が他の栄養素に比べて比較的狭く，しかも適正レベルは光や温度などの環境要因によって変わる．

リン酸（りん酸） 植物はリン酸イオンとして吸収する．体内に吸収されたリン酸は，エネルギー代謝の中心となる ATP などのヌクレオチド三リン酸や，遺伝情報をつかさどる DNA, RNA などの核酸，さらには生体膜の主要構成成分であるリン脂質など，生命現象の中心を担う栄養素である．

カリ（加里） カリウムイオンとして吸収され，植物体内では主として 1 価の陽イオンとして存在する．カリウムは細胞の pH や浸透圧の調節，60 種類以上の酵素の活性化，タンパク質を合成するリボソームの立体構造の維持，さらには葉緑体での光合成作用におけるストロマの pH 維持や炭酸ガスの取入れ口である気孔の開閉の調節機能など，さまざまな役割を果たしている．

石灰（カルシウム） 肥料としての石灰は，主として土壌の pH を作物の生育に適するように調節する目的で施用される．しかし，土壌中の石灰はカルシウムイオンとして吸収された後，生理的な機能と組織の構造維持に働く．生体膜はリン脂質が主体の脂質二重層とタンパク質から構成されるが，カルシウムは膜表面の酸性リン脂質の荷電を中和したり，カルモジュリンと呼ばれるタンパク質との結合・乖離によって酵素反応の調節を行っている．また，ペクチンなどと結合して細胞構造の維持などにも寄与している．

苦土（マグネシウム） マグネシウムイオンとして吸収され，光合成色素であるクロロフィルの構成元素であるほか，リン酸化反応に関与する多くの酵素の補因子として，またリボソーム顆粒の構造維持などの役割を果たしている．さらに，マグネシウムは石灰と同様に土壌 pH を上昇させる効果もある．

ケイ酸（けい酸） 太田道雄によって山梨県富士見土壌における水稲のケイ素欠乏が世界ではじめて発見され，1955 年に世界ではじめてケイ酸質肥料の公定規格がつくられた．イネ科植物にとってケイ素は必須元素とされ，吸収されたケイ素は，葉身とくに表皮にケイ素-クチクラ二重層を形成する．この特殊な表層は，葉身の直立姿勢の維持，病原菌の葉組織内への侵入阻止や害虫抵抗性，クチクラ蒸散の減少など水稲にとっては重要な機能を果たしている．

マンガン 光合成の主要な機能である光エネルギーを吸収して酸化還元力に変換する光化学系をつかさどるチラコイド膜に結合して水分子の酸化の触媒として機能するほか，光合成で生成する有害なスーパーオキシド（O_2^-）を消去する SOD (superoxide dismutase) の構成元素の 1 つとして機能している．

ホウ酸（ほう素） 細胞膜の機能維持，核酸を構成する塩基であるウラシルの合成，アスコルビン酸の生合成に関与しているといわれているが不明な点も多い．また，ホウ素は細胞壁に分布し，ペクチン質多糖鎖と結合して細胞壁の構造維持に関与しているともいわれている．そのため，ホウ素が欠乏すると根端や頂芽の伸長がただちに停止することから，ホウ素欠乏症は芯腐れ病，芽潰れ症と呼ばれる．

〔長谷川 功〕

3.2 肥料取締法と肥料の定義

人類が土地に定着して農業を営んでいくためには，どうしても土壌の生産力を高め維持する方法

を考えださなければならず，この方法の1つとして土壌に投入されるようになった資材が肥料である．人々がまず手に入れることができた肥料が山野草や家畜のふん尿など身近な資材であり，その大部分が自給によった．明治以降人口の増加に伴って土地生産性の向上が急務となる中で，次第に販売肥料の使用が急増した．明治の中頃を中心として魚肥，菜種油かす，米ぬかなど，いわゆる有機質肥料が販売，使用されるようになり，明治の終わり頃になると，満州（現在の中国東北部）からの大豆油かすが大量に入るようになり，主力が次第にそちらに移ってきた．しかし，その量が増加するにしたがって，その中に土や木片などが大量に混入した粗悪品が次第に増えたことに危機感をもった明治政府は，その品質の維持と不良品の取締りを目的として，明治32（1899）年4月に法案第94号として公布したのが肥料取締法（通常，旧取締法といわれる）である．この法律によれば，「農産物ノ肥養ニ供スル物料ヲ謂フ」とあり，成分が直接植物の栄養になるもののみを"肥料"と定義した．この法律は種々の矛盾を含んだまま実に50年余にわたって実施されてきた．

この間，明治17（1884）年に高峰譲吉が過リン酸石灰とリン鉱石を輸入したのが，わが国の化学肥料の始まりである．これは西欧で過リン酸石灰が使われ始めた時期から約40年後である．次いで石灰窒素工業が興り，硫酸アンモニア製造のためのアンモニア製造工業が宮崎県の延岡に建設されたのは，ハーバー・ボッシュ法による硫安量産工場がヨーロッパで始まった1911年から12年遅れた大正12（1923）年であった．これ以後化学肥料の製造，普及は急速に進み，昭和5（1930）年には，窒素肥料の半分以上を，昭和12（1937）年前後には70％となり，硫アンで二百数十万tに及んだが，第二次世界大戦で大きな打撃をこうむり，昭和20（1945）年には硫アンが約56万tに激減し，リン酸，カリはほとんどゼロになってしまった．

戦後は，占領軍の最重点復興産業の1つに指定されて肥料工業は急速に立ち直り，昭和26（1951）年にはほぼ戦前の最高レベルに達し，それ以後もどんどん化学肥料工業は発展していった．

戦後，肥料工業の復興に伴って昭和25（1950）年5月に法律127号として肥料取締法（新取締法）が公布され，その中で，肥料とは「植物の栄養に供すること，または植物の栽培に資するために土壌に化学的変化をもたらすことを目的として，土壌にほどこされる物をいう」と定義し，肥料を普通肥料と特殊肥料に大別した．この新取締法では，葉面に散布して効果のある尿素などは肥料でありながら，葉面散布剤として使用するなら"肥料"でないという矛盾をかかえていた．したがって，昭和36（1961）年に行われた改正によって，肥料取締法の第二条（定義）で，「肥料」とは，

① 植物の栄養に供すること

② 植物の栽培に資するため土じょうに化学的変化をもたらすことを目的として土地にほどこされる物

③ 植物の栄養に供することを目的として植物にほどこされる物

をいう，と定義している．この法律による肥料は2種類の内容を含むものであって，その1つは「植物の栄養に供するもの」であり，他の1つは「土壌に化学的変化をもたらすもの」である．そして，これらは植物の栽培のため，植物または土地にほどこされるものである．これによって，肥料の対象を土地にほどこされるものだけでなく，葉面散布施肥のように植物体にほどこされるものも肥料の範ちゅうに含められるようになった．

また，この肥料取締法においては，米ぬか，たい肥など農林水産大臣が指定する「特殊肥料」と，それ以外を「普通肥料」とし，普通肥料については，その種類ごとに「公定規格」を定めている．

〔長谷川 功〕

3.3 普通肥料と特殊肥料

肥料取締法では，肥料を普通肥料と特殊肥料に分けている．種別と内容を表3.2に示す．この法律において「特殊肥料」とは，農林水産大臣の指定する米ぬか，たい肥その他の肥料をいい，特殊肥料以外を「普通肥料」という．普通肥料は，公定規格によって肥料の種類ごとに「含有すべき主

表 3.2 肥料取締法における肥料の分類

	種別	種類	内容
普通肥料	窒素質肥料	硫安, 塩安, 硝安, 硝酸ソーダ, 硝酸石灰, 尿素, 石灰窒素など23種類	窒素を主成分とする肥料
	りん酸質肥料（動植物質の有機質肥料を除く）	過りん酸石灰, 重過りん酸石灰, りん酸苦土肥料, 熔成りん肥, 焼成りん肥, 腐植酸りん肥, 被覆りん酸肥料など13種類	りん酸を主成分とする肥料
	加里質肥料（有機質肥料を除く）	硫酸加里, 塩化加里, 硫酸加里苦土, 重炭酸加里, 腐植酸加里肥料, けい酸加里肥料, 被覆加里肥料など13種類	加里を主成分とする肥料
	有機質肥料（動植物質のものに限る）	魚かす粉末, 干魚肥料粉末, 魚節煮かす, 肉骨粉, 生骨粉, 蒸製鶏骨粉, 大豆油かすおよびその粉末など42種類	動植物質に由来する有機質肥料
	複合肥料	熔成複合肥料, 化成肥料, 配合肥料, 成形複合肥料, 吸着複合肥料, 被覆複合肥料, 副産複合肥料, 液状複合肥料, 家庭園芸用複合肥料	肥料三要素のうち2種以上を含有するもの
	石灰質肥料	生石灰, 消石灰, 炭酸カルシウム肥料, 貝化石肥料, 副産石灰肥料, 混合石灰肥料	アルカリ分を主成分とする肥料
	けい酸質肥料	けい灰石肥料, 鉱さいけい酸質肥料, 軽量気泡コンクリート粉末肥料, シリカゲル肥料, シリカヒドロゲル肥料	けい酸を主成分とするもの
	苦土肥料	硫酸苦土肥料, 水酸化苦土肥料, 酢酸苦土肥料, 加工苦土肥料, 腐植酸苦土肥料など10種類	苦土を主成分とする肥料
	マンガン質肥料	硫酸マンガン肥料, 炭酸マンガン肥料, 加工マンガン肥料, 鉱さいマンガン肥料など7種類	マンガンを主成分とする肥料
	ほう素質肥料	ほう酸塩肥料, ほう酸肥料, 熔成ほう素肥料, 加工ほう素肥料	ほう素を主成分とする肥料
	微量要素複合肥料	熔成微量要素複合肥料, 液体微量要素複合肥料, 混合微量要素肥料	マンガンおよびほう素を主成分とする肥料
	汚泥肥料等	下水汚泥肥料, し尿汚泥肥料, 工業汚泥肥料, 混合汚泥肥料, 焼成汚泥肥料, 汚泥発酵肥料, 水産副産物発酵肥料, 硫黄及びその化合物	含有すべき主成分の最小量の指定がなく, 含有を許される有害成分の最大量が定められている.
	農薬その他の物が混入される肥料	省令で定める16種の農薬を含む化成肥料, 省令で定める5種の農薬を含む配合肥料, 省令指定農薬を含む家庭園芸用複合肥料	化成肥料や配合肥料に農薬が混入されたもの.
特殊肥料		肉眼での鑑別が容易なもの, 粉末にしない魚かす, 干魚肥料, 肉かす, 米ぬか, コーヒーかす, 人ぷん尿, たい肥, グアノ, 含鉄物など48種類	農林水産省告示第639号（改正平成13年5月）で指定.

成分の最小量」,「含有が許される有害成分の最大量」および「その他の制限事項」が定められ, 含有する肥料成分が業者によって保証されている.

それに対し, 特殊肥料は, ①主として使用者が肉眼で容易に鑑別できるなど五感により簡単にそれが何であるかが識別できる粉末にしない魚かす, 干魚肥料, 干蚕蛹など, ②主として含有成分が低成分で, しかも含有量の変動が大きくて品質が一定しないために公定規格が定めにくい肥料をいう（表3.3）.

表 3.3 肥料取締法における特殊肥料

右の肥料で粉末にしないもの	魚かす〔魚荒かすを含む〕, 干魚肥料, 干蚕蛹, 甲殻類質肥料, 蒸製骨〔脱こう骨を含む〕, 蒸製てい角, 肉かす, 羊毛くず, 牛毛くず, 粗砕石灰石
現物またはその粉末	米ぬか, はっこう米ぬか, はっこうかす〔生産工程中に塩酸を使用しないしょう油かすを除く〕, アミノ酸かす〔廃糖蜜アルコール発酵濃縮廃液で処理したものを含み, 遊離硫酸の含量 0.5% 以上のものを除く〕, くず植物油かす〔植物種子のくずを原料として使用した植物油かす〕, 草本性植物種子皮殻油かす, 木の実油かす〔カポック油かすを除く〕, コーヒーかす, くず大豆〔くず大豆または水ぬれ等による変質した大豆を加熱した後圧ぺんしたもの〕, たばこくず肥料〔変性しないたばこくず肥料粉末を除く〕, 乾燥藻, 落綿分離かす肥料, よもぎかす, 草木灰〔じんかい灰を除く〕, くん炭肥料, 骨炭粉末, 骨灰, セタックかす, にかわかす〔オセインからゼラチンを抽出したかすを乾燥したものを除く〕, 魚鱗〔蒸製角鱗およびその粉末を除く〕, 家きん加工くず肥料〔蒸製毛粉(羽を蒸製したものを含む)を除く〕, はっこう乾ぷん肥料〔し尿を嫌気性発酵で処理して得られるものをいう〕, 人ぷん尿〔凝集を促進する材料(以下「凝集促進剤」)または悪臭を防止する材料(以下「悪臭防止剤」)を加え, 脱水または乾燥したものを除く〕, 動物の排せつ物, 動物の排せつ物の燃焼灰, たい肥〔わら, もみがら, 樹皮, 動物の排せつ物その他の動植物質の有機質物(汚泥及び魚介類の臓器を除く)をたい積または撹拌し, 腐熟させたもの〕, グアノ〔窒素質グアノを除く〕, 発泡消火剤製造かす〔てい角等を原料として消火剤を製造する際に生ずる残りかす〕, 貝殻肥料〔貝粉末及び貝灰を含む〕, 貝化石粉末〔古代にせい息した貝類(ひとで類またはその他の水せい動物類が混在したものを含む)が地中に埋没たい積し, 風化または化石化したものの粉末〕, 製糖副産石灰, 石灰処理肥料〔果実加工かす, 豆腐かすまたは焼酎蒸留廃液を石灰で処理したもので, 乾物 1 kg につきアルカリ分含有量が 250 g を超えるもの〕, 含鉄物〔褐鉄鉱(沼鉄鉱を含む), 鉱さい(主として鉄分の施用を目的とし, 鉄分を 100 分の 10 以上含有するものに限る), 鉄粉及び岩石の風化物で鉄分を 100 分の 10 以上含有するもの〕, 微粉炭燃焼灰〔火力発電所において微粉炭を燃焼する際に生ずるよう融された灰で煙道の気流中及び燃焼室の底部分から採取されるもの. 但し, 燃焼室の底の部分から採取されるものは, 3 mm の網ふるいを全通するものに限る.〕, カルシウム肥料〔主としてカルシウム分の施用を目的とし, 葉面散布に用いるものに限る〕, 石こう〔りん酸を生産する際に副産されるものに限る〕

つまり, 特殊肥料は, その内容が容易に肉眼で鑑定できるものや, 肥料成分は含有しているが, その含有量が一定でないため保証成分量が決められない肥料について, 農林水産大臣が指定している肥料をいう. したがって特殊肥料は, 普通肥料のように主成分の保証成分量はないが, 原料が明確であるため有害成分の含有量の上限もない肥料である.

かつて, 汚泥などの産業廃棄物に由来する肥料は特殊肥料に分類されていたが, 平成 11(1999)年の肥料取締法の改正により, 汚泥等の産業廃棄物を原料とする肥料は, 普通肥料に移行された. その理由は, これらの肥料は, 原料が産業廃棄物等に由来するため, 含有が許される有害成分(ヒ素, カドミウム, 水銀, ニッケル, クロム, 鉛の重金属)の最大量を定めるとともに, 金属などを含む産業廃棄物に係る判定基準を定める省令に定める基準に適合し, かつ植害試験によって害が認められないこと, などの厳しい規制を設けるためであり, それを公定規格とした. これは, 汚泥などの有害物を含む危険性が考えられる原料を使用する肥料は, むしろ普通肥料の範ちゅうとすることで, その品質の保証と法の遵守を義務づけるためである.

特殊肥料を生産または輸入しようとする業者は, 生産事業場もしくは輸入場所を管轄する都道府県知事に届け出る義務を負っている.

こうした特殊肥料は, 原料が何に由来しているかは, 現物をよく鑑定することで識別でき, その特性を考慮して施用すれば十分施肥効果をあげる

ことができる. 〔新町文絵〕

3.4 肥料の成分

a. 肥料の主成分と保証成分量
1) 主 成 分

肥料の品質保全ならびに公正な取引の確保のために肥料取締法が制定されており，本法中で肥料の公定規格が厳しく規定されている．それによれば，普通肥料に含有される成分のうち，含有を保証する有効成分を主成分と称している．したがって主成分とは，植物の栄養に供されるか，あるいは土壌に化学的変化をもたらすものでなければならない．

肥料の主成分としては，窒素（N），リン酸（りん酸，P_2O_5），カリ（加里，K_2O），アルカリ分（CaO），ケイ酸（けい酸，SiO_2），マグネシウム（苦土，MgO），マンガン（MnO），ホウ素（ほう素，B_2O_3）の8種が政令により指定されている．窒素は作物の生育・収量に最も影響を及ぼす成分であり，不足による減収のみならず，過剰によっても軟弱化，徒長化，病虫害抵抗性の低下を引き起こすので注意が必要である．リン酸は，作物の根

表3.4 肥料の主成分

種別		主 要 な 成 分
三要素系肥料	窒素質肥料[1]	(1) 窒素[2] (2) 窒素[2]およびアルカリ分等[3]
	りん酸質肥料[1]	(1) リン酸[4] (2) リン酸[4]およびアルカリ分等[3]
	加里質肥料[1]	(1) カリ[5] (2) カリ[5]およびアルカリ分等[3]
	有機質肥料	窒素[2]，リン酸[4]または加里[5]
	複合肥料	(1) 窒素[2]，リン酸[4]およびカリ[5] (2) 窒素[2]，およびリン酸[4] (3) 窒素[2]，およびカリ[5] (4) リン酸[4]およびカリ[5] (5) 窒素[2]，リン酸[4]およびカリ[5]ならびにアルカリ分等[3] (6) 窒素[2]およびリン酸[4]ならびにアルカリ分等[3] (7) 窒素[2]およびカリ[5]ならびにアルカリ分等[3] (8) リン酸[4]およびカリ[5]ならびにアルカリ分等[3]
その他の肥料	石灰質肥料	(1) アルカリ分 (2) アルカリ分および有効苦土，有効マンガンまたは有効ホウ素
	けい酸質肥料	(1) 有効ケイ酸 (2) 有効ケイ酸およびアルカリ分または有効苦土,有効マンガンもしくは有効ホウ素
	苦土肥料	有効苦土
	マンガン質肥料	(1) 有効マンガン (2) 有効マンガンおよび有効苦土
	ほう素質肥料	(1) 有効ホウ素 (2) 有効ホウ素および有効苦土
	微量要素複合肥料	(1) 有効マンガンおよび有効苦土ホウ素 (2) 有効マンガン，有効ホウ素および有効苦土

[1] 有機質肥料（動植物質のものに限る）を除く．
[2] 窒素全量，アンモニア性窒素または硝酸性窒素をいう．
[3] アルカリ分（有効石灰または有効石灰および有効マグネシウムをいう）または有効ケイ酸，有効マグネシウム，有効マンガンもしくは有効ホウ素をいう．
[4] リン酸全量または有効リン酸をいう．
[5] カリ全量または有効カリをいう．

表 3.5 有効成分の内容

窒素質肥料	有効石灰	可溶性石灰
	有効苦土（マグネシウム）[1]	可溶性苦土
	有効ケイ酸	可溶性ケイ酸，水溶性ケイ酸
	有効苦土[2]	可溶性苦土，ク溶性苦土，水溶性苦土
	有効マンガン	可溶性マンガン，ク溶性マンガン，水溶性マンガン
	有効ホウ素	ク溶性ホウ素，水溶性ホウ素
リン酸質肥料	有効リン酸	ク溶性リン酸，可溶性リン酸，水溶性リン酸
カリ質肥料	有効加里	ク溶性カリ，水溶性カリ
石灰質肥料	有効苦土	可溶性苦土，ク溶性苦土，水溶性苦土
	有効マンガン	可溶性マンガン，ク溶性マンガン，水溶性マンガン
	有効ホウ素	ク溶性ホウ素，水溶性ホウ素
ケイ酸質肥料	有効ケイ酸	可溶性ケイ酸，水溶性ケイ酸
	有効苦土	可溶性苦土，ク溶性苦土，水溶性苦土
	有効マンガン	可溶性マンガン，ク溶性マンガン，水溶性マンガン
	有効ホウ素	ク溶性ホウ素，水溶性ホウ素
苦土肥料	有効苦土	可溶性苦土，ク溶性苦土，水溶性苦土
マンガン質肥料	有効マンガン	可溶性マンガン，ク溶性マンガン，水溶性マンガン
	有効苦土	可溶性苦土，ク溶性苦土，水溶性苦土
ホウ素質肥料	有効ホウ素	ク溶性ホウ素，水溶性ホウ素
	有効苦土	可溶性苦土，ク溶性苦土，水溶性苦土
微量要素複合肥料	有効マンガン	可溶性マンガン，ク溶性マンガン，水溶性マンガン
	有効ホウ素	ク溶性ホウ素，水溶性ホウ素
	有効苦土	可溶性苦土，ク溶性苦土，水溶性苦土

[1] アルカリ分の有効苦土
[2] アルカリ分でない有効苦土

や茎葉の生育，開花・結実を促進する重要な成分で，水溶性，可溶性，ク溶性（く溶性）の3種があり，後者になるほど緩効性となる．したがって保証成分量のみならず，溶解性を考慮して施肥法や施肥量を考える必要がある．カリはぜいたく吸収されるため，窒素以上に作物に吸収されることが多い養分であるが，要求量は窒素より少ない．カリの不足は作物生育をいちじるしく阻害する一方，マグネシウム（苦土）と拮抗するのでカリの多施は苦土欠乏を招く．アルカリ分とは土壌酸度の矯正力を示し，可溶性石灰含量あるいは可溶性苦土との合計含量を酸化カルシウム量に換算した値である．ケイ酸はすべての植物に必須性があるわけではないが，イネの健全な生育や病中害抵抗性の強化に必要な成分である．ケイ酸質肥料は土壌の酸性矯正にも利用される．苦土は葉緑素の構成分であり，不足すると下位葉から上位葉に向かって葉脈間の黄化や白色化が起こる．土壌が酸性化すると苦土欠が起こりやすくなるが，前述のようにカリ過剰によっても苦土欠は引き起こされる

ので，塩基バランスに注意を払う必要がある．マンガンとホウ素は，作土からの溶脱や流亡，土壌中での不可給化によって作物に欠乏症を引き起こすことがあり，それらの施用効果が高いことから，これらのみが微量要素の中で主成分として認められている．表3.4に肥料種別ごとの公定規格の主成分を示す．また，表3.4中の有効成分については，告示により表3.5のように指定されている．ク溶性（く溶性）成分とは2%のクエン酸水溶液に可溶な成分をいい，可溶性リン酸はペーテルマン氏クエン酸アンモニアに可溶のリン酸を，他の可溶性成分はそれぞれ0.5 M塩酸に可溶の成分を指す．

マンガンとホウ素以外の微量要素は，含有を保証しても肥効に対する影響が小さいことを理由に主成分には指定されていないが，微量要素のうち鉄，銅，亜鉛，モリブデンの4種については，肥効を促進する成分としての使用が認められている．

なお特殊肥料については，告示によって，窒素

全量，リン酸全量，カリ全量，銅全量，亜鉛全量，石灰全量，炭素窒素比，水分含有量の8項目を主要な成分として表示することになっている．

2) 保証成分量

肥料取締法に基づき，普通肥料について保証票で保証する主成分の最小量であり，百分比で表す．保証成分量は，百分の1以上を保証する主成分に限り，かつ，千分の1未満の表示は認められない（可溶性マンガン，ク溶性マンガン，水溶性マンガン，ク溶性ホウ素および水溶性ホウ素ならびに家庭園芸用複合肥料の主成分は除く）．保証される主成分は必ずしも一種ではなく，複数種が保証される場合もある．肥料の価値は保証成分量によって決定されるといえる．

この量は基準量ではなく，あくまでも最小量であるので，保証成分量を満たさない肥料の生産や輸入は禁じられている．また肥料の保管中や流通中にその化学的特性によって成分量が低下する場合であっても，保証成分量以下になることは認められない．

なお特殊肥料の主要な成分の含有量については，表示の単位と誤差の許容範囲が告示によって

表 3.6 肥料の公定規格の例

肥料の種類	含有すべき主成分の最小量(%)		含有を許される有害成分の最大量（%）		その他の制限事項
硫酸アンモニア	アンモニア性窒素	20.5	アンモニア性窒素の含有率1.0%につき 　硫青酸化物　　0.01 　ひ素　　　　0.004 　スルファミン酸　0.01		なし
尿素	窒素全量	43.0	窒素全量の含有率1.0%につき 　ビウレット　　0.002		なし
過りん酸石灰	可溶性りん酸 水溶性りん酸	15.0 13.0	可溶性りん酸の含有率1.0%につき 　ひ素　　　　0.004 　カドミウム　0.00015		なし
熔成りん肥	一く溶性りん酸 　アルカリ分 　く溶性苦土 二く溶性りん酸，アルカリ分およびく溶性苦土のほか可溶性けい酸，く溶性マンガンまたはく溶性ほう素を保証するものにあっては，一に揚げるもののほか 可溶性けい酸については 　　　　　　　　20.0 く溶性マンガンについては 　　　　　　　　1.0 く溶性ほう素については 　　　　　　　　0.05	17.0 40.0 12.0	く溶性りん酸の含有率1.0%につき 　カドミウム　0.00015		2ミリメートルの網ふるいを全通すること．
硫酸加里	水溶性加里	45.0	水溶性加里の含有率1.0%につき 　ひ素　　　　0.004		塩素は，5.0%以下であること．
けい灰石肥料	可溶性けい酸 アルカリ分	20.0 25.0	なし		2ミリメートルの網ふるいを全通し，600マイクロメートルの網ふるいを60%以上通過すること．

つぎのように定められている．すなわち，窒素全量，リン酸全量ならびにカリ全量はそれぞれ％単位で，誤差の許容範囲は表示値が 3% 以上の場合は表示値の ±10%，表示値が 3% 未満の場合は ±0.3% である．銅全量ならびに亜鉛全量はそれぞれ mg kg^{-1} 単位で，誤差の許容範囲は表示値の ±30%．石灰全量は％単位で，誤差の許容範囲は表示値の ±10%．炭素窒素比の誤差の許容範囲は表示値の ±30%．水分含有量は％単位で，誤差の許容範囲は表示値の ±10% である．

b. 含有を許される有害成分の最大量

原料や製造過程の性質上，肥料には，植生や人体に害を与える物質が混入する可能性があり，硫青酸化物（チオシアン酸塩），ヒ素（ひそ），スルファミン酸，亜硝酸，ビウレット性窒素，ニッケル，クロム，チタン，カドミウム，鉛の 10 種について，各種肥料ごとの最大許容量が定められている．規定される有害成分の値は，肥料の種類によって異なる．たとえば，硫酸アンモニアではアンモニア性窒素の含有量 1.0% につき硫青酸化物 0.01%，ヒ素 0.004% スルファミン酸 0.01% のように 3 種の有害成分が規定され，過リン酸石灰では可溶性リン酸の含有率 1.0% につきヒ素 0.004%，カドミウム 0.00015% のように 2 種の有害成分が規定されている．

平成 11（2000）年の今般の肥料取締法の一部改正により，下水汚泥肥料などの汚泥肥料は普通肥料に含まれることとなり，ヒ素 0.005%，カドミウム 0.0005%，水銀 0.0002%，ニッケル 0.03% クロム 0.05% 鉛 0.01% の有害成分規定がなされた．

c. その他の制限事項

含有を許される有害成分で規制されないジシアンジアミド性窒素（シアナミドの一部が重合して生成し窒素の肥効を低下させる）やグアニジン性窒素（シアナミド誘導体の一種で植害を引き起こす）などの制限成分，被覆肥料の初期溶出率，難溶性肥料の粒度，植害試験の安全確認などの必要な事項が，その他の制限事項として規定されている．

前述の，含有すべき主成分の最小量（保証成分量）および含有を許される有害成分の最大量とともに，その他の制限事項は，告示により普通肥料

表 3.7 金属等を含む産業廃棄物に係る判定基準

アルキル水銀化合物	アルキル水銀化合物につき検出されないこと
水銀又はその化合物	検液 1 L につき水銀 0.005 mg 以下
カドミウム又はその化合物	検液 1 L につきカドミウム 0.3 mg 以下
鉛又はその化合物	検液 1 L につき鉛 0.3 mg 以下
有機燐化合物	検液 1 L につき有機燐化合物 1 mg 以下
六価クロム化合物	検液 1 L につき六価クロム 1.5 mg 以下
ヒ素又はその化合物	検液 1 L につき砒素 0.3 mg 以下
シアン化合物	検液 1 L につきシアン 1 mg 以下
PCB	検液 1 L につき PCB 0.003 mg 以下
トリクロロエチレン	検液 1 L につきトリクロロエチレン 0.3 mg 以下
テトラクロロエチレン	検液 1 L につきテトラクロロエチレン 0.1 mg 以下
ジクロロメタン	検液 1 L につきジクロロメタン 0.2 mg 以下
四塩化炭素	検液 1 L につき四塩化炭素 0.02 mg 以下
1,2-ジクロロエタン	検液 1 L につき 1,2-ジクロロエタン 0.04 mg 以下
1,1-ジクロロエチレン	検液 1 L につき 1,1-ジクロロエチレン 0.2 mg 以下
シス-1,2-ジクロロエチレン	検液 1 L につきシス-1,2-ジクロロエチレン 0.4 mg 以下
1,1,1-トリクロロエタン	検液 1 L につき 1,1,1-トリクロロエタン 3 mg 以下
1,1,2-トリクロロエタン	検液 1 L につき 1,1,2-トリクロロエタン 0.06 mg 以下
1,3-ジクロロプロペン	検液 1 L につき 1,3-ジクロロプロペン 0.02 mg 以下
チウラム	検液 1 L につきチウラム 0.06 mg 以下
シマジン	検液 1 L につきシマジン 0.03 mg 以下
チオベンカルブ	検液 1 L につきチオベンカルブ 0.2 mg 以下
ベンゼン	検液 1 L につきベンゼン 0.1 mg 以下
セレン又はその化合物	検液 1 L につきセレン 0.3 mg 以下

の公定規格として肥料の種類ごとに定められている．これは普通肥料の品質基準であり，公定規格に基づいた検査を行うことによって肥料の品質が適性に維持される．公定規格の例を表3.6に示す．

なお，特殊肥料には肥料成分含有量などの基準は設けられていないが，じんかい灰や堆肥などについてはヒ素50 mg kg^{-1}以下，カドミウム5 mg kg^{-1}以下，水銀2 mg kg^{-1}以下で，表3.7に示す総理府令に適合することが求められる．

d．副成分

硫酸アンモニアの硫酸イオンや硝酸ナトリウムのナトリウムイオンなど，肥料に含まれる有効成分以外の成分を副成分という．ただし明らかな構成元素や有害成分は副成分には含めない．積極的な肥料効果をもつものではないが，作物によっては肥料分となることもありうる．前述の硫酸イオンやナトリウムイオンなどは主成分が吸収された後土壌中に相対的に多く残存し，土壌pHを前者の場合は酸性側に，後者の場合はアルカリ性側に変化させる（肥料の生理的反応）ので，肥料選択時には副成分に対する考慮も必要である．

〔野口　章〕

3.5　肥料の登録と検査

肥料は，植物の栄養上の必要に応じて供給され，かつ栽培に資するために施用されるものである．施肥や栽培によって生じる農地の化学的・物理的・生物的変化に対応して栄養分が効率的に利用され，また，農地の肥沃性を損なわないよう農業経営上の観点からも熟慮して選択し使用すべきものである．

それゆえ"肥料"は，その品質を保全し，公正な取引を確保するために法的規制を受けている．そのため普通肥料を生産しようとする業者は，その銘柄ごとに区分にしたがって農林水産大臣もしくは都道府県知事の登録を受けなければならないことになっている．

a．肥料の登録制度
1）農林水産大臣登録

次の普通肥料は，農林水産大臣登録が必要である．

① 化学的方法によって生産される普通肥料（石灰質肥料と農林水産省令で定める汚泥肥料などを除く）

② 化学的方法以外の方法によって生産される普通肥料であって，窒素，リン酸（りん酸），カリ（加里），石灰およびマグネシウム（苦土）以外の成分を主成分として保証するもの

③ 汚泥を原料として生産される普通肥料や，その原料の特性からみて銘柄ごとの主要な成分がいちじるしく異なる普通肥料であって，有害成分を含有するおそれが高いものとして農林水産省令に定めるもの

④ ③の普通肥料の一種類以上が原料として配合される普通肥料

また，普通肥料を輸入しようとする業者も，その銘柄ごとに農林水産大臣登録を受けなければならない．

2）都道府県知事登録

前述の①〜④以外の普通肥料（石灰質肥料を含む）は，生産する事業場の所在地を管轄する都道府県知事の登録を受けなければならない．また，都道府県の区域を超えない区域を地区とする農業協同組合などが③を原料としない普通肥料の一種類以上を原料として配合される普通肥料を生産する場合も知事登録である．

3）農林水産大臣もしくは都道府県知事への届出

前述の①および②の普通肥料の1種類以上が原料として配合される指定配合肥料の生産業者は農林水産大臣に，その他の生産業者もしくは農業協同組合などはその生産する事業場の所在地を管轄する都道府県知事に届け出をしなければならない．

4）仮登録

普通肥料で公定規格が定められていないものを生産し，または輸入しようとする者は，その銘柄ごとに農林水産大臣の仮登録を受けなければならない．

5) 登録および仮登録の有効期間

農林水産省令で定める83種類の普通肥料の有効期間は6年で，その他の普通肥料は3年である．また，仮登録肥料は1年と定められている．これらの有効期間は申請により更新することができる．

6) 登録の申請

肥料登録の申請は，農林水産省令で定める手続きに従って，所定の事項を記載した申請書に登録または仮登録を受けようとする肥料の見本を添えて，農林水産大臣（独立行政法人肥飼料検査所）もしくは都道府県知事（県の肥飼料検査職員）に提出する．

b. 肥料の検査体制

肥料はすべて肥料取締法の適用を受けるため，農林水産省もしくは都道府県に専門職員が配置され，その適正な執行が図られている．国の肥料検査業務は，独立行政法人肥飼料検査所がこれに当たっている．肥飼料検査所は，本部（さいたま市）のほか，札幌事務所，仙台事務所，名古屋事務所，大阪事務所および福岡事務所がそれぞれ管轄内における検査業務を負っている．一方，各都道府県においても肥飼料検査所（検査室など自治体によって名称が異なる）が，この任にあたっている．

1) 肥料登録業務

申請された肥料登録申請書の記載事項および見本について，当該肥料が公定規格に適合し，当該肥料の名称が適法であることなどを調査し，規定に違反しない場合は登録をする．

2) 立入検査

肥料の検査業務にあたる職員は，肥料の取締り上必要があると認めるとき，生産業者もしくは輸入業者または運送（運送取扱）業者，倉庫業者の事業場，倉庫，車両その他肥料の生産，輸入，販売，輸送もしくは保管の業務に関係がある場所に立ち入り，肥料，その原料もしくは業務に関する帳簿書類を検査し，関係者に質問することができることになっている．また，肥料もしくはその原料を，検査のため必要な最小量に限り無償で収去して分析・調査を行う．検査所が立ち入り検査を行った場合は，その結果を農林水産大臣に報告しなければならないし，肥料もしくはその原料を収去した場合は，その検査結果の概要を新聞その他の方法により公表しなければならないことになっている．

3) 行政処分

農林水産大臣もしくは都道府県知事は，検査などによって生産業者もしくは輸入業者が肥料取締法または法に基づく命令の規定に違反したときは，これらの者に対し，当該肥料の譲渡もしくは引渡しを制限し，もしくは禁止し，またはその登録（仮登録）を取消すことができる．さらに，故意に肥料取締法に違反した場合は，3年以下の懲役もしくは30万円以下の罰金（併科もある）に処される．

4) 肥料生産数量（輸入数量）などの報告

登録した普通肥料もしくは届け出た普通肥料は，毎年2月末までに当該肥料について銘柄別に生産数量および販売数量などを農林水産大臣に届け出なければならないが，この業務も検査所が行っている．また，肥料の輸入についても同様である．

〔長谷川 功〕

3.6 肥料の包装容器

肥料を入れる包装容器については特別な制限はなく，使用目的によって小型のポリ容器から1t入りのフレコンバッグまでさまざまであるが，農家向けの一般的な肥料は，20 kg入りのビニール袋が使われている．こうした肥料の包装容器には，肥料取締法によって指定する生産業者保証票もしくは輸入業者保証票を当該肥料の容器または包装の外部に付すことが義務づけられている．

a. 保証票

生産業者もしくは輸入業者が肥料取締法に基づく登録事項を遵守していることを証明するために，農林水産省令で定められた事項を記載した保証票を最小販売単位ごとに包装容器の外部の見やすい個所に印刷するか，同様式により表示事項を記載した書面を容器もしくは包装から容易に離れない方法で付さなければならないことになってい

```
  ┌─────────────────────────────┐
2cm以上│            ○               │
  ├─────────────────────────────┤
2cm以上│     肥料取締法に基づく表示      │
  │    （たとえば、生産業者保証票）    │
  ├─────────────────────────────┤
  │ 登録番号                ……… ① │
  │ 肥料の種類              ……… ② │
  │ 肥料の名称              ……… ③ │
  │ 保証成分量（％）         ……… ④ │
  │ 原料の種類              ……… ⑤ │
8.8cm以上│ 材料の種類、名称および使用量  ……… ⑥ │
  │ 混入したものの名称および混入の割合（％） ……… ⑦ │
  │ 正味重量                ……… ⑧ │
  │ 生産した年月            ……… ⑨ │
  │ 生産業者の氏名または名称および所在地 ……… ⑩ │
  │ 生産した事業場の名称及び所在地  ……… ⑪ │
  └─────────────────────────────┘
         7.2cm以上
```

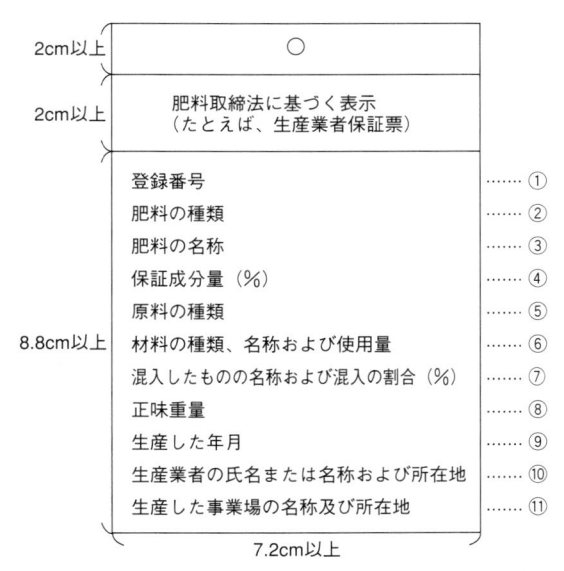

図 3.1 保証票（生産者保証票を例として）のサイズと記載事項

る．保証票には，生産業者によるものと輸入業者によるもの，および販売業者によるものとがあり，おのおの生産業者保証票，輸入業者保証票，販売業者保証票である．このほかに，仮登録生産（輸入，販売）業者保証票，指定配合肥料生産（輸入，販売）業者保証票，登録外国生産肥料生産（輸入，販売）業者保証票，仮登録外国生産肥料生産（輸入，販売）業者保証票がある．

1) 保証票のサイズ

保証票は，農林水産省令によって図 3.1 のようにサイズが決められている．ただし，正味重量が 6 kg 未満の場合は適宜とすることができる．

2) 保証票の記載事項

保証票に記載する事項は，農林水産省令によって定められているが，その主な事項は次のとおりである．

① 登録番号：農林水産大臣もしくは都道府県知事に肥料登録をすると，銘柄ごとに公布される登録番号を記載する．

② 肥料の種類：肥料取締法に基づいて定められた普通肥料の公定規格における肥料の種類または炭素窒素比を記載する．

③ 肥料の名称：肥料登録申請書に記載した「登録名称」，もしくは届け出た肥料の名称を記載する．通称名やペットネームなどは記載できない．

④ 保証成分量（％）：肥料取締法施行令に基づき農林水産大臣が指定する有効成分（主成分）で，当該肥料の登録時に定めた保証成分量をパーセントで記載する．また，数値は窒素の場合は元素（N）としての数値で，それ以外の成分は酸化物としての表示をすることとなっている（表 3.8）．また，保証できる成分量の最小量も表 3.9 のように規定されている．

⑤ 原料の種類：農林水産大臣が指定する普通肥料では，原料の種類を記載する．

⑥ 材料の種類，名称および使用量（％）：農林水産大臣が指定する材料を使用した普通肥料は，これを記載する．ただし，この保証票に記載が困難な場合は，本項目欄に記載場所を表示の上，他の個所に記載することができる．

⑦ 混入した物の名称および混入の割合（％）：肥料取締法 25 条のただし書きの規定（普通肥料の公定規格で定める農薬その他の物を公定規格で定めるところにより混入）により異物を混入した場

表 3.8 肥料取締法施行令に基づき農林水産大臣が指定する有効成分と算出基準

栄 養 素 名	農林水産大臣が指定する有効成分（主成分）の名称	主成分量の算出基準
窒　　　素	窒素全量，アンモニア性窒素，硝酸性窒素	窒素（N）
り ん 酸	りん酸全量，く溶性りん酸，可溶性りん酸，水溶性りん酸	五酸化リン（P_2O_5）
加　　　里	加里全量，く溶性加里，水溶性加里	酸化カリウム（K_2O）
石　　　灰	可溶性石灰	酸化カルシウム（CaO）
苦　　　土	可溶性苦土，く溶性苦土，水溶性苦土	酸化マグネシウム（MgO）
け い 酸	可溶性けい酸，水溶性けい酸	二酸化ケイ（SiO_2）
マンガン	可溶性マンガン，く溶性マンガン，水溶性マンガン	酸化マンガン（MnO）
ほ う 素	く溶性ほう素，水溶性ほう素	三酸化ホウ素（B_2O_3）
そ の 他	アルカリ分	$CaO + MgO \times 1.4$*

*アルカリ分は，可溶性苦土含量に CaO/MgO を乗じたもの（MgO を CaO に換算）に可溶性石灰含量を加えたもの．
（農林水産省告示第 703 号（平成 11 年 5 月 13 日改正）および第 640 号（平成 13 年 5 月 10 日改正）による普通肥料の公定規格およびその附二から作成）．

表 3.9 保証成分量の数値の保証最小量

	一般的な肥料 (百分比)		家庭園芸用肥料 (百分比)	
窒素, りん酸, 加里	1	0.1	0.1	0.01
有効苦土	1	0.01	0.1	0.001
アルカリ分, 有効けい酸	10	10	0.1	0.1
有効マンガン	0.1	0.001	0.01	0.0001
有効ほう素	0.05	0.001	0.01	0.0001

（肥料取締法施行規則による）

合は，それを記載することになっている．

⑧ 正味重量：包装容器内の正味重量を整数で記載する．

⑨ 生産した年月：生産した年月を記載する．

⑩ 生産業者の氏名または名称および所在地：生産業者名と所在地を記載する．

⑪ 生産した事業場の名称および所在地：記載個所を表示の上，他の個所に記載することができる．

このように，肥料取締法による保証票の記載と添付は，生産業者あるいは輸入業者または販売業者による肥料の責任表示と保証であると同時に，使用者にとっては，施肥に際してその内容を知る大きな情報源となっている．

b. 表　示

肥料の包装容器の表示に関して，肥料取締法に基づく特別な規制はないが，虚偽の表示や誇大広告は慎むべきであることはいうまでもない．

肥料の包装容器の表示は，一般的には流通業界によって自主的な表示が行われている．一般的に記載されている表示について概説する．

① 肥料袋の表には，主として肥料の流通名称（ペットネームなど）や販売業者名などが記載されている．系統流通銘柄には農協マークが記載されており，複合肥料（配合肥料や化成肥料）には，含有成分の数字が記載されるのが普通である．通常，記載は窒素（Nとして），リン酸（P_2O_5 として），カリ（K_2O として）の順で数字で，たとえば 8-8-8 のように表示される．これに三要素以外の成分が含有されている場合は，苦土（MgO），マンガン（MnO），ホウ素（B_2O_3）の順で 8-8-8-0.2-0.02-0.01 のように表示されており，施肥量を決める際の参考になる．最近では，これ以外にも適用作物がひと目で判別できるように作物の写真が印刷されていたり，流通地域の特徴を示すような図柄が記載されているなど，カラフルな容器のものが多い．

② 肥料袋の裏面には，施肥の対象となる適用作物の種類や作物別の適正施用量などが記載されているほか，使用上の注意など，使用者の便宜を図る内容が中心に記載されている．また，一般的に生産（輸入，販売）業者保証票は裏面に記載されていることが多い．

c. 包装容器の形態と重量

肥料の包装容器の形態としては，一般的な農用地などに施肥する粒状もしくは砂状，粉末状の肥料のほとんどには 20 kg 入りのポリ袋（中には 10 kg 入りの場合もある）が使われ，前述したような表示がなされている．石灰質肥料のように価格が比較的低廉な肥料には，20 kg 入り（もしくは 30 kg 入りもある）のクラフト紙の間にポリフィルムを 1 層入れたクラフト紙袋が使われている．土づくりなどの目的のため，大規模面積に請負で機械散布をするような場合は，1 t 入り（場合によっては 500 kg 入り）のフレコンバッグに充填され，肥料の生産工場から農地へ直送される．また，フレコンバッグは，粒状配合肥料の原料肥料の輸送にも多用されている．また，液状の肥料（液肥）やペースト状の肥料には，10 L から 20 L 入りなどのポリ容器が使われている．

一方，最も種類が多く，バラエティーに富んでいるのが家庭園芸用肥料である．100 g 程度から 1 kg，5 kg 程度の小型ビニール袋から，20〜50 mL から 1〜2 L 入りのポリ容器まであり，その形状もアンプル型からボトルタイプまでさまざまである．

〔長谷川　功〕

3.7 肥料分析法と鑑定法

a. 公定肥料分析法

肥料成分の分析法は，独立行政法人農業環境技術研究所から発行される「肥料分析法」(数年ごとに増補・改定)が公定法となっている．同法には，総則，サンプリングや，水分，灰分，pH および電気電導率，主成分，その他の成分，硝酸化抑制剤のおのおのに関する試料調整法や定量法などが記載されている．同法に使用される用語は「文部省学術用語集化学編」に基づくため，肥料取締法関連法令中の用語とは異なる部分がある．

以下にサンプリング，水分，水溶性成分と有効態成分測定のための試料液の調整法，窒素，リン(リン酸)，カリウム(加里)それぞれの分析方法の概要を記す．本項の用語も「文部省学術用語集化学編」に従う．

1) サンプリング

ⅰ) 採取法　試料の形状ごとに以下の操作を行い，いずれもよく混合したのち縮分して少量とし，これを適当な容器に密封して分析試料とする．

① 包装された肥料：内容物の全部を清浄な床上または適当な器物に移す．

② 油かす類・肉かすなど固塊状の肥料の1個について：その全部もしくは数個所を破砕し，清浄な床上または適当な器物に移す．

③ 2個以上の試料から全部を代表する試料を採取する場合：総数に応じて数個から10数個を無作為に抽出し，これらについて各個別に等量の試料を採取し，これらを集める．

④ ばら積み肥料：集積量に応じて数個所からそれぞれ無作為に採取し，清浄な床上または適当な器物に移す．

⑤ 液状肥料は内容物をよく混合した後その一部を採取し，これを適当な容器に密封して分析試料とする．

ⅱ) 調整法　試料は $500\,\mu m$ の網ふるいを通したのち，ふるい上の部分のみを粉砕して再度ふるいを通し，この操作を反復してふるいを全通させ，全体をよく混合し，気密な容器に貯蔵する．ただし，粉砕するとき粘性を帯びふるい分けの困難なものは単に粉砕してよく混合すればよく，毛くず，羽毛，綿実殻などははさみまたは裁断機で微細に切断してよく混合し，熔成リン肥，焼成リン肥，ケイ酸質肥料，石灰(カルシウム)質肥料，苦土(マグネシウム)肥料などは $212\,\mu m$ の網ふるいを通してよく混合する．湿潤な試料，液状の試料，粗大混在物がある試料については，別途記載がある．

2) 水　　分

分析試料 $2\sim 5\,g$ を平形量り瓶(径 $5\,cm$，高さ $3\,cm$ のもの)に正確にとり，$100\,℃$ で5時間乾燥して重さを正確に量り，その減量を水分とする．ただし，過リン酸石灰，重過リン酸石灰およびこれらを含有する肥料，硫酸アンモニウム，硝酸ナトリウムおよびカリウム塩類，揮発物を含有する肥料，液状の肥料，尿素および尿素を含有する肥料については，別途記載がある．

3) 水溶性成分と有効態成分判定のための試料液の調整方法

有効態成分のうち，可溶性のケイ素(ケイ酸)，カルシウム(石灰)，マグネシウム(苦土)およびマンガンは，$0.5\,M$ の塩酸可溶性のものをいう．可溶性リン(リン酸)は，ペーテルマンクエン酸塩(ペーテルマンクエン酸アンモニア)液可溶のものである．ク溶性のリン(リン酸)，カリウム(加里)マグネシウム(苦土)，マンガンおよびホウ素は，それぞれ2%のクエン酸可溶の成分である．水溶性成分も含め，これらの試料液調製法は肥料や分析成分によって細かく規定されており，試料液調製に当っては正確を期さなければならない．とくに肥料秤取量や肥料/溶媒液量比が異なると溶出する成分量がいちじるしく異なることがある．

以下に，肥料分析法に記載されている水溶性成分ならびに有効態成分の試料液の調整法を記す．

ⅰ) 水溶性成分

(a) リン(リン酸)，ケイ素(ケイ酸)およびマンガン：　分析試料 $5\,g$ 〔ケイ素(ケイ酸)の場合は $2.5\sim 5\,g$〕を $500\,mL$ のメスフラスコに正確にとり，水約 $400\,mL$ を加え，1分間 $30\sim 40$ 回回転の振り混ぜ機で30分間振り混ぜたのち，標線ま

で水を加えてただちに乾燥ろ紙でろ過する．

(b) カリウム（加里）：

カリウム塩類　分析試料2.5gを300mL容のトールビーカーに正確にとり，水約200mLを加えて15分間煮沸し，冷却後水を加えて正確に250mLとし乾燥ろ紙でろ過する．

複合肥料　分析試料5gを小型乳鉢に正確にとり，少量の水を加えてよくすりつぶし，その上澄み液を500mLのメスフラスコに移し，さらにこの操作を3回反復したのち乳鉢内の不溶解物をことごとくフラスコに移し，水を加えて約400mLとし1分間30～40回回転の振り混ぜ機で30分間振り混ぜたのち，標線まで水を加えて乾燥ろ紙でろ過する．

(c) マグネシウム（苦土）：　分析試料1gを500mL容の三角フラスコに正確にとり，水約400mLを加え環流冷却器を付けて30分間煮沸し，冷却後水を加えて正確に500mLとし乾燥ろ紙でろ過する．

(d) ホウ素：

ホウ酸，ホウ酸塩　分析試料1gをトールビーカーに正確にとり，水約200mLを加えて時計皿で覆い15分間煮沸して溶かし，冷却後水を加えて正確に250mLとし乾燥ろ紙でろ過する．

塩化カリウム（加里）　分析試料5～10gをビーカーに正確にとり，水50～75mLを加えて時計皿で覆い15分間煮沸して溶かす．

複合肥料　分析試料2.5gを軟質ガラス製またはポリ四フッ化エチレン製トールビーカーに正確にとり，水約200mLを加えて時計皿で覆い15分間煮沸して溶かし，冷却後水を加えて正確に250mLとし乾燥ろ紙でろ過する．

ii）可溶性成分

(a) リン（リン酸）

水溶性リン（リン酸）を含有する場合　分析試料2.5gを小型乳鉢に正確にとり，水20～25mLを加えよくすりつぶしその上澄み液をろ紙上に注ぎ，さらにこの操作を3回反復したのち乳鉢内の不溶解物をろ紙上に移し，ろ紙が約200mLとなるまで水で洗浄し，ろ液に少量の硝酸を加えて透明にしたのち水を加えて正確に250mLとする（第1液）．次にろ紙上の不溶解物をろ紙とともに別の250mLのメスフラスコに入れ，ペーテルマンクエン酸塩液100mLを加え，栓をしてろ紙が完全に崩壊するまで振り混ぜ，65℃の水浴中で15分ごとに振り混ぜながら1時間作用させたのち冷却し，標線まで水を加えてただちに乾燥ろ紙でろ過する（第2液）．定量に際してこの第1液および第2液を等量ずつ合わせてとる．

水溶性リン（リン酸）を含有しない場合　分析試料1gを小型乳鉢に正確にとり，ペーテルマンクエン酸塩液100mLの一部を加え，よくすりつぶしたのち残りのペーテルマンクエン酸塩液で250mLのメスフラスコに移す．これを65℃の水浴中で15分ごとに振り混ぜながら1時間作用させたのち冷却し，標線まで水を加えてただちに乾燥ろ紙でろ過する．

(b) ケイ素（ケイ酸）：　分析試料1gを250mL容のメスフラスコに正確にとり，30℃の0.5M塩酸150mLを加え1分間30～40回回転の振り混ぜ機で1時間振り混ぜたのち，速やかに常温に戻し，標線まで水を加えてただちに乾燥ろ紙でろ過する．

(c) カルシウム（石灰），マグネシウム（苦土）およびマンガン：　分析試料2gをトールビーカーに正確にとり，0.5M塩酸200mLを加え時計皿で覆い5分間煮沸して溶かし，冷却後水を加えて正確に250～500mLとし，乾燥ろ紙でろ過する．

iii）ク溶性成分

(a) リン（リン酸），カリウム（加里）マグネシウム（苦土）およびマンガン：　分析試料1gを250mL容のメスフラスコに正確にとり，30℃のクエン酸液150mLを加え1分間30～40回回転の振り混ぜ機で1時間振り混ぜたのち，速やかに常温に戻し，標線まで水を加えてただちに乾燥ろ紙でろ過する．

(b) ホウ素：　分析試料1gを三角フラスコに正確にとり，水25mLを加えてよく混合しさらに塩酸25mLを加えたのち，環流冷却器を付けて15分間煮沸し，冷却後水を加えて正確に250mLとし，乾燥ろ紙でろ過する（第1液）．別に分析試料1gを三角フラスコに正確にとり，30℃のクエン酸液150mLを加え1分間30～40回回転の振

り混ぜ機で1時間振り混ぜたのち，ろ過して水で十分洗浄する．ろ紙上の不溶解物は温塩酸(1+1) 50 mL および少量の水で元の三角フラスコに洗い込み，環流冷却器を付けて15分間煮沸し，冷却後水を加えて正確に 250 mL とし，乾燥ろ紙でろ過する（第2液）．第1液と第2液はそれぞれ NaOH 溶液で滴定し，滴定値の差からホウ素の量を算出する．

4）窒素の分析

「肥料分析法」には，以下に示すアンモニア性窒素，硝酸性窒素のほかに，窒素全量，尿素性窒素，シアナミド性窒素，水溶性窒素，窒素の活性係数についても分析法が定められている．

ⅰ）アンモニア性窒素

（a）蒸留法

試料液の調製　〔アンモニウム塩類および複合肥料〕分析試料の一定量を 500 mL 容のメスフラスコに正確にとり，水約 400 mL を加え1分間30〜40回回転の振り混ぜ機で30分間振り混ぜたのち，標線まで水を加える

〔複合肥料〕分析試料の一定量を小型乳鉢に正確にとり，少量の水を加えてよくすりつぶし，その上澄み液を 500 mL 容のメスフラスコに移し，さらにこの操作を3回反復したのち乳鉢内の不溶解物をことごとくフラスコに移し，水を加えて約 400 mL とし1分間30〜40回回転の振り混ぜ機で30分間振り混ぜたのち，標線まで水を加える．

定量　分析試料または試料液の一定量を蒸留フラスコに正確にとり，適量の水と水酸化ナトリウムの濃厚液とを加えてアルカリ性とし標準硫酸液の一定量を正確に入れた受器を接続した蒸留装置に連結し，アンモニアをことごとく標準硫酸液中に留出させたのち，留出液に指示薬としてメチルレッドを加えて標準水酸化ナトリウム液で滴定し窒素（N）の量を算出する．

（b）通気法

試料液の調製　蒸留法に準ずる．

定量　分析試料または試料液の一定量を通気装置に正確にとり，水酸化ナトリウム液を加えて加温通気しアンモニアをことごとく一定量の標準硫酸液中に集めたのち，これを指示薬としてメチルレッドを加えて標準水酸化ナトリウム液で滴定し窒素（N）の量を算出する．

（c）ホルムアルデヒド法

試料液の調製　〔アンモニウム塩類〕蒸留法のアンモニウム塩類および複合肥料の試料液調製法に準じて作成したのち，乾燥ろ紙でろ過する．

〔複合肥料〕分析試料の一定量を 500 mL 容のメスフラスコに正確にとり，塩化カリウム液約 400 mL を加え，1分間30〜40回回転の振り混ぜ機で30分間振り混ぜる．この溶液に塩化アルミニウム液を加え，指示薬としてメチルレッド数滴を滴下し，ただちにフラスコを振り混ぜながら淡黄色になるまで水酸化カリウム液を滴下してリン酸および過剰のアルミニウムを沈殿させたのち，標線まで水を加えて乾燥ろ紙でろ過する．

定量　試料液 100 mL を三角フラスコに正確にとり，メチルレッドを指示薬として塩酸(1+200)で淡桃色に調節したのち，ホルムアルデヒド液 10 mL を加え，さらに指示薬としてチモールブルー数滴を滴下し，標準水酸化ナトリウム液で緑色が消失して青色となるまで滴定する．この水酸化ナトリウム液の所要量より空試験に要した水酸化ナトリウム液の量を減じて窒素（N）の量を算出する．

ⅱ）硝酸性窒素

（a）還元鉄法

定量　分析試料の一定量を蒸留フラスコに正確にとり，水約 30 mL を加え硝酸塩およびアンモニウム塩を完全に溶かし，還元鉄 5 g および硫酸（1+1）約 10 mL を加え，フラスコの首に長脚漏斗を挿入し流水下で容器の外部を冷却しながら静かに振り混ぜる．少時静置し激しい反応が衰えたのち低温で徐々に加熱し，約15分間軽く煮沸したのち冷却する．次に適量の水および過剰の水酸化ナトリウムの濃厚液を加えてアルカリ性とし，標準硫酸液の一定量を入れた受器を接続した蒸留装置に連結し，蒸留および滴定を行う．別に試薬について空試験を行い，滴定値を補正して窒素（N）の量を算出する．

（b）デバルダ合金法

定量：分析試料の一定量を蒸留フラスコに正確にとり，適量の水およびデバルダ合金 3 g またはそれ以上を加え，次いで 30% 水酸化ナトリウム

液 10～25 mL を蒸留フラスコの内壁に添って徐々に加え，なお必要があれば少量のシリコーン油を加えたのち，標準硫酸液の一定量を正確に入れた受器を接続した蒸留装置に連結し，蒸留および滴定を行い窒素（N）の量を算出する．

(c) 紫外部吸光光度法

試料液の調製 〔硝酸塩類〕分析試料 1～3 g を水によく溶かして正確に 250 mL とし，必要があれば乾燥ろ紙でろ過する．

〔複合肥料〕 分析試料 2～5 g を 250 mL 容のメスフラスコに正確にとり，水約 200 mL を加え 1 分間 30～40 回回転の振り混ぜ機で 30 分間振り混ぜたのち，標線まで水を加えて乾燥ろ紙でろ過する．

定 量 〔硝酸塩類〕試料液について波長 302 nm で吸光度を測定する．別に標準硝酸塩液より作成した検量線から試料中の硝酸性窒素（N）の量を求める．

〔複合肥料〕試料液の一定量を 100 mL 容のメスフラスコに正確にとり，活性炭約 0.2 g を加えさらに標線まで酢酸ナトリウム緩衝液を加えたのち，ただちに乾燥ろ紙でろ過する．このろ液について，波長 302，292 および 312 nm の吸光度をそれぞれ測定し，各設定値を a，b および c とし，補正吸光度 2a－(b+c) を算出する．別に標準硝酸塩液について試料液の場合と同様に算出した補正吸光度より作成した検量線から硝酸塩窒素（N）の量を求める．

(d) フェノール硫酸法

試料液の調製 分析試料 1 g を 250 mL 容のメスフラスコに正確にとり，硫酸銅－硫酸銀液 200 mL を加え，1 分間 30～40 回回転の振り混ぜ機で約 20 分間振り混ぜ，さらに水酸化カルシウム約 1 g および塩基性炭酸マグネシウム約 1 g を加えて約 10 分間振り混ぜたのち，標線まで水を加えて乾燥ろ紙でろ過する．もしろ液が着色するときは，活性炭少量を加えて再び乾燥ろ紙でろ過する．

定 量 〔硝酸性窒素 1% 以上の場合〕作成直後の試料液 10 mL を 100 mL 容のメスフラスコに正確にとり，標線まで水を加える．この液 10 mL を小型蒸発皿に正確にとり，水浴上で蒸発乾固し，放冷後フェノール硫酸 2 mL を速やかに加え，ただちに蒸発皿を回転し残留物のすべてをフェノール硫酸と接触させる．約 10 分間放置後水約 20 mL を加え，残留物を砕いて溶かす．放冷後これを水で 100 mL 容のメスフラスコに移し，アンモニア水（1+2）で弱アルカリ性として黄色を辛うじて発現させたのち，さらに 3 mL を過剰に加える．冷却後標線まで水を加え，30 分間放置後波長 410 nm 付近の吸光度を次記の示差法により測定する．すなわち，標準硝酸塩液の一定量を 250 mL 容のメスフラスコに数段階に正確にとり，硫酸銅－硫酸銀液 200 mL を加え，以下上述の分析試料の場合と同様に操作して発色させ，試料液中より硝酸性窒素の量が少ない標準液を対照液として試料液およびその他の標準液の吸光度を測定し，試料液中の硝酸性窒素（N）の量を求める．

〔硝酸性窒素 1% 以下の場合〕作成直後の試料液 10 mL を小型蒸発皿に正確にとり，以下硝酸性 1% 以上の場合と同時に操作して硝酸塩窒素（N）の量を求める．ただし標準液としては標準硝酸塩希釈液の一定量を 250 mL のメスフラスコに数段階に正確にとり，硫酸銅－硫酸銀液 200 mL を加え，以下上述の分析試料の場合と同様に操作して発色させる．

5) リン（リン酸）の分析

以下に示すキノリン重量法とバナドモリブデン酸アンモニウム法のほかに，キノリン容量法も記載されている．

i) キノリン重量法

試料液の調製 水溶性，可溶性およびク溶性のリン（リン酸）分析のための試料液調製法は，p. 61 に示した．

定 量 試料の一定量を 300 mL 容のトールビーカーに正確にとり，硝酸 5 mL を加え，さらに水で約 80 mL に希釈して時計皿で覆い約 3 分間煮沸したのち，時計皿およびビーカーの内壁を水で洗い，さらに水を加えて約 100 mL とする．ただちにキモシアク液約 50 mL を加えて 60～65℃ の水浴中で時々かき混ぜながら 15 分間加熱したのち，さらに時々かき混ぜながら室温まで放冷する．次にあらかじめ 220±5℃ で乾燥して重さを正確に量った，るつぼ形ガラスろ過器（1G4）また

は目皿を除きガラス繊維ろ紙を敷いたグーチるつぼで沈殿をろ過する．水で3回デカントしたのち，沈殿をことごとくろ過器中に移し，さらに水で7〜8回洗浄する．これを 220 ± 5℃ で30分間乾燥したのち，シリカゲルデシケータ中で室温まで放冷し，リンモリブデン酸キノリニウムとして重さを正確に量る．

ⅱ）バナドモリブデン酸アンモニウム法

試料液の調製 キノリン重量法の試料液の調製法に準ずる．

定 量 〔水溶性リン（リン酸）〕 試料液の一定量を100 mL容のメスフラスコに正確にとり，アンモニア水で中和し硝酸を加えて微酸性とし，適量の水で希釈して発色試薬20 mLを加え，標線まで水を加えて振り混ぜ，約30分間放置後波長400〜420 nm付近の吸光度を次記の示差法により測定する．すなわち，標準リン酸液を正確に10 mLずつ100 mL容のメスフラスコに数段階にとり，適量の水で希釈し，試料液と同様に発色させ，試料液中よりリン（リン酸）の量が少ない標準液を対照液とし試料液およびその他の標準液の吸光度を測定し試料液中のリン（P）またはリン酸（P_2O_5）の量を求める．

〔可溶性（クエン酸塩液可溶性）リン（リン酸）〕

試料液の一定量を100 mL容のメスフラスコに正確にとり，硝酸（1+1）4 mLを加えさらにペーテルマンクエン酸塩液が2 mL相当量になるようにその不足分を追加して煮沸する．冷却後適量の水で希釈して発色試薬20 mLを加え，標線まで水を加えて振り混ぜ，約30分間放置後波長400〜420 nm付近の吸光度を上述した示差法により測定する．標準液には硝酸（1+1）4 mLおよびペーテルマンクエン酸塩液2 mLをそれぞれ加え，試料液と同様にして同時に発色させる．

〔ク溶性（クエン酸可溶性）リン（リン酸）〕
試料液の一定量を100 mLのメスフラスコに正確にとり，硝酸（1+1）4 mLを加えさらにクエン酸液が17 mL相当量になるようにその不足分を追加して煮沸する．冷却後適量の水で希釈して発色試薬20 mLを加え，標線まで水を加えて振り混ぜ，約30分間放置後波長400〜420 nm付近の吸光度を上述した示差法により測定する．標準液には硝酸（1+1）4 mLおよびクエン酸液17 mLをそれぞれ加え，試料液と同様にして同時に発色させる．

6） カリウム（加里）の分析

以下に示すテトラフェニルホウ酸ナトリウム重量法，フレーム光度法または原子吸光測光法の他に，テトラフェニルホウ酸ナトリウム容量法も記載されている．

ⅰ）テトラフェニルホウ酸ナトリウム重量法

試料液の調製 水溶性およびク溶性のカリウム（加里）分析のための試料液調製法は，p.61に示した．

定 量 試料液の一定量を100 mL容のビーカーに正確にとり，テトラフェニルホウ酸塩液添加後の最終液量が50 mLになるように適量の水を加え，次いで塩酸の量が0.2 mLとなるように塩酸（1+9）を加え，さらに37％ ホルムアルデヒド液5 mLおよびエチレンジアミン四酢酸塩-水酸化ナトリウム液5 mLを順次加える．これにテトラフェニルホウ酸塩液を当量（K 8.3 mgまたはK_2O 10 mgにつき3 mLの割合）より4 mL過剰に，毎秒1〜2滴ずつかき混ぜながら加える．時々かき混ぜて約30分間放置したのち，あらかじめ重さを正確に量ったるつぼ型ガラスろ過器を用いてろ過し，テトラフェニルホウ酸塩洗浄液で沈殿を移し込み，同液約5 mLずつを用いて5回，次いで水約2 mLずつを用いて2回洗浄し，120℃で1時間乾燥したのち，テトラフェニルホウ酸カリウムとして重さを正確に量り，カリウム（K）またはカリ（K_2O）の量を算出する．試料液に多量のケイ素（ケイ酸）を含有する場合には別法が指定されている．

ⅱ）フレーム光度法または原子吸光測光法

試料液の調製 テトラフェニルホウ酸ナトリウム重量法の試料液調製法に準ずる．

定 量 試料液の一定量をメスフラスコに正確にとり，最終希釈量の1/10の干渉抑制剤液および標線まで水を加え，フレーム光度分析装置または原子吸光分析装置により標準カリウム液の発光強度または吸光度と比較してカリウム（K）またはカリ（K_2O）の量を求める．

b. 肥料簡易鑑定法

肥料鑑定は，肥料取締法の目的にあるように，肥料の品質を保全しその公正な取引を確保するために行われるが，厳密な分析は前項の「肥料分析法」によらなければならない．

ここでは簡単に実施可能な簡易鑑定法を述べる．

1) 有機質肥料と無機質肥料の鑑定

赤熱した鉄板上に少量の肥料を落としたとき，有機質肥料は煙を出して燃え灰が残る．無機質肥料のうち熔リン，焼リンなどは変化しない．硫アン，硝アン，塩アン，尿素などはガスを発生して消失する．

有機質肥料はフクシン液に赤く染まるが，無機質肥料は一般に染まらない．

2) 動物質肥料と植物質肥料の鑑定

動物質肥料は焼いたときの匂いが強く，灰が黒色で，煙がアルカリ性であり，植物性肥料は焼いたときの匂いが香ばしく，灰が灰色で，煙が酸性である．

動物質肥料はフクシン酸に早く濃く染まるが，植物質肥料は染まるのに時間がかかるうえに染まり方も淡い．

3) 動物質肥料と植物質肥料の種類の鑑定

干魚は脂肪が，魚かすは肉質部が，荒かすは骨質部がそれぞれ多い．魚肥中に混入されたエビ，カニ殻は水に浮き，貝殻，土砂類は沈降する．塩酸を加えるとエビ，カニおよび貝殻からは炭酸ガスが発生する．骨粉類では，角張った粗粉末で粉砕しにくいものは生骨粉，灰白色で光沢なく炭化した黒い粉末が混入しているものは蒸製骨粉，微粉末でもろくさらさらしているものは脱膠骨粉，光沢のある粗粒が混入しているものは蹄角粉である．

植物質肥料および農産物加工残渣には，種類により特徴を有するものがあるので，識別が可能である．たとえばダイズかすは扁平でもろく黄色，菜種かすは黒褐色の外皮が混入し緑灰色であり，ヒマシ油かすは白い縞模様のある黒褐色の厚めの外皮が混入している．

4) 無機質肥料の鑑定

硝アン，硝酸ソーダ，尿素は吸湿性がきわめて高く，大気中に露出しておくとすぐにべとつく．ついで塩加（塩化カリウム），苦汁加里塩の吸湿性が高い．硫アンも長期間放置すると吸湿する．反対に熔リン，焼リン，硫加は吸湿性が低い．

水溶性の大きなものから記すと，硝アン，尿素，硝酸ソーダ，硫アン，塩アン，塩加，硫加であり，苦汁加里塩もよく溶ける．石灰窒素，過石は一部溶け，熔リン，焼リン，炭カル，ケイ酸石灰などはほとんど溶けない．溶解残さは高度化成肥料が一般的に少なく，低度化成肥料は多い傾向にある．水溶液が塩基性のものとしては石灰窒素，熔リン，焼リン，重炭酸カリ，草木灰などが，酸性のものとしては過石，重過石，多くの複合肥料，硫アン（＝弱酸性）などが，中性のものとしては尿素，硝アン，塩アン，硫加，塩加などが挙げられる．

硫アン，塩アン，硝アン，塩加，硫加，尿素は無色透明の結晶状であるが，粉末度や光線の具合によっては白色に見える．副産硫アンには灰色や淡緑色に，回収硫アンには黄，赤，褐色に着色したものがある．石灰窒素は灰黒色の微粉末粗粒，熔リンはガラス状光沢をもつ灰緑から黒緑色の粗粒，焼リンは灰白色の微粉末である．

ほとんどの化学肥料は無臭であるが，石灰窒素にはわずかにアセチレン臭が，過石には甘い匂いが，副産硫安にはタール臭がある．硫アンには辛烈な酸味が，尿素には爽快な味が，塩加には苦味がある．

5) 肥料成分の簡易な検出法

〔アンモニア性窒素，硝酸性窒素，シアナミド性窒素〕 アンモニア性窒素を含む肥料に石灰を加えて撹拌するとアンモニア臭を出す．また，アンモニア性窒素やその水溶液にネスラー試薬を加えると，赤褐色の沈殿を生ずる．硝酸性窒素を含む肥料に鉄粉と強硫酸を加えて加熱すると赤褐色の刺激臭を出す．また，硝酸性窒素やその水溶液にジフェニルアミン濃硫酸液を加えると，青藍色に着色する．シアナミド性窒素の水溶液にアンモニアと硝酸銀を加えると，黄色の沈殿を生ずる．

〔リン酸〕 リン酸の水溶液にモリブデン酸アンモニウム液を加えて加熱すると黄変あるいは黄色の沈殿を生ずる．

〔カリ〕カリ質肥料の結晶を白金線に結んでアルコールランプの炎中に入ると黄紫色を呈する．ただしソーダを含む場合も黄色を示すので，コバルトガラスを透かして青緑色に見えればカリ質肥料である．カリの水溶液に亜硝酸コバルトソーダ液を加えると黄色の沈殿を生ずる．ただしアンモニアでも同色沈殿が生ずるので，アンモニアを含む場合にはあらかじめ水酸化ナトリウムを加えてアンモニアを揮散させる． 〔野口 章〕

3.8 肥料の分類

肥料は肥料取締法により普通肥料と特殊肥料に区分され，しかも公定規格による主成分によって肥料の種類が分かれている．実際に使用されている肥料は多種多様で，その形態，生産手段，原料，主成分，副成分，肥効発現様式，化学的反応や生理的反応などから多くの分類法がある．以下に述べる分類は，肥料取締法に基づくものではなく，むしろ施用に際しての肥料特性に基づいて分類される実用上の分類名称とその内容を解説する．

a. 原料による分類

肥料は，その原料が何に由来しているかによって，その肥効発現に大きな違いが生じる．とくに，その原料の化学的組成が，有機化合物の形であるものを有機質肥料といい，無機化合物の形であるものを無機質肥料と分類する（表3.10）．

有機質肥料は，動物質にしろ植物質にしろ，その原料が生物であるため複雑な含窒素有機化合物（タンパク質やアミノ酸など）や有機リン酸化合物で構成されており，施肥によって窒素，リン酸（りん酸）の供給を目的とした肥料である．有機質肥料は，施肥後，土壌中の微生物によって分解され，窒素やリン酸が無機化されてはじめて植物に吸収される．したがって，施肥後，肥効が現れるまでに時間がかかる緩効性の肥料といえよう．しかも，基本的には有機物を補給していることから，その分解過程における生成物によって土壌の物理性や化学性の改善効果が期待できることや，有機質肥料を餌とする微生物活動の活発化も期待されて施用されている．とくに，有機質肥料の施用が野菜や果樹類の品質向上効果がうたわれるにしたがって，過剰に期待されているが，肥料取締法による有機質肥料は，主として緩効的な窒素，リン酸の供給であり，分解過程における土壌改良的な効果は副次的なものと捉えるべきで，これらによる土壌腐植の補給効果は小さい．それは，有機質肥料のC/N比が小さく，微生物分解を受けやすいことから最終的には炭酸ガスと水にまで分解されてしまうからである．「有機」という言葉に関心が集まるにしたがって，有機質肥料に過大な効果を期待したり，有機物が含まれているものは何でも有機質肥料と呼称される風潮があるが，施用に関しては，その内容をよく吟味すべきである．

有機質肥料は，その原料から動物質肥料と植物質肥料に分けられる．動物質肥料は，魚かすや骨粉など，主に魚類，獣類に由来するものが原料となっており，その有効肥料成分は主として窒素とリン酸（骨粉のようにリン酸が主成分であるものもある）の供給が目的の肥料である．また，植物質肥料は，なたね油かすや大豆油かすなど主に植物種子油の搾りかすであり，窒素を主成分とし，少量のリン酸やカリを含んでいる．

一方，無機質肥料は，その生産方法が天然の鉱石を掘削して粉砕しただけのもの，もしくは，それに加工を加えた天然肥料と，化学的な生産工程によって製造される合成肥料に分けられる．天然肥料には硝酸ソーダを主成分とするチリ硝石や，

表3.10 有機質肥料と無機質肥料

有機質肥料	動物質肥料	魚かす，肉かす粉末，骨粉，乾血・血粉，グアノなど
	植物質肥料	ナタネ油かす，ダイズ油かす，綿実油かす，食品・醸造・薬品等の製造かすなど
無機質肥料	天　　然	チリ硝石（主成分 $NaNO_3$），炭カル，苦土炭カル，貝化石肥料，炭酸マンガン肥料など
	合　　成	化学肥料

表 3.11 肥料の副成分による分類の例

分類	肥料の種類
硫酸根肥料	硫酸アンモニア,過リン酸石灰,硫酸カリなど
無硫酸根肥料	塩化アンモニア,尿素,熔成リン肥,塩化カリなど

表 3.12 肥料の化学的性質による分類

水溶液による分類	肥料の種類
酸性肥料	重過リン酸石灰,リン酸一アンモニア,硫酸グアニル尿素,過リン酸石灰,など
中性肥料	塩化カリ,硫酸カリ,尿素,IBDU,CDU,硝酸アンモニア,塩化アンモニア,硫酸アンモニア,チリ硝石など.
塩基性肥料 (アルカリ性肥料)	石灰質肥料の全部,石灰窒素,熔成リン肥,焼成リン肥,炭酸カルシウム,ケイ酸カルシウム,ホウ酸ナトリウムなど.

石灰岩を細かく粉砕した炭カルや苦土炭カルなどがあり,合成肥料は化学工業で生産される多くの化学肥料であり,現在使われている肥料の多くは化学肥料である.

b. 副成分による分類

化学肥料のほとんどは"中和塩"でできているが,硝酸アンモニア肥料のように,酸,塩基ともが肥料成分である場合を除いて,酸もしくは塩基のいずれかが肥料成分であるが,一方が肥料成分でない場合が多い.たとえば,硫酸アンモニアの場合,アンモニアは窒素成分であるが,酸根である硫酸は肥料成分でない.この硫酸根を副成分という.また,リン鉱石を硫酸で分解して製造する過リン酸石灰は,主成分であるリン酸のほかに,反応過程で生成する硫酸カルシウム(石コウ)を含んでいる.この石コウも副成分である.

肥料の施肥に際して,副成分を意識する場合がある.たとえば,昭和30〜40年代に水田における根腐れや秋落ちの原因が,土壌還元によって生成する硫化水素であることが明らかにされたとき,水稲用の肥料としては硫酸根を含まないものが意識して使われた.これは,硫酸を含む肥料が水田に供給された場合,水稲は選択的養分吸収により主成分のアンモニアを積極的に吸収するが,副成分の硫酸イオンが土壌中に残る.この硫黄が硫化水素の原料になるとして硫安の水田施用が嫌われた.この時の分類が表 3.11 に示す硫酸根肥料と無硫酸根肥料という分類である.

また,葉タバコの生産に際して,塩素イオンの施肥は葉タバコの品質低下につながることから塩化物肥料は使われない.これも副成分が意識された肥料の施用の例である.このように肥料中に硫酸根を含有するか否かは,その施肥において考慮すべき点であることを意識した分類である.

硫酸根肥料には,硫酸アンモニア,過リン酸石灰,硫酸カリなどがあり,無硫酸根肥料には,塩化アンモニア,尿素,熔成リン肥,塩化カリなどがある.

c. 化学反応による分類

肥料は,作物の養分として肥料成分を供給することが主目的であるが,同時に施肥した肥料が土壌に及ぼす影響も重要である.たとえば,pHの高い土壌には塩基性の肥料を施すべきでなく,むしろ酸性の肥料を施す必要がある.こうした場合,肥料自体の性質によって分類しておくと,施用に際して大いに参考になる.そこで,肥料の化学的反応による分類がある.肥料の化学的反応とは,それを水に溶解したときに水溶液の示す pH をいい,これにもとづいて酸性肥料,中性肥料,塩基性(アルカリ性)肥料に分類される(表 3.12).

水溶液が酸性である酸性肥料には,やや過剰の硫酸を分解に使用するために遊離のリン酸を含む(重)過リン酸石灰,酸性塩であるリン酸一アンモニア,強酸と弱塩基の塩である硫酸グアニル尿素などがある.水溶液がアルカリ性となる生石灰,消石灰,水酸化マグネシウムや,これら過剰のア

ルカリ分を遊離の状態で含むためアルカリ性を示す石灰窒素，熔成リン肥など，弱酸と強塩基の塩である炭酸カルシウム，ケイ酸カルシウム，ホウ酸（ほう酸）ナトリウムなどが塩基性肥料である．中性肥料には，塩化カリ，硫酸カリ，尿素，IBDU，CDUなどがある．また，通常，アンモニウム塩は中性と見てよい．ただし，硫アンは中和が不完全だと遊離酸のために弱酸性となる．

このような肥料の酸性・アルカリ性といった化学的性質は，前述したように施肥に際しての土壌条件による適正肥料の選抜に重要であるが，それ以外にも肥料の製造，配合，貯蔵に際しても考慮しなければならない重要な性質である．たとえば，遊離酸の多い肥料では肥料袋，農業機械類の腐食にも関係する．現在使われている樹脂袋では問題にならないが，かつて肥料袋に俵・紙袋などを用いた場合には破袋の原因となるので含有量が制限された．また，アルカリ性肥料とアンモニア肥料を配合しておくとアンモニアが気化して失われてしまうので注意が必要である．このように化学反応は肥料の配合の可否を判断するために必要である．また，肥料を混合すると吸湿性が増大するのが普通である．たとえば，硫酸アンモニウムと尿素の混合物などのように単独では肥料として取り扱えても混合すると吸湿性が極端に大きくなって使用が困難になるものがある．これらを考慮して肥料配合表がつくられている．

d．生理的反応による分類

肥料は土壌への施肥後，化学的反応とは別に，肥料の化合物組成に由来する生理的反応による土壌pHの変化が起こる．

植物の根は，各種のイオンを同じ割合で吸収するのではなく，外液の状態とはあまり関係なく，あるものは多量に，あるものは極少量しか吸収しないというように選択養分吸収をしている．すなわち施肥した肥料のうち吸収されやすい成分とそうでない成分があり，化学的には中性であっても，作物に肥料成分が吸収された後の土壌中に残る成分によっては，土壌pHを変化させるものがある．このような性質から，肥料の化学的性質をもとにした分類とは別に，生理的反応による分類がある．肥料成分が吸収された後に硫酸や塩素など酸性の副成分が土壌中に残る肥料を生理的酸性肥料，ナトリウムなどのアルカリ性の副成分が土壌中に残る肥料を生理的アルカリ性肥料といい，土壌に残る副成分を含まず，土壌の酸度に影響しない肥料は生理的中性肥料と呼ばれている（表3.13）．

たとえば，硫酸を含む硫酸アンモニアや硫酸カリを土壌に施用すると，アンモニウムイオンやカリウムイオンは積極的に作物に吸収されるが，硫酸根は吸収される量が少なく，土壌中に残存するため土壌が酸性化する．こうした肥料は生理的酸性肥料と呼ばれる．

これとは逆に，硝酸石灰などは，石灰に比べ硝酸の方が植物によく吸収される．また，土壌が負荷電のため陰イオンである硝酸は，雨水によって溶脱されやすい．そのため，硝酸石灰は施肥後，土壌中にカルシウムの残存が多くなり，次第にアルカリ性に変化する．こうした肥料を生理的アルカリ（塩基）性肥料という．これらに対して，それ自体も中性反応であるが，施肥後も土壌pHを変化させることのない肥料を生理的中性肥料と呼ぶこともある．

土壌pHを考慮して肥料を選択するのに有効な分類法である．

表 3.13　肥料の生理的反応による分類

生理的酸性肥料	肥料自体は中性だが，施肥後の土壌反応が酸性化する（硫酸アンモニア，硫酸カリなど）
生理的中性肥料	肥料自体が中性で，施肥後の土壌反応も中性のままである（硝酸アンモニア，硝酸カリ，尿素など）
生理的塩基性肥料	肥料自体は中性だが，施肥後の土壌反応がアルカリ性化する（硝酸ナトリウム，硝酸石灰など）

表 3.14 施肥の効果の発現速度による分類

	肥効速度	肥料の種類
速効性肥料	肥効の発現が速いもの	水溶性成分の肥料 硫アン，塩アン，過石，硫加など
遅効性肥料	一定期間経過後に肥効が現れるもの；土壌中での分解を伴う	有機態成分を主成分とする肥料や，可溶性成分を主成分とする肥料（一部，ク溶性成分も含む）
緩効性肥料	肥効が緩やかに現れ，持続するもの；化学的・物理的な加工により肥効を調節	IBDU, CDU, 被覆肥料など肥効調節肥料など

e. 肥効による分類

肥料はその肥料成分の溶出速度すなわち植物への養分元素の供給速度によって，速効性，遅効性，緩効性肥料に分類される（表3.14）．

速効性肥料は，土壌に施用した時に速やかに吸収利用されて肥効を現す肥料のことで，一般に水溶性成分を主体とする硫酸アンモニア，塩化アンモニア，過リン酸石灰，硫酸カリなど多くの化学肥料はこれに含まれる．速効性肥料は施肥後，効果がすぐに現れる反面，過剰害がでやすいのが特徴である．また，溶脱や流亡，土壌への固定などにより植物が吸収できないために肥料としてのロスが多い．さらに流亡した硝酸イオンによる富栄養化が地下水汚染につながり問題となる．

遅効性肥料は，施肥の初期にはほとんど肥効がなく一定期間経過後に肥効が現れる肥料である．有機質肥料の中でC/N比が比較的大きい肥料などが該当し，土壌中で分解を受けることによって肥料成分が供給されるものがこれにあたる．また，0.5 M塩酸に可溶の成分を含む可溶性成分を主成分とする肥料も遅効性肥料とみなすことができよう．また，ク溶性成分を主成分とする肥料も，比較的肥効発現が遅いため遅効性肥料に分類されることもあるが，ク溶性成分の肥料は緩効性肥料と同義に使われる場合もある．遅効性肥料の特徴は，肥効が持続的・緩効的なため濃度障害が起きにくく，地下水の富栄養化や土壌酸性化の心配がないことである．

緩効性肥料は，肥効が持続的にゆっくりと現れるように人為的に加工したもので，肥効調節型肥料とも呼ばれ，さまざまな方法によって肥効を調節できるように製造された化学肥料である．これは，植物の生育初期に窒素肥料を多量に与えると濃度障害や過繁茂などを生ずるほか，溶脱，脱窒などによる損失も大きく，肥料としての効率が悪い．そのため肥料を数回に分けて施肥しなければならないが，適当な養分放出速度をもつ肥料であれば施用回数を減らしても同じ効果を得ることが可能となる．このようなことから開発されたのが緩効性肥料で，化学合成緩効性肥料，被覆肥料，硝化抑制剤入り肥料などがある．

被覆肥料は，水溶性肥料を硫黄や合成樹脂などの膜で被覆して肥料の溶出量や溶出期間を調節したものであり，被覆窒素，被覆複合肥料などがある．被覆資材の種類や膜の厚さにより溶出量や溶出期間が異なり，かなりの精度で作物の生育にあわせた肥効の制御が可能である．

また，化学合成緩効性肥料は，肥料となる化合物そのものが水に難溶性で，尿素などの重合反応により製造される肥料で，IBDU, CDU, ウレアホルム，グアニル尿素，オキサミドなどがある．施肥後，土壌中で加水分解や微生物分解を受けて窒素成分が有効化し，作物に吸収利用される．分解速度は肥料の粒の大きさで調節することができる．

硝化抑制剤入り肥料は，微生物による窒素成分の硝酸化成作用を阻害する薬剤を混合することにより窒素の流亡を防ぎ，長期間土壌中に窒素を保持できるようにした肥料である．窒素流亡のしくみは，畑土壌中では，アンモニウム塩または土壌中でアンモニウムとなる尿素や有機質肥料などは，硝酸化成作用を受けるとアンモニウムは亜硝酸を経て硝酸に酸化される．硝酸イオンは，アンモニウムと異なり土壌に吸着されないため，降雨により水が下方に移動すると溶脱し損失となり，また水田においても表面の酸化層では同様にアン

モニアは硝酸化成を受けて生成した硝酸イオンが還元層に移動すると脱窒を受けてしまう．つまり，硝化作用を抑制し，窒素をアンモニウムの形にとどめることで損失を防ぐというものである．硝化抑制剤の人体および作物に対する安全性を確保するために，肥料として利用できる薬剤の種類を規制し，生産・輸入登録が行われる段階で十分な審査が行われている．

緩効性肥料の利点は，施肥成分の損失をなくして施肥効率を高めることができること，また作物の要求に見合った量を必要な時期に合わせて供給することにより作物の栄養状態を改善できる．さらにぜいたく吸収の防止，土壌中での固定の減少，濃度障害の回避があり，また肥料業者としては他の肥料との差を強調できるメリットがある．また間接的には吸湿性など肥料の物理的性質の改善にもなるが，価格が比較的高いものが多い．

f. 含有する肥料成分の含量比による分類

肥料は，その含有する成分が，窒素，リン酸，カリの1成分のみを供給する肥料（単肥）と，三要素の2以上を供給する多成分肥料である複合肥料に分けられる（表3.15）．

単肥とは，肥料三要素のうち1成分のみを含むもので，単味肥料の略である．主要成分のみを補給する目的で使用される．窒素質肥料（硫酸アンモニア，塩化アンモニア，硝酸アンモニア，尿素など），リン酸質肥料（過リン酸石灰，熔成リン肥，焼成リン肥など），カリ質肥料（硫酸カリ，塩化カリなど），石灰質肥料（炭酸カルシウム，消石灰，生石灰など），特殊成分肥料（ケイ酸質肥料，苦土肥料など），微量要素肥料（マンガン質，ホウ素質肥料）など主成分による分類もある．

複合肥料とは，肥料の三要素のうち2成分以上を含有するもので，同時に複数の成分が施肥できる．複合肥料の代表的なものが化成肥料と配合肥料であり，その形態，用途などによっていくつかの種類がある．

化成肥料は，原料肥料または肥料原料に何らかの化学的操作を加えて製造した肥料もしくは各種原料肥料を配合して，水を加えて造粒加工または成形加工した肥料で，三要素のうち2成分以上を含む肥料である．窒素（N）―リン酸（P_2O_5）―カリ（K_2O）の含量（%）で内容を示す習慣があり，その成分含有量によって，その合量が30%未満の場合を普通化成（配合）と30%以上の場合を高度化成（配合）という．一般的には，粒径2〜4 mmに粒状化されており，農作業の省力化，製造・包装・輸送の合理化からも生産需要量が多い．

三要素を主成分とする複合肥料は，その含有率によって次のような名称で呼ばれることもある．三要素の比率によって水平型，山型，谷型，平下がり型，下がり平型，平上がり，上り平型，下がり型，上り型の9タイプに分けられる（表3.16）．

有機質肥料同士を混合しても多成分肥料をつくることができるが，これは混合有機質肥料と称され，また微量要素のみを複数含有する肥料は微量要素複合肥料と呼び，三要素を含有していないのでこの分類とは異なる．

配合肥料は，原料となる単肥に化学操作を加えないで単に混ぜ合わせたものである．2種類以上の単肥を用いて混合するが，単肥に有機質肥料，化成肥料，特殊成分，微量要素資材など目的に応じて必要なものを配合する場合がある．たとえば，成形複合肥料は肥料に泥炭，腐植などを加えて成形したもの，吸着複合肥料は肥料成分を含有する水溶液を吸着材に吸着させたもの，被覆複合肥料は，複合肥料の表面をコーティングしたもの，液状複合肥料は液体，懸濁液（ペースト）状態の複合肥料であり，副産複合肥料は食品工業，

表3.15 含有する肥料成分の数による分類

単肥		含有する主成分のみを施肥目的に施される肥料．
複合肥料	化成肥料	原料に化学的操作を施して製造した肥料で，三要素のうち2成分以上を保証している．
	配合肥料	複合肥料で2種類以上の肥料を単純に（物理的に）混合したもので，三要素のうち2成分以上を保証している．

表3.16 複合肥料の三要素含量の割合によって付けられた呼称

タイプ	N-P₂O₅-K₂O	内容
水平型	●―●―●	三成分の含有率が同じもの.
山型		リン酸の多いもの. 寒冷地用や火山灰土壌用の肥料には, このタイプが多い.
谷型		窒素, カリが多く, リン酸の少ないもの. 水稲用の追肥NK化成や, 暖地用やリン酸固定の少ない土壌用肥料.
平下がり型		窒素, リン酸が多く, カリの少ないもの.
平上り型		窒素, リン酸が少なく, カリが多いもの.
下がり平型		窒素が多く, リン酸, カリが少ないもの. 窒素要求量の多い作物, たとえば茶用肥料などに多い.
上り平型		窒素が少なく, リン酸, カリが多いもの. 窒素供給量が少ない作物, たとえばマメ類用肥料などに多い.
下がり型		窒素が多く, リン酸, カリと順に少なくなっているもの.
上り型		窒素が少なく, リン酸, カリと順に多くなっているもの.

化学工業で副産されたもの, 家庭園芸用複合肥料は正味重量10 kg以内で上記のものである. 実際, 配合肥料の大部分が有機質肥料を原料にしており, 乾燥工程や造粒工程がない場合が多い. 公定規格では製品の肥料成分は窒素, リン酸, カリのうち2成分以上を主成分としてそれぞれの主成分の合計量10%を保証できるものとされている.

原料, 形状, 肥効の現れ方などからみて, 粉状配合肥料, 粒状配合肥料 (BB肥料), 有機入り配合肥料に分けることができる. さらに粉状配合肥料と粒状配合肥料は窒素の形態によって肥効に特徴があるので, それぞれの特徴を活かして施用することが大切である.

配合肥料は化成肥料に比べて製造方法も設備も単純で銘柄の切替えが簡単にできるので, 多銘柄少量生産が可能であり, 地域, 土壌, 作物に適した肥料の要望に容易に対応できる特色がある.

1960年代の前半までは単肥が主体として使われてきたが, 現在では複合肥料の比率が高くなっている. この理由として, 高成分, 多成分化により輸送, 保管, 施肥に要する労力, 手間が省けること, 吸湿, 固結の対策がとられ物理的性状がよく, 機械施肥が容易であること. また肥料成分が組み合わされており共存効果が期待できることや, 副成分が少なく土壌などに対する悪影響が軽減できること. さらに, 二次要素 (マグネシウムなど), 微量要素 (マンガン, ホウ素など) が添加されているものがあり, 作物別, 土壌別, 地帯別に合わせた製品とすることができること, 被覆, 硝酸化成抑制剤, 保肥剤 (ベントナイトなど), 肥効発現材などを使用して肥効の緩速の調節, 肥効の持続化など, 農家のニーズにあわせた多様な肥料を供給できることなどが挙げられる. 反面, 施肥設計がおざなりになり, 不必要な成分を多量に施肥して肥料代がかさみやすい. また肥料成分の高度化によりかつては無意識に供給していた成分 (たとえば硫黄) が欠乏する事態を招く恐れがあることなどが指摘されるようになってきている.

〔新町文絵〕

4. 肥料の種類と性質

4.1 化学肥料

4.1.1 窒素肥料

a. 窒素肥料の原料

窒素肥料はほとんどがアンモニアを出発物質として製造されている．硝酸も重要な原料であるが，これもアンモニアを酸化してつくられる．アンモニアを使わない窒素肥料としては石灰窒素がある．

1) アンモニアの製造

アンモニアの製造法には，副生，変成，合成の3方法がある．副生アンモニアは石炭からコークス，都市ガスを製造する際に得られる（通常，石炭1tからアンモニア2～3.5kg，硫酸アンモニウムとして7.5～13.5kg）．あるいは重油などの直接脱硫の際などに副産されるものもある．変成アンモニアは石灰窒素に水蒸気を反応させて製造されるが現在は行われていない．

合成アンモニアは全アンモニア生産の大部分(98%)を占めている．窒素と水素を高圧下で反応塔中の触媒層に流して合成される．

$$N_2 + 3H_2 = 2NH_3 + 92 \text{ kJ} \qquad (1)$$

アンモニアの合成技術はドイツのハーバー(Fritz Haber)らが実験室的に成功し，1909年に循環式アンモニア合成法の特許をとった．この方法をBASF社(Badische Anilin und Soda Fabrik)のボッシュ(Karl Bosch)らが導入して工業化し，オッパウ工場で1913年から工業生産が開始された．この工場では石炭を原料とし，水性ガス反応によって水素を得ていた．

$$C + O_2 = CO_2 + 409 \text{ kJ} \qquad (2)$$
$$C + CO_2 = 2CO - 160 \text{ kJ} \qquad (3)$$
$$C + H_2O = CO + H_2 - 120 \text{ kJ} \qquad (4)$$
$$CO + H_2O = CO_2 + H_2 + 40 \text{ kJ} \qquad (5)$$

アンモニアは肥料原料となるばかりでなく，硝酸に酸化して爆薬原料となるなど化学工業の基礎資材である．ドイツにおける成功は各国に大きな刺激を与え，その以降，原料，合成時の圧力，温度，触媒などが異なった多くの工程が研究され工業化された．

原料ガスのうち，窒素は空気の液化-分留でつくられ，工程は簡単でありコストも小さい．問題は窒素の3倍モル必要な水素であり，これがアンモニア製造コストの大部分を占め，また工場の立地を制約している．

水素の製造法としては次のようなものがある．

① コークス，水蒸気，空気の反応（ハーバー・ボッシュ法など）
② 石炭，亜炭などのガス化
③ ナフサ，天然ガスと水蒸気の反応（水蒸気改質）
④ 石油などの部分酸化
⑤ 石油精製ガス（蒸留ガスなど）
⑥ 水の電気分解

このうち水の電気分解はガスの精製が不要であり簡単であるが，電気のコストが高い．国産技術（小寺房治郎の臨時窒素研究所法）でアンモニア製造に成功したのは1931(昭和6)年昭和肥料（昭和電工の前身）川崎工場においてであるが，この時の水素は夜間余剰電力を利用した電気分解法で製造した．この電解法は1970年代初期に姿を消した．

現在主流となっているのは天然ガス，またはナフサを利用し，水蒸気改質法，または部分酸化法による方法である．とくに大型プラント（日産1,000～1,500t）のほとんどは天然ガス-水蒸気改

質法を採用している．天然ガスを利用するのは後記の工程中にある脱硫工程が不要になるなどガスの精製が容易なことからコスト的に有利である．わが国のアンモニア工業が国際競争に敗れた原因の1つも天然ガスの利用ができなかったからといわれている．

原料別にみたアンモニア製造能力は図 4.1 に示した．なお生産量は 170 万 t 以下に低下している．輸入も 3～4 万 t あり，内需としては 160 万～170 万 t 程度である．内需のうち，工業用が多く 75％，残りの 25％ が肥料用である．ただし工業用に使用したものも使用後に回収して肥料用となる場合も多い．

ⅰ) 水蒸気改質法 (steam reforming process)

天然ガス（主としてメタンガス）またはナフサを利用した製造フローを図 4.2 に示す．脱硫工程は天然ガスの純度によっては不要となる．改質工程は 2 段に分けて行われ，次のような反応で水素と一酸化炭素を生成する．

$$C_mH_n + mH_2O = (m+n/2)H_2 + mCO \quad (6)$$

二次改質の際には空気を吹き込み，部分酸化を行わせる．空気から供給される窒素は合成ガスとして使われる．

$$2CH_4 + H_2O = 4H_2 + 2CO \quad (7)$$

ⅱ) 部分酸化法 (partial oxidation process)

炭化水素に制限された量の酸素を加えて燃焼させ水素と一酸化炭素を生成させる．

$$C_mH_n + m/2\,O_2 = n/2\,H_2 + mCO \quad (8)$$

この方法では使える原料の幅が広く，天然ガスから重油に至るまで広範囲に利用できる．燃焼の

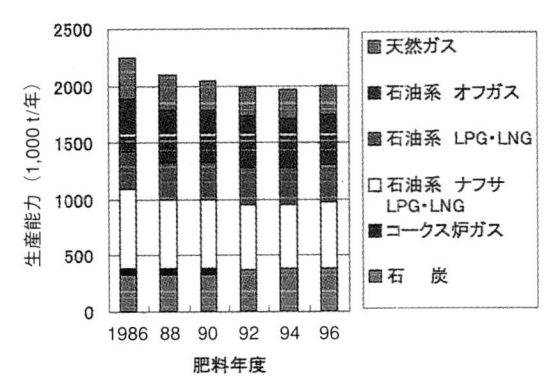

図 4.1　アンモニアの原料別生産能力

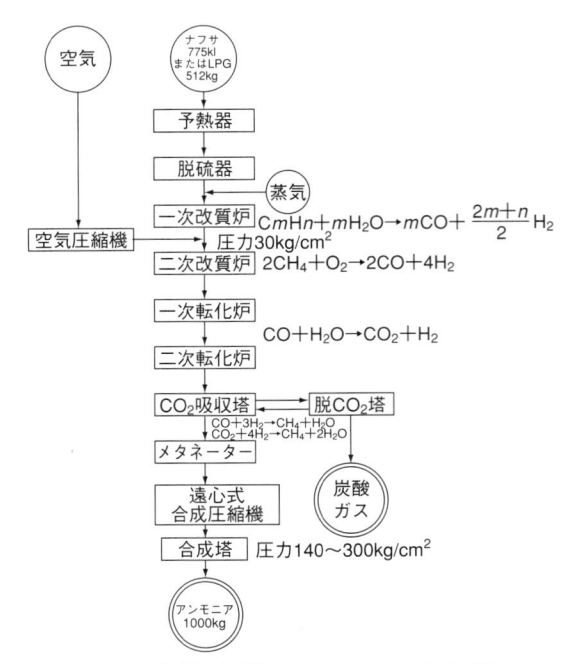

図 4.2　水蒸気改質法によるアンモニア合成工程

際のエネルギーを利用できるので熱の必要量が少なくてすむが，酸素の製造装置が必要な欠点もある．酸素を製造した際に得られる窒素は合成ガスとして利用する．

ⅲ) 転化反応工程 (shift conversion process)

上記ⅰ)またはⅱ)でつくったガスの中の一酸化炭素は次の転化反応工程で水蒸気と反応させ，等モルの水素と二酸化炭素に変換される．

$$CO + H_2O = CO_2 + H_2 \quad (9)$$

ⅳ) 二酸化炭素の除去

水蒸気改質-転化反応後の合成ガスには約 17％ の二酸化炭素を含むので，吸収液に吸収させて除去する．吸収液としてはいくつかのものがあるがモノエタノールアミン（MEA）を使うことが多い．吸収後は減圧，加温により二酸化炭素を回収し，尿素合成などに利用する．

ⅴ) メタン化反応

二酸化炭素除去後の合成ガスには工程にもよるが，$CO + CO_2$ として 0.3～3％ が残留している．この炭素酸化物はアンモニア合成時の触媒毒になるので，メタン化，銅液スクラビング，液体窒素洗浄法などにより除去する（10 ppm 以下まで）．メタン化の反応は次のとおりである．

$$CO + 3H_2 = CH_4 + H_2O \quad (10)$$

$$CO_2 + 4H_2 = CH_4 + 2H_2O \quad (11)$$

この工程ではガスの循環の間にメタンが蓄積してしまうので,時々パージする必要がある.この際にやはり蓄積するアルゴンなども放出する.

vi) アンモニア合成工程 合成ガス (synthesis gas) は水素と窒素のモル比を3:1として,高圧下で触媒上に通しアンモニアに合成される(反応式(1)).

この反応は4モルの合成ガスから2モルのアンモニアを生成する減容反応であるため高圧とするのが有利である.高圧にするための圧縮機として1960年代まで多く使われていた往復型では1,000気圧まで高めていた工程もあったが,現在の大型プラントで使われる遠心式圧縮機では比較的低圧(150〜300気圧)で操業している.

合成反応は発熱反応であるから温度は低いほうが化学平衡的には有利であるが,あまり低温では反応速度が遅くなるので500℃前後が選ばれている.また反応速度を上げるためには高活性触媒の使用が不可欠であり,鉄を主体としこれにアルカリなどの助触媒を添加したものが用いられている.

合成反応が平衡に達しても100%アンモニアになるわけではない.そこで反応塔からのガスを冷却してアンモニアを凝縮させて取り出した後,未反応のガスに新しい合成ガスを添加して高圧にして再び合成塔に循環させる.

2) アンモニアの性質

水蒸気改質法でアンモニア1,000 kgを合成するためには,天然ガスでは512 kg,ナフサでは700〜800 kgを必要とする.合成反応は全体として発熱反応であるが,実際には動力その他のエネルギーを必要とする.反応で生ずる熱をうまく利用し,工場全体としてエネルギー効率を高くすることが重要である.

製品となるアンモニアの主要な性質は表4.1に示した.触媒毒を少なくするために合成ガスは精製されるため,製品の純度はきわめて高い.アンモニアとして99.5%以上,窒素として82%である.常温では圧力をかけ液化アンモニアとしてタンクに貯蔵する.

液化アンモニアは窒素単位重量当たりの費用は

表4.1 肥料用液化アンモニアの性質

アンモニア含量(最小, %)	99.5
窒素含量(最小, %)	81.8
水分(最大, %)	0.5
油分(最大, ppm)	5
比重 液体(15.6℃)	0.617
気体(空気=1)	0.588
気体体積(m^3)/液体(kg)(15℃)	1.39
圧力(ゲージ圧)(kg/cm^2)	
21.1℃	1.48
32.2℃	2.27
43.3℃	3.05
60.0℃	4.22
沸点(℃, 760 mmHg)	−33.35
固化温度(℃, 760 mmHg)	−77.7
蒸発熱 (cal/g, 760 mmHg)	327.4
粘度 液体(−33.5℃) cP	0.266
気体(−78.5℃) cP	0.00672
(0℃) cP	0.00926

窒素肥料中で最低である.そのためアメリカでは液化アンモニアの土壌中注入が盛んに行われ,窒素肥料中で最大のシェアを占めている.ただ輸送,貯蔵,施用機などをすべて耐圧容器にしなければならないため,流通経路に別の投資が必要であり,大規模農業でなければ引き合わない.そのため日本では実施されておらず,公定規格も設定されていない.

3) 硝酸の製造

硝酸は火薬,爆薬の製造,あるいは化学繊維や多くの化学製品の原料として用いられるが,量的には肥料用として用いられるものが圧倒的に多い.ただわが国では水田での効果が劣ること,吸湿性が高いので取り扱いが面倒ということで硝酸塩肥料はあまり利用されていない.ただし養液栽培などの液肥用に硝酸塩肥料の使用が増える傾向にあり,輸入が増加している.

硝酸の製造はアンモニアの酸化によっており,オストワルドの開発した工程が用いられている.液化アンモニアを気化,加熱し,圧縮空気と混合して白金−イリジウムの触媒網を通す.この間の反応は複雑である.目的とする酸化窒素(NO),または二酸化窒素(NO_2)とする反応(14)(15)はきわめて速いが,同時に分解反応(12)(16)も進むので,混合ガス組成,流速などを変えて効率を高めている.常圧,または10気圧くらいの加圧した条件で操業されている.

$$NH_3 + 3/4\, O_2 = 1/2\, N_2 + 3/2\, H_2O \quad (12)$$
$$NH_3 + O_2 = 1/2\, N_2O + 3/2\, H_2O \quad (13)$$
$$NH_3 + 5/4\, O_2 = NO + 3/2\, H_2O + 53.9\,\text{kcal} \quad (14)$$
$$NH_3 + 7/4\, O_2 = NO_2 + 3/2\, H_2O \quad (15)$$
$$NH_3 = 1/2\, N_2 + 3/2\, H_2 \quad (16)$$

生成した酸化窒素は無触媒,常温加圧下で酸化して二酸化窒素とし,これを水に吸収させて硝酸とする.

$$NO + 1/2\, O_2 = NO_2 + 13.6\,\text{kcal} \quad (17)$$
$$3\, NO_2 + H_2O = 2\, HNO_3 + NO + 32.2\,\text{kcal} \quad (18)$$

b. 窒素肥料の製造とエネルギー

アンモニアの合成反応(1)は発熱反応であるが,合成ガスの水素の製造にエネルギーが必要である.たとえば水の電気分解で水素を製造すると,次式のようにエネルギーの必要量はアンモニア合成時に発生するエネルギーの約9倍を必要とする.

$$H_2O + 285.8\,\text{kJ} = H_2 + 1/2\, O_2 \quad (19)$$

水素に比較すると窒素の製造に必要なエネルギーは少なく,圧縮機などに使用する動力エネルギーなどである.

肥料三要素の製造に必要なエネルギー原単位として,Pimentel(1973)は表4.2の数字を用いた.窒素肥料はリン酸肥料,カリ肥料に比較して多くのエネルギーが必要なことがわかる.なおこの表では成分元素当たりで計算しているのでリン,カリウムの場合には注意が必要である(施肥量は多くの場合,酸化物当たりで表示してある).

この数字は一般的な数字であるが,実際には肥料の種類,原料,工程などにより変動するものである.肥料の種類ごとに推定した値は表4.3に示し

表4.2 肥料,燃料,トウモロコシ子実のエネルギー原単位

	積算基礎	熱量(MJ)
窒素肥料	N 1 kg	73.6
リン酸肥料	P 1 kg	13.3
カリ肥料	K 1 kg	9.2
燃料	石油 1 L	40
トウモロコシ	子実 1 kg	14.7

注)肥料では製造・加工費を含み,輸送・施用費用は含まない.
(Pimentel,1973;越野,2001)[2]

表4.3 主要肥料の製造に必要なエネルギー[*1]

肥料	成分(%)	平均的なエネルギー必要量 (MJ/kg 元素)	
		アメリカ[*2]	ヨーロッパ[*3]
窒素肥料			
液化アンモニア	N 82	57.2	35.3
尿素(プリル)	N 46	79.5	42.3
〃 (粒状)	N 46	76.1	
硝酸アンモニウム(プリル)	N 34	73.4	34.8
〃 (粒状)	N 34	71.8	
硫酸アンモニウム(合成)	N 21	60.6	
〃 (回収)	N 21	22.4	
リン酸肥料			12〜19
リン鉱石粉末	P 13	9.2	
リン酸液	P 24	22.1	
重過リン酸石灰(粒状)	P 20	21.5	
リン酸二アンモニウム(粒状)	P 20	20	
	N 18	57.2	
リン酸一アンモニウム(粒状)	P 24	18.8	
	N 11	57.2	
普通過リン酸石灰(粉状)	P 9	11.1	
〃 (粒状)	P 9	18.9	
カリウム肥料			
塩化カリウム(粒状)	K 50	5.8	5
〃 (粉状)	K 50	4.6	
〃 (平均)	K 50	5.2	
〃 (欧州産)	K 50	9.2	

[*1] 成分(元素)1 kg を生産・採掘・加工するのに必要な熱量.
[*2] Boswell et al. (1985)
[*3] Norsk Hydro/Boeckman et al. (1990)
(越野,2001).

た.この表にはアメリカとヨーロッパ(Norsk Hydro)での推定値を比較した.ヨーロッパでの推定値がアメリカより全般的に低いが,アンモニア合成工程などは基本的にあまり変わらないと考えられるので,見積もり方法に違いがあるのだろう.

この表をみると Pimentel の窒素肥料の値は硝酸アンモニウム(プリル)の値に近い.尿素は硝酸アンモニウムよりやや高く,一方硫アンは低い.硫アンの回収品では他の工業で一度使用したものであり,エネルギー消費も生産物によって按分しなければならないので,肥料用としては合成品の1/3程度に見積もられている.

わが国では現在合成硫アンの生産はなく,すべて回収または副生である.アンモニア(合成+副生)にしても生産量152万tのうち,工業用が120万t(75%)であり,肥料用は40万t(25%)に過

ぎないから，以前に比較して窒素肥料の製造に使われるエネルギーは少なく見積もる必要がある．

わが国でのアンモニア製造の原単位をみると，アンモニア 1 t の生産に必要な化石燃料の量は，石炭（水性ガス法）1.5 t，ナフサ（水蒸気改質法）775 L，液化石油ガス（LPG）512 kg といわれている．これらの原料から二酸化炭素の発生量を計算すると，石炭では 5.5 t，LPG（プロパンとして）で 1.5 t であり，LPG では石炭の 30% 以下にすぎない．石炭と違って LPG には水素が含まれており，これが水素源の一部になるからである．水の電気分解では二酸化炭素の発生はないが，発電の際に化石燃料を使えばそこで二酸化炭素が発生することになる．

リン酸肥料の場合には，リン鉱石の採掘・選鉱・乾燥などで 9.2 MJ/kg P のエネルギーが必要であり，これをリン酸肥料に加工する際にはさらにエネルギーを使用し，ほぼ 20 MJ/kg P 前後が必要となる．リン鉱石の採掘はフロリダなどでは露天掘りであるが，産地によっては深い層から採掘する必要があり，それによってエネルギー消費量は異なっている．リン酸アンモニウムはその中に含まれるアンモニアの製造に必要なエネルギーが多く，たとえばリン酸二アンモニウム（DAP）では窒素に 57.2 MJ/kg N，リンに 20.0 MJ/kg P

表 4.4 肥料の流通・施用に必要なエネルギーの推定値

成分	エネルギー（MJ/kg 成分）と比率（括弧内）			
	輸送	包装	施肥	合計
窒素（N）	4.5(52)	2.6(30)	1.5(18)	8.6(100)
リン（P）	13.0(58)	6.0(27)	3.4(15)	22.4(100)
カリウム（K）	5.5(63)	2.1(24)	1.2(13)	8.8(100)

(Boswell et al., 1985；越野，2001)

が必要である．

カリウム肥料の製造では，鉱石の採掘・選鉱・乾燥などにエネルギーが必要であり，合衆国では平均 5.8 MJ/kg K と比較的少ない．これはカリ鉱石の成分含量が比較的高いことが採掘などの成分当たりエネルギー必要量を少なくしているためである．産地によっても異なり，北米（主としてカナダ）産はヨーロッパ産よりかなり低く（60% 以下）推定されている．

肥料の流通・包装・施肥におけるエネルギー必要量については，あまりよい推定はない．条件により大きく変動し，普遍的な値が得られにくいせいであろう．Boswell ら（1985）[4]の推定は表 4.4 に示した．ハンドリングコストは重量に比例するから，成分含量の低い肥料ではエネルギー的には効率が悪い．この表でリン酸肥料のエネルギー必要量が多いのはそのためである．アメリカでは高成分の液状肥料（液化アンモニアまたは窒素溶液）で

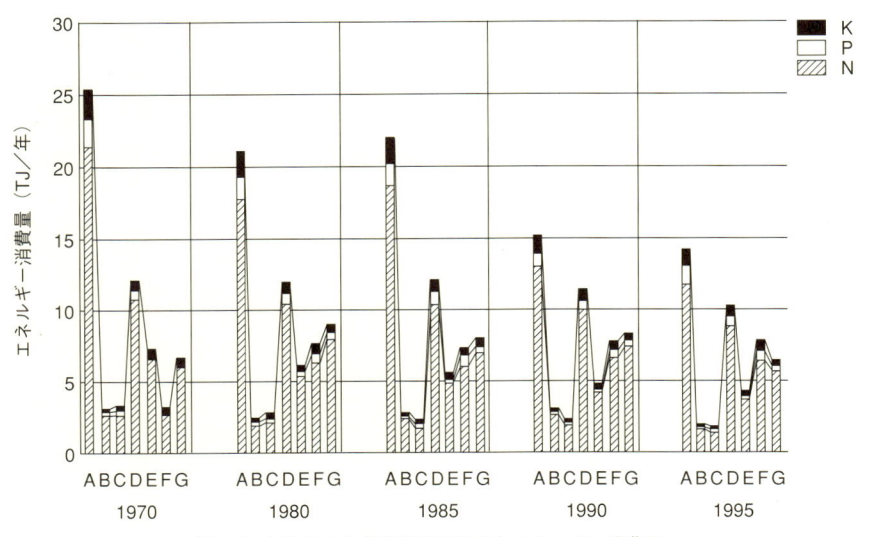

図 4.3 作物別の化学肥料施用に伴うエネルギー消費量
A：イネ，B：ムギ類，C：マメ・イモ類，D：野菜，E：果樹，F：飼料作物・牧草，G：工芸作物・その他．
1 TJ = 10^{12}，J = 0.239×10^{12} cal.

使用されることが多く，これはポンプとバルブ操作で肥料を動かすことができる（遠距離のパイプ輸送も行われている）ので流通に必要なエネルギーは少ない．

わが国で作物別にみた化学肥料エネルギーの消費量については図4.3に示した．窒素肥料の製造に必要なエネルギーが圧倒的に多く，全体の85%を占めており，リン酸，カリウム肥料はそれぞれ7～8%程度である．作物別にはやはり水稲が多く30%を占めるが，水稲の作付面積の減少，品質を重視した（窒素を減らす）施肥を反映して年々エネルギー消費量は減少している．その代わり野菜用の肥料で消費されるエネルギーが多くなっている．

化学肥料の使用に伴うエネルギー消費量の全国の合計は，1970～85年には60 PJであったが，1995年には46 PJにまで減少している（1 PJ（ペタジュール）＝10^{15}J）．1989年における国内全エネルギー消費量は13,000 PJ，うち農業部門は272 PJで，国内合計の2.1%であった．肥料製造のエネルギーは農業部門の1/5以下と計算され，その後も肥料生産量は減少しているから，この比率はさらに低下しているものと考えられる．

エネルギー消費は化学肥料に限るわけではない．有機性資材をリサイクリングする場合も動力，あるいは乾燥などにエネルギーが必要である．コンポスト化に必要なエネルギー量とその際に発生する二酸化炭素の量については小林(1998)[3]の推定がある（表4.5）．この推定によると窒素肥料の製造には，9.7（硫アン）～19.1（尿素）MJ/kg Nが消費され，さらにその輸送にも2.3 MJ/kg Nが消費されるのに対して，コンポスト化の場合には4.9（堆積発酵方式）～178.8 MJ/kg N（密閉撹拌方式）と方式により大きな差があるが，工程によっては化学肥料よりも成分当たりエネルギー消費が多かった．この数字は成分（窒素）当たりであるが，生産されるコンポストの量（t）当たりで計算すると，簡易堆積発酵処理では53～144，開放撹拌処理では290～634，密閉撹拌処理では数1,000 MJ/tであった．

コンポスト製造の際に発生する二酸化炭素は，窒素肥料の製造に由来するものより窒素成分当たりとすると多くなると推定された．ただコンポストの場合には，動力の使用に起因するものと，有機性資材の分解に伴うものを区別して考える必要があり，化石燃料に由来する二酸化炭素は大気環境では純増となるが，分解に伴うものは植物が大気から固定したものが開放されたものであるから，大気環境に対してはニュートラルと考えられる．ただエネルギー消費が窒素肥料よりも多くなることから，二酸化炭素の発生についても窒素肥料より少ないといえない点に留意する必要がある．

〔越野正義〕

c. 窒素質肥料各論
1) 硫酸アンモニウム（硫アン）

硫酸アンモニウム［ammonium sulfate, $(NH_4)_2SO_4$］とは，学術用語（化学編）である．法的には公定規格で硫酸アンモニアと記載され，これはsulfate of ammoniaを明治初期に訳したもので

表4.5 窒素肥料とコンポスト製造に必要なエネルギー消費と二酸化炭素発生の原単位

	製品・処理	エネルギー消費量 (MJ/kg N)	二酸化炭素排出量 (CO_2 kg/kg N)
窒素肥料の製造	硫アン	9.7	0.57
	尿素	19.1	0.18
窒素肥料の輸送	合計	2.3	0.15
コンポスト生産	堆積発酵	4.9	0.34
	開放撹拌	24.3	1.66
	密閉撹拌	178.8	12.24
	発酵に伴う発生		56.3
廃棄・焼却に伴う排出			79.4

（小林，1998；越野，2001）

表4.6 硫酸アンモニウム生産量 (1,000 t)

	カプロラクタム	酸化チタン	アクリロニトリル	その他	回収硫アン計	副生硫アン計	合計
1985年	995	15	58	215	1,283	521	1,804
2000年	1,170	12	53	150	1,385	269	1,654

ある．当時は硫酸安母尼亜と書かれ，省略されて硫安となり，この用語は現在も広く用いられている．いずれにしろ硫酸アンモニウムと書かれるべきものである．

わが国で硫酸アンモニウムがはじめて使われたのは，1896年(明治29年)に鈴鹿保家がオーストラリアから購入した5 tの副生品である．1901年には東京瓦斯が副生品の国産化を行った．1923年以降外国技術の相次ぐ導入，国産化技術の開発により合成アンモニア工業が発展し，1941年には124万tの生産量に達した．戦後の立ち直りも早く，1958年には250万tを越す生産となり窒素肥料のトップに立っていた．しかし窒素肥料工業の合理化および窒素含有量が低いことから尿素に替わられ生産量が減少した．

肥料用内需において現在窒素として20万t前後であり，窒素肥料中で30%弱である．合成品は1977年以降姿を消してしまい，現在使われているのは回収品が主体でありまた一部はコークス炉ガスなどの副生品である(表4.6)．

i) 製造法

(a) 合成硫酸アンモニウム (synthetic ammonium sulfate)： ガス状のアンモニアを，液状の硫酸(希または濃)で中和・反応させて製造する．多くは反応液中で結晶を成長させ反応熱で水を蒸発し，結晶は遠心分離，またはろ過し製品とする．

$$2NH_3 + H_2SO_4 = (NH_4)_2SO_4 + 65.4 \text{ kcal}$$

硫酸アンモニウム1 tを製造するにはアンモニア263 kg，硫酸(100%換算) 750 kgを要する．

(b) 副生硫酸アンモニウム (byproduct ammonium sulfate)： 石炭もしくは重油に含まれる窒素酸化物が分解され(石炭：コークス炉の乾留，重油：直接脱硫の水素添加分解)，アンモニアが生成するので硫酸で捕集し硫酸アンモニウムとする．

(c) 回収硫酸アンモニウム (coproduct (recovered) ammonium sulfate)： 硫酸あるいはアンモニアを他工業でいったん使用し，硫酸アンモニウムとして回収する．

カプロラクタム回収硫酸アンモニウム カプロラクタムは6-ナイロンの原料で，中和用にアンモニアを使用し多量の硫酸アンモニウムが生成する．おおむねラクタム1 tつくるのに2 t以上の硫酸アンモニウムが生成される．

その他の製造法 アクリロニトリルの加水分解で生成するアクリルアミドは硫酸溶液で得られることから，これをアンモニアで中和して得られる．

酸化チタンの廃酸処理としてアンモニアで中和し，硫酸アンモニウムを生産する．

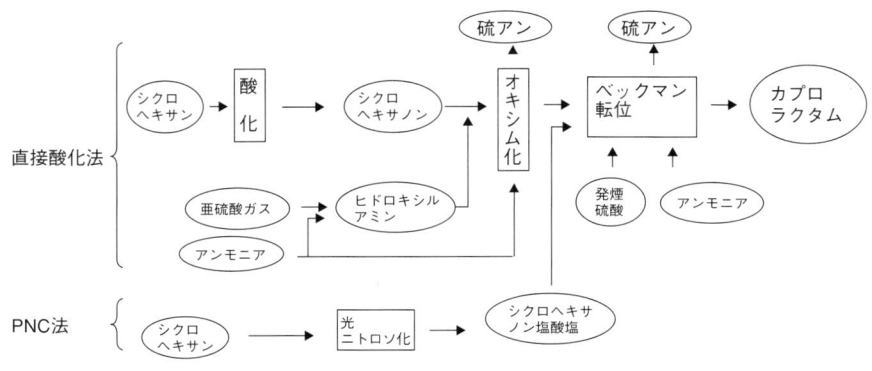

図4.4 ラクタム硫アンの製造フロー概要図

表 4.7　肥料用硫酸アンモニウムの性質

公定規格　アンモニウム態窒素(%)	20.5 以上
有害成分(%，N 1% につき)	
硫青酸化物(チオシアン酸塩)	0.01 以下
ヒ素	0.004 以下
スルファミン酸	0.01 以下
遊離硫酸(%)	0.5 以下
窒素含有率(%，通常)	20.5〜21
硫黄含有率(%)	23〜24
溶解度(g/100 g　水)　　0℃	70.6
100℃	103.8
融点（℃）	513(280℃以上で分解)
結晶系	斜方晶系
比重（20/4℃）	1.769
安息角	28°
当量酸性度($CaCO_3$ kg/100 kg 肥料)	110

未反応アンモニア回収型としては，アクリロニトリル，シアン酸(青酸)，メラミン，スルファミン酸などの産業からの回収の例がある．

排ガス対策として脱硫装置から出る亜硫酸ガスをアンモニアで捕収し，硫酸アンモニウムとする．

ii）性　質　肥料クラスの硫酸アンモニウムの主要な性質は表 4.7 に示した．合成品は無色であるが他の工程によるものは着色がみられる．形状は結晶状のものが主．化学的には中性であるが，わずかに遊離硫酸を含むことがあるために，酸性を呈するものが多い．

公定規格としては，遊離硫酸やコークス炉副生品の不純物としてチオシアン酸(硫青酸化物)，また硫酸の製法の違いによって混入するヒ素の最大値が設定されている．

カプロラクタム併産品にはスルファミン酸アンモニウム（$NH_4O \cdot SO_2 \cdot NH_2$）の混入がみられ，多量では植生害がみられたことから，やはり公定規格で最大量が規制されている．

iii）肥　効　肥料としては速効性である．基肥，追肥のいずれにも広く用いられている．酸根として多量の硫酸を含み，これがカルシウム，マグネシウムなどの塩基の流亡を助長し，アンモニウムの硝酸化成に伴う水素イオンの放出もあるために土壌の酸性化を招きやすい．

植物の必須成分である硫黄の供給源としても重要であり植物によってはリンと同程度必要である．無硫酸根肥料の連用では硫黄欠乏が起こることは牧草，野菜などで報告されている．最近では水稲でも硫黄欠乏が発生している．

水田では硫酸アンモニウムの肥効は高いものがある．しかし老朽化水田においては鉄などが欠乏し，ここに硫酸塩を施用した場合，水田の湛水の伴う還元状態によって硫酸から硫化水素が生成し，これと結合して難溶化する鉄が不足する時には水稲根に被害を与える．これが水稲の秋落ちの原因であるが，この対策として，尿素，塩化アンモニウムなどの無硫酸根窒素肥料の使用がすすめられ，また客土，鉄資材などの土壌改良資材の施用が行われた．水田の基盤改良により湿田の改良も行われた．このような対策がとられたことによって，秋落ちはほとんど実際にみることはできないようになっている．
〔大坪政廣〕

2）塩化アンモニウム（塩アン）

塩酸にアンモニアを吹き込めば塩化アンモニウムが生成するが，この方法は高純度の工業用製品(乾電池など)の場合に限られ，肥料用の塩化アンモニウムはすべてアンモニア・ソーダ法によりソーダ灰を製造する際に併産されている．

ソーダ灰（炭酸ナトリウム）はガラス，洗剤，窯業，繊維工業などに広い用途をもつ重要な原材料である．その製法は，1861 年にソルヴェー(Ernest Solvay)が特許をとり，1872 年に工業生産を始めたアンモニア・ソーダ法である．この方法では，塩化ナトリウム（岩塩）飽和溶液にアンモニアを吸収させ，ついで二酸化炭素を反応させて炭酸水素ナトリウム（重曹）を析出させ，これを加熱して炭酸ナトリウムとする．

$$NaCl + NH_3 + CO_2 + H_2O \longrightarrow NaHCO_3 + NH_4Cl \quad (1)$$

$$2(NaHCO_3) \longrightarrow Na_2CO_3 + CO_2 + H_2O \quad (2)$$

かつては，ここで生成する塩化アンモニウムを含む母液に消石灰を加えてアンモニアを回収し循環させていたが，生成する塩化カルシウムの利用法がなく排水として廃棄せざるを得なかった．(1)の反応は 75% くらいしか実際には進まないことから母液中に原料塩の約 25% が残されて，これが塩化カルシウムとともに廃液中に失われるために効率が悪かった．中国の化学技術者の侯徳榜(Hou Debang)は 1932 年にアメリカで出版した著書

で，(1)の反応液から重曹と塩化アンモニウムを順次析出させた後，母液を循環させてアンモニアと二酸化炭素を吹き込めば原料塩の損失がなくなり効率が高くなることを発表した．ただこの方法ではアンモニアが安価に供給されることと，併産される塩化アンモニウムの用途が必要であった．

用途については，日本の土壌肥料学者の協力によって，水稲などの肥料として大量に消費される見通しがつき，またアンモニアの供給も安定してきたことから，1950年ころから塩化アンモニウムの肥料化が図られ，一時は80万tもの生産があった．しかしその後，ソーダ灰は天然産鉱石の輸入が多くなり，またアンモニア・ソーダ法も中国などでの生産が増えたため，国産は8万t程度（工業用が1.5万t程度）まで減少している．

i) 製造法（アンモニア・ソーダ併産法；dual-salt process） 上記(1)の反応で得られる母液から炭酸水素ナトリウム（重曹）と塩化アンモニウムを分離する方法としては，蒸発法と塩析法がある．蒸発法では，重曹を析出させた後，母液を濃縮し，冷却して塩化ナトリウムと塩化アンモニウムを順次分別結晶させる方法である．しかし，蒸発法では純度の高い製品が得られやすいが，装置の腐食が激しく，また濃縮のためのエネルギーコストが高いため，わが国では用いられていない．

塩析法（salting-out process）は重曹を分離した母液に，まずアンモニアを加えて残留する重曹をいったん炭酸アンモニウムに変えてから塩化ナトリウムを加えて飽和させ，さらに冷却して塩化アンモニウムを析出させる．残りの母液は再びアンモニア・ソーダ法の原液として循環させる（図4.5）．

この併産法によって，従来は炭酸ナトリウム1tの生産に原料塩1.6～1.7tを要していたのに対して，塩化アンモニウム併産法では1.3～1.4tに低下させることができた．またほとんど用途のなかった塩化カルシウムの代わりに塩化アンモニウムとして有効利用する路が開かれたのである．

ii) 性 質 純粋な塩化アンモニウムはアンモニウム態窒素を26.18%含むが，肥料用では25%以上を保証することになっている．主要な性

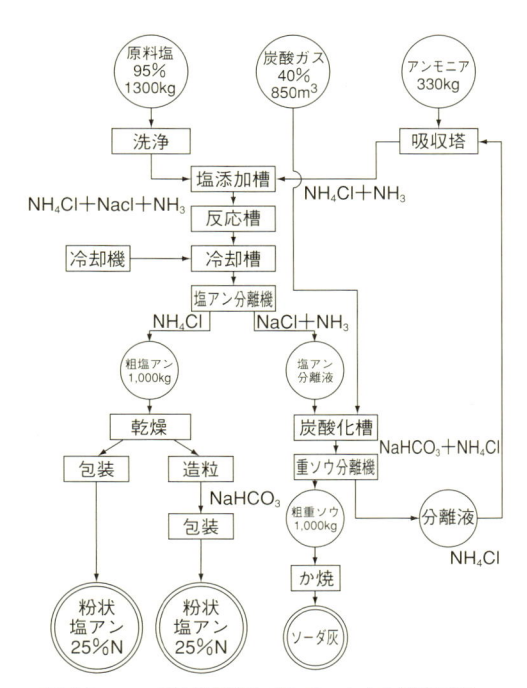

図 **4.5** ソーダ灰併産塩化アンモニウムの製造工程

質は表4.8に示した．水に容易に溶けるが，硫酸アンモニウム，尿素，硝酸アンモニウムに比べると溶解度はやや小さい．問題になりやすいのは吸湿性であり，常温では硫酸アンモニウムと同程度であるが，高温になるとやや高くなる．ただし尿素，硝酸アンモニウムよりはずっと低く，水稲作にも問題はない．

iii) 肥 効 速効性であり，基肥，追肥のいずれにでも使える．窒素の吸収量に比較すると塩

表 **4.8** 肥料用塩化アンモニウムの性質

公定規格　アンモニウム態窒素(%)	25.0 以上
窒素含量(%，通常)	25～26
塩素含量(%)	63～65
NH_4Cl (%，最小)	95
$NaCl$ (%)	1.5
炭酸塩(CO_2, %)	0.5
硫酸塩(SO_4, %)	0.3
硫黄含有率(%)	23～24
溶解度(g/100 g 水)　　0℃	29.4
〃　　20℃	37.2
〃　　115.6℃(沸点)	87.3
融点 (℃)	350 で分解
沸点 (℃)	520 で昇華
吸湿点(臨界湿度, %)　20℃	79.3
〃　30℃	79.2
当量酸性度($CaCO_3$ kg/100 kg 肥料)	138

化物イオンはあまり吸収されないので，生理的酸性肥料である．硫酸アンモニウムと同じアンモニウム態窒素を含むから，両者の違いは陰イオンの違いである．塩化物のほうがイオン化しやすいため，土壌溶液中に移行しやすく，したがって溶脱も受けやすい．土壌溶液の塩類濃度も高くなりやすく，電気伝導率，浸透圧が上昇しやすく，したがって施用量が多くなると濃度障害を比較的起こしやすい．塩化物にはわずかに硝酸化成抑制作用があるので，尿素，硫酸アンモニウムに比較するとアンモニウム態窒素の硝酸への変化はやや遅いが，市販の硝酸化成抑制剤の効果には及ばない．

無硫酸根肥料であり，老朽化水田での効果は硫酸アンモニウムに優るが，一般水田では同等である．水稲では節間伸長が短くなるので，倒伏軽減効果になるともいわれている．

畑作物に対してはムギでは硫酸アンモニウムとほぼ同等であるが，酸性になりやすいので，石灰資材の施用を考える必要がある．多量の塩化物はデンプン，糖の集積を妨げることから，イモ類，ビートなどでは日照不足の場合には好ましくないといわれている．一方，ワタ，アマ，アサなどの繊維作物では逆に塩化物がよい．塩化物イオンが最も問題になるのはタバコであり，葉中に塩化物が多いと火つきが悪くなることから，塩化物の多い肥料の使用は避ける必要がある．

〔越野正義〕

3）尿　素

尿素（urea, NH_2CONH_2）はもともとは人間，動物の尿中に発見された有機物であるが，1828年ウェーラー（Friedrich Wöhler，1800〜82）がシアン酸アンモニウムを加熱してつくり実験室的に有機物がつくられることをはじめて示したことで有名である．

$$NH_4OCN \xrightarrow{\text{熱転位}} NH_2CONH_2 \quad (1)$$

工業的には，石灰窒素を原料とした Du Pont 社（アメリカ）が最初（1916年）といわれている．現在の製法の原形であるアンモニアと二酸化炭素からカルバミン酸アンモニウムを経た合成は，1922年にドイツの BASF（のちの I.G.）のボッシュらによって特許がとられている．

$$2NH_3 + CO_2 = NH_2COONH_4 + 25〜30\,\text{kcal}$$
（カルバミン酸アンモニウム） （2）
$$NH_2COONH_4 = NH_2CONH_2 + H_2O - 5\,\text{kcal}$$
（3）

I.G. 社の特許もあって他国での工業生産は遅れたが，1935年になってデュポン（Du Pont）社，ICI 社（イギリス）が工場をつくった．わが国では1936年東洋高圧（現三井化学）で工業化された．いずれもカルバミン酸アンモニウムを経るもので高価なため肥料として用いられなかった．

肥料用尿素の本格的製造は1948年東洋高圧砂川工場（北海道）で開始された．当時は非循環方式が用いられており，硫酸アンモニウムと併産の形ではあるが，肥料用を目的として尿素がつくられたのは世界ではじめてである．その後東洋高圧は完全循環法を確立し尿素の生産量は飛躍的に増加しわが国は世界一の生産国となっていった．

その後国際市場の変化もあり，生産量，消費量ともにかつての勢いはなく，生産量は100万tを割っており，肥料用は20％以下で残りは工業用となっている．

ⅰ）製造法　尿素の製法には多くのものがあるが，実際工業化されているのは二酸化炭素とアンモニアからの直接合成のみである．

直接合成の反応については下記(4)のように直接合成されるとする説もあるが，普通前記(2)，(3)式に従ってカルバミン酸アンモニウムを中間生成物として考えている．

$$2NH_3 + CO_2 = NH_2CONH_2 + H_2O \quad (4)$$

アンモニアと二酸化炭素のモル比は理論的には2：1であるが，尿素転化率，操業の容易さおよびビウレットの生成抑制のために，モル比は3.5〜4とする方式が多い．

尿素の合成は180〜200℃，140〜250気圧で行なわれ，未転化のカルバミン酸アンモニウムの処理により尿素合成方式は分けられるが，現在ほぼ主体である完全循環法のみ記す．

完全循環法（total recycle process）　未反応のアンモニア，二酸化炭素は尿素となるまで（転化率99％）循環される方式で現在この方式をとる工場が普通である．また未反応ガスを循環させるガス分離循環法（gas-separation recycle）と，未

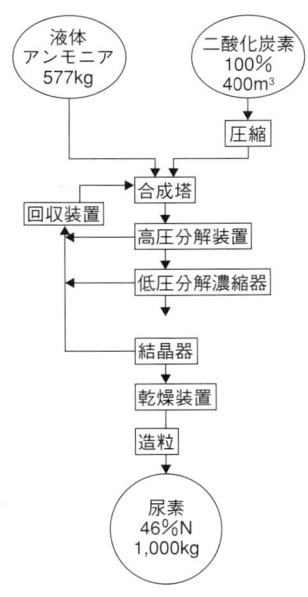

```
液体                二酸化炭素
アンモニア           100%
577kg              400m³
  │                 │
  │                圧縮
  │                 │
  ├────合成塔◄──────┤
  │      │
回収装置◄─┤
         │
      高圧分解装置
         │
      低圧分解濃縮器
         │
       結晶器
         │
       乾燥装置
         │
        造粒
         │
       尿素
       46%N
      1,000kg
```

図 4.6 尿素の製造フロー

反応物を水溶液として回収循環する溶液循環法（carbamate-solution recycle）に大別され，三井東圧法（現三井化学）は後者の代表的なものである（図 4.6）．得られた尿素水溶液を濃縮結晶化し再び結晶を融解し造粒塔より降らせ製品とする．バルクブレンド用として皿型造粒機もしくは流動層造粒で粒状尿素（granular urea）としている場合もある．

ii) 性質 肥料用尿素の主要な性質は表 4.9 に示した．

肥料として最も重要な点は，尿素の吸湿性と，ビウレット含有量であろう．窒素肥料のなかでは尿素の吸湿性は低温（15℃ 以下）の場合にはむしろ低いが，しかし 20℃ を越えると増加し，実際問題として西南日本では 5～9 月，東北，北海道では 7～9 月に吸湿し潮解が大きくなるので，要注意である．また水分の多い肥料との配合も望ましくはない．

尿素の防湿法として，表面積を小さくする粒状化（prilling），表面を覆う表面処理（conditioning），種々の複塩を形成〔例：尿素石コウ（$CaSO_4 \cdot 4 CO(NH_2)_2$）など〕，各種アルデヒドと反応させ縮合物をつくるなどの対策がとられているが，取り扱いには注意が必要である．

ビウレット（biuret）は尿素 2 分子が縮合したもので，高温（130～150℃ で速い）で生成する．ビウレットは葉面散布でのカンキツ類の葉焼け，ムギなどの発芽障害が報告されており，公定規格で最大値が規制されている．しかし現在の市販尿素では問題にはならない．

iii) 肥効 尿素は非電解質の有機化合物であり，イオン化しないので土壌吸着は弱い．ただし水素結合によって腐植，粘土などと結合し保持される．したがって砂質土壌などで施用直後に湛水あるいは多量の水で灌水すると溶脱する．しかし，土壌中での分解は速く，土壌微生物のもつウレアーゼ（urease）活性によって加水分解され，炭酸アンモニウム〔$(NH_4)_2CO_3$〕となり土壌に保持される．ウレアーゼ活性は温度依存性が大きく，10℃ で 1～2 週間，夏（30℃）では 2～3 日以内にアンモニア化成作用（ammonification）は終了するとみてよい．炭酸アンモニウムは強酸のアンモニウム塩より土壌に強く保持される．しかし畑土壌では他の窒素肥料に比較し硝酸化成は最も速い．

また土壌の pH が高い場合や，表面施肥ではアンモニアの揮散は無視できないが，土壌とよく混合すればよく，また酸性土壌が多いこともあって，わが国では他の窒素肥料と同等と通常評価されている．無硫酸根窒素肥料であるため，秋落水田では硫酸アンモニウムよりむしろまさっている．

尿素で注目すべき点は，葉面からの吸収が比較的容易であり，条件によっては数時間のオーダーで大半が吸収されるので，葉面散布用肥料としても使われる．

〔大坪政廣〕

表 4.9 肥料用尿素の主要な性質

公定規格　窒素全量（%）	43.0 以上
有害成分	
ビウレット態窒素（%，N 1% につき）	0.02 以下
窒素含有率（%，通常）	45～46
溶解度（g/100 g 水）　25℃	119
融点（℃）	132.7
吸湿点（臨界湿度，%）20℃	80.9
〃　　　　　　30℃	72.5
比重（20/4℃）	1.335
かさ密度（g/cm³）	0.67～0.72
当量酸性度（$CaCO_3$ kg/100 kg 肥料）	84

4) 石灰窒素

石灰窒素は唯一のアルカリ性窒素肥料であると同時に，主成分であるカルシウムシアナミド（$CaCN_2$）の効果により農薬登録を取得した唯一の農薬肥料である．1896年ドイツのアドルフ・フランクらは，カルシウムカーバイド（CaC_2）と窒素を直接反応させる製造法を発見し，1905年に工業化した．1901年にはアドルフの息子アルベルト・フランクにより窒素肥料としての効果をもつことが確認されている．日本においては，1901年に藤山常一が原料となるカルシウムカーバイドの製造に成功しており，野口遵・藤山常一によって石灰窒素製造技術の導入が図られた．彼らにより1908年に日本窒素肥料（株）が設立され，1909年より生産が開始されている．

当初，石灰窒素の用途は変成硫酸アンモニウムの原料向けが主体であった．アンモニアの直接合成法の発明により硫アンが安価に製造され，また，石灰窒素自体の効果が確認されるに従い，しだいにそのまま肥料として使用されるようになった．

石灰窒素の用途は日本では肥料向けが主体となっているのに対し，世界的にはジシアンジアミドまたはシアナミドに加工され，防燃材，医薬，農薬などの工業原料として消費されている．ドイツ，中国，および日本における推定生産量は40万tで，このうち30万t程度が工業原料用途である．

i） 製 法 工業的には現在も上記のカルシウムカーバイド（以後単にカーバイドと表記）の窒化により製造している．原料となるカーバイドは生石灰（CaO）とコークス（C）を電気炉中で加熱して反応生成させる（図4.7）.

$$CaO + 3C \longrightarrow CaC_2 + CO\uparrow$$
$$-\Delta H^{\circ}_{298} = -464.7 \text{ kJ mol}^{-1}$$

電気炉に充填した原料に大量の通電を行い，原料自体の電気抵抗により発熱させ反応温度を維持している．生成されたカーバイドは溶融状態で取り出され，空冷，破砕，粉砕され窒化炉へと導入される．カーバイド1tの製造には約3,250 kWhの電力が必要で，できあがったカーバイドの純度は82〜85％程度である．窒化炉では空気を液体窒素とした後，気化させた高純度窒素ガスを使用している．窒化炉での反応は次のようである．

$$CaC_2 + N_2 \longrightarrow CaCN_2 + C$$
$$-\Delta H^{\circ}_{298} = +290.8 \text{ kJ mol}^{-1}$$

純粋のカルシウムシアナミドは白色の結晶であるが，工業的に生産される石灰窒素は副生する炭素のため灰黒色である．純粋なカーバイドから生成される石灰窒素の窒素成分は理論上30.4％であるが，カーバイドの純度および窒化反応ロスなどにより，工業的に生産される石灰窒素の窒素成分の上限は25％程度となる．

粉状石灰窒素 粒状石灰窒素を製造する回転キルンで副産されるほか，竪型炉で製造される．電気化学工業（株）で現在稼働中のD式（電化式）竪型炉の概要を図4.8に示す．

上部よりノズルで粉状カーバイドを供給し，窒素ガスと反応させる．反応開始時には炉内昇温が必要であるが，反応開始後は窒化熱により反応温度が維持されるため，外部から加熱は行わない．炉上部で生成した石灰窒素は炉底部へ到達するまでの間に自然冷却され炉底部より削り取り粉砕し

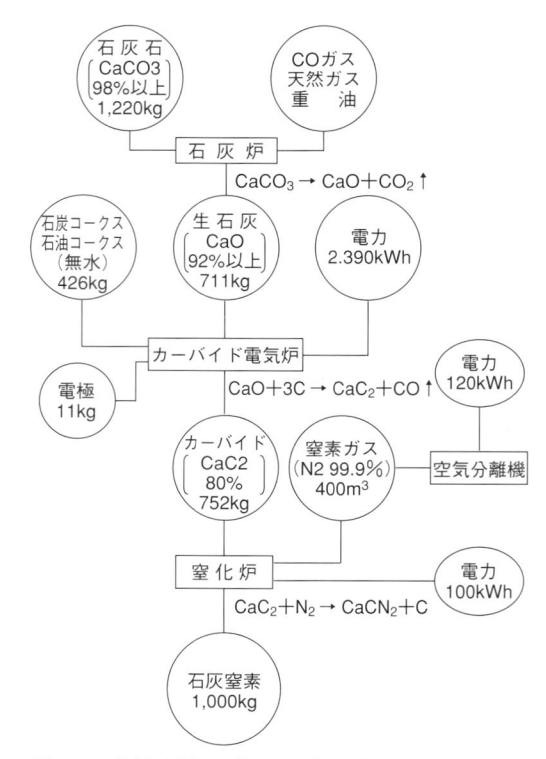

図4.7 石灰窒素製造工程フロー（原単位は原料，製品の品種により異なる）

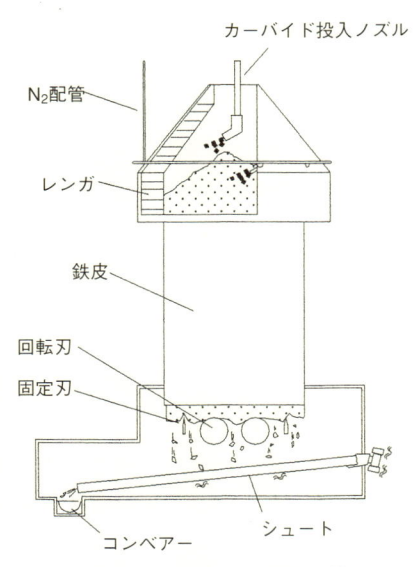

図 4.8 D式（電化式）堅型炉の構造

粒度調整を行う．肥料用には飛散防止処理（油添加）などを行い製品とする．

粒状石灰窒素　回転キルン内でカーバイドと窒素を反応させながら造粒するキルン造粒式と，あらかじめ製造された粉状石灰窒素に水を添加し皿型造粒機などで造粒する水和造粒式があり，それぞれに特徴がある（表 4.10）．

ii) 成　分　肥料公定規格上の石灰窒素の保証成分は全窒素 19.0% 以上，アルカリ分 50.0% 以上である．また，農薬登録を取得している石灰窒素については有効成分として $CaCN_2$ を 40〜60% 程度を保証する．分析値例を示す（表4.11）．

iii) 特　性

(a) 土壌中での窒素成分の挙動： $CaCN_2$ の土壌中での変化を図 4.9 に示す．$CaCN_2$ は加水分解を受けシアナミド（H_2CN_2）に変化し土壌コロイドなどの作用によりさらに加水分解され尿素となる．シアナミドが消失するまでの期間は，土壌の種類，土壌水分，温度により異なる（図 4.10，直川ら，未発表）が，通常の温暖な畑条件では数日間でほぼ消失する．

畑状態では尿素からアンモニウム態窒素を経て硝酸態窒素へと変化するが，アンモニウム態窒素から硝酸態窒素への変化は他の窒素肥料とは異なり非常に緩やかで，アンモニウム態窒素として保

表 4.10　キルン造粒法と水和造粒法の相違

	$CaCN_2$ 含有	粒度のそろい	崩壊性	硬度	窒素成分
キルン造粒法	高含有のものを製造できる　55〜70%	粒径の揃ったものを製造しにくい	吸湿により崩壊しやすい	大	高成分品の製造が可能　〜25%
水和造粒法	含有量が減少する 40〜50%	粒径の揃ったものを製造しやすい	吸湿による崩壊はない	キルン法より小さい	高成分品の製造は難　〜21%

表 4.11　各種石灰窒素の成分分析例

	$CaCN_2$	全窒素	NH_4^+-N	ジシアンジアミド-N	アルカリ分	F-CaO	F-C	Si	Fe	Al
粉状(肥料用)	57.7%	21.3%	—	—	65.8%	22.5%	11.7%	1.1%	0.3%	0.5%
粉状(工業用)	63.8%	24.5%	—	—	63.8%	14.5%	12.8%	0.6%	0.3%	0.6%
粒状(キルン)	57.4%	21.0%	0.5%	0.0%	66.8%	21.7%	11.9%	0.6%	0.2%	0.3%
粒状(水和)	48.4%	21.0%	0.5%	2.7%	56.7%	1.4%	11.0%	0.8%	0.2%	0.3%

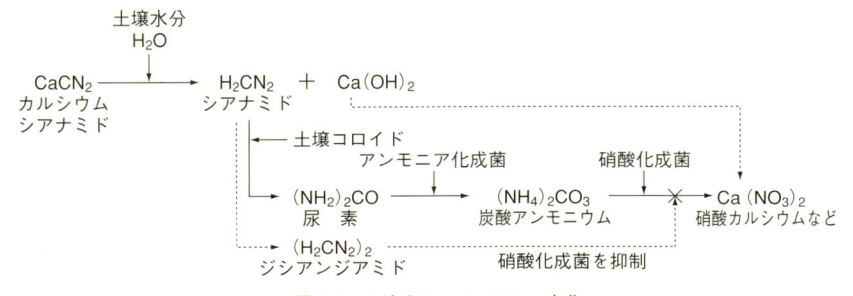

図 4.9　土壌中での $CaCN_2$ の変化

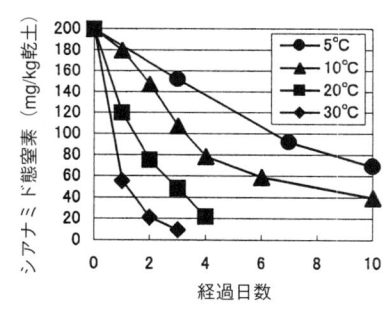

図4.10 温度の違いがシアナミドの消失に及ぼす影響（ビーカー試験）
土壌：細粒褐色森林土（尾猿内統），土壌水分：最大容水量の60％．

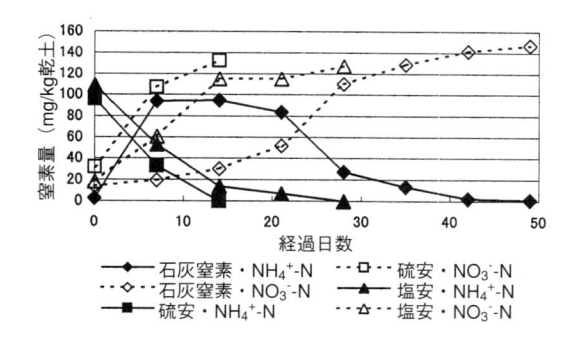

図4.11 土壌中における各種窒素肥料の窒素形態変化（ビーカー試験）
土壌：褐色火山性土（北海道芽室町），土壌水分：最大容水量の50％，培養温度：20℃．

持される期間が長く，硝酸態窒素への変化スピードも遅い（図4.11，直川ら，未発表）．これはシアナミドから土壌中で一部副生するジシアンジアミドが硝酸化成菌を抑制するためであると考えられている．

なお，シアナミドとシアン化物はまったく別の物質であり自然条件下でシアナミドからシアンが生成されることはない．また，石灰窒素への注水により微量のアセチレンおよびアンモニアガスが発生するが，作物に薬害を生じるような有毒ガスの発生は知られていない．

(b) シアナミドの生理作用： カルシウムシアナミドの農薬効果は，除草，病害虫防除，植物生長調整と多岐にわたる．農薬登録を取得している適用病害虫の一例を示す（登録内容は銘柄により異なる場合がある（表4.12））．

施肥により表4.13のような副次的な効果も経験されまたは報告されている．

シアナミドは人体に吸収されると，アルコール代謝に関与するアセトアルデヒドデヒドロゲナーゼを阻害するため，飲酒により心悸亢進，呼吸促迫，眩暈などの急性中毒症状を起こすことがある．石灰窒素および石灰窒素を含む肥料を施肥後24時間以内の飲酒は避ける必要がある（とくに吸入した場合）．また，シアナミド自体や含有される石灰（アルカリ性）には，皮膚や粘膜に対し刺激性がある．かぶれなどの防止のため直接触れぬよう保護具を装着して散布することも必要である．

(c) 施用方法と効果： 作物に薬害を発生させるおそれがあるので基肥として使用し，シアナミド成分が消失するのを待って播種や移植を行うのが原則である．とりわけ大量施用時や低温期に施用した場合には十分な期間をおいてから播種や移植を行う必要がある．施用時に土壌と十分に混合することも，シアナミドの濃度を薄め，消失を促すので薬害の防止に効果がある．散布直後に土壌と混合することで有害生物防除効果の向上も期待できる．ただし，除草効果は土壌に混合せず土

表4.12 農薬登録を取得している適用病害虫

除草	病害虫防除	植物生長調整
水田一年生雑草，ノビエの休眠覚醒，畑地一年生雑草	ユリミミズ，ザリガニ，スクミリンゴガイ，センチュウ類，カイガラムシ類，胴枯病	ばれいしょの茎葉枯凋

表4.13 経験または報告された石灰窒素の副次効果

施肥された作物（対象）	副次的に経験された効果	文献
ナス	ミナミキイロアザミウマの羽化減少	鈴木ら，1987[5]
リンゴ	野ネズミによる食害軽減	日本石灰窒素工業会，2001[6]
水稲	ワイル病防除	日本石灰窒素工業会，2001[6]
アブラナ科野菜	根こぶ病軽減	日本石灰窒素工業会，2001[6]
鶏ふん	イエバエ幼虫駆除	日本石灰窒素工業会，2001[6]

壌表面への散布にとどめた方が高い．また，ネギ，ナス，コムギ，キャベツ，ブロッコリーなどへは基肥のみならず，追肥として施用され効果を上げている例があるが，薬害を起こさぬよう施用時期，施用量などに注意が必要である．

石灰窒素は，流亡が少ないアンモニウム態窒素の形態で長期間土壌中に存在することは前述したとおりであり，硝酸化成を受けやすい一般の窒素肥料とは異なり，畑土壌においても一部は作物へのアンモニウム態窒素の給源として機能している可能性がある．水耕栽培では好硝酸作物といえどもアンモニウム態窒素の共存下で生育がより良好となる例が報告されており[7]，石灰窒素の肥料効果が農家から支持を受けている理由として一部の作物，作型ではアンモニウム態窒素の共存による効果が関与している可能性も考えられる．

〔直川拓司〕

5）硝酸アンモニウム

硝酸アンモニウム（ammonium nitrate, NH_4NO_3）はアンモニウム態，硝酸態の両方の窒素を含み，窒素含量が32%以上と高成分なので，欧米では最も多く用いられている肥料の1つである．しかし硝酸態窒素の肥効が水田では低いので日本ではあまり使われていない．

硫酸アンモニウムの製造装置と類似した中和槽で希硝酸にアンモニアを吹き込んで製造する．

$$NH_3(g) + HNO_3(aq.) = NH_4NO_3(aq.) + 109 \text{ kJ} \quad (1)$$

中和液は減圧で濃縮したのち，造粒塔の上から降らせて粒状にするか，あるいは濃厚液を回転造粒装置中の戻り粉（recycle fine）に散布して造粒し，さらに乾燥する（水分0.5%以下）．あるいは融液をステインレススチール上に流して固化し，これを粗砕してフレーク状にする方法（Stengel法）もある．

吸湿性があり固結しやすいので，ケイ藻土，酸性白土，界面活性剤を添加，または表面に処理する．最終製品は防湿袋に入れて出荷する．

肥料用硝酸アンモニウムの主要な性質は表4.14に示した．肥料としては吸湿性にもっとも注意が必要である．また高温では分解し，ショックを与えると爆発する可能性もある．有機物と混合

表4.14 肥料用硝酸アンモニウムの性質

公定規格	アンモニウム態窒素（%）		16.0以上
	硝酸態窒素（%）		16.0以上
窒素含有率（%，通常）			33.5
溶解度（g/100 g水）	0℃		118
	100℃		843
融点（℃）			170.4
結晶系	形態 I	170.4〜125.2℃	立方晶系
	II	125.2〜84.2℃	正方晶系
	III	84.2〜32.3℃	β斜方晶系
	IV	32.3〜−18℃	α斜方晶系
	V	−18℃以下	六方晶系
吸湿点（臨界湿度，%）	20℃		67
	30℃		59
比重（20/4℃）			1.725
かさ密度（g/cm³）			0.64〜0.99
当量酸性度（$CaCO_3$ kg/100 kg 肥料）			59

するととくに爆発しやすくなるので注意が必要である．

肥効としては窒素の形態の違いに留意する．アンモニウム態窒素の肥効は硫酸アンモニウム，尿素と同じであるが，半分の硝酸は野菜，畑作物には効果が高いが，水田では還元されガス化し損失となるので肥効はいちじるしく劣る．また硝酸は土壌粒子に吸着されないので溶脱されやすい．ハウスなどで有機質肥料と混用すると酸化窒素などが多量に発生し，亜硝酸ガス障害となることがある．しかし通気のよい畑状態では硝酸塩以外の窒素肥料もいずれはアンモニア化，硝酸化成作用により硝酸態窒素となるので，いずれの形態の窒素肥料であっても大局的にみると同じ肥効をもつというように欧米では考えられている．

6）硝酸ナトリウム

肥料用の硝酸ナトリウム（sodium nitrate, $NaNO_3$）は，チリの標高1,000〜2,300 mの台地にある鉱床から採掘されたもので，通常，チリ硝石（Chilean saltpeter）と呼ばれる．硝酸ナトリウムを含む層（カリシェ，caliche）は厚さ10 cmから3〜5 mのものがあり，上部の土層を除いた後，露天掘りで採掘する．

カリシェの起源については，マグマの分別結晶説，海草説，雷の空中放電説などがある．いずれにしてもこの地域が元来は海底（内海）であったのが，プレートテクトニクスにより隆起し，内陸は乾燥し砂漠になった地帯であり，水に溶けやす

い硝酸ナトリウムでも流出せずに残ったのである．

鉱石からは温水で順次抽出し，冷却して硝酸ナトリウムを晶出させ，遠心分離する．現在の改良された工程（グッゲンハイム法）では，硝酸塩7％程度の低品位鉱石でも処理できる．

製品としては，350℃に加熱融解し，造粒塔の上から降らせて粒状化（graining）したものがある．

硝酸ナトリウム含有率は98％以上，公定規格上では硝酸態窒素16％以上を保証している．不純物として，マグネシウム，カリウム，ホウ素，ヨウ素などを含む．カリシェはヨウ素の供給源としても重要（鉱石中に平均0.04％を含む）であり，チリは世界最大の生産国となっている．

肥料としては吸湿性に注意する必要がある．代表的な生理的アルカリ性肥料である（当量塩基度は，29 kg CaCO₃相当量/100 kg 肥料）．

畑専用の肥料であり，北海道のビート用に使われている．ビートが硝酸を好むとともに，ナトリウムが特異的に必須元素となっているからである〔硝酸アンモニウムと硫酸ナトリウム（ボウ硝）でも同じ効果が得られた〕．またホウ素を含有することも，この要素に欠乏しやすいビートに向いている．

7） 硝酸カルシウム

大気窒素を酸化して酸化窒素が生成することは1784年にキャベンディシュ（Cavendish）が電気放電で行っており，その後ネルンスト（Nernst）らが反応条件を基礎的に研究して3,000℃以上の高温が必要なことを明らかにした．クリスチャニア（オスロの古名）のビルケラン（Birkeland）とエイド（Eyde）は電気アークによる高温を利用して硝酸製造の工業化を図り，1903年から Norsk Hydro 社が稼動を始めた．得られる硝酸は石灰石と反応させて硝酸カルシウム（calcium nitrate）とし，ノルウェー硝石と称して市販された．

$$2 HNO_3 + CaCO_3 + 3 H_2O = Ca(NO_3)_2 \cdot 4 H_2O + CO_2$$

しかしこの方法は電力コストが高く，その後アンモニアの合成が成功し，これから硝酸を製造するほうが安価になったため，1925年以後は操業中止になった．

現在はリン鉱石を硝酸分解して硝酸系高度化成を製造する際に併産されている．すなわち Odda 法では，リン鉱石の硝酸分解液を冷却し，溶解度が比較的小さい硝酸カルシウムを析出させ，これを分離・プリル化，または結晶化を促進するために，アンモニアと二酸化炭素を吹き込んで硝酸アンモニウムカルシウム（CAN, nitro-chalk, Kalkammon Salpeter）とする．

製品は結晶水や炭酸カルシウムの量により窒素含量が違っている（公定規格では硝酸性窒素10.0％以上）．吸湿性，固結性が大きいため，表面をコンディショニングしている．

硝酸性窒素とともに速効性のカルシウムを含むことからハウス栽培用，園芸用などに使われる．水に溶かして溶液栽培にも用いられるが，この場合には表面処理をした材料が溶けないので分離する必要がある．

被覆窒素肥料に加工されたもの（ロングショウカル，チッソ旭肥料）があり，トマトなどの尻ぐされやハクサイなどのふちぐされ対策などに試験されている．

8） その他の窒素質肥料

平成15年現在，窒素質肥料として種別されている肥料は23種類あるが，主なものについてはこれまでに記載した．また緩効性窒素肥料，被覆窒素肥料については p.134 にまとめた．それ以外の肥料は生産量（または輸入量）が少なく，用途も限られている．以下に簡単に記載する．

① 硝酸アンモニアソーダ肥料：アンモニアと硝酸を反応させた硝酸アンモニウムスラリーに硫酸ナトリウム，ドロマイト，ホウ酸塩を混合した肥料．アンモニア性窒素9〜10％，硝酸性窒素9〜10％を含有する．

② 硝酸苦土（マグネシウム）肥料：水酸化マグネシウムと希硝酸を反応させてつくる．硝酸性窒素10％以上，水溶性マグネシウム15％以上を保証する．

③ 腐植酸アンモニア肥料：石炭または亜炭を硝酸（または硝酸と硫酸）で分解して生成するニトロフミン酸にアンモニアを反応させてつくる．アンモニア性窒素を4〜5％含有するほか，フミン酸（塩酸不溶-アルカリ可溶性成分）を60

%前後含有する．ニトロフミン酸を含有する肥料は腐植酸系肥料といわれ，ほかにカリ，マグネシウムを保証する肥料がある．

④ 副産窒素肥料および液体副産窒素肥料：食品工業または化学工業で副産される窒素肥料であり，石炭・石油などの燃焼ガスの脱硫処理，または脱硝処理により副産されるものを含む．固体か液体かで種類が異なっている．かつては粗製窒素肥料などと呼ばれていたものが統合された．

酸化チタン，メチルメタアクリレート，アミラーゼ，グルタミン酸ナトリウムなどさまざまな生産工程から副産されたものがある．窒素の形態も硫酸アンモニウム，塩化アンモニウム，硝酸，尿素を含有するものがある．

⑤ 液状窒素肥料：窒素質肥料，チオ硫酸アンモニウム，トリアゾン，シアナミドを水に溶かして液状にしたもので，葉面散布あるいは溶液栽培などに使用する．

チオ硫酸アンモニウム〔$(NH_4)_2S_2O_3 \cdot 5H_2O$〕は，窒素全量 12%，硫黄 26% を含む液状肥料である．アメリカではとくに硫黄肥料として灌水施肥などで評価されているが，日本の公定規格では窒素肥料として認められている．発芽障害があるので種子から離して（3 cm くらい）施用するのがよい．硝酸化成抑制効果が認められているが，市販の硝酸化成抑制剤よりは弱い．ウレアーゼ抑制効果もある．

トリアゾンは，カルボニル基を含むジヒドロ化合物の総称であるが，s-テトラヒドロトリアゾンが代表的なものである．アメリカで芝生用葉面散布肥料として実績がある．尿素（重量比 50%），ホルムアルデヒド（同 30%），アンモニア（同 10%）をアルカリ条件下で加熱，縮合反応により生成する．

窒素全量 28%，うち 67% がトリアゾン，5% がメチレン尿素，28% が尿素に由来するといわれる．100 倍量希釈液（3.6 g N/L）を施用し，芝生，トマトで尿素と同等以上の効果が得られた．

シアナミドを原料にした液状窒素肥料は，本来の窒素肥料の効果もあるが，それとともにジャガイモなどの茎葉処理剤，ブドウなどの休眠打破などの効果をねらったものである．製法は，石灰窒素に水を加え，二酸化炭素を吹き込み，炭酸カルシウムを沈殿・ろ過する．ろ液に少量のリン酸二アンモニウムを加え残留するカルシウムを沈殿させ，ろ液のpHを調節し，製品とする．窒素全量 10% を含み，その 90% 以上がシアナミド性窒素であり，残りはジシアンジアミドとアンモニウムである．

⑥ 混合窒素肥料：窒素質肥料に，他の窒素質肥料，マグネシウム，マンガン，ホウ素，または微量要素複合肥料を混合したもので，内容はさまざまである．

〔越野正義〕

文 献

1) 越野正義：土肥誌，**63**，479-486（1992）
2) 越野正義：環境保全と新しい施肥技術，安田 環・越野正義共編，pp.39-44，養賢堂（2001）
3) 小林 久：農土論，**194**，51-57（1998）
4) Boswell, F. C. *et al.*：*In* Fertiizer Technology and Use, 3 rd ed.（Engelstad, O.P. *et al*. ed）.pp. 229-292. Soil Sci. Soc. Am.（1985）
5) 鈴木 寛，他：九州病害虫研究会報，**33**（10），154-158（1987）
6) 石灰窒素 100 年技術の歩み，日本石灰窒素工業会（2001）
7) 但野利秋，他：土肥誌，**47**（7），321-328（1976）

4.1.2 リン酸質肥料

a. リン鉱石の産地と成因

リン酸質肥料の原料としては大部分はリン鉱石が用いられている．そのリン鉱石の産地は，操業中のものだけでも 130 余あり，未稼働のものを加えるとさらに多くなる．世界の四大産地としてフロリダ（アメリカ），モロッコ，中国およびコラ（ロシア）がよく知られており，わが国では最近主にモロッコ，ヨルダン，南アフリカおよび貴州（中国）の鉱石が使用されている（表 4.15）．

リン鉱石の成因は産地によって異なっており，それが組成，あるいは反応性に影響する．大別すると，火成岩起源と堆積岩起源に分けられる．

i) 火成岩起源（igneous deposits）　通常

表4.15 リン鉱石の国別輸入量（単位：t）

	1996年	1997年	1998年	1999年	2000年
アメリカ	308,939	29,984	18,504	7	5
セネガル	32,845	27,000	12,050	6,000	0
モロッコ	95,289	241,781	231,460	210,006	140,007
ヨルダン	159,100	149,400	162,000	120,200	128,100
イスラエル	41,876	20,500	10,500	30,350	29,300
南アフリカ	219,224	273,839	233,729	223,122	258,305
中国	309,756	288,209	293,366	343,261	343,473
その他	11,000	50	14,500	0	0
合計	1,178,028	1,030,763	976,109	932,946	899,190

磁鉄鉱に伴う鉱脈状などの形で産出する．ロシア（コラ半島），南アフリカ，ブラジル，中国（貴州省），ベトナム（ラオカイ）などが主要な産地で，ロシアと中国の埋蔵量が大きい．

ii) 堆積岩起源（sedimental deposits） 世界各地に内陸型鉱床または島嶼（しょ）型鉱床として埋蔵されている．その量は全リン鉱石資源量の約80％を占める．この堆積岩起源のリン鉱石の成因については種々の説が出されている．すなわち，

① 地殻の変動による海洋の陸地化に伴い，海洋中の生物の集積とアパタイト化

② コロイド状リン酸塩の生物遺体などへの沈着

③ 動物遺体および排せつ物の化石化

④ 海洋中のリン酸イオンと海底鉱物との化学的な反応による沈殿，凝集

⑤ 南海の島に堆積した海鳥ふん中のリン酸分とサンゴ礁のカルシウム分とが反応したもの

⑥ 海中の火山に残積した酸化鉄・アルミニウムが，リン酸イオンと反応したもの

これらの諸成因のうち，①と④によるものが最も多く，流通リン鉱石の主体をなしている．

内陸型リン鉱石 フロリダ，タイバ，ヨルダン，モロッコなどのリン鉱石は，大陸周辺で海底生物の遺骸などの堆積物が地殻の変動によって隆起し，堆積岩となったものとか，中生代の爬虫類，魚類，哺乳類などの排泄物や遺体がアパタイト化したもの，あるいは海洋中のリン酸イオンが海底鉱物と長年月の間に反応し，堆積したものなどが主要な起源とされている．とくに海洋起源のものが多く，海流にもまれてペレット状になった海底のアラレ石（主成分：炭酸カルシウム）に海洋中のリン酸イオンが長期間作用して生成したといわれる砂状リン鉱石で，同心円状の縞模様のあるものやペレットの内部に有機物を含有したものがある．また，これらが堆積中に地熱や圧力などの物理的変化を受けて硬い岩石（hard rock phosphate）になったものもある．

島しょ型リン鉱石 リン酸分に富む鳥類の糞やその遺骸などが堆積したグアノ鉱床，あるいはグアノからリン酸分の一部が雨水や海水によって流出し，これがサンゴ礁の炭酸カルシウムなどと反応して結晶化が進み，硬いリン鉱石となったものもある．このほかに，グアノ鉱床などから溶出したリン酸分が，海中火山の噴出岩やサンゴ礁の風化によって生じた赤色粘土と反応してリン酸鉄やリン酸アルミニウム鉱を形成する場合がある．この代表的なものとして北大東島，ブラジル北東部のJandiaおよびメキシコ湾のRedonda島の鉱床があげられる．グアノ質リン鉱石は，産地が太平洋諸島（オーシャン，ナウル，マカテアなど）およびクリスマス島などの一定地域に限られており，埋蔵量は内陸型リン鉱石より少なく，およそ1億数千万tと推定されている．わが国で輸入している主要なものはナウルリン鉱石とクリスマスリン鉱石である．

iii) グアノ（guano） 海鳥類の排せつ物やその遺体が堆積したもので，柔らかい土粉状および土塊状で，一種の臭気を有し，熱帯地方のみならず大陸の各地に産出する．堆積地の地域や気候によって含有成分が異なり，窒素質グアノとリン酸質グアノの2種に分けられる．

窒素質グアノは降雨量の少ない乾燥地で海鳥ふんが堆積してできたもので，含有成分の溶脱がないため，窒素（N）13～15％，リン酸（P_2O_5）8～11％およびカリ（K_2O）1.5～2.5％を含み，窒素の形態は多くが尿素態である．このほかにコウモリのふんが堆積したバットグアノもある．

リン酸質グアノは降雨量の多い熱帯地方で，サンゴ礁などの上に堆積した海鳥ふん中の有機物が分解し，窒素の大部分が雨水で流出し，リン酸分の一部がサンゴ礁のカルシウム分と結合して難溶化したものである．N 0.5～2％，P_2O_5 10～30％を

4.1 化学肥料

含み，K$_2$O はほとんど含有しない．

2) リン鉱石資源の量と耐用年数

世界のリン鉱石の資源埋蔵量についてはいくつかの推定がある．表4.16にアメリカ地質調査所による2002年の推定を挙げる．この表で埋蔵量は現在の技術で採掘可能な量であり，世界合計で120億t，モロッコ・西サハラが最も多く，次いで南アフリカ，アメリカ合衆国，中国となっている．埋蔵基礎量は現在の技術では経済的ではないが将来技術が進めば採掘可能になると考えられる量であり，世界合計で470億tと推定されている．モロッコ・西サハラに次いで中国での数字が大きい．また中国では最近推定値が大きく増加したのが目立っている．

この埋蔵量（基礎量）を生産量（2000年）で割ると耐用年数を簡単に推定できる（表4.16）．耐用年数は世界全体としては埋蔵量は90年，埋蔵基礎量は350年となるが．この数字は国によって長短さまざまであり，また生産量の将来の伸び，あるいは減少で大きく異なってくる（図4.12）．

リン酸資源としては海底の結塊に高濃度のリン酸成分が認められている．また下水汚泥，家畜排せつ物などリン酸を含む廃棄物も多く，現在リン酸の回収技術が研究されている．耐用年数についても，これらの技術的進歩によりいずれ見直しが必要になると考えられる．

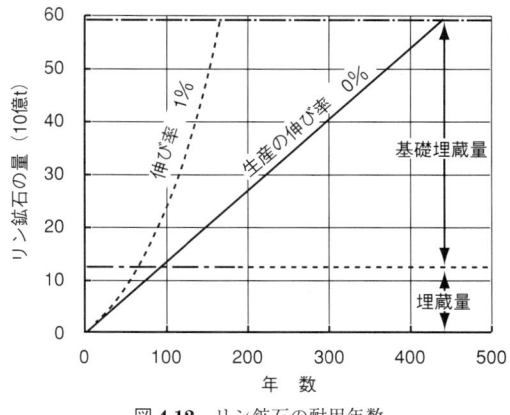

図4.12 リン鉱石の耐用年数

3) リン鉱石資源の採掘と選鉱

リン鉱石の採掘には露天採鉱法（open pit mining）と坑内採鉱法（underground mining）とがある．露天採鉱法（露天掘り）は，鉱石が地表に露出するか，地下の浅所に存在して覆土が薄い場合に用いる．坑内採鉱法（坑内掘り）は，鉱石が地下深くに存在するか，地表から急傾斜した地下の深所に達する場合に採用される．場所によっては両法で採鉱することがある．

採鉱法の選択は，湧水量や積雪量の多少，地上建築物の有無などによっても影響されるが，一般に露天掘りのほうが経済的に有利である．なお，鉱脈中に硫酸を注入し，分解したリン酸スラリーを汲み上げる採掘法が研究されたが，実用化には

表4.16 世界におけるリン鉱石の生産量，埋蔵量，および耐用年数

生産国	生産量*	埋蔵量	埋蔵基礎量	耐用年数	
		(百万 t)		埋蔵量	基礎量
アメリカ合衆国	38.60	1,000	4,000	26	104
モロッコ・西サハラ	21.60	5,700	21,000	264	972
中国	19.40	1,000	10,000	52	515
ロシア	11.10	200	1,000	18	90
チュニジア	8.34	100	600	12	72
ヨルダン	5.51	900	1,700	163	309
ブラジル	4.90	330	370	67	76
イスラエル	4.11	180	800	44	195
南アフリカ共和国	2.80	1,500	2,500	536	893
シリア	2.17	100	800	46	369
トーゴ	1.37	30	60	22	44
セネガル	1.80	50	160	28	89
その他の国	11.30	1,200	4,000	106	354
合計	133.00	12,000	47,000	90	353

＊生産量は2000年における推定値．埋蔵量，埋蔵基礎量はUSGS（2002）による．耐用年数は越野正義氏の試算（2003）．

図 4.13 リン鉱石採掘用ドラッグライン（モロッコ）
（羽生友治氏提供）

至っていない．

i) 露天採鉱法 多くの堆積岩起源リン鉱床は，水平なリン鉱石層が覆土の下に未凝固堆積物として存在する．このような鉱床の採掘は，まず覆土を剥離除去してからリン鉱石を削り取る．

たとえば，アメリカのフロリダ中央部のリン鉱床では厚さ6〜12mの覆土の下に5〜15mの鉱石層がほぼ水平に横たわる．掘削機としてはドラッグライン（dragline，図4.13）を用い，覆土上をゆっくり走行して覆土をはぎ取り，リン鉱石層を露出させる．はぎ取った覆土は採鉱跡凹地に埋め戻す．次に土砂が混じったリン鉱石層を別のドラッグラインで掘り取る．1つのドラッグラインで覆土除去と採鉱を交互に行う場合もある．巨大なバケットローダが使用され，1回の採鉱で約20tの鉱石を掘り上げることができる．

採掘したリン鉱石は，ドラッグラインが届く場所に設けたスラリー池に運ぶ．このスラリー池に大型水力砲（water gun）で13〜15気圧の加圧水を導入すると流動性に富むスラリーになるので，水洗工場まで容易にポンプでパイプ輸送ができる．そこで水洗して土砂を除き，粉砕，ふるい分け，水洗を繰り返し行って粘土，砂および微細なリン鉱石を除き，径が1mm以上のものをペブルリン鉱石（P_2O_5 29〜35%）とする．さらに微細なリン鉱石からは，脂肪酸，鉱物油，アルカリ，アミン類などを用いる浮遊選鉱によって，径16〜28メッシュや200〜28メッシュのリン鉱石（P_2O_5 34〜37%）が得られる．

リン鉱石の品位はP_2O_5含有量で決まる．慣習的にはリン酸カルシウム〔$Ca_3(PO_4)_2$〕の量に換算し，その量をBPL（bone phosphate of lime）と称するが，これは骨粉を使っていた時代の名残であろう．BPLの変わりにTPL（triphosphate of lime）で表示することもあるが，やはりリン酸三カルシウムに換算したものでBPLと同じである．

ii) 坑内採鉱法 リン鉱石層が地上部から地中へ深く傾斜している場合や非常に厚い覆土に覆われている場合には，露天採鉱法が技術的にも経済的にも不利なので，地下での坑内採鉱法を採用する．

たとえば，アルジェリア，チュニジア，エジプト，中国などの鉱床ではこの方法が採用され，坑内に鉱石の支持柱を残して掘り進む柱房法（room and pillar mining），鉱石の長い壁を残して円筒型剪断機で掘り進む長壁法（long-wall mining）などの方法で採鉱されている．鉱石の運搬にはコンベヤーやトラックが用いられる．凝結した団塊状のリン鉱石はハンマーミルのような粗砕機で径1〜2cm程度に粗砕し，水洗して粘土や石灰石などの不純物を除いて品位（P_2O_5含有量）を28〜29%から31〜35%へ高める．微細なリン鉱石は前述のように浮遊選鉱法で回収する．

4) リン鉱石の化学組成

リン鉱石は，その産地，成因，採掘・選鉱などによって性状ばかりでなく，化学組成も異なる．表4.17に火成岩起源鉱石，表4.18に堆積岩起源鉱石の化学組成の例をそれぞれ示す．

表 4.17 主な火成岩起源鉱石の化学組成（%）

	P_2O_5	CaO	Al_2O_3	Fe_2O_3	MgO	SiO_2	F	BPL
貴州（中国）	35.0	51.7	0.8	1.3	1.0	4.3	3.2	76
カタラン（ブラジル）	36.0	43.9	2.2	1.9	0.6	5.3	2.2	78
コラ（ロシア）	39.1	51.5	1.0	0.8	0.1	3.2	2.8	85
ラオカイ（ベトナム）	40.2	52.1	0.5	0.4	0.1	2.6	3.7	87
フォスコー（南アフリカ）	39.7	54.1	0.0	0.2	0.6	0.2	2.3	87

表 4.18 主な堆積岩起源鉱石の化学組成 (%)

	P_2O_5	CaO	Al_2O_3	Fe_2O_3	MgO	SiO_2	F	BPL
フロリダ	35.3	51.1	1.0	1.0	0.2	3.9	3.9	77
フロリダ	32.0	46.0	1.0	1.3	0.8	8.6	3.7	69
ヨルダン	35.1	50.8	0.5	0.3	0.1	3.2	3.6	76
モロッコ	36.7	51.9	0.3	0.1	0.1	3.4	3.9	80
イスラエル	32.1	51.6	0.3	0.2	0.4	1.0	3.6	70

このような化学組成をもつリン鉱石の主要な鉱石はアパタイト（リン灰石, apatite）であり，理想化学組成は $Ca_5(PO_4)_3F$ のフッ素アパタイトである〔結晶学的に $Ca_{10}(PO_4)_6F_2$ がよい〕．堆積岩起源の鉱石ではフッ素アパタイトのフッ素の一部が水酸基に置換されて水酸アパタイトとなり，さらに炭酸アパタイトとの固溶体であるフランコライト〔$(Ca, H_2O)_{10}(F, OH)_2(PO_4, CO_3)_6$, francolite〕が実際の組成に近い．

5） リン酸の製造法

リンは 1669 年にドイツの錬金術師ブラント（Hennig Brandt）が尿から分離しているが，リン酸はボイル（Robert Boyle）が 1680 年にリンの燃焼物の水溶液が酸としての性質をもつと記載しているのが最初である．1775 年には，シェーレ（Karl W. Scheele）が骨を酸で処理して炭で還元するとリンが得られることを発表し，1830 年代のリンの工業的製造へと発展した．

肥料原料として湿式リン酸が使われたのは，ドイツでビーブリッヒ（Biebrich）が 1870 年に低品位リン鉱石を用いて高濃度の過リン酸石灰を試作した時に始まる．当時はリン酸の濃度が低く，バッチ式であったが，1915 年頃には連続式製造法が開発された．しかし，当初は装置の摩耗や腐食がはげしく，過リン酸石灰の製造のほうが技術的にも経済的にも有利であった．

わが国では，1928 年に大日本人造肥料（現在の日産化学工業）において湿式リン酸の製造研究が開始され，1932 年に伏木工場と富山工場でそれぞれ 10 t/day 程度の生産が始められ，高度化成肥料（千代田化成）の原料とされた．第二次世界大戦後の 1950 年ごろから高成分の高度化成肥料の需要の伸びがいちじるしく増加し，1965 年ごろには 200～250 t/day の大工場が建設されるようになった．

一方，元素リンの製造法としては，1868 年にアベル（Charles D. Abel）が高炉を，1888 年にスコットランドのリードマン（James B. Readman）が電気炉を用いてそれぞれ特許を得ている．1,500℃程度の高温を必要とすることから，エネルギー源が安価な場合には低品位リン鉱石からでもリンをつくり，さらに高純度のリン酸をつくることができるが，肥料用としてはアメリカや中国で一部が使用されている程度で，他は工業用である．

i） 湿式リン酸（wet-process phosphoric acid） リン鉱石を硫酸で処理し，石コウ（$CaSO_4 \cdot nH_2O$; $n = 0, 1/2, 2$）をろ過・分離して得られるリン酸を湿式リン酸という．鉄などの不純物で黒褐色や緑色に着色している．湿式リン酸製造時の主要な反応は次のとおりである．

$$Ca_5(PO_4)_3F + 5 H_2SO_4 + 5 H_2O$$
$$\longrightarrow 3 H_3PO_4 + 5 CaSO_4 \cdot 2 H_2O + HF$$

この反応では，大量に生成する石コウの結晶を大きく成長させて，石コウに付着するリン酸分を少なくしてリン酸分の回収率を上げること，石コウのろ過速度を高めること，および石コウの純度

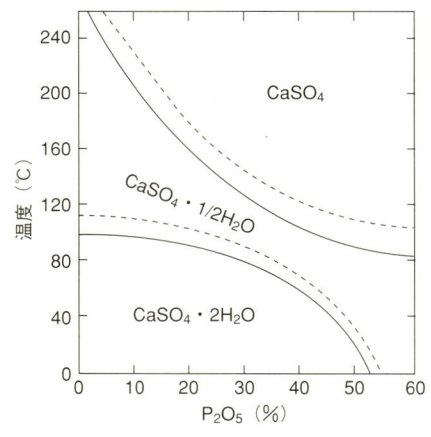

図 4.14 リン酸液中の石コウの平衡
図中の実線は Norgengren (1930)；点線は村上・田中 (1955) による．

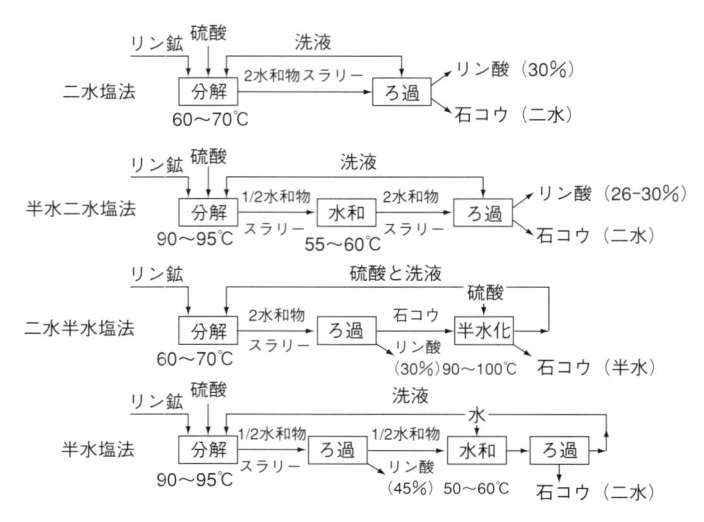

図 4.15 各種のリン酸製造工程

を上げて建築材料などに利用できるようにすることが望まれる．

石コウは図4.14に示すように，リン酸濃度と温度によって生成する結晶形態が異なり，通常得られるリン酸濃度（P_2O_5 26〜30%）では反応温度75〜80℃以下では2水和物，85〜120℃では1/2水和物，125℃以上では無水物になる．どの形の石コウが生成するかで湿式リン酸の製造法が分類される（図4.15）．

二水石コウ法（dihydrate process）　装置の腐食の問題があったために初期のリン酸製造は比較的低い温度で希薄な酸を用いて操業したことにより，生成する石コウは2水和物であった．世界的にはこの方法が現在でも最も多く採用されている．Dorr-Oliver（アメリカ），Prayon（ベルギー），Saint Gobain（フランス），多木化学（日本）などの方式があるが，主として反応槽やろ過器などにそれぞれの特徴がある．生成する石コウは10〜30μm程度の比較的微細な結晶のものが多く，洗浄しても1%前後のリン酸が残留し，リン酸分の収率は95%前後で，石コウの品質が劣るために諸外国ではほとんどが廃棄されている．多木化学方式では，微量の陰イオン界面活性剤を添加する方法で微細な結晶の生成を抑制し，リン酸分の収率を97%以上としている．

半水-二水石コウ法（hemihydrate-dihydrate process）　反応を迅速に完結させるには，高温で処理するのがよいが，結晶の性状が劣悪となる．そこで，反応温度を95℃前後の1/2水和物生成領域で行った後，石コウスラリーを50〜60℃に冷却して数時間かけて水和させ，50〜100μmの大きな2水和物の結晶にする．ろ過や洗浄が容易となり，石コウ中の付着リン酸は0.5%以下になる．この方式はわが国の大部分の工場で採用されているばかりでなく，海外にも技術輸出されている．

二水-半水石コウ法（dihydrate-hemihydrate process）　二水石コウ法を改良したものである．石コウ2水和物スラリーをろ過した後，洗浄しないで改質工程へ移し，硫酸とリン酸の混酸を加えて1/2水和物に転移させてろ過，洗浄し，石コウを1/2水和物として分離する．石コウは高純度でろ過しやすい．得られるリン酸は二水石コウ法よりは高濃度となる．New Prayon方式と呼ばれ，既設の二水石コウ法の設備に組み合わせることができる．

半水石コウ法（hemihydrate process）　酸濃度を高くして反応温度を上げて石コウの1/2水和物を生成させると，得られるリン酸は40〜50%と高濃度になる．石コウは微細（1〜10μm）であるが，酸濃度や温度条件によって80〜400μmの凝集体になる．リン酸分の収率は96〜99%で比較的高い．反応温度が高い（100〜105℃）ために原料のリン鉱石を微粉砕する必要がなく，火成岩質の

リン鉱石のように反応性が劣り，石コウの水和が容易でない場合も利用できるが，装置の腐食などの問題がある．

無水石コウ法（anhydride process） 石コウ無水物を生成させ，43〜55%の高濃度のリン酸を製造する方法である．ノルデングレン（S. Nordengren）はリン鉱石と硫酸の反応を加圧下で135℃で反応させ，リン酸分の収率96%を得ている．Davison社ではリン鉱石を98%濃度の濃硫酸で直接処理し，生成物を焼成した後，熱水で抽出する方法で特許を得ている．TVAではリン鉱石を発煙硫酸で処理し，熱湯で抽出する方法でP_2O_5 50〜55%のリン酸を80〜94%の収率で得ている．しかし，いずれの方法も装置の腐食や石コウの利用性に問題があり，実際には操業されていない．

その他の方法 イスラエルのバニエル（A. Baniel）らは1957年，リン鉱石を塩酸で分解し，n-ブタノールなどの溶媒でリン酸を抽出する方法の特許を得，ブラジルIPTでも1985〜1990年に開発研究が行われた．この場合の反応は下記の通りである．

$$Ca_5(PO_4)_3F + 10\,HCl \longrightarrow 3\,H_3PO_4 + 5\,CaCl_2 + HF$$

この方式は塩酸が安価に入手できるとか，硫酸が非常に高価などの特殊な条件がなければ経済的に成り立たない．ただし，得られるリン酸はかなり純度が高い．

リン鉱石を硝酸で分解する方法はわが国の旭化成工業で工業化されている．反応式を示すと次のようになる．

$$Ca_5(PO_4)_3F + 10\,HNO_3 \longrightarrow 3\,H_3PO_4 + 5\,Ca(NO_3)_2 + HF$$

この場合は，得られた分解液は直接化成肥料の原料として用いられ，リン酸を分離・回収することはない．

ii）乾式リン酸（electric furnace phosphoric acid） リン鉱石に還元剤としてコークス，融剤としてケイ砂を混合し，電気炉で約1,500℃で融解すると，下記のように反応して元素リンが得られる．

$$4\,Ca_5(PO_4)_3F + 21\,SiO_2 + 30\,C \longrightarrow 3\,P_4 + 20\,CaSiO_3 + SiF_4 + 30\,CO$$

電気炉から発生する黄リンの蒸気を水中に導いて凝固させて固体の黄リンとする．黄リンはこの形でも市販されるが，リン酸とする場合には加熱して液体とし（融点44.2℃），これを燃焼室に送り，空気で酸化燃焼して五酸化二リン（P_2O_5）とし，水に吸収させてリン酸とする．五酸化二リンと水との割合で種々の濃度のものが得られるが，H_3PO_4 75%（P_2O_5 54%）〜80%（P_2O_5 62%）が多い．不純物は0.1%以下で少ない．

$$P_4 + 5\,O_2 \longrightarrow 2\,P_2O_5$$
$$P_2O_5 + 3\,H_2O \longrightarrow 2\,H_3PO_4$$

乾式リン酸の一部はアメリカで液体肥料の原料として使用されている．また，中国では試験的に肥料用のリン酸尿素製造の際の原料として使用されている．しかし，電力コストが高くつくので，他の国では肥料用に使用されることはない．

6） 湿式リン酸の濃縮

湿式リン酸の濃度は，半水石コウ法の場合を除き，一般にP_2O_5 28〜30%である．通常これを濃縮してP_2O_5 40〜55%として市販している．湿式リン酸の濃縮法として工業化されているものには，真空蒸発法，液中燃焼法，タワー蒸発法およびロングチューブ蒸発法の4つの方法があるが，わが国で現在使用されているのは液中燃焼法と真空蒸発法である．

i）液中燃焼法（submerged combustion chemico drum process） この方法は，バーナーを直接リン酸液中に浸漬し，重油や天然ガスなどの燃焼ガスを吹き込むもので，濃縮が速やかに行われ，熱効率がよい．濃縮時にリン酸の一部が飛散するのでサイクロンで回収する．なお，少量のリン酸が霧状で排ガスとともに排出されやすいので，これをデミスターで回収する．収率は99%以上である（図4.16）．

ii）真空蒸発法（Swenson vacuum evaporation process） この方法は減圧下でリン酸を濃縮するもので，蒸発缶のほかに間接加熱器を設置し，この間を強制循環する方式がとられている．アメリカのスウェンソン社（Swenson evaporator Co.）が開発したもので，濃縮工程中でのリン酸ミストの発生が少なく，リン酸分の損失も少なく，さらにフッ化物の回収費用も安価であるなどの点

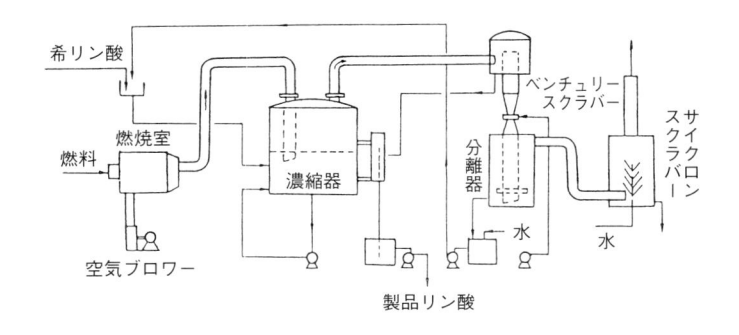

図 4.16 液中燃焼法 (Chemico 法)

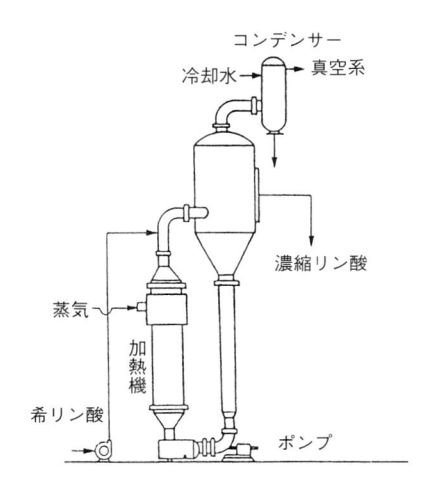

図 4.17 スウェンソンリン酸濃縮装置

から、世界中で広く採用されており、わが国でも数基が稼働している。装置は単缶式と 2 缶式があり、前者は P_2O_5 28〜30% のリン酸を直接 54% まで濃縮する方法で、後者は第 1 缶で P_2O_5 40% 程度まで、第 2 缶で 54% まで濃縮する。両者の間に根本的な差はなく、一般に大型装置では 2 缶式が用いられる。

図 4.17 には単缶式の装置を示す。蒸発缶内の液温は約 85℃、圧力は約 60 mmHg である。蒸発缶にフラッシュされたリン酸液は蒸気と分離されて濃縮される。濃縮された液は蒸発缶の底部にたまり、循環ポンプで再び加熱器に循環される。濃縮リン酸 (P_2O_5 54%) の一部は蒸発缶の側面からオーバーフローして流出し、製品リン酸となる。

発生したヘキサフルオロケイ酸 (H_2SiF_6) その他のフッ化物を含む蒸気は、缶内のデミスター(飛沫同伴分離装置)でミストを除去した後、凝縮器に送るが、フッ化物を回収する場合には、凝縮器に入る前に回収装置で回収する。なお、大量のスケールの析出を抑制するために、濃縮リン酸液に対して常に一定の割合で希リン酸を混合する方法がとられる。また少量のスケールはシックナーで沈降分離することができる。

一般に、濃縮リン酸の化学組成は原料のリン酸液によって若干異なるが、フロリダ鉱石から得たリン酸液を真空蒸発法で濃縮した場合の化学組成はおおむね表 4.19 に示すとおりである。

iii) スーパーリン酸の製造 湿式リン酸を濃縮リン酸の濃度よりも高濃度の P_2O_5 68〜80% まで濃縮したものをスーパーリン酸という。このスーパーリン酸の組成は原料のリン酸液によって若干異なるが、リン酸分の 50% 程度またはそれ以上が二リン酸(ピロリン酸)やトリポリ、テトラポリなどの縮合リン酸の形態になっている。次のような特徴を有する。

① 高濃度なので P_2O_5 あたりの輸送費や貯蔵費を軽減できる。

表 4.19 濃縮リン酸液の化学組成の例 (%)

	T–P_2O_5	W–P_2O_5	SO_3	CaO	Al_2O_3	Fe_2O_3	MgO	F
原料リン酸液	29.0	28.8	3.41	0.23	0.39	0.92	0.14	1.83
濃縮リン酸液	53.6	53.4	6.22	0.44	0.72	1.68	0.22	0.54

② 粘度がきわめて高く，常温ではポンプ輸送が困難であり，輸送や貯蔵には加熱・保温装置が必要である．

③ 金属イオンを封鎖する性質がある．通常の濃縮リン酸では不純物の鉄やアルミニウムなどの金属イオンが輸送中に沈殿し，スラッジとなって問題が生じる場合があるが，スーパーリン酸はこれらの金属イオンを錯イオン化し，溶解させる性質がある．

④ スーパーリン酸は通常の濃縮リン酸に比べて腐食性が少ない．

⑤ フッ素含有量が少なく，通常 0.2～0.4% 程度である．

⑥ 常温で水分の少ない状態ならば安定であるが，高温多湿の場合は強い吸湿性を示す．

b. リン酸質肥料各論

1) リン酸アンモニウム（ammonium phosphate）

湿式リン酸をアンモニアで中和して得られる肥料で，肥料用として市販されているのは一リンアン（主成分：$NH_4H_2PO_4$）と二リンアン〔主成分：$(NH_4)_2HPO_4$ が主体で一部 $NH_4H_2PO_4$〕である．後述の過リン酸石灰のように大量の石コウを含まないので，高成分の窒素リン酸肥料ということができる．現在，最も重要なリン酸供給資材となっている．

リン酸アンモニウムは，1917 年に American Cyanamide 社がはじめて製造した．その当時の銘柄は 11-48-0 と 20-20-0 であった．わが国では日産化学が 1932 年に千代田化成の原料として湿式リン酸をアンモニア化したスラリーを用いたのが最初である．日本では，1950 年頃から化成肥料の生産が急増し，その主体となったのがリン酸アンモニウムである．リン酸アンモニウムの生産量は，統計上は 45 万 t（1983 年）で，乾燥せずに（スラリー状）そのまま高度化成肥料の原料とされているものが多かった．最近は，主としてアメリカからの輸入量が 51 万 t 以上（2000 年）でいちじるしく増加しており，国内肥料メーカーを圧迫するに至っている．

i) 製造法 リン酸をアンモニアで中和した場合，NH_3/PO_4 モル比が 2 以上ではアンモニアの蒸気圧が高く不安定であり，肥料用として市販されているのは一リンアンと二リンアンである．

製造工程としては湿式法と乾式法がある．湿式法としては，従来，中和槽内で P_2O_5 30% 程度のリン酸にアンモニアガスを吹き込み，得られるアンモニア化スラリーを回転ドラム型乾燥機で造粒・乾燥したり，スプレードライヤーで乾燥後造粒してつくられてきた．今日では，製造コストの軽減のために TVA アンモニエーターグラニュレーターやパイプリアクターを使用して製造されるようになった．

TVA アンモニエーターグラニュレーターの製造工程を図 4.18 に示す．中和反応を 2 段階で行い，まず最初に中和層で P_2O_5 約 40% の湿式リン酸を NH_3/PO_4 モル比 1.35 まで中和する．この際，反応熱で 115℃ 程度になるがアンモニアの揮発量は少なく，リン酸アンモニウムの溶解度が高いために流動性もよい．このスラリーを戻り粉（ふるい下の細粉）とともに造粒機に入れ，この原料層の下部からアンモニアガスを注入してさらに中和すると急速に固化する．余分の水分はここで

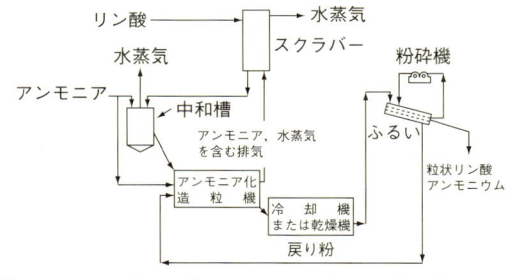

図 4.18 TVA 式リン酸アンモニウム (18-46-0) の製造工程

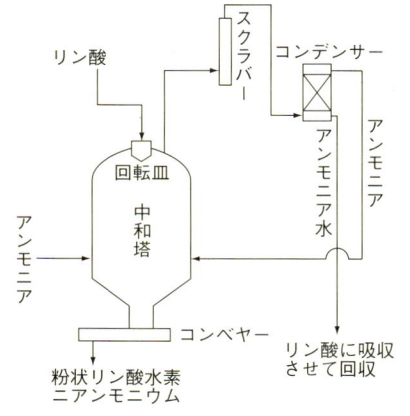

図 4.19 日産化学式リン酸アンモニウム製造工程図

も揮発し，乾燥工程が最小限ですむ．造粒機からはアンモニアが一部揮発するが，これはスクラバーで原料のリン酸に吸収させて回収する．

乾式法としては，日産化学方式で回転皿を用いて塔の上部からリン酸（P_2O_5 45%）を降らせ，下部からアンモニアガスを吹き込んで中和する方法がある（図4.19）．この場合は，リン酸分の大部分がリン酸水素ニアンモニウム（一部はリン酸鉄アルミニウム系の難溶性塩）の粉末となる．これに回転円筒型造粒機内でリン酸を噴霧して造粒し，乾燥して18-46-0のリン酸アンモニウム製品とする．

ii) 性質 リン酸二水素アンモニウムやリン酸水素二アンモニウムのように純粋なリン酸塩は完全に水溶性であり，その溶解度は図4.20に示すとおりである．

湿式リン酸をアンモニア化する場合は，不純物の鉄，アルミニウム，フッ素，マグネシウム，ナトリウム，カリウムなどがさまざまな非水溶性化合物を生成する（図4.21，図4.22，表4.20）．

したがって，表4.21に示すように，リン酸アンモニウム製品の化学組成や溶解性は原料の湿式リン酸中の不純物，中和した時のpHや滞留時間などに影響を受ける．

iii) 肥効 リン酸は硫酸などと比べて電離度が低く，また土壌中では鉄やアルミニウムなどとの結合が速いために土壌溶液中での濃度が急速に低下する．このためにアンモニウムを土壌溶液中にとどめる力が小さくなり，リン酸アンモニウム中のアンモニウムイオンの土壌中の保持力は硫酸アンモニウムと比較して1.1～1.5倍（沖積土），2～4倍（アロフェン）でかなり高いことが知られている．これが窒素の溶脱防止になり，肥効は高くなると期待されている．一般的には，窒素とリン酸の両成分を高濃度に含有することで，輸

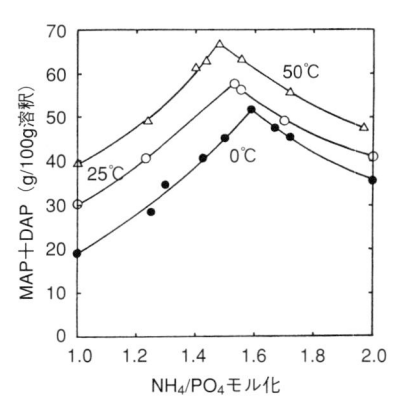

図4.20 NH_3–P_2O_5系の溶解度
MAP：$NH_4H_2PO_4$, DAP：$(NH_4)_2HPO_4$

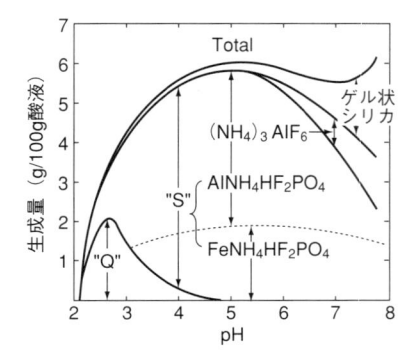

図4.21 湿式リン酸のアンモニア化の際に生成する非水溶性化合物の量（滞留時間30分）
S：(Al, Fe)$NH_4HF_2PO_4$, Q：(Al, Fe)$NH_4H_2(PO_4)_2 \cdot 1/2 H_2O$.

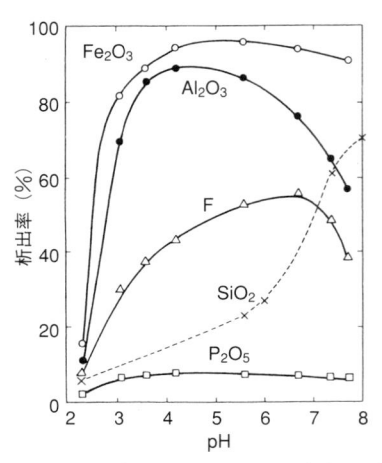

図4.22 湿式リン酸アンモニア化の際の各成分の析出率

表4.20 非水溶性化合物の溶解性（%）

化合物	2%クエン酸	ペーテルマンクエン酸塩液
$FeNH_4H_2(PO_4)_2 \cdot 1/2 H_2O$	27.9	100
$Fe_3NH_4H_8(PO_4)_6 \cdot 6 H_2O$	16.6	100
$Fe(NH_4)_2H_2F(PO_4)_2 \cdot 2 H_2O$	100	33.4
$FeNH_4HF_2PO_4$	100	100
$FePO_4 \cdot nH_2O$	55～100	85～100
$MgNH_4HPO_4$	100	89.4
$(NH_4)_3AlF_6$	100	100
$Na(NH_4)_2AlF_6$	100	100
NaK_2AlF_6	100	100
$MgNH_4AlF_6$	100	100

表 4.21 主なリン酸アンモニウム製品の化学組成と溶解性

中和方式	化学組成 (%)					リン酸分の溶解率 (%)*		
	NH_4-N	$T-P_2O_5$	$C-P_2O_5$	$S-P_2O_5$	$W-P_2O_5$	ク溶率	可溶率	水溶率
湿式法	12.7	49.3	47.9	49.1	43.1	97.2	99.6	87.5
〃	12.3	50.1	48.3	49.3	43.6	96.4	98.4	87.0
〃	16.7	48.7	—	46.0	41.6	—	94.4	85.4
〃	18.5	47.2	—	47.2	44.2	—	100	93.6
〃	18.4	47.6	—	47.4	43.6	—	99.5	91.7
〃	19.0	45.9	—	45.7	42.9	—	100	93.4
〃	16.5	49.0	—	46.1	41.8	—	94.0	85.3
乾式法	10.5	51.8	51.3	51.5	45.3	99.0	99.5	87.5
〃	11.1	49.8	49.4	49.6	44.8	99.2	99.7	89.9
〃	18.1	46.3	—	46.1	41.9	—	99.5	90.6
〃	19.4	46.1	—	45.9	42.9	—	99.6	93.2
〃	19.5	46.2	—	46.1	43.1	—	99.7	93.3

*肥料公定分析法に基づいて求めた値
ク溶率:2% クエン酸に対する溶解率
可溶率:ペーテルマンクエン酸アンモニウム液に対する溶解率
水溶率:水に対する溶解率

送や施肥などの労力コストを減らす大きな利点がある.

2) ポリリン酸アンモニウム (ammonium polyphosphate)

スーパーリン酸をアンモニアで中和するとポリリン酸アンモニウムが得られる.また,濃縮リン酸を中和する時の反応熱を利用し,水分を蒸発させて直接ポリリン酸アンモニウムをつくることもできる.高濃度のために輸送コストを節減できること,二リン酸(ピロリン酸)やトリポリリン酸などが金属封鎖作用を有するので清澄な液肥を製造でき,さらに微量元素の施用効果を高めることができる.

i) 製造法 スーパーリン酸(P_2O_5 72%)をアンモニアで中和する場合は,アンモニアが十分に反応するように2気圧程度に加圧し,反応熱で200℃以上の高温になり過ぎないように冷却しながら行う.得られたポリリン酸アンモニウムの粘稠な融液は下部から押し出し,2倍量の戻り粉とパグミル中で混合し,造粒して 12-58-0 などの銘柄のものをつくる(図 4.23).

濃縮リン酸(P_2O_5 54%)をアンモニアで中和する場合は,反応熱で220℃以上の高温になると水分が蒸発してリン酸の縮合が起こり,ポリリン酸アンモニウムが生成する.この際,難溶性の $(Al, Fe)NH_4P_2O_7$, $Fe(NH_4)_3HP_2O_4P_2O_7$ などが生成し

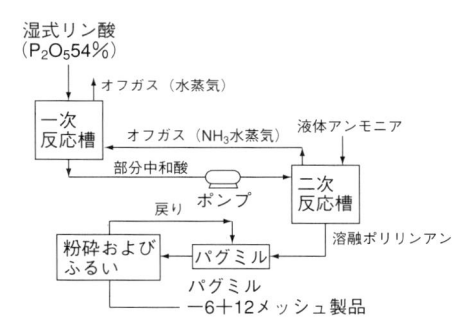

図 4.23 TVA 式ポリリン酸アンモニウム製造工程

ないようにパイプリアクターを用いて速やかにアンモニア化する方式も開発された.わが国では,ラサ工業(現コープケミカル)がこの方式を導入して 13-58-0 のポリリン酸アンモニウムを製造している.

アメリカでは大型施肥機の普及に伴って液体複合肥料の需要が増大したが,この場合に鉄やアルミニウムなどの沈殿防止にポリリン酸アンモニウムが使用されている.上述の粒状のポリリン酸アンモニウムを溶解してもよいが,スーパーリン酸に水とアンモニアを加え,最初から液肥用のポリリン酸アンモニウム液がつくられている.10-54-0 や 11-37-0 などの銘柄のものが得られる.

ii) 性質と肥効 ポリリン酸アンモニウム製品は窒素とリン酸分の成分合計が 70~77% になる高成分肥料で,主成分はリン酸二水素アンモ

ニウム（$NH_4H_2PO_4$）と二リン酸水素三アンモニウム〔$(NH_4)_3HP_2O_7$〕で，高度にアンモニア化した製品中にはリン酸水素二アンモニウム〔$(NH_4)_2HPO_4$〕および二リン酸四アンモニウム〔$(NH_4)_4P_2O_7$〕の生成が認められているが，これらは長期間の貯蔵中に分解してリン酸二水素アンモニウムと二リン酸水素三アンモニウムに変わる．一般に，上記の主成分のほかに $(NH_4)_2H_2P_2O_7$，$(NH_4)_3HP_2O_7$，$(NH_4)_4P_2O_7\cdot H_2O$，$(NH_4)_3H_2P_3O_{10}$，$(NH_4)_3H_2P_3O_{10}\cdot H_2O$，$(NH_4)_4HP_3O_{10}$，$(NH_4)_9H(P_3O_{10})_2\cdot 2H_2O$，$(NH_4)_5P_3O_{10}\cdot H_2O$ などを含み，さらに高縮合非結晶性リン酸塩も含有する．

粒状製品は硝酸アンモニウムと比較してその吸湿性は低く，長期間の貯蔵に耐えうるが，貯蔵中に徐々に粒表面にリン酸二水素アンモニウムの微結晶が析出して固結することがある．ポリリン酸アンモニウムは金属イオンを封鎖する性質を有するので，微量要素の担体として化成肥料や液体肥料の原料として有用である．

アメリカTVAで乾式リン酸からつくった15-58-0を試験用に輸入し，日本で稲，小麦，ジャガイモ，ハツカダイコンなどで肥効試験を行ったところ，オルトリン酸の場合と同等かまたは優るという結果を得た．生育初期にはリン酸の加水分解の遅れによる遅延も認められたが，生育中期や後期にはポリリン酸アンモニウムが優り，肥効が長続きした．リン酸分の地上部への転流も多く，また鉄，銅，マンガン，亜鉛，マグネシウムなどの金属成分についても吸収増大が認められた．

3）過リン酸石灰と重過リン酸石灰

過リン酸石灰（superphosphate）の製造は19世紀中ごろに獣骨に硫酸を作用させてつくったことに始まるといわれているが，1843年にイギリスのローズ（John Bennet Lawes）が獣骨を使い，さらに1856年リン鉱石を使用してつくったのが工業化の最初である．わが国に過リン酸石灰をもたらしたのは高峰譲吉で，1886年大阪の硫酸製造会社で試作し，四国で肥効試験を行い，好結果が得られたので，渋沢栄一とともに1887年に東京人造肥料会社（現在の日産化学）を創立した．一方，多木久米次郎は1885年に多木製肥所（現在の多木化学）で骨粉の製造を始め，さらに骨粉から過リン酸石灰の製造を開始した．

過リン酸石灰は最初につくられた化学肥料である．製造法が簡単で，装置も安価なことから，約100年にわたってリン酸質肥料の王座を保ってきた．すなわち，わが国では1897年1万t，1904年10万t，1932年100万t，1940年164万tと急速に伸びつづけ，1960年には213万tで史上最高を記録した．しかし，今日では高成分の肥料，とくに高度化成肥料やバルクブレンド肥料の需要が多いために，過リン酸石灰の生産量が減少しており，わが国でも年産20万t程度に減少した．

過リン酸石灰とほぼ同様の方法で，硫酸の代わりに湿式リン酸（または湿式リン酸や乾式リン酸と硫酸との混酸）を用いて製造されるものに重過リン酸石灰がある．これは過リン酸石灰よりも高成分であり，通常 P_2O_5 含有量が16〜24%の過リン酸石灰を普通過リン酸石灰（single superphosphate）と称し，P_2O_5 25〜36%のものを二重過リン酸石灰（double superphosphate），37〜46%のものを三重過リン酸石灰（triple superphosphate）とそれぞれ区分し，25%以上のものを一括して濃厚過リン酸石灰と称することもある．

重過リン酸石灰は1870年にドイツではじめてつくられ，わが国では1949年から製造されているが，その生産量は5万t前後であった．今日では3万t程度に減少し，輸入量も6万t程度に徐々に減少している．

i）製造法 過リン酸石灰は，リン鉱石を微粉砕（100メッシュ75〜90%パス）し，これに硫

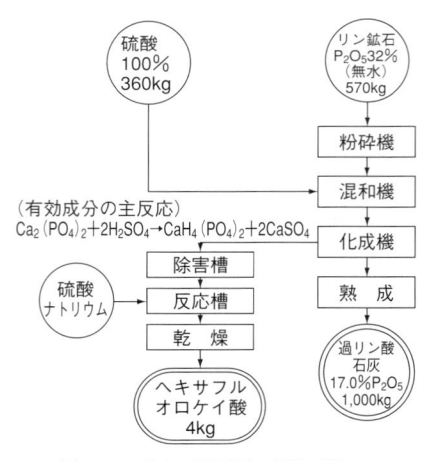

図 **4.24** 過リン酸石灰の製造工程

酸（約 70% H_2SO_4）を所定量混合し，反応生成物を反応むろに入れて製造する．この際フッ化水素や水分が揮散して撹拌の役割をするので，下記に示す反応がよりいっそう進行し，生成物は多孔質となる（図 4.24）．

$$2\,Ca_5(PO_4)_3F + 7\,H_2SO_4 + 3\,H_2O$$
$$\longrightarrow \underbrace{3\,Ca(H_2PO_4)_2\cdot H_2O + 7\,CaSO_4 + 2\,HF}_{\text{過リン酸石灰}}$$

この反応の完結にはかなりの時間がかかり，反応むろ内で 3～4 週間堆積して熟成させる．この間の成分変化を図 4.25 に示す．

現在，反応むろを使ったバッチ式（代表的なものは Svenska 式）はほとんど姿を消し，連続式製造法が採用されている．連続式製造装置の概略を図 4.26 に示す．この方式の代表的なものが Broadfield 式で，わが国で開発されたものとしては住化式（住友化学），多木式（多木化学），宮古式（ラサ工業）などがある．

重過リン酸石灰は過リン酸石灰とほぼ同様の方法で製造する．リン酸源として通常濃縮リン酸（P_2O_5 約 54%）を用いる．下記の反応が進行するが，この反応はやや遅いので，熟成期間を過リン酸石灰の場合よりも長くする．

$$Ca_5(PO_4)_3F + 7\,H_3PO_4 + 5\,H_2O$$
$$\longrightarrow 5\,Ca(H_2PO_4)_2\cdot H_2O + HF$$

その他，過リン酸石灰にアンモニアを吹き込み，造粒したアンモニア化過リン酸石灰がアメリカで広く使用されている．わが国での生産量は少ない．また，過リン酸石灰や重過リン酸石灰の製造直後（むろ出し直後）にジャモン岩や軽焼マグネサイト（主成分：MgO）などのマグネシウム原料を混合して反応させた苦土過リン酸石灰（magnesium superphosphate）がわが国で製造されている．わが国ではマグネシウム欠乏土壌が多いことからかなり普及した．生産量は 1985 年に 10 万 t を数えたが，今日では数万 t に減少した．

ii）性質と肥効 過リン酸石灰は比重が 1 前後，淡褐色ないし灰黒色の粉末で，少量の遊離リン酸を含むために酸性で（pH 2～3），特有の刺激臭を有する．主成分はリン酸二水素カルシウム 1 水和物〔$Ca(H_2PO_4)_2\cdot H_2O$〕と石コウ無水物で，リン酸分（P_2O_5）は全量が 16～24%，そのうち 90～97% が可溶性で，80～90% が水溶性である．通常遊離リン酸 2～5%，水分 5% 程度を含む．水分や遊離リン酸の多いものは吸湿し，固結しやすい．複合肥料に添加すると造粒が容易になる．また，植樹用の緩効性成型肥料のリン酸源としてかなり使用されているが，この場合も造粒を促進する効果がある．重過リン酸石灰や苦土過リン酸石灰も同様の効果がある．

主成分のリン酸二水素カルシウムは土壌中では下記のように反応し，比較的速やかにリン酸一水素カルシウム 2 水和物に変わる．

$$Ca(H_2PO_4)_2\cdot H_2O + H_2O$$
$$\longrightarrow CaHPO_4\cdot 2\,H_2O + H_3PO_4$$

このリン酸一水素カルシウム 2 水和物は溶解度が比較的低いので施用位置からあまり動くことがない．炭酸や塩類を含む溶液に溶けやすく，また微

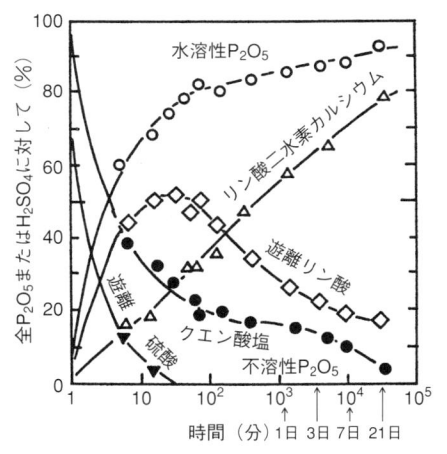

図 4.25 モロッコリン鉱石（100 メッシュ，70% パス）と 70% 硫酸との反応による成分変化 (Sauchelli, 1960)

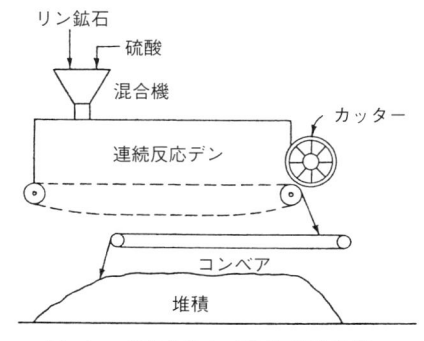

図 4.26 連続式過リン酸石灰製造装置

細な結晶のものは特に溶けやすいので速効性のリン酸質肥料といえよう．副成分の石コウも徐々に溶解して植物に対するカルシウムおよび硫黄の供給源となる．石コウはまた，リン酸分の吸収を助長する効果があるといわれている．

遊離リン酸を含むために肥料それ自身は酸性であるが，土壌に対する影響は小さい．すなわち，土壌中では鉄，アルミニウムなどと反応して非水溶性化合物を生成しやすく，施用位置の周辺にとどまる傾向が大きい，酸性土壌の場合でも活性アルミニウムと結合し，むしろ酸性害を小さくする効果がある．

苦土過リン酸石灰はpH5付近で，主成分はリン酸一水素マグネシウム3水和物（$MgHPO_4 \cdot 3H_2O$）とリン酸一水素カルシウム無水物（$CaHPO_4$）である．リン酸分の大部分は2%クエン酸可溶性で15～18%，そのうち60%前後が水溶性である．リン酸分とともにマグネシウムの溶解性も高いことから，マグネシウム欠乏土壌には好適で，ダイズ，ムギ，ジャガイモなどに高い効果を示す．

4) 熔成リン肥

熔成リン肥（fused phosphate, fused magnesium phosphate）は，リン鉱石とジャモン岩，カンラン岩あるいは精錬鉱さいとの混合物を融解，急冷して製造されるガラス状のリン酸質肥料で，通常略して熔リンと呼ばれている．なお，ここでは，この製造方法から「溶」ではなく，常用漢字にない「熔」の字を用いることとした．

リン鉱石をそのまま強熱してその構造を破壊するのは困難であるが，これにケイ酸マグネシウム鉱物を加えると融点が下がり，その融解物を水中で急冷するとリン鉱石中のリン酸分はク溶性となり，リン酸質肥料として使用できることが1939年にドイツで見出され，ウニワポリン肥（Uniwapo-phosphate）と命名された．アメリカTVAでも1943年，ウォルトホール（J. H. Walthall）らがリン鉱石にカンラン岩を加えて融解，冷却してガラス化することによってリン酸分やマグネシウムがク溶性に転換できることを発表し，この方法に基づいて，1946年にアメリカのPermanent Metal Corp.が電極法で製造し（製品名：サーモホス），つづいてManganese Product Inc.（アメリカ）でも工業化された．しかし，これらの方法は電力コストが高くつく上に，製品の肥効もアメリカのような塩基性土壌が多い地域では現われにくいために，生産開始後まもなく中止された．

わが国では第二次世界大戦後，食料増産のために肥料の生産が急務であったが，肥料製造のための硫酸が不足しており，硫酸を使用しないで肥料をつくる方法が検討された．すなわち，上述のサーモホス（Thermophos）は，硫酸を必要としないこと，また酸性土壌の多いわが国の耕地に適した肥料であることなどの利点が多いことから，春日井新一郎や中川正男らによって遊休電気炉を用いて製造研究が行われ，試験品の肥効も過リン酸石灰と同等であることが確かめられた．1947年に熔成燐肥協会が設立され，1948年には日本化学工業，日の出化学工業および電気化学工業の3社共同による工業化試験が日本化学工業郡山工場で行われ，翌年製造許可を得，1950年から正式に工業生産が開始された．その後，需要の増大とともに設備が増強され，日の出化学工業による重油燃焼による平炉法も完成し，1968年には生産量が54万tに達した．一方，永井彰一郎，安藤淳平，金沢孝文らは熔成リン肥の組成や性質について多くの研究を行い，製造技術および理論ともに世界の一流レベルに高めた．

1980年以降，水稲作付け面積の減少などによる需要の減退，電力・エネルギーコストの増加，安価な外国製品の輸入量の増加などにより，生産量が年々減少し，1990年約25万t，2000年約11万tになった．他方，熱帯のラテライト土壌や火山灰土壌などのリン酸固定能力の強い土壌では，その多量施肥で土壌改良効果がいちじるしく高まり，リン酸の肥効が永続するようになることから重要な資材であり，ブラジルと南アフリカでは電炉法で，韓国では平炉法で，中国では石炭熔融法でそれぞれ製造されている．

i） 製造法 熔成リン肥は，リン鉱石にジャモン岩を混合し，必要ならばさらにケイ砂を添加し，電気炉または平炉を用いて1,300～1,450℃で加熱融解し，融液を水で冷却して製造される（図4.27）．この際，リン鉱石はBPL 68程度の低品位のものでよく，マグネシウム源はジャモン岩のほ

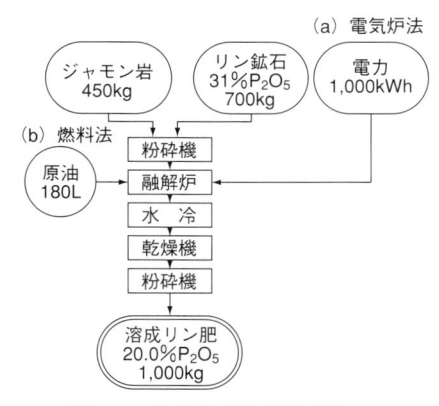

図 4.27 熔成リン肥の製造工程
(a) 電炉法と (b) 燃料法の相違は，融解炉の熱源のみである．

かにカンラン岩，ズン岩，石綿母岩，フェロニッケル鉱さい，軽焼マグネサイトなども用いられる．

原料の混合割合はリン鉱石の品位によって変わるが，CaO/PO_4 モル比が 1.8～1.9 の普通のリン鉱石を使用し，CaO や Al_2O_3 がともに 2% 以下の普通のジャモン岩を使用する場合は，表 4.22 に示すように，融解温度を下げ，さらに融解物の流動性を高めるために MgO/SiO_2 モル比を 0.8～1 程度，MgO/PO_4 モル比を 1～2 にするのがよい．リン酸分の含量を高くするために MgO/PO_4 モル比を小さくすると製品中にアパタイトの生成量が多くなり，ク溶性が低下する．この場合は，アパタイトの結晶が析出しないように高温融解してフッ素をできるだけ揮発させ，速やかに急冷する必要がある．製品の大部分はガラス質であり，この間の反応は必ずしも当量的に進行するものではない．

$$x\underbrace{Ca_5(PO_4)_3F}_{\text{リン鉱石}} + y\underbrace{MgO \cdot zSiO_2 \cdot nH_2O}_{\text{ジャモン岩}}$$

$$\longrightarrow \underbrace{[aCaO - bMgO - cSiO_2 - F - dP_2O_5]}_{\text{熔成リン肥}}$$

$$+ mH_2O + xHF$$

融解後の急冷が不十分な場合は，アパタイトが生成するばかりでなく，マグネシウム塩としてフォルステライト（Mg_2SiO_4），ジオプサイト（$CaMgSi_2O_6$），エンスタタイト（$MgSiO_3$）などが生成し，リン酸分やマグネシウムの溶解性が低下する．

リン鉱石やジャモン岩にマンガン鉱石やホウ酸塩を加えて融解し，水中で急冷すると，ホウ素とマンガンを保証する BM 熔リンを製造することができる．ホウ酸塩の添加は融解温度を下げ，製品のク溶性を高める効果がある．

急冷して得られた粗粒は 2 mm 全通に粉砕して製品とする．微粉は施肥の際に飛散しないように糖蜜，ベントナイト，パルプ廃液，アルコール発酵廃液などをバインダーとして径 2 mm 程度に造粒する．

ii） 性質と肥効 リン酸分の含有量は原料によって変わるが，一般に P_2O_5 17～25% で，そのうち 98% 以上が 2% クエン酸可溶である．また，CaO 25～35%，MgO 14～19%，SiO_2 16～26% を含み，いずれも 2% クエン酸によく溶ける．すなわち，ガラス質の構造の熔成リン肥はクエン酸などの弱酸の溶液に接触すると $Ca-O$ や $Mg-O$ などの間の結合が切れ，Ca^{2+} や Mg^{2+} や PO_4^{3-} などが生じて溶出し，ケイ酸分も SiO_4^{4-} や $Si_2O_7^{6-}$ などとなって溶出する．これらのイオンは他のイオンと比べて大きいので動きが遅く，したがってケイ酸分の多い熔成リン肥は溶解が遅い．中性クエン酸アンモニウム液で溶解させる場合はケイ酸分がゲ

表 4.22 原料の配合割合と融解温度との関係

配合割合（100 g）			成分計算値		融解点（℃）
リン鉱石	ジャモン岩	ケイ砂	P_2O_5（%）	MgO/SiO_2 モル比	
62	38	0	24.0	1.32	1,355
62	28	8.6	24.0	0.76	1,370
51	44	4.3	20.0	1.10	1,305
51	34	13.0	20.0	0.70	1,320
40	44	13.8	16.0	0.79	1,265

注）リン鉱石は BPL 68 を使用

ルとなって熔成リン肥の表面を覆うので溶解しにくくなる．水にはほとんど溶けず，水中に分散させた時は弱アルカリ性（pH 7～8）を呈する．

熔成リン肥は代表的な無硫酸根肥料で，老朽化水田に好適であり，また酸性土壌で高い肥効を示す．副成分としてケイ酸分やマグネシウムを含んでいるために，マグネシウム欠乏地域あるいはケイ酸の要求量が大きい水稲用として使用されている．また土壌の陽イオン交換容量を高め，保肥力を増大させ，増収につながることが明らかにされている．とくに火山灰土壌では多量施肥によって，その後のリン酸肥料の施肥効果を高く保つことができ，生産力の向上に貢献している．ケイ酸分はまた，水稲の倒伏を防ぎ，病害虫に対する抵抗力を助長する効果がある．

5) 焼成リン肥

焼成リン肥（calcined phosphate）は，リン鉱石にアルカリ，ケイ酸，あるいはリン酸を加え，水蒸気雰囲気中で焼成（水熱焼成）し，含有するリン酸分やカルシウムを可溶化した肥料の総称で，製造法によって下記の2種類に分けられる．

① リン鉱石中のフッ素を他の化合物に変化させる方法（レナニアリン肥）

② リン鉱石中のフッ素を除去する方法（脱フツリン酸カルシウム）

わが国で焼成リン肥といえば，脱フツリン酸カルシウム（defluorinated calcium phosphate）を指している．リン鉱石中のリン酸分のみの可溶化をはかったレナニアリン肥は，わが国では生産されていないが，ヨーロッパでは現在も生産され，使用されている．ここでは，脱フツリン酸カルシウムを中心に述べ，レナニアリン肥は焼成リン肥の一種として紹介程度にとどめる．

リン鉱石からフッ素を除去する方法としては，リン鉱石に高温で水蒸気を作用させる方法がある．たとえば，リン鉱石を空気中で1,500℃付近に焼成すると空気中の湿分の作用でわずかにフッ素が揮発する．重油や天然ガスを燃料として使用すると，焼成ガス中に10～15%の水蒸気が含まれるので，フッ素の揮発がかなり促進される．この際，ケイ酸などを加えて焼成すると，リン鉱石中のアパタイト構造が壊れやすくなり，フッ素の揮発（脱フツ）がいちじるしく促進される．

$$Ca_5(PO_4)_3F + H_2O \longrightarrow Ca_5(PO_4)_3(OH) + HF$$
$$4\,Ca_5(PO_4)_3(OH) + SiO_2$$
$$\longrightarrow 6\,Ca_3(PO_4)_2 + Ca_2SiO_4 + 2\,H_2O$$

リン鉱石にケイ砂を加え，水蒸気気流中で高温焼成を行って急冷し，α-リン酸カルシウムを主体とする脱フツリン酸三石灰をつくる方法はレイノルズ（D. S. Reynolds）やヤコブ（K. D. Jacob）らによって研究され（1936年），工業化が検討されたが，成功するには至らなかった．その理由としては，次の問題点が挙げられている．

① 反応が水蒸気の作用で進行するので，小規模試験の場合は焼成物と水蒸気との接触がよく，脱フツが良好となるが，大規模製造の場合は焼成物の量が多いために水蒸気との接触が不十分になりやすく，脱フツも不十分になる．

② ケイ酸分の作用が緩慢なために，アパタイト構造の分解を促進するには過剰のケイ酸の添加を必要とする．ケイ酸分の添加量が多くなると焼成物の融点が下がり，焼成物が炉壁に固着したり塊状になって水蒸気との接触をいっそう悪化する．

③ ケイ酸添加量を多くした場合の融点低下対策として焼成温度を低くした場合は脱フツが不十分となる．

これらの難点を克服する方法として，アパタイト構造の破壊にケイ酸よりも活性なリン酸を使用する研究が進められた．すなわち，リン酸を使用すれば下記の反応が起こり，水蒸気は補助的なものとなり，アパタイトの分解と脱フツがかなり容易になる．

$$3\,Ca_5(PO_4)_3F + H_3PO_4$$
$$\longrightarrow 5\,Ca_3(PO_4)_2 + 3\,HF$$

しかし，リン鉱石中の不純物の鉄やアルミニウムの一部が生成物のリン酸カルシウム中に固溶するので，β型のリン酸カルシウムが安定化し，α型のリン酸カルシウムの生成が減少する．この方法による焼成リン肥の生産がアメリカで行われていたが，現在は生産されていない．

一方，わが国においても焼成リン肥の研究が永井彰一郎，安藤淳平，山口太郎らによって盛んに行われた．リン鉱石中のカルシウムをすべてリン酸カルシウムにするためにCaO/PO$_4$モル比が

1.5付近になるようにリン酸液を加え，造粒後，回転炉で水蒸気気流中で1,300～1,500℃で焼成する方法，あるいはリン鉱石中のカルシウムがすべてケイ酸二カルシウムとリン酸カルシウムになるようにケイ酸とリン酸を加えて焼成脱フツを行う方法などが開発され，工業化されたが，現在はこれらの方法での生産が行われていない．

これらの工程での難点は，前述のように焼成物の一部が融解して炉壁に固着したり，塊状になることであった．山口は焼成物の融点を下げずに脱フツ温度を低下させる方法について検討し（1952年），硫酸ナトリウムとコークスを加えて焼成するとよいことを見出した．その後，リン酸二水素ナトリウムの添加が望ましいことがわかり，1957年から小野田化学工業で生産されている．ただし，リン酸二水素ナトリウムは高価なために炭酸ナトリウムとリン酸液を添加している．

i）製造法 焼成リン肥の製造法としては，ケイ酸添加による方法，リン酸添加による方法，ケイ酸とリン酸を添加する方法，リン酸ナトリウム添加法などがある．ここでは，現在行われているリン酸ナトリウム添加法について述べる．実際はリン酸ナトリウムの代わりに炭酸ナトリウムとリン酸液が使用される．

リン鉱石100部に対して，6～8部のNa_2Oに相当する炭酸ナトリウムと10～13部のP_2O_5に相当するリン酸液とを添加して造粒した後，回転炉中で1,300～1,500℃で水蒸気を吹き込みながら焼成して脱フツする（図4.28）．この際フッ素の大部分はフッ化水素として揮発するが，これを硫酸ナトリウムで捕収し，二フッ化水素ナトリウムとして回収し，さらにフッ化水素酸，氷晶石（アルミニウム製錬用の融剤，Na_3AlF_6）などに転換される．焼成リン肥の製造時に起こる反応は複雑であるが，大略下記のように進行する．

$7 Na_2CO_3 + 8 H_3PO_4$
$\longrightarrow 2 NaH_2PO_4 + 6 Na_2HPO_4 + 7 CO_2 + 7 H_2O$
$Ca_5(PO_4)_3F + Na_2HPO_4$

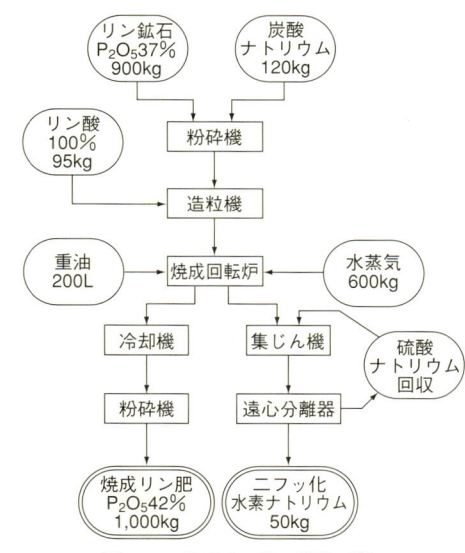

図4.28 焼成リン肥の製造工程

$\longrightarrow Ca_3(PO_4)_2 \cdot 2 CaNaPO_4 + HF$
$4 Ca_5(PO_4)_3F + 2 NaH_2PO_4$
$\longrightarrow Ca_3(PO_4)_2 \cdot 2 CaNaPO_4$
$+ 5 Ca_3(PO_4)_2 + 4 HF$

フッ素の回収工程はつぎのとおりである．

$Na_2SO_4 + 4 HF \longrightarrow 2 NaHF_2 + H_2SO_4$
$H_2SO_4 + Na_2CO_3 \longrightarrow Na_2SO_4 + CO_2 + H_2O$

ii）性質と肥効 焼成リン肥の化学組成は原料のリン鉱石の品位に左右される．市販品の分析例を表4.23に示す．

リン酸ナトリウム添加法による焼成リン肥中のリン酸分は，95%前後が2%クエン酸に可溶であり，また熔成リン肥と同様にカルシウムやケイ酸などの有効な副成分も含んでいる．肥料としての性質および用途は熔成リン肥の場合と同様であるが，その形態はガラス質ではなく，レナニット（$CaNaPO_4$）2モルとα型リン酸カルシウム1モルとの固溶体である$Ca_3(PO_4)_2 \cdot 2 CaNaPO_4$が主体となっている．この形態のものは，2%クエン酸にも中性クエン酸アンモニウム液にもよく溶け，肥効も高い（表4.24）．

iii）重焼リン 焼成リン肥100部に対してリン酸液（30% P_2O_5）60部を添加して造粒したも

表4.23 焼成リン肥市販品の化学成分（%）

T-P_2O_5	C-P_2O_5	CaO	Na_2O	Fe_2O_3	Al_2O_3	K_2O	MgO	SiO_2	F	ク溶率
41.30	39.25	44.90	7.35	1.31	1.05	0.11	0.34	3.44	0.08	95.0

注）ク溶率：C-P_2O_5/T-P_2O_5（%）

表 4.24 焼成リン肥の肥効（オオムギでのポット試験）

区名	わら重 (g)	子実重 (g)	同指数
無リン酸	0.4	—	—
熔成リン肥(100 メッシュ 70% パス)	24.8	16.3	100
焼成リン肥(32〜60 メッシュ)	26.4	11.9	73
〃　　　(60〜100 メッシュ)	27.6	13.7	84
〃　　　(100 メッシュパス)	28.3	18.3	112

のを重焼リンという．製造の際，反応熱でかなり高温になるので放冷，乾燥，ふるいわけし，径5 mm 以下のものを製品とする．重焼リンの製造の際の反応は次のとおりである．

$$Ca_3(PO_4)_2 + 4H_3PO_4 + 10H_2O$$
$$\longrightarrow 3Ca(H_2PO_4)_2 \cdot H_2O + 7H_2O$$
$$Ca_3(PO_4)_2 + Ca(H_2PO_4)_2 \cdot H_2O + 7H_2O$$
$$\longrightarrow 4CaHPO_4 \cdot 2H_2O$$

リン酸一水素カルシウム2水和物が生成すると，これが焼成リン肥粒子の表面を覆ってリン酸二水素カルシウムとの接触を妨げるので，上記下段の反応は 70〜80% が進行して止まる．したがって，重焼リンは水溶性のリン酸二水素カルシウム1水和物 $\{Ca(H_2PO_4)_2 \cdot H_2O\}$，ク溶性のリン酸一水素カルシウム2水和物 $(CaHPO_4 \cdot 2H_2O)$ およびク溶性のリン酸カルシウム $\{Ca_3(PO_4)_2\}$ などを含むリン肥で，速効性と緩効性とを兼ね備えている．

わが国ではマグネシウム欠乏土壌が多いので，重焼リンの改良型として製造の際にジャモン岩を混合して反応させ，マグネシウムを含む苦土重焼リンも製造している（下記の加工リン酸肥料に分類される）．この製品の化学成分は，原料の品位や配合割合で異なるが，代表的なものをあげるとク溶性 P_2O_5 35%，水溶性 P_2O_5 16%，ク溶性 MgO 4.5% である．なお，マグネシウム源として，最近はジャモン岩の代わりに軽焼マグネサイト（主成分は酸化マグネシウム）も用いられている．

6) その他のリン酸質肥料

i) 加工リン酸肥料（amended phosphate fertilizer）　リン酸質肥料，熔成微量要素複合肥料，カルシウム，マグネシウムまたはマンガン含有物，鉱さいまたはホウ酸塩，などに硫酸やリン酸を加え，反応させて製造したものである．苦土過リン酸石灰，苦土重焼リンはこれに含まれる．また，熔成リン肥や焼成リン肥のように主成分がク溶性であってやや遅効的な肥料に，リン酸や硫酸を添加して反応させ，水溶性リン酸分の量を多くし，速効性を高めた肥料もある．列挙すると次のようなものが該当する．

① 苦土過リン酸石灰（p.102 参照）

② 熔成リン肥に過リン酸石灰や重過リン酸石灰を混合し，これにリン酸，硫酸または両者の混酸を加え，反応させて製造したもの．熔過リンと俗称されている．

③ リン鉱石をリン酸，硫酸または両者の混酸で処理したスラリーを熔成リン肥や焼成リン肥に加えて反応させたもの．この際，焼成リン肥にジャモン岩や軽焼マグネサイト，水酸化マグネシウムなどを混合し，これにリン酸を加えて反応させものを苦土重焼リンという（左段参照）．

④ 苦土重焼リンの製造時に焼成マンガン鉱石粉末またはホウ酸塩を加えたもの．

⑤ 各種鉱さいにリン酸を加えて反応させたもの，または副産石灰やジャモン岩などの混合物にリン酸を加えて反応させたもの．

ii) 腐植酸リン肥（nitrofumate-phosphate mixture）　石炭または亜炭を硝酸で分解して得た腐植酸に，熔成リン肥，焼成リン肥，リン鉱石，または塩基性のマグネシウム含有物と混合し，さらに硫酸やリン酸を加え，反応させて製造したものである．水溶性リン酸分が施肥後土壌中に固定化するのを抑制しようとするもので，腐植酸のキレート作用によってリン酸分の吸収が増加することを目指している．通常腐植酸を乾物として 15〜30% 添加している．

iii) 副産リン酸肥料（by-product phosphate fertilizer）　食品工業または化学工業において副産されたものである．獣骨からゼラチンを抽出する際に得られる沈殿リン酸カルシウム，湿式リ

ン酸を精製する際に得られるリン酸鉄アルミニウム系沈殿物，下水道の終末処理場その他の排水の脱リン処理に伴って副産したヒドロキシアパタイトなどが該当する．肥料化にあたっては，他の副産物利用の肥料と同様に植害試験を受けなければならない．

iv） 混合リン酸肥料（phosphate mixture）

リン酸質肥料に，他のリン酸質肥料，石灰質肥料，ケイ酸質肥料，苦土肥料，マンガン質肥料，ホウ素質肥料または微量要素複合肥料を混合したもので，加工リン酸肥料のように化学的操作を行っていないものである．実際に，過リン酸石灰や重過リン酸石灰に熔成リン肥，焼成リン肥，苦土重焼リンなどを混合したものが市販されている．

7） 新しいリン酸肥料

ⅰ） 未利用資源の活用 高品位のリン鉱石資源が窮屈になるにつれて，従来利用度の低かった低品位リン鉱石，リン酸アルミニウム鉱あるいはグアノ鉱などの利用が重要になっている．ブラジルでは実際に，火成岩起源の低品位リン鉱石（BPL 55～65）を用いて熔成リン肥を製造しており，酸性でアルミニウム活性の強い土壌が多いために好評を得ている．

このような低品位鉱石に炭酸ナトリウム，炭酸カルシウム，炭酸マグネシウムなどを添加して1,000～1,300℃の高温に焼成すると，リン酸分の溶解性が高まることを秋山尭らは発表している．これによると，BPL 55付近の低品位リン鉱石に，Na_2O/P_2O_5モル比が1.33になるように炭酸ナトリウムを混合し，CaO/P_2O_5モル比が5付近になるように混合して1,300℃付近で焼成すると，四リン酸五カルシウム二ナトリウム〔$Ca_5Na_2(PO_4)_4$〕の生成量が最大になり，リン酸分のク溶率が最大で100%に達し，可溶率（中性クエン酸アンモニウム液）も80%程度に増加した．四リン酸五カルシウム二ナトリウムはリン酸カルシウム〔$Ca_3(PO_4)_2$〕1モルとレナニット（$CaNaPO_4$）2モルの複塩で，焼成リン肥の主成分である（p. 105参照）．実際にはレナニットとα'-ケイ酸二カルシウム（Ca_2SiO_4）は固溶体を形成するので，この固溶体2モルとリン酸カルシウム1モルとの複塩となる．マグネシウムを添加すると，900℃程度の低温でもレナニットが生成し，1,050℃程度でその生成量が最大になり，リン酸分のク溶率と可溶率ともに90%以上に増大した．中国四川省の清平リン鉱石や金河リン鉱石はBPL 65付近の低品位リン鉱石で，石炭を含む（炭素として1.7～1.9%程度）ので，上記の場合炭素分が熱源の一部として利用できる．

リン酸アルミニウム鉱はバリサイト（variscite, $AlPO_4 \cdot 2H_2O$），クランダライト〔crandallite, $CaAl_4(PO_4)_2(OH)_5 \cdot H_2O$〕などが主成分であり，そのままでは植物が吸収できず，また酸分解しても泥状で乾燥しにくく，操業が困難である．このような鉱石は，炭酸カルシウムを配合して1,300℃で焼成し，シリコカーノタイト〔$Ca_5(PO_4)_2SiO_4$〕，α型リン酸カルシウムおよびゲーレナイト（$Ca_2Al_2SiO_7$）を生成するようにすると，リン酸分のク溶率と可溶率がそれぞれ95%, 70%程度に増大する．

鉱石によっては450～700℃の比較的低温に加熱するだけで溶解性が80～95%に高まるものもある．無定形部分の多いフィリピン・セブ島産鉱石では450℃の加熱で可溶率が95%に達し，ブラジル東北部の鉱石では600～700℃で可溶率が80～95%に高まった．これは，無定形部分の結合水が揮発して空隙が増加したり，鉱物中の結晶水が失われて空隙の多い無定形に変化して溶解しやすくなったためである．750℃以上に加熱すると結晶性の無水物の$AlPO_4$が生成して溶解性が減少する．

ⅱ） 排水処理の際の副産物の利用 下水処理の際に，種結晶としてケイ酸カルシウム水和物を用い，その表面にヒドロキシアパタイト〔$Ca_5(PO_4)_3(OH)$〕を生成したものはすでに副産リン酸肥料として2002年に認可された．また，下水処理の際に発生する汚泥を嫌気性微生物で分解して得られるリン酸含有液に，マグネシウム塩を添加するとリン酸マグネシウムアンモニウム6水和物が沈殿し，これを回収し，肥料原料としてすでに使用されている．

下水汚泥は汚泥肥料またはその原料として，焼却下水汚泥は焼成下水汚泥肥料またはその原料と

して，それぞれ認可されたが，多くは焼却して不燃ごみと一緒に廃棄されているのが実情である．焼却下水汚泥は P_2O_5 約 30% を含み，これをリン酸肥料の原料として利用することは，リン資源のすべてを外国から輸入しているわが国にとってきわめて重要と考えられる．

焼却下水汚泥は，主成分がリン酸アルミニウム（$AlPO_4$）と二酸化ケイ素（SiO_2）で，これら以外に少量のリン酸鉄（$FePO_4$），β 型リン酸カルシウム〔$Ca_3(PO_4)_2$〕，シリコカーノタイト〔$Ca_5(PO_4)_2SiO_4$〕，レナニット（$CaNaPO_4$），カリウムレナニット（$CaKPO_4$），アノーサイト（$CaAl_2Si_2O_8$）などを含んでいる．したがって，前述のリン酸アルミニウム鉱の場合と同様の方法で焼成処理すれば有効なリン酸質肥料を製造することができると思われる．また，融解する方法で熔成リン肥も製造可能であり，現在研究中である．〔秋山 堯〕

4.1.3 カリ質肥料

a. カリ鉱石の産地，成因，採掘法

1）産地，成因

カリウムは天然の土壌中で長石や雲母の構成元素として存在し，その割合は 1% 前後と少なくない．しかし，これらの鉱物に含まれるカリウムの多くは作物に対して不可給態であり供給量が少ないこと，および作物自体の養分要求量が多いことから最も不足しやすい元素の 1 つとなっている．窒素，リン酸と並び，肥料の 3 大要素の 1 つである．

カリ質肥料の原料はカリ鉱石として採掘されるが，工業的に生産可能な原産地は限られており，いずれも海あるいは塩水湖起源である．北半球の旧大陸すなわちカナダやロシア（含むベラルーシ，ウクライナ），ヨーロッパ（ドイツ，フランス，スペインなど）などの鉱床は数億年前には海だったところが濃縮され，温度変化や溶解度の違いなどにより，塩化ナトリウムの層とカリ塩を多く含む層とが分離・結晶化したと考えられる．カリ鉱床のある深さは地下数百から数千 m であり，その厚さは数 m から数十 m に及ぶ．

塩湖起源の鉱床は比較的新しく，数十万から数百万年前にできた湖が水分の蒸発により濃縮され，カリウムを含む高濃度の塩類を含むようになったものである．主な産地はイスラエル，ヨルダンにまたがる死海，アメリカのグレートソルトレ

表 4.25 世界のカリ資源推定量と生産量（K_2O として）

地域	資源量 (100 万 t)	生産量 (1,000 t)	主要鉱石
北アメリカ	11,060	9,025	
カナダ	9,700	7,600	シルビナイト，カーナリタイト
アメリカ	1,360	1,425	シルビナイト，ラングバイナイト
南アメリカ	650	310	
チリ	50	55	ナイター
ブラジル	600	255	シルビナイト
ヨーロッパ	935	3,950	
ドイツ	900	3,000	シルビナイト，カーナリタイト
フランス	35	950	シルビナイト
旧ソ連	3,230	5,000	
ロシア	2,200	2,800	シルビナイト，カーナリタイト，カイナイト
ベラルーシ	1,000	2,000	シルビナイト，カーナリタイト，カイナイト
ウクライナ	30	200	シルビナイト，カイナイト
アジア	1,520	2,195	
中国	320	25	
イスラエル，ヨルダン	1,200	2,170	シルビナイト，カーナリタイト
タイ	120	—	カーナリタイト
アフリカ	120	—	
オーストラリア	—	—	
計	35,030	40,960	

注）資源量は採掘可能量（Searls, 1995）

ーク，シアルス湖などで，年間の降雨量の少ない地帯である．

産地ごとのカリ鉱石の採掘可能な埋蔵量と生産量を表 4.25 に示す[1]．

2) カリ鉱石の種類

カリ鉱石はいずれも自然に凝縮・結晶化したものであるが，カリ塩以外の鉱物と混在しているので採掘後精製されるのが通常である．主なカリ鉱床で産する原鉱石の種類とその構成鉱物名および組成を表 4.26，表 4.27 に示す．

原鉱石として最も一般的に存在しているのがシルビナイトとカーナリタイトである．シルビナイトはシルビット（KCl）とハライト（$NaCl$）の混合物であり，カーナリタイトはカーナライト（$2KCl \cdot MgCl_2 \cdot 6H_2O$）とハライトの混合物である．これらは主に塩化カリの原料となる．

また，カイニット（$KCl \cdot MgSO_4 \cdot 3H_2O$）やラングバイナイト（$KSO_4 \cdot 2MgSO_4$），グラセライト（$NaSO_4 \cdot 3K_2SO_4$）などもカリ肥料の原料となり，やはりハライトなど他の鉱物と混在している．これらは硫酸カリや硫酸カリ苦土の原料となる．

そのほかに硝酸カリの原鉱石として硝石（ナイター，$KNO_3 + NaNO_3 + NaSO_4$）がある．

3) 採鉱方法

採鉱の方法には大きく別けて 3 つの方法があ

図 4.29 塩化カリ鉱石掘削機

表 4.26 主要なカリウム原鉱石

鉱石名		組成	K_2O(%)
シルビナイト	sylvinite	$KCl + NaCl$	15〜30
ハートザルト	hartsaltz	$KCl + NaCl + CaSO_2(MgSO_4 \cdot H_2O)$	10〜20
カーナリタイト	carnallitite	$KCl \cdot MgCl_2 \cdot 6H_2O + NaCl$	10〜16
ラングバイナイト	langbeinite	$K_2SO_4 \cdot 2MgSO_4$	7〜12
カイナイト	kainaite	$KCl + MgSO_4 \cdot 11H_2O + NaCl$	13〜18
ナイター	niter	$KNO_3 + NaNO_3 + NaCl$	1〜3

表 4.27 主要なカリ鉱石および共存鉱石

鉱物名		化合物組成	K_2O(%)
ミョウバン石	alunite	$K_2[Al_6(OH)_{12}(SO_4)_4]$	11.4
アンハイドライト	anhydrite	$CaSO_4$	—
アーカナイト	arcanite	K_2SO_4	54.1
カーナライト	camallite	$MgCl_2 \cdot KCl \cdot 6H_2O$	17.0
エプソマイト	epsomite	$MgSO_4 \cdot 7H_2O$	—
グラセライト	glaserite	$3KSO_4 \cdot NaSO_4$	26.8
ジブサム	gypsum	$CaSO_4 \cdot 2H_2O$	—
ハーライト	halite	$NaCl$	—
カイナイト	kainite	$2KCl \cdot MgSO_4 \cdot 3H_2O$	18.9
キーゼライト	kieserite	$K_2SO_4 \cdot H_2O$	—
ラングバイナイト	langbeinite	$K_2SO_4 \cdot 2MgSO_4$	22.6
レオナイト	leonite	$K_2SO_4 \cdot MgSO_4 \cdot 4H_2O$	25.5
ポリハーライト	polyharite	$K_2SO_4 \cdot MgSO_4 \cdot 2CaSO_4 \cdot 2H_2O$	10.7
ショーナイト	schoenite	$K_2SO_4 \cdot MgSO_4 \cdot 6H_2O$	23.3
シルバイト	silvite	KCl	63.2
シンゲナイト	syngenite	$K_2SO_4 \cdot CaSO_4 \cdot H_2O$	28.5
トロナ	trona	$NaSO_4 \cdot NaHCO_3 \cdot 2H_2O$	—

る．坑道掘り（shaft mining）の中では柱房法（room and pillar mining）が一般的である．まず，縦鉱を掘って鉱脈に到達後，柱の部分を残しながら鉱脈に沿ってカリの鉱床を採掘する方法である．自動化された大型の掘削機（図4.29）で削りとり，ベルトコンベアー，エレベーターで地上にあげられる（図4.29）．ほかにダイナマイトで小爆発させて亀裂をつくり，かき取る方法もある．この方法は一部鉱床を柱として残すため，ムダな部分が生じる．また，鉱脈は必ずしも水平ではないため，鉱山によっては複雑な構造の坑道になるときがある．

溶解採鉱法（solution mining）は地上から鉱脈にパイプを打ち込み，温湯を注入してカリ鉱石を溶かし，地上に汲み上げる方法である．鉱床が深い場合や地下水が出やすい鉱山に採用される．人手がかからないことや採掘のコストが安くすむが，結晶析出工程など精製にコストがかかること，汲み上げた溶液を大型の容器（池）で貯留する必要がある．

塩田法（solar evaporation system）は濃縮塩水を蒸発池へ引き込み，さらに結晶化するかまたはスラリー状になるまで天日で濃縮する方法である．太陽エネルギーを使うことで濃縮のコストは安いが，降雨量の少ない，塩分の濃い湖でのみ可能となる採鉱法である．

4）精　製　法

精製法は採鉱されたカリ鉱石の種類によって異なる．鉱石に含まれる夾雑物（周辺鉱物）の種類や割合によって性質が違い，その除去方法がそれぞれ異なるためである．また，精製法はカリ質肥料の種類と密接な関係があるので，種類ごとに解

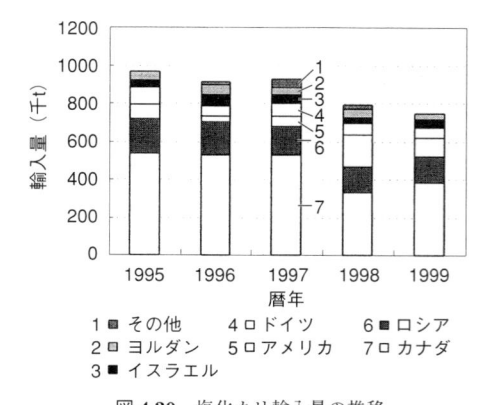

図4.30 塩化カリ輸入量の推移

説する．

b．塩化カリ

塩化カリ（シルビット）は世界で流通するカリ肥料の主体を占めている．わが国での生産はなく，ほとんどが輸入品である．最近の国別の輸入実績を示す（図4.30）[1]．漸減傾向であるが，カナダ品，ロシア品が多いことがわかる．

1）製　造　法

主なカリウム鉱石はシルビナイトとカーナリタイトで，周辺鉱物の種類や含有量が違うのでそれぞれの方法で選鉱，精製が行われる．

i）浮遊選鉱法　浮遊選鉱法（フローテーション）は肥料用として世界で普遍的に行われている方法である．鉱石を粗粉砕し，シルビナイト中の塩化ナトリウムを除き，塩化カリウムだけを浮上させる方法である．あらかじめスターチ類，アルコール類などを用い，粘土などの夾雑物を取り除いた後，発泡剤や浮上促進剤（コレクター）を加える．過飽和状態のため，さらに空気を吹き付けて泡だたせると泡の表面に塩化カリのみが付着

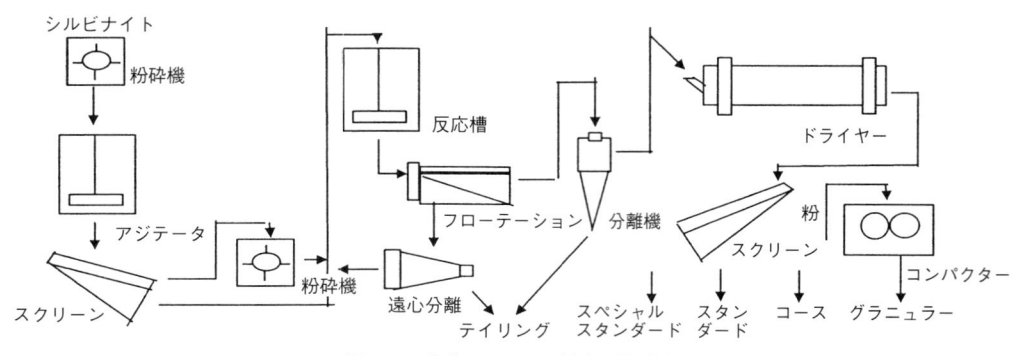

図4.31 塩化カリウムの製造工程（例）

するので，浮上した泡とともに搔き採る．コレクターは10〜24の炭素原子で構成される疎水性の脂肪族アミンで，工場や精製条件によっては各種の異なったアミンが使われるようである．通常フローテーションは1回では不純物が多く残るため，数回くり返して塩化カリを精製する．その後さらに遠心分離，乾燥されて製品となる．図4.31に浮遊選鉱法の工程例を示すが，スタンダード以下の粉の一部はローラーコンパクターで圧偏造粒され，粒状品（グラニュラー）として製品となる[2)]．

本方法とは逆に塩化ナトリウムを浮遊させ，塩化カリウムを沈殿させる選鉱法もあり，コレクターの種類を変えることで可能となる．一部，この方法は硫酸カリ苦土の選鉱時でも活用される．

ii) 溶解結晶法 溶解採鉱法で汲み上げた溶液を蒸発槽で濃縮，冷却することによって，塩化カリウムの結晶を析出，沈殿させる方法である．一部冬期には蒸発槽を使わず，溶解液を直接池に流し込むことも行われる．また，柱房法などで採掘された鉱石を粉砕し，いったんシルビナイトを溶かし，さらに冷却することよって塩化カリウムを結晶として取り出す方法もある．この方法はカリウム成分（K_2O）として62%前後含まれ，不純物が少ないため大部分が工業用に使われる．肥料用としてもほぼ完全に溶解するのでサスペンジョン肥料や透明液肥などの原料として使われる．しかし，エネルギーの消費が大きく，かつ腐食が激しいなどコストがかさむのが欠点とされる．

この精製法はシルビナイト中の塩化カリウムと塩化ナトリウムの溶解度の違いを利用したものである．30℃付近では両者の溶解度はほぼ等しいが，それ以上では塩化カリウムが，以下では塩化ナトリウムが多く溶解する．低温にすることで塩化カリウムが結晶・沈殿するので選鉱が可能となる（図4.32）．

iii) 比重選鉱法 比重の違いを利用して選鉱する方法で，塩化カリや硫酸カリマグネシウム（後述）の精製に使われる．塩化カリでは原鉱石を粉砕し過飽和液とした後，大粒品（コース品）についてマグネタイトやフェロシリコンなどを媒体に使い選鉱する方法である．媒体を塩化カリウム

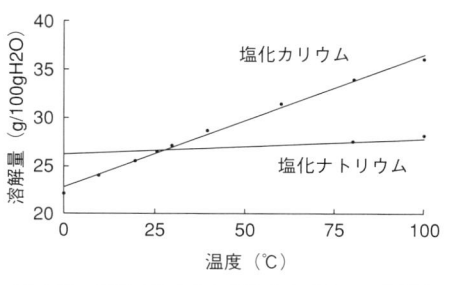

図4.32 塩化カリウムと塩化ナトリウムの溶解度

（密度1.98）と塩化ナトリウム（密度2.13）の中間の比重として塩化カリだけを浮上させる．用いた媒体は洗浄され，磁力やふるい別けによって分離，再利用される．同様に，硫酸カリ苦土も目的物である硫酸カリウムマグネシウム塩の密度が$2.83\,g/cm^3$と大きいので沈降させて製品とする．

iv) 熱水結晶法 ヨーロッパや死海で実用化されており，カーナリタイトからの精製に使われる．鉱石を粉砕し，熱水下（95℃）で濃縮させて塩化マグネシウム（$MgCl_2$），塩化カリウムだけを溶かした後，不溶解物として残る塩化ナトリウムやキーゼライト（$MgSO_4\cdot H_2O$）を遠心分離する．さらに減圧，冷却させることによって塩化カリウムを晶出，沈殿させる．この工程をくり返して純度を高める．シルビナイトと比較すると加熱・冷却など工程が増えるのでコストがかさむのが難点とされる．

v) 冷却結晶法 熱水結晶法を改良したものである．蒸発池で塩水を濃縮させるときにカーナリタイトに含まれる大部分の塩化ナトリウムを前処理として沈殿させてカーナライトとする．さらに濃縮塩水を別の塩田に流し込み，カーナライトを析出させて精製工程に入る．ふるい別け後，大粒品はほぼカーナライトであるため直接に，ふるい下品は一度フローテーションによって塩化ナトリウムを除いたのちに冷却結晶槽に送られる．このフローテーション工程では除去できなかった塩化ナトリウムが浮上するように温度とコレクターを調整し，沈殿物としてカーナライトが残る．

さらに，粗・細品のカーナライトを一緒に溶解した後，冷却して塩化カリウムのみを結晶化して塩化マグネシウムと分離する．一部細かい部分に

は塩化ナトリウムが残っているので，再度攪拌冷却によって塩化カリウムの純度を上げ，乾燥，ふるい別けして製品とする．

vi) 静電選鉱法 ヨーロッパではシルビナイトを加熱し，特殊な試薬を加えて冷却，強力な電圧をあたえて塩化カリウムと塩化ナトリウムを分離する方法が知られている．これは試薬（脂肪族または芳香族のカルボキシル基をもつもの）を加えると高温で摩擦電気により帯電し，それぞれの極性に分離することによる．分離した塩化カリにキーゼライトを含む場合は新たな精製工程にまわされる．

2) 性　　質

塩化カリは立方晶系の結晶で，純粋品は無色透明である．浮遊選鉱では灰色または赤色，結晶法では白色の製品となる．赤い色調は酸化鉄（ヘマタイト）がシルビナイト中に含まれているためである．塩化カリは赤いのが一般的に知られるため，着色している例もみられる．

粒度によってグレードが分かれ，細かい順にスペシャルスタンダード，スタンダード，コース，グラニュラーとなっている（表4.28）．スペシャルスタンダード，スタンダード品は化成肥料などの原料として使用される．コース品は粉状配合肥料の原料や単肥に，グラニュラー品は粒状配合肥料（BB肥料）の原料や単肥に使われる．形状は結晶の特徴から方形のものが多いが，グラニュラーは圧偏造粒法（compaction granulation）によるため不整形である．圧偏造粒は粉を2つのローラーに挟み，加圧プレスして盤状に成型する．これを破砕機（ブレーカー）で適度な粒度に解砕するものである（図4.33）．この造粒法は硫酸カリにも使われる．

他の造粒法としては，塩化カリウムの飽和液を結晶管の中で対流・循環させて球状にするもの（KC塩化カリ），パン造粒して球状にするもの（Kプリル）などが知られる．

その他の塩化カリの性質は表4.29（純品）に示

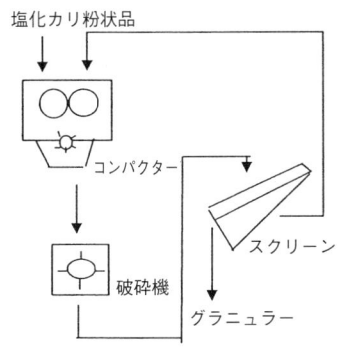

図4.33 圧偏造粒法

表4.29 塩化カリの主要な性質

含量(%)	Kとして	52.44
〃	K_2Oとして	63.18
密度(g/cm^3)		1.988
かさ密度(g/cm^3)		0.95〜1.0
融点(℃)		772
溶解度(g/100 g 水)	0℃	27.6
〃	100℃	56.7
臨界湿度(RH%)	10℃	88.3
〃	30℃	84.0

表4.28 塩化カリのグレード別粒度分布（例）

スペシャルスタンダード		スタンダード		コース		グラニュラー	
（メッシュ）	累積粒度分布(%)	（メッシュ）	累積粒度分布(%)	（メッシュ）	累積粒度分布(%)	（メッシュ）	累積粒度分布(%)
						+6	7
				+8	6	+8	55
				+10	30	+10	88
		+14	15	+14	80	+14	97
				+20	97	+20	98
+28	3	+28	63	+28	97	-20	100
+35	15			-28	100		
+48	48						
+65	63	+65	96				
+150	93	-65	100				
-150	100						

4.1 化学肥料

したが，不純物を含む商品としての肥料とは若干異なる．

3) 肥　効

カリウムの肥料成分としての表示法は酸化物（K_2O）である．含有量は，公定規格上は50％以上であるが，通常は59〜62.0％程度を含む．塩化カリは化合物としては中性であるが，実際は不純物をわずかに含むため産地によってpHが6から8まで振れる．施肥後はカリウム分が作物に優先的に吸収されて塩化物イオンが残るのでやや生理的に酸性である．水に溶けやすく，土壌に施用されるとすぐに肥効が現れる速効性肥料である．使われ方は塩化カリ単肥より複合肥料の原料として使われる割合が多い．

作物に対するカリウムの役割は，光合成産物の炭水化物の代謝促進や細胞の浸透圧上昇による水分ストレス，さらには環境変化や病害虫に対する耐性強化などとされる．また，収穫物の品質向上にも役立つとされる．作物体の構成物ではないため，枯死するとカリウム単独のイオンとして抜け出しやすくなる．作物体中には数％単位（乾物）で含まれており比較的要求量が多いが，多量施用下では必要以上に吸収する特性がある（ぜいたく吸収）．カリウムの要求量が多く，欠乏症の出やすい作物にはトマト，ナス，イチゴ，キャベツ，ジャガイモなどがある．その原因としてカリウムの絶対量が不足する場合とカルシウム，マグネシウムとの拮抗作用による場合とがある．拮抗作用による欠乏は土壌中にカリウムが十分にあっても発生し，施設栽培でしばしばみられる．また，これらのカリウムの生理的な役割，特徴は硫酸カリなど他のカリ質肥料も同様である．

随伴イオンである塩素（塩化物イオン）は必須元素であるが，要求量が微量なため通常は施用しなくても欠乏症状が表われない．作物によって評価が異なり，水稲やワタ，キビなどでは繊維を増し，稈を丈夫にする．さらに，水稲では老朽化水田対策として無硫酸根である塩素系肥料が好まれる．逆にタバコでは火付きが悪くなるので塩化物イオンの混入は嫌われる．また，イモ類や果樹などにも敬遠されがちである．

露地栽培では塩化物イオンは水に溶けやすく，降雨などによって溶脱・流亡するので問題が少ない．しかし，施設栽培では降雨の影響を受けず施肥量も多く土壌中に集積しやすい．このため濃度障害などの危険性が高くなりあまり好まれない．

塩化カリは製造方法が比較的単純で安価なため，硫酸カリなど他のカリ質肥料に比べると流通量が多く，使いやすい肥料といえる．

c. 硫酸カリ

わが国では国産品がわずかにあるが，ほとんどが輸入である．輸入ソースは中国，台湾，韓国などのアジア，ドイツ，ベルギーなどのヨーロッパおよびアメリカなどである（図4.34）[1]．

1) 製　造　法

硫酸カリがそのまま鉱石（アーカナイト）として存在する例はきわめて少ない．そのほとんどが何らかの化学変化を経て製品となる．製造法には変成法と複分解法とがある．

i) 変成法　塩化カリに硫酸を加え，反応させて硫酸カリにするため変成法と呼ばれる．過去，わが国でも生産されたが，併産される塩酸の腐蝕性や価格低迷などのため今では実績がない．アジアやヨーロッパでつくられ，わが国にも輸入されている．反応は2段階に分かれるが最終的には95％以上が反応する．低温下で塩化カリウムに硫酸を加え，酸性硫酸塩（$KHSO_4$, potassium bisulfate）と塩酸ができ，さらに高温化で硫酸カリウムを生成させる方法である（マンハイム法）．できるだけ塩素を減らそうとすると過剰の硫酸が必要となり，中和のため石灰等を加えることになり

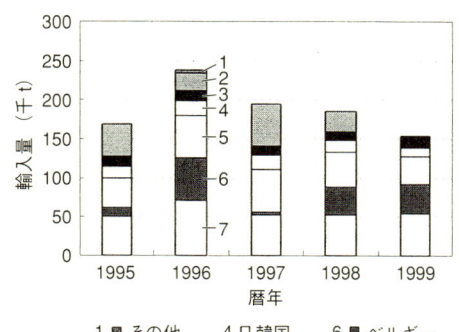

図 **4.34**　硫酸カリ輸入量の推移

カリウムの成分が減少する．

主な反応は以下のとおりである．

$$KCl + H_2SO_4 \longrightarrow KHSO_4 + HCl \quad (1)$$
$$KHSO_4 + KCl \longrightarrow K_2SO_4 + HCl \quad (2)$$

ii) 複分解法 ヨーロッパ各国やロシアで行われている製造法で，カリ鉱石のほかに周辺鉱石を多く含むため複雑な工程を経てつくられる．主にハートザルツ，カイニット，シルビット，ハライトのほか無水石コウ（$CaSO_4$）やキーゼライト，ポリハライト（$K_2SO_4 \cdot MgSO_4 \cdot 2\,CaSO_4 \cdot 2\,H_2O$），エプソマイト（$MgSO_4 \cdot 7\,H_2O$），ラングバイナイトなどの鉱物や粘土分を含む鉱石である．原鉱石を粉砕後，工程から循環されたカイニット溶液と混合，反応させて溶解・非溶解物として分離する．溶解物であるカイニット，シルビット，エプソマイトなどに硫酸カリウムマグネシウム（$MgSO_4 \cdot K_2SO_4$）飽和液を加えながら粘土などを除去した後，低温下でシェーナイト（$MgSO_4 \cdot K_2SO_4 \cdot 6\,H_2O$）を結晶化させる．さらに水を添加し，晶出した硫酸カリウムを遠心分離して製品とする[7]．反応式は以下のとおりである．

$$2\,KCl + 2\,MgSO_4 + 6\,H_2O$$
$$\longrightarrow K_2SO_4 \cdot MgSO_4 \cdot 6\,H_2O + MgCl_2 \quad (3)$$
$$K_2SO_4 \cdot MgSO_4 \cdot 6\,H_2O$$
$$\longrightarrow K_2SO_4 + MgSO_4 + 6\,H_2O \quad (4)$$

これらの鉱石でカイニットが主体に存在する場合は塩化カリウムを加えて直接硫酸カリを製造することができる．カイニットと塩化カリウムが等量であると直接に，また塩化カリウムが不足するといったんシェーナイトができ，さらに加水することにより硫酸カリウムを結晶として生産する．このとき併産される塩化マグネシウムは溶解度が高いため溶液のままであり，遠心分離などで除去される．

$$KCl \cdot MgSO_4 \cdot 3\,H_2O + KCl$$
$$\longrightarrow K_2SO_4 + MgCl_2 + 3\,H_2O \quad (5)$$
$$2\,KCl \cdot MgSO_4 \cdot 3\,H_2O$$
$$\longrightarrow K_2SO_4 \cdot MgSO_4 \cdot 6\,H_2O + MgCl_2 \quad (6)$$

シェーナイトの分解は(4)式と同じであり，溶解している硫酸マグネシウムもさらに塩化カリウムを加えて硫酸カリウムが得られる．

$$MgSO_4 + 2\,KCl \longrightarrow K_2SO_4 + MgCl_2 \quad (7)$$

iii) ラングバイナイト法 ラングバイナイト法はラングバイナイトと4モルの塩化カリウムを複分解させることにより硫酸カリウムを製造する方法である．同時に硫酸カリウムマグネシウムができるが，再循環させ，塩化カリウムを加え複分解させて硫酸カリウムを生成させる．

$$K_2SO_4 \cdot 2\,MgSO_4 + 4\,KCl$$
$$\longrightarrow 3\,K_2SO_4 + 2\,MgCl_2 \quad (8)$$
$$2(K_2SO_4 \cdot 2\,MgSO_4) + 2\,KCl$$
$$\longrightarrow 3(K_2SO_4 \cdot MgSO_4) + MgCl_2 \quad (9)$$
$$K_2SO_4 \cdot MgSO_4 + 2\,KCl$$
$$\longrightarrow 2\,K_2SO_4 + MgCl_2 \quad (10)$$

図4.35に製造フローを示す．

iv) その他の方法 わが国では染料などをつくるときに塩化カリウムを含む液に硫酸を加え，硫酸カリを副産させる方法が知られる．

2) 性　質

純粋な硫酸カリは白色結晶であるが，肥料では

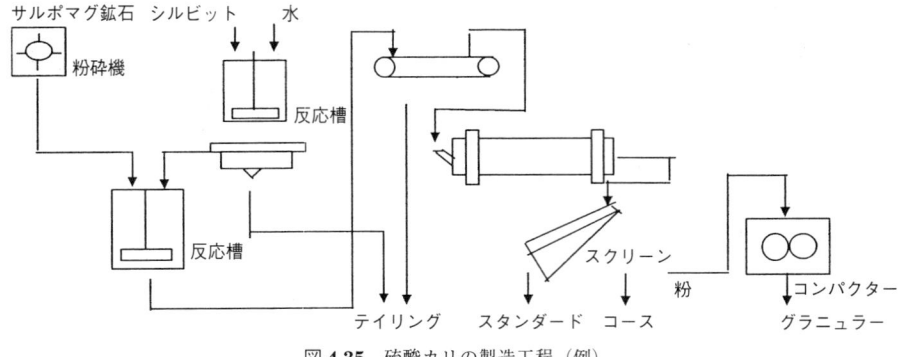

図**4.35**　硫酸カリの製造工程（例）

表4.30 硫酸カリの主要な性質

含量(%)	Kとして	44.88
〃	K_2Oとして	54.06
密度(g/cm³)		2.66
かさ密度(g/cm³)		1.1〜1.3
融点(℃)		1,074
溶解度(g/100g水)	0℃	6.85
〃	100℃	24.1
臨界湿度(RH%)	10℃	99.1
〃	30℃	96.3

灰白色から灰褐色を呈する．反応生成物として回収するので製造直後は粉状品である．単肥としても流通するが，ほとんどが複合肥料の原料として使われる．ただし，粒状配合肥料の原料などは塩化カリと同様に圧偏造粒されたグラニュラー品が使われる．物性的には肥料の中では溶解度が小さく，吸湿性の少ないのが特徴である．密度（比重）は比較的高い．純粋な硫酸カリの主要な性質を表4.30に示す．

3）肥　　効

硫酸カリは通常，酸化物（K_2O）として50%前後のカリウムを含み，化合物では中性であるが，実際は緩衝能が小さく，pH 7を超える微塩基性を示すものが多い．作物体がカリウムを吸収後硫酸根が残り，土壌を酸性化する生理的酸性肥料である．塩化カリに比べると溶解度が小さいが，肥効としては速効的である．栄養生理的役割は塩化カリ（p.110）で述べたとおりである．

硫酸カリの随伴イオンである硫酸根は硫黄（S）として必須元素となっており，作物の養分要求量も二次要素として比較的多い．システイン，メチオニンなどのアミノ酸の構成元素であり，欠乏すると窒素欠乏と類似した症状となる．ネギ，タマネギ，ニラなどユリ科特有の匂いの元（グリコシド）や酵素などの構成物でもある．わが国では土壌中からの天然供給量が多いため，肥料としての公定規格はないが，海外では肥料成分として積極的に評価される．

施設栽培などに使われるのは，残存する硫酸根が土壌中のカルシウムと反応して溶解度の小さい二水石膏（$CaSO_4 \cdot 2H_2O$）になり沈殿するため，濃度障害などが発生しにくいためである．

d. 硫酸カリマグネシウム

硫酸カリマグネシウムはヨーロッパ，アメリカのカリ鉱石に含まれているラングバイナイトやカイニットなどを原料とする．

1）製　造　法

アメリカのカールスバッドでは，ラングバイナイトを多く含む鉱石があり，一部硫酸カリをつくらず，そのままで製品化されている（サルポマグ）．鉱石は粉砕後粗・細品に別けられ，粗粒品は比重選（前述，ラングバイナイトが沈み，ハライト，シルビットが浮く）で，細粒品は水を加えてラングバイナイト以外の鉱石を溶かした後，粗・細粒双方が集められ，乾燥，ふるい別けされる（図4.36）．さらに必要に応じて圧偏造粒される．わが国にはコース品（中粒）が輸入され，サルポマグとして，単肥や配合肥料の原料として使用されている．

ヨーロッパでは先に述べた複分解法で，硫酸カリ製造工程で併産されるシェーナイトも硫酸カリマグネシウムとして生産される．

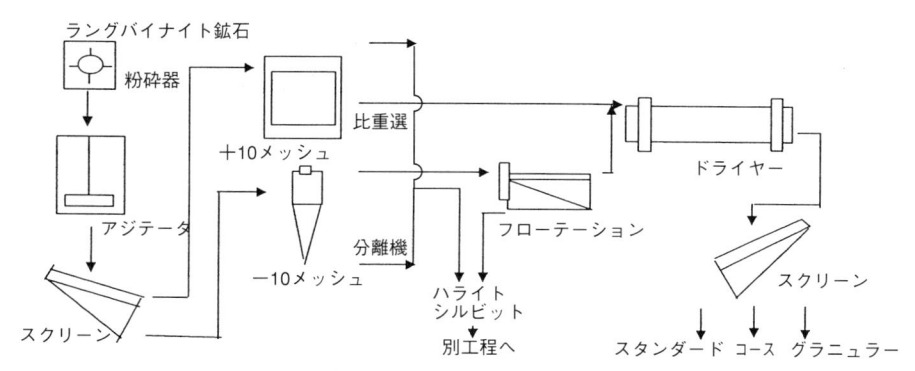

図4.36 硫酸カリマグネシウムの製造工程（例）

表 4.31 硫酸カリマグネシウム（ラングバイナイト）の主要な性質

含量(%) K として	18.84
〃 K_2O として	22.7
〃 Mg として	11.71
〃 MgO として	19.42
密度(g/cm^3)	2.83
かさ密度(g/cm^3)	1.1～1.3
融点(℃)	930

2）性質および肥効

ラングバイナイトは硫酸カリウム1モルと硫酸マグネシウム2モルが結合した複塩で，肥料では水溶性カリ21～22%，水溶性マグネシウム17～20%程度を含む．おもな性質を表4.31に示す．シェーナイトは硫酸カリウム，硫酸マグネシウムが1モルずつの複塩で6分子の化合水を含んでいる．相対的にマグネシウムよりカリウムの含有率が高い．いずれも水溶性であるが，溶解速度が小さく，吸湿性も低い．成分はカリウムが30%，マグネシウムが8%程度である．

硫酸根を随伴イオンとするので，硫酸カリと同様に塩化物イオンを嫌う作物に適している．主に畑作でマグネシウム分の供給が必要な作物に使われる．

e. 硝酸カリ

硝酸カリは肥料として比較的古くから使われているが，主な用途は爆薬や強化ガラスの原料である．単一の化合物であるが，窒素とカリウムを同時に保証するため公定規格上は化成肥料に含まれる．

1）製造法

大きく天然鉱石を原料とする方法と塩化カリから変成する方法とがある．

i）鉱石精製法 チリ産の硝石（ナイター）が有名で硝酸カリのほかに，シルビット，ハライト，硝酸ナトリウムなどを含む．加温による溶解と冷却による結晶化を繰り返し，硝酸カリを得る．ナイターを溶解し，塩化カリを加え塩化ナトリウムとして不要物を除去し，最終的に低温下で硝酸カリを結晶化する．

その後製品は乾燥され，プリルまたは圧偏品として流通するのが一般的である．肥料用限定のときは危険物にならないように造粒や他の肥料を混合して輸入されることが多い．

ii）合成法 硝酸と塩化カリを反応させて硝酸カリをつくる方法である．反応温度により低温，高温の2とおりの方法がある．低温法は単純には次式（11）の反応であるが，未反応溶解物が残り，塩酸の回収工程が複雑である．

$$KCl + HNO_3 \longrightarrow KNO_3 + HCl \quad (11)$$

高温法は反応槽で75℃の高温下で行われるため，塩素ガスとして回収され収率が高い．しかも一部生成した窒素化合物（NOCl，塩化ニトロシル）も塩素ガスと硝酸に変化する．最終的には以下の反応式でまとめられる．

$$2 KCl + 2 HNO_3 + 1/2 O_2 \longrightarrow 2 KNO_3 + Cl_2 + H_2O \quad (12)$$

製品は乾燥工程を経た粉状やコンパクターによる圧偏品，あるいは高温下（334℃）で熔融して滴下造粒したプリル品などがある．

2）性質および肥効

単肥として窒素13%，リン酸46%程度を含むのが通常である．溶解度は同じ硝酸系の肥料としては低く，臨界湿度も高く吸湿性が低い（表4.32）．

消防法で危険物Ⅰ類に指定されており，取り扱いに注意が必要である．しかし，随伴イオンを含まず高成分の肥料として優れた肥料であり，成分含有率や硝酸性窒素の割合を高めるために化成肥料の原料となる．純度の高いものは水耕栽培などの養液栽培用や液肥の原料などに使用される．また，海外では単体を溶かして葉面散布用としても使われている．

アンモニア性窒素を含まないということと随伴イオンを含まないことから野菜や花きを中心とし

表 4.32 硝酸カリの主要な性質

含量(%) K として		38.67
〃 K_2O として		46.58
〃 N として		13.85
密度(g/cm^3)		2.11
融点(℃)		334
溶解度(g/100 g 水)	0℃	13.3
〃	100℃	246
臨界湿度(RH%)	10℃	97.0
	30℃	90.5
その他	危険物Ⅰ類（消防法）	

た施設栽培を主体に使われる．とくに養液栽培や灌水施肥栽培などでは基本となる原料である．

f. ケイ酸カリ肥料

カリウムの肥効を緩効化する開発はいろいろな研究がなされたが，肥料として流通するのはケイ酸カリ肥料が世界ではじめてである．

1） ケイ酸カリ肥料

主原料であるフライアッシュは石炭火力発電時に回収される燃焼灰で，ケイ酸やホウ素などを含むため特殊肥料として認められている．

i） 製造法 原料であるフライアッシュに水酸化カリウム，水酸化マグネシウム（酸化マグネシウム）などを混合造粒した後，800〜900℃で焼成炉，またはキルンで焼成する方法である．構成する化合物は各種ケイ酸とカリの塩類（$K_2O \cdot MgO \cdot 3SiO_2$ など）が認められているが，大部分が非晶質と考えられている．

ii） 性質と肥効 公定規格上は最低保証成分量としてク溶性カリ 20%，可溶性ケイ酸 25%，マグネシウム 3% のほか，ホウ素 0.05% となっているが，実際はケイ酸を 30% で保証している．また，水溶性カリが 3% 未満であることが制限事項となっている．pHが高いがアルカリ分を保証しないため指定配合肥料の原料として使用できる．単肥，複合肥料として水稲の幼穂形成期の追肥用や土づくり肥料との混合によって土壌改良用に使われる．この点ではカリウム分と同時にケイ酸の供給も積極的に評価されている．また，畑作では緩効性でカリウムの集積やぜいたく吸収を抑え，かつ随伴イオンを含まない肥料として活用されている．

2） 熔成ケイ酸カリ肥料

1）と同様に緩効性の肥効をもつカリ肥料であるが，製鋼時の高温と副産するケイ酸塩を反応に利用するものである．

i） 製造法 銑鉄から製鋼される過程の熔銑予備処理工程で，高温の脱ケイスラグに炭酸カリウム（K_2CO_3）を加えて反応させ，徐冷，粉砕される．主要化合物は $K_2Ca_2Si_2O_7$ とされるが，さらに非晶質のカリウム化合物を含む．そのほかにケイ酸化合物としてメリライト（ゲーレナイトとア

ケルマナイトの複塩）なども含まれる[5]．

ii） 性質と肥効 ク溶性カリ（2% クエン酸可溶カリ，以下同じ）として 20%，可溶性ケイ酸 25%，ク溶性マンガン 1%，アルカリ分 15% 以上を保証する．肥効試験結果での特徴はケイ酸カリ肥料と似ていると考えられるが，開発されて間もないためまだ流通実績は多くない．

g. その他のカリ肥料

その他，以下のカリ肥料が知られ，流通する数量はそれほど多くはないが，それぞれが特徴ある肥料として使用されている．

1） 被覆カリ肥料

水溶性肥料の表面を樹脂等で被覆し，肥料成分の溶出速度を制御して肥効のコントロールをするものである．その多くは尿素や化成肥料で行われているので，被膜の種類や溶出の機構など詳細は p.140「被覆肥料」を参考にされたい．被覆されるカリ肥料は塩化カリであり，草地やイグサなどカリをとくに要求する作物に使われ，緩効的肥効発現と施肥回数の削減に役立っている．

2） 粗製カリ肥料

海水から食塩（塩化ナトリウム）を抽出したあとに副産されるものである．抽出残液にはさまざまな塩類が含まれるが，硫酸マグネシウムを加え塩化マグネシウムとして溶解物を除き，硫酸塩を沈殿させる．公定規格上は水溶性カリウム 30%，水溶性マグネシウム 5% 以上含むとしている．

3） 腐植酸カリ肥料

亜炭や石炭の風化物に硝酸を加えてニトロフミン酸をつくり，水酸化カリなどを加えて中和したものである．詳細は腐植酸苦土（p.149「マグネシウム肥料」），腐植酸アンモニア（p.88「窒素質肥料」）の項を参照されたい．

4） 副産カリ肥料

食品工業や発酵工業などから副産されるカリ質肥料である．アルコール発酵廃液やパームオイル抽出残さの燃焼灰などがある．含有する成分は大部分が炭酸塩で，ク溶性カリウムが 30%，ク溶性マグネシウムが 3% 程度である．ただし，リン酸を 1% 以上保証できる場合は副産複合肥料となる．

5) 液体ケイ酸カリ肥料

ガラス工業などでケイ砂を水酸化カリで溶解したものである．液体のため，水口施用など水に溶かして使用される．水溶性カリ 6%，水溶性ケイ酸 12% 以上保証するものをいう．

6) 混合カリ肥料

カリ質肥料にカリ質肥料や石灰質肥料，ケイ酸質肥料などの肥料を混合したものである．

7) 加工苦汁カリ肥料

粗製カリ塩に石灰を加えて溶解・吸湿性を改善したもので，水溶性カリウム 6%，ク溶性マグネシウム 5% 以上を保証するものである．

8) 重炭酸カリ肥料

水酸化カリウム溶液に炭酸ガス（CO_2）を吹き込んで，結晶として析出させる．価格や吸湿性に課題があるが，酸根が残らず施設栽培では有利な面をもつ．

9) リン酸カリ

リン酸液に水酸化カリウムを反応させてつくられるが，価格面での問題があり一般には使われない．随伴イオンを含まず，純度が高いため水耕などの養液栽培用として使われる．リン酸とカリを含むので公定規格上は化成肥料になる．

〔羽生友治〕

文献

1) 肥料協会新聞部：化学肥料年鑑 (2002)
2) I.M.C. (International Minerals & Chemical Corporation)：Potash from IMC-Canada.
3) 富田賢二：選鉱便覧，共立出版 (1980)
4) Great Salt Lake Minerals Corporation：Quality Parameters for Fertilizer Blends.
5) 秋山 堯・八尾泰子・松野清一：日土肥誌，**72**, 484-488 (2001)
6) 安藤淳平：化学肥料の研究，日新出版 (1988)
7) I.F.D.C., U.N.I.D.O.：Fertilizer Manual, Kluwer Academic (1998)
8) Kali und Salts GmbH：Sulphate of Potash.
9) 久保揮一郎・荒井康之：肥料化学，大日本図書 (1968)
10) 栗原 淳・越野正義：肥料製造学，養賢堂 (1986)

4.1.4 複合肥料

複合肥料（mixed fertilizer）は肥料の三要素である窒素，リン酸，カリウムのうち，2 成分以上を保証する肥料であり，これに加えて二次要素としてマグネシウム，微量要素としてマンガン，ホウ素を保証する肥料もある．硫アンや塩化カリなどの単肥（straight fertilizer）に対応した肥料でもある．複合肥料の種類にはそれぞれの原料を 1 粒中に均一に練りこんだ化成肥料（complex fertilizer, compound fertilizer），原料を混ぜ込んだだけの配合肥料（blended fertilizer），溶解または懸濁状の液体複合肥料（fluid fertilizer），泥炭などに練り込み造粒した成形複合肥料（matrix fertilizer）などがある．また，公定規格上は複合肥料ではないが窒素，リン酸，カリウムに限らず普通肥料のみを配合（水造粒を含む）した指定配合肥料についても本節で説明する．指定配合肥料を含めるとわが国の複合肥料は普通肥料の全流通量の半分以上を占めるが，主な種類別出荷量は図 4.37 に示したとおりである．

肥料は作物に対する効果やコスト低減のための低価格化が求められ，新原料の開発，製造技術の発達，施肥技術の変化・発展などに伴って成分や形態が変化する．たとえば，施肥回数を減らすために単肥から複合肥料へ，施肥量を減らすために低成分から高成分化へ，さらには施肥を容易にできるように施肥機や装置が発明され，それに伴い粉状から粒状，固体から液体への移行がある．複合肥料もこのようなニーズに合わせ，さまざまな種類が流通している．

a. 化成肥料

化成肥料は複数の肥料原料を使って化学反応を伴って混合した後，造粒，乾燥工程を経て製品となるものである．したがって，肥料 1 粒の中に反

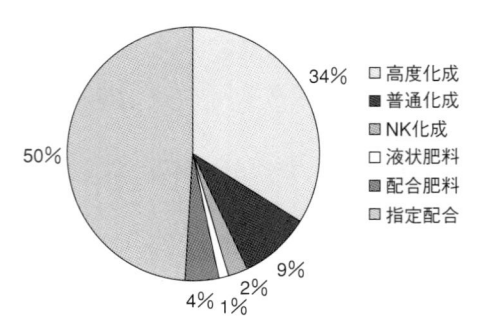

図 4.37 わが国の主要複合肥料の出荷量
肥料年鑑（2002 年版）による．総出荷量は 358 万 t.

（高度化成 34%，普通化成 9%，NK化成 2%，液状肥料 1%，配合肥料 4%，指定配合 50%）

表 4.33 化成肥料の分類

種類	製造方式	形態	主な原料	造粒法
普通化成	配合式	アンモニア系	硫アン,過リン酸石灰,塩化カリ	ドラム,パン
	むろ式	アンモニア系	硫アン,塩化カリ,リン鉱石,硫酸	ドラム,パン
高度化成	スラリー式	アンモニア系	硫酸,アンモニア,リン酸液,塩化カリ,塩アン,尿素	ドラム滴下
	スラリー式	硝酸系	硫酸,アンモニア,リン酸液,塩化カリ,硫酸カリ	パン,ブランジャー,滴下
	配合式	硫アン系(リンアン系)	硫酸,リンアン,塩化カリ,緩効性窒素肥料,尿素	ドラム,パン
	配合式	硝酸系	硫酸,硫アン,リンアン,塩化カリ,硫酸カリ,尿素	パン,ブランジャー
NK化成	配合式	硫アン系	硫酸,塩化カリ,尿素	ドラム,パン
有機化成	配合式	低度有機	有機原料,硫アン,過リン酸石灰,硫酸カリ,リンアン	パン,ペレット
その他	合成・配合式		PK化成,硫酸カリ,リン酸カリ,リンアン	ドラム,パン

応生成物が均一に含まれるのが特徴である.また,肥料原料のほか固結防止材や組成均一化促進剤,効果発現増進剤などの材料を加えたものも含まれる.

さらに,化成肥料は,一般的呼称として含有成分の違いや原料の種類などにより分類される.その例を表4.33に示した.

1) 普通化成肥料

低度化成肥料(low-analysis compound fertilizer)とも呼ばれ,窒素,リン酸,カリウムの合計量が30%に満たない化成肥料を指す.製造方法には大きく配合式とむろ式とがある.

i) 製造法

(a) 配合式普通化成: 製法は硫アン,過リン酸石灰,塩化カリなどを原料とする.それぞれが計量,混合され,pHや成分調整のためにアンモニア水を加える.その後,造粒,乾燥,冷却工程を経て,ふるい別け後製品となる.原料に過リン酸石灰を使うので造粒効率は高い.製造方法は後述する配合式の高度化成と同じである.

配合された原料は造粒,乾燥の過程で水や熱が加えられるので,化学変化を起こし,最終的には塩化アンモニウム(NH_4Cl),硫酸カリウムアンモニウム(($K, NH_4)_2SO_4$),リン酸カリウムアンモニウムシンゲナイト(($K, NH_4)H_2PO_4 \cdot CaSO_4$)などが生成する.原料として使った硫酸アンモニウム,塩化カリウム,および過リン酸石灰の主要構成化合物であるリン酸二水素カルシウム(リン酸一カルシウム),無水石コウが消失する.おおよそ以下のような反応で進むものと考えられる.最終製品中には主に塩化アンモニウムと(5)から(7)の反応生成物が残る.

$$(NH_4)_2SO_4 + 2KCl \longrightarrow 2NH_4Cl + K_2SO_4 \quad (1)$$

$$Ca(H_2PO_4)_2 \cdot H_2O + 2(NH_4)_2SO_4$$
$$\longrightarrow (NH_4)_2SO_4 \cdot CaSO_4 \cdot H_2O + 2(NH_4)H_2PO_4 \quad (2)$$

$$(NH_4)_2SO_4 \cdot CaSO_4 \cdot H_2O + 2KCl$$
$$\longrightarrow K_2SO_4 \cdot CaSO_4 \cdot H_2O + NH_4Cl \quad (3)$$

$$NH_4H_2PO_4 + KCl \longrightarrow KH_2PO_4 + NH_4Cl \quad (4)$$

$$(NH_4)_2SO_4 + K_2SO_4 \longrightarrow (NH_4, K)_2SO_4 \quad (5)$$

$$NH_4H_2PO_4 + KH_2PO_4 \longrightarrow (NH_4, K)H_2PO_4 \quad (6)$$

$$Ca(H_2PO_4)_2 \cdot H_2O + 2(K, NH_4)_2SO_4 + CaSO_4$$
$$\longrightarrow 2(K, NH_4)H_2PO_4 \cdot CaSO_4 + H_2O \quad (7)$$

(b) むろ式普通化成: 製法は硫アン,塩化カリとともにリン鉱石そのものを混合し,むろ(室)の中で硫酸を加えて放置,熟成反応させる.過リン酸石灰と普通化成を同時につくる方法ともいえ,わが国では古くから行われている.硫酸とリン鉱石との反応で発熱し,冷却に伴って強固に固まるので粉砕される.粉砕後は配合式普通化成と同様,アンモニアを加えながら造粒工程を経て製品になる.

リン鉱石と硫酸の反応によって生成する化合物は過リン酸石灰であり,最終的には配合式普通化成の化合物と同じ構成となる.

ii) 肥効 肥効としては速効的であるが,圃場には成分の低いだけ多量に,均一に施用できる.過去,水稲,野菜など多くの作物に使われたが,高成分化に伴い流通量は減少している.また,原料に石灰窒素を含む場合は一部変成するとともに,硝酸化成抑制効果などによる緩効化など肥効上の特徴付けができる.石灰窒素は配合式

にも使われている例がある．

2）高度化成

高度化成（high-analysis compound fertilizer）は窒素，リン酸，カリの合計成分量が 30% 以上のものをいう．配合肥料（指定配合肥料を含む）とともにわが国に流通する肥料の大半を占め，成分形態の違い，製造法などにより分類される（表 4.33）．また，銘柄の呼称は原料の種類や量が考慮されており，肥料の特徴をある程度うかがい知ることができる．原料が塩アンでは"塩加燐安"，リンアンの形態の違いで"硫加燐安"と"燐加安"，硝酸系では"燐硝安加里"や"硝燐加安"と呼ばれ，硫酸カリでは名称末尾に"S"の記号をつけるなどである．さらに尿素や有機質肥料，微量要素など特殊な原料が入ると銘柄名にその種類名を冠することがある．

i）製造法 大きくスラリー式と配合式とがあり，さらに窒素の形態，すなわちアンモニア系と硝酸系でも製造方法に違いがある．

（a）スラリー式（アンモニア系）： 液状の原料をスラリー状として製品をつくる方法である．主な原料は硫酸やリン酸液，アンモニア水などの液状品と塩化カリまたは硫酸カリなどの固形物である．基本的にはリン酸液や硫酸液とアンモニア水を反応させ，リン酸アンモニウム（通常リン酸二水素アンモニウムとリン酸水素二アンモニウムの混合品，50% ずつでは 1.5 アンという）や硫酸アンモニアのスラリー品をつくる方法である．酸性とアルカリ性の原料を混合するため中和反応となり，強い発熱を伴うので高温になり過ぎないように 2～4 個の反応槽を使って反応させる．塩化カリなどの固形原料は反応槽に投入してスラリー状にする場合と造粒機入口に直接投入する場合とがある．同じプラントを使い，リンアン類の製造も行われる．

造粒方法は大きく 2 つの方法が知られる．複数の羽根のついた軸を回転させるブランジャー（パグミル）を使った Dorr 式と回転ドラム（アンモニアグラニュレーター）を使った TVA 式である．前者は反応槽からのスラリーと製品化できなかった戻り粉をだけで造粒され，コンパクトで効率がよいが，製品の形状はやや劣るようである．後者は装置としては大きくなるが，ドラム内にアンモニアや塩化カリなどの固形の原料なども加えることができ，肥料成分や形状を調整しやすいのが利点である．また，成分を調整するため直接ドラム内にアンモニア水を吹き込むことも行われる（アンモニアスパージャー）（図 4.38）．

いずれの方法でも造粒の難易は原料の種類や水分状態によっても異なる．リン酸液中の不純物が影響するとされ，一般にはリン酸分が高いほど造粒効率がよくなる．さらに水分含量は多すぎると餅状になり，少なすぎると造粒効率が悪くなり，丸みも減る．原料や水分の状態を最適になるよう調整しなければならない．

造粒品はその後乾燥，冷却，ふるい，コーティングなどの工程を経て最終製品となる．乾燥はロータリーキルン式の乾燥機（ドライヤー）が使われ，重油を燃料として熱風を送る．乾燥効率を上げるため，ドライヤーの後半に肥料をかき揚げるリフターが取り付けられる．また，施設をコンパクトにするためにロータリーキルンではなく，噴流層方式（fluid bed drier）が使われる例もある．熱風を下方から吹き出し，肥料を少しずつ移動させながら乾燥する方式である．冷却にもロータリー式や噴流層方式の冷却機（クーラー）が使われ

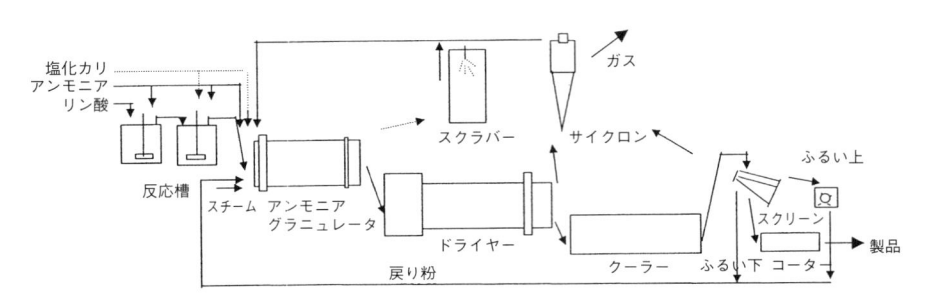

図 4.38 スリラー式高度化成（アンモニア系）製造フロー（TVA 式）

る．冷却には外気を使うのが通常であるが，高温多湿期にはチラーによって冷やされた空気を使うこともある．その後，ふるい工程（スクリーン）に移り，製品サイズに合わないものは製品化の前に除外される．ただし，熱効率の関係からドライヤー排出後の半製品の段階でふるい別けすることもある．粒の大きさは 2 mm から 4 mm，平均粒径で 3 mm 程度が普通である．工程の最終段階では粉じん防止や固結防止のためにオイレーションや固結防止材の添加処理がなされるのが普通である（コーティング）．コーターと呼ばれる小型のロータリーキルンが使われ，オイレーションはマシン油などを，固結防止材は界面活性材などの液状品や鉱物起源の粉状品などを肥料粒表面に噴霧または付着させる．その他，製造の過程で発生する粉じんやガスなどはスクラバーや集じん機で回収され，造粒工程に戻される．同様に，ふるい工程でのふるい下は直接，ふるい上は粉砕後造粒機に戻されリサイクルされる．

スラリー式の製造法としてリン酸とカリウム肥料原料の混合物を，アンモニアガスで充満した合成タンク上部ノズルから滴下する方法もある．千代田化成やアサヒポーラスと呼ばれる化成肥料である（後者には硝酸態窒素も含む）．アンモニアと反応しながら落下し，冷却する過程で表面張力により外側から固化するので中空の球（プリル）になる．また，固化するときに粒が収縮するために，中空の内部から空気が抜けて"ヘソ"と呼ばれる小孔が残る．製品の大きさは 2 mm 以下と小粒で，ポーラス肥料あるいは泡状肥料とも呼ばれる．中空なため表面積が大きく，溶解が速いので水に溶かして追肥用などに使用する．同じ方法がリン酸二水素アンモニウム（MAP）の製造にも使われる．一般に，プリル品は滴下落差，スラリーの粘度，液滴の形状などによって粒の大きさや中空の程度，硬度などが変わる．

さらに，リン酸液，硫酸とアンモニア水との中和反応に反応槽を使わずパイプリアクターで行う方式が実用化されている．元来はポリリンアンなどの製造に使われ，反応温度 200℃ 以上に高めてリン酸を縮合させる方式である．この化成肥料用に使われるパイプリアクターは高温にならないように工夫し，造粒機とドライヤーの 2 個所の入口に設置している．ドライヤー側では粉状のリン酸二水素アンモニウムをつくり，発生する熱の分散を図った方式である．造粒工程前の設備をコンパクトにして製造コストを下げることを目的としている．Dorr 式や TVA 式と違い，ヨーロッパで発達した技術である．わが国にはアンモニア系化成肥料が輸入されているが，硝酸系の化成肥料も製造可能である．造粒以降の工程は前記した TVA 方式と変わらない．

(b) スラリー式（硝酸系）

窒素源に硝酸性窒素を含み，スラリー式でつくられる化成肥料である．リン酸液またはリン鉱石から一連の工程で製品までつくり上げるのが特徴となっている[1]．

製造方法にはいくつかの方法がある．わが国では旭化成法や日本化成法が知られる．リン鉱石を硝酸で分解し，硫酸カリを加えて複分解によって生じた無水硫酸カルシウム（無水セッコウ（$CaSO_4$）を二水塩として遠心分離により除去する．反応生成物には硝酸液，リン酸液などの酸が残るのでアンモニアを加えて中和される．また，中和前に再びリン鉱石を加えて二次分解する方法もある．その後の工程はアンモニア系と同様，ブランジャーあるいはアンモニアグラニュレーターによる造粒，ロータリーキルンによる乾燥，冷却，ふるい，コーティングと進み製品化される．硝酸系高度化成は吸湿，固結しやすいため，とく

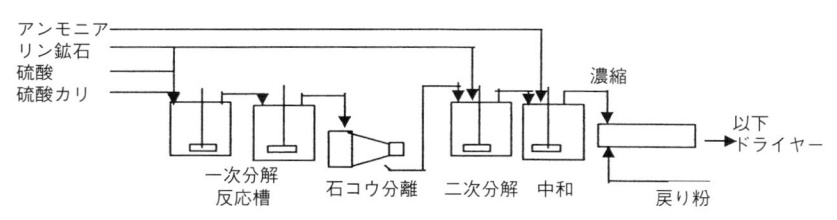

図 4.39 スラリー式高度化成（硝酸系）製造フロー（旭化成法）

にコーティングの工程は不可欠である（図4.39）.

海外の硝酸系化成肥料の例としてはノルスクヒドロ法（ノルウェー）やスーパーフォス法（デンマーク）がある．ノルスクヒドロ法はオッダ法を改良したもので，リン鉱石を硝酸分解したのち生成した硝酸カルシウム（$Ca(NO_3)_2 \cdot 4H_2O$）を冷却，分離した後，残ったリン酸液をアンモニアで中和，硝酸アンモニウム，硫酸カリ，または塩化カリを加えてスラリーをつくる．スラリーを巨大なプリルタワーから滴下させ，造粒，乾燥を同時に行う．滴下造粒のため真球に近いこと，硝酸性窒素の割合がアンモニア性窒素と同じか低くなるのが特徴である．また，分離された硝酸カルシウムは造粒して硝酸カルシウム肥料（ノルチッソ），アンモニアガスと炭酸ガスを吹き込んで硝安石灰肥料として活用される．

スーパーフォス法はリン鉱石の硝酸分解液と塩化カリを混合し，イオン交換樹脂を用いてカルシウムと塩化物イオンを塩化カルシウム（$CaCl_2$）として分離・回収する方法である．カリウム分が硝酸カリウムとなるため，硝酸性窒素割合の高い，塩化物イオン，硫酸根を含まない速効性の肥料となる．後の工程は前記したスラリー式の化成肥料と同じと考える．

以上のように，アンモニア系，硝酸系に限らず，スラリー式製造法は液体原料から一貫工程で製品になるので，その分コストが安いこと，均一な製品になりやすいことなどが利点である．しかし，製品とリサイクル品の比率は1対4から1対5といわれ，製造効率が低いことや装置が大型化しすぎて少量多品目の製造にはむかないことなどが欠点である．

(c) 配合式： スラリー式がリン酸液など液状品を使うのに対し，配合式化成肥料は固体（粉状）の原料を主体として配合・造粒する方法であり，一部pHや成分調整に液状品が使われる．主原料は尿素，リンアン（リン酸二水素アンモニウム（MAP），リン酸水素二アンモニウム（DAP）など），重過リン酸石灰，塩化カリ，硫酸カリなど高成分のものであるが，硫アンや塩アン，過リン酸石灰なども成分調整用に使われる．

従来，わが国では海外からリン鉱石を輸入してリン酸液をつくり，石コウ（ボード用など）を併産していたが，価格の低迷などによりスラリー式から配合式に転換するメーカーが増えている．また，硝アン，硝酸カリを使用することにより硝酸性窒素割合の高い肥料が配合式でもつくれる．

製造方法はアンモニア系，硝酸系ともに原料を計量，混合して造粒機に投入される．また，造粒機としては回転ドラム式のほかにパン式（皿型）が使われる．パン式造粒機は傾斜した直径3～5m程度の円盤で，原料に水を加えながら回転させることで粒を大きくする方法である．比較的少ない水分で造粒でき，粒の円球性も高くなる．しかも銘柄の切替えが容易で，造粒効率も40～50％と高いことに利点がある．反面，開放状態で造粒するため液状原料の使用やガス化する工程があると扱いにくいこと，原料投入量が限定され大量生産には適さないこと，硬度が出にくいことなどが欠点とされる．造粒後の工程はスラリー式化成肥料と変わらない．

尿素銘柄も比較的多く，原単位上は高成分の化成肥料が可能である．しかし，実際には高温下では溶融や分解，さらにビウレット性窒素の生成などの問題があり，高い配合率はむずかしい．低配合率でも乾燥温度が上げられないので生産効率が悪くなる．また，吸湿性が強くなるため固結防止対策が必要で，固結防止材の添加のほかホルムアルデヒドを加えメチレン尿素（ホルム窒素）にする方法などもあるが完璧ではない．

IBDUやCDUなどの化学合成緩効性窒素肥料も配合式高度化成肥料の原料として使用される．本肥料の製法や効果については「4.1.1 窒素質肥料」を参照されたい．緩効性と速効性の窒素，さらにはリン酸，カリウムも含むため，施肥の合理化が可能となる．さらに，窒素の緩効度を高めるためにわざと大粒原料を混合したり，製品粒径を通常より大型にしたりさまざまな工夫がなされている．

また，固結防止材や発塵防止のほかに付加価値を付けるため，材料や異物を化成肥料に積極的に添加しているものもある．材料として添加を許されている硝酸化成抑制材を表4.34に示す．硝酸化成抑制材入り化成肥料は水稲，畑作ともに硝酸化

表 4.34 硝酸化成抑制材の種類と添加量

名称	化学名	窒素含有率(%)	添加量*
TU	チオウレア	36.8	窒素の6%
AM	2-アミノ-4-クロロ-6-メチルピリミジン	29.3	0.3～0.4%
Dd	ジシアンジアミド	66.6	窒素の10%
ST	2-スルファニルアミドチアゾール	16.5	0.3～0.5%
MBT	2-メルカプトベンジチアゾール	8.4	窒素の1%
ASU	グアニルチオウレア	47.4	0.50%
DCS	N-2,5-ジクロロフェニルサクシナミド酸	5.4	0.30%
ATC	4-アミノ-1,2,4-トリアゾール塩酸塩	46.5	0.3～0.5%

*前書きがないものは化成肥料全体に対する添加量.

成による流亡を抑えて, 肥効を長続きさせることが狙いである. 外見は普通の化成肥料と変わらないが, 使用法によっては生育障害を起こす. そのため種類, 添加割合を肥料袋に表示することが義務付けられている. このほかに石コウなどは組成均一化促進剤として成分調整に, 鉄, 亜鉛, 銅, モリブデンなどの微量要素材は効果発現促進材としての添加も認められている. 造粒促進や着色材なども必要に応じ認められる. 異物の例としては農薬を混入した農薬入り肥料がある. 施肥と同時に施薬も兼ね, 省力などをねらったものである.

(d) 高度化成製造時の反応と生成化合物:
スラリー式であれ配合式であれ, 高度化成の製造過程で生成する塩類は変わらない. アンモニア系高度化成では塩化アンモニウム, リン酸水素二アンモニウム (DAP) またはリン酸二水素アンモニウム (MAP), 硫酸カリウムが主体であり, 一部はこれらが固溶体として存在する. 普通化成での (1), (4), (5) の生成物にリン酸水素二アンモニウムが生成する反応が加わることになる. リン酸二水素アンモニウムとリン酸水素二アンモニウムの比率はpHによって異なり, 高いほど後者の割合が増える (図4.40).

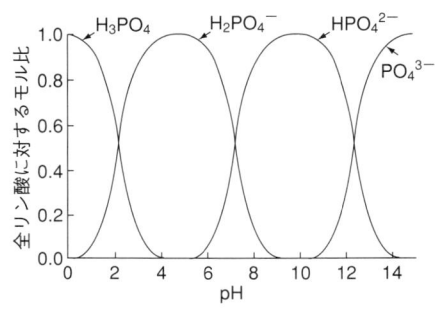

図 4.40 水溶液中のオルソリン酸のpHによる変化

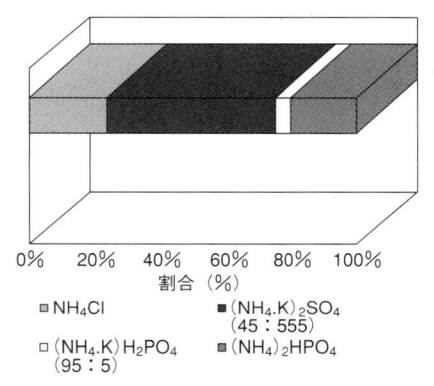

図 4.41 アンモニア系化成肥料の構成塩類 (例)

$$NH_4OH + H_3PO_4 \longrightarrow NH_4H_2PO_4 + H_2O \quad (8)$$

$$2NH_4OH + H_3PO_4 \longrightarrow (NH_4)_2HPO_4 + 2H_2O \quad (9)$$

図4.41にスラリー式高度化成 (14-14-14) の主な構成塩類の比率を示したが, この例ではpHが比較的高いためにリン酸二水素アンモニウムよりもリン酸水素二アンモニウムの割合が高くなっている.

尿素が配合されると塩化アンモニウムと反応し, 尿素塩アンの複塩を生じる.

$$CO(NH_2)_2 + NH_4Cl \longrightarrow CO(NH_2)_2 \cdot NH_4Cl \quad (10)$$

高度化成の原料に塩化カリの代わりに硫酸カリが配合されるものがあるが, この場合は硫酸アンモニウムカリウムの固溶体のみが生じる. (5) の反応である. また, マグネシウムを保証する場合は酸化マグネシウム (軽焼マグ, MgO) や水酸化マグネシウム (Mg(OH)$_2$) が配合され, リン酸マグネシウムアンモニウム (NH$_4$MgPO$_4$·H$_2$O) が生成する. 結晶水の有無は混合時の反応温度により

異なる．これらのマグネシウム化合物は溶解度が小さく，吸湿しにくいので固結しにくくなる．

硝酸系高度化成肥料も製造過程でさまざまな反応をする．スラリー式で起こる主な反応で，リン酸カルシウム二水塩（二水石コウ）として分離する場合は以下の反応となる．"燐硝安加里"または"硝燐安加里"と呼ばれる化成肥料である．製品中には (12) の硝酸カリウムと (13)(14) の反応生成物が残ることになる．

$$3\,Ca_3(PO_4)_2 \cdot CaF_2 + 20\,HNO_3$$
$$\longrightarrow 10\,Ca(NO_3)_2 + 6\,H_3PO_4 + 2\,HF \quad (11)$$
$$Ca(NO_3)_2 + K_2SO_4 + H_2O$$
$$\longrightarrow CaSO_4 \cdot 2\,H_2O + 2\,KNO_3 \quad (12)$$
$$H_3PO_4 + NH_4OH \longrightarrow NH_4H_2PO_4 + H_2O \quad (13)$$
$$NH_4OH + HNO_3 \longrightarrow NH_4NO_3 + H_2O \quad (14)$$

この状態で製品にするとアンモニア性窒素よりも硝酸性窒素が多く，硫酸根やカルシウム分が少ない，塩化物イオンのない溶解性の高い肥料となる．

いったん石コウを分離したあとにリン鉱石を加えて二次分解すると硝酸カルシウム以降，以下の反応が進み，リン酸カルシウム（リン酸二水素カルシウム，リン酸水素カルシウム）が生成する．さらにpHをあげるとヒドロキシアパタイトが生成して，難溶化がすすむ．

$$Ca(NO_3)_2 + 2\,H_3PO_4 + 2\,NH_3$$
$$\longrightarrow Ca(H_2PO_4) + 2\,NH_4NO_3 \quad (15)$$
$$Ca(H_2PO_4) + Ca(NO_3)_2 + NH_3$$
$$\longrightarrow 2\,CaHPO_4 + 2\,NH_4NO_3 \quad (16)$$

アンモニア系化成肥料同様に生成した肥料塩はさまざまな複反応を伴うので単純な化合物ではなく，固溶体や複塩で存在する．その主要な化合物はⅢ-$(NH_4, K)NO_3$，$2(NH_4, K)NO_3 \cdot (NH_4, K)SO_4$，$NH_4NO_3 \cdot KNO_3$，$(NH_4, K)H_2PO_4$ などである．固溶体中のアンモニウムイオンとカリウムイオンの存在比も化成肥料によって異なる．図4.42に硝酸系スラリー高度化成の構成塩類割合の例 (15-15-15) を示したが，化合物のほとんどが固溶体や複塩である．

以上のように化成肥料の製造過程で生成する各化合物は，水の存在下で中和反応と複反応が起こる．しかし，十分反応しない状態で製品化される

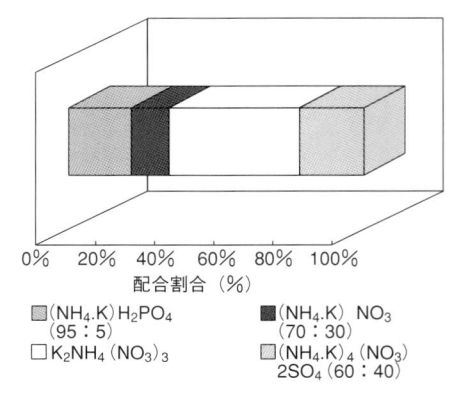

図 **4.42** 硝酸系化成肥料の構成塩類（例）

凡例:
- $(NH_4, K)H_2PO_4$ (95:5)
- $(NH_4, K)NO_3$ (70:30)
- $K_2NH_4(NO_3)_3$
- $(NH_4, K)_4(NO_3)_2SO_4$ (60:40)

と，その後の吸湿などにより反応が進行し，品質劣化の原因になるので注意が必要である．

ⅱ）性質と品質　高度化成の特徴は含有成分が高いことで，その分反応性に富んだ化合物を多く含んでいる．とくに最近では施肥労力を軽減するため，機械施肥など精度を上げるための品質への要望が強い．肥料の性質と品質とは裏腹な関係があり，とくに粒形，硬度，粒度分布，固結，浮上などの諸物性が重要な項目である．これまで述べたことと一部重複するが個別に解説する．

(a) 粒形，硬度：粒形は造粒機の大きさや長さ，さらにはドライヤーも含め，粒の転がりの影響が強く現れる．スラリー式は多水分，短時間で大量に造粒されるため，配合式に比べて粒形が不揃いになりがちである．パン式では核の表面に粉が連続的に付着するので円球性が高い．硬度は水分による凝集力が影響し，スラリーでの造粒は水分を多く含み，強く凝集することで硬度は高くなる．配合式は低水分で造粒するため水分凝集力が弱く硬度が低い．

(b) 粒度分布：粒度分布はふるい別け工程によって調整が可能であるが，製造効率をあげるためには粒の平均を所定の粒度にする必要がある．高度化成は通常 2〜4 mm の間に揃うことが求められ，粉の存在は粉塵の発生や施肥機の目詰まりなどを起こすため嫌われる．空中にただようような微量の粉塵でも問題となることがあり，オイレーションなどで防止するのが一般的である．

(c) 吸湿：高度化成のほとんどは水に可溶な成分であり，同時に吸湿性も有する．吸湿性

は肥料が本来もっている性質のため，そのものの改善はむずかしい．化成肥料ではそれぞれの肥料に含まれる化合物中の最も吸湿しやすい形態に左右される．通常アンモニア系化成肥料では相対湿度70%を超えると吸湿が激しくなるが，尿素配合や硝酸系化成肥料ではさらに低い相対湿度で吸湿を開始する[2]．

吸湿した肥料は粒の中に水分が入りこみ，粒が軟化し，肥料成分が再溶解するようになり，物性をいちじるしく損なう．また，固結の原因にもなる．

(d) 固　結：　固結が発生すると施肥ができなくなるため，農家には最も嫌われる物性である．元来，高度化成は化学反応と凝集力によって造粒されているが，固結は肥料が再溶解した後に，温度条件などで結晶が再析出して粒間が架橋して発生する．とくに化成肥料中の結晶がリン酸二水素アンモニウムや尿素塩酸アンモニウム複塩などのように針状結晶だと互いが絡み合うため，固結が強固になる．

固結を軽減させるためには十分に乾燥した肥料を製造するとともに吸湿を避けることが重要であるが，それでも防止できない場合は固結防止剤などが使われる．とくに吸湿性の激しい尿素入りや硝酸系の化成肥料では不可欠なものである．主な固結防止剤ではタルク，ケイ藻土，微細非晶質ケイ酸などの粉体やカチオン系，アニオン系などの界面活性材が使われる[16]．

(e) 浮　上：　水田での代かき後に水面に肥料が粒状で浮上し，部分的に吹きだまるので肥料成分が偏るとされる現象である．実際は殻の部分がほとんどで，肥料成分が抜け出た状態で浮いている．しかし，みかけ上嫌われるので避けることが求められる．浮上防止にはカンラン岩やジャモン岩などの重しやベントナイトなどの崩壊材が材料として使われている．

iii) 肥　効　　粒状で複数成分を含むため複合効果と粒効果とをあわせもつとされる．各種の肥料成分が根の近隣にあることで養分吸収が相乗効果的に働き，肥料成分を効率的に吸収できることや土壌中に高濃度で一時存在するので硝酸化成やリン酸・カリウム分の固定を抑えたりすると考えられる．反面，3成分を含むため土壌や作物の状態を考え，不必要な成分を施用しないような肥料の選択が望まれる．

水稲の基肥ではアンモニア系の高度化成が使用される．肥料成分を高くして，より施肥労力を省くために尿素入り銘柄も多い．リン酸源はリンアンが，カリウム源は塩化カリが主体である．水稲はアンモニア性窒素，硝酸性窒素いずれもよく吸収するが，硝酸性窒素は還元による空中への揮散（脱窒）や，土壌に吸着されずに溶脱（流亡）するのでほとんど使用されない．また，塩アンや塩化カリが使用されるのは，水田土壌の老朽化が進み硫酸根が土壌中で還元されて硫化水素ガスとなり，根を痛めるためである（秋落ち現象）．

化学合成緩効性窒素肥料入り高度化成も水稲で使われるが，移植後の活着肥や分げつ肥の作業を省略できるためである．しかし，緩効性肥料にも多くの種類があり，分解特性を理解した上で使用する必要がある．

畑作でもアンモニア系化成肥料が使われるが，硝酸化成作用により硝酸性窒素に変化し速やかに吸収される．また，肥効を長続きさせて追肥回数を削減するため，先に解説した硝酸化成抑制材や化学合成緩効性窒素肥料入りの化成肥料も多く使われる．カリウム源としては硫酸カリが使われる例が多い（4.1.3「カリ質肥料」参照）．

硝酸系化成肥料は冷涼な地域の畑作物や連続栽培が前提となる労働集約型の施設栽培用に多く使われる．畑作物には硝酸性窒素を好むものが多く，しかも，アンモニアからの硝酸化成を経ないで直接硝酸性窒素を吸収できる．また，施設栽培では施肥量が多く，塩類の集積やpHの低下を嫌う作物が多い．一般の化成肥料には塩化物イオンや硫酸根などの随伴イオンが含まれるが，積極的に吸収しないので土壌中にこれらの塩類が集積しやすくなる．さらに，これらのイオンが酸根であること，アンモニウムイオンの硝酸化成により硝酸化するので電気伝導度（EC）が上昇し，pHが低下しやすい．長期間連用し，除塩などをしていない施設土壌ではあらかじめ硝酸性窒素の多い肥料や硝酸カリなどの随伴イオンの少ない肥料が好まれることになる．

3) NK化成

i) 製造方法 窒素とカリウムを主体に保証する化成肥料である．製造法は高度化成と同じ造粒機が併用され，造粒しにくい場合は少量のリン酸液などを造粒促進に使う．その後は乾燥，冷却，ふるい，コーティングと高度化成と同じ工程である．また，造粒中に生成する化合物もリン酸化合物がないだけであり，性質も同様である．

ii) 肥効 主に水稲の追肥用として使われ，分げつや登熟などを促して収量性を向上させる．水稲の部分生産効率の高い時期は生育初期を除くと，窒素が出穂前から出穂後まで，カリウムが出穂30日前ごろとされる．リン酸には生育初期以外に明確な傾向がないため，NK化成として窒素とカリウムだけが同時に施用される．しかし，最近では食味向上を重点とした施肥法が重要視され，出穂後の窒素の追肥がタンパク質を増やし食味を落とすとされるため，NK化成の流通量は減少している．

4) 有機化成

化成肥料の中でも有機原料を無機原料と一緒に練り込み，造粒したものをとくに有機化成としている．有機原料のほとんどは有機質肥料である．有機原料を多く含むと肥料成分は普通化成並みになり，尿素やリンアンなどの高成分の無機原料を使うと高度化成並みになる．無機原料には硫アンや過リン酸石灰や塩化カリ，硫酸カリなどが混合される．有機化成は粒状品で撒きやすく，散布むらも少ないのが特徴である．また，有機原料は化学反応しないことと原料自身に水分を多く含めるので，固結などの問題が起こりにくい．

i) 製造方法 製造法は他の化成肥料と基本的には変わらないが，有機質原料はかさ密度が小さく，しかも乾燥する撥水性を生じ混合しにくくなるので，造粒工程に入る前に水分を加え予備混練することが多い．さらに有機原料の配合割合が高くなるとドラムやパンなどの転動式では造粒しくいため，押し出し造粒方式がとられる（ペレッター，ペレットマシン）．加圧した配合品をダイスから円柱状に押し出し，一定の長さにカッターで切りとって製品とする．ダイスは円盤状で，数十個の小孔を通って成型，造粒される．この円柱状の化成肥料をペレット肥料と呼ぶ．押し出し装置には縦型，横型の2種類がある．有機含量が高いが，低水分，高温で造粒されるので乾燥が比較的容易である．しかし，製品のカット面がやや角張っていることと硬度が出にくいことから，粉が発生しやすい面もある．他にブリケット造粒がなされるが，この方法は後述する．

ii) 肥効 有機質肥料は肥料分の効きかたが穏やかで，その上に余分な随伴イオンを含まない．さらに，土壌の物理性，生物性にも好影響を与えるとされ，施設栽培や果樹などの園芸用に多く使われる．また，最近では特別栽培用として水稲用にも使われる．有機質肥料の配合が少ないと有機の効果が出にくいので，最低でも20％程度配合するのが望ましい．

5) その他の化成肥料

これまでに含まれない化成肥料には以下のものがある．

PK化成はリン酸とカリウムが保証され，マグネシウムが含まれることがある．最終製品ではダイズの基肥用や水稲の追肥用で使われる．製法は配合式高度化成と同じである．ダイズは根粒菌による窒素固定があり窒素質肥料はあまり必要とされない．水稲ではリン酸やカリウムによる品質向上のため施用される．ほかには配合肥料の原料として使われる例がある．また，NP化成もスラリー式や配合式で製造されることがあるが，単体では成分的な偏りがあるため最終製品としては使われず，ほとんどが原料用である．アンモニア系のリンアンや硫リンアン，リン酸マグネシウムアンモニウム，硝酸系の硝リンアンなどである．リンアンについてはp.97「リン酸質肥料」を参照されたい．

養液栽培用などに使われる硝酸カリやリン酸カリ（リン酸二水素カリウム）も公定規格上は化成肥料である．単体または配合品の原料として使用され，完全に溶解することが求められるため純度が高い．硝酸カリ，リン酸カリについてはp.108「カリ質肥料」を参照されたい．

b. 配合肥料

固体原料を物理的に混合するものであるが，普

通肥料同士の単純な配合品が指定配合肥料（4.1.4「指定配合肥料」参照）に移ったので，統計上の流通量は減少している．指定配合肥料が届け出だけで生産できるのに対し，配合肥料は公定規格上で登録が義務付けられる．原料として米ぬかなど一部指定された特殊肥料や固結防止材などの材料，アルカリ分を保証する肥料を原料として使用したもの，輸入配合肥料などが対象となる．実際の流通のほとんどは有機原料を使った配合肥料（有機配合肥料）と考えられる．有機質肥料は成分あたりでは一般の化学肥料よりも割高であるが，違った肥効特性を示すため根強い需要がある．有機配合肥料に使われるその他の原料としては硫アン，リンアン，硫酸カリなどがある．また，有機質肥料のみを配合したものは混合有機質肥料（4.2.1「有機質肥料」参照）となる．

製造は各種の原料を混合するだけであるが，配合方式にはリボン式，パドル式，ロータリー式，落下式などがあり，いずれもバッチ式が主体である．リボン式，パドル式は混合機内で羽根を回転させて混合する方式，ロータリー式は混合機自体を回転させる方式，落下式は重力を利用して連続切り落としする方式であるが，実際にはバケットエレベーターやコンベアーなど輸送系でも部分的に配合される．配合後は再分離など品質の劣化を起こさないように製品ホッパーに一次貯蔵された後，袋詰めされる．

有機配合肥料は有機原料を多く含むので吸湿性や固結性が小さく，品質的な問題は少ない．ただし，粉粒混合品となることが多いので施肥精度が悪くなったり，粉じんが発生したりする．また，配合するだけの工程であり化成肥料よりも銘柄の切替えが単純なため，少量多銘柄の生産ができ，作物ごとのきめ細かな対応が可能となる．有機質肥料や硫酸カリなど比較的高価な原料が使われるので，対象となる作物は換金性の高い園芸作物全般が主体である．とくに施設園芸や果樹，茶用に使用されている．

c. 液状複合肥料

液状で流通する複合肥料で，その状態や使用法によって区分される．肥料分を完全に溶解させ水溶液とする液肥と，完全に溶解せずに沈殿防止剤などを入れて水に懸濁した状態とするペースト肥料がある．海外では前者を透明液体肥料（clean liquid fertilizer），後者をサスペンジョン肥料（suspension fertilizer）として流通しており，直接バルクで圃場に施肥される．

基本的には水に溶けやすい原料が使われるが，いずれの肥料も保管期間や温度条件によっては結晶が析出または成長して沈殿することがある．水溶液，あるいは懸濁状態で維持させることが重要な品質項目となる．肥料成分の最低保証は，窒素，リン酸，カリウムの合計量で8%となっている．

1）液肥

用途に応じて3種類に別けられ，追肥など土壌に直接施用する複合液肥，葉面を中心に植物体に直接施用する葉面散布材，水耕液や培地に施用される養液栽培用液肥である．

i）複合液肥 窒素の形態から尿素液肥，硝酸液肥，有機液肥などがあり，そのほかにマグネシウムや微量要素を含むものもある．鉄のような金属系の微量要素は沈殿しやすいため，キレート化されたものが使われる．尿素は溶解度が高く，肥料成分の高い肥料が製造でき，硝酸性窒素は肥効が速やかに表われる．それとは逆に有機原料は土壌を悪化しにくく，緩効的効果を期待することができる．

製造方法は各肥料塩を溶解槽で溶かし，ろ過するだけであるが，大量に生産するときにはアンモニア水，硝酸，リン酸など原液を使う．不純物や結晶が残ると施肥時のノズルの詰まりを起こすので完全にろ過する必要がある．また，溶解させる順番によっては結晶の増加や微細化してろ過しにくくなること，製品も低温や保管などの条件によっては再結晶しやすくなる．pHが低く低温で結晶化しやすい化合物としてはリン酸二水素アンモニウムやリン酸二水素カリウムなど，pHが高く低温では尿素や塩化カリウムである．さらに，カルシウムやマグネシウムを含むものはリン酸と難溶性の化合物をつくるため，含有率を高められない．製品は20 kgのキュービテナーに充填され，ダンボール詰めされて保管される．

施用法としては施設野菜や果樹での灌水や散水と同時に薄めて行われる例が多い．化成肥料などに比べると成分的に高価であるが，溶解した状態で直接土壌に施用されるので浸透・拡散の速度が速く，施肥の効果が出やすい．

ii) 葉面散布用液肥　製造方法や主要成分は基本的には複合液肥と同じであるが，そのほかに微量要素やアミノ酸など特殊な原料が使われる．また，葉面への付着性を向上させるために，展着促進用の材料なども使われる．製品は100倍から500倍程度に希釈して使われ，1回の施用量も多くないのでプラスチックの小ビンなどに詰めて販売するのが一般的である．

主に果樹や野菜に対して要素欠乏などの生理障害の予防や対策に緊急的に使われるほか，自然災害や収穫後の樹勢回復，また収穫物の品質向上を目的としても使われる．窒素の高い銘柄は樹勢回復や生育促進に，低い銘柄は果実の肥大や品質向上を目的とする．植物の葉面に直接施用されるので効果が現れるのが早いが，肥料成分やその形態によっては吸収利用率や速度が異なる．尿素が最も吸収されやすいとされるが，その他の肥料成分も吸収される．

iii) 養液栽培用肥料　養液栽培に使われる肥料は粉状品で販売されるのが主体であるが，窒素，リン酸，カリウムのほかマグネシウムや微量要素を添加し，溶解させた肥料もある．通常は1種類の液肥ではなく2種以上で構成され，施肥直前に混合，希釈して使われる．粉状品に比べると割高であるが，混合・溶解の操作が簡単である．

2) ペースト肥料

高粘度懸濁複合肥料ともいい，本来，水稲の基肥用として開発されたもので，施肥部を田植機に装着して局所施肥される[13]．また，最近は野菜や茶などに対しても灌注施肥用として開発されている．

i) 製造方法　粉砕した原料に水を加えてスラリー状にした後に，pHを調整するためにアンモニア水や水酸化カリウム（苛性カリ）など液体原料を加える．さらに，結晶の析出を抑えたり粘性を付与するために，増粘材が加えられる．増粘材としては，アルコール発酵廃液やガムやジェルなどの有機性の材料が使われるようである（図4.43）．

ii) 性　質　基肥分すべてを1回で施肥するので高濃度の成分が要求され，窒素，リン酸，カリウムの合計量が30％を超えるものが多い．主原料は窒素として尿素，リン酸源としてリンアン，カリウムとして塩化カリであるが，肥料成分として高濃度で，しかも溶解度が高いものである．しかし，pHや温度を考慮すると溶解性から高成分化の限界は窒素，リン酸，カリウムそれぞれの含有率で11～12％程度と考えられる（図4.

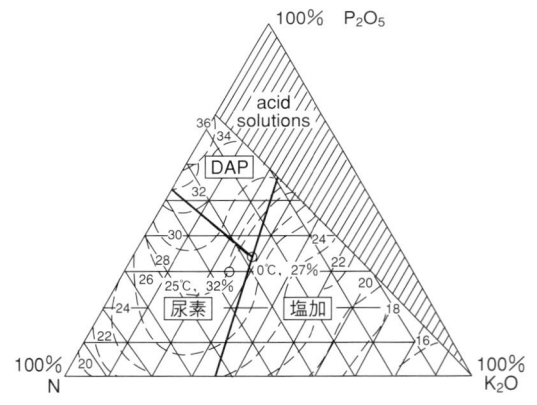

図 **4.44**　尿素，アンモニア，リン酸，塩化カリ系の晶出限界組織
0℃，NH_3/H_3PO_4，モル比＝1.6．

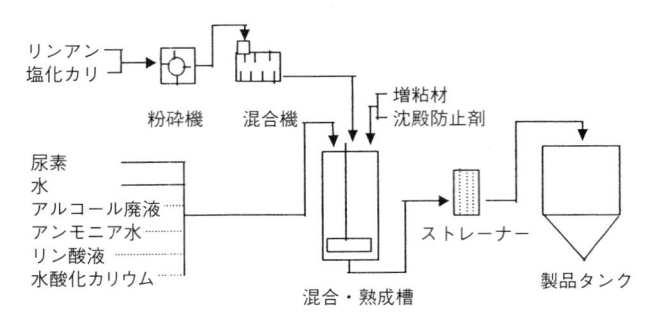

図 **4.43**　ペースト肥料の製造工程（例）

表 4.35 ペースト肥料の物性(例)

pH (H₂O)	B 型粘度 (cp)	ファンネル粘度 (s)	比重 (g/cm³)
5.8〜7.2	20〜4,000	3〜60	1.3〜1.5

注 1) pH は 10% 溶液として測定.
注 2) B 型粘度計は 30 rpm, 2 分間で測定. ローターは 15 cp 未満で No.1, 15 cp 以上で No.3 を用いる.
注 3) ファンネル粘度計は 500 g の試料を用い, 流出時間を測定.
注 4) 比重は 1 L メスシリンダーを用い, 重量を測定.

44). これ以上の成分をもつペースト肥料の場合には, 肥料塩類は一部が過飽和の状態で存在していることになる. 製造・保管の条件によっては結晶が成長し, 沈殿する危険性がある. 結晶の成長を抑え, 分散性を維持するのが課題といえる. また, できるだけ肥料成分を溶解させてほぼ透明な状態にしたペースト肥料もあるが, 結晶析出直前まで溶解させるため懸濁状のものと同様の課題がある. 結晶の析出によって肥料袋中の成分の均一性が損なわれるだけでなく, 機械施肥時の目詰まりや吐出用ポンプの故障の原因となる.

物性は機械施肥のため, スムーズに常に一定量が繰り出されることが重要な項目となる. 表 4.35 に流通する銘柄の主な物性の範囲を示した. pH は肥料成分の溶解度やアンモニアの揮散との関係, 粘度は土壌中の移動性, ポンプによる吐出精度, さらに施肥終了時の洗浄の難易性に関係する. 比重は吐出量 (施肥量) を測定するために必要な項目である.

iii) 肥効 水稲には田植えと同時に株元横 3 cm, 深さ 5 cm のところに局所施肥される. 施肥位置は可変で, 専用施肥田植機に装着された施肥専用ノズルを調整する. 当初の開発の目的は寒冷地を主体に初期生育の促進をねらい, 粘性が高く, 施肥位置から動きにくいこと, さらに, 田植と施肥同時という省力性と肥料成分の利用率の向上による施肥量削減も利点であった. 加えて肥料分が土壌中に残り田面水への溶出量が減り, 環境負荷を軽減する施肥法としても評価される. 最近では肥料のタンクへの注入や洗浄のわずらわしさから粘度を低くすることや基肥全量施肥や基肥重点施肥の可能な緩効性原料の開発が要望されている. 緩効性窒素肥料を混合し, 側状施肥と条間深層施肥を組み合わせた 2 段施肥により肥効の長期化が図られている.

d. 成形複合肥料

肥料原料に木質泥炭あるいは草炭などを混合し造粒したものである. この肥料として流通する主要な品目は固形肥料である.

固形肥料の造粒方法にはブリケット造粒とパン造粒との 2 種類がある. ブリケット品は対になる半球状に小孔を穿ったローラーを合わせ, 加圧して"タドン"状に成形する圧偏造粒の 1 つである. 泥炭は密度が小さく, 乾燥するとはっ(撥)水するので, 造粒工程前に予備混練される. ブリケット品は径 15 mm 前後, パン造粒品は径 3 mm から 9 mm 程度, 重量では粒 1 個あたり 15 g までと通常の肥料に比べると大粒である.

肥効の特性としては泥炭や草炭を配合しているのでマトリックス効果が現われるので緩効的である. 泥炭などが多く含まれるので窒素, リン酸, カリウムでそれぞれ 5% から 10% 程度の低成分のものが多い. 本肥料は桑用として多く使われていたが, 作付面積が激減したため水稲や野菜など全般的な作物に使われる. 水稲ではブリケット品が深層追肥用として使われ, 専用の打込み施肥機も開発されている. その他野菜などにも使われているが, 緩効的な効果が認められる.

草炭を混合して造粒した肥料やタブレット (打錠) 成型品で径 30 mm 前後のさらに大粒の肥料も流通する. 前者は野菜用, 後者は森林用や法面 (のりめん) 用に使われる.

e. その他の複合肥料

1) 被覆複合肥料

化成肥料を高分子樹脂や硫黄などで被膜して, 肥効速度をコントロールできるようにした肥料である. 詳細は 4.1.5「被覆肥料」の項を参照されたい.

2) 吸着複合肥料

窒素, リン酸またはカリウムを含有する水溶液を特定の資材に吸着させて, 肥効増進を図ったものである. 窒素, 水溶性リン酸, 水溶性カリウムの合計量が 5% 以上のものをいう. 使える資材と

してはケイ藻土，ゼオライト，バーミキュライトなどであるが，生産実績はわずかである．

3） 副産複合肥料

食品または化学工業で副産されるもので，窒素，リン酸，カリウムの合計量が5%以上のものをいう．アルコール発酵や，アミノ酸発酵などの培養残さや廃液の濃縮処理物などで，製品として流通するものもあるが，有機化成などの原料用がほとんどである．

4） 家庭園芸用複合肥料

これまで説明した複合肥料以外の肥料で，観賞用の花き，盆栽，植木や家庭菜園用に使われる．窒素，リン酸，カリウムの合計量が0.2%以上のものをいい，使用する原料，形状など特定していないのでさまざまなものが流通している．ただし，袋などの容器に家庭園芸用肥料であることが表示され，その正味重量が10 kg以下であることが必要である．

f. 指定配合肥料

指定配合肥料は普通肥料ではあるが，公定規格に定められていないので正確には複合肥料ではない．しかし，複合肥料に近い形態のものが多いので，この項で解説する．指定配合肥料は登録された普通肥料同士の配合あるいは水のみで造粒し，製品に化学的変化が起こらない状態で製造された肥料をいう．したがって，特殊肥料の配合や肥料原料や固結防止材などの材料の添加はもとより，アルカリ分を保証した肥料と水溶性を保証した普通肥料どうしは認められていない（除外規定）．

この肥料の流通販売は品質の変化がないため，登録は必要でなく届け出だけで可能である．手続きは簡便であるが，保証票への原料表示や保証成分の設定方法などは細かく義務づけられている．

指定配合肥料は，その製造法や形態の違いから表4.36のように分類することができる．昭和59年の改訂以来増加し，今では流通する普通肥料の中では複合肥料と同じ程度である．生産量（2000年）は176万tであり，粒状配合肥料と有機配合肥料が大半を占める．

1） 粒状配合肥料（BB肥料）

BB肥料はbulk blended fertilizerの略称で，その起源はアメリカである[4]．本来は粒状原料を配合，ばらの状態で配送，施肥までを行うシステムを指しているが，広義にはフレコンバッグや樹脂袋などの袋詰め品も含まれる．化成肥料が1粒中に窒素，リン酸，カリウムなどすべての成分が含まれているのに対し，BB肥料は数種の粒状原料がそのままで存在するのが特徴である．

BB肥料はわが国に限らず世界的に普及しており，その背景として尿素，リンアン，塩化カリなど粒状の高成分原料が開発されたこと，簡便な配合方法でつくれるのでコストが安くなることがある．さらに，消費地近くに工場立地可能で，作物や土壌に合った銘柄がつくれることもメリットである[5]．

ⅰ） 製造方法 製造方法としては配合だけと単純であるが，粉の発生を極力抑えること，配合品の再分離を防止する工夫がされていることが必要である．配合機の種類はp.126「b. 配合肥料」

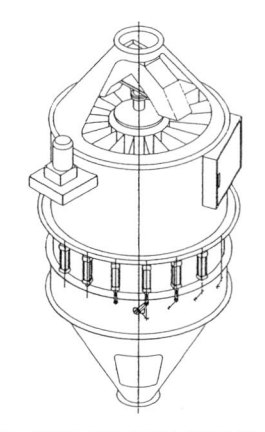

図4.45 切落し累積落下方式配合機の構造

表4.36 指定配合肥料の種類と内容

種類	内容	具体例
粒状配合肥料	粒状原料のみで配合	BB肥料など
粉状配合肥料	粉粒原料で配合	有機配合肥料
水造粒化成肥料	水添加のみで配合，造粒	ペレット肥料など
混合土づくり肥料	アルカリ分を保証したものどうしの配合	ケイカル，ヨウリン配合など

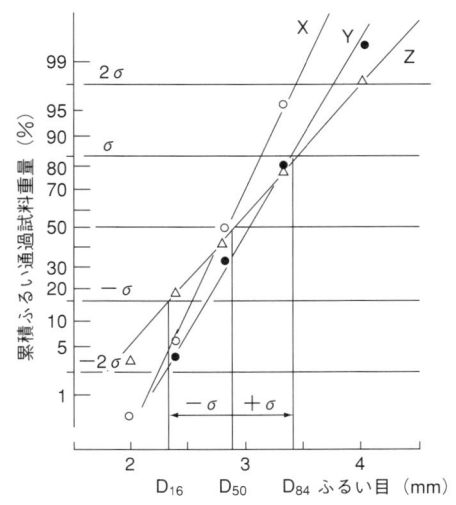

図 4.46 正規確率紙を使った粒径分布直線
この図に示した D_{16}, D_{84}, σ は原材 Z についての値.

AV はヨーロッパ，UI[5]は北米などで使われる．これらの値は粒度分布が正規分布することを前提とし，累積粒度分布として比例計算する．ここでは簡易的に正規確率紙を用いて SGN, AV を推定する方法を示す．図 4.46 は 3 種の原料（X,Y,Z）の累積粒度分布を正規確率紙にプロットしたものである．D_{50}（累積粒度分布割合が 50% に相当するふるいの目開きで，mm で表す）を 100 倍したものが SGN, D_{84}（同じく 84% での目開き）から D_{16}（16% での目開き）の粒度を引いた値を D_{50} の 2 倍で除して 100 倍したものが AV である．値が小さいほど分布域が狭いことを意味する．数値は異なるが，UI の考え方も同じである．MQI は配合しようとするすべての原料の SGN, AV の平均と標準偏差（シグマ，σ）を計算し，トータルから SGN,AV の変動係数（cv）を差し引いたものである．この計算結果から精度の高い配合が可能な値として，原料間で SGN, AV とも ±10% の差以内とするが，できれば ±5% が望ましいとしている．

で述べたが，わが国の BB 肥料では"切り落とし累積落下方式"を使っている例が多い（図 4.46）．重力による自然落下をくり返して配合されるので，粉化が少ない．また，再分離防止にも隔壁や整流器を設置するなどの工夫がされている．

ⅱ）原料の物性と品質 BB 肥料は原料の性質を残したまま配合されるので，製品の品質に大きく影響する．ここでは原料物性について解説をするが，実際には化成肥料やほかの肥料にも適応することができる．

（a）粒度分布： 粒度分布（重量）は粒径 2～4 mm の範囲で平均が 3 mm 程度の原料が一般的である．

粒度分布が大きく異なる原料を配合し，円錐状に堆積すると転がり現象（coning）により分離し，配合や施肥時の均一性が損なわれる（粒径分離，segregation）．分離防止などの対応措置がなされているが，できるだけ粒度分布を近づけることが求められる．

わが国では一般的ではないが，欧米では粒度分布の特性を数値化している．粒径ガイドナンバー（size guide number, SGN），粒径範囲分散（average size range variation, AV）または斉一性指数（uniformity index, UI），混合品質指数（mixing quality index, MQI）である[6]．SGN は平均粒径を，AV,UI は分布の広がり程度を，MQI は粒度分布から原料の配合適正度を表わす指標である．

（b）密度，硬度： ほかに重要な物性としては密度や硬度がある．密度は施肥時の分離や原料の貯蔵性，製品の袋サイズなどに影響する．一定容量の容器に充填したときの重量を測定し，かさ密度（容積比重，仮比重）として表すのが一般的である．硬度は配合時や施肥時の耐久性に関連し，低いと粉じん発生の原因となるばかりではなく，分離や固結などの問題も引き起こす．硬度計を用い圧壊強度（kgf または N）として表すが，粒度によって異なるので測定粒度を併記する．また，摩擦に対する抵抗性として粉化率測定装置を使うときもあり，ボールをいれた回転容器での粉化率（%）で表す．

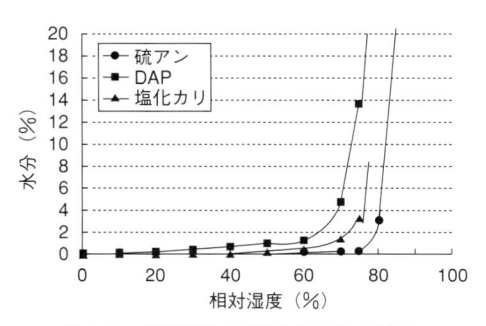

図 4.47 各種原料の平衡水分曲線（30℃）

表 4.37 肥料塩類の吸湿性の比較

塩類	飽和溶液の水蒸気圧(mmHg)				臨界湿度(%)			
	10℃	20℃	30℃	40℃	10℃	20℃	30℃	40℃
$Ca(NO_3)_2 \cdot 4H_2O$	—	9.73	14.88	19.68	—	55.4	46.7	35.5
NH_4NO_3	6.88	11.74	18.93	29.11	75.3	66.9	59.4	52.5
$CO(NH_3)_2$	7.47	14.05	23.09	37.66	81.8	80.0	72.5	68.0
$NaNO_3$	7.13	13.53	23.07	38.81	78.0	77.1	72.4	70.1
$NaCl$	7.00	13.63	23.96	41.37	76.6	77.6	75.2	74.7
NH_4Cl	7.27	13.92	24.61	40.32	79.5	79.3	77.2	73.7
$(NH_4)_2SO_4$	7.29	14.22	25.22	43.32	79.8	81.0	79.2	78.2
KCl	8.07	15.05	26.75	44.99	88.3	85.7	84.0	81.2
KNO_3	8.87	16.21	28.84	48.67	97.0	92.3	90.5	87.9
$NH_4H_2PO_4$	8.99	16.10	29.18	50.05	97.8	91.7	91.6	90.3
KH_2PO_4	8.96	16.89	29.60	51.46	98.0	96.2	92.9	92.9
$Ca(H_2PO_4)_2 \cdot H_2O$	8.95	16.52	29.85	52.37	97.9	94.1	93.7	94.5
K_2SO_4	9.06	17.30	30.68	53.04	99.1	98.5	96.3	95.9

(c) 吸湿性,溶解性: 「a. 化成肥料」の項でも述べたが,品質に影響する重要な物性である.肥料の吸湿は水蒸気の吸着現象であり,その大小は大気中の水蒸気圧と肥料塩類の飽和溶液がもつ特有の水蒸気圧との関係で決定される.肥料の水分含量により反応性が異なる.水分は低レベルでは肥料表面で強く吸着しているので不活性であるが,増加するにつれて遊離水分が多くなり,肥料を溶解するまでになる.この関係を相対湿度と水分との平衡関係でみたのが水分吸着等温線(平衡水分曲線)であり,図4.47に主要な原料の例を示した(硫アン,リンアン,塩化カリ).この図から一定の相対湿度に達すると急激に水分を吸収し始め,肥料が飽和溶液に達したときの湿度を臨界湿度という.主要肥料塩類(純品)の臨界湿度とそのときの飽和水蒸気圧を示す(表4.37).臨界湿度を超すと肥料分を溶かして飽和溶液となり反応性がいちじるしくなる.一般に臨界湿度が低い肥料は吸湿性が強いとされ,反応しやすいため固結などの問題を起こしやすい.吸湿の速度は大気と肥料の水蒸気圧差が大きければ速くなり,両者に差がなくなるまでは吸湿は継続する.

水に対する溶解はイオン化あるいは極性をもった分子が水分子に囲まれた状態であり,100gの水に溶ける肥料塩類量あるいは水溶液100g中に溶けている最大量を溶解度として表す(図4.48).

(d) 配合の可否: 「配合肥料」も同様であるが,BB肥料は異なった粒状原料を配合するので

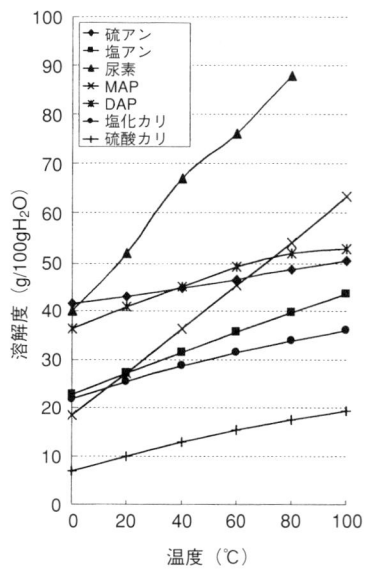

図4.48 各種肥料塩類の温度別溶解度

組み合わせによっては化学反応などにより品質劣化を起こすことがある.第1の組み合わせはアルカリ性を呈する肥料との配合である.アンモニア性窒素のガス化や水溶性リン酸などの難溶化(もどり)が起こることがあり,その進行には水分や温度条件が深く関与している.製品段階では水分をほとんど含まないので反応が進行しないが,分析上は水を使うので注意が必要である.指定配合肥料では,このような原料の組み合わせの配合を制限するか(除外規定),反応後の分析値を基準にした保証をすることとしている.これらの反応例は以下による.

〔アンモニアの揮散〕

$$(NH_4)_2HPO_4 + Ca(OH)_2$$
$$\longrightarrow 2NH_3 + CaHPO_4 + H_2O \quad (17)$$
$$2NH_4NO_3 + Ca(OH)_2$$
$$\longrightarrow 2NH_3 + Ca(NO_3)_2 + H_2O \quad (18)$$

〔水溶性リン酸の難溶化〕

$$Ca(H_2PO_4)_2 \cdot H_2O + Ca(OH)_2 + H_2O$$
$$\longrightarrow 2CaHPO_4 \cdot 2H_2O \quad (19)$$
$$3Ca(H_2PO_4)_2 \cdot H_2O + 2Ca(OH)_2 + H_2O$$
$$\longrightarrow Ca_5(PO_4)_3(OH) + 2H_2O \quad (20)$$

第2は原料中の結合水が遊離する組み合わせである．尿素やリン酸アンモニウム（DAP）とリン酸二水素カルシウム1水塩を主要な構成化合物とする過リン酸石灰や重過リン酸石灰との配合である．前者は水分が遊離とともに針状結晶であるリン酸二水素アンモニウム（MAP）が生成するため，反応が進むと強く固結する．後者では固結とともに表面が濡れることがある．

$$(NH_4)_2HPO_4 + Ca(H_2PO_4)_2 \cdot H_2O$$
$$\longrightarrow 2(NH_4HPO_4) + CaHPO_4 + H_2O \quad (21)$$
$$7(NH_4)HPO_4 + 5Ca(H_2PO_4)_2 \cdot H_2O$$
$$\longrightarrow 14NH_4H_2PO_4 + Ca_5(PO_4)_3(OH) + 4H_2O \quad (22)$$
$$4(CO)_2 + Ca(H_2PO_4)_2 \cdot H_2O$$
$$\longrightarrow 4(CO_2(NH_2)) \cdot Ca(H_2PO_4)_2 + H_2O \quad (23)$$

第3は原料単独よりも配合によって吸湿性がいちじるしく増加する組み合わせである．尿素と硝アンを配合すると臨界湿度が18%まで低下するため，ほとんどの条件では吸湿することになる．一般に硝酸系原料や尿素とほかの原料との組み合わせでは臨界湿度が小さくなるので配合設計にあたっては注意を要する．純品に近い化合物と肥料とは不純物の含量によって異なる臨界湿度を示すことがある．表4.49では肥料での例を示した[2]．

iii）肥　効　BB肥料は化成肥料のように製造時の化学反応がなく原料そのものの特性が肥効として表れるが，一般には化成肥料と変わらないといえる．被覆肥料など特徴のある原料を組み合わせることができるので，有利な面も多い．

2）粉状配合肥料

普通肥料のみを原料とし，材料などが配合されていない肥料である．流通量のほとんどが有機質肥料を含む有機配合肥料と推定される．製造法や性状，用途等は登録肥料である配合肥料（p.126）とまったく同じである．

3）水造粒化成肥料

上記同様普通肥料のみで配合・造粒された化成肥料であり，無機肥料だけでは固結等の問題が発生しやすいので，この範疇に含まれる肥料は有機質肥料を主体にした有機ペレットやブリケット肥料である．製造方法や肥効特性は有機化成（p.126）と同じである．

4）混合土づくり肥料

指定配合肥料は普通肥料であってもアルカリ分を保証した肥料と水溶性を保証した肥料との配合は認められないが（登録をすればよい場合がある），アルカリ分を保証したもの同士は指定配合肥料として認められている．主に土づくり用に使われる普通肥料で，水稲では熔成リン肥とケイ酸質肥料の混合品，畑では熔成リン肥と石灰質肥料の混合品などが相当する．公定規格はなく届け出だけで単に混合することができ施肥の合理化が図れる．

これらの原料の製法や肥効特性等はそれぞれの単肥の項を参照されたい．

〔羽生友治〕

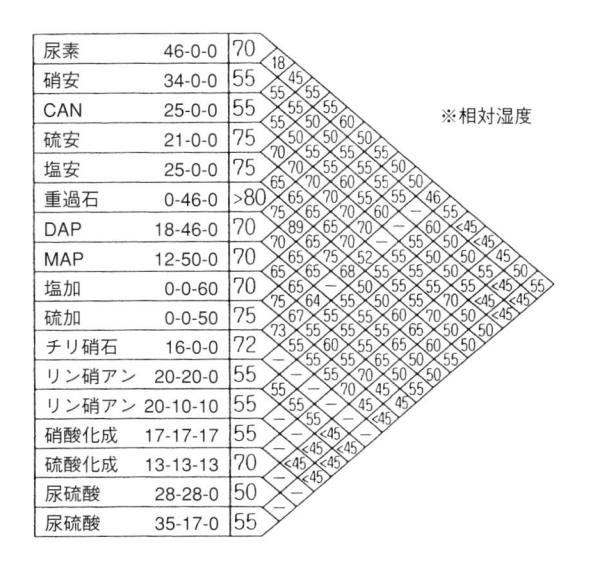

図 **4.49**　商品として流通する主要肥料（混合品を含む）の臨界相対湿度

文献

1) 柴田 観・徳永光男・中村靖彦：硝酸系肥料の製造について，アンモニアと工業，**31**（1978）
2) Clayton, W. E.：Humidity Factors Affecting Storage and Handling of Fertilizers, I.F.D.C.
3) 御子柴穆：水稲の施肥位置，博友社（1982）
4) Hoffmeister, G.：T.V. A. Fertilizer Bulk Blending Conference, Florida Fertilizer & Agricultural Association（1987）
5) Materials (Bulk Blends) and Granulated mixtures, Proc. Annu. Meet. Ferti. Ind. Round Table, **34**（1984）
6) Peeker, A. M.：The SGN System of Material Identification. Proc. Annu. Meet. Fert. Ind. Round Table, **32**（1982）
7) Lance, G. E. N.：Handbook of Solid Fertilizer Blending-Code of Good Practice for Quality. European Blenders Association（1997）
8) 秋山 堯：高度化成肥料の構成塩類の生成反応に関する研究，日本化成肥料協会（1980）
9) 安藤淳平：化学肥料の研究，日新出版（1988）
10) Canadian Fertilizer Institute：SGN-A System of Materials Identification.
11) I.F.D.C., U.N.I.D.O.：Fertilizer Manual, Kluwer Academic, Alabama, U.S.A（1998）
12) 栗原 淳・越野正義：肥料製造学，養賢堂（1986）
13) 久保揮一郎・荒井康之：肥料化学，大日本図書（1968）
14) 東畑平一郎：造粒便覧，日本粉体工業会，オーム社（1978）
15) Rutland, D.W.：Comparison of Hygroscopic Properties of Mixers of Granular.
16) Silverberg, J., Lehv, J. R. and Hoffmeister：Microscopic study of the Mechanism of Caking and it's prevention in Some Granular Fertilizers. J. Agr. Food Chemistry, **6**（1958）

4.1.5 肥効調節型肥料

化学肥料の多くは速効性である．施肥は播種時，あるいは定植時に行われることが多いが，その時期に植物は肥料成分を吸収することはほとんどない．したがって化学肥料の溶解性を変え，あるいはすぐには吸収されない形態にするなどにより，肥効発現速度を遅くし作物の吸収パターンに類似させて肥料効率を高めることが考えられる．このような肥料を肥効調節型肥料と総称しており，次の3種類に分けて考えることができる．

i） 化学的に調節 溶解性の低い物質，または植物に吸収される前に分解（微生物的または非微生物的に）する必要がある形態に化学的に変換した肥料．肥効調節は窒素成分について最も効果が顕著に現れることから，窒素質肥料に含まれるものが多い．これらを化学合成系緩効性窒素肥料，または単に緩効性窒素肥料という．リン酸肥料，カリウム肥料，複合肥料についても緩効性にしたものがあるが，ここには記載しない．

ii） 物理的に調節 肥料の表面を水が浸透しない膜でコーティングし，肥料成分の溶出を抑制した肥料．被覆肥料（coated fertilizers）という．コーティング肥料と俗称されるが，これは和製英語である．肥効調節型肥料（controlled availability fertilizers）を狭義に被覆肥料と同じ意味で使う場合もあるが，まぎらわしい．物理的調節には，非水溶性の物質に肥料を混ぜ込み成形したものもあり，マトリックス肥料（matrix fertilizers）という．尿素団子や成形複合肥料（固形肥料など）もその範囲と考えられる．

iii） 微生物学的に調節 窒素成分の形態変化過程には微生物が関与する場合が多い．この形態変化に関与する微生物の活性を化学物質の添加により変化させることにより，窒素肥料の肥効が調節される可能性がある．硝酸化成抑制剤入り窒素肥料などがある．

a. 緩効性窒素肥料

代表的な緩効性窒素肥料は表4.38に示した．分解様式によって非微生物的加水分解によるものと微生物分解によるものに分けられる．前者は肥料粒のサイズ，硬さなどによって影響されるが，土壌の種類，土壌殺菌などには影響されない特性がありIBが典型的である．微生物による分解により肥効が発現するものにはウレアホルム，オキサミドなどがあり，微生物活性，温度，土壌殺菌などの影響がみられる．CDUは特有の分解菌の存在が知られているが，同時に非微生物的加水分解過程も関与している．

1） ホルムアルデヒド加工尿素肥料

ホルムアルデヒドに1分子以上の尿素が縮合したものを公定規格でこのように称するが，ウレアホルム（UF）と呼ばれることが多い．1946年以降のClarkら（アメリカ農務省）の研究に続いて各

表 4.38 代表的な緩効性窒素肥料

名称	構造式[*2]	製造原料	窒素(%)	溶解度(g/100 g 水)	分解様式と粒効果
ウレアホルム[*1] (尿素およびメチレン尿素化合物の混合物)	U－CH₂－U U－CH₂－U'－CH₂－U U－(CH₂－U')₂－CH₂－U U－(CH₂－U')₃－CH₂－U	尿素 ＋ ホルムアルデヒド	42.4 41.1 40.5 40.2	2.18 0.14 0.01 こん跡	主として微生物分解,造粒効果がある.
IB(IBDU)[*1] (イソブチリデン二尿素)	$\begin{matrix}U\\U\end{matrix}>CH-CH<\begin{matrix}CH_3\\CH_3\end{matrix}$	尿素 ＋ イソブチルアルデヒド	32.1	0.1〜0.01	主として化学的加水分解,造粒効果が大きい.
CDU[*1] (クロトニリデン二尿素)	CH₂ H₃C－CH CH－NHCONH₂ HN NH C O	尿素 ＋ アセトアルデヒド	32.5	0.12	微生物および加水分解,造粒効果が大,畑状態土壌で無機化速度が大きい.
グアニル尿素[*1]	NH (リン酸塩) NH₂－C－NHCONH₂・H₃PO₄ NH (硫酸塩) NH₂－C－NHCONH₂・1/2H₂SO₄・H₂O	ジシアンジアミド ＋ リン酸または硫酸	28.0 33.1	4 5.5	微生物分解,湛水水田土壌で無機化速度が大,土壌吸着性がある.
オキサミド[*1]	O＝C－NH₂ O＝C－NH₂	アンモニア ＋ シュウ酸ジエステル	31.8	0.02	主として微生物分解,造粒効果がある.
グルコールウリル[*1]	O＝C<NH-CH-NH>C＝O NH-CH-NH	尿素 ＋ グリオキサール	39.4	0.2	微生物分解,CDU より無機化速度が小さい.

[*1] 市販されているもの.　[*2] U＝－NHCONH₂, U'＝－NHCONH－.

国で開発され,Uramite, Nitroform(アメリカ),Azorgan(フランス),Carbamiform(ソ連),ホルム窒素(日本)などの商品がある.

尿素とホルムアルデヒドを混合するとメチロール尿素(U・CH₂OH;ただし U＝NH₂CONH－)を経てメチレン二尿素(U・CH₂・U),さらに二メチレン三尿素(U・CH₂・U'・CH₂・U;ただし U'＝－NHCONH－)などの化合物を生成する.反応条件を変えることによってこれらの種々の混合物が得られるが,とくに尿素とホルムアルデヒドのモル比(U/F 比)が大きく影響し,また pH,触媒,温度,反応時間などによっても調節される.pH の調節のためにホウ酸ナトリウムを用いることがあり,その場合には水溶性ホウ素 0.1% 程度が残留し,成分保証の対象となる.

白色,ないし淡茶色の粉末で,窒素含有量は 38〜42%.日本の製品では,U/F 比を 2 以上とし,高度の縮合を避けてメチレン二尿素と未反応の尿素との混合物を主体としているものが畑作用などに使われている.一方,アメリカの製品では水不溶性窒素が窒素全量の 60% 以上含まれ,高度の縮合物(二メチレン三尿素など)が多いので,生育期間の長い芝などに好適となっている.

ウレアホルムはこのように縮合度の異なったものの混合物であり,混合物の比率で肥効も異なっ

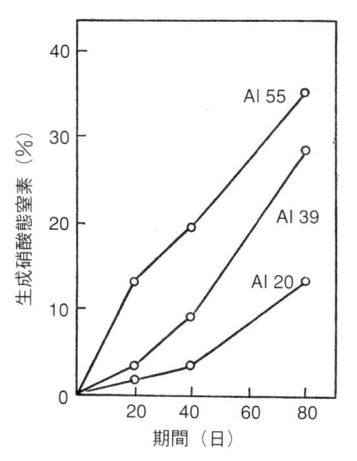

図 4.50 ウレアホルムの AI 値と無機化速度

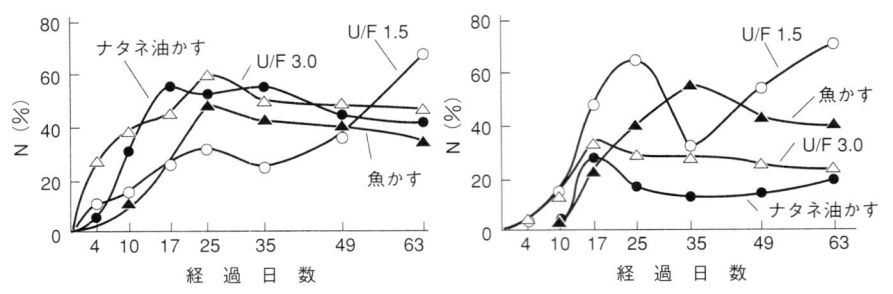

図 4.51 UFの土壌中における無機化（石塚・高岸, 1959）
土壌（北大, pH 6.0）50 g に N 50 mg 添加, 25℃ で静置.
左：湛水状態でのアンモニア化成, 右：畑状態の硝酸化成.

ている．そのため公定規格では水に溶ける窒素の量（そのうち尿素性窒素は 20% 以下に規制）と水不溶性窒素については活性係数で評価している．活性係数（activity index）は，冷水不溶性窒素の量（a%）と熱緩衝液不溶性窒素の量（b%）から次式のように計算する．

$$窒素の活性係数 = [(a-b)/a] \times 100$$

この活性係数と無機化速度については図 4.50 の測定例がある．

ウレアホルムを土壌に施用すると，メチレン尿素は徐々に水に溶解するとともに土壌微生物の働きにより加水分解して尿素とアルデヒドが生成する．尿素はさらにウレアーゼの作用でアンモニウムと二酸化炭素に変化する．図 4.51 に示した例をみると，水田状態では魚かす，ナタネ油かすと類似した無機化を示し，畑状態では全体として魚かすとナタネ油かすの中間程度の分解をすると考えられている．なおメチレン尿素は土壌吸着性がないため，溶脱の多い水田では損失となりやすく，また無機化が遅くなりがちであり要注意である．

2） イソブチルアルデヒド縮合尿素

尿素とイソブチルアルデヒドの縮合物であり，イソブチル二尿素（isobutylidene diurea）ともいう．IB（または IBDU）と略号で呼ばれる．浜本正夫ら（三菱化成，1962）によって開発された．

原料のイソブチルアルデヒドは，塩化ビニルの可塑剤となる 2-エチルヘキサノール製造工程からの副産物である．尿素と 1/2 当量のアルデヒドを硫酸酸性で反応させ，粒状化，中和，水洗，乾燥し，粒径により粒状 IBDU，粉状は複合肥料原料とする．粒の硬度を高くし，また造粒性をよくするために，ウレアホルムを混合・造粒したのがスーパー IB（S-IB）である．

IB の吸湿性は尿素に比較していちじるしく低く，取扱い性はよい．溶解性は 0.09 g/100 g 水（25℃）と小さいが，溶解すると酸性溶液ではかなり速く加水分解し，尿素とイソブチルアルデヒドを生成する．その速度は CDU，メチレン二尿素よりもかなり速い．この加水分解は pH，温度の影響を受け，pH が 1 下がると分解速度は 10 倍，20℃ から 30℃ に上昇すると約 3 倍になる．

土壌中での分解は主として化学的加水分解により，微生物活性はあまり関与しないので，土壌殺菌処理の影響を受けない．いったん溶解すると加水分解は上記のように速いから，100 メッシュ程度に微粉砕すると尿素と同程度の無機化速度を示す．しかし粒状化すると粒表面積が小さくなり土壌溶液との接触が限られるため溶解速度が遅くな

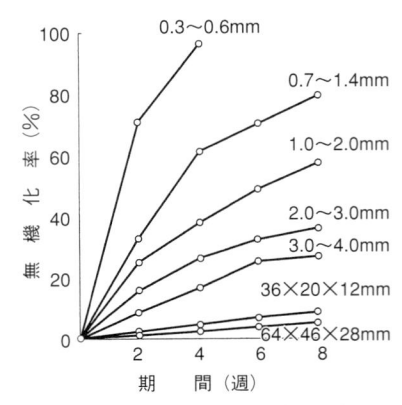

図 4.52 IB 粒度別無機化試験の結果
黒ボク土，最大容水量の 60%，温度 25℃
（三菱化学総合研究所）．

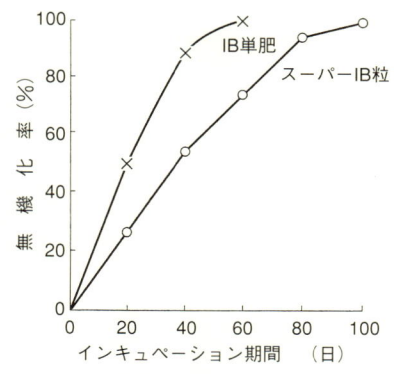

図4.53 水田土壌中でのスーパーIBの無機化
(沖積土, 25℃；三菱化学総合研究所)

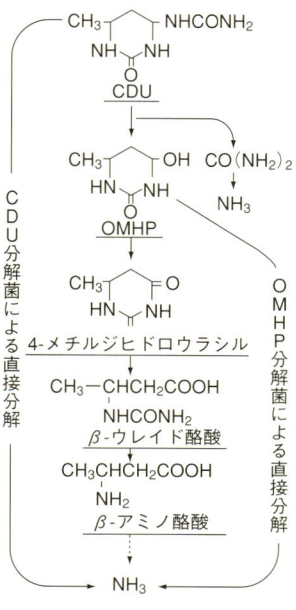

図4.54 CDUの無機化過程

り，これが加水分解と無機化の律速段階となり緩効化がみられることになる．粒径と無機化の関係は図4.52に示した．粒の硬度を上げるためにはIBを化成肥料に加え，リン酸源に熔成リン肥と過リン酸石灰を使うのも効果的である．

スーパーIBは粒の硬度が高く真球性がよく水中保形性もよいため，単肥として水稲側条施肥機で使うことができる（図4.53）．

野菜などでは有機質肥料の全量をIBで代替えして同程度の収量が得られており，果樹，チャなどでも広く使われている．水稲に対しては大粒のIB化成が開発されており，これを基肥として慣行分施と同等以上の収量が得られている．

なおIBは単一の化合物であり，無機化はほぼ100%進行し，有機質肥料の場合のように無機化の頭打ちがみられない．そのため有機質肥料と同量施肥すると窒素が過剰になるので，その点に留意して施肥設計をたてるのがよい．

3) アセトアルデヒド縮合尿素

アセトアルデヒドと尿素が直鎖状に縮合したものはウレア-Zと呼ばれているが，これは市販に至っていない．アセトアルデヒドは2分子縮合してクロトンアルデヒドとなり，これを尿素と反応させて生成する2-オキソ-4-メチル-6-ウレイドヘキサヒドロピリミジンを主体とする肥料を公定規格ではアセトアルデヒド縮合尿素という．ドイツではクロトンアルデヒドを出発物質としてつくり，クロトン二尿素（crotonylidene diurea, CDU），商品名Floranidで市販した．福島政春・深津皓一（新日本窒素，1964）は，アセトアルデ

ヒドを原料として直接に縮合物を製造する（クロトンアルデヒドを反応系の中で経由する）技術を開発し，シクロジウレア（CDU）という名で市販に至った．この名称は化合物の構造にピリミジン環をもっていることに由来している．CDU窒素，OMUなどの商品名の製品もある．

白色粉末であるが，肥料用の製品は淡黄色．吸湿性は小さく，水に対する溶解度も低い．水に溶けると加水分解して直鎖部分の尿素と環状化合物（2-オキソ-4-メチル-6-ヘキサヒドロピリミジン，OMHP）を生成する．OMHPは土壌微生物の作用により無機化される．このほかCDU分解菌により直接分解する経路も知られている（図4.54）．このようなCDU，またはOMHPを分解する菌は特異的であり，その活性は土壌によって異なる．また連用した場合の分解菌の増加も知られている．造粒効果もある（図4.55）が，IBほどいちじるしくはない．

このようにCDUの無機化は複雑であり，土壌の種類，施用履歴などがからむ可能性がある．水田での無機化は畑よりも遅いことから，野菜などでの利用が多い．CDU施用により連作障害を軽減する微生物相になるという調査事例もある．単体で使われることは少なく，多くは化成肥料とされることが多い．速効性肥料と組み合わせ，さら

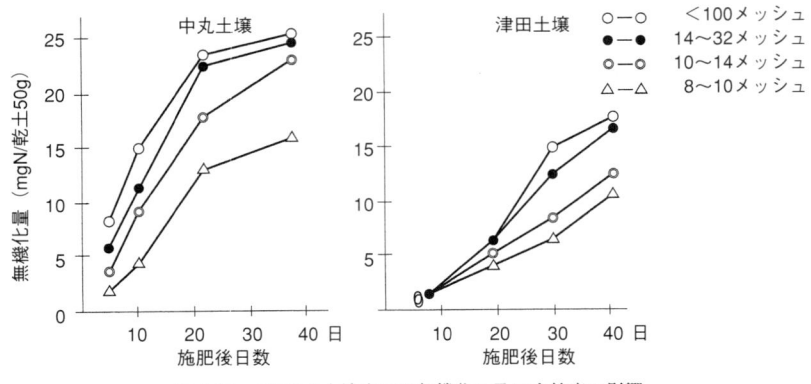

図 4.55 CDU の土壌中での無機化に及ぼす粒度の影響

に緩効度を高めるために肥料粒の中心を CDU とし，その周囲を速効性肥料でくるんだ化成肥料もつくられており，これを「たまご化成」と呼んでいる．

4） グアニル尿素

石灰窒素の構成分であるシアナミドは活性が高く，いろいろな誘導体をつくることができる．グアニル尿素はその1つであり，シアナミドの重合体であるジシアンジアミドを加水分解することによって合成することができる．この反応についてはすでに1930年代から研究があり，また肥効についてもわが国で研究されており，畑状態では無機化が遅れるものの，水田状態では無機化が進み水稲に対して肥効が現れることがわかっていた．1950年代に入って石灰窒素誘導新肥料の開発が官民で意欲的に行われ，1966年に UF，IB，CDU に次いで第4の緩効性窒素肥料として公定規格が設定された．水稲専用であり世界に類のない肥料である．

製法は石灰窒素を水に溶かして加水分解させ，これに二酸化炭素を吹き込んでシアナミド（H_2CN_2）を遊離させ，カルシウムは炭酸カルシウムとして沈殿・ろ過除去する．シアナミド液を pH 8.8 で 100℃ に加熱するとジシアンジアミド〔$(H_2CN_2)_2$〕が生成するので，冷却して結晶を析出させる．このジシアンジアミドを硫酸またはリン酸酸性として加熱すると，加水分解してグアニル尿素を生成するので，溶液を冷却すると結晶が得られる．ただし工業的には，この反応液をそのまま噴霧，熱風乾燥させて製品としている．

リン酸を用いて生成するリン酸グアニル尿素は肥料の類別としては複合肥料になるので，緩効性窒素肥料として製造されているのは硫酸塩である．

硫酸グアニル尿素は白色針状結晶．溶解度は 5.5 g/100 g（25℃）であり，IB や CDU など他の緩効性窒素肥料に比較して大きい．しかし塩基性であり土壌に対する吸着力が大きいことから，溶脱試験においても硫アンの1/2程度しか溶脱しない．

土壌施用後の無機化は微生物活性に依存している．畑状態での無機化は遅く，水田状態では速い．水田では土壌の酸化還元電位が Eh 200〜100 mV 以下で無機化が始まるので，還元になりやすい水田，易分解性有機物の施用は無機化を速め，間断灌漑，中干しは遅らせる．土壌殺菌，低温でも無機化は遅れる（図 4.56）．また連用をすると無機化が速まることも判明している．

このような特徴から，グアニル尿素は水田専用と考えられていた．とくに乾田直播の場合には，

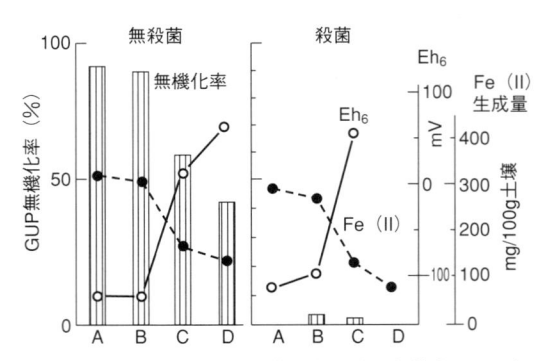

図 4.56 グアニル尿素リン酸塩（GUP）の無機化に及ぼす土壌殺菌と土壌還元の影響（保温静置14日後）
A：グルコース 0.2% 添加，B：グルコース 0.05% 添加，C：無処理，D：低室温放置，A〜C：30℃ 保温静置．

乾田期間には無機化せず，入水とともに無機化が開始することから高い肥効が期待されている．

畑作物に対する施用試験はあまりない．上記のように畑状態では無機化は遅いが，速効性窒素と組み合わせての利用が考えられる．

5) オキサミド

オキサミド (oxamide) はシュウ酸ジアミドである．尾形ら（愛媛大学）が1950年代にその性質・肥効などについて先駆的な研究を行い，1960年代にはTVAで製造法などが研究された．その後，宇部興産では，シュウ酸ジエステルを原料とする方法を開発し，市販を開始した．まず一酸化炭素，n-ブチルアルコール，酸素を反応させてシュウ酸ジエステルをつくり，これにアンモニアを吹き込んでオキサミドを晶出，ろ過・洗浄する．

白色針状結晶，窒素全量31.8%．吸湿性はない．水に難溶性であり，溶解度は0.04 (7.5℃) または0.16 (20℃) g/100 gである．水溶液は徐々に加水分解し，アンモニウムとシュウ酸となる．この加水分解速度はIBやCDUと同程度かやや大きいが，これらと違ってpHにあまり影響されず，pH 3〜8でほぼ同程度の速度で加水分解する．

無機化には土壌微生物の作用が大きい．その際にはシュウ酸の生成を伴う加水分解とともに，炭素間の結合を切断してアンモニウムと二酸化炭素を生成する反応があり，土壌中では後者が優先している．いずれにしても微生物活性に依存するため，土壌pHは中性ほど無機化が速く，また易分解性有機物が多い土壌で速い．温度の影響も大きく，低温では無機化が遅れる．水田状態よりも畑状態のほうが無機化は速いことから，好気性微生物の関与が大きいと考えられている．ただし土壌を変えても無機化はあまり変わらないことから微生物の特異性は低く，広く分布している微生物によっている．

オキサミドの無機化には造粒効果が大きく現れる（図4.57）．また微生物の関与が大きいことから造粒の際に殺菌剤を加えて無機化速度を遅くすることが研究された．ただし殺菌剤を添加したオキサミドの公定規格は設定されてないので，市販されていない．

6) グリオキサール縮合尿素

尿素とグリオキサールとの縮合物で，窒素39.4%を含む．グリコールウリル (glycoluril) とも呼ばれている．

$$2\,NH_2CONH_2 + \begin{bmatrix} CHO \\ CHO \end{bmatrix} \longrightarrow O \!\!=\!\! \begin{bmatrix} NH-CH-NH \\ NH-CH-NH \end{bmatrix} \!\!=\!\! O$$

　　尿素　　　グリオキサール　　　グリコールウリル

水に難溶性（溶解度0.2 g/100 g, 30℃）．微生物分解型．畑状態では3〜4週間のラグ期間ののち8週間以内にほぼ完全に無機化するが，水田状態では無機化が遅れるという試験結果がある．

最近，グリオキサールの低コスト生産技術が開発されたことから2001年に新たに規格が設定された．

7) メチロール尿素重合肥料

尿素にホルムアルデヒドを加えてメチロール尿素を生成させ，これをさらに重合させたジメチロール尿素などを主体とした肥料．メチレン尿素を主体とするホルムアルデヒド加工尿素（ウレアホルム）と同じ原料であるが，構成化合物が異なり無機化特性なども異なる．窒素全量は25%以上，商品名ミクレア，微生物分解型．無機化は遅く数年にわたって窒素を放出するので地力増強がねらいとなっている．2001年に規格が設定された．

8) その他の化学合成系緩効性窒素肥料

窒素肥料として試験された有機化合物は300以上に達している．主なものを以下に挙げる．それらは製造の容易さ，価格，無機化特性，毒性などでスクリーンされ，市販段階には達していない．

ウレア-Z (Urea-Z)　尿素とアセトアルデヒドをアルカリ性溶液で反応させる．CDUと違い，構造は直鎖状である．加水分解型．

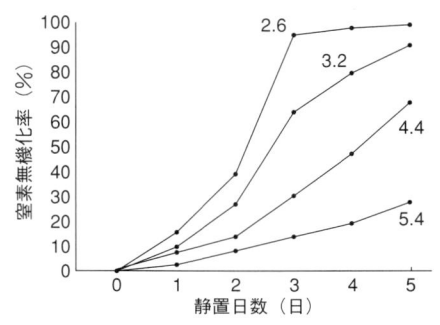

図4.57　粒状化オキサミドの粒度別無機化速度（湛水条件）
図中の数字＝直径 mm：二日市土壌，pH 5.8, 静置温度30℃．

ウレアホルム類似化合物　尿素（およびある種のアミド）にホルムアルデヒド，アセトアルデヒドの混合物を反応させたものなどが世界各国で研究された．アルデヒドにフルフラールを反応させた二フルフリリデン三尿素なども試験された．

トリアジン系化合物　尿素をアンモニアの存在下で加熱すると各種のトリアジン系化合物が生成する．トリアジン環の水酸基がアミノ基に置換されるほど，窒素含量は高くなるが植物に吸収されにくくなる傾向がある．それ自体，あるいは誘導体としたものには硝酸化成抑制効果が認められるものもある．

ビウレットなど　尿素の縮合体であるビウレットは植物の生育に害があるが，使用法によっては緩効性窒素となる可能性がある．

その他，ヒダントイン系化合物，ヘキサメチレンテトラミンなどの研究もある．鳥ふんに存在する尿酸は土壌中ではウリカーゼの作用で速やかに無機化し，これに殺菌剤を加えて造粒すると緩効性窒素肥料になる．しかし，これは化学合成系とはいえない．　　　　　　　　　〔越野正義〕

b. 被覆肥料

被覆肥料は大別すると硫黄や熔リンなどでコーティングした無機系のものと樹脂系のものに分類され，さらに樹脂系のものは樹脂の熱特性から熱可塑性樹脂被覆肥料と熱硬化性樹脂被覆肥料に区分される．現在流通している被覆肥料は，これらの区分のうち樹脂系が主流となっている（図4.58）．

肥料成分の溶出パターンを分類すると単純溶出型とシグモイド型の2つに区分され，溶出誘導期間，溶出期間，温度依存性は被覆肥料の種類により大きく異なる（図4.59）．

被覆肥料の溶出速度や溶出パターンの制御は，被膜の水蒸気透過性を変えることにより図られる．具体的には，被覆膜の厚さ，樹脂の架橋密度，水蒸気透過性の異なる樹脂の組み合わせ，鉱物質材料の添加，被覆膜の二層構造化，界面活性剤の添加などを組み合せることにより各社ごとに特徴ある溶出制御方法を採用している．これらの制御方法を組み合せることにより溶出日数や溶出誘導期間の長短を高い精度でコントロールすることが可能である．

樹脂被覆肥料を水田に施用した場合など，成分が溶出し終わった後に，被膜が水中で浮上し河川などに流出するなどの被膜の残留問題が懸念されている．このため最近では被膜に光崩壊性や微生物分解性を有する資材を添加することや，被膜そのものに微生物分解性を有する樹脂を採用するなど，各社とも精力的にこの問題に取り組んでいる．

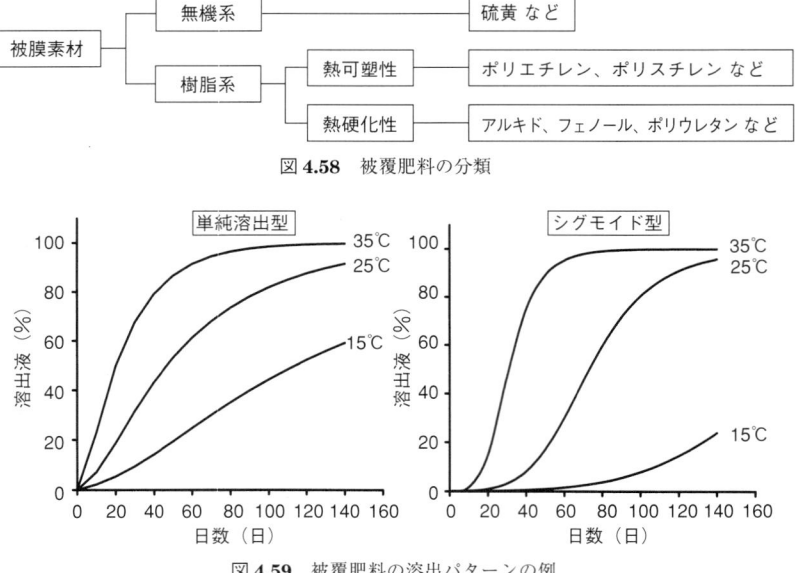

図4.58　被覆肥料の分類

図4.59　被覆肥料の溶出パターンの例

表 4.39 主な被覆肥料の種類

区分	主要コーティング材	銘柄名	タイプ	種肥料	メーカー名
無機系	硫黄＋ワックス	SCU	S, M, L	尿素	三井東圧肥料
		SC化成	80, 90, 110	化成肥料	
		SCNK	50		
	ヨウリン	ニッピリンコート	50	化成肥料	日本肥糧
		ニッピリンコートS	50		
熱可塑性樹脂	ポリオレフィン系樹脂	42 LP コート	30, 40, 50, 70, 100, 140, 180, 270	尿素	チッソ旭
		LP コート S	40, 60, 80, 100, 120, 160, 200		
		LP コート SS	100		
		苗箱まかせ N 400	60, 100		
		42 被覆ジシアン尿素 LP コート	40, 70, 140		
		41 被覆ジシアン尿素 LP コート	S 60		
		ロング 424	270, 360	化成肥料	
		ロング 250	40, 70, 100, 140, 180		
		ロング 331	100, 140, 180, 270, 360		
		ロング 426	70, 100, 140, 180		
		スーパーロング 424	70, 100, 140, 180, 220		
		ロングトータル 313	180, 270, 360		
		マイクロロングトータル 201	40, 70, 100		
		スーパー NK ロング 203	100, 140, 180		
		NK ロング 203	180		
		エコロング 424	40, 70, 100, 140, 180		
		NK エコロング 203	70, 100, 140		
		エコロングトータル 313	40, 70, 100, 140		
		被覆加里化成 S 2038	70, 100, 140, 180		
		エコカリコート 2038	70, 100, 140		
		ロングショウカル	40, 70, 100, 140	硝酸石灰	
		スーパーロングショウカル	S 140		
	ポレオレフィン系樹脂	エムコート L	30, 40, 60, 70, 100, 120, 140	尿素	三菱化学アグリ
		エムコート SH	60, 80, 90, 100, 120, 140		
	ポレオレフィン系樹脂＋アルカリ材	ユーコート（ユートップ）	30, 50, 70, 90, 110	尿素	宇部興産農材
		ユーコート UL	100		
		AS コート	70, 100	硫安	
熱硬化性樹脂	ポリウレタン系樹脂	セラコート R	25, 30, 50, 70, 90, 110, 130	尿素	セントラル硝子
		セラコート RCK	50, 70	化成肥料	
	アルキド樹脂	コープコート Fs 200	2.5 M, 4 M	化成肥料	コープケミカル
		コープコート Fns 463	2.5 M, 4 M		
	アルキド樹脂	シグマコート U	2 M, 3 M, 4 M, 5 M, 6 M	尿素	片倉チッカリン
		シグマコート 202	2.5 M, 4 M, 6 M	化成肥料	
		シグマコート S 200	2.5 M, 4 M, 6 M		
	ポリウレタン系樹脂	スーパー SR コート 低温溶出型被覆尿素	20, 40, 60, 80, 100, 140	尿素	住友化学工業
		超長期型被覆尿素	360, 720		
		被覆化成肥料	40, 80, 120, 180	化成肥料	
		被覆リン酸 2 アンモニウム	80		
		被覆硫酸加里	80	硫酸加里	
		被覆硫酸マグネシウム	80	硫酸マグネシウム	
	ポリウレタン系樹脂	日産ゼット	100, 120	尿素	日産アグリ
	ポリウレタン系樹脂	日産マイルド	60	尿素	
	硫黄＋ワックス	日産マイルド	60	尿素	
	アルキド樹脂	多木被覆尿素	40, 70, 90, 100, 120, 140, 180	尿素	多木化学
		ハマコート	70	加工りん酸肥料	
		多木被覆複合 202	120	化成肥料	

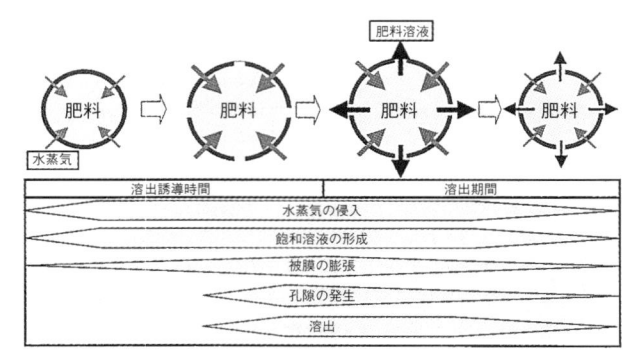

図4.60 被覆肥料の溶出機構（概念図）（小林ら，1997）

1) 被覆尿素

現在，市販されている被覆肥料のなかで被覆尿素が最も数量が多く，LPコート，エムコート，セラコートRなどが代表銘柄として挙げられ，各社とも主力銘柄としている．尿素が種肥料として適している理由は，他の窒素質肥料に比べて窒素成分が高いため，被覆に伴うコスト増加分を窒素当たり単価としては最も安くできることや，被覆に伴う窒素成分の低下割合を相対的に低減しうる点で他の窒素質肥料に比べて有利であるためである．また，尿素は比較的円球性が高くコーティングしやすい点も利点として挙げられる．

最近の開発傾向としては，窒素保証成分の引き上げ，育苗箱全量基肥栽培用に初期溶出を最小限に抑えた銘柄，ジシアンジアミドのような硝酸化成抑制材を添加して環境負荷の低減を目的とした銘柄などが販売されており多様化が進んでいる．

用途としては，水田用，畑用どちらにも適用可能であるが，流通上は水田用としての用途の方が多い．

2) 被覆複合肥料

被覆複合肥料では，窒素以外にリン酸，カリの溶出が調整されている．リン硝安カリ，NK化成，リンアンを被覆したものがあるが，現在流通している銘柄のなかでは，燐硝安加里を中心に被覆したロングシリーズが最も数量的に多い．このロングシリーズの溶出パターンは，単純溶出型のロングタイプ，シグモイド型のスーパーロングに大別される．育苗時に施用しやすいように肥料粒を細粒化したマイクロロングも販売されている．

成分の溶出は，窒素が最も速く，リン酸，カリの溶出は窒素に比べて遅れる場合がある．用途として硝酸性窒素を含有している銘柄については，畑作用，とくに施設栽培用として適用され，硝酸性窒素を保証していない銘柄は，水田，畑作用とも適用可能である．

3) その他の被覆肥料

硫アンを被覆した茶用銘柄，硝酸カルシウムや硫酸カリを被覆した銘柄，マグネシウムを被覆した銘柄などが販売されている．

4) 溶出機構とそのシミュレーション

ⅰ) 被覆肥料の溶出機構 被覆肥料の溶出機構は，概観すれば図4.60のように整理できる．つまり，被覆肥料の溶出は，被覆膜内外の水蒸気圧差により被覆膜内へ水蒸気が進入し，肥料飽和溶液を形成することから始まる．この水蒸気の浸入が被覆膜の膨張を促し，被覆膜に孔隙を発生させると考えられる．溶出誘導期間はこの孔隙を発生させるまでの期間を意味し，シグモイド型被覆肥料は，この期間が長い肥料と定義される．また，みかけ上明確な溶出誘導期間を有しない単純溶出型被覆肥料についても実際にはこの期間は存在する．

溶出は孔隙を通じて行われ，被覆膜内外の水蒸気圧差が保たれている間は溶出が持続する．溶出期間後半では，肥料溶液濃度の低下により被覆膜内外の水蒸気圧差が減衰するが，このことが肥料溶液の被覆膜外への溶出量の低下を促すことになる．溶出に伴い被覆膜は，熱可塑性樹脂被覆肥料ではほぼもとの体積に戻るが，熱硬化性樹脂被覆肥料のなかには膨潤したままの状態にある銘柄も存在する[1]．

被覆肥料の溶出は，被膜内外の水蒸気圧差が原動力となっているため，溶出に及ぼす外的な影響

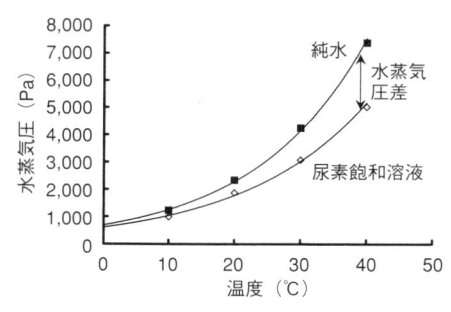

図 4.61 尿素飽和溶液と純水の水蒸気圧(安藤, 1976 から作図)

は,水蒸気圧差に及ぼす影響と読み代えることができる.つまり,被覆肥料の中は溶出期間後半を除き肥料塩の飽和溶液で満たされており,この肥料塩の溶解に伴い被膜内の水蒸気圧が被覆膜外に比べ低くなる.その結果,被膜外の水蒸気圧との差が生じることになる(図 4.61)[2,3].

樹脂系被覆肥料の溶出は,温度による影響が最も大きく,いちじるしく土壌水分が低下した場合のみ水分の影響を受ける.この土壌水分の影響に関しては,被膜外の水蒸気圧が低下し被膜内外の水蒸気圧差が低下する現象と理解され,結果的に溶出量が減少することになる[4].しかし,実際の栽培条件では表層施肥などの乾燥しやすい条件以外は考慮する必要はない.

この被覆肥料の温度依存性は,温度の変化により被膜内外の水蒸気圧差が変化することや,被膜の水蒸気透過性がもつ温度依存性が主な要因であり,熱硬化性樹脂被覆肥料に関しては温度による被膜の膨潤性の変化も関与する場合がある.これらの要因によって被覆肥料の温度依存性が決定される.

被覆複合肥料の成分ごとの溶出は,上記のことに加えてそれぞれの成分を含有する化合物の溶解度が成分の溶出速度を規定していると考えられている[5].

ii) 被覆肥料の溶出シミュレーション 被覆肥料の溶出に影響を及ぼす要因は,通常の栽培条件下では温度のみに限定され,その影響度は溶出に対して規則的に作用するためモデル化が比較的容易である.そのため被覆肥料の溶出モデルについては,表 4.40 に示すようにさまざまなモデルが報告されている.

積算温度法は溶出パターンによって使用するモデルが異なる[6~9].Fick の拡散則を利用したモデルは,肥料の断面積,膜厚がパラメータとして含まれている点で溶出の解明には有効な方法であるが,パラメータの測定が煩雑である[10,11].水蒸気圧[12]や反応速度論的解析を利用したモデル[13,14]は,一次反応式を骨格式として使用していることは共通であるが,反応速度論的解析については,シグモイド型に対応するためにモデル式に溶出誘導期間(tau)を導入している.また,最近ではRichards Function によるモデルが報告されており,このモデルでは少ないパラメータで溶出パターンを表現することが可能であるとされている[15].

温度依存性については,積算温度法が温度と溶出速度の関係を直線的とみなすことに対して,それ以外のモデルでは指数関数型とみなしている.この場合は温度と溶出速度の関係をアレニウス式のような指数関数式で表現する.

この両者の違いを整理したものが図 4.62 であ

表 4.40 主な溶出モデルの種類と機構

区分	適用モデル	温度依存性	パラメータ	引用
積算温度法	二次回帰式,ロジスティック曲線,他	積算地温,積算田面水温	各種関数の係数	Gandeze, et al[6],田中[7],井森ら[8],井上ら[9]
拡散則	Fick の拡散則	拡散係数,溶解度	拡散係数,肥料濃度,断面積,膜厚	Jarrell, et al[10], Hassan, et al[11]
水蒸気圧	一次反応式	速度定数	水蒸気圧−速度定数	Kochba, et al[12]
反応速度論的解析	一次反応式	速度定数	速度定数,最大溶出量,活性化エネルギー,単粒ごとの溶出のバラツキ	石橋ら[13],小林ら[14]
Richard Function	指数関数式	速度定数	速度定数,最大溶出量,溶出の変曲点までの時間	Hara[15]

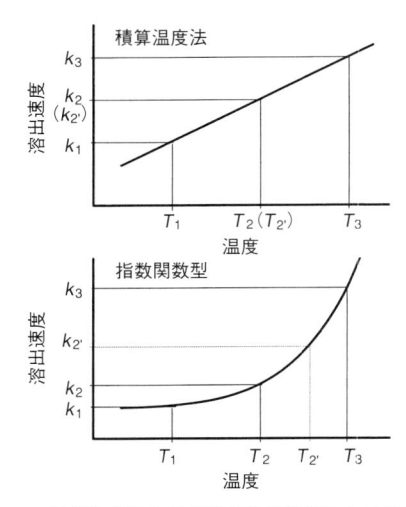

図4.62 積算温度法と反応速度論的解析における温度依存性の評価方法の比較（概念図）

る．いま，温度 T_1, T_3 がありその平均温度を T_2 とする．また，T_1, T_2, T_3 における溶出速度をそれぞれ k_1, k_2, k_3 とし，k_1, k_3 の平均値を $k_{2'}$, $k_{2'}$ における温度を $T_{2'}$ とする．積算温度法では $k_2 = k_{2'}$（$T_2 = T_{2'}$）となるが，指数関数型では $k_2 \leq k_{2'}$（$T_2 \leq T_{2'}$）となり，$k_2 = k_{2'}$ となるのは $T_1 = T_3$ の場合のみである．つまり，積算温度法では，平均温度が同じ条件である場合，温度変化がある場合と定温条件では推定溶出量は一致するが，指数関数型の場合は温度変化がある方が推定溶出量が多くなる．この傾向は温度の変化幅や被覆肥料の温度依存性が大きいほど顕著に表れる．

実際に1日のなかで20℃と30℃をくり返した条件で試験を行うと，その平均温度である25℃定温条件よりも溶出量が高まり，反応速度論的解析によりその傾向が表現できる（図4.63）．この結果から被覆肥料の温度依存性は，指数関数型であることが明らかであり，積算温度法では推定を行う温度範囲が広い場合や，活性化エネルギーが比較的大きい銘柄では，実際の溶出との差が大きくなる．この指数関数型の温度依存性が生じる原因は，被覆膜内外の水蒸気圧差の温度依存性や被膜の水蒸気透過性が指数関数型の温度依存性をもつためである．

通常の栽培条件では，1日の日変化を考慮して溶出量をシミュレーションする必要はなく日平均地温で十分であるが，表層施肥や育苗箱施用など大きな日変化が起きやすい条件では実際の溶出との誤差を生じることもある．

これらのモデルを利用した溶出予測システムは，各メーカーや公的試験機関などで開発され，実際の銘柄開発や施肥改善に活用されている．このなかでJA全農ではガウス補正法を含む反応速度論的解析[9]を利用したJA施肥改善支援システム「施肥名人」を開発している．このシステムで被覆肥料に使用しているモデル式は下記のとおりである（図4.64）．

（1）式は一次反応式であり，この式の温度依存性は（2）式で表され，これらの式により溶出後の溶出パターンや温度依存性を表す．（3）（4）式は累積確率曲線を示し，単粒ごとの溶出のバラツキ（標準偏差）を σ，50%の粒が溶出を開始する時間を tau として定義しており，この tau の温度依存性は（5）式で表される．また，σ の数値が大きくなると溶出開始時の溶出がゆるやかに立ち上がる．

$$N = N_0\{1 - \exp(-kt_k)\} + B \qquad (1)$$

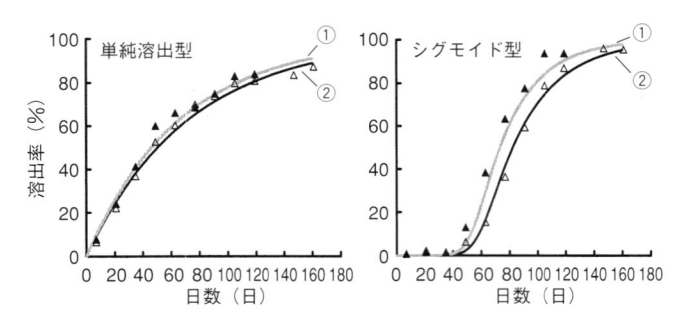

図4.63 25℃定温条件と20〜30℃のくり返しによる被覆肥料の溶出への影響（小林ら，未発表）
▲：20℃12時間〜30℃12時間の繰り返し，△：25℃定温処理，①：20℃12時間〜30℃12時間の繰り返し処理の予測値，②：25℃定温処理の予測値．

4.1 化 学 肥 料

条件コード	0003
地温コード	0001
測定地	04神奈川(平塚
作物名	
推定開始	2004/06/03
推定終了	2004/09/24
推定日数	114
土壌の類型	土壌全農型
土壌名	96平塚
作土厚(cm)	20.0
容積比重	1.13
土壌窒素発現量 (kg/10a)	7.4

資材種別	銘柄名	施用日	現物施用量 (kg/10a)	窒素施用量 (kgN/10a)	窒素発現量 (kg/10a)	窒素発現率 (%)
速効性肥料	アラジン444	2004/06/03	71.4	10.0	10.0	100.0
被覆肥料	LPコートS100	2004/06/03	50.0	20.0	17.6	87.9
計				30.0	27.6	92.0

土壌を含む総窒素発現量: 35.0

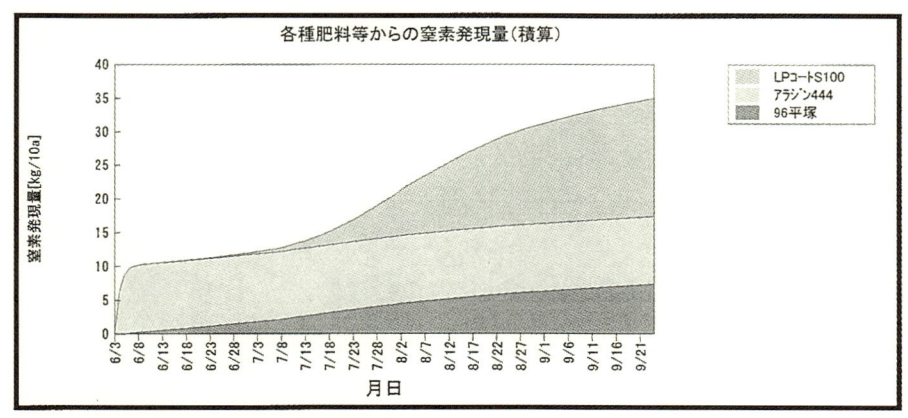

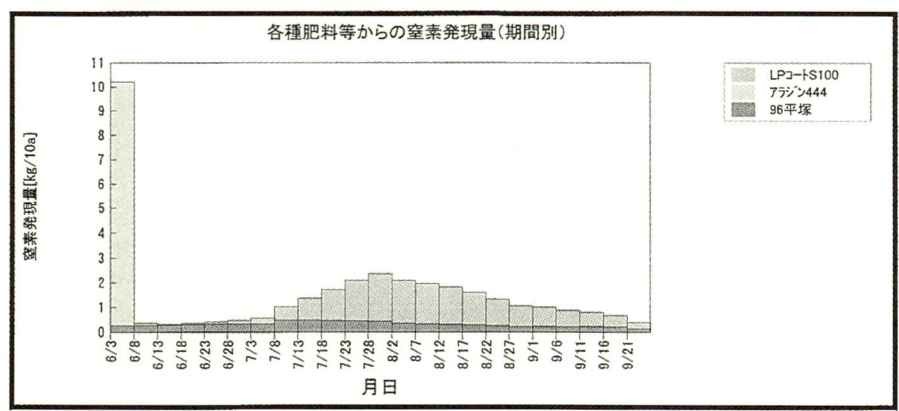

図 4.64 「施肥名人」によるシミュレーションの例
(2005 年 11 月 24 日,JA 全農肥料農薬部作成)

$$t_k = \Sigma D \exp\{Ea_1(T-T_S)/RTT_S\} \quad (2)$$

$$D = \frac{1}{\sqrt{2\pi}} \int_0^{t_{tau}} \exp\left(\frac{-u_2}{2}\right) \quad (3)$$

$$u = \frac{t_{tau} - tau}{\sigma} \quad (4)$$

$$t_{tau} = \Sigma \exp\{Ea_2(T-T_S)/RTT_S\} \quad (5)$$

ただし,
- N:溶出率(%)
- N_0:最大溶出率(%)
- B:初期溶出率(%)
- k:溶出速度定数(d^{-1})
- tau:溶出誘導期間(d)
- Ea_1:k の活性化エネルギー(J mol^{-1})
- Ea_2:tau の活性化エネルギー(J mol^{-1})
- σ:tau の標準偏差(d)
- t_k, t_{tau}:基準温度変換日数(d)
- T:任意絶対温度(K)
- T_S:基準絶対温度(298°K)
- R:気体定数(8.314 J K^{-1} mol^{-1})

このシステムでは,被覆肥料のほかに有機質肥料,堆肥,土壌といった他の窒素源のシミュレーションもできるようになっており,今後,このよ

うなシミュレーション技術を活用した合理的な肥料や施肥法の開発が一層進むものと考えられる．

〔小林　新〕

c. 肥料窒素の化学形態変化制御剤とそれを利用した肥料

土壌に施用された有機態窒素や尿素は，無機化されてアンモニウム（NH_4^+）になり，NH_4^+（肥料窒素としてのNH_4^+も含む）は，その後 $NH_4^+ \rightarrow NH_2OH \rightarrow NO_2^- \rightarrow NO_3^-$ のように酸化され（アンモニア酸化作用（硝酸化成作用）），最終的には硝酸（NO_3^-）に変化する．陽イオンであるNH_4^+は土壌コロイドに吸着されるが，NO_3^-は吸着されず，流亡しやすい．そのため，過剰な施肥が行われた場合には，水系のNO_3^-汚染を招くことになる．また，NO_3^-は $NO_3^- \rightarrow NO_2^- \rightarrow NO \rightarrow N_2O \rightarrow N_2$ のように還元され，(脱窒作用)，亜酸化窒素（N_2O）や窒素ガス（N_2）としてガス化し，揮散，損失する．とくにN_2Oは温室効果ガスであり，さらにオゾン層を破壊するので，地球環境保全のために，その発生を抑制する必要がある．

このように，NO_3^-の流亡やN_2O, N_2の揮散によって肥料窒素が植物に吸収されずに損失されると窒素の施用効率は悪くなる．土壌における肥料窒素の代謝を考慮して，施用した肥料窒素の損失を抑え，環境を保全しながら，効率的に肥効を持続させることが求められる．そのためには，硝酸化成作用を抑制して，肥料窒素は土壌に吸着されやすいアンモニウムのままで長い間存在することが望ましい．このような目的から肥料窒素の化学形態変化制御剤とそれを利用した肥料が開発されている．この肥料は，肥料に機能をもたせた「機能性肥料」の1つであるが，農耕地で化学薬剤を使用することになるので，適正かつ安全な利用と環境影響に関する対処が必要であることはいうまでもない．

1) 硝酸化成抑制剤

一般に硝酸化成抑制剤がもつべき性質は，①抑制作用が強いこと，②亜硝酸の害を防ぐために，アンモニウムから亜硝酸の生成は抑制しても硝酸の生成は妨げないこと，③土壌中で分解，流亡せずに安定で，作用が持続すること，④土壌中での

表 4.41　硝酸化成抑制剤と肥料への添加量

材料名	複合肥料中に混入する割合	構造式
AM（2-アミノ-4クロル-6メチルピリミジン）	複合肥料中に約 0.4%	
MBT（2-メルカプトベンゾチアゾール）	複合肥料中の窒素の量に対してMBTの窒素1%	
Dd（ジシアンジアミド）	複合肥料中の窒素の量に対してジシアンジアミド性窒素10%	
ST（2-スルファニルアミドチアゾール）（一般名スルファチアゾール）	複合肥料中に約 0.3%〜0.5% 尿素中に約 1%	
ASU（1-アミジノ-2-チオウレア）	複合肥料中に約 0.5%	
ATC（4-アミノ-1,2,4-トリアゾール塩酸塩）	複合肥料中に 0.1〜0.5%	
DCS（N-2,5-ジクロルフェニルサクシナミド酸）	尿素中に 1% 硝酸アンモニア中に 0.5% 複合肥料中に約 0.3%	

（ポケット肥料要覧2001,（財）農林統計協会，2001 より）

移動性がアンモニウムと同様であり，硝酸化成抑制効果の発現は作物の養分吸収のパターンに相応すること，⑤動植物に対して害がないこと，⑥肥料との混合に対して安定であり，肥効の発現に悪影響がないこと，などがあげられる．

硝酸化成抑制剤入り肥料は，当初，水稲の乾田直播用として開発されたために，肥料への添加量は抑制期間が施用後3〜4週間になるように設定されている．その後，畑作への利用も進み，薬剤の種類も増加した．現在，硝酸化成抑制剤として肥料に混入が許可されているものは，表4.41に示した7種類である．なお，これらを添加できる肥料は，硝酸アンモニウム，尿素，化成肥料，配合肥料などに限られているが，実際に生産があるのは化成肥料だけである．

2） 亜酸化窒素生成抑制剤

亜酸化窒素（N_2O）は温室効果ガスであり，またオゾン層を破壊するので，地球環境の保全のために，その発生を抑制しなければならない．土壌におけるN_2Oの生成は，硝酸（NO_3^-）または亜硝酸（NO_2^-）が嫌気的条件下で還元される過程（脱窒作用）で生じることが古くから知られているが，アンモニウム（NH_4^+）がNH_2OH, NO_2^-を経て，NO_2^-に酸化される過程（硝酸化成作用）でも生成される[16]．このN_2Oの生成は，脱窒が起こるほどの嫌気的条件下でなくても起こることが特徴であり，Nitrosomonas属のアンモニア酸化菌（硝化菌）によるものである．この過程でのN_2O生成は，脱窒作用によるN_2O生成よりも量的に多いといわれている．また，Thiosphaera pantotropha のように好気的条件下で硝酸化成と脱窒を同時に行う細菌も知られている．

前述した硝酸化成抑制剤は，アンモニアモノオキシゲナーゼの阻害剤であり，アンモニア酸化菌によるNH_4^+のNH_2OHへの酸化を抑制するので，アンモニア酸化（硝酸化成）過程におけるN_2Oの生成も低減できる[17]．このように，硝酸化成抑制剤入り肥料は，肥料窒素の化学形態変化を制御することによって肥効を調節する肥効調節型肥料としてのみならず，NO_3^-による水系汚染やN_2Oによる大気環境破壊を軽減して環境保全に寄与する肥料として注目されている．

3） ウレアーゼ活性抑制剤

土壌に施用された尿素は，ウレアーゼによって炭酸アンモニウムに加水分解されるが，この時，尿素が施用された部分では局所的にpHが上昇し，かつNH_4^+濃度が高まるので，アンモニア揮散が起こり，施肥尿素窒素の損失および植物の生育阻害をもたらすことがある．ウレアーゼ活性を抑制すれば，尿素の施用効率を向上させ，植物に対する障害を軽減することが期待できる．アセトヒドロサム酸，フェニルホスホロジアミデート（PPDA）などはウレアーゼ活性を抑制する作用がある．また，硝酸化成抑制効果があるチオ尿素もウレアーゼ活性を抑制する．そこで，これらをウレアーゼ活性抑制剤として尿素に添加することが考えられた．しかし，たとえば，尿素を施用した水田土壌からのアンモニア揮散に及ぼすPPDAの効果に関する研究[18]があるものの，ウレアーゼ活性抑制剤の効果や実用性に関する研究はほとんどない．これらの剤はウレアーゼ活性に特異的に作用するとはいえないこと，土壌吸着の弱い尿素で残存するとむしろ溶脱が多くなる可能性があること，肥料の施用効率の向上や環境保全に関する効果や意義が不明であること，剤の環境への影響が不明であることなどから具体的な開発は行われていない．ただし，これらの剤は，植物における尿素の代謝やウレアーゼの存在意義，ニッケルの生理作用に関する植物栄養学的研究には利用されている[19]．

〔関本 均〕

文　献

1) 小林　新，藤澤英司，羽生友治：土肥誌，**68**, 14-22 (1997)
2) 小林　新・藤澤英司・羽生友治：土肥誌，**68**, 8-13 (1997)
3) 藤澤英司・小林　新・羽生友治：土肥誌，**69**, 555-560 (1998)
4) 藤澤英司・小林　新・羽生友治：土肥誌，**69**, 582-589 (1998)
5) 羽生友治・小林　新・藤澤英司：土肥誌，**70**, 117-122 (1999)
6) Gandeza, A.T. Shoji, S. and Yamada, I. : *Soil Soi. Soc. Am.J.,* **55**, 1462-1467 (1991)
7) 田中伸幸：山形県立農業試験場特別研究報告，**19**, 10-24 (1994)
8) 井森博志・坂東義仁・友廣啓二郎：福井県農業試

9) 井上恵子・山本富三・末信信二：福岡県農業試験場研究報告A（作物），**13**，17-22（1994）
10) Jarrell, W.M. and Boersma：*Soil Sci. Soc. Am. J.*，**44**，418-422（1980）
11) Hassan, Z.A. Young, S.D. Hepburn, C. Arizal, R.：*Fertilizer Research*，**31**，185-192（1992）
12) Kochba, M. Gambash, S. Avnimelech, Y.：*Soil Sci.* **149**，339-343（1990）
13) 石橋英二・金野隆光・木本英照：土肥誌，**63**，664-668（1992）
14) 小林　新・藤澤英司・久保省三・羽生友治：土肥誌，**68**，487-492（1997）
15) Hara, Y.：*Soil Sci. Plant Nutr.*，**46**（3），693-701（2000）
16) Bremner, J. M. and Blackmer, A. M.：*Science*，**199**，295-296（1978）
17) 陽　捷行：肥料，**26**，46-50（1988）
18) Phongpan, S. *et al.*：*Soil Sci. Plant Nutri.*，**34**，127-137（1988）
19) Watanabe, Y. *et al.*：*Soil Sci. Plant Nutri.*，**40**，545-548（1994）

4.1.6　石灰質肥料

　酸性矯正のために土壌に施用される肥料である．アメリカなどでは石灰資材（liming material）といい肥料とは別に扱われているが，日本では伝統的に肥料に含まれている．

　カルシウムの酸化物，水酸化物などのほか弱塩基の塩が使われる．同時に含まれるマグネシウムにも酸性矯正効果があることから，酸化カルシウムに換算し両者を合算してアルカリ分として主成分を表示する．アルカリ分を含む肥料には石灰質肥料のほかに，リン酸質肥料の熔成リン肥，カリ質肥料の熔成ケイ酸カリ肥料，ケイ酸質肥料の鉱さいケイ酸質肥料などもあるので，これらを施用した場合には石灰質肥料の施用量を調整する．

　なお栄養成分としてカルシウムを葉面散布する場合に使われる塩化カルシウムなどはカルシウム肥料といい，特殊肥料となっている．石灰質肥料ではないので要注意である．

a.　炭酸カルシウム肥料

　石灰石（炭酸カルシウム，$CaCO_3$）を粉砕したもの（ground limestone）であり，炭カルと俗称される．工業用の石灰としては炭酸カルシウムとしての純度が高いものが求められるが，農業用にはマグネシウム質石灰岩，あるいはドロマイト（炭酸カルシウムマグネシウム）に近い石灰岩が重用される．マグネシウムが多いものは（炭酸）苦土石灰と称される．主要産地と分析例は表4.42に示す．

　アルカリ分50％を保証する．酸性矯正力は粒度に影響されるので，粒度の規制がある（1.7 mm全通，600 μm を85％通過）．最近では，効果が長続きすることを狙って粗砕品が好まれる場合もある．ただし化学的に生産されたものでは微粉状なので粒度の規制はない．

　融雪促進を目的に炭酸カルシウムにカーボンブラックを混合して着色した製品も北海道などで市

表4.42　石灰石，ドロマイトの主要産地と分析例

	産地	強熱減量(%)	CaO(%)	MgO(%)	CaO/MgO(モル比)	SiO_2(%)	R_2O_3(%)
石灰石	岩手　弁天山	43.29	53.90	0.91	42.5	1.04	0.31
	栃木　葛生	43.80	54.15	1.14	34.1	0.22	0.08
	〃	44.57	48.10	6.38	5.42	0.10	0.06
	〃	44.12	44.00	8.77	3.61	2.62	0.46
	岐阜　赤坂	46.03	52.70	0.54	70.1	0.12	0.03
	岡山　井倉	43.50	55.05	1.45	27.3	0.02	0.04
	高知　稲生	43.70	55.10	0.49	80.5	0.22	0.02
	大分　津久見	43.48	55.40	0.25	159.0	0.04	0.04
ドロマイト	岩手　宮古	44.34	33.70	19.36	1.25	2.20	0.42
	栃木　葛生	47.00	33.60	18.92	1.28	0.04	0.30
	〃	46.33	33.33	19.58	1.22	0.16	0.28
	岐阜　北山	45.70	33.20	18.72	1.27	1.97	0.33
	福岡　恒見	47.17	31.52	20.92	1.08	0.10	0.20

b. 生石灰

石灰石を焼成すると酸化カルシウム（CaO）を主体とした生石灰（quick lime）が得られる．石灰石を 70～150 mm の固塊状に粗砕して，1,000～1,200℃ で焼成する．その方法にはコークスと混合し炉に装入する混合焼成法，または流体燃料を用いる焼成方法がある．熱消費量は 950 kcal/kg CaO 程度である．

$$CaCO_3 \longrightarrow CaO + CO_2$$

製品としては，CaO 90% 以上のものが工業用，80～90% 程度のものが肥料用となるようである．公定規格ではアルカリ分 80% 以上となっている．

アルカリ分の含量が高く，また反応性も大きい．同一の酸を中和するための必要量は，生石灰を 100 とすると，消石灰 132，炭酸カルシウム 178 である．吸湿性があり，水と反応すると発熱，容積も膨張するので要注意である．生石灰と有機物を一緒にして火災になった例もあるので貯蔵には注意が必要である．

c. 消石灰

生石灰に水を加えて（消化），水酸化カルシウムとしたものが消石灰（slaked lime）である．消石灰 1 t をつくるのに，石灰石 1.64 t，生石灰 0.91 t を要する．

$$CaO + H_2O \longrightarrow Ca(OH)_2$$

アルカリ分 60% 以上を保証する．空気中で放置すると二酸化炭素を吸って炭酸カルシウムに戻る．

d. 貝化石肥料

貝化石（shell-fossil）は古代に生息した貝，ヒトデなどが堆積し化石化したもので富山，石川などに産出する．これを採掘，粉砕した粉末状のものは貝化石粉末であり特殊肥料として扱っている．この貝化石粉末に造粒促進材を加えて粒状化したものを貝化石肥料（granulated shell-fossil）といい，普通肥料となる．アルカリ分 35% 以上を保証する．マグネシウムを保証する場合には，マグネシウムの酸化物または水酸化物を添加してから造粒する．

e. 副産石灰肥料

非金属鉱業，食品工業，化学工業，鉄鋼業または非鉄金属製造業において副産されるもので，カルシウムを含みアルカリ分が 35% 以上保証できるものが該当する（byproduced liming material）．アセチレン製造時のカーバイドかす，精糖業からの副産物などがある．

f. 混合石灰肥料

石灰質肥料どうし，あるいは石灰質肥料に苦土肥料，ホウ素質肥料，または微量要素複合肥料を混合したものである（liming material mixture）．アルカリ分 35% 以上を保証する．

4.1.7 マグネシウム質肥料（苦土質肥料）

マグネシウム（苦土）のみを肥料の主成分とする肥料をいう（magnesium fertilizer）．主成分がマグネシウムのみなので苦土質肥料とはいわない（質をつけない）．マグネシウムを保証する肥料には，熔成リン肥，苦土重焼リン（加工リン酸肥料に属する），石灰質肥料，ケイ酸質肥料などがあり，マグネシウムの供給源としてはそれらのほうが多い．極端にマグネシウム欠乏になった場合に単独に用いられることがあるが，多くは複合肥料などの原料肥料として使われる．

a. 硫酸マグネシウム肥料

公定規格では硫酸苦土肥料（magnesium sulfate）という．硫酸マグネシウム（$MgSO_4 \cdot nH_2O$）を主要構成分とする．結晶水により 7 水塩のエプソム塩（epsomite；斜方晶系，MgO 16.4%）および 1 水塩のキーゼライト（kieserite；単斜晶系，MgO 29.1%）がある．

製塩の際に得られる苦汁（食塩を分離した母液）を $-10℃$ 以下に冷却して析出させ，分離，水洗，乾燥する．必要により再結晶する．エプソム塩であるが，乾燥により結晶水が少なくなった製品もある．水溶性マグネシウム MgO 11% 以上（乾燥

条件により20〜30%）である．

あるいはジャモン岩，カンラン岩，水酸化マグネシウムなどの塩基性マグネシウム含有物に硫酸を加えてつくる．

ドイツなどから輸入されるものには，カリウム鉱石のハートザルツから分離されたキーゼライトがある．

いずれも水溶性であり速効性であるが，キーゼライトは結晶が硬く水に溶解させるのに時間がかかる．葉面散布用には苦汁からつくられるものが主に用いられている．

b. 水酸化マグネシウム肥料

水酸化マグネシウム〔$Mg(OH)_2$；MgO 69.1%〕を主要構成分とし，公定規格では水酸化苦土肥料（magnesium hydroxide）という．

海水に石灰乳を加え沈殿する水酸化物を分離，乾燥する．海水にはMgとして0.13%含有している．

水に対する溶解度は0.0009 g/100 g（18℃）と低いが，クエン酸には溶解するので遅効性である．成分含量が高いので，そのまま用いられることはなく，複合肥料などの原料となることが多い．

c. 腐植酸マグネシウム肥料

ニトロフミン酸に水酸化マグネシウム（あらかじめ焼成した軽焼マグネシアを使うこともある），焼成ジャモン岩粉末を混合，反応させたもので，腐植酸苦土肥料（magnesium nitrohumate）という．商品名アヅミン．他の腐植酸質肥料と同様に肥料成分（マグネシウム）の補給とともに腐植酸の土壌改良効果，肥効発現促進効果をねらったものである．普通肥料であるとともに政令指定の土壌改良資材ともなっている．

d. 加工マグネシウム肥料

加工苦土肥料（amended magnesium fertilizer）といい，ジャモン岩，その他の塩基性マグネシウム含有物に硫酸を加えたものである．硫酸マグネシウム肥料とするほどには硫酸を多くせず，反応を完全に終結させていないものである．クエン酸可溶性MgO 23%以上とともに水溶性MgO 3%以上を含有し，速効性と遅効性のマグネシウムを補給できる．

e. その他のマグネシウム肥料

酢酸苦土肥料（magnesium acetate）は水酸化マグネシウムに酢酸を加えたもの．炭酸苦土肥料（magnesium carbonate）は水酸化マグネシウムに水を加え乳状とし，これに二酸化炭素を吹き込んでつくる．リグニン苦土肥料（magnesium lignin-sulfonate）は亜硫酸パルプ廃液中のリグニンスルホン酸に硫酸マグネシウムを加えたもので，被覆苦土肥料（coated magnesium fertilizer）は苦土肥料を硫黄，樹脂などでコーティングしたものである．副産苦土肥料（byproduced magnesium fertilizer）は食品工業，パルプ工業，化学工業，窯業，鉄鋼業または非鉄金属製造業において副産され，0.5 M塩酸可溶性MgO 40%以上，クエン酸可溶性MgO 10%以上の規格をクリアし，かつ植害試験で害がないものである．

混合苦土肥料（magnesium fertilizer mixture）は，マグネシウム（苦土）肥料を2種以上混合したものをいう．

〔越野正義〕

4.1.8 ケイ酸質肥料

公定規格でケイ酸質肥料として定められているのは，鉱さいケイ酸質肥料，軽量気泡コンクリート粉末肥料，シリカゲル肥料，シリカヒドロゲル肥料，ケイ灰石肥料の5種類であるが，そのほかにもケイ酸を主成分として含み，作物に対するケイ酸の効果が期待できる肥料がある．なお，ケイ灰石肥料は，天然に産出するケイ灰石を粉末にしたものであり，メタケイ酸カルシウムを主成分とする肥料であるが，ほとんど生産されていないので省略する．

a. 鉱さいケイ酸質肥料（ケイカル）
1）製法，成分

鉄をはじめとする各種金属を精錬するとき，あるいは特殊鋼や合金を製造するときに生成する鉱さいを原料とする．現在は，製銑鉱さいやシリコマンガン鉱さいを原料とするものが多い．鉱さい

は，冷却法の違いによって徐冷品と水砕品に大別され，徐冷品は結晶部分が多く，水砕品は非晶質部分が多い．含有される結晶鉱物は，鉱さいの種類によって異なるが，主として melilite（$Ca_2(Al, Mg)(Al, Si)_2O_7$），merwinite（$Ca_3Mg(SiO_4)_2$），enstatite（$Mg_2Si_2O_6$），forsterite（$Mg_2SiO_4$），larnite（$Ca_2SiO_4$）などである．含有すべき主成分の最小量は，可溶性ケイ酸 10％，アルカリ分 35％ であるが，そのほかにク溶性苦土，ク溶性マンガンまたはク溶性ホウ素を保証するものは，可溶性ケイ酸 10％，アルカリ分 20％，ク溶性苦土 1％，ク溶性マンガン 1％，ク溶性ホウ素 0.05％ である．粒径に関する制限事項として，2 mm の網ふるいを全通し，かつ水砕品以外のものでは 600 μm の網ふるいを 60％ 以上通過することが定められている．また，有害成分については，可溶性ケイ酸が 20％ 以上のものにあっては，可溶性ケイ酸の含有率 1％ につき，ニッケル 0.01％，クロム 0.1％，チタン 0.04％ 以下で，最大限度量はそれぞれ 0.4％，4.0％，1.5％ と規制されている．

2）特　性

鉱さいの水中での溶解は，まず水中の水素イオンとのイオン交換反応によってアルカリ分が溶出し，次いで Si–O 結合の加水分解反応や Al–O 結合の解離によって網目構造が崩壊することにより進行する[1]．この第 1 段階のイオン交換反応によって溶液の pH とカルシウム濃度が上昇すると，その後の鉱さいの溶解が抑制されるので，pH 緩衝能が小さい中性溶液に対する溶解性はきわめて低い．水田土壌中では，土壌の pH 緩衝能，あるいは水稲根の呼吸や土壌有機物の分解に伴って発生する二酸化炭素の中和効果によって，鉱さい施用に伴う pH の上昇が抑制され，また養分吸収や溶脱によって土壌溶液の各成分濃度が低下するので，鉱さいの持続的な溶解が進行する（図 4.65）[2]．

図 4.66 に示すように，A/Si 比（アルカリ分/0.5 M 塩酸可溶性ケイ酸含有率）が高い鉱さいほど，水稲に対するケイ酸供給能は高い傾向がある[2]．ま

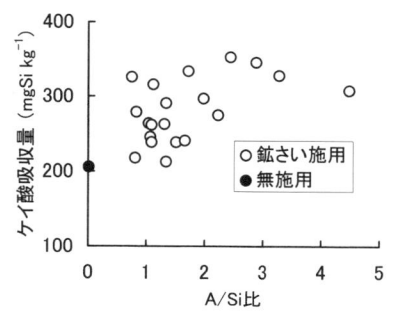

図 4.66　施用した鉱さいの A/Si 比と水稲のケイ酸吸収量（Kato and Owa の報告[2]より作成）

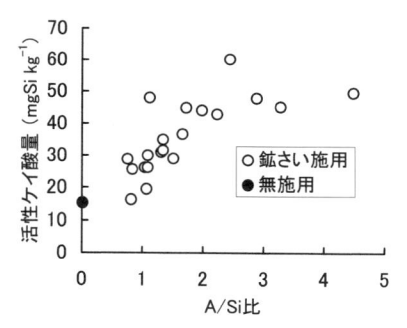

図 4.67　鉱さい施用による水田土壌中の活性ケイ酸量の増加（Kato らの報告[3]より作成）

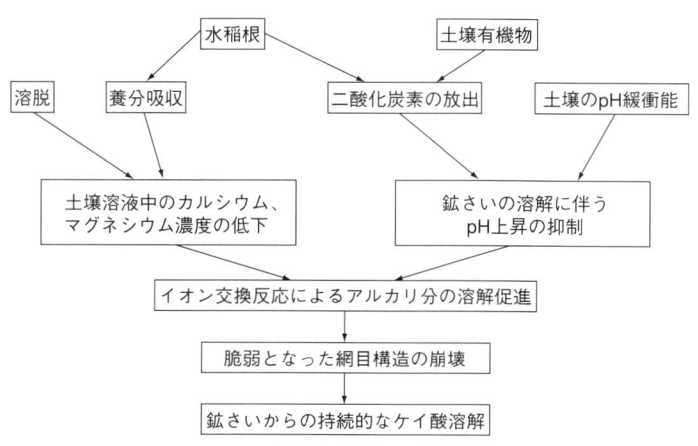

図 4.65　鉱さいケイ酸質肥料の水田土壌中での溶解過程（Kato and Owa の報告[2]より作成）

た、ケイ素の安定同位体^{30}Si を用いた研究により、水田土壌に含まれる活性ケイ酸量（同位体希釈に関与するケイ酸量）は、鉱さいの施用、とくにA/Si 比の高い鉱さいの施用によって増加することが明らかになっている（図4.67）[3]．これらの結果から、アルカリ分の多い鉱さいほど含まれるケイ酸の土壌中での溶解性や肥効が高いと考えられる．ただし、鉱さいの溶解性や肥効は、アルカリ分のほかに、アルミニウム、鉄、マンガンなどの含有率、粒径や結晶化度によっても影響を受ける．

土壌のケイ酸吸着能は、pH によっていちじるしく変化し、pH 8 以下では pH が高いほど増大する．したがって、鉱さいの施用によって土壌 pH が上昇する場合には、土壌によるケイ酸吸着量が増加するので、土壌溶液のケイ酸濃度から鉱さいの溶解性を正確に評価することはできない[3]．

現在、鉱さいケイ酸質肥料の品質は 0.5 M 塩酸で抽出される可溶性ケイ酸量で評価されているが、これは必ずしも水稲に対する効果を反映しない．鉱さい中の可給態ケイ酸の評価法としては、水－弱酸性陽イオン交換樹脂による抽出法がある[4]．この方法は、上述した鉱さいの水田土壌中での溶解過程に基づいて考案されたものであり、一般的な水田土壌でみられる pH 範囲内（6～7）でケイ酸を抽出するので、0.5 M 塩酸法よりも正確に鉱さいの肥効を予測することができる．

鉱さいには多量のカルシウムが含まれているので、ケイ酸の効果のほかに、土壌の酸度矯正効果や有機態窒素の分解促進効果がある．また、マグネシウム、鉄、マンガンなどの微量要素が含まれている．とくに転炉さいは、鉄やマンガンの含有量が多く、また微量のホウ素やリンを含んでいる．これらの養分が欠乏した土壌では、鉱さいの施用によって作物の生育が改善されることが報告されている．

b．シリカゲル肥料，シリカヒドロゲル肥料
1) 製法，成分

日本工業規格（JIS Z 0701）に規定された包装用シリカゲル乾燥剤として生産されたものであり、水ガラスのアルカリを中和し、ゲル化してから水洗して不純物を除去し、加熱乾燥して製造する．平成 11 年度に公定規格が設定された．成分組成は、ケイ酸 99.7%、鉄 0.008%、アルミニウム 0.025%、カルシウム 0.01%、ナトリウム 0.05%、水 0.21% で、アルカリ分などの副成分をほとんど含まない．他のケイ酸質肥料と分析方法が異なるが、可溶性ケイ酸は 80% 以上である．粒径については、75μm の網ふるい上に 70% 以上残留することと定められている．

ごく最近、溶解速度の速いシリカゲル肥料の開発が進められ、シリカヒドロゲル肥料として平成 15 年度に規格が新設された．シリカゲル肥料の製造工程のうち、最後の加熱乾燥を行わないものであり、可溶性ケイ酸は 17% 以上とされている．

2) 特　　性

シリカゲル肥料の pH は 4.5～5.5 程度であるので、水稲の育苗箱に施用することができる．育苗箱施用の場合に期待できる効果を図 4.68 にまとめた．シリカゲル肥料を施用すると、水稲苗のケイ酸含有率が増加するとともに、充実度（地上部乾物重/草丈）が大きくなり、また、苗の発根力や根の酸化力も向上する[5]．このように苗質が改善する理由として、ケイ酸吸収量の増大によって葉身の直立度が向上して群落中の光透過率が向上すること、ならびに気孔が開放してみかけの光合成速度が高まることがあげられる．苗質の改善によって本田移植後の活着が良好となるので、初期生

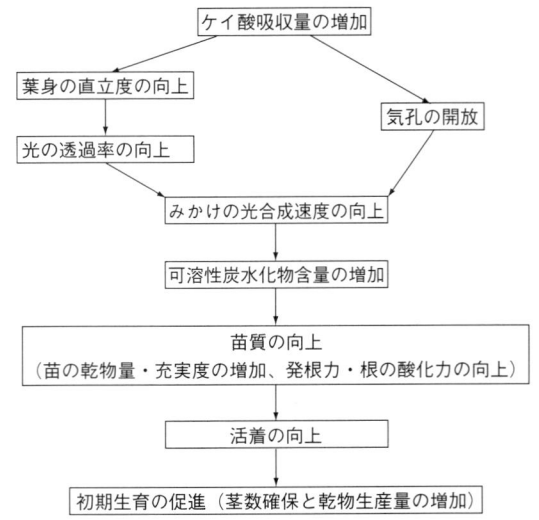

図 4.68　育苗箱施用したシリカゲル肥料の水稲に及ぼす効果（藤井らの報告[5]から作成）

育も良くなる．また，苗いもちに対する発病抑制効果があることも報告されている．

他のケイ酸質肥料と比べて施用量を極端に少なくできるので，施肥労力の軽減効果がある．ただし，土壌のケイ酸肥沃度の向上を目指した本田での多量施用はコスト面で実用的ではない．

シリカヒドロゲル肥料は，本田での流し込み施肥，あるいはロングマット苗の水耕栽培や野菜の養液栽培などへの利用が期待される．

c. 軽量気泡コンクリート粉末
1) 製法，成分

建築用の軽量壁材の規格外品を粉砕してつくられるものであり，主成分は，多孔質ケイ酸カルシウム水和物の一種である tobermorite（$Ca_5[(Si, Al)_6O_{18}H_2]\cdot 4H_2O$）である．原料は，ケイ砂，石灰，セメントなどであり，オートクレーブ内で180℃，10気圧条件下で水熱反応によって製造される．公定規格では，可溶性ケイ酸，アルカリ分ともに15%以上，4 mmの網ふるいを全通することと規定されている．ポーラス状で小さな空隙が多く，比重が小さいという特徴がある．

2) 特　　性

この肥料に含まれるケイ酸は製銑鉱さいに比べて水に対する溶解性が高い．水田に春耕起時に施用すると，全生育期間を通して水稲のケイ酸吸収量が増加し，水稲による吸収利用率は60～70%になる[6]．出穂期に追肥した場合でも利用率は高い．主成分の tobermorite は，水田土壌中で炭酸化され，カルサイト（炭酸カルシウム）とシリカスケルトンに変化することが確認されており，このシリカスケルトンが水稲の生育後期までのケイ酸供給源になっているといわれている．肥料のpHは約10であり，アルカリ性を示すので，カドミウム汚染土壌に多量に施用することにより，水稲のカドミウム吸収を抑制することが可能である．

d. ケイ酸の効果が期待できるその他の肥料

公定規格ではケイ酸質肥料として扱われていないが，近年ケイ酸の効果に重点をおいた肥料が開発されているので紹介する．

1) 熔成ケイ酸リン肥

単位面積当たりの施肥量を減らしながら，リン酸，ケイ酸，苦土，石灰を1回で施用し，散布作業を省力化することを目的として開発された肥料であり，リン酸質肥料に分類されている．保証成分は，可溶性ケイ酸30%，アルカリ分40%，ク溶性リン酸6%，ク溶性苦土12%であり，熔成リン肥に比べてケイ酸が多く，リン酸が少ないのが特徴である．リン鉱石，ケイ石，石灰石，塩基性のマグネシウム含有物を原料とし，溶融後，急冷水砕して得られたものを微粉砕し造粒品とする．平成13年6月に規格が新設，登録された．

ケイカルや熔成リン肥と比べて，中性溶液中でのケイ酸の溶解速度が速い．また，水稲のケイ酸吸収に対する効果もケイカルより高く，施用量を半減しても同等の効果が期待できる[7]．

2) 加工鉱さいリン酸肥料

鉱さいを改質してケイ酸の肥効を高めた肥料であり，平成14年度から販売されている．シリコマンガン鉱さいなどに，溶出促進剤として少量のリン酸を添加し，捏和，反応させて製造する．保証成分は，可溶性ケイ酸10%以上，アルカリ分20%以上，ク溶性リン酸3%以上であるが，さらに，ク溶性苦土，ク溶性マンガンをそれぞれ1%以上，ク溶性ホウ素を0.05%以上保証することができる．水溶性リン酸は1%未満である．

リン酸を加えて改質することにより，鉱さいに含まれるケイ酸の水に対する溶解性がいちじるしく増大するので，作物に対するケイ酸供給源としての効果が向上する[8]．

3) 熔成ケイ酸カリ肥料

鉱さいを有効利用して製造される緩効性カリ肥料であり，平成12年度に規格設定された．保証成分は，可溶性ケイ酸25%，ク溶性カリ20%，アルカリ分15%，ク溶性マンガン2%である．含まれるカリのほとんどがク溶性であり，水溶性カリは少ない．ほかに3%程度の鉄と少量のク溶性ホウ素を含む．主成分は，カリとカルシウムとケイ素の化合物であり，結晶性鉱物として正方晶系の $K_2Ca_2Si_2O_7$ を含む．銑鉄から鉄鋼を製造するときの脱ケイ工程で発生する溶融脱ケイ鉱さいに，炭酸カリウムを添加・反応させ，冷却・粉砕して製造

する．

水稲のケイ酸とカリ吸収に対する効果は，微粉炭燃焼灰から製造される従来のケイ酸カリ肥料と同等である[9]．また，速効性のカリ肥料に比べてカリの肥効は長期間持続し，濃度障害やカリの溶脱が抑制されるなどの利点がある． 〔加藤直人〕

文　献

1) 加藤直人・尾和尚人：土肥誌，**67**，626-632（1996）
2) Kato, N. and Owa, N.：*Soil Sci. Plant. Nutr.*, **43**, 329-341（1997）
3) Kato, N., *et al.*：*Soil Sci. Plant. Nutr.*, **43**, 623-631（1997）
4) Kato, N. and Owa, N.：*Soil Sci. Plant. Nutr.*, **43**, 351-359（1997）
5) 藤井弘志，他：土肥誌，**70**，785-790（1999）
6) 三枝正彦，他：土肥誌，**69**，612-617（1998）
7) 高けい酸質肥料の肥効試験—試験成績書：日本肥糧検定協会（1999）
8) 服部　実，他：フェロアロイ，**43**，8-13（2000）
9) 八尾泰子，他：土肥誌，**72**，25-32（2001）

4.1.9　マンガン質肥料

マンガンは老朽化水田や砂質土壌で欠乏が現れやすく，また野菜・果樹などでの施用効果も高いことから肥料の主成分となっている．その補給にはマンガン入りの複合肥料，あるいはマンガン入り熔成リン肥（ホウ素も一緒に入れたBM熔成リン肥が多い），鉱さいケイ酸質肥料などが使われることが多い．ここに挙げるマンガン質肥料（manganese fertilizer）はこれらの原料肥料となるほか，急激な欠乏の対策として葉面散布をする場合などに使用される．

a.　硫酸マンガン肥料

硫酸マンガン（manganese sulfate；$MnSO_4 \cdot nH_2O$）からなる肥料で水溶性マンガンを含有する．写真材料のハイドロキノンを製造するためにアニリンを二酸化マンガンで酸化する方法があり，この廃液から回収される．純度が比較的高い水溶性MnO 25～32％の製品が得られる．また低品位のマンガン鉱石（炭酸マンガン鉱石，二酸化マンガン鉱石）に硫酸を作用させて製造することもできる．この場合には水溶性MnO 10～20％となる．

b.　炭酸マンガン肥料

炭酸マンガン鉱石〔菱マンガン鉱（rhodochrosite），$MnCO_3$〕を微粉砕したものである（manganese carbonate）．クエン酸に対する溶解性があまり高くないことから，0.5 M塩酸に溶解する可溶性マンガンで評価し，この形態のMnO 30％以上，さらにクエン酸可溶性（ク溶性）MnO 10％以上が公定規格になっている．含量が高いのでマンガン入り肥料の原料となることが多い．

c.　その他のマンガン質肥料

加工マンガン肥料（amended manganese fertilizer）は，マンガン鉱石にマグネシウム含有鉱石（カンラン岩など）を混合し硫酸を反応させたもの．水溶性のマンガン，マグネシウムを含有する．鉱さいマンガン肥料（manganese slag fertilizer）はフェロマンガン鉱さい，またはシリコマンガン鉱さいをいう．クエン酸可溶性マンガンを含有したケイ酸質肥料の性格をもつ．副産マンガン肥料（byproduced manganese fertilizer）は，化学工業において副産されたク溶性MnO 8％以上，水溶性MnO 2％以上含むものである．液体副産マンガン肥料（byproduced liquid manganese fertilizer）も化学工業で副産された液体であり，水溶性MnO 10％以上を保証する．混合マンガン肥料はマンガン質肥料どうし，あるいはマンガン質肥料にマグネシウム肥料を混合したものである．

4.1.10　ホウ素質肥料

圃場でのホウ素の欠乏はビート，ナタネなどで研究がある．その後，野菜・果樹などでも欠乏が多発し施用効果も顕著なことから，野菜，果樹専用肥料にはホウ素（マンガンとともに）が添加され保証されていることが多い．実際のホウ素施用には，ホウ素入りの複合肥料や熔成リン肥，あるいは微量要素複合肥料などが使用されることが多い．ここで述べるホウ素質肥料（boron fertilizer）はホウ素入り肥料の原料として使うことが多い．これは，ホウ素がわずかに過剰になっても害作用が現れやすく，単独に施用すると散布むらになり

植生害が現れることがあり，使いにくいからである．ただし急激な欠乏の対策としてホウ酸，ホウ酸塩などを葉面散布に使用することもある．

a. ホウ酸塩肥料

ホウ酸塩肥料（borate fertilizer）には，ホウ酸のナトリウム塩とカルシウム塩が用いられる．前者は，ホウ砂〔ほうさ（borax）；$Na_2B_2O_7 \cdot nH_2O$（$n = 0, 5, 10$）〕であり，アメリカ・カリフォルニア州トロナにあるサールス湖（Searles Lake）の天然ブライン（ホウ砂 1.6% 含有）から分別結晶法により塩化カリウムなどとともに生産される．結晶水によりいろいろな成分量のものがあり，5水塩（B_2O_3 46.0%）は Tronabor, Agribor などと呼ばれ，輸出用には無水塩（B_2O_3 63〜65%）が Pyrobor，または Solubor（溶けやすいので葉面散布用）と呼ばれている製品がある．サールス湖は全世界の 90% 以上のホウ砂を産し，日本も輸入している．水溶性ホウ素であり，速効性．葉面散布用にはこの形態が多い．

後者のカルシウム塩は灰ホウ鉱〔コールマナイト（colemanite）；$HCa(BO_2)_3 \cdot 2H_2O$；B_2O_3 50.8%〕であり，輸入された鉱石を粉砕して肥料とする．クエン酸可溶性 B_2O_3 35% 以上を保証する．一部は水溶性である．この形態のものは BM 熔成リン肥，複合肥料などの原料肥料となることが多い．

b. ホウ酸肥料

ホウ酸（H_3BO_3）を構成成分とする肥料（boric acid）で，ホウ砂を硫酸で処理して製造する．水溶性 B_2O_3 54% 以上を保証する．ごく少量の輸入がある．

c. 熔成ホウ素肥料

ホウ酸塩，炭酸マグネシウムその他の塩基性マグネシウム含有物に長石，ケイ石，ソーダ灰，またはベンガラを混合，融解したもの（fused boron fertilizer）で，FTE（4.1.11 参照）からマンガンを抜いた形のものである．クエン酸可溶性のホウ素，マグネシウムを保証する．最近の生産はない．

d. 加工ホウ素肥料

ホウ酸塩（ホウ酸）にジャモン岩その他の塩基性マグネシウム含有物を混合し，これに硫酸を反応させたもの（amended boron fertilizer）．水溶性のホウ素，マグネシウムを保証する．

4.1.11 微量要素複合肥料

現在のところ肥料で主成分となる微量要素はマンガンとホウ素に限られる．この2種の成分を保証する肥料を微量要素複合肥料（micronutrient mixture）という．窒素，リン酸，カリウムの入っている複合肥料とは違うので要注意である．

a. 熔成微量要素複合肥料（fused micronutrient mixture）

マンガン鉱石，ホウ砂，長石，ソーダ灰，ホタル石，鉄鉱石などを混合，1,300℃ 程度で融解し，急冷後，粉砕して生産する．一般には FTE（fritted trace elements）と呼ばれている．ガラス状の構造をもち，クエン酸可溶性の MnO 10% 以上，B_2O_3 5% 以上を保証し，さらに MgO 5% 以上を保証するものもある．微量要素が緩効性でありまた含有濃度も低いので，過剰害が発生しにくく，施肥むらにもなりにくい．

微量要素入り複合肥料の原料となることが多い．

b. 液体微量要素複合肥料（liquid micronutrient mixture）

水溶性のマンガン塩，ホウ酸塩を水に溶かしたものであり，さらにマグネシウム塩を加えたものもある．これらの成分に欠乏した作物に対して葉面散布する場合に使われることを目的にしている．主成分の最小量が低く設定されているので，いろいろなグレードのものがある．

c. 混合微量要素複合肥料（mixed micronutrients）

マンガン質肥料，ホウ素質肥料，微量要素複合肥料，またはマグネシウム肥料を混合したものをいう．

表 4.43　農薬が混入される肥料

肥料の種類	混入が許される農薬	混入が許される農薬の最大量（％）
化成肥料	O,O-ジエチル-O-(3-オキソ-2-フェニル-2H-ピリダジン-6-イル)ホスホロチオエート　【ピリダフェンチオン】	1.0 以下
	2,2,3,3-テトラフルオルプロピオン酸ナトリウム　【テトラピオン】	4.0 以下
	1,3-ビス(カルバモイルチオ)-2-(N,N ジメチルアミノ) プロパン塩酸塩　【カルタップ】	1.0 以下
	ジイソプロピル-1,3-ジチオラン-2-イリデンマロネート　【イソプロチオラン】	5.0 以下
	(E)-(S)-1-(4-クロロフェニル)-4,4,-ジメチル-2-(1H-1,2,4-トリアゾール-1-イル) ペンタ-1-エン-3-オール　【ウニコナゾールP】	0.025 以下
	N-(4-クロロフェニル)-1-シクロヘキセン-1,2-ジカルボキシミド　【クロルフタリム】	1.0 以下
	1,2,5,6-テトラヒドロピロロ〔3,2,1-ij〕キノリン-4-オン　【ピロキロン】	2.0 以下
	(2RS, 3RS)-1-(4-クロロフェニル)-4,4-ジメチル-2-(1H-1,2,4-トリアゾール-1-イル)ペンタン-3-オール　【パクロブトラゾール】	0.20 以下
	5-ジプロピルアミノ-α,α,α-トリフルオロ-4,6-ジニトロ-O-トルイジン　【プロジアミン】	0.50 以下
	エチル=N-〔2,3-ジヒドロ-2,2-ジメチルベンゾフラン-7-イルオキシカルボニル(メチル)アミノチオ〕-N-イソプロピル-β-アラニナート　【ベンフラカルブ】	0.80 以下
	S,S'-ジメチル=2-ジフルオロメチル-4-イソブチル-6-トリフルオロメチルピリジン-3,5-ジカルボチオアート　【ジチオピル】	0.30 以下
	N-(4-クロロフェニル)-1-シクロヘキセン-1,2-ジカルボキシミド　【クロルフタリム】	0.50 以下
	および	
	3-シクロヘキシル-5,6-トリメチレンウラシル　【レナシル】	0.50 以下
	1-(6-クロロ-3-ピリジルメチル)-N-ニトロイミダゾリジン-2-イリデンアミン　【イミダクロプリド】	0.50 以下
	3-アリルオキシ-1,2-ベンゾイソチアゾール-1,1-ジオキシド　【プロベナゾール】	0.80 以下
	(E)-N-〔(6-クロロ-3-ピリジル)メチル〕-N'-シアノ-N-メチルアセトアミジン　【アセタミプリド】	1.0 以下
	1-(6-クロロ-3-ピリジルメチル)-N-ニトロイミタゾリジン-2-イリテンアミン　【イミダクロプリド】	0.07 以下
	3-アリルオキシ-1,2-ベンゾイソチアゾール-1,1-ジオキシド　【プロベナゾール】	0.80 以下
配合肥料	1,2,5,6-テトラヒドロピロロ〔3,2,1-ij〕キノリン-4-オン　【ピロキロン】	1.0 以下
	エチル=N-〔2,3-ジヒドロ-2,2-ジメチルベンゾフラン-7-イルオキシカルボニル(メチル)アミノチオ〕-N-イソプロピル-β-アラニナート　【ベンフラカルブ】	0.50 以下
	(E)-(S)-1-(4-クロロフェニル)-4,4-ジメチル-2-(1H-1,2,4-トリアゾール-1-イル)ペンタ-1-エン-3-オール　【ウニコナゾールP】	0.025 以下
	1-(6-クロロ-3-ピリジルメチル)-N-ニトロイミダゾリジン-2-イリデンアミン　【イミダクロプリド】	0.50 以下
家庭園芸用複合肥料	1-(6-クロロ-3-ピリジルメチル)-N-ニトロイミダゾリジン-2-イリデンアミン　【イミダクロプリド】	2.50 以下

注1）含有すべき主成分の最小量の特例，混入上の制限事項はない．
注2）2003年6月現在．

4.1.12 農薬その他の物が混入される肥料

肥料取締法の制定は異物混入による不正な肥料を取締まり，肥料の取り引きを正常にすることが大きな目的であったことから，異物の混入は25条で原則的に禁止されている．ただし同条のただし書きにより，政令で定めた普通肥料に，公定規格で定めた農薬その他の物を公定規格で定めたところにより混入することができることになっている．これまでいろいろなものが公定規格に入れられた経緯があるが，その後，肥料の原料，あるいは材料として整理されている．すなわち，流紋岩質凝灰岩粉末〔大谷石（おおやいし）など〕，ベントナイト，紙パルプ廃繊維，草炭などを混入した複合肥料は成形複合肥料に統合された．鉄，銅，亜鉛，モリブデンは植物栄養学からは微量要素であるが，肥料では効果発現促進材となっている（塩化カルシウムなども追加された）．さらにセッコウは組成均一化促進材，カーボンブラック，ベンガラ，鉄黒（てつぐろ）などは着色材として，それぞれ材料として認めている．

したがって，取締法25条でいう混入が許される物に該当するのは農薬入り肥料のみとなっている．この場合，混合したことにより肥料および農薬の効果が変化しないこと（無効化，薬害の発生がない），貯蔵中の安定性がチェックされる．まず農薬取締法からみて肥料への混合が認められていなければならず，その上で混入が許される肥料と農薬の組み合わせが公定規格に設定されている（表4.43）．

4.1.13 硫黄およびその化合物

土壌のpHを下げることを目的に使われる．北海道においてはジャガイモそうか病の発生抑制のために土壌pHを比較的低く保つことが有効なため，硫酸第一鉄（1水塩）の施用が勧められている．また水稲育苗培土も「むれ苗」の発生抑制のためにpHを下げる必要がある．このような酸性化資材が肥料となることは奇異に感じられるが，肥料取締法第2条の肥料の定義に「土壌に化学的反応をもたらすもの」が含まれるため，この規格が設定された．硫酸第一鉄のほか，硫酸と硫黄華の混合物，亜炭と硫酸の混合物などがある．世界的には硫黄華が用いられる例が多いが，わが国では消防法に基づく規制で貯蔵などに制約があり使用しにくい．

この規格は汚泥肥料などと同様に，かつては特殊肥料とした経緯もあるが，生産方法が化学的工程を経ること，硫黄が肥料成分の有効成分（主成分）にないなどから，主成分の規定がない汚泥肥料などの欄に一括されている．

〔越野正義〕

4.2 有機性肥料

一般に古くから使用されていた油かす類や魚かす類と堆きゅう肥に代表される粗大有機物を含めて有機質肥料と呼称されているが，現在，肥料取締法では公定規格として含有すべき成分の最小量（％），含有を許される有害成分の最大量が保証されている動植物を主原料とした42種類の肥料を有機質肥料としている．その他平成12年10月から，環境と調和した持続性の高い農業生産方式の普及浸透に伴い，堆肥など特殊肥料の適切な施用促進と品質の保全の点から，堆肥など特殊肥料について品質表示を義務づけるとともに，特殊肥料とされている肥料のうちから，品質保全の必要性の大きい汚泥を原料とする肥料を登録制（普通肥料の新たな区分への移行）とした．それらは「下水汚泥肥料」を始めとする8種類で，登録に必要な公定規格は含有すべき成分の保証ではなく，含有が許される有害成分の最大量が定められている．

このように土壌に施用される有機性資材の中には，従来から普通肥料とされている有機質肥料と普通肥料の扱いとなった汚泥を原料とする肥料ならびに堆肥，動物の排泄物，魚かすや蒸製骨などで粉末にしない物などの特殊肥料（この中には含鉄物や石コウなど無機物質も含有するが，ここではそれらも含めた）と緑肥などがあり，本書ではそれらをまとめて有機性肥料とした．

わが国は一時期化学肥料中心の農業生産が続き，地力の消耗が顕在化し，生産力低下や肥料成

分の環境への拡散などが認められたことと，消費者が良質で安全な有機性農産物を要求する傾向が高くなってきたこと，さらに農林水産省が平成11年に「持続性の高い農業生産方式の導入の促進に関する法律」を制定し，その中で，持続性の高い農業生産方式の技術として堆肥その他の有機質資材の施用と化学的に合成された肥料の施用の減少を推進していることなどから，あらためて有機物の施用の必要性が再認識され，有機性肥料の使用量が増大する傾向にある．また，消費者の有機農産物に対する関心の高まりが有機性肥料の消費を拡大している．

有機性肥料はその主体が有機態化合物で，肥料としての効果は土壌中で微生物によって分解されて無機態化合物となってから植物に吸収される．また，分解過程で生成される物質によって土壌の構造などの理化学性が改良される土壌改良材的な働きをもつものがある．このように土壌中での変化の速度によって肥効が発現する時期が変わる（この点については4.2.6項で詳細に記述する）ことから，有機性肥料の種類によって速効性から遅効性まで各種のものがある．なお，有機性肥料の中には分解過程で植物に有害な物質を生成するものがあるので，施肥時期など使用に注意する必要がある．

4.2.1　普通肥料となる有機質肥料

有機質肥料の歴史は古く，江戸時代には菜種油かす，魚かす，干イワシが販売肥料（金肥）として流通していた．明治時代になると大豆かすが使われるようになり，菜種油かす，魚かす，干イワシを含めて，昭和初期まで肥料の中心として使用された．表4.44に示したように大正元年では油かす総量が硫アンの24倍，昭和5年でも1.6倍と有機質肥料の生産量が化学肥料を上まわっていた．有機質肥料の原料のうち，とくに良質なタンパク質を含有するものは餌として利用されていたが，菜種かすなどのような飼料として使用できない品質の劣るものが有機質肥料として利用されていた．すなわち，有機質肥料は古くからその時代を支えていた産業から発生する廃棄物を主原料としている．戦後になって成分含有量が高く取り扱いやすい化学肥料の普及に伴い，有機質肥料の消費量は減少した．たとえば昭和40年には有機質肥料の総生産量が普通肥料の約5%，昭和45年にはさらに約4%までに減少した．当時の有機質肥料に対する需要見通しについてはかなり厳しい見方が大勢を占めていた．ところが最近になって有機栽培に関心が高まり，有機質肥料の施用が回復し，ここ数年の間でも平成2年には普通肥料の全生産量1,207万tのうち，有機質肥料は84万tと約7%であったが，平成11年には有機質肥料生

表4.44　主要肥料の生産量（単位：t）

	普通肥料総量	硫酸アンモニウム	化成肥料	有機質肥料総量	油かす類総量	魚肥類総量	骨粉
大正 元年		7,313			176,813	83,625	25,163
10年		94,763			346,463	79,763	29,850
昭和 5年		265,825	82,044		439,027	114,904	34,234
15年		1,111,155	171,488		380,088	235,167	23,003
24年		1,185,451			312,183	59,822	
35年		2,422,492	2,399,458		612,801	89,476	34,790
40年	14,278,382	2,488,688	3,881,696	734,700	576,588	76,061	42,502
45年	16,478,041	2,210,197	4,455,143	673,683	398,065	152,364	63,984
50年	14,898,499	2,105,455	4,246,841	469,253	327,813	58,515	59,707
55年	14,968,054	1,640,366	4,487,686	723,219	455,533	65,431	75,296
60年	12,858,332	1,637,670	3,762,122	789,392	503,177	55,298	66,522
平成 2年	12,074,062	1,646,058	2,934,440	841,428	468,559	110,386	61,170
7年	10,798,156	1,737,149	2,564,905	780,045	460,031	85,900	68,536
11年	9,748,237	1,705,289	2,204,627	947,728	668,947	81,402	39,065

空欄はデーター不詳．

産量が約95万tに増加し普通肥料生産量982万tの9.7%を占めた．とくにこの間で普通肥料は225万t減少しているのに対して，有機質肥料は11万tの増加である．近年の有機質肥料の増加には，物資循環を大切にした循環型農業・環境保全型農業の推進と，消費者の有機農産物に対する関心の高まりとJAS法で有機農産物および有機農産物加工食品の「有機」表示の規制がスタートしたこと，野菜，果樹の品質向上が期待できるとの評価も大きな要因となっている．

代表的な有機質肥料の生産量を表4.45に示した．有機質肥料の生産量が少なかった昭和45年では菜種かすが有機質肥料総生産量の30%で最も多く，その後も菜種かすの生産量が常に最大で，平成13年には47%と約半分を占め，次に多いものが魚かすの8.7%，乾燥菌体の4.9%とその他の有機質肥料はすべて10%以下である．また，大豆かすの生産量が年によって変動しているが，これは飼料の相場と関係し生産量の一部が飼料に流用されている．なお，骨粉類が平成13年に極端に減少しているが，これは牛の牛海綿状脳症（BSE）の発生で骨粉の消費がストップしたことが原因である．

有機質肥料は原料によって主成分の含有量や分解速度が異なり，効果の発現自体にも大差がある．また，肥効の発現には土壌微生物の働きが必要で，同一有機質肥料であっても温度条件や土壌の性質によって効果の発現が異なる．有機質肥料の一般的な作用として，①肥効発現が緩効的で，持続性がある，②濃度障害が起きにくい，③土壌が酸性化しにくい，④腐植の生成で土壌構造の改善，⑤土壌の生物性の改善，⑥微量要素の供給などの副次効果，⑦キレート化合物を生成し，微量要素の吸収促進，⑧有機質肥料に含まれる有機成分や，分解過程で生成するアミノ酸類による野菜や果樹の品質向上，⑨一部の有機質肥料には分解過程で生成する物質で植物の発芽・初期生育障害，⑩成分含有率が低く投入量が多い，⑪成分あたりの単価が高い，などがあげられる．このうち，①から⑧までは有機質肥料のプラス効果としてあげられるが，⑨，⑩，⑪についてはマイナス要因とされるものである．これらの作用はすべての有機質肥料に共通したものではなく，肥料の種類によって差異があることから，各有機質肥料の特性を十分認識して使用することが必要である．なお，有機物資材の施用効果として地力維持増強効果があるが，有機質肥料は施用目的が養分の供給にあることと，炭素率が低いことから施用量が少なく，地力維持効果がまったくないわけではないが，堆肥のような地力増強効果を望むことには無理がある．しかし，有機質肥料は化学肥料に比べて，効果の持続性や土壌の理化学性と生物性の改善など複合的な効果のあることが経験的にいわれているが，それらについて科学的な証明は不十分であり，できるだけ速い時期に解明されることを期待する．

平成12年現在，登録有効期間6年のものが35種類，3年のものが7種類の合計42種類の有機質肥料が普通肥料とされている．そのうち，代表的な肥料について以下に記す．

a. 動物質肥料

古くから代表的な肥料として用いられていたイワシなどの雑魚を直接乾燥して粉末にした干魚粉末や魚油を搾汁した残さを乾燥した魚かす粉末と，魚から「だし」を抽出した後の魚煮かすなど，魚類の原体およびそれを粉末としたもの．獣骨を処理した肉骨粉，生骨粉，蒸製骨粉などに代表される獣類の原体およびそれを粉末としたもの．登録有効期間3年の鶏を中心とした家きんの糞を乾

表4.45 主要有機質肥料の生産量（単位：t）

	魚かす粉末	肉骨粉	蒸製骨粉	大豆かす	菜種かす	加工家きん糞	乾燥菌体
昭和45年	19,110	10,570	35,620	62,184	201,130	12,884	134
55年	34,593	28,578	28,871	33,186	391,985	31,166	27,649
平成2年	90,391	18,453	23,097	3,531	425,508	39,043	22,167
7年	67,148	30,488	21,830	4,652	394,925	33,867	24,440
13年	65,764	7,937	14,347	26,747	350,866	20,631	36,969

表 4.46　代表的な動物質有機質肥料の特性

肥料名	保証成分（％）		製　　法	特　　性
	含量すべき最小量	有害成分の最大量		
魚かす粉末	窒素全量およびリン酸全量の合計量 12.0％ 窒素全量 4.0％ リン酸全量 3.0％		いわし，ニシンなどを煮てから，圧搾器で油分と水分を除き乾燥したもの．あるいは魚類の加工残さを乾燥粉末にしたもの．	魚の種類や部位および製造法によって成分含有量が相違し，たとえば，油を抽出した残さは肉質部が多く窒素含有量が多いが（にしんかす標準含有量：窒素全量 9.8％，リン酸全量 4.3％,），従来の魚荒かす粉末とされていた物は，魚肉や内臓部に比べて頭部や骨が多く，窒素含有量が少なく，リン酸含有量が多い（鰹荒かす標準含有量：窒素全量，6.0％，リン酸全量 10.7％）．有機物の構成はタンパク態が主なため，有機質肥料の中では分解速度の速い部類で，追肥にも使用できる．また，リン酸の肥効も高い．
干魚肥料粉末	窒素全量 6.0％ リン酸全量 3.0％		いわしや雑魚をそのまま乾燥して粉末にしたもの．	平均的な成分含有量は，窒素全量 7.0％，リン酸全量 5.0％ 前後である．魚かす粉末に比べて脂肪分を含むために，土壌中での分解速度は魚かす粉末よりも若干遅くなるが，植物性の油かすよりは速い．
魚節煮かす	窒素全量 9.0％		魚節を煮て「だし」を抽出したかすを乾燥したもの．	リン酸とカリウムをほとんど含有していないので，窒素全量が平均 10％ 前後含有する窒素質肥料で，魚かすと同様に分解の速い肥料である．
肉かす粉末	窒素全量 6.0％		廃肉を煮てから脂肪と水分を搾出後，そのかすを乾燥粉末にしたもの．	窒素を主成分とし（標準含有量：窒素全量 9.0％），分解が速く，魚かすに類似した効果をもっている．
肉骨粉	窒素全量 5.0％ リン酸全量 5.0％		と殺場や肉加工場からでる廃肉，骨，内臓を蒸気で圧搾乾燥したもの．	骨粉の中では肉質や内臓部が含まれるため，窒素全量が多く，リン酸全量の割合が低い（標準含有量：窒素全量 6.0％，リン酸全量 11.0％）が，リン酸の肥効は魚かす同様に高い．窒素とリン酸の割合は肉と骨の割合によって変化する．
生骨粉	窒素全量およびリン酸全量の合計量 20.0％ 窒素全量 3.0％ リン酸全量 16.0％		骨を水とともに煮沸して脂肪分を除いたあとに乾燥粉砕したもの．	標準含有量が窒素全量 4.0％，リン酸全量 23.3％ で，蒸製骨粉の成分と類似しているが，肥効は骨粉類の中では遅効性である．
蒸製骨粉	1.窒素全量およびリン酸全量を保証するものにあっては窒素全量およびリン酸全量合計量 21.0％, 窒素全量 1.0％, リン酸全量 17.0％ 2.リン酸全量を保証するものにあってはリン酸全量 25.0％		生の骨を砕いて，加圧蒸煮し，脂肪とゼラチンを除去後乾燥，粉砕したもの．	標準含有量は窒素全量 4.0％，リン酸全量 22.3％ と生骨粉と大差がない．肥効は生骨粉より速いが，過リン酸石灰よりは遅い．リン酸の形態は 60％ 前後がク溶性リン酸で，粒径が細かいほど肥効率が高くなる．
蒸製毛粉	窒素全量 60％		羽毛や羊毛くず，くじらの鬚などを加圧蒸熱して粉砕したもの．	羊毛くずを原料としたものは窒素全量 7.0％ 前後，羽毛を原料としたものは窒素全量 12.0％ 前後である．
乾血およびその粉末	窒素全量 10.0％		家畜の血液を加熱凝固したものが乾血で，その粉末を血粉という．	標準成分含有量は窒素全量 11.5％，リン酸全量 1.0％ で，有機質肥料の中で最も分解の速い肥料である．

4.2 有機性肥料

肥料名	保証成分（％）		製法	特性
	含量すべき最小量	有害成分の最大量		
窒素質グアノ	窒素全量 12.0% 内アンモニア性窒素 1.0% リン酸全量 8.0% 内可溶性リン酸 4.0% カリ全量 1.0%		海鳥糞と死体が堆積したもので，南米，アフリカ，オーストラリアの沿岸で産出される．窒素質グアノ，リン酸質グアノ，バッドグアノの3種があるが，窒素質グアノだけが普通肥料となっている．	窒素質グアノは降水量の少ない高温乾燥地帯で堆積しているので，窒素が分解流亡することがなく，窒素に富んでいる．わが国では古くからペルーグアノの名で知られている．良質なグアノほど尿酸態窒素が多く，組成成分が多様のため速効性と緩効性の両面をもつ．リン酸は大部分がリン酸三カルシウムで，肥効が高い．リン酸質グアノは降雨量の多い高温地帯で堆積したもので，窒素は降雨で流され，リン酸はサンゴの石灰と結合して難溶性となったものである．バッドグアノは洞窟の中にこうもりの糞と昆虫の死骸が堆積したもので，海鳥糞とはその成分が大きく異なる．
加工家きん糞肥料	窒素全量 2.5% リン酸全量 2.5% カリ全量 1.0%	窒素全量の含有率 1.0%につきヒ素 0.004%	1. 家禽の糞に硫酸等を混合して火力乾燥したもの． 2. 家禽糞に加圧蒸煮した後乾燥したもの． 3. 家禽糞について熱風乾燥および粉砕を同時に行ったもの． 4. 家禽糞を発酵乾燥させたもの．	主として鶏と鶉の糞が原料となる．単に火力乾燥したものは特殊肥料になる．標準成分含有量は窒素全量 4.0%，リン酸全量 3.0%，カリ全量 2.0% 前後で，そのほかにカルシウム，マグネシウム，微量要素などを含む．鶉糞の場合は窒素含有量が鶏より高くなる．窒素の形態は尿酸態，タンパク態とアンモニア態で，アンモニア態は速効性であるが，有機態は徐々に分解していく．リン酸は可溶性で肥効が高い．
魚廃物加工肥料	1. 窒素全量 4.0% リン酸全量 1.0% 2. 窒素全量およびリン酸全量のほかカリ全量を保証するものにあっては，1に掲げるもののほかカリ全量 1.0%	窒素全量の含有率 1.0%につきカドミウム 0.00008%	魚の荒やイカの内臓などの廃棄物に泥炭などの吸着原料に吸着乾燥させたもの．	産業廃棄物を有機質肥料化した代表的なものである．大部分は窒素とリン酸を保証するが，一部にカリを保証するものもある．原料によっては重金属が生体濃縮されて高濃度含有していることがあるので，カドミウムの最大含有量が規制されている．

燥あるいは発酵させたものと，魚廃物を吸着剤に吸着させたものなど，動物質の原料を加工したもの，などからなる有機質肥料で，窒素とリン酸を主成分としている．表 4.46 に代表的な動物質有機質肥料の特性を表示した．

表示したもの以外に，登録有効期限6年のものとして，

甲殻類質肥料粉末 カニや海老の殻など加工残さを乾燥処理したもので，保証成分として窒素全量 3.0%，リン酸全量 1.0% 以上含有する．それ以外に鉄や銅などの微量必須成分を比較的多く含有している．

蒸製魚鱗およびその粉末 魚の鱗を集めて乾燥し，分解を促進するために蒸製したもので，保証成分として窒素全量 6.0%，リン酸全量 18.0% 以上を含有する．

蒸製てい角粉 動物のひづめや角を分解しやすいように加圧蒸製後粉砕したもので，保証成分として窒素全量 10.0% 以上を含有する．

蒸製てい角骨粉 動物のひづめや角とともに生骨を分解しやすいように加圧蒸製後粉砕したもの，または蒸製てい角粉と蒸製骨粉を混合したもので，保証成分として窒素全量およびリン酸全量の合計量が 15.0% 以上，窒素全量の場合は 6.0% 以上，リン酸全量の場合は 7.0% 以上含有し，リン酸に富む肥料である．

蒸製鶏骨粉 鶏の骨を原料とした蒸製骨粉で，保証成分は窒素全量およびリン酸全量の合計量が 17.0% 以上で，窒素全量の場合は 1.0% 以上，リン酸全量の場合は 13.0% 以上を含有する高

表 4.47 代表的な植物質有機質肥料

肥料名	保証成分		製法	特性
	含量すべき最小量	有害成分の最大量		
大豆油かす及びその粉末	窒素全量 6.0% リン酸全量 1.0% カリ全量 1.0%		大豆から油を絞った残さ，あるいは有機溶媒で抽出した残さ．	植物性油かすの中では窒素含有量が多い部類で，標準窒素含有量は 7.5%，リン酸は 1.7% である．土壌中の分解速度も植物性油かすの中では最も早く，無機化率も高い．大正時代から戦後 30 年頃までは菜種かすよりも生産量が多かったが，有機物が良質のタンパク質で栄養価も高いことから，昭和 40 年代からは飼料として利用されることの方が多く，肥料としての生産量は減少し，年による変動も大きい．
菜種油かす及びその粉末	窒素全量 4.5% リン酸全量 2.0% カリ全量 1.0%		菜種の種子を炒ってから，蒸気で熱し，圧搾または溶媒で油を抽出した残さ，ならびに圧縮残さをさらに溶媒で抽出した残さ．	有機質肥料の中で生産量が最も多い．標準窒素含有量は 5.0%，リン酸含有量は 2.5%，カリ含有量は 1.3% で，窒素の半分がリン酸，リン酸の半分がカリと見てよく，大豆かすよりリン酸含有量が高い．種子を炒るときに加熱しすぎたために色が黒くなっているものや，油の残りが多いものなどは分解速度が遅く，肥効が遅れるので注意が必要である．また，施肥後発芽障害等初期生育を阻害することがあるので，播種・移植は施肥後 2 週間程度経過してからが安全である．
棉実油かす及びその粉末	窒素全量 5.0% リン酸全量 1.0% カリ全量 1.0%		棉実の外果皮を破砕して除去，果肉部を炒り，それを蒸した後搾油した残さ．	標準窒素含有量は 5.7%，リン酸含有量 2.6%，カリ全量 1.7% で菜種油かすと同程度であるが，分解速度は菜種油かすよりも速い．しかし，大豆油かすよりは遅い．初期生育への影響は菜種かすに準じる注意が必要である．
米ぬか油かす及びその粉末	窒素全量 2.0% リン酸全量 4.0% カリ全量 1.0%		米ぬかから油を絞った後の残さ．	飼料用に使われることが多いが，肥料としては標準窒素含有量 2.1%　リン酸含有量 4.2%　カリ含有量 1.6% と植物性有機質肥料の中ではリン酸含有量が多い．しかし，炭素率が高く分解が遅く，肥効は劣る．

リン酸含有肥料である．

蒸製皮革粉　製革あるいは皮革加工工場などから発生する皮革くずを加圧条件下で蒸熱後粉砕したもので，保証成分として窒素全量 6.0% 以上含有しているが，なめしの方法でクロムなめしのものは 11.0% 以上の窒素を含有している．

干蚕蛹粉末　製糸工場から発生する蚕蛹を天火乾燥後粉砕したもので，保証成分として窒素全量 7.0% 以上含有するもので，油脂分を 30% 前後含んでいる．

蚕蛹油かすおよびその粉末　蚕の蛹から油をとったかすで，保証成分として窒素全量 8.0%，窒素全量のほかリン酸全量を保証するものにあっては，窒素全量 8.0% のほかリン酸全量 1.0% 以上含有している．

絹紡蚕蛹くず　紡績工場から発生する絹糸くず，蛹皮，蛹粉を混合したもので，保証成分として窒素全量 7.0% 以上含有している．

b. 植物質肥料

菜種や大豆などの子実や米ぬかなどから油を抽出した残さである油かすと，その粉末が大部分を占めているが，そのほかにたばこくず肥料粉末，豆腐かす肥料なども含まれる．肥料成分としては窒素を主成分とし，少量のリン酸とカリを含有するものが大部分である．油かす類の肥効は魚かす類に比べると全般的に遅い傾向であるが，植物性油かす類の中では大差がない．表 4.47 に代表的な植物質有機質肥料の特性を表示した．

表示したもの以外に，登録有効期限 6 年のものとして次のものがある．

とうもろこし胚芽およびその粉末　コーングリッツ，コーンフラワーなどの製造副産物で，保証成分として窒素全量 2.0% 以上，リン酸全量

2.0% 以上，カリ全量 1.0% 以上を含有している．油分が多いので緩効性の肥料である．

落花生油かすおよびその粉末 落花生の子実から油を絞ったかすで，保証成分として窒素全量 5.5% 以上，リン酸全量 1.0% 以上，カリ全量 1.0% 以上を含有している．肥効は大豆油かすと類似している．

あまに油かすおよびその粉末 アマの種子から油を絞ったかすで，保証成分として窒素全量 4.5% 以上，リン酸全量 1.0% 以上，カリ全量 1.0% 以上を含有している．

ごま油かすおよびその粉末 ごまの種子を炒ってから油を絞ったかすで，保証成分として窒素全量 6.0% 以上，リン酸全量 1.0% 以上，カリ全量 1.0% 以上含有し，大変高価な肥料である．

ひまし油かすおよびその粉末 ひましの種子から油分を絞ったかす，残った油が動物を下痢させるので，他の油かすと異なり飼料にされることはない．保証成分として窒素全量 4.0% 以上，リン酸全量 1.0% 以上，カリ全量 1.0% 以上含有している．

その他の草本性植物油かすおよびその粉末 植物種が明らかな油かす類以外のひまわり，サフラワー，大麻，へちまなどの種子から油を絞ったかすで，保証成分として窒素全量 3.0% 以上，リン酸全量 1.0% 以上，カリ全量 1.0% 以上含有している．

カポック油かすおよびその粉末 オリーブオイルの代替として利用されるカポック（熱帯性喬木）オイルのかすで，保証成分として窒素全量 4.5% 以上，リン酸全量 1.0% 以上，カリ全量 1.0% 以上含有している．

とうもろこし胚芽油かすおよびその粉末 とうもろこし胚芽から油を絞ったかすで，保証成分として窒素全量 3.0% 以上，リン酸全量 1.0% 以上含有している．

たばこくず肥料粉末 タバコの製造から発生するくずとタバコの茎葉からニコチンを抽出した残さを粉砕したもので，保証成分として窒素全量 1.0% 以上，カリ全量 4.0% 以上含有する．

甘草かす粉末 中国，ロシア，中近東で採れる甘草からグリシルリチン酸を抽出した残さを水洗乾燥して粉末にしたもので，保証成分として窒素全量 8.0% 以上を含有する．

豆腐かす乾燥肥料 豆腐製造時に発生するオカラを乾燥したもので，保証成分として窒素全量 4.0% 以上，窒素全量のほかリン酸全量またはカリ全量を保証するものにあっては，窒素全量 4.0% 以上のほか，リン酸全量 1.0% 以上，カリ全量 1.0% 以上を含有している．

えんじゅかす粉末 落葉高木でマメ科のえんじゅのつぼみから医薬品原料を生産するときに発生するかすを加熱乾燥後に粉末にしたもので，保証成分として窒素全量 3.0% 以上，リン酸全量 1.0% 以上，カリ全量 2.0% 以上含有する．

登録有効期限 3 年のものとして次のものがある．

とうもろこし浸漬液肥料 コーンスターチを製造する際に副産品で，とうもろこしを亜硫酸液で浸漬した液を発酵，濃縮したもので，保証成分として窒素全量 3.0% 以上，リン酸全量 3.0% 以上，カリ全量 2.0% 以上，水溶性カリ 2.0% 以上を含有する．有害成分の含有が許される最大値として窒素全量の含有率 1.0% につきヒ素 0.004%，亜硫酸 0.01% になっている．

c. その他の有機質肥料

有機質肥料 42 種類のうち，登録有効期間 3 年で，動物質，植物質に含めた加工家きん糞肥料，とうもろこし浸漬液肥料，魚廃物加工肥料を除く 4 種類で，食品工業，発酵工業，繊維工業などから発生する副産物あるいは廃水処理物を主体とするものと，有機性肥料を混合した肥料である．

1) 乾燥菌体肥料

培養した微生物の菌体を乾燥したもので，肥料取締法で「(1) 培養によって得られる菌体またはこの菌体から脂質もしくは核酸を抽出したかすを乾燥したもの．(2) 食品工業，パルプ工業またはゼラチン工業（なめし皮革くずを原料として使用しないものに限る）の廃水を活性スラッジ法により浄化した際に得られる菌体を加熱乾燥したもの」と定められている．成分含有量は窒素全量を保証するものにあっては窒素全量 5.5%，窒素全量のほかリン酸全量またはカリ全量を保証するも

のにあっては，窒素全量4.0%のほかリン酸全量1.0%，カリ全量1.0%で，有害成分として窒素全量の含有率1.0%につきカドミウム0.00008%以下とされている．なお，乾燥菌体肥料の場合には施肥直後に播種すると発芽あるいは初期生育に障害を起こす恐れがあるために，登録時には「植物に対する害に関する栽培試験」の成績を添付する必要がある．乾燥菌体肥料のうち，肥料取締法の(2)に示されるものは，活性汚泥で得られる余剰汚泥を乾燥したものであり，次項(4.2.2項)に記載される汚泥肥料に相当する．しかし食品工業，パルプ工業，ゼラチン工業の排水には有害成分を含有する恐れが少なく，有効成分含有量も安定していることで成分含有量を保証することができることから，昭和46年に普通肥料として認められている．乾燥菌体肥料の標準成分含有量は窒素全量が7.0%で，肥効の発現は植物質の油かすと類似しているが，廃水の種類と処理方法によって無機化率が低いものがある．

2) 副産動物質肥料

動物質を原料とする食品工業（かまぼこ，すり身製造業）の魚体くずを乾燥させたもの，ゼラチン工業（獣骨や皮革からのゼラチン製造業）から発生する残さを乾燥したもの，その他繊維工業から発生する副産物などで，その実態は廃水処理対策上から廃液を処理したもので，肉かすなどの動物質有機質肥料とは異なる．窒素全量を保証するものにあっては窒素全量6.0%以上，窒素全量のほかリン酸全量またはカリ全量を保証するもにあっては窒素全量およびリン酸全量またはカリ全量の合計が10.0%以上，窒素全量2.0%以上でリン酸全量については2.0%以上，カリ全量については9.0%以上含有している．

3) 副産植物質肥料

植物質を原料としたしょうゆ，アミノ酸，アルコール，ウイスキーなどの調味料，医薬品，アルコール飲料などの生産する食品工業，発酵工業から発生する副産物で，植物油かすとは性格を異にしている．窒素全量を保証するものにあっては窒素全量3.5%以上，窒素全量のほかアンモニア性窒素，リン酸全量またはカリ全量を保証するもにあっては窒素全量およびリン酸全量またはカリ全量の合計が5.0%以上，窒素全量1.0%以上でアンモニア性窒素については1.0%以上，リン酸全量については1.0%以上，カリ全量については1.0%以上含有している．

4) 混合有機質肥料

有機質肥料を2種類以上，または有機質肥料に米ぬか，発酵米ぬか，乾燥藻およびその粉末もしくはよもぎかす粉末を混合したもの．あるいは混合有機質肥料の原料となる肥料に血液または豆腐かすを混合し乾燥したもので，窒素全量およびリン酸全量またはカリ全量の合計が6.0%以上，窒素全量0%以上，リン酸全量については1.0%以上，カリ全量については1.0%以上含有している．

〔吉羽雅昭〕

文　献

1) （財）農林統計協会：ポケット肥料要覧2001年版(2001).
2) 肥料協会新聞部：肥料年鑑.
3) 伊達　昇・塩崎尚郎編：肥料便覧第5版，(社)農山漁村文化協会 (2002).

4.2.2　汚泥肥料など

『肥料取締法』では肥料の種類を「普通肥料」と「特殊肥料」の2つに区分している．1999年7月の肥料取締法の一部改正により，それまで「特殊肥料」に分類されていた汚泥肥料などは，「汚泥を原料として生産される普通肥料その他のその原料の特性からみて銘柄ごとの主要な成分が著しく異なる普通肥料であって，植物にとっての有害成分を含有するおそれが高いものとして農林水産省令で定めるもの」として普通肥料の新たに設けられた区分「汚泥肥料等」に移行した．現在，省令で「下水汚泥肥料」，「し尿汚泥肥料」，「工業汚泥肥料」，「混合汚泥肥料」，「焼成汚泥肥料」，「汚泥発酵肥料」，「水産副産物発酵肥料」および「硫黄及びその化合物」の8種類が指定されている．これにより汚泥を原料として生産される肥料は，これまでの都道府県知事への届出から農林水産大臣への登録が義務づけられた．登録の有効期限は3年である．原料として汚泥を使用した場合にはその量のいかんを問わず，たとえば土壌改良資材の効果を

謳ったものであっても肥料登録が必要となった.「汚泥肥料等」の登録数は2004年2月現在1,216件,総生産量は1,048千t(2002年度)である(肥料年鑑2005年版.以下登録件数,生産量については同出典).

告示された公定規格では,「下水汚泥肥料」,「し尿汚泥肥料」,「工業汚泥肥料」,「混合汚泥肥料」,「焼成汚泥肥料」,「汚泥発酵肥料」の6種類の肥料において,含有を許される有害成分の最大値として,ヒ素,カドミウム,水銀,ニッケル,クロム,鉛それぞれの含有量を0.005,0.0005,0.0002,0.03,0.05,0.01%と定めている.なお,「水産副産物発酵肥料」ではヒ素,カドミウム,水銀が,「硫黄及びその化合物」ではヒ素が,それぞれ上記の値をもって定められている.さらに,「焼成汚泥肥料」,「硫黄及びその化合物」を除く6種類の肥料においては,①『金属等を含む産業廃棄物に係る判定基準を定める省令』による基準(表4.48 規制値参照)に適合する原料を使用したものであること,②植害試験の調査を受け害が認められないものであること,③牛の部位を原料とする場合にあっては,せき柱等が混合しないものとして農林水産大臣の確認を受けた工程において製造されたものであることが制限事項として明示されている.「焼成汚泥肥料」は①および②の項目が,「硫黄及びその化合物」は②の項目が制限事項である.また,『肥料取締法』では「普通肥料を生産し又は輸入したときは,生産業者保証票又は輸入業者保証票を付さなければならない」としており,そこには登録番号,肥料の種類,肥料の名称,原料の種類などに加えて,主要な成分として「下水汚泥肥料」,「し尿汚泥肥料」,「工業汚泥肥料」,「混合汚泥肥料」,「焼成汚泥肥料」,「汚泥発酵肥料」,「水産副産物発酵肥料」は窒素全量,リン酸全量,カリ全量,銅全量(1 kg当たり300 mg以上含有する場合に限る),亜鉛全量(1 kg当たり900 mg以上含有する場合に限る),石灰全量(1 kg当たり150 g以上含有する場合に限る)を記載しなければならない.なお,下水汚泥中に多量に含まれる銅と亜鉛については,『肥料取締法』改正前の1994年に,農林水産省補助事業として全国農業共同組合中央会が中心となって作成した有機質肥料等推奨基準があり,基準値を銅600 mg kg^{-1},亜鉛1,800 mg kg^{-1}としている.

一方,汚泥肥料などの施用に関連する土壌の基準には,土壌中の重金属などの蓄積による植物生育への影響を防止するための通達『農用地における土壌中の重金属等の蓄積防止に係る管理基準』(1984年)があり,暫定的な基準として土壌の亜鉛の含有量を指標とし,基準値を120 mg kg^{-1}(乾土)(強酸分解法)としている.これとは別に,水田土壌に限ってヒ素(土壌1 kgにつき15 mg未満),銅(土壌1 kgにつき125 mg未満),カドミウム(米1 kgにつき1 mg未満)に基準を設けている『農用地の土壌の汚染防止等に関する法律』,土壌全般に係る『土壌の汚染に係る環境基準』も留意しなければならない基準である.また1999年7月には『ダイオキシン類対策特別措置法』が成立し,ダイオキシン類の土壌に係る管理基準が1,000 pg-TEQ g^{-1}(乾土)以下(土壌の調査指標値250 pg-TEQ g^{-1}(乾土))と定められた.汚泥肥料などの施用によって,ダイオキシン類の土壌汚染があってはならないが,現在,汚泥肥料などに関してダイオキシン類の基準はない.

省令で指定されている「下水汚泥肥料」,「し尿汚泥肥料」,「工業汚泥肥料」,「混合汚泥肥料」,「焼成汚泥肥料」,「汚泥発酵肥料」,「水産副産物発酵肥料」および「硫黄及びその化合物」それぞれについて製品,性質などを述べる.

a. 下水汚泥肥料,し尿汚泥肥料,工業汚泥肥料
1) 下水汚泥肥料

「下水汚泥肥料」は,「①下水道の終末処理場から生じる汚泥を濃縮,消化,脱水又は乾燥したもの,②①に掲げる下水汚泥肥料に植物質若しくは動物質の原料を混合したもの又はこれを乾燥したもの,③①若しくは②に掲げる下水汚泥肥料を混合したもの又はこれを乾燥したもの」をいう.2004年2月現在の登録件数は88件である.なお生産量は76千t(2002年度)である.

下水道の終末処理場から発生する汚泥量は下水道の普及に伴い年々増加している.近年,埋め立てによる下水汚泥の処分の割合が減少し,建設資材としての有効利用の割合が増加している.緑農

地への有効利用には変化がみられず，その量は2002年度では，処分された量210万t（汚泥発生時乾物重量ベース）のうち約14%である[1]．終末処理場の汚泥処理は，濃縮，消化，調質，脱水のプロセスの組み合わせで行われる．脱水した汚泥（脱水汚泥）は無処理のままで，あるいは天日または人工加熱した乾燥汚泥の形で「下水汚泥肥料」として登録される．これらは脱水処理過程で用いられる凝集剤の違いによって，石灰系および高分子系に分けられる．これらの施用によって，前者は土壌pHを高める恐れがあり，後者は低下させる恐れがあるので使用にあたっては凝集剤の確認が必要である．脱水汚泥はコンポスト化されて，後述する「汚泥発酵肥料」となることが多い．

2) し尿汚泥肥料

「し尿汚泥肥料」は，「①し尿処理施設，集落排水処理施設若しくは浄化槽から生じた汚泥又はこれらを混合したものを濃縮，消化，脱水又は乾燥したもの，②し尿又は動物の排せつ物に凝集を促進する材料又は悪臭を防止する材料を混合し，脱水又は乾燥したもの，③①若しくは②に掲げるし尿汚泥肥料に植物質若しくは動物質の原料を混合したもの又はこれを乾燥したもの，④①，②若しくは③に掲げるし尿汚泥肥料を混合したもの又はこれを乾燥したもの」をいう．2004年2月現在，登録件数は274件である．なお生産量は7万t（2002年度）である．

環境省の報告によると2002年度の汲み取りし尿処理量（1,570万kL）および浄化槽汚泥処理量（1,580万kL）のいずれも90%以上がし尿処理施設に投入されている．し尿処理施設において発生する汚泥の大半は焼却，埋立てにより処分されているが，一部は下水汚泥と同様に濃縮，消化，脱水（凝集剤は高分子系が多く使用されている）などのプロセスを経て，「し尿汚泥肥料」となる．また後述する「混合汚泥肥料」，「焼成汚泥肥料」，「汚泥発酵肥料」の原料ともなる．し尿処理の方法は標準脱窒素処理，高負荷脱窒素処理，好気性消化処理，嫌気性消化処理など多岐にわたっており，汚泥の性質に違いがでる．

一方，農林水産省が中央環境審議会に提出した資料によると，集落排水処理施設からの汚泥の発生量は約62万t（濃縮汚泥ベース，2000年度）で，市町村や一部事務組合が主体となって，そのうちの約22%を農地還元している．近年，し尿処理施設，集落排水処理施設からの汚泥はともに，これまでの焼却，埋立てによる処分から有効利用する方向の施策がとられている．

3) 工業汚泥肥料

「工業汚泥肥料」は，「①工場若しくは事業場の排水処理施設から生じた汚泥を濃縮，消化，脱水又は乾燥したもの，②①に掲げる工業汚泥肥料に植物質若しくは動物質の原料を混合したもの又はこれを乾燥したもの，③①若しくは②に掲げる工業汚泥肥料を混合したもの又はこれを乾燥したもの」をいう．2004年2月現在，登録件数は93件である．なお生産量は8万4千t（2002年度）である．

「工業汚泥肥料」で最も多くを占めるのは食品製造業の排水処理施設から発生した汚泥を処理したものである．食品製造業（食品・飲料・飼料・たばこ）から排出される産業廃棄物の約70%が汚泥であるが，排水処理により発生する汚泥の大半は焼却，埋立てにより処分されており，肥料などへの再利用は3.7%（1995年度）程度である[2]．食品製造業から排出される汚泥は窒素を多く含むが，微細で粘着性が強く，通気性が悪いなどの特性をもっている．弱点を補うため多くはコンポスト化されて「汚泥発酵肥料」製品となる．

「食品工業，パルプ工業，発酵工業又はゼラチン工業（なめし皮革くずを原料として使用しないものに限る）の排水を活性スラッジ法により浄化する際に得られる菌体を加熱乾燥したもの」は，「工業汚泥肥料」としてではなく「乾燥菌体肥料」としての登録（都道府県知事）が可能になる．「乾燥菌体肥料」の公定規格は，主成分の最小量として①窒素全量を保証するものにあっては，窒素全量5.5%以上含まれるもの，②窒素全量のほかリン酸全量またはカリ全量を保証するものにあっては，窒素全量4.0%以上，リン酸全量1.0%以上，カリ全量1.0%以上含まれるもの，また有害成分として窒素全量の含有率1.0%につきカドミウム含有量が0.00008%以下と定めている．

b. 汚泥発酵肥料

「汚泥発酵肥料」は「①下水汚泥肥料，し尿汚泥肥料，工業汚泥肥料又は混合汚泥肥料をたい積又は撹拌し，腐熟させたもの，②①に揚げる汚泥発酵肥料に植物質若しくは動物質の原料又は焼成汚泥肥料を混合したものをたい積又は撹拌し，腐熟させたもの」をいう．2004年2月現在登録件数は664件である．なお生産量は78万4千t（2002年度）である．

「汚泥発酵肥料」の生産量は汚泥肥料などの総生産量の約75%（2002年度）を占め，この割合は今後も増えるものと思われる．「汚泥発酵肥料」いわゆる汚泥コンポストは高品質（農産物に対する高い安全性，取り扱いやすさ，土壌改良資材効果，バランスのとれた肥料効果など）で，かつその品質がほぼ一定に保たれていることが求められている．「下水汚泥肥料」，「し尿汚泥肥料」，「工業汚泥肥料」をコンポスト化することによって，①汚泥中の不安定有機物を安定化させ土壌中の酸素欠乏を防ぎ，②C/N比の改善により作物の窒素飢餓を避け，③細菌，害虫，雑草種子の不活性化によりこれらの害をなくし，④汚物感や臭気を軽減するなどの改善がされている．

「下水汚泥肥料」のコンポスト化プロセスは，通常，前処理→一次発酵→二次発酵の3段階を経る．前処理では水分調整，pH調整，通気性の改善のために助材（モミガラ，おがくずなど）が添加される．助材の添加によってC/N比の調整，肥料成分の補充，希釈効果による有害物（重金属など）の低減なども図られる．一次発酵では，好気性条件下で酸素供給と水分補給のための切返し作業を行い，微生物によって易分解性有機物を分解する．また，細菌や害虫の死滅や悪臭物質の分解なども同時に行われる．二次発酵は，難分解性有機物を分解し，フミン酸，フルボ酸および腐植酸などの土壌微生物に有効な有機物を生成する．

発酵を完了した製品は，ふるい分けをして粒径を整えた後，取り扱い，輸送，保管/貯蔵に便利なように袋詰めされる例が多い．さらに最近は，化学肥料のように造粒され，飛散防止や散布機に対応した製品もある．

1999年度末に土木研究所は，国庫補助を受けて建設された下水汚泥のコンポスト施設23個所を対象に，コンポスト製品（汚泥発酵肥料）と原料（脱水汚泥）の成分をアンケートにより調査している（実施時期は『肥料取締法』改正前）．調査結果（表4.48）からみると，肥料の公定規格を超えたものはないが，水銀とカドミウム含有量の高いコンポストがあり注意が必要である．また，保証票の記載を必要とする量の銅，亜鉛，石灰を含有する製品がかなり見られたことから利用の際はこれらの含有量の確認が必要である．「汚泥発酵肥料」の原料となる汚泥には前述したように『金属等を含む産業廃棄物に係る判定基準を定める省令』が適用されるが，本調査結果では基準値内ではあるもののヒ素含有量の高い汚泥が見られた．コンポストの肥効成分の平均的な値は，乾物当たり窒素含有量が2.7%，リン酸含有量が3.8%であり，カリウム含有量は0.30%と低く，原料である下水汚泥の窒素，リン酸，カリウムの含有量を反映して，カリウムの含有量が少ないバランスの悪いものとなっている．最近では，牛ふんなど他の有機質資材とのコンポスト化によって，下水汚泥に欠けているカリウム分を補いバランスのよいコンポストの製造が試みられている．

一方，「し尿汚泥肥料」のコンポスト化にあたっては，農村集落排水や浄化槽汚泥が下水汚泥に比べてその発生量が少ないことから，また周辺に農地をもっていることからも，地域での循環を考慮した助材を考える必要がある．現在，主にモミガラ，稲ワラ，オガクズ，米ぬか，木炭，ゼオライトなどが使われている．

「工業汚泥肥料」についても工場や事業所内で発生する他の有機性廃棄物などから適した助材を選んでコンポスト化することにより，粘着性や通気性が改善された「汚泥発酵肥料」が製造されている．

c. 混合汚泥肥料，焼成汚泥肥料，水産副産物発酵肥料，硫黄及びその化合物

「①下水汚泥肥料，し尿汚泥肥料若しくは工業汚泥肥料のいずれか二以上を混合したもの又はこれを乾燥したもの，②①に掲げる混合汚泥肥料に植物質若しくは動物質の原料を混合したもの又はこ

れを乾燥したもの，③①若しくは②に掲げる混合汚泥肥料を混合したもの又はこれを乾燥したもの」を「混合汚泥肥料」といい，2004年2月現在の登録件数は15件，生産量は2万6千t（2002年度）である．また「下水汚泥肥料，し尿汚泥肥料，工業汚泥肥料又は混合汚泥肥料を焼成したもの」を「焼成汚泥肥料」といい，2004年2月現在の登録件数は60件，生産量は7千5百tである．このほか，「魚介類の臓器に植物質又は動物質の原料を混合したものをたい積又は攪拌し，腐熟させたもの」を「水産副産物発酵肥料」といい，2004年2月現在の登録件数は6件，生産量は7百tである．「硫黄及びその化合物」は土壌のアルカリ性を矯正する資材であるが，「汚泥肥料等」に分類され，2004年2月現在の登録件数は16件，生産量は4百tである．「硫黄及びその化合物」にあっては，保証票に硫黄分全量の記載が必要である．

d. 汚泥肥料などをとりまく最近の動向

わが国では下水汚泥の処分量に占める緑農地への利用量の割合は，近年ほとんど変化はないが，外国では増加の傾向にある．EU諸国（14カ国）では，2005年には汚泥処分量約830万tのうち，緑農地への利用は450万tにおよび，50%を超えると予測されている（欧州環境庁（EEA））．米国でも，下水汚泥の緑農地への利用は，年間処理処分量560万tの約60%に増加している．各国政府は，下水汚泥の緑農地への有効利用を促進するために，品質の改善や有害物質の規制の強化などを図っている．EUでは，欧州委員会（Europian Commission）の第三次汚泥に関する実行文書で，緑農地利用における下水汚泥の重金属含有量および年間施用量の基準値，土壌中の重金属基準値に加えて，下水汚泥中のダイオキシンなど有機汚染物質の基準値を提唱している．米国環境保護庁（US-EPA）は，1993年に設定した下水汚泥の農地等利用と処分に関する基準（Part 503）を見直すため，米科学アカデミー国際調査会（NRC）に，とりわけ人の健康に着目して基準設定に用いられた技術的手法やアプローチなどに関する評価を依頼した．2002年7月に出されたNRCの報告書では，設定当時の基準と現在の科学的データおよびリスクアセスメント手法との整合性の確認，下水汚泥の取扱基準の有効性に関する科学的な調査の必要性などが示された．また，下水汚泥中のダイオキシンについては，2003年10月，5年間の研究をもとに下水汚泥から発生するダイオキシンは人の健康または環境に重大なリスクを与えるものではないとして規制しないことを決めた．

わが国においても，これまで述べてきたように汚泥肥料などが，「特殊肥料」から「普通肥料」に移行したことによって，ヒ素，カドミウム，水銀に加えニッケル，クロム，鉛に基準値が設けられるなど「汚泥肥料等」の品質や安全性がより高められた．また，農林水産省は1999年度から肥料中に含まれるダイオキシン類の含有量に関する調査結果を公表しているが，現段階では「汚泥肥料等」の含有量（表4.49）に問題はないとしている．

規制されている重金属（6元素）のほかに，有機汚染物質の中には下水汚泥中に濃縮されるものも知られてきており，早急に科学的な知見に基づく対策を必要としている．表4.50は欧州委員会が提唱している緑農地利用に関する下水汚泥中の有機汚染物質の基準値である．

一方，わが国では食品の安全・安心のための策定が進められ，2003年7月『食品の安全性の確保のための農林水産省関係法律の整備等に関する法律』による『肥料取締法』の一部改正が行われた．含有している成分である物質が植物に残留する性質からみて，施用方法によっては，人畜に被害を生ずるおそれがある農産物が生産されるものとして政令で定める普通肥料（特定普通肥料）の区分が設けられた．「特定普通肥料」には保証票に適用植物の範囲および施用方法の記載が義務づけられるとともに施用者には施用方法などについての基準の遵守が義務づけられたが，現時点でこの「特定普通肥料」に定められた肥料はない．

〔後藤茂子〕

文　献

1) 加藤 聖：再生と利用, **27** (106), 22-28 (2004)
2) 東レリサーチセンター：汚泥リサイクル技術の最新動向 (2000)

4.2 有機性肥料

表 4.48 下水汚泥を原料としたコンポスト製品と原料の成分

項目	単位	規制値	コンポスト原料				コンポスト製品			
			測定数	平均値	最大値	最小値	測定数	平均値	最大値	最小値
肥料取締法公定規格（含有量）										
水銀	mg kg^{-1}	2	19	0.53	1.6	n.d.	23	0.67	1.9	0.13
カドミウム	mg kg^{-1}	5	19	1.2	4.2	n.d.	23	1.5	3.2	0.4
鉛	mg kg^{-1}	100	14	28	72	0.84	13	26	54	0.68
ヒ素	mg kg^{-1}	50	19	4.6	11.8	1.3	20	4.7	10.3	1.08
ニッケル	mg kg^{-1}	300	6	59	192	12	7	22	45	0.462
クロム	mg kg^{-1}	500	12	41	171	n.d.	11	47	125	14
産業廃棄物に係る基準値（溶出量）										
アルキル水銀	mg L^{-1}	n.d.	18	0	n.d.	n.d.	21	0	n.d.	n.d.
水銀	mg L^{-1}	0.005	18	0.000072	0.0011	n.d.	21	0.0029	0.0049	n.d.
カドミウム	mg L^{-1}	0.3	18	0.00028	0.002	n.d.	21	0.00095	0.01	n.d.
鉛	mg L^{-1}	0.3	18	0.0067	0.03	n.d.	21	0.024	0.15	n.d.
有機リン	mg L^{-1}	1	17	0	n.d.	n.d.	20	0	n.d.	n.d.
六価クロム	mg L^{-1}	1.5	18	0	n.d.	n.d.	21	0.012	0.09	n.d.
ヒ素	mg L^{-1}	0.3	18	0.022	0.26	n.d.	21	0.043	0.25	n.d.
シアン	mg L^{-1}	1	18	0.00028	0.005	n.d.	21	0.00029	0.006	n.d.
PCB	mg L^{-1}	0.003	18	0	n.d.	n.d.	21	0	n.d.	n.d.
トリクロロエチレン	mg L^{-1}	0.3	17	0	n.d.	n.d.	20	0	n.d.	n.d.
テトラクロロエチレン	mg L^{-1}	0.1	17	0	n.d.	n.d.	20	0	n.d.	n.d.
ジクロロメタン	mg L^{-1}	0.2	16	0	n.d.	n.d.	19	0	n.d.	n.d.
四塩化炭素	mg L^{-1}	0.02	16	0	n.d.	n.d.	19	0	n.d.	n.d.
1,2-ジクロロエタン	mg L^{-1}	0.04	16	0	n.d.	n.d.	19	0	n.d.	n.d.
1,1-ジクロロエチレン	mg L^{-1}	0.2	16	0	n.d.	n.d.	19	0	n.d.	n.d.
シス-1,2-ジクロロエチレン	mg L^{-1}	0.4	16	0	n.d.	n.d.	19	0	n.d.	n.d.
1,1,1-トリクロロエタン	mg L^{-1}	3	16	0	n.d.	n.d.	19	0	n.d.	n.d.
1,1,2-トリクロロエタン	mg L^{-1}	0.06	16	0	n.d.	n.d.	19	0	n.d.	n.d.
1,3-ジクロロプロペン	mg L^{-1}	0.02	16	0	n.d.	n.d.	19	0	n.d.	n.d.
チウラム	mg L^{-1}	0.06	16	0	n.d.	n.d.	19	0	n.d.	n.d.
シマジン	mg L^{-1}	0.03	16	0	n.d.	n.d.	19	0.00037	0.007	n.d.
チオベンカルブ	mg L^{-1}	0.2	16	0	n.d.	n.d.	19	0	n.d.	n.d.
ベンゼン	mg L^{-1}	0.1	16	0.000063	0.001	n.d.	19	0	n.d.	n.d.
セレン	mg L^{-1}	0.3	16	0.00032	0.0051	n.d.	19	0.0071	0.13	n.d.
保証票への記載事項（含有量）										
窒素	%		7	2.8	5.3	0.79	19	2.7	6.25	0.62
リン酸	%		6	2.0	4.49	0.43	18	3.8	21	0.99
カリウム	%		6	0.12	0.31	0.044	18	0.30	0.76	0.059
銅	mg kg^{-1}	300	18	218	987	62	22	285	650	104
亜鉛	mg kg^{-1}	900	22	886	2,356	100	23	893	2,500	170
石灰	%	15	5	8	15.3	2.69	8	12	25.2	0.0152
その他（溶出量）										
銅	mg L^{-1}		6	0.20	0.5	0.04	5	1.1	2.3	0.33
亜鉛	mg L^{-1}		6	0.52	1.3	0.1	5	2.7	9.0	0.48
フッ素	mg L^{-1}		1	0.90	0.9	n.d.	2	0.49	0.9	0.07
ホウ素	mg L^{-1}		0	—	—	—	1	0	n.d.	n.d.

n.d.は not detected，測定数は測定を行っている施設数，「平均」は n.d. を 0 として計算．
（再生と利用，**24** (93)，2001．ただし項目，単位について一部改変）

表 4.49 「汚泥肥料等」に含まれるダイオキシン類の含有量（pg-TEQ g^{-1} 乾物）

肥料の種類 調査結果 年度	下水汚泥肥料 '00	下水汚泥肥料 '01	し尿汚泥肥料 '00	し尿汚泥肥料 '01	工業汚泥肥料 '00	工業汚泥肥料 '02	混合汚泥肥料 '00	混合汚泥肥料 '02	焼成汚泥肥料 '00	焼成汚泥肥料 '04	汚泥発酵肥料 '00	汚泥発酵肥料 '01	汚泥発酵肥料 '02	水産副産物発酵肥料 '02
調査点数（銘柄）	3	20	7	20	4	22	1	4	1	10	20	10	22	2
平均値/中央値*	2.8	6.6	4.3	6.9	2.1	0.71	6.3	1.6	0.0065	5.3	12	3.3	6.3	—
最大値	5.5	22	10	16	8.2	36		2.9		20	65	140	97	0.82
最小値	0.8	0.10	0.58	2.1	0.07	0.0062	—	0.76	—	0.019	0.05	0.11	0.013	0.31

*2000, 2004 年度は平均値, 2001, 2002 年度は中央値を示す.
（農林水産省）

表 4.50 下水汚泥中の有機汚染物質のEUにおける基準（提唱）値

有機化合物	基準値（mg kg^{-1} 乾物）
AOX[*1]	500
LAS[*2]	2,600
DEHP[*3]	100
NPE[*4]	50
PAH[*5]	6
PCB[*6]	0.8

ダイオキシン類	基準値（ng TEQ kg^{-1} 乾物）
PCDD/F[*7]	100

[*1] 有機ハロゲン化合物の合量
[*2] 直鎖アルキルベンゼンスルホン酸ナトリウム
[*3] フタル酸ジ（2-エチルヘキシル）
[*4] ノニルフェノールおよびノニルフェノールエトキシレート
[*5] 多環芳香族炭化水素（アセナフテン，フェナントレン，他7化合物）合量
[*6] PCB 28, 52, 101, 138, 153, 180 の合量
[*7] ポリ塩化ジベンゾ-パラ-ジオキシンおよびポリ塩化ジベンゾフラン
(Working document on sludge 3rd draft Brussels 27 April 2000)

4.2.3 特殊肥料

農林水産大臣による特殊肥料の指定（昭和25年農林省告示第117号）は米ぬかなど農家の経験などによって識別のできる簡単な肥料，堆肥など肥料の価値または施肥の基準が，含有主成分量そのものに依存しない肥料などについて行われている．なお，特殊肥料は昭和25年以来，肥料事情に応じてたびたび改正され，平成13年12月現在では46種類が指定されている．特殊肥料を生産，輸入しようとする者は，事業を開始する2週間前までに，その生産する事業場の所在地または輸入の場所を管轄する都道府県知事に届けすることとなっている．わが国の特殊肥料の年間生産量（平成11年度調べ）を表 4.51 に示す．

a. 動物質の特殊肥料

1) 魚かす（魚荒かすを含む）

魚肉食品加工の残さ（くず）で，魚荒といわれる骨質部の多い魚肥である．窒素含量4～6%，リン酸6～10%を含み，カリは1%前後かそれ以下で少ない．形状を肉眼で把握できる魚かすの分解は温度の影響が少なく比較的速やかであるが，粉末のものより遅効性である．魚かすは無機質肥料より，連用しても土壌を悪化することが少ないが，魚かすの多量施用は，アンモニアの集積と土壌pHの上昇によりアンモニアガスの揮散や，硝化過程での亜硝酸の集積により亜硝酸ガスの揮散を促す．魚かすのリン酸肥効は高く，リン酸の利用率は過リン酸石灰よりもはるかに高いという．

2) 干魚肥料

本肥料は北海道ではニシンまたはタラで，その他の地方ではおもにイワシである．これらは予期しなかった大漁があったときに，生のまま海岸にひろげて日光で2～3日間乾燥してつくられる．含有窒素およびリン酸濃度は，それぞれ6.7, 5% 程度ある．魚かすよりも油脂分が高く，そのため分解がやや遅く，肥効の発現も若干遅れるが，肥効の特性や土壌にあてる影響は魚かすとほぼ同等と考えてよい．とくに果樹や茶樹などの永年作物に対する施用効果は期待できる．

3) 肉 か す

廃肉などを煮沸し，浮上する脂肪を除いたのち，圧搾機に移して脂肪と水分を搾出し，搾りかすを乾燥したものである．肉かすの主成分はタンパク質であり，窒素でおおむね8%程度含む．若干含まれるリン酸は材料により異なり，カリはごくわずかである．畑状態における肉かすの窒素無機化率は魚かすよりも若干高いが，初期の硝化率

表4.51 わが国の特殊肥料の種類別生産量（平成11年度）

特殊肥料の種類	生産量（単位：t）	特殊肥料の種類	生産量（単位：t）
魚かす	16,567	発酵乾ぷん肥料	831
甲殻類質肥料	120	人ぷん尿	7,580
蒸製骨	518	家畜および家きんのふん	364,899
肉かす	1,810	家畜および家きんのふんの燃焼灰	5,847
羊毛くず	—	グアノ	110
粗砕石灰石	17,917	きゅう肥	62,493
米ぬか	3,212	堆積肥料	17,352
発酵米ぬか	267	発砲消化剤製造かす	213
発酵かす	97,782	貝殻粉末	17,772
アミノ酸かす	225	貝灰	73
くず植物油かすおよびその粉末	173	貝化石粉末	41,807
草本性植物種子皮殻油かすおよびその粉末	30	製糖副産石灰	77,570
木の実油かすおよびその粉末	600	含鉄物	64,586
コーヒーかす	40,352	微粉炭燃焼灰	73,702
くず大豆およびその粉末	1,058	カルシウム肥料	458
たばこくず肥料およびその粉末	556	石こう	5,230
乾燥藻及びその粉末	11	じんかい灰	81
落棉分離かす肥料	456	おでい肥料	514,369
よもぎかす	—	焼成汚泥	12,619
草木灰	5,353	人ぷん尿処理物	23,984
くん炭肥料	10,038	家畜および家きんのふんの処理物	111,212
骨炭粉末	656	家畜および家きんのふんの処理物の燃焼灰	930
骨灰	47	堆肥	3,387,194
セラックかす	7	石灰処理肥料	10,536
にかわかす	348	硫黄およびその化合物	510
魚鱗	73		
家きん加工くず肥料	249	合計	5,000,385

は魚かすよりもやや低い．

4）蒸製骨

生骨を粗く砕いて，加圧蒸気中で約2気圧にして2～4時間蒸熱し，脂肪とゼラチンを除いて乾燥したものである．窒素が少なく（約4％），リン酸が多く（約19％），生骨よりも肥効が速い．カリは窒素よりもかなり少ない．畑土壌における蒸製骨の窒素無機化率は，おおむね60％程度であり，肉かすや魚かすとほぼ同様である．蒸製骨中のリン酸では，水溶性リン酸はほとんど存在しないが，ク溶性リン酸が60～70％認められる．その肥効は粒径の細かいものほど高く，果樹，茶樹などの永年作物で大きい．蒸製骨のリン酸は緩効性であることから，分解の遅い寒冷地や冬期においては堆肥を併用して分解を速めるようにする．一般に，本肥料の分解は砂土や有機物に富む土壌で速く，粘質土で遅い．蒸製骨中のリン酸は，土壌中でのリン酸の固定が少なく，黒ボク土では作物による利用率が高いという．しかし，アルカリ土壌や干拓地土壌では，含有リン酸が石灰との反応により難溶性リン酸に形態変化をする．

5）蒸製てい角

動物のひずめ，角，骨を蒸熱し，軟化したのち取り出し，乾燥したものである．含有成分は窒素約8％，リン酸約10％を含み，カリはほとんど存在しない．肥効は緩やかであることから，基肥として使用する．

6）羊毛くず

羊毛加工の際に生ずるくずの総称である．窒素を5～9％含むが，その分解が遅く肥効が劣る．

7）牛毛くず

牛の皮を皮革にする過程で発生するくずのうち，毛のくずのみを集めたものである．組成，性質などは羊毛くずと同様である．

8）甲殻類質肥料

カニ殻，エビ殻，シャコ殻，あみなどの水産動

物を乾燥したものである．成分は原料により差があるが，窒素3％以上，リン酸1％以上を含む．

9）干蚕蛹

本肥料は蚕の蛹を乾燥したものであり，窒素とリン酸を数％含む．

b．植物質の特殊肥料
1）米ぬか

米ぬかは玄米中におよそ8％存在する．わが国の玄米生産量を約1,000万tと見積もると，米ぬかは毎年80万t産出される．米ぬかには10％強のタンパク質以外に，20％弱の脂質（ライスオイル）が含まれる．脂質を取り除いたものが米ぬか油粕であり，これは普通肥料となる．脂肪酸の約40％はオレイン酸，約35％はリノール酸である．脱脂ぬかはタンパク質とビタミン類に富むので，飼料用として利用されれるものが多い．米ぬかは，そのままでは常温でリパーゼ（脂肪分解酵素）により脂質の分解を受け，遊離の脂肪酸に変質する．特殊肥料として販売するときは，乾燥品を使用する．

長谷川の分析例によれば，米ぬかには通常，水分約12～14％，窒素約2％前後，リン酸約2.4～4.4％，カリ約2.9～3.5％，カルシウム約0.8～1.0％，マグネシウム1.0～2.8％が存在するという．

前述のとおり，米ぬかは脂質を多く含んでおり，炭素率（C/N）がやや高いために，その分解は油かすなどの有機質肥料よりも遅い．そのために，ホウレンソウやコマツナなどの生育期間の短い作物への使用は不向きである．キュウリ，ナス，ナガイモ，サツマイモ，コムギ，スイカなどの生育期間の比較的長い作物では，米ぬかは基肥として併用無機質肥料ならびに土壌と十分混和して施用する．また，発芽障害や生育障害を避けるために，作物の播種や定植作業は，施用2週間～1カ月後に行う．近年，易分解性炭素を多く含む米ぬかは，水田での表面施用による除草効果および堆肥やぼかし肥料の分解促進材料としての利用が高い．

2）コーヒーかす

本肥料はコーヒーを抽出した残りかすであり，主としてインスタントコーヒーを製造する際の抽出かすを乾燥したものである．コーヒーかすは，全炭素約52.3％，全窒素約2.2％が存在する．易分解性炭素量が多く，炭素率が相対的に大きい（約52）ことは，その単独施用によって，窒素飢餓や阻害物質による生育障害のリスクを伴う．それを回避するために通常，コーヒーかすと無機質肥料の組み合わせ施用，および施用から播種または定植までに，一定期間の放置が必要となる．コーヒーかすの土壌施用は，耐水性団粒の形成を促進し，土壌の物理性改善効果の大きいことが知られる．また，コーヒーかすをマルチ施用した場合，ポリマルチと同様の地温上昇効果および土壌水分保持機能の拡大効果により，ダイズの生育が促進されることが認められる．

3）木の実かすおよびその粉末

油やしの種子中の胚乳から油を採ったかすで，やし核油かすともいわれる．窒素2.5％およびリン酸1.5％を含む．

4）くず大豆およびその粉末

くず大豆または水ぬれなどにより変質した大豆を加熱した後，圧ぺんしたものとその粉末で，窒素2～4％を含む．

5）アミノ酸かす

タンパク質を塩酸で分解してアミノ酸を製造する際に，塩酸に分解しない腐植酸状の残りかすをいう．窒素0.5～2.5％を含む．

6）くず植物油かすおよびその粉末

植物種子を搾油する工程中で，原料の精選作業中に排出されるくず植物種子や事故原料種子を別途に搾油したかすをいう．本肥料は植物の茎葉，雑草の種子，土砂などが含まれることから，品質は一定しない．

7）たばこ肥料およびその粉末

たばこ製造の際発生するくずおよびたばこの茎葉からニコチンを抽出したかすを粉砕したものをいう．窒素1.0～2.0％，カリ4.0～7.0％を含む．

8）乾燥藻およびその粉末

藻類を乾燥したもので，海草肥料である．海草に類するものが主体であるが，あおこなどの淡水性藻が含まれる．

9）落棉分離かす肥料

紡績工場から排出される棉くずを集めたものを

いう．窒素 0.5～1.5% を含み，温床の保温材や堆肥の材料に使われる．

10) よもぎかす

みぶよもぎからベンゼンでサントニンを抽出したかすまたはよもぎを加工してもぐさを製造したかすを乾燥・粉砕したものをいう．窒素 2.5%，カリ 3.5% 程度を含み，主に北海道，富山県，新潟県で生産される．

11) 草木灰

植物体を燃焼させた残りかすをいう．一般には草本性，木本性植物の茎葉，種子皮殻を比較的低温で燃焼させてつくられる．農家が自給肥料としてつくるものが多い．本肥料は原料がさまざまであることから，成分を一定としないが，アルカリ性であり，カリ 3～9%，リン酸 3～4%，カルシウム 1～2%，土壌・ケイ酸 28～70% を含む．

12) くん炭肥料

落葉およびじんあいなどをくん炭化し，これに人ぷん尿を吸収させたものをいう．窒素 0.7%，リン酸 0.4%，カリ 0.7% 程度を含む．

13) 発酵米ぬか

米ぬかを堆積して発酵させたものをいう．とくに北海道の亜麻栽培用に使用される．

14) 発酵かす

アルコールかす，ビールかす，焼酎かす，ウイスキーかすなどの総称である．肥料成分としてはカリなどを含むが，原料により成分が一定しない．

ここでは現在，副産植物質肥料として普通肥料に登録されたビールかすを紹介する．本肥料は，水分 15～20%，腐植質 42.5～48.5%，窒素 4.0～6.0%，リン酸 2.5～3.5%，カリ 0.3～0.5% を含む弱アルカリ性の肥料である．30℃ のびん培養による培養試験によれば，ビールかすの培養 60 日間窒素無機化率は，およそ 20% であり，なたね油かすの約 70% よりはるかに低い．しかし，ビールかす施用区の野菜（レタス，ハクサイ）収量はなたね油かす区と同等であり，また窒素吸収量は，化学肥料（粒状配合肥料）区とほとんど変わらないことが示された．この理由については不明の点が多いが，有機態窒素の直接吸収も視野に入れての解析が必要となろう．

15) 草本性植物種子皮殻油かすおよびその粉末

草本性の植物種子の皮殻を搾油して得られる油かすである．香辛料に使用するからし粉の製造工場で生産されるものが代表例である．本肥料はからし種子の圧搾粉砕後，ふるい上に残るもので，窒素約 5%，リン酸とカリをそれぞれ 1% 程度含む．

〔樋口太重〕

c. 堆 肥

1) 圃場廃棄物堆肥

水田からでる圃場廃棄物である稲わらやもみ殻の有効利用は進んでいるが，堆肥化利用は減少している．畑から出る麦わらについても同様のことがいえる．

露地畑および施設畑から出る野菜屑は圃場にすき込まれたり，圃場周辺に堆積し分解処理することが多く堆肥化利用は少ないが，その有効活用は

表 4.52 わら類および稲わら堆肥の化学組成（%）[3]

種類	水分	T-C	T-N	C/N比	P_2O_5	K_2O	CaO	MgO
稲わら	10	38.0	0.49	77	0.17	1.88	0.51	0.14
オオムギ	10	45.2	0.46	98	0.21	2.18	0.50	0.16
コムギ	10	41.2	0.32	129	0.18	1.76	0.36	0.1
稲わら堆肥	75	28.0	1.64	17	0.77	1.76	1.99	0.55

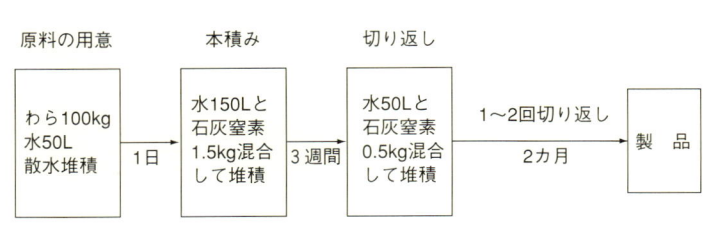

原料の用意　　　　本積み　　　　　切り返し

わら100kg　　　水150Lと　　　　水50Lと
水50L　　→1日→　石灰窒素　→3週間→　石灰窒素　→1～2回切り返し→　製品
散水堆積　　　　1.5kg混合　　　　0.5kg混合　　　　2カ月
　　　　　　　　して堆積　　　　して堆積

図 4.69　石灰窒素を使った促成堆肥生産フロー[2]

i) 稲わら堆肥 (表 4.52)

原料の特徴　稲・麦のわら類は古くから堆肥の原料として使われてきた．全国では年間 1,172 万 t（1996 年）発生している[1]．現在，稲わらの大部分は農地へのすき込みによる直接還元が行われ，堆肥化は少なくなっている．

わら類の成分組成は，品種，土壌の種類，気象条件，肥培管理などの違いによって変動する．全国的に見ると，寒地で生産された稲わらの窒素，リン酸，カリなどの含量は，西南暖地で生産されたものよりも高い傾向があることが認められている．このように条件の違いによって若干の成分変動はあるが，堆肥化に関してはそれほどの影響はない．

堆肥化方法　稲わらの C/N 比は 70 程度と高いため，このままでは半年以上の堆肥化期間を必要とするが，窒素源を添加して C/N 比を 30 程度に調整すれば発酵を速めることができ，3 カ月程度で堆肥化が完了する．窒素源としては，家畜ふん尿や尿素，石灰窒素などの化学肥料が用いられる．

窒素肥料とともに石灰乳（消石灰を水に溶かした物）をふりかけ，C/N 比の低下とアルカリ効果による相乗効果により堆肥化を促進させる方法が，速成堆肥の製造方法として古くから行われている．石灰を用いないで石灰窒素を用いればアルカリ効果と窒素の供給だけでなく，種子などの殺菌効果もあり効率的である．図 4.69 には石灰窒素を用いた促成堆肥の製造法の一例を示した．

堆肥の特徴と施用方法　わら堆肥は，最も古くから使われている基本的なものであり，どんな作物にでも安心して使用できる．稲わら主体でつくると，C/N 比は 20～25 程度となり，わずかに肥料効果があり，露地栽培，施設栽培，鉢物用土など広く利用できる．成分的にカリがやや多いので，連用するときはカリの蓄積に注意する．

標準的な施用量は，水田 10 t・ha^{-1}，露地野菜 10～20 t・ha^{-1}，施設野菜 20～40 t・ha^{-1}，果樹園 10～20 t・ha^{-1} 程度である．

ii) 麦わら堆肥 (表 4.52)

原料の特徴　麦わらの約 72% が有効利用されている[1]が，堆肥化利用は少ない．作型により成分が異なり，水田裏作で生産された麦わらのリン酸，カリ，石灰，マンガン，ケイ酸などの含量は畑地で生産されたものより高い傾向がある．

わら類の堆肥化に関して重要な条件は C/N 比であるが，オオムギでは 100 程度，コムギでは 130 程度と稲わらより高い．このため，窒素源を添加して C/N 比を 30 程度に調整する必要がある．

堆肥化方法　堆肥化方法および施用方法は稲わら堆肥に準じる．

iii) もみ殻堆肥 (表 4.53)

原料の特徴　稲のもみ殻は，年間 232 万 t（1996 年）発生している[1]．現在，もみ殻の約 73% が有効利用されているが，そのままの利用やくん炭利用が多く，堆肥化は少ない．

堆肥化方法　もみ殻は分解がきわめて緩慢であるため，含水率の調整や通気性の改善を目的として，家畜ふんなどの堆肥化の副資材として使われる．

iv) 野菜屑堆肥 (表 4.54)

原料の特徴　野菜屑は圃場に鋤き込まれたり，圃場周辺に堆積し分解処理することが多いが，環境保全型農業が推進されている今日，有効

表 4.53　もみ殻・もみ殻堆肥の化学組成 (%)[3]

種　類	水分	T-C	T-N	C/N 比	P$_2$O$_5$	K$_2$O	CaO	MgO
もみ殻	10	34.6	0.36	96	0.16	0.39	0.04	0.04
もみ殻家畜ふん堆肥	55	32.0	1.1	29	1.2	1.0	1.55	0.3

表 4.54　野菜屑類および堆肥の化学組成 (%)[4]

種　類	水分	T-N	P$_2$O$_5$	K$_2$O	CaO	MgO
野菜屑	61～92	1.3～3.8	0.5～1.8	1.2～11.0	0.1～8.9	0.2～2.5
野菜屑堆肥	60	2.8	2.8	7.5	1.7	0.8

表 4.55 バークおよびバーク堆肥の化学組成（%）[5]

種　類	水分	T-C	T-N	C/N比	P_2O_5	K_2O	Hg	Cd	As
バーク（ヘムロック）	—	53.5	0.21	255	0.04	0.09			
3年堆積バーク	—	51.6	0.32	161	0.07	0.11			
バーク堆肥	60	39.7	1.65	23	0.84	0.45	0.004	0.046	0.069

表 4.56 バーク堆肥の品質基準（全国バーク堆肥工業界基準[5]）

項　目（単位）	特　級	1　級	2　級
水　分（%）	60前後	60前後	60前後
pH（H_2O）	6.0～7.5	6.0～7.5	6.0～7.5
T-C（%）	40～45	45～50	45～50
T-N（%）	1.7以上	1.7～1.2	1.2以下
C/N比	20～25	30前後	35以下
P_2O_5（%）	0.8以上	0.8～0.5	0.5以下
K_2O（%）	0.5～0.3	0.5～0.3	0.3以下
CaO（%）	5以上	5～4	4以下
MgO（%）	0.3以上	0.3～0.2	0.2以下
CEC（$cmol_c \cdot kg^{-1}$）	80以上	80～70	70以下

幼植物試験：生育障害・異常を認めないこと.

活用が重要な問題となりつつある．野菜類は種類が多く，その性状にも大きな違いがあるため，現在のところ堆肥化などの有効利用技術開発は不十分である．野菜屑の発生量は正確には把握されていないが，軟弱野菜の類を除くと，一般的に1haあたり生重で5～20tの野菜屑が排出される[4]．

堆肥化方法　野菜屑は窒素とカリが多くリン酸が少ない傾向にあるが，葉菜類やキュウリのように比較的養分含量の高いものもある．成分的には問題はないが，堆肥化する上での最大の問題は含水率の高さであり，乾燥するか水分調節材を添加し，堆肥化に適した含水率である60%程度にすることができれば，良質の堆肥の生産が可能になるといえる．

堆肥の特徴と施用方法　野菜屑だけでつくられたものは生ごみ堆肥と類似した効果がある．しかし，原料により大きく異なるので，製品の分析結果をみて用途を判断する必要がある．

2）木質系廃棄物堆肥

木材産業から排出される樹皮（バーク），おが屑，木屑の残廃材は，年間約547万t（1996年）発生している[1]．発生量の95%が有効利用されており，そのうちの一部は，家畜敷料や堆肥原料に利用されている．木質系資材の堆肥化には，長い期間が必要であり，未熟物では長期間にわたる窒素飢餓が生じることがある．また，公園や街路樹の剪定屑の堆肥化が，近年，自治体や企業で行われるようになった．

i）バーク堆肥（表4.55）

原料の特性　堆肥原料のバークは，国内外の広葉樹や針葉樹などの樹皮（バーク）が用いられているが，アメリカ産のヘムロック（米ツガ）が最も多い．樹皮には木を守るために，微生物に分解されにくいフェノール性酸などが含まれている．また，繊維成分も構造的に微生物分解を受けにくいため，堆肥として土壌施用しても長期間を要し，土壌の物理的な改善効果が長期間持続する．しかし，フェノール性酸などは，作物根にも障害を及ぼすため，堆肥化によりあらかじめ分解し，無害化する必要がある．

堆肥化方法　新鮮な樹皮をすぐに堆肥化することはなく，あらかじめ数年間堆積したものを使用する．堆肥化の方法の例を図4.70に示した．樹皮を広葉樹で1～2年，針葉樹で2～3年野外に堆積した後，窒素源を混合して1年程度堆積発酵させる．窒素源は，鶏ふんが最も一般的に用いられ，バーク1tに対し，乾燥鶏ふん50kgを混合する．化学肥料を用いるときは，硫安20kgか尿素10kg

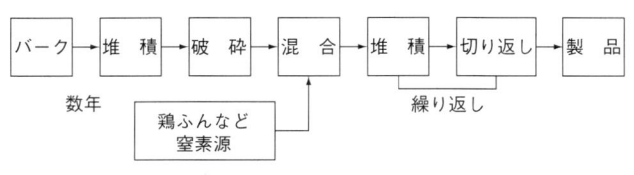

図 4.70 バーク堆肥フロー[5]

表 4.57　剪定屑および剪定屑堆肥の化学組成（%）[4]

種類	水分	T-C	T-N	C/N比	P_2O_5	K_2O	CaO	MgO
剪定屑	14	50.7	0.86	59	0.16	0.41	1.54	0.3
剪定屑堆肥	73	40.4	2.03	20	0.48	0.88	3.34	0.77

程度を混合する．

バーク堆肥には品質基準が定められおり品質管理が厳重に行われている．全国バークたい肥工業会の基準を表4.56に示した．

堆肥の特徴と利用法　バーク堆肥の特徴は難分解性にあり，他の堆肥に比べ安定した物理性改良効果が得られるため，鉢物や育苗培土などの良好な物理件を長期間にわたって維持する目的で用いる．

バーク堆肥は，軽く通気性が良く，多孔質で保水性が良いが，肥料効果はほとんど期待できない．これは，窒素成分が少ないためC/N比が40以上と高く，土壌中で分解するのに3～5年を必要とするためである．

標準的な施用量は，水田 $10\,t\cdot ha^{-1}$，露地野菜 $20\,t\cdot ha^{-1}$，施設野菜 $40\,t\cdot ha^{-1}$，果樹園 $20\,t\cdot ha^{-1}$ 程度である．

ii）剪定屑堆肥

原料の特性　街路樹や公園から剪定屑が排出され，一部は有効利用されているが焼却されているものも多い．街路樹に多いのは，イチョウ，ユリノキ，サクラ，ケヤキ，トウカエデなどが多く，公園にはマテバシイやクスノキなどの常緑樹が多く植えられている．樹木の剪定は，一般には夏と冬の2回に集中して行われ，樹種も時期によって異なる[4]．

堆肥化方法　葉と枝がバランスよく混合した原料を使うことが大切であり，枝だけでは堆肥化は困難である．枝だけの場合や針葉樹だけの場合は窒素を補って堆積することが好ましく，窒素源としては，米ぬか，油かす，鶏ふんなどの有機肥料が適している．

剪定屑は樹種によっては，作物根に有害なフェノール類を多く含む物があるので注意が必要である．一般に針葉樹にフェノール類は多く含まれているが，広葉樹でも，イチョウ，クリ，サクラには多く含まれている．これらの資材は，堆積期間に十分に注意する必要があり，最低6カ月の堆積が必要である．

堆肥の特徴と施用方法　C/N比が高く，窒素の効果はほとんど期待できないので，物理性改良を目的とした土づくり堆肥として使う．家畜ふん堆肥と混合して使うのがよい．また，堆積発酵が十分でないと紋羽病や虫害の可能性があるため，6カ月以上の十分な堆積発酵期間を必要とする．成分的にカリが多いので，連用するときはカリの蓄積に注意する．

標準的な施用量は，水田 $10\,t\cdot ha^{-1}$，露地野菜 10

表 4.58　家畜ふんおよび家畜ふん堆肥の化学組成[7,8,9]

種類	水分	T-C	T-N	C/N比	P_2O_5	K_2O	CaO	MgO	Hg	Cd	As
牛生ふん	80	34.6	2.19	15.8	1.78	1.76	1.7	0.83			
牛ふん堆肥	66	33.3	2.10	15.9	2.06	2.19	2.31	0.99	0.011	0.027	0.009
木質混合牛ふん堆肥	65	38.5	1.66	23.2	1.59	1.7	1.91	0.75			
豚生ふん	69	41.1	3.61	11.4	5.54	1.49	4.11	1.56			
豚ぷん堆肥	53	35.4	2.86	12.4	4.11	2.23	3.96	1.35	0.006	0.1	0.085
木質混合豚ぷん堆肥	56	36.5	2.11	17.3	3.37	1.84	3.35	1.08			
採卵鶏乾燥ふん	64	48.8	6.18	7.9	5.19	3.10	10.98	1.44			
ブロイラー乾燥ふん	40	31.2	4.0	7.8	4.45	2.97	1.6	0.77			
鶏ふん堆肥	39	29.3	2.89	10.1	5.13	2.68	11.32	1.36	0.003	0.16	0.17
木質混合鶏ふん堆肥	52	33.8	1.93	17.5	4.09	2.14	9.12	0.96			

~20 t·ha^{-1}, 施設野菜 20～40 t·ha^{-1}, 果樹園 10～20 t·ha^{-1} 程度である.

3) 家畜排泄物堆肥 (表4.58)

家畜ふんは, 有機物としての性質の良さと入手の容易さから, 古くから使われている最も一般的な有機物である. 家畜ふんは, 牛ふん, 豚ふん, 鶏ふんが主体であるが, 他にも少数ではあるが馬ふんやウズラふんも利用されている.

i) 牛ふん堆肥

原料の特性 稲わらが堆肥原料として使われなくなってから, 堆肥原料の主役は牛ふんが担ってきた. 牛は個体あたりの排出量が多く, 搾乳牛では1頭1日あたり45 kgのふんと13 Lの尿を排出し, 305 gもの窒素が含まれている[6].

成分含量は生育段階や飼料の種類によっても異なるが, 畜舎での尿の分離程度によっても異なる. また, 機械的な固液分離を行えば養分含量は低下する.

堆肥化方法 含水率が高いため, 含水率を低下させることが必要である. 含水率を低下させるためには, ハウスなどで乾燥させるか, 含水率の低いおが屑やもみ殻などの副資材を混合することが必要である. 牛ふんのC/N比は堆肥化に適正な範囲にあるので, 窒素の少ない副資材を多量に混合するときは, 窒素成分を加えると堆肥化が促進される場合がある.

堆肥化過程でアンモニアが発生して悪臭がするが, これを抑制するために過リン酸石灰を混合することもある. 堆肥化の方法を図4.71に示した.

安心して使用できる堆肥となるためには, ふん主体の物で, 3カ月以上, おが屑混合物では6カ月以上の堆積発酵が必要である.

堆肥の特徴と施用方法 副資材を多量に添加することなく, 牛ふんを主体に堆積発酵したものは, 適度な肥料効果を有し, どんな作物でも使用できる.

水分調節のための副資材として, おが屑などの木屑を混合し, 堆積発酵したものは, 養分含量が低下し, C/N比が20以上と高くなるので, 窒素の効果はほとんど期待できないため, 土づくり堆肥として使う. また, 木質を多量に混合した場合は, 堆積発酵が十分でないと紋羽病や虫害の可能性があるため, 6カ月以上の堆積発酵期間を必要とする.

標準的な施用量は, 水田 10 t·ha^{-1}, 露地野菜 10～20 t·ha^{-1}, 施設野菜 20～40 t·ha^{-1}, 果樹園 10～20 t·ha^{-1} 程度である.

ii) 豚ぷん堆肥

原料の特性 成豚では1頭1日あたり3 kgのふんと7 Lの尿をする[6]. 生ふんの, 成分は窒素とリン酸が多い特徴がある. C/N比は11程度と低い.

堆肥化特性 含水率はやや高い程度であるが, C/N比が低いため, C/N比の高いおが屑など植物系の副資材を混合することが必要である.

豚舎でおが屑を敷料に用い, 半年から1年間飼育豚に踏ませて撹拌発酵させるハウス養豚があるが, これから出た堆肥はそのまま堆積発酵できる.

堆肥の特徴と施用方法 副資材を多量に添加することなく, 豚ぷんを主体に堆積発酵したものは, 窒素がリン酸が多く, C/N比が低いため肥料効果に注意しながら使う必要があり, 過剰施用すると作物生育が不良になることがある. とくに縦型発酵槽でつくられたものは, 肥料効果が高いものが多い.

標準的な施用量は, 水田 5 t·ha^{-1}, 露地野菜 10 t·ha^{-1}, 施設野菜 20 t·ha^{-1}, 果樹園 10 t·ha^{-1} 程度である.

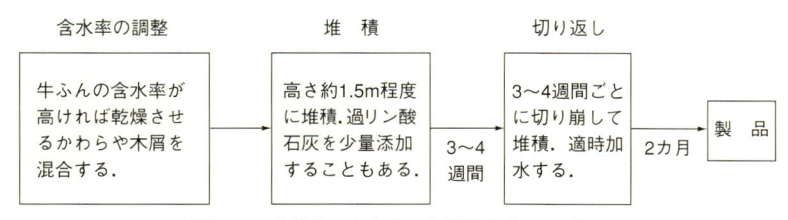

図4.71 乾燥牛ふんを使った堆肥生産フロー[2]

iii）鶏ふん堆肥

原料の特性　鶏類の排泄物にはふんと尿の区分がなく，窒素は尿素の形態をしている．1羽1日あたりのふん量は130g程度であるが，他の家畜と異なり飼育個体数が多いので排出量は多い[6]．採卵鶏とブロイラーでは成分に違いがある．採卵鶏ではリン酸と石灰が多いのが特徴である．C/N比は低く，6から8程度である．

堆肥化特性　含水率は問題ないが，C/N比が低いため，C/N比の高いおが屑など植物系の副資材を混合することが必要である．

鶏ふんは発酵させるよりも乾燥施設で乾燥させ，乾燥鶏ふんとして流通しているものが多い．

堆肥の特徴と施用方法　乾燥ふんは窒素の分解も早く，有機肥料として使う．縦型発酵槽で処理した物は肥料効果は若干落ちるが，有機肥料的色彩が強い．

副資材を多量に添加することなく，鶏ふんを主体に堆積発酵したものは，肥料窒素がリン酸が多く，C/N比が低いため肥料効果に注意しながら使う必要があり，過剰施要すると作物生育が不良になることがある．

標準的な施用量は，水田 $5\,t\cdot ha^{-1}$，露地野菜 $10\,t\cdot ha^{-1}$，施設野菜 $10\sim20\,t\cdot ha^{-1}$，果樹園 $10\,t\cdot ha^{-1}$ 程度である．

4）都市廃棄物堆肥

生活に伴う廃棄物で，一般廃棄物である生ごみ以外の食品産業廃棄物についてもこれに含める．生ごみは年間2,028万t（1995年），食品加工に伴う食品屑や食品かすは年間248万t（1993年）が排出される[1]．これらの有効活用はこれからの大きな課題である．

i）生ごみ（厨芥類）堆肥

原料の特性　家庭から出される生ごみの量や組成は，条件によって大きく異なるが，京都市の調査事例[10]では，調理屑が $0.5\sim0.6\,kg\,kg^{-1}$，食べ残しが $0.3\sim0.4\,kg\,kg^{-1}$，残り $0.1\,kg\,kg^{-1}$ が異物である．生ごみの成分は，その日の食べものにより大きな違いがあるが，乾燥した生ごみの肥料成分は，一般的な堆肥の原料である牛ふん以上の肥料成分が含まれている．

家庭から排出される生ごみは石灰が多いが，これは卵の殻や骨が多く混合するためである．また，生ごみは塩の害が心配されるが，ナトリウムや有害重金属含量もそれほど多くなく，農業利用上，問題はない．

事業所系の生ごみ堆肥についての東京農大の調査結果[11]では，肥料成分が多く含まれている．業種別に比べると，残飯類の多いホテルごみとレストランごみは，窒素＞リン酸＞カリであるが，スーパーごみと市場ごみは野菜屑が多くなるためカリ含量が高い．とくに野菜屑が中心の市場ごみは，カリが最も多く含まれている．

堆肥化方法　家庭や事業所（食堂）など排出

表4.59　家庭および事業所の生ごみ処理物の化学組成[2,11]

	種類	水分	pH	C/N比	T-N	P_2O_5	K_2O	CaO	MgO	Na	Hg	Cd	As
家庭	乾燥型	12	5.4	11.2	4.54	1.37	1.33	8.26	0.31	0.57			
	分解型	31	8.2	17.5	2.52	1.15	1.83	6.75	0.36	0.68			
事業所	ホテル	8	5.2	10.1	4.97	1.53	1.14	3.86	0.19	0.84	ND	0.013	0.026
	スーパー	25	6.1	8.2	5.42	1.68	2.80	3.57	0.42	1.1	ND	0.024	0.037
	市場	13	7.5	10.3	3.8	1.44	5.30	2.94	0.69	0.61	ND	0.053	0.117
	レストラン	8	5.6	11.8	3.93	1.57	1.18	4.28	0.21	0.87	ND	0.022	0.175

表4.60　生ごみを利用した堆肥の化学組成[11]

種類	水分	C/N比	T-N	P_2O_5	K_2O	CaO	MgO	Na
生ごみ主体	15	7.9	5.75	2.47	1.76	4.35	0.23	0.66
生ごみ＋菌床	19	18.8	2.52	0.44	0.58	2.80	0.08	0.56
生ごみ＋落葉	44	9.2	2.01	1.56	2.28	5.16	0.95	0.28
生ごみ＋もみ殻	51	25.3	1.45	1.74	5.58	1.74	0.53	0.57

表 4.61　おからとおから堆肥の化学組成 (%)[4]

種　類	水分	T-C	T-N	C/N比	P_2O_5	K_2O	CaO	MgO
おから	79	49.8	4.36	11.4	0.83	1.60	0.31	0.16
おから堆肥	73	44.7	3.63	12.3	2.39	4.04	1.06	0.43

表 4.62　コーヒーかすとコーヒーかす堆肥の化学組成 (%)[4]

種　類	水分	T-C	T-N	C/N比	P_2O_5	K_2O	CaO	MgO
コーヒーかす	66	55.2	2.17	25.4	0.24	0.44	0.14	0.2
コーヒーかす堆肥	31	49.2	3.63	13.6	3.84	1.78	0.16	0.34

場所で直接処理することを目的として，急速堆肥化装置が販売されている．急速堆肥化装置は乾燥型と微生物分解型がある．乾燥型は数時間で熱風乾燥させ減容化するものである．微生物分解型はおが屑などの基材（菌床）中で数日間微生物分解させるものであるが，おが屑などを含むため，乾燥型で処理したものに比べ成分含量が低い．

生ごみを直接堆肥化するには，分別収集して他の資材と混合して含水率を低下させて堆肥化することが必要である．図4.72に，その1つの事例（長井市レインボープラン）を示した．1999年度実績では，生ごみが1,351 t，家畜ふん434 t，籾殻451 tで推定生産堆肥は約600 tである．堆肥化には約80日を要し，一次発酵は横型パドル式で脱臭は土壌脱臭方式である．堆肥の品質はC/Nが14〜18で安定し，農家や家庭菜園まで広く利用されている．

堆肥の特徴と施用方法　生ごみを急速に処理した資材は表4.59のように肥料成分が多く含まれており，堆肥というより有機肥料としての性格が強い．また，生ごみは発生場所による成分のばらつきがあるため，その性質を理解して使用することが必要である．

生ごみ堆肥の肥料成分の例を表4.60に示したが，混合する副資材により肥料成分量は大きく変化する．生ごみ主体の物は有機肥料に相当する肥料成分を含むが，もみ殻や落ち葉の混合により一般堆肥なみの成分量になる．このような資材は通常の堆肥のように10〜20 t·ha^{-1}でよいが，生ごみ主体の製品を使用する場合は肥料成分量に注意し，通常の堆肥の半量程度（10 t·ha^{-1}以下）の施用量とする．

ii）おから（豆腐かす）堆肥（表4.61）

資材の特性　おからは，豆腐製造で豆乳を採るときのろ過残さで，大豆の皮および細胞壁を主体とする不溶性部であるが，おからの中には絞り切れなかった豆乳が残っており，易分解成分が多い．豆腐だけでなく，油揚げや凍豆腐の製造も豆腐と同様であり，おからを発生する．また豆腐には，絹や木綿などの種類があるが，いずれも豆乳生産後の処理による違いであるため，おからの性状に大きな違いはない．

堆肥化方法　水分含量が高く，容易に腐敗するため，生産されたものはただちに堆肥化するか，もしくは乾燥させる必要がある．また，タンパク質が多く窒素含量が高いため，C/N比の低い素材と組み合わせることも有効である．

また，窒素成分が多いため，堆肥化の過程でア

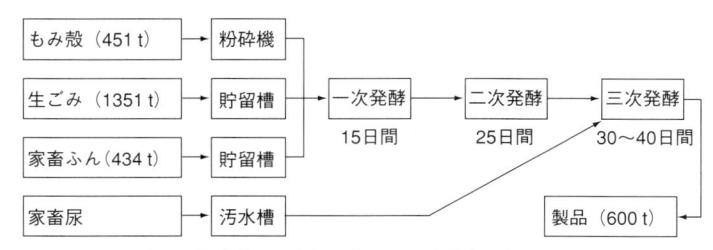

図 4.72　生ごみと家畜ふんを組み合わせた長井市の堆肥生産フロー[11]

ンモニア揮散による悪臭の発生や環境の汚染が懸念されるため，発酵装置は，密閉型発酵槽の使用や脱臭装置の設置が必要となる．

iii) コーヒーかす堆肥 (表 4.62)

原料の特性　コーヒーかすの性状は，粉砕方法によって粒径が異なるが，数 mm 以下の黒色の粉末である．pH は弱酸性であり，窒素以外の成分は少ない．C/N 比は 25 程度あるが，コーヒーかすに含まれる窒素は微生物には利用されにくい形態であり，土壌施用しても窒素が無機化せず，窒素飢餓の原因となりやすい．

堆肥化方法　コーヒーかすは窒素飢餓の原因となるだけでなく，生コーヒーかすには作物生育を阻害する作用があるため，そのまま土壌にすき込むことはできない．しかし，コーヒーかすは多孔質の形状をしているため水分を吸収することのできる能力があり，さらに弱酸性であることから悪臭の主因であるアンモニアを吸着できることなど，優れた特徴があるため，堆肥化の副資材としてはきわめて有益な資材である．コーヒーかすは，他の資材を等量以上混合すれば作物生育障害が消滅するため，おからや家畜ふんなどの窒素成分の多い他の資材と混合し，肥料化する方法が好ましい．

iv) 茶かす堆肥 (表 4.63)

原料の特性　茶の飲み方も時代とともに変化し，近年，缶飲料が急増し，年間 6 万 t の茶かすが排出されている[9]．

茶かすの窒素含量は高く，C/N 比は 10〜14 と低いが，種類によって違いがある．表 4.63 に示したように，リン酸とカリはやや少ない．

堆肥化方法　含水率が高いため，水分を減少させれば堆肥が容易に行える．茶かすは脱臭作用が期待できるため，家畜ふんと混合するとよい．水分調節をせず，茶かす単独で発酵させるときは，密閉型発酵槽の使用が適している．pH は 5 程度の弱酸性であるため，通気性が悪いと嫌気発酵し，悪臭を発しやすいので注意が必要である．

〔藤原俊六郎〕

d. その他の特殊肥料

1) 骨炭粉末

動物の骨を，空気を遮断しながら熱分解して炭化させた後，粉砕した肥料をいう．活性炭の一種である．製油，製糖工業などにおいて脱色剤として用いられた脱色骨炭粉末や回収骨炭粉末も含まれる．窒素，リン酸，炭素をそれぞれ 1.2〜1.6%，32〜35%，10〜11% を含む．

2) 骨　　灰

骨を空気の流通下で燃焼した残りかすをいう．リン酸を 35〜38% 含む．骨灰磁器などの工業用の原料に使用されるものが多い．

3) セラックかす

ラック貝殻虫から天然樹脂セラックを製造したかすをいう．窒素 4.0% 前後を含む．

4) にかわかす

皮革製造の際副産されるにべおよびセービングくずよりにかわを抽出した残りかすをいう．窒素 4〜5% を含む．

5) 魚　　鱗

魚のうろこを集めて乾燥したものをいう．窒素 2〜7%，リン酸 2〜18% を含むが，土壌中での分解が遅延することから，その肥効はかなり小さい．

6) 家きん加工くず

鶏等の家きん処理場から生ずる処理くずを集めて蒸煮，乾燥，粉砕などの加工を施したものをいう．くずの内容は，鶏の頭首，内臓などである．なお，羽毛を蒸製したものは普通肥料の蒸製毛粉として取り扱う．

表 4.63　茶かすと茶かす堆肥の化学組成 (%)[4]

種　類	水分	pH	T-C	T-N	C/N比	P_2O_5	K_2O
緑茶かす	58	5.4	51.2	4.79	10.7	0.75	0.81
ウーロン茶かす	12	5.2	51.8	3.68	14.1	0.47	1.03
紅茶かす	6	5.5	50.0	4.54	11.0	0.65	0.36
茶かす堆肥	55	7.9	43.0	2.40	17.9	3.2	2.0

7）発酵乾ぷん肥料

人ぷん尿を調整槽内で嫌気性発酵させた残留物を乾燥後粉末にした肥料をいう．窒素1～2％，リン酸5％程度を含む．堆肥の代用として主に果樹，野菜に使用される．

8）人ぷん尿

人間の排せつしたふんと尿の混合物で下肥ともいう．人ぷんは主として食物の不消化部分より成り，ほかに消化液，消化器の粘膜などが混じり，化学的成分はタンパク質，炭水化物，脂肪，その他の有機物および無機塩類である．尿は血液中の不要物質と水から成り，尿中窒素の90％程度は尿素である．水分95％，窒素0.5～0.7％，リン酸0.11～0.13％，カリ0.2～0.3％，食塩1％を含む新鮮なふん尿は，そのまま施用すると作物の生育障害が生ずることから，貯蔵，腐熟させてから施用する．

9）動物の排せつ物

牛，豚，鶏，うずらなどの家畜または家きんもしくは軽種馬，動物園などの動物の排せつ物をいい，乾燥または炭化したものを含む．このうち，鶏ふん炭化物は，化成肥料および配合肥料の原料に使用が認められる．なお，動物の排せつ物は，窒素全量，リン酸全量，カリ全量およびC/N比の表示が必須であり，銅全量，亜鉛全量，石灰全量についても表示を必要とする場合がある．

10）動物の排せつ物の燃焼灰

牛，豚，鶏，うずらなどの家畜または家きんもしくは軽種馬，動物園などの動物の排せつ物を燃焼した灰をいう．鶏ふん燃焼灰は，化成肥料および配合肥料の原料に使用が認められる．なお，動物の排せつ物の燃焼灰は，窒素全量，リン酸全量，カリ全量およびC/N比の表示が必須であり，銅全量，亜鉛全量，石灰全量についても表示を必要とする場合がある．

11）グアノ

ペルー，チリ，アルゼンチン，インド，アフリカなど雨量の少ない熱帯の海岸や島で，海鳥の排せつ物や死体が風化・堆積した海鳥粉肥料である．尿酸，シュウ酸アンモニウム，シュウ酸カルシウム，リン酸アンモニウム，リン酸カルシウムなどを含む複雑な有機物である．窒素含量の高い高品位のグアノ（窒素質グアノ）は普通肥料として認められるが，低品位のグアノ（リン酸質グアノ）は特殊肥料として取り扱われる．なお，野菜の連作障害対策試験によれば，黒ボク土にリン酸質グアノを10アール当たり200 kg施用し，ポリマルチで被覆したのちハクサイを栽培すると，ハクサイ根こぶ病は，かなり軽減できることが報じられる．

12）発泡消化剤製造かす

てい角，蒸製毛粉などを原料として生産される化学消化剤（石油，ガソリンなどの火災の消化に卓効がある）の製造かすをいう．黒褐色で粘土状を呈し，窒素4～6％，リン酸1～2％を含む．このほか多量のけい藻土が存在する．

13）貝殻肥料

貝または貝殻を粉砕したものもしくは貝灰をいう．主成分は炭酸カルシウムで可溶性石灰を30～50％含有する．若干窒素を含むものもある．

14）貝化石粉末

古代に生息した貝類，または貝類とヒトデ類その他の水生動物類の混在物が地中に埋設堆積し，風化または化石化したものの粉末をいう．貝化石の理化学性をみると，アルカリ分は約38％，pHは8.8と塩基性であり，陽イオン交換容量は4ミリグラム当量（meq）と以外と小さい．交換性カルシウムはケイカルよりやや多い値を示すにすぎないが，未溶解の部分が残るためとみられる．このことから，本肥料は，肥料成分として主にカルシウムの供給および土壌改良的機能として土壌酸度の穏やかな矯正能が期待できる．

15）製糖副産石灰

製糖工業の工程中で汁液の調整およびショ糖の精製分離のため加えられた消石灰をろ別して回収したものをいう．水分が多く，成分の変動が大きい．

16）石灰処理肥料

果樹加工かすおよび豆腐かすを石灰で処理したものであって，乾物1 kgにつきアルカリ分含量が250 gを超えるものをいう．なお，平成12年の特殊肥料改正で，汚泥，人ぷん尿，家畜および家きんのふんを石灰で処理したものは，それぞれ普通肥料の汚泥肥料など，特殊肥料の人ぷん尿，動物

の排せつ物などとなったことを付記する．

17) 含 鉄 物

秋落ち水田など不良土壌で発生する硫化水素による水稲生育障害を回避する目的で，硫化鉄生成に必要な鉄分補給のための資材である．褐鉄鉱，鉱さい，鉄粉，岩石の風化物，ボーキサイトかす，パイライトかすなどが用いられる．なお，鉱さいおよび岩石風化物では，鉄分が10％以上のものに限られる．含鉄資材が水田における環境負荷抑止機能を調べた例によれば，EDTA溶出鉄含量の多い資材は，水田土壌のEhを高く維持することが明らかとなり，メタン生成抑制に期待がもたれた．

18) 鉱 さ い

鉱石またはくず鉄などを炉で精錬するとき，不純物と融剤からできる炉の上層部に浮くものであり，からみともいう．高炉鉱さいなどは，粉砕してケイ酸質肥料，高炉セメント，土建用材として用いられる．鉄分の多い鉱さいは，前述の含鉄物として利用される．

19) 微粉炭燃焼灰

火力発電所において微粉炭を燃焼する際に生ずる溶融された灰で，煙道の気流中および燃焼室の底の部分から採取されるものをいう．ただし，燃焼室の底の部分から採取されるものにあっては，3mmの網ふるいを全道するものに限られる．ク溶性ホウ素を200～5,000ppm含む．集じん装置により採取したとくに微粉のものをフライアッシュといい，セメントの材料に使用されるものもある．肥料用のものは，比較的粒度の粗いものやフライアッシュとの混合物が取り扱われる．微粉のものほどホウ素含有量は多いが，微粉炭の品質，燃焼法などにより組成は不均一である．

20) カルシウム肥料

塩化カルシウム，ギ酸カルシウム，EDTAカルシウムなど水溶性のカルシウム塩で，主としてカルシウム分の施用を目的として，葉面散布に使用される肥料である．トマトの尻腐れ病，リンゴのピット病などのカルシウム欠乏による栄養障害防止に効果的である．

21) 石 コ ウ

硫酸カルシウムに2分子の結晶水がついているものをいう．結晶水が1/2分子のときは半水石コウと，ないときは無水石コウと呼ぶ．石コウには天然のものと化学処理によってできた化学石コウとがあり，特殊肥料では後者のうち，とくに湿式リン酸を生産する際に副産されるもの（リン酸石コウ）を取り扱う．湿式リン酸製造では，リン鉱石を硫酸分解する場合，反応温度が60～65℃のときには二水石コウ，90～100℃のときは半水石コウ，また，120～130℃のときには無水石コウが生産される．石コウは，特殊肥料以外に粒化促進材，組成均一化促進材，成形促進材などの材料としての使用がある．

22) 粗砕石灰石

石灰石を粗砕きしたものをいう．主成分は炭酸カルシウムである．長期的な土壌の酸度矯正および土壌改良を目的として，牧野，干拓地などに施用される．

〔樋口太重〕

文　献

1) 赤羽　元：圃場と土壌，**31** (10/11)，6-10 (1999)
2) 藤原俊六郎：たい肥のつくり方・使い方—原理から実際まで，pp.62-66，農文協 (2003)
3) 藤原俊六郎：多様な生物系廃棄物の農業利用，土の種類と有機物資材の効果，日本下水道協会，pp.9-16 (2001)
4) 神奈川県農政部農業技術課：未利用資源たい肥化マニュアル，pp.4-38，神奈川県 (1997)
5) 河田　弘：バーク（樹皮）たい肥—製造・利用の理論と実際，pp.1-198，博友社 (1981)
6) 原田靖生：家畜分排泄物の循環利用の現状と課題，農業を軸とした有機性資源利用の循環利用の展望（農業環境研究叢書13），pp.34-52 (2000)
7) 農林水産省草地試験場：家畜ふん尿処理利用研究会会議資料．草地試資料，**58**，pp.60-61 (1983)
8) 畜産環境整備機構：家畜ふん尿処理・利用の手引き，p.202，畜産環境整備機構 (1998)
9) 日本土壌肥料学会：再利用資源土壌還元影響調査に係わる総合解析調査，昭和62年度環境庁請負調査結果報告書，p.60 (1988)
10) 有機質資源化推進会議編：有機性廃棄物資源化大事典，pp.307-334，農文協 (1999)
11) 後藤逸男：圃場と土壌，**30** (10/11)，22-29 (1998)
12) 飯沢　実：圃場と土壌，**31** (10/11)，84-87 (1999)

4.2.4 緑　　肥

緑肥は，従来からマメ科作物などの空中窒素固定作用を利用した窒素の供給や有機物の補給など

を主たる目的として栽培されてきた．この手法は，ヨーロッパではクローバー類，日本では水田裏作のレンゲが広く行われてきた．しかし，化学肥料の普及に伴って窒素供給の意義は小さくなり，次に述べるような多面的機能が評価されてきている．緑肥が多面的機能を有するのは，単なる有機物としてのすき込み効果だけでなく，作付けに伴う土壌表面の被覆や根張りなどによる，いわば輪作効果である．

a. 緑肥作物の多面的利用

① 土壌の物理性改善： 根張りにより土壌を膨軟にし，透水性を改善する．イネ科作物のエンバク，ライムギ，トウモロコシ，ソルガムで効果が高い．とくに，重粘性土壌や耕盤層の存在する土壌では，トウモロコシの導入が効果的である．マメ科作物では，ヘアリーベッチ，赤クローバ，ダイズ，アルファルファなどがある．アブラナ科では，シロカラシ，レバナ，ペルコなど，その他ヒマワリ，マリーゴールドなどがある．

② 土壌の浸食防止： 積雪地帯では秋から翌春までの間，被覆作物（カバークロップ）を作付けし，融雪水などによる土壌浸食を防止する．赤クローバやライ麦の導入効果が高い．

③ 養分の流亡防止： 収穫後土壌中に残存する肥料成分を吸収し，硝酸態窒素などによる地下水汚染を防止する．短期の作付けではエンバク，下層土に集積した硝酸を吸収する場合には，深根性のアルファルファなどが有効である．

④ 塩類集積対策： クリーニングクロップとして，施設土壌などにおいて過剰に集積した肥料成分を吸収する．エンバク，トウモロコシ，ソルガムなどのイネ科緑肥が効果的である．

⑤ 生物性の改善： 緑肥作物の種類によっては，土壌病害菌や有害センチュウの密度低下および菌根菌など有用微生物の増加に効果が認められている．また，マメ科緑肥については根粒菌による窒素固定が行われる．

⑥ 雑草抑制： 土壌表面の被覆やアレロパシー部質の放出により，雑草の生育を抑制する．ヘアリーベッチなどの効果が確認されている．

⑦ 景観向上： とくに近年，ヒマワリ，シロカラシ，レンゲ，マリーゴールドなどの導入は，農村の景観向上への寄与が見直されている．

b. 有機物としての分解特性

有機物資材としての緑肥は，作物の種類や栽培条件によって化学成分やすき込み量が異なるため，土壌や後作物に及ぼす影響は多様である．一般的に，土壌中での分解は麦稈や堆肥類と比較するといちじるしく速やかである．しかし，麦類跡地で麦稈と併用した場合やC/N比の高いものを多量にすき込む場合には，土壌が膨軟になり団粒が増加し，保水性が高まるなどの効果が期待できる．

緑肥からの窒素の放出は，C/N比の相違によっておおむね次の3タイプ[1]に区分される．① C/N比が20以下，秋にすき込むと翌春から窒素の放出が認められるもの．② C/N比が20〜40程度，秋にすき込むと翌夏から徐々に窒素の放出が認められるもの．③ C/N比40以上，長期間窒素の放出がみられず，当初窒素飢餓が懸念されるもの．ちなみに，マメ科は10〜20程度，イネ科は15〜30程度，アブラナ科は10〜25程度，休閑緑肥として生育期間の長いソルガム，トウモロコシ，ヒマワリなどは20〜40程度である．

c. 緑肥の肥料効果

緑肥作物は，一般に窒素やカリ含量が高く，分解するとこれらの養分が放出され，後作物に吸収利用される．とくに，マメ科緑肥は窒素施肥をあまり必要せず，根粒菌の共生により空中窒素の固定を行うので，窒素供給源としてきわめて有効である．

d. 麦稈の分解促進[1]

畑輪作の中で，緑肥作物のほとんどは麦類の収穫跡地に導入されている．麦稈はC/N比が高く分解も緩慢なため，単独で畑地にすき込むと窒素の有機化が長期間進行し，後作物に対して窒素飢餓を起こす危険性が大きい．しかし，緑肥をすき込んだ場合には窒素飢餓の発現が抑制され，同時に麦稈自体の分解も促進される．このような麦稈の分解促進効果はC/N比の低いものほど大き

く，C/N 比が 20 以上の緑肥ではその効果はほとんど期待できない．また，窒素飢餓を防止するためには，麦桿・緑肥混合物の C/N 比を 30 以下にすることが必要である．

e. 緑肥導入による土壌病害虫の軽減[1]

コムギ立枯病の菌密度低下には，C/N の低いトウモロコシや土壌 pH を低下させるアルファルファのすき込み効果が大きい．また，インゲン根腐病に対しては，アルファルファが，アズキ落葉病に対しては，トウモロコシや野生種エンバクのすき込み効果が確認されている．一方，マリーゴールドおよび野生種エンバクは，キタネグサレセンチュウの密度を低下させ，後作のダイコン，ニンジンなどの被害を軽減する効果が大きい．ただし，その効果は品種によって異なり，アフリカンマリーゴールドは効果が大きいが，フレンチマリーゴールドは効果がほとんど認められない．また，ダイズシストセンチュウに対しては，赤クローバをコムギの間作に導入すると，ふ化促進効果により翌年の卵密度は顕著に低下することが認められている．

〔吉野昭夫〕

文　献

1) 今野一男：北海道有機農業技術研究年報 2001 年度版，pp.76-82（2002）

4.2.5　有機農法で使われる肥料

有機農業で使われている肥料は多岐にわたるが，ここでは法律に基づく有機農業について述べる．これらは，1999 年 7 月に開催された第 23 回コーデックス総会において採択された国際ガイドラインに準拠している．コーデックス委員会とは，国際機関である国連食糧農業機関（FAO）と世界保健機関（WHO）の合同食品規格委員会（CODEX 委員会，加盟 165 カ国）である．

日本では，1999 年 7 月，農林物資の規格化および品質表示の適正化に関する法律（JAS 法）が改正され，2000 年 1 月，有機農産物の日本農林規格および有機農産物加工食品の日本農林規格が制定された．2000 年 6 月，関係政令，省令，告示が制定され，JAS 法が施行された．2001 年 4 月 1 日から有機農産物，有機農産物加工食品などの「有機」表示の規制が始まる．

農林水産省告示第 59 号（2000 年 1 月 20 日告示）「有機農産物の日本農林規格」の第 2 条[1]「有機農産物の生産の原則」では，農業の自然循環機能の維持増進を図るため，化学的に合成された肥料および農薬の使用を避けることを基本として，「土壌の性質に由来する農地の生産力を発揮させるとともに，農業生産に由来する環境への負荷をできる限り低減した栽培管理方法を採用した圃場において生産されること」と規定されている．

また，第 4 条では，生産の方法についての基準で圃場等における肥培管理が規定されている．その内容は，「当該圃場等において生産された農産物の残渣に由来する堆肥の施用その他の当該圃場若しくはその周辺に生息若しくは生育する生物の機能を活用した方法のみによって土壌の性質に由来する農地の生産力の維持増進が図られていること（当該圃場等若しくはその周辺に生息若しくは生育する生物の機能を活用した方法のみによっては，土壌の性質に由来する農地の生産力の維持増進を図ることができない場合にあっては，表 4.64 に掲げる肥料及び土壌改良資材のみを使用していること）」と規定されている．すなわち，有機農業の肥培管理は，化学肥料は使用しないことを基本とするが，たとえば，微量要素欠乏の圃場では，微量要素の添加が認められる．

a. 有機農産物の生産に使用可能な資材

有機農産物の生産に使える資材は，天然物を基本とする．ただし，天然物を堆肥化など生物処理をしたものや天然物質または天然物質を燃焼・焼成・溶融・乾留などの処理をしたものも使用することができる．しかし，天然物由来の物質であっても化学的処理および化学的に合成されたものを添加していないものに限られる．たとえば，天然由来の肥料であっても，造粒過程で化学合成物質を使用していれば，その肥料の使用は認められない．また，キトサンの場合も，カニ殻からキトサンを抽出する過程で強酸と強アルカリを使用しており，キトサンそのものは安全に問題がなくても化学的処理をしているということで，有機栽培で

は使用が認められない．ただし，カニ殻を粉砕したものは使用可能である．

有機農産物の日本農林規格で使用が許されているものを区分すると[1,2]，以下のようになる．

1) 生物由来の有機物

植物，動物由来の有機物およびそれに由来する堆肥で，堆肥，スラリー，鶏ふん，生ごみ堆肥，バーク堆肥，魚かす，なたね油かす，米ぬか，大

表 4.64 有機農産物の日本農林規格第 4 条別表 1[1]

肥料及び土壌改良資材	基　　準
植物及びその残さ由来の資材	
発酵，乾燥又は焼成した排せつ物由来の資材	家畜及び家きんの排せつ物由来するものであること．
食品工場及び繊維工場からの農畜産物由来の資材	天然物質又は化学的処理（有機溶剤による油の抽出を除く．）を行っていない天然物質に由来するものであること．
と畜場又は水産加工場からの動物性産品由来の資材	天然物質又は化学的処理を行っていない天然物質に由来するものであること．
発酵した食品廃棄物由来の資材	食品廃棄物以外の物質が混入していないものであること．
バークたい肥	天然物質又は化学的処理を行っていない天然物質に由来するものであること．
グアノ	
乾燥藻及びその粉末	
草木炭	天然物質又は化学的処理を行っていない天然物質に由来するものであること．
炭酸カルシウム肥料	天然鉱石を粉砕したもの（苦土炭酸カルシウムを含む．）であること．
貝化石肥料	化学的に合成された苦土肥料を添加していないものであること．
塩化加里	天然鉱石を粉砕又は水洗精製したもの及び天然かん水から回収したものであること．
硫酸加里	天然鉱石を水洗精製したものであること．
硫酸加里苦土	天然鉱石を水洗精製したものであること．
天然りん鉱石	カドミウムが五酸化リンに換算して 1 kg 中 90 mg 以下であるものであること．
硫酸苦土肥料	にがりを結晶させたもの又は天然硫酸苦土鉱石を精製したものであること．
水酸化苦土肥料	天然鉱石を粉砕したものであること．
石こう（硫酸カルシウム）	天然物質又は化学的処理を行っていない天然物質に由来するものであること．
硫黄	
生石灰（苦土生石灰を含む．）	天然物質又は化学的処理を行っていない天然物質に由来するものであること．
消石灰	上記生石灰に由来するものであること．
微量要素（マンガン，ほう素，鉄，銅，亜鉛，モリブデン及び塩素）	微量要素の不足により，作物の正常な生育が確保されない場合に使用するものであること．
木炭	天然物質又は化学的処理を行っていない天然物質に由来するものであること．
泥炭	天然物質又は化学的処理を行っていない天然物質に由来するものであること．ただし，土壌改良資材としての使用は，育苗用土としての使用に限ること．
ベントナイト	天然物質又は化学的処理を行っていない天然物質に由来するものであること．
パーライト	天然物質又は化学的処理を行っていない天然物質に由来するものであること．
ゼオライト	天然物質又は化学的処理を行っていない天然物質に由来するものであること．
バーミキュライト	天然物質又は化学的処理を行っていない天然物質に由来するものであること．
けいそう土焼成粒	天然物質又は化学的処理を行っていない天然物質に由来するものであること．
塩基性スラグ	
鉱さいけい酸質肥料	天然物質又は化学的処理を行っていない天然物質に由来するものであること．
よう成りん肥	天然物質又は化学的処理を行っていない天然物質に由来するものであること．
塩化ナトリウム	海水から化学的方法によらず生産されたもの又は採掘されたものであること．
リン酸アルミニウムカルシウム	カドミウムが五酸化リンに換算して 1 kg 中 90 mg 以下であるものであること．
塩化カルシウム	
その他の肥料及び土壌改良資材	植物の栄養に供すること又は土壌改良を目的として土地に施される物（生物を含む．）及び植物の栄養に供することを目的として植物に施される物（生物を含む．）であって，天然物質又は化学的処理を行っていない天然物質に由来するもの（燃焼，焼成，溶融，乾留又はけん化することにより製造されたもの並びに天然物質から化学的な方法によらずに製造されたものであって，組換え DNA 技術を用いて製造されていないものに限る．）であり，かつ，病害虫の防除効果を有することが明らかなものでないこと．ただし，この資材はこの表に掲げる他の資材によっては土壌の性質に由来する農地の生産力の維持増進を図ることができない場合に限り使用することができる．

豆かす，乾燥藻，泥炭などが含まれる．天然物のみを原材料としたボカシ肥料も利用することができる．ふん尿類の場合は，当面家畜の飼料が有機農産物でなくても，通常の飼養管理をした牛や鶏から生産されたふん尿を使うことが許される．同様に大豆かすなど油かす類の場合も，原料が有機農産物である必要はない．ただし，遺伝子組換え種子を用いて生産された原材料は認められない．また，生ゴミを単に積み込んで堆肥化したものは使用できるが，下水汚泥コンポストは，高分子汚泥も石灰汚泥も化学的処理をしているということで，利用できない．しかし，肥料登録の時に「○○有機汚泥」という銘柄となっていても，汚泥だから使用できないということではなく，化学的処理および化学合成物質を添加していませんという旨の証明書があり，そのことを登録認定機関が認めれば使用可能である（他の有機物由来の資材も同様である）．

2）生物由来の無機物

生物由来であるが，自然の分解，燃焼などによって無機物が残されたもので，骨や貝殻など石灰を主成分とする，蒸製骨粉，草木灰，木炭，貝殻など．

3）天然の無機塩

天然鉱物由来で，化学的処理を行っていないもの．天然物を粉砕したもの，再結晶などで精製されたもので，塩化カリ，硫酸カリ，硫酸マグネシウム，硫酸カルシウム（石コウ），炭酸カルシウム（炭カル），塩化ナトリウム，さらし粉などである．これらはすべて天然の無機塩でなければならなく，化学的に合成されたものは認められない．単肥として普通流通する塩化カリ，硫酸カリ，硫酸マグネシウムなどは化学合成品なので使用できない．天然の塩化カリ塩は，塩化カリの含量が95％以上であり，洗選とかふるいで夾雑物を除いたものは使用できる．また，硫酸カリ苦土もマグネシウムとの複合塩で，天然に安定した塩として存在しており，別途，有機農法で使用可能なものとして取り寄せる必要がある．

4）天然の鉱物

天然鉱物由来で，化学的処理を行っていないもの．天然鉱物を粉砕したもの．天然鉱物を燃焼・焼成・溶融・乾留またはけん化で製造されたもので，グアノ，貝化石，天然リン鉱石，硫黄，ベントナイト，パーライト，ゼオライト，バーミキュライト，ケイ藻土，熔リンなどである．

5）鉱工業の副産物

鉱工業，農産加工業副産物で，塩基性スラグや鉱さいケイ酸肥料などである．鉱工業副産物は，製法が明らかでない場合，使用できるかどうかの判断がむずかしい．たとえば，精糖工場の廃糖蜜は使用可能と判断できる．また，ケイ酸カルシウムは使用が認められるが，ケイ酸カリは認められない．判断が微妙な資材は，製造工程の説明資料を添付して，登録認定機関に判断してもらうことが大切である．

6）その他の肥料および土壌改良資材

植物の栄養に供すること，または植物の栽培に資するため土壌の性質に変化をもたらすことを目的として土地に施される物（生物を含む）および植物の栄養に供することを目的として植物に施される物（生物を含む）であって，天然物質または天然物質に由来するもの（天然物質を燃焼・焼成，溶融・乾留またはけん化することにより製造されたものならびに天然物質から化学的な方法によらずに製造されたものに限る）で，化学的に合成された物質を添加していないものであること．すなわち，1）から5）に含まれなくても6）の基準に合致すれば使用することができる．市販の有機配合肥料には，有機農産物の栽培に使用できない資材が混じっていることがあるので，系統肥料であればJAで内容を確認し，製造元あるいは販売元から化学的処理および化学合成資材を添加していない旨の証明書を取ることが大切である．

b. 登録認定機関が使用を認めている資材の例

有機農産物の認定業務について農林水産大臣から認可された登録認定機関は，全国で70団体を越えている．それぞれの登録認定機関では，数多くの使用資材について検査員，判定員および判定委員会で，その使用の可否について判断している．その場合どのような原材料が使用され，どのような資料で判断しているか，いくつかの資材について例示する．

1) 完熟堆肥の例

① 「○○の商品の原材料および発酵過程において化学肥料，農薬・抗生物質等は，一切使用していないことを証明いたします．なお，肥料分析，有害物質等の分析結果報告書を添付いたします．」

② 「○○の資材は，「有機農産物の日本農林規格」（平成12年1月20日，農林水産省告示第59号）別表1・2に該当するものであり，天然物質又は化学的処理を行なっていない天然物質に由来し，化学的合成物質を一切添加していないことを確認いたします．」

2) ボカシ肥料の例

① 「○○製品の原料は全て天然物質及び天然物に由来するものであり，有機農産物の日本農林規格に準拠した資材であることを証明します．魚かす，米ぬか，大豆油かす，うずらゆうき，植物焼成灰，乾燥菌体肥料，硫酸カリ（天然鉱石），ゼラチン（食品製造業に由来），光合成細菌，籾殻酢（籾殻を高温にて炭化し排煙を冷却して得た液体），これらの原料を混合，堆積発酵（65℃・3～4週間），造粒，乾燥，製袋したもので製造工程において化学的に合成された物質の使用及び添加はしておりません．」

② 「当社の○○製品は，別紙のとおり製造されてものであり，天然物質又は天然物質に由来するもの（天然物質を燃焼・焼成・溶融・乾留又はけん化することにより製造されたもの並びに天然物質から化学的な方法によらずに製造されたものに限る）で化学的に合成された物質を添加していないものであることを証明します．」

3) グアノリン酸の例

「○○株式会社の生産工程上のグアノリン酸粒状及び粉末の原料は，100％天然リン酸鉱物であること．動物からの材料及び化学品，有機体などのは混合していない．使用されている原材料は，有害な材料や昆虫などを含まれていない．生産品は，120℃と30分間で乾燥させたものである．原料はインドネシアレンバン県にて公正的な鉱山を掘り出したものである．」

という内容のように，海外からの輸入製品については資材の証明と同時に，当該国が発掘を認可をした鉱山でなければならない．

4) その他

酵素，酢，液肥，活性炭，草木灰，融雪材などについても，上記1)～3)と同様な趣旨の資料を基に判定している．

c. 有機栽培で使用可能な農薬および調製用資材

なお，有機栽培で使用可能な農薬については，同条の別表2に，また，有機農産物の調製に使用可能な調製用等資材については，同条の別表3に規定されている．

〔吉野昭夫〕

文献

1) 大蔵省印刷局：農林水産省告示第1605号，有機農産物の日本農林規格，官報号外第243号，7-10 (2005)
2) 東田修司：農家の友，**1**，72-74 (2002)

4.2.6 有機資材の窒素無機化シミュレーション

有機資材中の窒素成分を有効利用するためには，資材からの窒素無機化を動的に把握し，肥効発現の特徴について数値（特性値）で評価することが必要である．ここでは特性値を求める理論と，特性値を用いた資材評価，資材中窒素の圃場での無機化予測について述べる．

a. 窒素無機化の反応速度論的解析の理論[1]

1) 基本的な無機化モデルと反応速度式

資材中の有機態窒素の無機化は土壌微生物の働きによるからその律速反応は酵素反応であり，反応速度式にはミカエリス-メンテン（Michaelis-Menten）式が適用できる．

$$v = Vs/K_m + s \quad (1)$$

v：生成物のできる速度　V：最大速度　K_m：ミカエリス定数　s：基質モル濃度

基質濃度が低い条件では $K_m \gg s$ であり，(1) 式は(2)式となり，生成速度は基質濃度に比例する．したがって，反応は基質に対して一次であり速度式は一次反応速度式となる．

$$v = Vs/K_m \quad (2)$$

この (2) 式を適用して土壌中の窒素無機化の速度式を導くと

$$\text{有機態窒素} \longrightarrow \text{無機態窒素} \quad (3)$$

表 4.65　窒素無機化モデルの類型

類　型	反応の内容	速　度　式
I　単純型	有機態窒素 A から無機態窒素 N が生成する不可逆一次反応モデル	$N = N_0\{1-\exp(-k \cdot t)\}$
II　単純並行型	無機化速度の異なる有機態窒素 A,B からおのおの無機態窒素 N が生成	$N = {}^1N_0\{1-\exp(-k_1 \cdot t)\}$ $+ {}^2N_0\{1-\exp(-k_2 \cdot t)\}$
III　有機化・無機化並行型	有機態窒素 A から無機態窒素 N が生成するのと並行して炭素源 D を消費して有機態窒素 M を生成	$N = {}^{im}N_0\{1-\exp(-k_{im} \cdot t)\}$ $+ N_0\{1-\exp(-k \cdot t)\} + C$

無機態窒素の生成速度は

$$v = dN/dt = k(N_0 - N) \quad (4)$$

(4) 式を積分すると

$$N = N_0\{1-\exp(-k \cdot t)\} \quad (5)$$

この (5) 式が有機態窒素の無機化の基本的なモデル式である．

N_0：反応前の有機態窒素（mg または %），N：生成した無機態窒素（mg または %），t：時間（day），k：速度定数（day^{-1}）

2）窒素無機化速度の温度変化

温度が変化すると資材中の有機態窒素の無機化速度は変化する．速度定数と温度との関係はアレニウス（Arrhenius）の式で示される．

$$k = A\exp(-E_a/RT) \quad (6)$$

k：速度定数（day^{-1}），A：定数，E_a：見かけの活性化エネルギー（cal mol^{-1}），R：気体定数（1.987 cal deg^{-1} mol^{-1}），T：絶対温度（deg）

温度が $T_1 \to T_2$ に変化すると速度定数は $k_1 \to k_2$ となる．この関係は (7)，(8) 式で示され，温度変化が小さければ速度定数の変化は温度に比例し，比例定数は K である．

$$k_2/k_1 = \exp(K \cdot \Delta T) = 1 + (K \cdot \Delta T)$$
$$+ (K \cdot \Delta T)^2/2!$$
$$+ (K \cdot \Delta T)^3/3! + \cdots \quad (7)$$

$1 > (K \cdot \Delta T) > 0$ ならば

$$k_2/k_1 \fallingdotseq 1 + (K \cdot \Delta T) \text{（ただし，} \Delta T = T_2 - T_1)$$
$$(8)$$

$$K = E_a/RT^2 \quad (9)$$

なお，K は (9) 式によって定義され[2]，酵素反応の活性化エネルギー E_a は 5,000〜25,000（cal mol^{-1}），RT^2 は約 180,000 cal deg mol であるから，K は 1 より小さい正の数で単位は（deg^{-1}）である．K は 1℃ の温度変化による速度定数の変化率を示す．

3）有機態窒素の無機化特性値

資材の窒素無機化曲線を (5) 式を用いて解析すると無機化特性値として次の 3 つの指標が得られる．

有機態窒素量〔N_0（mg または %）〕　無機化可能な資材中の有機態窒素量または割合．窒素供給力を示す指標．

無機化速度定数〔k（25℃）（day^{-1}）〕　有機態窒素の易分解性の大小を表す指標．標準温度（25℃）における値で示す．$k \times 100$ は 1 日に無機化する有機態窒素（N_0）の%を示す．

無機化速度定数の温度係数〔K（25℃）（deg^{-1}）〕　無機化速度定数 k に及ぼす温度の影響の強さを示す指標．$K \times 100$ は温度が 1℃ 変化すると速度定数 k が何%変化するかを示す指標．K は温度によって変わるので実際には温度指定のいらない見かけの活性化エネルギー E_a を温度影響の指標として用いる．E_a が小さいほど無機化に及ぼす温度変化の影響が小さい．

4）窒素無機化モデルの類型

基本的な窒素無機化モデル式は (5) 式であるが，無機化パターンの解析の結果，実際には表 4.65 に示す 3 類型のモデル式が設定できる．データをモデル式に当てはめることで無機化の特性値が得られる．当てはめるモデル式の選択基準には AIC 法（Akaike's information criterion）を用いる．なお，無機化曲線の誘導期が解析に影響する場合には $+C$ 項を設けた式，誘導期を補正した式を用いることもある．

5) 窒素無機化曲線の重ね合わせによる活性化エネルギー E_a の求め方

温度影響の指標である E_a は温度が変化する圃場での有機態窒素の無機化予測に不可欠な値である．E_a は資材を多数の温度条件で培養し，得られたパラメータをアレニウスプロットすると求まるが，ここでは資材を温度3段階で培養し，日数変換法を用いた無機化曲線の重ね合わせにより E_a を求める方法を示す．

i) 日数変換の考え方 （5）式による窒素無機化を前提に，系1，系2，系3…系 n の各温度を $T_1, T_2, T_3 \cdots T_n$，速度定数を $k_1, k_2, k_3 \cdots k_n$ とし，同一生成量 N_x に達するまでの培養日数を $t_1, t_2, t_3 \cdots t_n$ とすると

$$N_x = N_0 \{1 - \exp(-k_1 \cdot t_1)\}$$
$$N_x = N_0 \{1 - \exp(-k_2 \cdot t_2)\}$$
$$N_x = N_0 \{1 - \exp(-k_n \cdot t_n)\}$$

これらの式から

$$k_1 \cdot t_1 = k_2 \cdot t_2 = k_3 \cdot t_3 = \cdots = k_n \cdot t_n = 一定 \quad (10)$$

アレニウスの法則の（6）式と（10）式とから

$$t_2/t_1 = k_1/k_2 = \exp(-E_a \Delta T / RT_1 T_2) = m \quad (11)$$

$$t_2/t_3 = k_3/k_2 = \exp(-E_a \Delta T / RT_2 T_3) = l \quad (12)$$

ただし $T_3 - T_2 = T_2 - T_1 = \Delta T > 0$

$$t_2 = m \cdot t_1 \quad (13)$$
$$t_2 = l \cdot t_3 \quad (14)$$

(13)，(14) 式から系1，系3の温度での培養日数は m，l という変換係数を用いると系2の温度の培養日数に変換できる．一般にある温度 T_a における培養日数を標準温度 T_s での日数に変換するには次式が用いられる．

$$t_s = t_a \cdot \exp\{E_a (T_a - T_s)/RT_a T_s\} \quad (15)$$

(15) 式を用いて 20，25，30℃ で得た窒素無機化のデータを 25℃ でのデータに変換した例を図4.73 に示した．また，ある温度 T で1日置かれた条件が基準温度（25℃）の何日に相当するかを表したものを温度変換日数（DTS）といい，次式で示される．

$$\text{DTS} = \exp(E_a (T - 298)/596 \cdot T) \quad (16)$$

ii) 温度 20, 25, 30℃ での窒素無機化曲線から E_a を求める方法 20，25，30℃ で培養して得た無機化曲線を変換日数の理論を用いて 25℃ の曲線に重ね合わせる過程で得られる．すなわち，(5) 式と (13)，(14) 式から 20, 25, 30℃ の曲線を 25℃ に重ね合わせる場合のモデル式は (17)，(18)，(19) 式で表される．

$$N = N_0\{1 - \exp(-k_2 \cdot m \cdot t_1)\} \quad (17)$$
$$N = N_0\{1 - \exp(-k_2 \cdot t_2)\} \quad (18)$$
$$N = N_0\{1 - \exp(-k_2 \cdot l \cdot t_3)\} \quad (19)$$

これらの式では，N_0 は k_2 と E_a が決まれば求まるので重ね合わせの際に入力するパラメータは k_2，E_a である．そこで任意の k_2，E_a 値を代入して N_0 を求め残差平方和を計算し，これをくり返して残差平方和が最小となった時のパラメータが N_0，k_2，E_a の最適値である．k_2，E_a が求まれば (11)，(12) 式から k_1，k_3 が求められる．この方法では E_a 以外の各特性値も同時に求めることができ，パソコンで容易に実行できる．

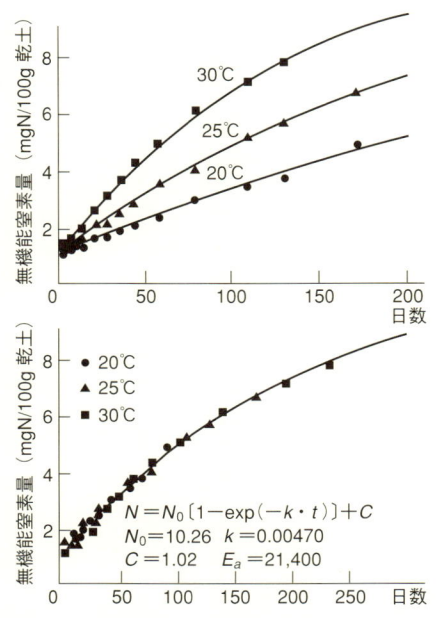

図 4.73 日数変換を用いた窒素無機化データの 25℃ への変換

b. 有機資材の窒素無機化特性値と圃場における窒素無機化予測

1) 有機資材（土壌有機態窒素を含む）中の窒素無機化への速度式の適用例と解析結果

表 4.65 のモデル I には湿潤原土の窒素無機化曲線がよく適合し，k (day^{-1})，E_a (cal mol^{-1}) は 2 土壌でそれぞれ (0.00470, 21,400)，(0.00612,

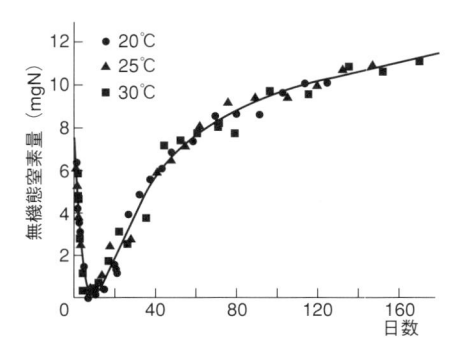

図 4.74 類型Ⅲに適合する資材の窒素無機化曲線（25℃に重ね合わせ）

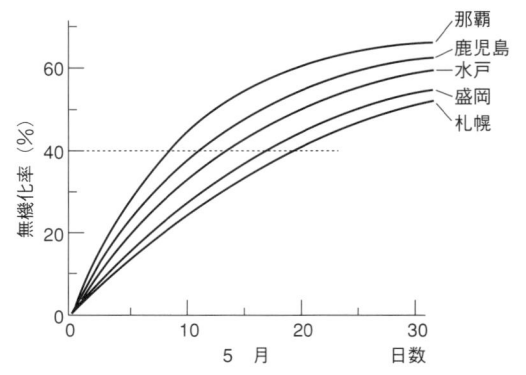

図 4.75 地域別に求めた汚泥窒素の無機化予測曲線

17,900）で N_0 の半減期は 147 日，113 日であった．

モデルⅡには多くの有機資材（有機質肥料，化学工場汚泥），風乾土壌などの窒素無機化曲線がよく適合した．ナタネ油カスでは無機化可能な窒素は全有機態窒素の 68% を占め，1 週間でその 72% が，2 週間では 88% が放出され，k_1, k_2 は各 0.26, 0.03 であった．

化学工場汚泥 A, B の k_1, k_2, E_{a1}, E_{a2} は A(0.22, 0.009, 9,000, 5,000)，B(0.22, 0.030, 10,000, 18,000)，下水汚泥では k_1 は 0.136～0.269，k_2 は 0.0047～0.084，E_{a1} は 11,000～13,500，E_{a2} は 16,000～26,100 であった．全有機態窒素に占める無機化可能な窒素は化学工場汚泥 42～59%，下水汚泥では 46～55% であった．風乾土壌の培養では k_1 は 0.11～0.18，k_2 は 0.0037～0.0055，E_{a1} は 10,600～15,500，E_{a2} は 19,800～22,900 であった．

k の大きな有機態窒素部分は Ea が小さく，無機化の際に温度影響を受けにくい．

モデルⅢには C/N 比の高い有機物を含んでいるし尿汚泥や一部の下水汚泥コンポストの窒素無機化曲線がよく適合した．資材には当初無機態窒素が含まれていたにもかかわらず窒素の有機化が無機化を上回り，見かけ上窒素の無機化が遅れる例である（図 4.74）．

2) 圃場に施用した有機資材からの窒素放出のシミュレーション

下水汚泥を施用する地域の圃場の日平均温度のデータを得て，その温度の 1 日を基準温度 25℃ に変換した場合の日数を（16）式で求める．ちなみに日平均地温 9.3℃ の 1 日は E_a 15,000 cal mol^{-1} の場合 25℃ の 0.25 日に相当する．25℃ における有機資材の窒素無機化の特性値を確定し，上記圃場の温度変換日数に対応する窒素無機化量を暦日にプロットすると，圃場条件における資材からの窒素無機化のシミュレーションができる[3]（図 4.75）．

〔杉原 進〕

文 献
1) 杉原 進, 他：農環研報, **1**, 127-166 (1986)
2) 金野隆光：土壌の物理性, **41**, 7-16 (1980)
3) 金野隆光・杉原 進：農環研報, **1**, 51-68 (1986)

5. 土壌改良資材

5.1 土壌改良資材の定義

　わが国の土壌は温暖多雨の気候条件と母材などの関係から生産力を阻害する各種の要因を内在する不良土壌が広く分布している．地力保全基本調査事業で日本の耕地土壌の生産力評価を行い「土壌生産力可能性分級」を行った結果，Ⅲ等級（かなりの制限因子あるいは阻害因子があり，土壌悪化の危険性がかなり大きい土地）とⅣ等級（きわめて大きな制限因子あるいは阻害因子があり，また土壌悪化の危険性がきわめて大きく，耕地として利用するのはきわめて困難な土地）に分類される耕地面積の合計が，水田では39.3％と少なかったが，普通畑69.2％，樹園地64.3％と広くなっている．さらに，これらの不良土壌の適切な管理改良対策として各種改良資材が示されている．たとえば，分布面積の最も広い黒ボク土では，水田に対しては漏水防止対策としてのベントナイト施用やリン酸質資材，ケイ酸質資材の施用，畑の場合には塩基類の補給として石灰質資材の施用，可給態リン酸の補給としてリン酸質資材の施用，同時に有機物資材として堆肥あるいはその代替物としてバーク堆肥などの必要性が指摘されている．

　このようにわが国の土壌は地力に乏しく生産力が低いことから，農業生産者は古くから堆きゅう肥などの有機物を使用して土壌の改良，地力の維持に努めていた．戦後の食料不足の時代になると耕地の生産力向上が急がれ，土壌の化学性が不良な耕地の改良を目的として耕土培養対策資材が指定され，普通肥料該当のもの以外を特殊肥料に組み込まれた．高度経済成長時代には農業労働力の減少，高齢化，農業経営の単一化などが関係し，堆きゅう肥などの有機物資材投入量の減少，化学肥料の偏重，作土の浅層化，要素欠乏や過剰といった養分バランスの崩れなどが顕在化し，あらためて地力の低下が懸念され，全国的に「土づくり運動」が盛んになった．

　戦前は農家が自給肥料を中心として土壌の地力維持を図っていたが，戦後になって地力保全基本調査，耕土培養対策，土づくり運動などの政策と啓蒙運動を通して地力維持，土壌改良の必要性が認識されるとともに，多くの土壌改良資材と称されるものが流通するようになった．これらの土壌改良資材には，化学性，物理性，生物性の改良などその目的が多岐にわたり，その中には肥料取締法の普通肥料あるいは特殊肥料に該当するものから，法律の適用を受けることなく市販流通するものまで多種多様で，一部にはその施用効果自体が明らかでないもの，あるいは資材の内容が不明なものもあり，農業生産現場では多くの問題を引き起こしていた．

　このような背景から農林水産省は昭和59年，土壌改良資材について，品質に関する表示の基準を遵守する義務と違反したときの措置を規定した「土壌改良資材の品質表示制度」を盛り込んだ「地力増進法」を制定し，土壌改良資材にも法の網をかけることとした．すなわち，土壌の性質を改良することを目的として土壌に施用する資材として土壌改良資材あるいは土壌改良材なる呼称が用いられていたが，それには一定の定義がされないまま用いられていたのを，地力増進法で土壌改良資材を次のように定義した．

　「植物の栽培に資するため土壌の性質に変化をもたらすことを目的として土地に施されるもの」．これは土壌の性質を改善することを目的として，直接土地に施されるものであって，堆肥化の助材など間接的に投入されるものは除かれている．

表 5.1 政令指定土壌改良資材の生産量（単位：t）

資材の種類	平成7年	平成8年	平成9年	平成10年	平成11年	平成12年	平成13年
泥　炭	102,837	85,930	100,272	94,765	81,632	75,650	60,661
バーク堆肥	438,969	411,912	442,886	448,722	451,317	415,139	364,744
腐植酸資材	26,050	26,268	23,719	26,230	24,248	31,126	33,882
木　炭	8,589	7,303	10,426	7,197	3,644	7,333	7,343
VA菌根菌資材			83	25	28	55	56
ケイ藻土焼成粒	519	530	459	885	822	800	805
ゼオライト	51,531	59,441	42,378	35,125	46,917	35,266	38,651
バーミュライト	17,230	18,342	11,305	13,501	19,832	19,786	14,572
パーライト	13,960	13,257	13,937	20,160	24,947	28,273	14,204
ベントナイト	3,204	4,095	2,243	1,837	1,607	1,385	1,270
ポリエチレンイミン系資材	191	194	196	200	208	210	218
ポリビニルアルコール系資材	14	13	17	12	350	281	34
合計	663,094	627,285	647,921	648,659	655,552	615,306	536,440

（肥料年鑑 2003 年版より）

一方，肥料取締法で肥料の定義の中に，「…または植物の栽培に資するため，土壌に化学的変化をもたらすことを目的として土地に施されるもの」と土壌の化学的性質を変化させることを目的としているものも肥料の範疇に入れていることから，石灰質肥料，リン酸質肥料，ケイ酸質肥料などは地力増進法が指定する土壌改良資材の規制対象としないで，肥料取締法の適用を受ける．しかし，植物の栄養に資する以外に土壌の物理的性質や微生物的性質を改善することを目的として施用される物（堆肥，腐植酸資材，鉱物質資材など）については土壌改良資材に含まれる．すなわち，地力増進法にいう土壌改良資材には，①土壌の団粒構造，通気性，透水性，ち密度（硬さ）などの物理的性質を改善する資材，②土壌の保肥力などの化学的性質を改善する資材，③土壌の有機物分解能などの微生物学的性質を改善する資材などが該当する．

地力増進法で定められた土壌改良資材のうち，表示規制を受けるのは，①消費者が品質を識別することが困難で，②地力の増進上その品質を識別することが必要と認められる土壌改良資材である．政令で定められ土壌改良資材はその種類ごとに，①名称，②表示者（製造業者または販売業者）の氏名と住所，③原料，④用途（主たる効果），⑤施用方法などの表示項目が義務付けられた．現在（2003年現在）政令で指定されている資材は12種類で，いずれも土壌の改良効果や品質判定の基準が科学的に明らかになっているものである．これ以外に土壌改良資材として流通しているものが数多くあるが，それらの資材の中でも科学的な検証ができ，客観的な基準が確立され，地力増進上有効であると認められれば，順次政令で指定され，品質表示が義務づけられる．

最近の政令で指定された土壌改良資材の生産量を表5.1に示した．最も生産量の多いのはバーク堆肥で，平成13年度には全生産量の68%を占めている．次いで泥炭，ゼオライトの順ではあるが，バーク堆肥に比べるとその他の土壌改良資材の生産量は極端に少ない．また，生産量の経年変化を見ると，全般的に生産量が減少する傾向にある．

現在，土壌改良資材は，政令で定められた土壌改良資材と，品質や施用形態が科学的に明らかにさていないために，資材についての表示基準を政令で定めることのできない土壌改良資材が流通しているので，本書ではそれらを分けて記述した．

〔吉羽雅昭〕

5.2　地力増進法で指定する土壌改良資材

5.2.1　動植物系資材

a．泥　炭

泥炭は湿潤地に生育した樹木，草本類，藻類，

表 5.2 泥炭の平均的理化学性

種類	風乾重 (g/100 cm³)	容水量 (%)	容水量中の有効水分 (%)	灼熱減量 (%)	全窒素 (%)	ヘミセルロース (%)	セルロース (%)	リグニン (%)	陽イオン交換容量 (meq/100 g)
ミズゴケ	11	1,057	92.2	88.2	1.64	13.1	8.0	44.7	89.1
スゲ	27	374	83.7	98.5	1.09	17.3	17.2	46.8	74.8
ヨシ	39	289	75.5	64.3	1.24	6.8	2.2	44.2	77.1

コケ類などが嫌気的な状態で堆積，腐朽したもので，原植物の組成を肉眼で識別できる．改良資材としては採取した泥炭から異物を除去し，切断したものか，分解過程で生成した有機酸に由来する酸性物質を水洗除去または石灰で中和したもので，その性質は表 5.2 に示したように，見かけ比重が非常に小さく，植物の繊維をかなり残し，多くの孔隙が分布している．品質基準は有機物含有率（550〜600℃の灼熱減量）が乾物あたり 20% 以上である．泥炭の主要有機成分はリグニン・タンパク複合体で難分解性のため，1〜1.5% 前後含有する全窒素の肥料効果は期待できない．また，陽イオン交換容量は 100 meq/100 g 前後で土壌よりははるかに高いが，次に記載する腐植酸質資材よりは低い．

主たる効果は難分解性の植物繊維による吸水性と粗孔隙の増加によるものが主体で，有機物中の腐植酸含有率が 70% 以下のものは膨軟化，保水性の改善などであるが，腐植酸含有率が 70% 以上のものは腐植酸の陽イオン交換能による保肥力の改善効果も認められる．そして，資材が難分解性であることから持続的な効果が期待できる．施用上の注意点としては，資材が乾燥しすぎると撥水性により水をはじき十分な保水効果が発現しなくなる．乾燥した資材の場合にはあらかじめ資材に加水するか，土壌と混和後十分水となじませてから播種，移植を行う．

b. バーク堆肥

平成 6 年 2 月に政令で定められた土壌改良資材で，あらかじめ野積みし一次発酵処理をした広葉樹や針葉樹の樹皮を粗く破砕した後，家畜糞や尿素などの窒素源を添加して炭素率を調整して，長期間堆積発酵したもので，発酵期間が短い未熟なものにはタンニンやフェノール性化合物などの有害成分が残り植物の初期生育を阻害する恐れがある．とくに針葉樹のほうが発酵に時間を要する．政令で定められた品質基準は肥料取締法第 2 条第 2 項の特殊肥料または肥料取締法施行規則第 1 条の 2 に定められた普通肥料中の汚泥発酵肥料，水産副産物発酵肥料の基準に該当するものとなっている．一方，日本バーク堆肥協会および全国バーク堆肥工業会による品質基準は表 5.3 に示したとおりである．バーク堆肥は原料であるバークの炭素率が稲わらや麦わらに比べると十数倍も高いことから，製造過程で添加される分解促進のための資材の種類や堆積発酵期間とその間の切り返し回数，発酵熱による昇温の程度などによって品質が変わるので，利用するときにはそれらの情報をできるだけ把握することが大切である．

主たる効果は堆積期間に分解されなかったリグニンを主成分とする有機物による土壌の膨軟化で，バークの直接的な作用である．それに引き続き土壌中での分解過程で土壌の団粒形成を促進する効果も認められている．しかし，含有する窒素やリン酸の肥料効果は難分解性の資材であるからあまり期待することはできない．それよりも分解の不十分なバーク堆肥を施用すると，一時的に窒素飢餓や植物の生育障害を引き起こす可能性があるので，施用に当たっては品質の確認と適量な施用が重要である．とくに全窒素含有率が低く，炭素率の高い資材を使用するときには，多量の施用

表 5.3 バーク堆肥の品質基準

項　　目	基　　準
有機物含有量	70% 以上
窒素全量	1.2% 以上
C/N 比	35 以下
リン酸全量	0.5% 以上
カリ全量	0.3% 以上
pH	5.5〜7.5
陽イオン交換容量	70 meq/100 g 以上
水分	60∓5%
幼植物テスト	異常なし

（日本バーク堆肥協会，全国バーク堆肥工業会）

を避けるとともに窒素肥料の増施が必要である．原料樹種については広葉樹のほうが針葉樹よりも分解速度が速く，有害成分の含有も少ないので，広葉樹バークの方がより使いやすい資材である．また，バーク堆肥は乾燥が進むと疎水性が発現し，土壌の乾燥を促進することがあるので，乾燥しているバーク堆肥を施用するときにはあらかじめ水分を補給してから使用することが望ましい．

c. 腐植酸質資材

石炭化の進んだ亜炭あるいは褐炭を原料とし，硝酸あるいは硝酸と硫酸で分解して生成したニトロフミン酸を，アンモニア，カリウム，カルシウム，マグネシウムなどの化合物で中和後，造粒，乾燥させたもので，政令で定められた品質基準は有機物含有量20%以上である．このうち，腐植酸アンモニウム肥料，腐植酸カリ肥料，腐植酸マグネシウム肥料は普通肥料の適応を受ける．

土壌改良資材としての効果としては，解離性のカルボキシル基やフェノール性水酸基などをもつ腐植酸を主体にしていることから，陽イオン交換容量が大きく，土壌の保肥力の改善にある．また，腐植酸のキレート効果あるいは粘土との吸着効果で鉄やアルミニウムによるリン酸固定の抑制や，土壌の緩衝作用を高める効果も期待できる．

d. 木　　炭

木材，ヤシガラ，もみがらなどを炭化したもので，有機物はほとんど含まないが，多孔質でかつ吸着性をもつアルカリ性の資材であることから，従来から土壌の透水性改良，保水性の向上，陽イオン交換容量の増大，有用微生物のすみかとなる培地としての効果，有害ガスなどの吸着固定など多くの効果がいわれているが，その中でもとくに土壌の透水性改善については科学的にその効果が確認されたことから，政令指定の土壌改良資材となった．そのほかに，有機物を含まないことなどから，一般的な土壌微生物の繁殖は進まず，光合成細菌やVA菌根菌などのような特殊な環境条件で生育する有用微生物の繁殖を促進する効果も認められている．

施用に当たっては土壌面に露出していると風雨で流出し無駄になることや，土壌中に層状に存在するとその効果が軽減することから，施用後は土壌と十分混和することが必要である．

e. VA菌根菌

土壌有機物の分解促進，土壌微生物相の改善，病害虫防除などを目的として多くの微生物資材が市販流通している．しかし，その中には使用効果についての再現性が乏しかったり，土壌条件や地域によって効果が異なったり，微生物資材の効果なのか堆肥などの他の資材や微生物を吸着させた担体の効果なのかが明確でなかったりして，微生物資材を使用する生産現場では混乱をきたし，早急な対策が望まれている．その中にあって，VA菌根菌資材に土壌リン酸の供給促進効果があることが科学的に証明されたことから，平成8年10月に微生物資材としてははじめて政令指定の土壌改良資材になった．

VA菌根菌は糸状菌（カビ）の一種で，植物根に共生して，胞子から菌糸を伸ばし，根の内部に入り，嚢状体（vesicule）や樹糸状体（arbuscule）をつくることからVA菌根菌と称されている．そして，vesiculeは養分貯蔵に，arbusculeは養分交換機能をもつとされている．植物に共生したVA菌根菌から土の中に伸びた菌糸は，土壌中から水分や養分，その中でもとくにリン酸を吸収して植物に供給し，植物の生長を促進させる働きが明らかになった．そのほかに土壌病原菌の植物への侵入を抑制する効果や乾燥，養分欠乏，塩類障害などの各種ストレスに対する改善効果のあることも知られている．

VA菌根菌は植物に共生してはじめて効果を示すもので，共生しにくい宿主植物としては水生植物，アブラナ科，アカザ科，タデ科など限られた植物種である．また，微生物であることから効果の発現には制限があり，生育適温は20〜30℃で，土壌殺菌剤の併用は避けなければならない．また，土壌中のリン酸濃度の高いところではその効果が現れにくい．資材の保管場所には十分注意し，表示されている使用期間を過ぎてからの使用は避ける．

5.2.2 鉱物質資材

a. ベントナイト

スメクタイトを主鉱物とする粘土で，ナトリウムイオンに富み膨張性の高いナトリウムベントナイトとカルシウムイオン，マグネシウムイオンに富み，膨張性の低いカルシウムベントナイト，さらにナトリウム処理して人工的に膨張性を高めた乾性ベントナイトがあり，どれも大きな陽イオン交換容量をもつことから，耕土培養資材としては保肥力の改善効果が主であった．しかし，地力増進法では粘土鉱物の膨張性を生かした漏水田の改善効果を主な効果として指定している．そのため，土壌改良資材の品質基準は，水中における24時間後の膨張容積が乾物2g当たり5mL以上としている．表5.4にベントナイトの代表的な品質を示した．膨潤力はナトリウム型と活性化型がカルシウム型の約3.5倍と大きく，陽イオン交換容量もカルシウム型は約1/2と小さい．なお，ベントナイトの品質は産地によっても異なる．

土壌改良資材としては漏水田の浸透性の改善であるが，それ以外に陽イオン交換容量が50～100 meq/100 gあり，またベントナイト施用の水稲体内のケイ酸含有量が高く，保肥力の向上，水稲へのケイ酸供給効果も明らかである．同時に，透水性が改善されることから，肥料養分の溶脱が軽減され，肥料の利用率が高まり，減肥栽培が可能となる．また，火山灰土壌への施用はアルミニウムイオンを吸着しその活性を抑制する効果も認められている．

b. ゼオライト

和名を沸石といい，凝灰岩が変質したものを粉末にしたもので，わが国ではクリノプチライトとモルデナイトが大部分である．土壌改良資材としての効果は大きな陽イオン交換容量をもつことから土壌の保肥力の改善を目的としている．政令で定められた品質基準は陽イオン交換容量が50 meq/100 g以上とされているが，流通しているゼオライトの陽イオン交換容量は表5.5に示されているように，試料によっては50 meq/100 g以下のものもあるが，おおむね100～150 meq/100 g，平均128 meq/100 gと大きい．また，塩基飽和度も100％以上でカルシウムとカリウムの含有量が多く，これらは植物への養分供給源となる．

ゼオライトは粘土中の結晶水が加熱脱水しても構造が壊れることなく，微細な空隙として残るため水分やガスを吸着保持する特性もある．水田への施用はベントナイトのような膨張性はないが，灌漑水で溶出する養分を保持し肥料の利用率を高める効果がある．また，カルシウムなどの塩基含有量が高いことから，植物への塩基供給効果も期待できる．そして，土壌中できわめて安定なため効果に持続性がある．

さらに，ゼオライトの特性を利用して，堆肥の発酵促進や家畜糞の消臭など環境汚染防止資材としても普及している．

表5.5 ゼオライトの理化学性（試料15点）

	最低～最高	平均
陽イオン交換容量（meq/100 g）	47.7～176.2	128.4
交換性カルシウム（meq/100 g）	7.1～92.7	44.2
交換性マグネシウム（meq/100 g）	痕跡～17.7	5.1
交換性カリウム（meq/100 g）	6.8～68.2	33.5
塩基飽和度（％）	132～372	201
pH	5.6～8.1	6.6

表5.4 ベントナイトの理化学性

	Naベントナイト	Caベントナイト	活性化ベントナイト
産地	山形	宮城	宮城
見かけ比重（g/cm³）	0.57	0.62	0.52
膨潤力（mL/2 g）	22	7	25
pH	10.2	8.0	10.5
陽イオン交換容量（meq/100 g）	70	48	77
交換性カルシウム（meq/100 g）	25.6	58	49.6
交換性マグネシウム（meq/100 g）	9.0	25.8	21.5
交換性カリウム（meq/100 g）	3.2	1.4	2.9
交換性ナトリウム（meq/100 g）	67.1	6.6	70.8

c. パーライト

真珠岩を900～1,200℃に急速加熱すると，内部の水分や揮発性成分が爆発的に発泡し，内部に気泡をもつガラス状の非常に軽量な粒状体になったもので，原石の10～20倍に膨張している．なお，黒曜石を同様な処理をすると真珠岩と同様な性質をもつことから，これもパーライトに含まれる．

パーライトは表5.6に示したように，見かけ比重が0.08～0.23とすこぶる小さく，固相率が10％以下で，全孔隙は77～93％，そのうち粗孔隙が45～53％を占め，有効水分率（有効毛管孔隙）も36～63％と広く，多孔質で孔隙分布が広範囲にわたり，保水性に優れた資材である．このような理化学性から土壌の保水性改善資材として政令指定の土壌改良資材となった．

同時にパーライトのもつ軽量で多孔質な特性は，重粘土のような透水性の不良な土壌に対しては，粗孔隙を増大させて透水性，通気性を確保することができる．しかし，他の鉱物質資材に見られるような陽イオン交換能はなく，ケイ酸やカリなども不溶性である．品質基準はとくに定められていないが，孔隙量が確保されていなければならないため，見かけ比重0.3以下のものが望ましい．

なお，パーライトは比重が小さいために地表面に露出すると風雨により飛散流亡するので，施用後速やかに土壌と十分混和することが必要である．

d. バーミキュライト

雲母系鉱物を1,300℃前後の高温で焼成したもので，原鉱石の雲母の層が剥がれて膨張し，容積が10倍前後増大したもので，比重が軽く空隙率の高い資材で，保水性に優れ，陽イオン交換容量が120～150 meq/100 gと大きく保肥力が高い．

土壌改良資材としての主たる効果は土壌の透水性の改善であるが，主な用途としては水分の吸収性や通気性と肥料の保持力を生かし，園芸用土や育苗培土材として使用されている．

e. ケイ藻土焼成粒

ケイ藻土は藻類や単細胞生物の膜がケイ酸化したもので，粘性が高く，多孔質の固まりとなる．

ケイ藻土焼成粒は，ケイ藻土を造粒後1,000℃以上の高温で焼成し，セラミック状にしたもので，品質基準は気乾状態で1 l 当たり質量が700 g以下と，見かけ比重が軽く孔隙分布が広いことが特徴で，透水性，通気性，保水性が高く，土壌の物理性の改良効果がある．政令指定の土壌改良資材としては土壌の透水性改善を主たる効果にし，パーライトに類似した性質をもっている．

5.2.3 合成資材

透水性，保水性，易耕性などの物理性が良好な土壌は団粒化が進行している．団粒は，土壌粒子がカルシウムや鉄などの無機化合物，有機物が微生物によって分解される過程で生成する有機化合物，微生物の菌糸などの凝集・接着作用によって生成するといわれている．堆肥などの有機物資材の施用効果の1つに団粒生成効果があるとされているが，目に見えて団粒の生成が確認できるまでにはかなりの連用が必要である．そこで，高分子化学の発展に伴って，高分子有機化合物を使用して土壌粒子を凝集・接着させて安定した団粒を生成する研究が盛んとなり，いくつもの合成高分子資材が発表された．現在流通している高分子土壌改良資材は陰イオン型，陽イオン型，非イオン型の3タイプに分類される．合成高分子資材の団粒形成能は高分子鎖のカルボキシル基，アミド基，アルキル基などの官能基の密度が高く水溶性である限り重合度（分子量）が高いほど大きい．

一方，土壌の物理性の改善で植物の生育あるいは収量にその効果が明らかに認められるのは，明らかに物理性が阻害要因になっているものの場合は少なく，多くの場合はそのほかの制限因子と複合的になっており，その場合には資材の施用効果が明確に現れることが少ない．また，非火山灰土

表5.6　パーライトの物理性

見かけ比重	0.08～0.23
固相率（％）	3.2～9.7
全孔隙（％）	77.3～92.9
粗孔隙（％）	45.6～53.3
有効水分率（％）	36.1～63.1
非有効水分率（％）	3.1～11.0
真比重	2.30～2.39

壌に対してはその効果が現れやすいが，腐植質火山灰土壌に対して効果はないかまたは比較的小さい．

政令で認められる合成高分子土壌改良資材としては，土壌，作物，環境に安全で，効果が明確に認められ，示性式が明らかで品質が安定していることなどが条件となる．現在，土壌の団粒形成促進資材として次の2種類がその効果が認められ政令指定土壌改良資材となっている．

a. ポリエチレンイミン系資材

アクリル酸・メタクリル酸ジメチルアミノエチル共重合物のマグネシウム塩とポリエチレンイミンを混合してつくられた複合体で，湿潤状態で団粒の形成がよく，水田においても安定した団粒を形成し，とくに重粘土壌で効果が顕著である．品質は液状のもの温度25℃で粘度が10ボアズ以上（日本工業規格 K 6833 の粘度測定法による），粒状品にあっては水溶性のものである．

b. ポリビニルアルコール系資材

アセチレンと酢酸から得られる酢酸ビニルの重合態であるポリビニル酢酸の全部あるいは一部をけん化したもので，市販されているものは溶解度を考慮してけん化度85〜90％に調整されたものでポリビニル酢酸とポリビニルアルコールの混合物である．平均重合度1,700以上（日本工業規格 K 6726 の平均重合度の試験法による）のものである．しかし，重合度が増すと団粒形成能は高まるが，溶解度が低下して使用しにくくなる．

施用方法は圃場容水量前後で土壌と混合後，土壌を一度乾燥させると安定した団粒が形成する．また，火山灰土壌に施用した場合は効果が認められないことがある旨を施用上の注意事項に表示することが義務づけられている．　　〔吉羽雅昭〕

文　献

1) (財)農林統計協会，ポケット肥料便覧，肥料要覧2001年版（2001）
2) 日本土壌肥料学会監修：土壌・水質・農業資材の保全，博友社（1985）
3) 伊達　昇・塩崎尚郎編著：肥料便覧 第5版，農文協（2002）
4) 農文協編：農業技術体系土壌施肥編7 各種肥料・資材の特性と利用，農文協（2000）

5.3　地力増進法で指定されていない土壌改良資材

5.3.1　動植物系資材

原材料が動物や植物に由来する土壌改良資材のうち，前述のような地力増進法で指定された土壌改良資材以外のものについて触れる．動物質としては，貝化石や貝がら粉末，カニ殻，シャコ殻，家畜ふん堆肥などがある．使用の目的は，酸性改良や塩基分補給，微量要素補給，土壌微生物の改良が主である．植物質については，地力増進法で指定されていないものとしては，落葉・わら堆肥，剪定枝堆肥，モミガラくん炭等々がある．炭化したもの以外は有機分や繊維分が多く，改良効果は土壌物理性・化学性・生物性全般にわたっている．そのほか，微生物資材や下水汚泥なども動植物質の中に入れることがある．

a.　貝　化　石
1) 貝化石とは

貝化石粉末は，「古代に生息した貝類が地中に埋没堆積し，風化または化石化したものの粉末」と農水省により定義されている．わが国における化石化した貝化石は，主に新第三紀の鮮新世から中新世を中心に堆積したもので，全国的に散在している．中生代〜古生代に形成されたとされる石灰石より，年代的に若い鉱物である．貝化石層は，二枚貝や巻貝などを主体に，さらに有孔虫やサンゴ，海綿などの水生動物の風化物や化石化物と，砂岩や凝灰岩などの岩石・土砂などと混ざり合って層状に堆積している．

昭和54年10月には，貝化石粉末に造粒化促進材を使用して造粒したアルカリ分35％以上含むものを，「貝化石肥料」として普通肥料の公定規格に新設されている．

2) 貝化石の特性

貝化石の組成は，一般の石灰石と同じように炭酸カルシウム（$CaCO_3$）が多くを占め，主として

カルサイト（方解石）の結晶となっている．貝化石層は，通常貝化石と土砂との混在状態で存在し，採取された貝化石は，この土砂の量により，主成分の石灰の含量が異なってくる．貝化石の純度が高いものほど白色に近く，アルカリ分も高い．貝化石粉末の品質は，貝化石層の状態の良否で決まるほか，堆積状態の良い部分だけの採掘，あるいは，土砂の分離で向上する．カニ殻と異なり，窒素（N）やリン酸分（P_2O_5）をほとんど含まない．

表5.7に比較的良質なものと考えられる貝化石粉末の分析成績例を示した．一般的には，アルカリ分10〜35%のものが多く，産地によって大きく異なる．

3) 使用法と問題点

土壌への施用は，炭酸カルシウム肥料などの石灰質肥料と同様に，土壌の酸性中和を目的に使用されるほか，作物の栄養補給，収穫物の品質向上効果，土壌の諸要因の改善などに期待して利用される．価格が炭酸カルシウム肥料に比べて高いので，主として果樹，果菜，洋菜，茶などの品質が収益性に影響する作物に多く使用される．土壌改良資材等としての機能は炭酸カルシウム肥料と同じようなものと考えられる．

そのほか，家畜ふんなどの堆肥化に際し，水分調整やpH維持を目的に添加され，良質なものは，飼料のカルシウム源としても使用されている．

使用上の問題点は，主組成である炭酸カルシウムの含有量が，製品によりばらつきのみられることである．そのため，アルカリ分などの品質を把握できないときには，過剰施用や施用不足が起こり，施用目的を達することができないこともある．

る．このため，農林水産省は，アルカリ分含有量の表示の励行を指導しているが，貝化石粉末の流通上の評価が石灰含有量によるものだけでなかったり，あるいは，また知事扱いの特殊肥料としたときには，含有主成分量の表示がなくてもよいため，含量の表示は必ずしも励行されていない．

b. カニ殻など甲殻類外皮

1) カニ殻などの特性

カニの甲羅，エビやシャコの殻などの水生甲殻類の殻粉末は，古くから肥料として利用されていた．肉質部分を採った残りの甲殻を形づくっている主組成は，キチンとタンパク質とからなるキチン質および外骨格や堅い皮膚の支持物質の一部である炭酸カルシウムである．甲殻キチンは，アミノ糖から成る一種の多糖類で，セルロースの構造に似た高分子化合物である．甲殻顆，昆虫類の外骨格または堅い皮膚，微生物の細胞膜などに存在する．

キチン質を形成するキチンとタンパク質の構成割合は，カニの場合はキチン70数%前後で，タンパク質は13〜14%程度である．動物の種類によって異なり，エビやシャコなどでは，キチンおよびタンパク質ともさらに幅がある．

キチンはセルロースより安定しており，濃酸，濃アルカリによって徐々に加水分解されるが，分解酵素のキチナーゼによっても加水分解される．キチナーゼは，放線菌などの微生物でも生成される．そのため，キチン質を含む資材の土壌への施用と放線菌数増加との関係がよくいわれている．

乾燥・粉砕した場合は，普通肥料の登録がとれる．粉砕しないものは特殊肥料に指定されている．動物質であり，窒素分（N）とカリ分（K_2O）を数パーセント含んでいる．普通肥料では窒素3

表5.7 良質な貝化石粉末の分析例（伊達，1981）

成分	含有量（%）	成分	含有量（%）
水分	0.5〜10	SiO_2*2	2〜25
アルカリ分*1	20〜53	土砂*3	5〜40
MgO	0.2〜4.0	有機物*4	0.2〜10
P_2O_5	0.02〜0.8		0.1〜3.0
K_2O	0.02〜0.5	Cu	30〜60 ppm
MnO	0.02〜0.3	Zn	90〜140 ppm
B_2O_3	0〜0.008	pH	7.8〜10

*1 MgOを含むCaO換算値（MgO×1.39＋CaO），*2 うち可溶性ケイ酸（0.5 M塩酸可溶）0.5〜3%，*3 熱塩酸不溶物，*4 有機炭酸から算出．

表5.8 カニ殻など分析例（伊達，1981）

	窒素（N）	リン酸（P_2O_5）	カリ（K_2O）	石灰（CaO）
カニ殻	5（2〜8）	3（1〜5）	0.7（0.1〜2）	28（20〜35）
カニ甲羅	6（2〜8）	3（1〜5）	0.5	20（14〜26）
エビ殻	6（2〜6）	3（1〜6）	1*	20（15〜25）

注1）（ ）を付していない数値は代表的含有量を示す．ただし*印のものは，少ない分析例数（2〜5例）の平均含有量を示す．

注2）（ ）内数値は，最高値〜最低値である．

％以上，リン酸（P_2O_5）1％以上の成分が保証されている．成分的には製品によりばらつきが大きく，5～6％以上のリン酸を含むものもある．

カニ殻などに含まれる肥料関係成分の含有量の分析例は表5.8のとおりであって，肉質部や土砂，水分の含有量によって大きくばらついてくる．

2） 土壌改良資材としての利用と問題点

カニ殻などの甲殻は，肥料成分を含むため，肥料として使用されるほか，いろいろな甲殻類の特性などを生かし，土壌改良資材としても施用される．肥料として施用される場合，窒素については，肉かすや魚かすなどと比較すると緩効的である．

土壌改良としては，甲殻が比較的堅いので，通気性や透水性の改善など物理性の改良効果に期待して，土壌や温床などに使用される．また明確な効果はわからないが，微生物性の改善をはかって，連作障害の防止・軽減効果を期待して施用される例もみられる．

土壌へのキチンの投与は，キチナーゼやラミナーゼなどキチンを分解する酵素の活性が高い放線菌や細菌を増殖させる．それらの病原菌に対する拮抗菌は，病原菌の膜質にとりついたり，みずから生産する物質によって，増殖および活動を抑制したりする効果がある．

キチンの土壌施用によって増殖した放線菌や細菌は，ある種の農作物の病気に対して効果が認められている．とくに放線菌は，キャベツの萎黄病やエンドウの根腐病，ダイコンの萎黄病などを起こすフザリウム菌の細胞膜質を分解する酵素活性が高く，フザリウム菌の増殖や病害の抑制に効果があるという報告例がみられる．しかし，細胞膜質の異なる病原菌には効果がなく，逆にキチンの施用によって病気の発生例もあるといわれている．キチン質資材の効果には不明の部分も多く，キチンまたはキチンを多量含むカニ殻などの甲殻の施用による，抑制される病害の種類と抑制の程度などの十分な解明が必要である．また，キチン質資材の施用で放線菌を増殖させる場合は，土壌の環境を整える必要がある．放線菌は酸性に弱いため，pH調整をして6以上にしたり，優良な有機物を施用したりして生育しやすくしなければならない．

c． その他の資材
1） もみがら

もみがらは米の殻であり，硬いケイ酸質層で覆われており，腐りにくく，燃えにくい性質をもつ．堆肥の原料としてよく利用されてきた．もみがらくん炭にしたり，そのままでも土壌改良資材として，田や畑に施用されてきている．園芸用土としては，腐葉土の代用として赤土や黒土などに，もみがらのままで3～4割ほど混ぜて利用されることもある．生のもみがらの利用では，新しいものより，用土などと混ぜて1年くらい雨ざらしにして，半腐れ状態にした方が安全である．もみがら自体は透水性や通気性がよい．

2） もみがらくん炭

もみがらくん炭は，玄米を調整するときに出るもみがらを蒸し焼きにして炭化させたものをいう．製造法としては，現在では主にくん炭製造器を用いる方法がとられている．くん炭製造機は数社で開発されており，小規模なものから大規模なものまで各種ある．

うまく焼けた良質のものは，形がくずれておらず均質であり，重量もきわめて軽い．詰め方にもよるが乾燥したものだと1l当たり数十gである．多量に使用する育苗用土では運搬などにきわめて利便なものである．もみがらくん炭は通気性や保水力もよい．炭化しているので窒素分は含まれないが，リン酸やカリ，石灰，苦土分は残っている．焼きすぎるとpHは高くなるので，水で洗ったり，過リン酸石灰を少量加えたりして調整する．

もみがらくん炭は，培養土の材料として古くから利用されてきた．鉢物栽培の用土に混ぜたり，野菜類の養液育苗，イネ苗の育苗などにも用いられてきた．土壌改良資材としては，粘質な土壌においては透水性や通気性などの物理性改良効果が期待できる．

3） ココピート

ココピートは，ココナッツの果実の堅い殻からロープなどをつくるために長い繊維分を取り除いた後の短い繊維や果皮を，堆積腐熟させたものである．堆積腐熟にあたっては，2～3カ月程度真水

に浸けて，ヤシガラに含まれる塩分や樹脂などを取り除く．その後ヤシガラの腐熟が遅いため，最低でも2年程度堆積する．長い場合には5年以上堆積腐熟させることもある．ヤシガラはインドネシアやマレーシア，フィリピン，スリランカなど熱帯諸国のヤシ栽培プランテーションで主につくられ，ココピートもいろいろな地域で生産されている．

ココピートはピートモスとほぼ同じような利用が考えられ，特徴も似た部分が多い．スポンジのような繊維は弾力性があり，通気性がよく吸水力も比較的高いのが一般的な特性である．化学性についても表5.9のように陽イオン交換容量が高く，カリウムなどの塩基分が高いものがあることが認められた．

ピートモスとほぼ同じような形状をしているため，農地に施用すれば土壌を膨軟にし透水性や通気性をよくするなど，物理性改良効果は期待できる．しかし，化学性に関しては，ピートモスよりもカリウムやナトリウムが多いことを考慮して施用する必要がある．

4) 木質堆肥

木屑など木質部の分解性は樹種によって多少異なる．広葉樹は針葉樹に比べて多少分解しやすい．また，窒素を添加した場合も，広葉樹の分解のほうがいくらか促進されやすい．しかし，窒素源を加えても稲わらや麦わらのように顕著な分解促進効果は見られない．

木屑は大きさにより名称が異なり，おおむね数mm以下のものをオガクズ，5mm程度のものをチップダスト，10mm程度のものをプレーナー屑といっている．

単独では堆肥化はむずかしく，家畜ふんなど高水分資材の水分調節材として使用する．木質系の堆肥化には，長い期間が必要であり，未熟物を施用すると，長期間にわたって窒素飢餓を生じることがある．

オガクズなどの木屑を多量に混合し堆積発酵したものは，C/N比が高くなるので，窒素の効果はほとんど期待できないので，物理性改良を目的とした土づくり堆肥として使う．

5) 剪定枝堆肥

街路樹や公園から排出される剪定屑は，一部は有効利用されているが，焼却されているものも多い．樹種としては，街路樹ではイチョウ，ユリノキ，サクラ，ケヤキ，トウカエデが多く，公園ではマテバシイやクスノキなどの常緑樹が多く植えられている．樹木の剪定は，一般には夏(7〜8月)と冬（11〜12月）の2回に集中して行われるため，7月〜12月に年間総排出量の多くが集中する．

堆肥化では，葉と枝とがバランスよく混合した原料を使うことが大切であり，枝だけでは堆肥化は困難である．枝だけの場合や針葉樹だけの場合は窒素を補って堆積することが好ましく，窒素源としては，米ぬかや油かす，鶏ふんなどの有機肥料が適している．6カ月以上の十分な堆積発酵期間を必要とする．

利用に当たっては，C/N比が高いため窒素の効果はほとんど期待できないので，物理性改良を目的とした土づくり堆肥として使う．

6) 木酢液

木酢液は，樹木を形成しているセルロースやリグニンなどが高温下で分解して生成されるもので，各種の有機成分を200数十種類以上も含んでいるといわれる．pHが3前後で，主成分として酢酸を3〜7%ほど含み，そのほかメチルアルコールやエチルアルコールなどのアルコール類，アルデヒド類，フェノール類を含んでいる．

木酢液の特性として，原液や10倍程度まで薄めた比較的濃い液では殺菌力がある．50〜60倍以上の薄い液ではある種の微生物の生育を助けることもあるといわれる．また，微生物に対する作用は微生物の種類で異なり，木酢液に対してトリコデルマは比較的弱く，放線菌は強いといわれ

表5.9 ココピート(スリランカ産)化学性分析例(東京農試，加藤，2002)

現物水分(%)	EC(μS/cm)	pH		CEC(meq/100 g)	交換性陽イオン(mg/100 g)				全炭素(%)	全炭素(%)	可給態リン酸(mg/100 g)
		H_2O	KCl		CaO	MgO	K_2O	Na_2O			
12.9	1264	5.20	4.03	70.4	164	234	1,085	383	48.9	0.79	20.9

る．木酢液中の酢酸や吉草酸エステルは作物の生育を促進し，針葉樹の木酢液に含まれるテルペン油やタールなどは生育を阻害することが知られている．また，木酢液は多くの成分の相乗作用で効果が出たり，逆に生育阻害が出たりする．農薬や化学肥料のように効果が明確ではない部分が多く，同じ使い方をしても製品により同じ効果が出ないことがある．

5.3.2 鉱物系資材

天然鉱物や鉱さい，微粉炭燃焼灰，焼成岩石，石膏など鉱物を原料とした土壌改良資材のこと．ベントナイトやゼオライト，転炉さい，フライアッシュ，バーミキュライト，パーライトなどが具体的な資材であり，理化学性の改善のほか，塩基類や微量要素，硫黄分などの補給機能をもっている．有機系の土壌改良資材のように分解しやすいことはなく，長持ちするものが多いが，効果や機能は必ずしも多面的ではなく，単一の機能のことがある．目的に応じて使い分けたり，組み合わせたりする必要がある．

a. 含鉄資材（鉱さい類）
1) 鉱さい類の種類と特性

鉄分を含んだ物質のことで，肥鉄土や褐鉄鋼，鉄粉，ボーキサイトさい，パイライトさい（硫化鉱），平炉さい，転炉さいなどが知られている．鉄分が乏しい老朽化水田の改良に利用される．これまでは鉄粉や褐鉄鋼，ボーキサイトさい，パイライトさい，平炉さいなどが比較的用いられてきたが，現在では転炉さいが主となっている．

ボーキサイトさいは，ボーキサイト原料をアルカリ処理して，アルミニウムを取り出した後の液から，アルカリ物質を回収したときに出てくる．回収時にはスラリー状をしているが，乾燥後資材として利用する．成分的には酸化鉄を25～50%ほど含んだアルカリ性の粉末であり，ほかにケイ酸やマンガン，アルミナなども含有している．

パイライトさいは，硫化鉄を熔融して硫酸をつくるときに出てくる物質であり，ケイ酸を50%程度と酸化鉄を40%程度含んでいる．そのほか，アルミナや石灰（カルシウム），硫黄分なども含まれる．

平炉さいは，平炉を用いて銑鉄やくず鉄などを原料として，製鋼するときにできる鉱さいで，重い粉末状をしている．石灰を35%程度含んでおり，酸化鉄やケイ酸も比較的多く含まれる．そのほか，苦土（マグネシウム）やリン酸，マンガンなども数%ほど含む．

転炉さいは，転炉のなかに銑鉄やくず鉄のほか，副原料として生石灰や石灰石，ドロマイトなどを加え酸素を吹きつけて製鋼するときにできる．石灰を40%前後，酸化鉄を20～30%程度含んでおり，そのほか，ケイ酸や苦土，マンガン，リン酸なども含まれる．

2) 鉱さい類の効果

鉱さい類はいずれの種類も鉄分やケイ酸，石灰，苦土，マンガンなどを含んでおり，その特徴を生かした使われ方がされてきた．ボーキサイトさいやパイライトさいは，とくに鉄分の含量が多いので，他の鉄分の多い資材と同様に，老朽化水田や秋落水田の改良資材として多量に施用されてきた．多量に発生する硫化水素と結合して無害化したり，肥効調節に対する期待がもたれていた．しかし，これらの資材は，鉄が不足している水田や腐植分が多すぎる水田では効果がみられるが，鉄分が多い排水不良田や単に漏水が多い水田では効果がみられないこともあり，最近では多量に使われなくなってきている．

平炉さいや転炉さいは，鉄分や微量要素以外に石灰分が多いので，水田以外に畑地や果樹園での酸性改良や微量要素補給のために利用されることもある．多腐植土や泥炭土の老朽化水田や秋落水田でも，連用することで効果のあることが確認されている．施用田では，土壌中の遊離酸化鉄や土壌Ehが高くなる．普通畑や果樹園では，平炉さいや転炉さいの施用で土壌中の石灰含量や苦土含量のほか，陽イオン交換容量も上がることがいわれている．これらの鉱さい類のうちアルカリ分35%以上を保証できるものでは，石灰質資材の1つである副産石灰として登録することができる．

3) 鉱さい類の使い方

鉱さい類の水田への施用効果は，土壌の種類に

よって異なるが，いろいろな試験結果からその増収効果が認められている．施用量としては，数年ごとの施用では10a当たりにして200～500kg程度が適量と考えられる．毎年連用する場合には，10a当たりで150～200kg程度といわれている．近年各都道府県の農業試験場が行った調査では，土壌中の遊離酸化鉄が少しずつ減少する傾向にあり，鉄分不足の水田がみられる．また，最近の多肥傾向のなかで窒素やリン酸，塩基類の増加は鉄分やケイ酸の肥効を悪くしている．このような土壌に鉱さい類の施用は有意義であると考えられる．

平炉さいや転炉さいを普通畑または果樹園に施用する場合は，土壌のpHによって施用量が異なってくる．転炉さいのアルカリ分は40％前後であるから，炭カルよりも1～2割程度多めに施用するのがよい．10a当たり150～500kg程度を目安とする．酸性土壌では石灰分が補給され酸度矯正が行われ，さらに微量要素や可溶性ケイ酸分も増加する．酸性の強い火山灰土壌の改良では，10a当たり1～3t程度の大量施用も効果がある．

b. フライアッシュ（微粉炭燃焼灰）
1） フライアッシュの特性

火力発電所で微粉炭を燃やした時に生ずる溶融した灰のことで，煙道の気流中から採取される．微細なものをフライアッシュ，フライアッシュをふるい分けて残った粗いものをシンダーサンドと分けるが，一般的には総称してフライアッシュと呼ぶ．

フライアッシュの主成分は，ケイ酸(SiO_2)と酸化アルミニウム(Al_2O_3)であるが，各種の含有成分量は原料となる石炭の質や装置の違いなどによって異なる．ケイ酸分は50数％から60数％程度含まれるが，比較的植物に利用しやすい形態の0.5M塩酸可溶のケイ酸は非常に少なく，大部分が難溶性であり，肥料効果は高くない．特殊肥料としたときのフライアッシュの有効成分は，ホウ素(B_2O_3)であり，含有量は0.1～0.2％前後程度ある．ホウ素は大部分がク溶性であり，作物への吸収効率は比較的よい．そのほかの成分としては，鉄分(Fe_2O_3)や石灰(CaO)，苦土(MgO)を数％程度含み，さらに，カリ(K_2O)やリン酸(P_2O_5)もわずかに含まれる．

2） フライアッシュの利用と問題点

フライアッシュに関する試験は国内各地の研究機関や海外などで行われてきたが，中に含まれるホウ素についてはその効果が認められている．しかし，過剰施用による障害もいわれている．施用量は，土壌の種類や栽培される作物の種類によって異なるが，10a当たりで50～150kg程度ではないかと考えられる．しかし，流通している製品のホウ素含量は200～2,000ppm程度と幅があるため，ケイ酸や石灰分に期待して多量に施用する場合には，ホウ素の過剰害が起きることもあるので注意がいる．今日ではケイ酸やホウ素の入った肥料なども市販されているため，フライアッシュの土壌改良資材などとしての利用は少なくなっている．

c. 石コウ
1） 石コウの特性

いろいろな水和形式をもつ硫酸カルシウムの総称で，二水石コウ（$CaSO_2 \cdot 2H_2O$）や無水石コウ（$CaSO_2$），半水石コウ（$CaSO_2 \cdot 1/2H_2O$）などがある．通常，単に石コウというと，二水石コウを指すことが多い．二水石コウの純品は無色透明な結晶をしているが，不純物を含んだりすると，白色を呈する．固形または粉末状で，水には溶けにくい．硫酸と結合しているため，pH 5～6前後の微酸性を示す．

石コウは天然石コウやリン酸石コウ，フッ酸石コウ，チタン石コウなどを原料とする．用途の多くはセメント用やボード用，焼き石コウなどである．石コウの農業利用は硫黄分の少ないヨーロッパでは18世紀頃から施用されていたが，わが国ではその割合は少ない．

農業用としては，石コウ単独での利用もあるが，過リン酸石灰や重過リン酸石灰の副成分として混入したり，あるいは，廃糖蜜やリグニン，フミン酸，リン酸，硫酸鉄，硫酸などを加えたりしたものが石コウ質土壌改良資材として利用されていることが多い．とくに，リン酸石コウはpHが3程度と低いものもある．現在，わが国では数種類

の石コウ質資材が市販されている．

2) 石コウの効果と利用

石コウの植物に対する効果としては，pHを上げずに，カルシウムと硫黄分の補給ができることが上げられている．しかし，一般にカルシウムは炭カルや消石灰などの石灰資材を用いることが多い．石コウのカルシウムの効果を期待しての施用は，土壌のpHを上げずにカルシウムを補給する場合や，マグネシウムやカリウムが多いなどでpHが7に近い状態でのカルシウム欠乏など限られており，酸性土壌でpHの調整をかねての補給での使用はほとんどない．

硫黄の補給としての利用は，硫黄分の少ない水田土壌や，砂質の火山灰土などで硫黄を比較的必要とする作物をつくるときに行われる．

そのほか，硫酸鉄を加えた石コウやリン酸石コウなどは，カルシウムや硫黄だけでなく，リン酸や鉄分の供給源として，イネの床土やpHがあまり高くないほうがよい作物の育苗用土への利用も考えられる．また，pHの低いリン酸石コウは，pHが多少高い土壌にブルーベリーやツツジ類，4～5程度の低pH域を好む作物を栽培する場合，その土壌pHを下げる調整のために施用されることもある．

さらに，メーカーの説明書での石コウ資材の効果では，土壌の膨軟性や通気性を高めたり，根の発育促進，肥料の吸収性の向上などもうたわれている．

石コウの使用にあたっては，硫黄欠乏土壌やpHを上げたくない石灰欠乏土壌，pHの高い土壌の調整などに限られる．その場合でも，石コウは比較的徐々に効くため，反応の止まる時点が明確ではないので，多量の施用は避けたほうがよい．施肥基準ははっきりとしないが，一度の施用は10aあたりの換算で100～200 kg前後に押さえておいたほうがよいと考えられる．

5.3.3 合成資材

地力増進法で指定されていない土壌改良資材のなかで合成資材としては，ポリエチレンイミン系とポリビニールアルコール系の資材など指定されているものを除いたものということになる．ポリアクリルアミド系資材や塩化ジメチルジアリルアンモニウム・二酸化硫黄共重合体系資材，マレイン酸・エチレン共重合体系資材などのほか，吸水性ポリマーと呼ばれる高分子の吸収性樹脂などがはいる．前者は主に土壌団粒形成作用を期待するものであり，水溶性で土壌中への浸透力や土壌凝集力，粘着力などが求められる．後者の吸水性ポリマーは土壌水分保持を目的とした保水材としての利用がある．これらの資材の中には，効果などは認められているが，現在までにあまり使用されいないか，あるいは，製品化されていないものもあり，参考までに記述した．

a. 土壌団粒形成作用を期待する資材

ポリアクリルアミド系資材はアクリルアミドの重合物であり，液状をしている．ポリアクリルアミドのアミド（$-CONH_2$）が弱い陽イオン性を示す．この陽イオンと土壌の陰イオンとが結合し，強い凝集性を表し団粒を形成する．

塩化ジメチルジアリルアンモニウム・二酸化硫黄共重合体系資材は，その名のとおり塩化ジメチルジアリルアンモニウムと二酸化硫黄の共重合体で，陽イオン性を示す．土壌の陰イオンとの結合により，土壌を凝集させる．

マレイン酸・エチレン共重合体系資材は，アメリカでつくられたもので，マレイン酸あるいはその誘導体とエチレンとを共重合させている．白色，黄色や灰色味を帯びた白色をした粉末であり，多くの種類がつくられている．カルボキシル基（$-COOH$）とその一部がアミド基に置換した状態のものが多く，解離状態のカルボキシル基が粘土鉱物の陽イオンと静電的結合をしたり，交換性の多価陽イオンを通して粘土表面と結合する．解離していないカルボキシル基は，粘土表面の酸素と水素結合をすることもでき，これらの機能によって土壌団粒をつくる．

b. 保水材などとして利用する資材

吸水性ポリマーと呼ばれる高分子の吸収性樹脂には，原料からデンプン系やセルロース系など人為的に合成されたものでないものと，合成ポリマ

一系とがある．合成ポリマー系の資材としては，ポリアクリル酸系とポリビニール系，ポリオキシエチレン系などがある．これらの形状は人工的につくるためどのような形もでき，繊維状やシート状，液状などいろいろのものがあるが，通常は径が3～4 mm 以下の顆粒状や1 mm 以下の粉末状が多い．

土壌中や空気中に置くと吸湿して寒天状になる．吸水の倍率は吸水性ポリマーの種類によって異なるが，純水であれば保水材の重量の数10倍から1,000倍くらいまで吸水することができる．吸水された水分の多くは植物に利用可能と考えられている．各製品とも中から有害物が溶け出すこともなく，魚毒性に関しても問題がないことが確認されている．

吸水性ポリマーの土壌改良効果としては，砂質土壌など保水力の乏しい土壌において，有効水分を高めたり，三相分布のうちの液相を高めたりして，土壌物理性改善効果がある．また，保肥力を高めたり，地温の上昇や低下を緩和したりする作用などもあるとされる．

施用法としては，砂質土であれば土壌の重量の0.1～0.5％ 程度がよいといわれている．少ないと効果はなく，多すぎると過湿になる．施用は乾燥時に土壌表面に万遍なく散布し，深さ15～20 cmほどを均一に混ぜ合わせる．資材の塊があるとそこだけが吸水膨張して植物の生育を阻害することがある．

5.3.4　その他の微生物資材

a.　微生物資材とは

土壌中には多くの種類の微生物が生存しており，とくに根の周りの根圏には微生物が密集している．多種多様の微生物は，互いに拮抗しながらバランスをとって共存している．そのような中に外から病原菌が進入した場合には，その生育や活動を押さえようとする働きが起き，結果的に農作物などを病害から守ることになる．しかし，土壌管理が適切でなく，堆肥の施用が少なくなったり，連作を続けたり，耕うんが適正でないなどにより，土壌の物理性や化学性が悪くなると，土壌中の微生物相も単一化したり活性が落ちてくることがある．そのようなとき，土壌微生物相改善のため，土壌や農作物に有用な微生物からなる微生物資材が注目されてくる．また，未熟な有機物を施用したり，堆肥の腐熟を早めたいときなどにも利用されることがある．

b.　微生物資材の構成

微生物資材は，微生物のほか酵素や微生物の吸着材，栄養源などからなる．資材に利用される培養微生物の種類には，好気性と嫌気性を含め，細菌や放線菌，糸状菌，酵母菌，藻類など多様なものがある．具体的な微生物としては，セルロース分解菌やリグニン分解菌，脂質分解菌，硝酸化成菌，窒素固定菌，光合成細菌，乳酸菌，その他など各種のものが培養されている．これらを何種類か混合して培養し，製品としているものが多い．

微生物を吸着・保持している物質は，培養した微生物を安定的に生存させるため，あるいは資材を土壌中に施用した後，急激な環境の変化や土壌中にもともといた微生物に対応するためにも必要なものである．吸着保持材にはバーミキュライトやパーライト，ケイ藻土，粘土などの無機質のものと，ピートモスやバーク，おがくず，もみがら，炭，貝化石などの有機質のものとがある．微生物が存在できる孔隙が多く，土壌中でも比較的分解などがしにくく長い間安定している物質でなければならない．

栄養源としては，有機質と無機質の両方が使われている．有機質では米ぬかや鶏ふん，油かす，堆肥類，カニ殻，糖類，アミノ酸類などで，無機質では硫安や尿素などの窒素質肥料，過リン酸石灰などのリン酸質肥料，硫酸カリや塩化カリなどのカリ質肥料のほか，石灰質肥料，鉄分，微量要素肥料などが利用される．

c.　微生物資材の効果と安全性

微生物資材については多くの製品が市販されており，各資材には効果についての表示がされ，効果の検討や試験，分析も行われてきている．しかし，効果を知るための評価方法や分析方法，判断基準などに関しては必ずしも明確ではない．さら

にはいろいろな方法で行われた効果についても，1つの資材に関して，効いた場合とはっきりしない場合とに分かれることがある．これは資材の主体が生きた微生物であるため，施用する場所が異なったり，地温や気温，日照量，雨量などの気象的な要因，土壌の種類や土壌水分状態，養分状態，他の土壌微生物の状況など土壌的な要因，作物の種類や施用する堆肥の種類，肥料の種類など栽培管理的な要因などによって左右されるからである．そのため，同じように同じ種類の資材を施用しても効き方に違いが出てくると考えられる．しかし，微生物資材を施用したことで極端に収量が低下した例などは少ない．

市販されている微生物資材の効果については，①有機物の分解促進，②窒素の無機化促進，③有用微生物の活性の向上，④土壌病害の軽減，⑤土壌の微生物相改善，⑥作物の収量・品質の向上，その他の総合的な作用，などが挙げられている．

1) 有機物の分解促進

有機物の分解促進としては，堆肥の製造時と土壌中の未熟な有機物を分解する場合とがある．堆肥の製造に関しては，はじめに，低分子有機物の糖類から分解され，セルロースやヘミセルロースへと進んでいく．糖類の分解では主に好気性の細菌や糸状菌が関与する．セルロース，ヘミセルロース分解は主に好気性の糸状菌が働き，さらに細菌や放線菌がセルロースをより細かく分解する．さらに進んだ段階では，分解しづらかったリグニンを分解しながら，リグニンやタンパク質，樹脂などから腐植物質をつくっていく．ここでは特定の微生物ということではなく，自然界のさまざまな種類の微生物が関係してくる．

土壌中の有機物の腐熟は，未熟な有機物を速やかに分解し，土壌中の腐植を増加させたり，有機物の利用を高める効果を期待できる．

2) 窒素の無機化促進

土壌中の窒素源は有機物や無機物などさまざまな形で存在しており，すぐに植物が利用できるものばかりではない．タンパク態やアミノ態，尿素態などは，微生物の働きによって硝酸態やアンモニア態の窒素に変わることで植物が利用できるようになる．しかし，微生物による無機化促進が進みすぎると，窒素の供給が多すぎ作物生育に影響が出たり，肥料分も無駄となる．また，有機物の分解が進むときには土壌中の有機物を消耗しているわけであるから，必ず有機物の施用を行いながら，資材を施用する必要がある．

3) 有用微生物の活性の向上

土壌中の微生物には，窒素の無機化促進だけでなく，たとえばリン溶解菌のように窒素以外の他の成分で植物が利用できない形態の栄養分を，利用できる形にする働きもある．また，ある種のホルモン様物質を生産し，植物の生育を促す微生物など，農作物にとって有益なさまざまな活動が行われている．このような活性を高めることも資材の目的の1つとなる．

4) 土壌病害の軽減

土壌中には農作物にとって有用な微生物だけでなく，病原菌や害虫なども生息している．これらに対して，拮抗作用をもっていたり，抗菌作用のある物質を生産したり，捕食したりする拮抗菌や天敵菌が自然界には存在する．微生物資材の中には，これらの微生物を利用した種類もあり，土壌病害を軽減したり，線虫を防除したり，連作障害に効果のあるものも実際にみられる．

5) 土壌の微生物相改善

土壌中の微生物相は，単一の種類が数多くいるよりも，糸状菌や細菌，放線菌などそれぞれについて多くの種類がバランスよく存在するほうが植物にとっては良好な状態といえる．多種多様な微生物相を形づくると，微生物相互で拮抗しあうことになり，特定の微生物だけが植物にとりついて害をする機会が少なくなる．多種多様な微生物からなる資材は，特別の働きや機能をもたなくても，土壌微生物相の改善につながっていく．

6) その他の総合的な作用および作物の収量・品質の向上

微生物そのものによる微生物相改善や拮抗作用だけでなく，微生物の出す代謝産物や酵素などの働きによる効果も考えられる．微生物を吸着・保持している物質や栄養源なども関係している．また，微生物を長く生存させるために施用する有機物や，資材を混ぜるための耕うんなども作物に良好に働いている．このような総合的な作用によ

り，根の活性が高まって養分吸収が順調に行われ，丈夫に大きく生長して収量が上がる．さらに，植物体内での糖やアミノ酸などの有機物生産が盛んになり，味などの品質も向上することになる．

d. 微生物資材の使い方

微生物資材を施用する場合に，その機能を最大限に引き出し効果を高めるためには，使用法や使用上の問題点を十分に把握した上で実施する必要がある．市販の資材には，使用回数や使用量，使用時期，使用作物，有機物との併用，肥料との併用，農薬などの使用の可否，資材の保存方法などが記載されており，それらに注意を払うことで資材の効果を維持することができる．

1) 資材の効果の維持

微生物資材の施用効果については，そのときの条件で効果がみられたり，みられなかったりすることがある．効果を得るためには，目的にあった資材を選定すること，施用回数や施用量，散布方法などを考慮すること，過湿や過乾状態で保存しないこと，などが重要である．また，施用方法に関しても，有機物と混合して施用するのか別々でもよいのか，あるいは，種子や苗の段階から混ぜて施用するのか，全面施用か，などどのように行うのが効果的であるかを考慮することも重要である．

2) 有機物との併用

有機物の併用に関しては，施用しなくてもよい資材，未熟な有機物の施用でもよい資材，十分に腐熟した堆肥でなければならない資材がある．未熟な堆肥でよい資材は，それ自体が有機物を腐熟させる働きをもっている．有機物は微生物にとって必要となるだけでなく，土壌の改善には欠かせないものであるから，施用しなくてもよい資材であっても通常は良質の堆肥を施用することが望ましい．

3) 農薬などとの併用

農薬や石灰窒素などは微生物を死滅させることがある．農薬などの散布直後に資材を施用したり，資材を施用したすぐあとに農薬を散布するのは望ましくない．土壌消毒剤以外，葉面に散布するものであっても，土壌中に入り込めば影響が出てくる．

4) 土壌状態の影響

土壌微生物の効果は，土壌状態によっても異なってくる．もともとの基本的な特性である粘土の種類，有機物含量，陽イオン交換容量，保水力などによっても，微生物の生育に影響がある．さらに，同じ土壌であっても，硬さや水分，pH，EC，肥料成分はそのときの管理方法などによって変わってくる．そのような容易に変化する条件については，栽培する植物の生育条件とも関係するが，できるだけ使用する資材にあったような状態にする必要がある．たとえば資材に適合した水分状態を維持したり，pHを合わせることなどである．

〔加藤哲郎〕

文 献

1) 荻原佐太郎：農業改良資金 新技術シリーズ1. 野菜等培養液育苗技術と事例（1982）
2) 加藤哲郎：用土と肥料の選び方使い方，pp.14-23，農文協（1995）
3) 加藤哲郎：農業技術体系 土壌施肥編7-②，資材，186-188，農文協（1987）
4) 加藤哲郎：土壌改良と資材，pp.227-240，土壌保全調査事業全国協議会（1996）
5) 金田雄二：土壌改良と資材，pp.275-284，土壌保全調査事業全国協議会（1996）
6) 高橋武子：土壌改良と資材，pp.293-300，土壌保全調査事業全国協議会（1996）
7) 高橋義明：土壌改良と資材，pp.173-182，土壌保全調査事業全国協議会（1996）
8) 高橋義明：土壌改良と資材，pp.285-292，土壌保全調査事業全国協議会（1996）
9) 伊達 昇：土壌改良と資材，pp.241-246，土壌保全調査事業全国協議会（1996）
10) 伊達 昇・塩崎尚郎：肥料便覧，pp.231-232, 237-245，農文協（1997）
11) 中島武彦：農業技術体系 土壌施肥編7-②，資材188の2-188の5，農文協（1987）
12) 橋本 武：農業技術体系 土壌施肥編7-②，資材137-141，農文協（1987）
13) 谷川和久：農業技術体系 土壌施肥編7-②，資材，142-146，農文協（1987）
14) 長谷川和久：土肥誌，**54**，156-158（1983）
15) 日高 伸：土壌改良と資材，pp.266-274，土壌保全調査事業全国協議会（1996）
16) 藤原俊六郎：農業技術体系 土壌施肥編7-①，肥料287-288，農文協（1987）
17) 藤原俊六郎・加藤哲郎：ベランダ・庭先でコンパクト堆肥，pp.152-153，農文協（1990）
18) 山村真弓：農業技術体系 土壌施肥編7-②，資材，188の6-188の10，農文協（1987）

6. 施肥法

現在，多様な肥料が流通しているが，肥料と施肥法の関係は，新しい肥料が製造されると，それに対応した施肥法が開発され，またその反対に新しい施肥法の開発に対応した肥料が製造されるというように相互に影響しながら発展し，現在のような多様な肥料の利用と施肥法の選択が可能になったのである．施肥法の設定では，施肥効果を最大限にするとともに，土壌残留や作土からの流亡を抑えて環境負荷が発生しないことを目標とする．そのために，作物の栄養特性や土壌の理化学的性質，気象条件などを考慮して，多様な肥料のなかから最適な肥料を選択し，施肥量，施肥位置，施肥時期などを決定する．

農業生産活動に起因する地下水中の硝酸態窒素濃度の上昇が明らかになり，一方では地下水を含む公共水などの硝酸態窒素等濃度が人の健康の保護に関する環境基準項目となり，その指針値として硝酸性窒素と亜硝酸性窒素の合計が $10\ \mathrm{mg \cdot L^{-1}}$ 以下に設定されたことから，さらに環境保全的な施肥技術をつくり上げていくことが重要になっている．

6.1 施肥法の基礎

6.1.1 最小養分律と収穫漸減の法則

a. 最小養分律

作物の良好な収量を得るためには，すべての必須元素が作物の要求以上に供給される必要がある．このような必須元素と作物収量の関係について，リービヒは当時すでにシュプレンゲルが明らかにしていた成果に基づいて，「1つの必須成分が不足するか，または欠如すると他のすべてのものがあっても，その1つの成分を必要とするすべての作物に対して土壌は生産力をもたなくなる」[1]と述べている．これがシュプレンゲル−リービヒの「最小養分律」である．作物収量と養分の間には，「作物の収量は最小量の養分に比例し，収量の水準および持続性は，最小養分により支配，決定される」という関係があり，作物収量は最も少量の養分によって支配され，その養分の施用量に比例して直線的に収量が増加し，その養分が制限量を超えれば，他の養分が制限因子となって収量の増加が停止する．ここでは，それぞれの養分は独立に働いており，養分と収量の関係は常に直線的な関係であると想定されている．しかし，実際にはそれぞれの養分は生理的に密接な関係があり，施肥反応も複雑であることから，最小養分率は，いちじるしく不足している養分に関する特殊な法則であるという批判もある．最小養分律は，養分の欠乏の時代に有効であった，その実例として，戦後の肥料資材がいちじるしく欠乏していた時代の土壌養分管理の実態を概観すると，土壌の生産力が最小養分律に支配されている側面を看取することができる．戦後のわが国では，三要素はもちろん不足していたが，三要素の施肥量が増加してある程度収量が増加すると，カルシウムやマグネシウムなどの欠乏が顕在化し，これらの養分を施肥して収量が増加すると，次にマンガン，ホウ素，銅，亜鉛，モリブデンなどの微量要素の欠乏が見られるようになり，微量要素肥料が施用されるようになったのである．また，水田では秋落ち現象の解明からケイ酸の欠乏が明らかになり，安定な収量を確保するためにケイ酸肥料が施用されるようになったのである．

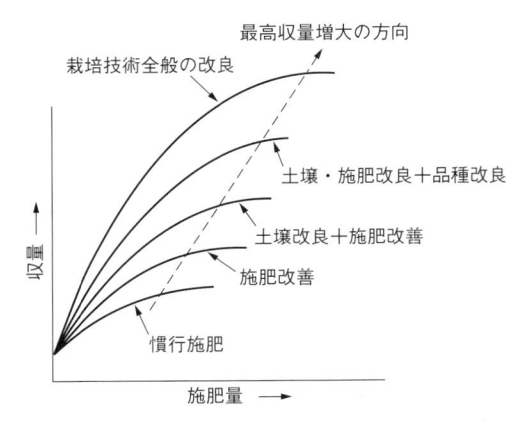

図 **6.1** 技術による報酬漸減の法則の克服（模式図）
（村山，1976）

b. 収穫漸減の法則

最小養分律では，施肥量と収量の関係を直線的に考えているが，両者の関係を対数曲線でとらえて，数式化したものがミッチェルリヒの収穫漸減の法則である．この法則には最高収量という概念が導入され，収量は施肥量の増加につれて最高収量に収斂するとした．この法則に対しては多くの批判とともに新しい数式の提案がなされたが，多くの要因が関与して決定される作物収量を施肥量という単一の要因のみの関数としてとらえることには無理があり，正確な方程式を求めることはむずかしいと考えられている．しかし，収量には限界点があり，それに近づくにつれて肥料の施用効果が低下するという収穫漸減の事実は，多くの適量試験で確かめられている．一方，この法則を生産法則としては認めない見解もある．これは，「作物生育に関与する全要素の役割は同等であって，いずれの要素も欠かすことができないし，代替もできない」というロシアのウィリアムスの主張であり，作物生育に必要な全要素を満たすような条件をととのえれば，収量は漸減しないというものである．この実例として，わが国の水稲栽培における施肥量と収量について，栽培技術の発展段階を考慮した解析が行われている．図 6.1 に示すように，わが国の水稲栽培技術の発展過程では，施肥改善，土壌改良，土地改良が増収技術として次々に取り込まれ，新しい技術の導入によって同一施肥量に対する収量が増大すると同時に，最大収量も増加している．このようにそれぞれの技術段階では収穫漸減的な傾向は見られるが，新しい技術の導入によって，施肥量と収量の関係は一段と高いレベルに上昇しているのである．

6.1.2　養分の天然供給

肥料試験の無施肥区では生育は劣るが，ある程度の収量は得られる．これは自然の物質循環によって肥料養分が土壌・灌漑水・降雨から供給されるからである．わが国における無肥料栽培の平均収量は，三要素施用区の収量と比較して水稲では 70% 程度，コムギでは 30% 程度である．水田では嫌気的環境下で土壌有機物の消耗が少なく，かつ藻類の窒素固定によって土壌窒素が富化し，鉄還元によるリン酸鉄化合物の溶解に伴ってリン酸が可給態化し，灌漑水からのカリウムやケイ酸の供給もあるので，無施肥区でも平均収量が高い．土壌環境基礎調査（1979〜97 年に 4 回調査）では土壌により大幅な変動はあるが，全国平均の動

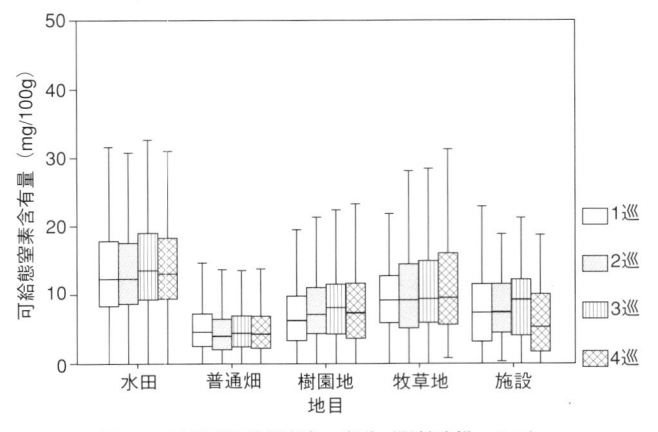

図 **6.2**　地目別可給態窒素の変動（肥料時報，2001）

態傾向をみると，可給態窒素は，水田＞牧草地＞樹園地・施設＞普通畑の順であり，水田は普通畑の約3倍程度高い（図6.2）．いずれの地目でも直近の調査では低下傾向であり，化学肥料の施用量の減少を反映している．可給態リン酸は，施設＞樹園地＞普通畑＞水田・牧草地の順であり，水田は普通畑の半分程度である．交換性カリウムは，施設＞普通畑・樹園地＞水田・牧草地であり，水田は普通畑の半分程度である．しかし，前述のように無肥料栽培の収量は，水稲の方が普通畑作の小麦に比べて三要素施用区からの減収が大幅に少ない．このことは水田が湛水という優れた養分供給システムを備えていることを示している．とくに，集水域の低地にある水田システムは，上流域で生成した養分に富む培養水と肥沃な土壌を貯留して有効利用しているのである．水稲栽培期間の灌漑水からの供給量は，カルシウムで90～180 kg·ha^{-1}，マグネシウムで20～40 kg·ha^{-1}であり，6 Mg·ha^{-1}の玄米収量を生産するのに十分な量である．ケイ素も必要量の50％程度供給されるが，最近では灌漑水のケイ酸濃度が低下している事例が見られる（表6.1）．

6.1.3 肥料養分の吸収利用率

施用された肥料養分の作物に吸収された割合を吸収利用率という．吸収利用率は一般的には次式に示すように差引き法で算出される．

$$\frac{(肥料養分施用区の養分吸収量)-(無施用区の養分吸収量)}{肥料養分施用量}\times 100$$

この式では土壌養分の吸収量が肥料養分施用区と無施用区で同一であると仮定して算出されている．しかし，作物の根系は無施用に比べて肥料養分施用区でより広範囲に伸張し，土壌養分の吸収量は無施用区に比べて肥料養分施用区の方が多く

表6.1　農業用水のケイ酸濃度（熊谷，1998）

地域	ケイ酸濃度（SiO$_2$mg·L^{-1}）	
	1956年	1995年
庄内	19.7± 4.2	9.8±3.0
最北	22.6± 5.5	11.7±4.5
村山	30.4±11.9	10.6±2.6
置賜	19.4± 7.4	8.9±1.7
県	23.9± 9.7	10.2±3.2

数字は平均値±標準偏差．

表6.2　各種作物の収量および窒素吸収量に及ぼす要因解析（小川，2000）

作物名（品種）		堆肥		硝酸化成抑制		施肥法		施肥量	
		無施用	施用(500 kg/a)	無処理	A.M.ゼオライト	慣行	分施回数作条施肥	基準量	減肥
ダイコン（春播きみの早生）	根重 (kg/a)	472	518*	488	502	504	486	500	490
	N 吸収量 (kg/a)	1.67	1.90*	1.78	1.78	1.87	1.70*	1.83	1.73
	利用率 (%)	69.7	90.2*	79.1	80.8	88.4	71.5*	75.7	84.2
ニンジン（新黒田五寸）	根重 (kg/a)	327	356**	347	336	334	349	340	343
	N 吸収量 (kg/a)	1.03	1.17*	1.09	1.10	0.96	1.23**	1.10	1.09
	利用率 (%)	20.1	25.8*	22.9	23.0	16.7	29.3**	20.7	25.3*
トマト（大型瑞光）	果実重 (kg/a)	640	642	640	642	652	630	650	632
	N 吸収量 (kg/a)	2.02	2.20*	3.11	2.11	2.17	20.5	2.15	2.07
	利用率 (%)	41.5	48.8*	45.2	45.2	47.2	43.2	39.0	54.5**
ハクサイ（王将）	結球重 (kg/a)	770	838**	799	809	817	791	823	785*
	N 吸収量 (kg/a)	2.32	2.36	2.32	2.36	2.30	2.38	2.34	2.34
	利用率 (%)	67.4	69.3	57.5	69.2	66.6	70.1	54.7	82.0**
コカブ（金町小かぶ）	根重 (kg/a)	98	110*	100	108	108	100	100	108
	N 吸収量 (kg/a)	0.64	0.68*	0.55	0.66	0.56	0.66	0.66	0.66
	利用率 (%)	35.8	38.1	36.8	37.1	37.3	36.6	30.4	43.5**
キャベツ（早生大御所）	結球重 (kg/a)	376	449*	412	413	398	427**	415	410
	N 吸収量 (kg/a)	2.41	2.62**	2.51	2.52	2.42	2.60**	2.54	2.49
	利用率 (%)	80.1	89.9**	84.5	85.5	81.2	88.8**	72.2	97.8**

*危険率5％で有意，**危険率1％で有意．

なり，土壌養分の吸収量が過小評価されるので，真の吸収利用率はこの式で算出された値よりも多少小さくなる．肥料養分の吸収利用率は，肥料特性や施肥法の評価基準となる重要な値であり，新しい肥料や施肥法開発の指標となるものである．窒素の吸収利用率は，表6.2に示すように野菜の種類によって20〜98%と大幅に異なるが，堆肥施用，硝化抑制剤，分施や減肥によって向上している．リン酸の吸収利用率は，10〜20%以下と三要素中で最も低く，黒ボク土では他の土壌に比べて低い．熔成リン肥（熔リン）などのクエン酸可溶性（ク溶性）リンを含む肥料の施用，土壌pHの矯正，局所施用，有機物との混合施用によって吸収利用率が向上する．カリウムの吸収利用率は一般的に高く40〜70%でありる．しかし，砂質土壌など交換容量が小さく溶脱をうけやすい土壌では，分施やクエン酸可溶性カリウムを含むケイ酸カリ肥料や熔成ケイ酸カリ肥料などの施用により利用効率が向上する．

6.1.4 養分の生産能率，部分生産能率

養分の生産能率は，作物によって吸収された養分1重量単位当たりの収穫物の重量単位数で示す数値であり，収穫物生産に対する養分の効率を示す指標となる．表6.3には，各種作物の養分吸収量と収穫物や茎葉などの乾物重量のデータを示したが，水稲を例にとれば，窒素，リン，カリウムの玄米生産能率は，それぞれ $6110 \div 111 = 55$, $6110 \div 55 = 111$, $6100 \div 157 = 39$ と算出される．すなわち，窒素，リン，カリウム1kgの吸収により，それぞれ玄米55kg, 111kg, 39kgが生産される．養分の生産能率は，施肥量などによって変化するが，普通作物に比べて野菜で低く，養分間ではいずれの作物でもリン酸＞窒素＞カリウムの傾向が認められる．

生産能率は作物の全生育期間を通して吸収された養分の生産効率を示すが，この解析手法を生育過程のある時期に吸収された養分に適用して算出した値が，その生育時期の部分生産能率である．たとえば，水耕栽培で窒素の部分生産能率を求めるには，通常の試験区に対して目標とした生育時期に窒素を供給しない試験区を設けて，両区の収量差を窒素吸収量の差で徐して算出する．各生育時期ごとにこの値を求めることにより，各生育期間に吸収された養分の収穫物の生産に対する効果を知ることができる．図6.3は，耐肥性の弱い水稲について，窒素の供給濃度10 ppmと60 ppmの2系列で試験して各生育時期の窒素の籾生産に対する部分生産能率の変化を示したものである．これによると，窒素が高濃度の場合には，生育初期に能率が高くなるが，その後継続して小さくなり，出穂期から開花期にかけて負となった．これは幼穂形成期以降の高濃度の窒素供給は収量を減

表6.3 各種作物の養分生産能率

作物	養分吸収量 (kg·ha)		生産能率		乾物収量 (kg·ha^{-1})	
			収穫物	茎葉		
水稲	N	111	55	57	玄米	6,110
	P$_2$O$_5$	55	111	115	茎葉	6,310
	K$_2$O	157	39	40		
小麦	N	120	40	57	もみ	4,770
	P$_2$O$_5$	45	105	152	茎葉	6,910
	K$_2$O	148	32	46		
バレイショ	N	94	77	12	いも	7,280
	P$_2$O$_5$	38	190	30	茎葉	1,140
	K$_2$O	254	29	4		
トマト	N	236	33	18	果実	7,730
	P$_2$O$_5$	100	78	43	茎葉	4,230
	K$_2$O	553	14	8		
ハクサイ	N	233	28	−	地上部	6,580
	P$_2$O$_5$	92	72	−		
	K$_2$O	498	13	−		
ダイコン	N	119	26	15	根部	3,040
	P$_2$O$_5$	52	59	35	茎葉	1,810
	K$_2$O	236	13	8		

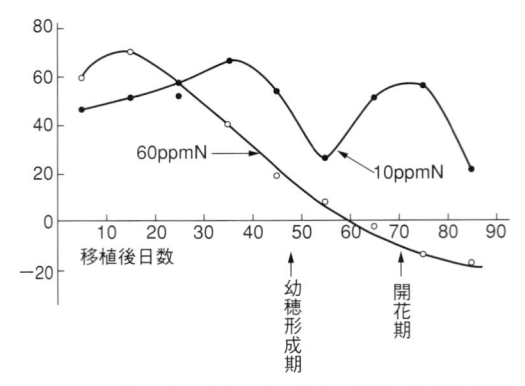

図6.3 生育各時期の窒素のもみ生産に対する部分生産能率（田中，1959）

少させることを示している．窒素が低濃度の場合には，分げつ期から幼穂形成期と開花期に高い能率の時期がある．リンは分げつ期に高い能率を示すが，それ以降は窒素が高濃度の場合と同様に変化して出穂後は負となり，リン吸収が収量を低下させる．カリウムは無効分げつ期に高い能率を示し，それ以降小さくなるが，出穂期から登熟期にかけて能率がわずかに大きくなる．これらの結果は，窒素の供給量が多い時には，全量基肥が有利であり，窒素の供給量が少ない時には能率が高い時期に分施するのが有利であること，リンとカリウムの基肥施用が有利であることを作物栄養学の面から裏づけたものといえる．

6.1.5　施肥位置と肥効

施肥位置は，土壌中における肥料成分の動態と作物根の伸張を考慮して選択され，施肥効率の向上とともに作物生育を調整する技術的手段としても有効である．施肥位置の区分は，肥料の土壌中における分布から，平面的に見た場合には全面散布と条施があり，垂直方向には全層施肥，表面施肥，下層施肥，深層施肥がある．また種子との位置関係から肌肥，側条施肥，作条施肥，間土施肥がある（図6.4）．

畑作物では，肥料成分の効率的利用や肥料による濃度障害の回避などに配慮するが，作業が簡便で省力的に実行できることも施肥位置選択の重要な理由とされる．この選択は利用可能な肥料の特性と施肥量，土壌肥沃度とも関係している．アメリカのトウモロコシ栽培の例をみると，低度化成を少量しか施用できない時代には種子と混合する肌肥施用であり，肥料成分が高まるにつれて，肥料と種子が分離された．高度化成を多量施肥するようになると，発芽障害を回避するために，さらに肥料と種子が分離され，ついで側条施肥法が発展した．さらに施肥量を増加させ，播種期における時間と労力を節減するために，播種前に多量の肥料を全面にすき込み，播種期には少量条施するようになった．このようにして肥沃度が高くなった土壌では，初期生育を確保するために少量条施するにとどまり，施肥の主体は全面施肥となった．わが国では多肥による集約栽培が行われているが，多くの地域で地下水の硝酸態窒素濃度の上昇が認められるようになり，環境保全のために施肥法を含めた農法の転換が求められるに至っている．この対策として，全面施用から局所施用への転換，肥効調節肥料の活用など施肥位置と肥料特性を結合した高効率な施肥法の開発が展開されている．これらの具体的事例は，本章の「6.3 作物と施肥」の項に示されている．

水稲作では施肥田植機の普及により，施肥と田植えの同時作業が可能となり，元肥(もとごえ)施肥の省力と施肥の均一性が確保され，各種肥料の側条施肥など局所施用が広く行われるようになっている．これらの施肥法は水稲の生育調整技術としても役立っている．稲の不耕起栽培試験では，窒素の吸収利用率は，硫酸アンモニアでは表面施肥9.3%，側条施肥32.5%，被覆尿素では表面施肥60.5%，側条施肥77.7%，接触施肥83.2%と肥料特性と施肥位置の選択によりいちじるしく変化することが示されている．

6.1.6　施肥時期と肥効

施肥時期による施肥の区分には，大別して元肥

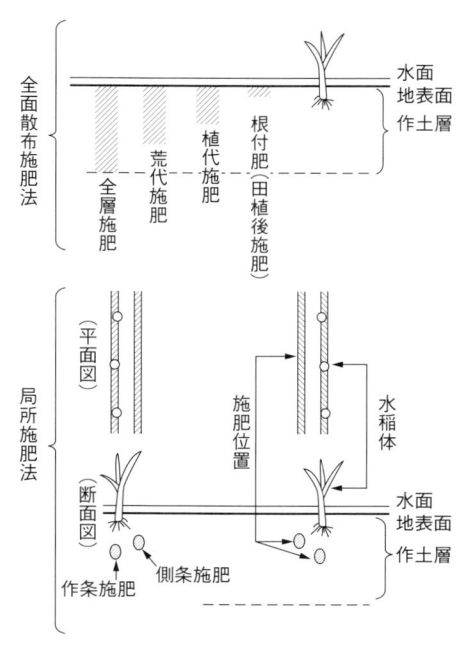

図 6.4　各種施肥法と施肥位置の模式図（御子柴，1982）

と追肥がある．肥料窒素は，硝酸態窒素による溶脱防止や作物の生育調整の面から両者の割合や追肥時期の決定が重要である．カリウムは追肥が有利となる作物と土壌もあるが，リン酸と合わせて元肥重点で施用する場合が多い．作物の養分吸収量は，生育初期には少量であるが生育が進むにつれてS状曲線的に増加するので，この吸収量に対応した肥料養分を作物根圏に供給し，土壌中の残存量をできるだけ少量にすることが，肥料の利用率を高め作物収量を増加させるためには望ましい．そのためには，元肥を作物の初期生育が確保できる程度にとどめ，作物の生育に合わせて少量ずつ追肥することになるが，実際には施肥労力を勘案して，効率的な追肥体系が検討されてきた．両者の割合や追肥の時期については，圃場における肥料試験の結果に基づいて決定されるが，試験設計には作物の生育特性，土壌の種類や養分含量，気象条件，肥料養分の種類や肥料の特性，施肥作業の効率などを考慮しなければならない．

従来の施肥法を改良した効率的な追肥方法として，リアルタイム栄養診断や土壌溶液診断に基づいた効率的な施肥管理が行われるようになった．また，各種の肥効調節型肥料を利用することにより追肥の労力を軽減し，かつ作物の養分要求に応じて肥料成分が供給できる効率的な施肥が可能になっている．

6.1.7 施肥量の決定

各作物の施肥量は，施肥位置，施肥時期などを考慮した圃場における肥料試験の結果を参考にして決定される．各都道府県では，長年にわたる圃場試験で得られた結果に基づいて，各作物について地域，土壌類型，品種，作型ごとに施肥基準を設定している．この施肥基準は，前作の肥料成分が残存していないという前提で設定されている．そこで，まず土壌診断により前作からの肥料養分の残存量を算出し，施肥基準からこの残存量を差し引いて施肥量を求める．また，有機物を施用する場合には，その量に応じて化学肥料の施肥量を差し引かなければならない．さらに，作物の安定収量や品質向上を確実にするためには，生育期間中における栄養診断や土壌診断に基づいた効率的な施肥管理を行う．

なお，各作物の収穫物1t当たりの三要素量を表6.4に示した．この値と目標収量，天然供給量と養分の吸収利用率が明らかになれば，およその施肥量が算出できる．　　　　〔尾和尚人〕

表6.4 各種作物の収穫物1t当たりの三要素量 （単位：kg）

作物	N	P_2O_5	K_2O
水稲（乾燥子実）	207	101	291
小麦（乾燥子実）	252	99	316
アズキ（乾燥子実）	420	115	358
カンショ（イモ）	43	10	42
バレイショ（イモ）	31	12	82
ナタネ（乾燥子実）	710	239	888
キュウリ	19	12	41
トマト	16	7	40
キャベツ	48	11	46
ハクサイ	18	8	43
タマネギ	19	9	22
ダイコン	24	11	46
ニンジン	18	5	42

7)尾和（1996）のデータから算出

文　献

1) 熊沢喜久雄：リービヒと日本の農学，肥料科学，1-60 (2003)
2) 村山　登：収穫漸減法則の克服，養賢堂 (1982)
3) 村山　登：施肥量と作物収量（早瀬・安藤・越野編：肥料と環境保全），pp.46-58，ソフトサイエンス社 (1976)
4) 土壌環境調査（定点調査）解析結果概要：肥料時報，**3**，40-47 (2001)
5) 熊谷勝巳・今野陽一・黒田　潤・上野正夫：山形県における農業用水のケイ酸濃度，土肥誌，**69**，636-637 (1998)
6) 小川吉雄：地下水の硝酸汚染と農法転換，農文協，p.168 (2000)
7) 尾和尚人：わが国の作物の養分収支，養分の効率的利用技術の新たな動向（平成8年度関東東海農業環境調和型農業生産における土壌管理技術に関する第6回研究会），pp.4-7 (1996)
8) 田中　明：養分の機能（高橋治助・小西千賀三編：土壌肥料講座1），朝倉書店，pp.69-75 (1972)
9) 諸岡　稔：畑作物の施肥位置（日本土壌肥料学会編：施肥位置と栽培技術），pp.93-138 (1982)
10) 御子柴穆：水稲の施肥位置（日本土壌肥料学会編：施肥位置と栽培技術），pp.139-194 (1982)
11) 金田吉弘：肥効調節型肥料による施肥技術の新展開2 不耕起移植栽培の育苗箱全量施肥技術．土肥誌，**66**，177 (1995)

6.2 診断技術と施肥法

6.2.1 土壌診断とそれに基づく施肥法

a. 「土壌診断とそれに基づく施肥法」の重要性

農林水産省は1992年6月に公表した「新しい食料・農業・農村政策の方向」の中で，環境保全型農業（農業のもつ物質循環機能を生かし，生産性との調和などに留意しつつ，土づくり等を通じて化学肥料，農薬の使用等による環境負荷の軽減に配慮した持続的な農業）の推進を掲げている．これを受けて作成された技術指針[1]では，「環境保全型農業における施肥法」の一番手に「土壌診断等に基づくきめ細かな施肥」を挙げている．肥料の効率的利用と環境負荷の軽減を図るには，まさに土壌診断などによって土壌中の養分状態や作物の生育状況を適切に把握して，適期に適正量の肥料や資材を施用することが基本としているのである．

この背景には過剰な施肥や有機物の施用による耕地土壌への養分蓄積の実態がある．図6.5は農林水産省の土壌保全対策事業において，都道府県が実施した土壌調査によって明らかになった全国の普通畑における土壌の養分含量の推移を示したものである．1959～69年の地力保全基本調査時から1989～93年の土壌環境基礎調査時まで，土壌養分は経時的に増加しているが，なかでもリン酸およびカリウムの増加率が高い．このような状況を反映して，最近は水田を除く多くの圃場で，土壌診断基準値を超える養分が蓄積していることが明らかにされている[2]（図6.6）．

今まで土壌診断は作物の生産基盤としての土壌をつくる，いわゆる土づくりのための資材施用量を決めるための手段として使われてきた面が多か

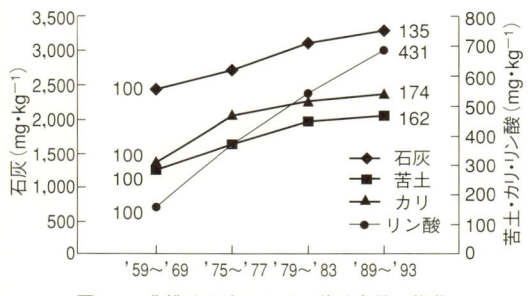

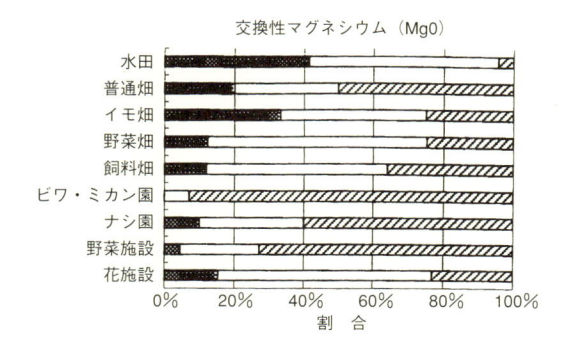

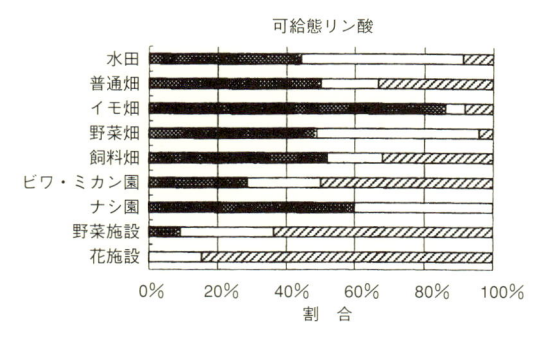

図6.5 農耕地土壌における養分含量の推移

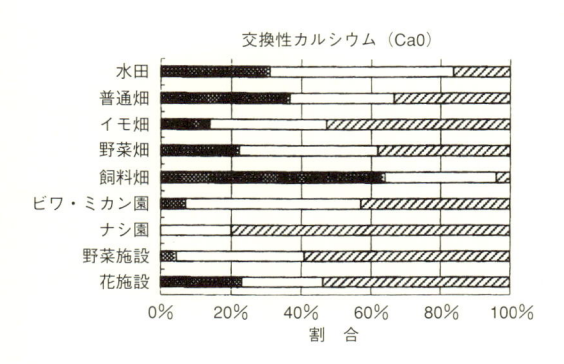

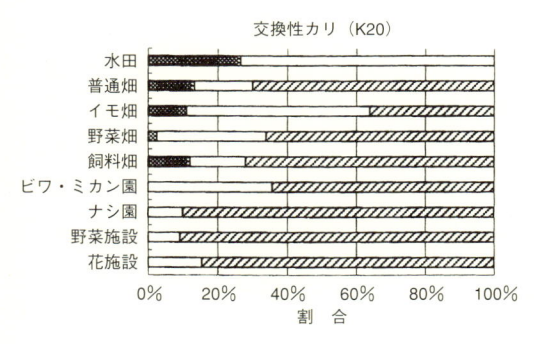

図6.6 土壌診断基準からみた養分含量分布（地目別）

った．しかし，上記のように土壌養分が過剰となっている圃場が多々見られる現在では，適正な肥料成分投入量を決める手段としての重要性が増している．今後は土壌中に不足する肥料成分量を補うことが土壌養分環境を適正に保つための最も基本的かつ重要な技術として位置づけられる．

b. 土壌診断とは

土壌診断とは「作物の収量・品質の向上，農作業のやりやすさ，適正な施肥量や土壌改良資材施用量の決定などを目的として，水田や畑，樹園地，施設などの土壌の性質を調査して，栽培作物にとってよりよい土壌環境をつくるために行われる基本的かつ重要な手段である」ということができる．

土壌診断の流れを図6.7に示した．この図を見てわかるように，土壌診断ではいきなり分析をするというものではなく，まずは聞き取り調査と現地での観察が重要である．調べようとする圃場がどんな特徴をもっているのか，どんな目的で診断を行うのかを十分に理解するために，圃場の持ち主の観察や経験をよく聞くなど，現地での調査が出発点になる．

聞き取り調査では，①栽培作物の種類と栽培時期，②作物の生育収量や品質の良しあし，③病虫害や雑草の発生状況，④有機物や土壌改良資材や肥料の施用時期と量，⑤耕うん方法や水管理のしかた，といった栽培や肥培管理の概要や，⑥日当たり，風当たり，水はけ，水もち，水温といった圃場の特徴，⑦客土，除礫，深耕，心土破砕，暗渠の設置といった土地改良の施工，などについて圃場の持ち主に聞く．その時，同時に問題となっている圃場の様子を調べるようにする．栽培していた作物の出来が悪くなったとき，その原因が土にある場合は，たいてい作物の根は浅くまでしか張っていないことが多い．スコップで30～40 cmも掘れば，土が硬くなっていたり，じめじめするほど湿っていたりする．あるいは砂の土のため有機物（腐植）が非常に少なかったり，粘土分が多くて作物の根が呼吸ができないほど密で空気が通る穴（孔隙）がほとんどないことがわかる．このように，作物の不出来の原因は土壌の状態がどうなっているのかを確かめることで，かなりの部分がわかる．その上で，必要個所を採土し，分析すべき項目にしたがって，分析・診断を行う．

以上は，対策診断ともいえるものであるが，一方で予防診断も行われる[3]．予防診断では土壌の養分状態を調べる場合が多い．分析値を次項に示した土壌診断基準値と比較したうえで，土壌改良および施肥のための処方箋が作成される．

c. 土壌診断基準値

土壌診断基準値とは「栽培作物にとってよりよい土壌環境」を具体的に示す数値である．

土壌診断基準値は次の2つに大別される．1つは適正範囲（下限値～上限値）であり，窒素，リン酸，カリウム，カルシウム（石灰），マグネシウム（苦土）など土壌の化学性に関する項目が多く該当する．一般に，作物収量は土壌中の養分含量が増加するにつれて高まるが，ある値を境にして低下あるいは頭打ちとなり，施肥の効果がなくなる．すなわち，最高収量あるいはその手前にあたる数値がその養分の上限値となる．上述したように，近年は窒素，リン酸，カリウムが上限値を超えている圃場が多い．こうしたところは作物の生育や収量が低下するだけでなく，これらの養分が下層へ流亡して地下水汚染などを引き起こす可能性があるので，注意を要する．

もう1つは望ましい限界値が示されるものであり，地下水位や空気率，透水性など土壌の物理性に関する項目が多く該当する．近年は農作業に機械を導入する場面が多くなり，土壌の圧密化や深

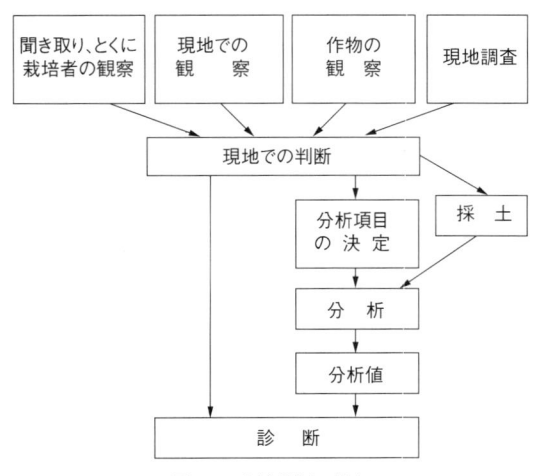

図6.7 土壌診断の流れ

耕による孔隙の破壊など物理性が悪化するケースが増えている.

土壌診断基準値は都道府県ごとに土壌別,作物別に細かく設定されており,これに基づいて土壌管理の対策が示される.そのため,その詳細を記載するのは不可能であり,個々に入手する必要があるが,ここでは一例として農林水産省が地力増進基本指針の中で示した「普通畑の基本的な改善目標」を表 6.5 に掲げた[4].いずれにせよ,土壌診断基準値は農業者が自分の圃場の土壌状態を知るためのものであり,それに見合った栽培・肥培管理がなされてこそ,合理的な農業が成り立つのである.

d. 土壌診断システムの利用

実際に,予防診断という視点から,土壌の養分分析は農業生産現場で数多く行われている.たとえば農業改良普及センターでは全センターの 97.2% で土壌診断が実施されており,1 施設あたりで 1,000 点弱が分析されている[5].また,2000 年度の調査では普及センター,JA,市町村も含めて 1 県平均で約 6,000 点の分析が行われている

表 6.5 普通畑における基本的な改善目標(農林水産省,1997)

土壌の性質	土壌の種類		
	褐色森林土,褐色低地土,黄色土,灰色低地土,灰色台地土,泥炭土,暗赤色土,赤色土,グライ土	黒ボク土,多湿黒ボク土	岩屑土,砂丘未熟土
作土の厚さ	25 cm 以上		
主要根群域の最大ち密度	山中式硬度で 22 mm 以下		
主要根群域の粗孔隙量	粗孔隙の容量で 10% 以上		
主要根群域の易有効水分保持能	20 mm/40 cm 以上		
pH	6.0 以上 6.5 以下(石灰質土壌では 6.0 以上 8.0 以下)		
陽イオン交換容量(CEC)	乾土 100 g 当たり 12 meq 以上(ただし中粗粒質の土壌では 8 meq 以上)	乾土 100 g 当たり 15 meq 以上	乾土 100 g 当たり 10 meq 以上
塩基状態 塩基飽和度	カルシウム,マグネシウムおよびカリウムイオンが陽イオン交換容量の 70〜90% を飽和すること.	同左イオンが陽イオン交換容量の 60〜90% を飽和すること.	同左イオンが陽イオン交換容量の 70〜90% を飽和すること.
塩基状態 塩基組成	カルシウム,マグネシウムおよびカリウム含有量の当量比が (65〜75):(20〜25):(2〜10) であること.		
可給態リン酸含有量	乾土 100 g 当たり P_2O_5 として 10 mg 以上 75 mg 以下	乾土 100 g 当たり P_2O_5 として 10 mg 以上 100 mg 以下	乾土 100 g 当たり P_2O_5 として 10 mg 以上 75 mg 以下
可給態窒素含有量	乾土 100 g 当たり N として 5 mg 以上		
土壌有機物含有量	乾土 100 g 当たり 3 g 以上	−	乾土 100 g 当たり 2 g 以上
電気伝導度	0.2 mS(ミリジーメンス)以下		0.1 mS 以下

注 1)作土の厚さは,根菜類などでは 30 cm 以上,とくにゴボウなどでは 60 cm 以上確保する必要がある.
 2)主要根群域は,地表下 40 cm までの土層とする.
 3)粗孔隙は,降水などが自重で透水することができる粗大な孔隙である.
 4)易有効水分保持能は,主要根群域の土壌が保持する易有効水分量(pF 1.8〜2.7 の水分量)を主要根群域の厚さ 40 cm 当たりの高さで表したものである.
 5)pH および可給態リン酸含有量は,作物または品種の別により好適範囲が異なるので,土壌診断などにより適正な範囲となるよう留意する.
 6)陽イオン交換容量は,塩基置換容量と同義であり,本表の数値は pH 7 における測定値である.
 7)可給態リン酸は,トルオーグ法による分析値である.
 8)可給態窒素は,土壌を風乾後 30℃ の温度のもと,畑状態で 4 週間培養した場合の無機態窒素の生成量である.
 9)土壌有機物含有量は,土壌中の炭素含有量に係数 1.724 を乗じて算出した推定値である.

（一部の県は不明）[6]．しかし，土壌分析後に，カルシウム，マグネシウム，カリウム，リン酸などの養分量やこれらの養分バランスから診断を行い，石灰質資材やリン酸質資材などの土壌改良資材の投入量を算出したり，残存窒素や過剰な養分を勘案して次作の施肥量を減肥するといった処方箋を作成するには，多くの労力と時間がかかる．そこで，こうした煩雑な作業を誰でもが簡単にできるように，最近では土壌成分の分析値をパソコンに入力することで，簡単に土壌診断の処方箋が作成できるシステムが開発されている．

近年の土壌診断は各作物の施肥基準が作型ごとに組み込まれているので，土壌改良資材施用の有無と併せて次作の施肥量（基肥）も含めた処方箋が作成される．さらに，最近は次作の堆肥施用量を含めた施肥量（基肥）を算出するシステムが開発されている（図6.8）[7]．この例に示したシステムの基本的な施肥量の算出法は以下のとおりである．

交換性陽イオンおよび可給態リン酸含量が適正範囲以下のときは下限値に達するように土壌改良資材の施用量が求められる．塩基バランスのマグネシウム／カリウム（飽和度）が2以下のときは，マグネシウムの上限値を超えない範囲でマグネシウム／カリウムが2に達するようにマグネシウム資材の施用量が示される．土壌養分が適正範囲を超えて高い場合には，次作の基肥が減量される．窒素では分析値あるいはECから推定した硝酸性窒素が20 mg/100 g以下ではその60％，20〜40 mg/100 gでは70％，40〜60 mg/100 gでは80％が施肥窒素に相当するとして，その分減肥される．

リン酸とカリウムは，分析値が適正範囲の上限値を上回った量だけ，それぞれの基肥基準量から減らす．堆肥は窒素肥効率を考慮して，基肥窒素施用量（硝酸性窒素によって減量した基肥量）の30％を代替する施肥量が算出される．すなわち，窒素含有率1.5％，窒素肥効率30％のふん主体牛ふん堆肥を利用するときは，基肥窒素施用量が20 kg/10 aでは，施用量は20 kg×0.30（代替率）/0.015/0.30（肥効率）＝1,330 kgとなる．また，

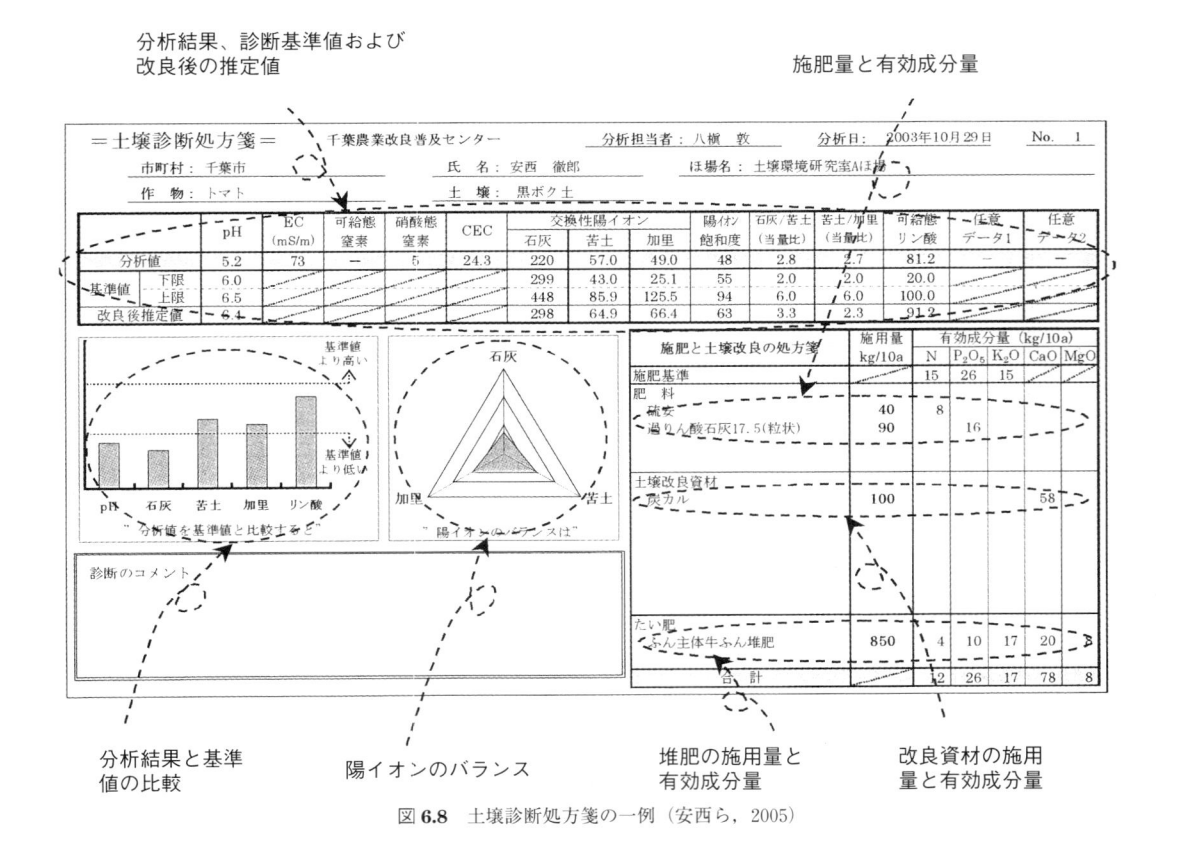

図6.8 土壌診断処方箋の一例（安西ら，2005）

堆肥の施用量はリン酸肥効率を80%，カリウム肥効率を90%とし，肥効率を考慮した堆肥のリン酸およびカリウム量（有効成分量）を分析結果に加えた値が，リン酸およびカリウムの適正範囲の上限値を超えない量となる．このようにして改良資材，肥料および堆肥の施用量が求められ，処方箋が作成される．

この他に，各種の肥料（速効性，有機質，被覆，複合）や堆肥および土壌から発現する無機態窒素量を地温データをもとに推定し，グラフに示すシステムが開発されている[8]．このシステムを用いれば，作物の生育に応じた肥効パターンを示す肥料の組合わせを求めたり，追肥の要否が判定できるので，適正な肥培管理が可能である．環境保全型農業を推進していくうえで，今後堆肥などの有機質資材の施用が増加することが予想されるので，無機態窒素の発現量およびパターンをシミュレーションできるシステムは有効な施肥管理技術となろう．

e. リアルタイム土壌診断に基づいたきめ細かい施肥

通常の土壌診断（予防診断）は作物の収穫後の土壌を採取して行われ，その養分分析結果に基づいて次作の資材施用・施肥設計が立てられる．しかし，キュウリやトマトなどの栽培期間が長い作物では，生育中に土壌の養分状態が過剰にあるのか，不足しているのかを的確に把握する方法がなかったため，経験的に追肥の必要性の有無や追肥量の決定などをせざるを得なかった．そこで，開発された技術がリアルタイム土壌診断である．

リアルタイム土壌診断を行うためには，①簡易に土壌養分を採取する方法，②土壌養分の診断基準値の作成，③簡単かつ安価に測定できる土壌溶液の測定法，を確立する必要がある[9]．①に関しては，作物は土壌溶液中の養分を根から吸収することから，吸引法（ポーラスカップを作土に埋め込み，真空にした集液器で土壌溶液を吸引する）や生土容積抽出法（蒸留水と生土を容積比で2：1の割合で入れて振とう浸出する）で土壌溶液を得る方法が提示されている．②では作物の生育収量と生育期間中の土壌溶液中の養分濃度の関係から，適切な土壌溶液の診断基準値が明らかにされ（表6.6)，③ではコンパクト硝酸イオンメーター，メルコクァント硝酸イオン試験紙，RQフレックスシステムなどの簡便な測定器が開発されている．

実際の手順は図6.9に示した．7～10日間隔で土壌溶液を採取し，測定値が診断基準値より高ければ追肥は行わず，低ければ追肥をするようにする．このようなきめ細かい施肥管理を行えば，土壌中の養分が適正な状態に保たれて，環境に負荷を与えることもなく，しかも高品質で安定的な生産が可能となる．

今後の課題は，さらに対象作物および作型を拡大させ，窒素以外の養分についての診断基準値を策定することである．
〔安西徹郎〕

表6.6 リアルタイム土壌診断基準値のめやす（六本木，2000に一部加筆）

野菜・花き名	作成県	土壌溶液採取方法	収穫および採花期間	硝酸イオン濃度の診断基準値（ppm）
促成キュウリ	埼玉	吸引法（抽出法）	2月下旬～6月下旬	収穫期間：400～800（250～350）
半促成キュウリ	埼玉	吸引法（抽出法）	3月下旬～6月下旬	収穫期間：400～800（250～350）
抑制キュウリ	埼玉	吸引法（抽出法）	9月下旬～11月下旬	収穫期間：400～800（250～350）
促成トマト	愛知	抽出法	12月中旬～2月上旬	収穫期間：200～300
半促成トマト	愛知	抽出法	5月中旬～7月上旬	収穫期間：100～200
露地ナス	埼玉	抽出法	7月上旬～10月中旬	収穫期間：250～350
促成イチゴ（女峰）	埼玉	抽出法	12月下旬～4月下旬	収穫期間：80～160
セルリー	静岡	吸引法		前期：300～400，中期：400～500 後期：600
バラ	千葉	吸引法	9月下旬～6月下旬	全期間：400～600
カーネーション	千葉	吸引法	10月中旬～6月下旬	全期間：1,000

注1) 抽出法；生土容積抽出法の略．
注2) 促成トマトおよび半促成トマトは6段摘心栽培．

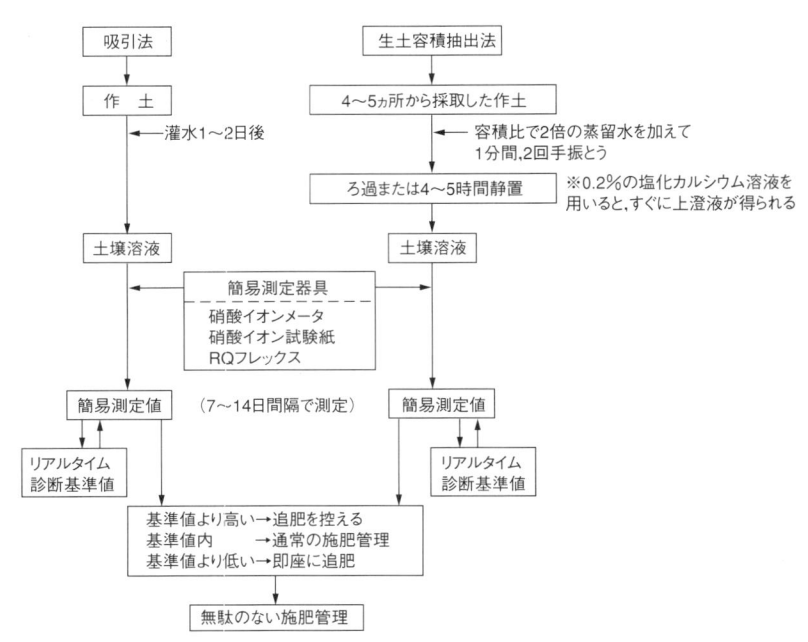

図 6.9　リアルタイム土壌診断の測定手順（六本木，2000）

文　献

1) 環境保全型農業技術指針検討委員会：環境保全型農業技術指針，pp. 40-41（1995）
2) 千葉県農業試験場：千葉県耕地土壌の実態と変化，p. 17（2001）
3) 鎌田春海：農業技術体系・土壌施肥編，土壌診断の進め方と診断システム，基本，pp. 46-60，農文協（1993）
4) 農林水産省：地力増進基本指針の公表について，官報号外106号，p. 16（1997）
5) 安西徹郎・上沢正志・金野隆光：土壌診断の新段階：土壌生産力評価から環境保全型農業にむけて．土肥誌，**70**（特別号），468-474（1999）
6) 農林水産省生産局農産振興課土壌保全班：施肥基準遵守のための取り組みについて（とりまとめ総括表），平成13年度土壌保全対策ブロック会議参考資料（2001）
7) 安西徹郎・斉藤研二・八槇　敦・牛尾進吾：環境保全型農業推進のための施肥基準について，農業及び園芸，**80**，641-650（2005）
8) 矢作　学：JA 施肥改善支援システム「施肥名人」について．季刊肥料，**91**，97-101（2002）
9) 六本木和夫：施設果菜類のリアルタイム診断．圃場と土壌，**29**，69-76（2000）

6.2.2　植物栄養診断技術とそれに基づく施肥法

a.　栄養診断の目的と診断技術

栄養診断は，作物の栄養状態を調べて，理想的な栄養状態との比較により，施用養分量の調節を行うための技術である．栄養診断の目的は大きく2つに分けられる．1つは，何らかの養分の欠乏や過剰によって作物に生育障害が生じた時，その原因を明らかにし，回復させるための診断である．もう1つは施肥改善のための診断である．施肥改善のための診断は，収量の安定化と品質の向上に加えて，環境への養分の負荷を軽減することを目的とする．今日，すべての作物で品質が重視されるようになった．水稲の食味向上にはタンパク質含有率を下げる必要があり，野菜類の食味，栄養価，安全性を考えると，作物体の糖やビタミン類の濃度は高く，硝酸塩濃度は低いことが望ましい．このためには肥料，とくに窒素の多投入を控える必要がある．また，地下水の硝酸態窒素濃度などに顕在化している環境負荷を抑えるためにも，きめ細かな施肥対応が必要となっている．作物が必要とする養分量を把握し，必要以上の肥料を与えずに栽培していくために，施肥改善のための栄養診断はこれまでにも増して重要となっている．

作物体の診断のためには，これまでさまざまな方法が用いられてきた．乾物試料を調製して，作物体成分の全分析を行い，その作物の栄養状態を知る方法が基本である．しかし，現在では，葉色

を用いた診断や作物汁液など生試料を用いて成分の特定の形態（たとえば，硝酸塩）を簡易に分析する方法が検討されるようになり，簡易で迅速な栄養診断が可能となった．栄養診断の対象になる成分は，窒素，リン，カリウム，カルシウム，微量要素などさまざまであるが，その中でも窒素は収量，品質の両方に大きな影響を与える成分であり，現在検討されている診断指標，基準値の多くは窒素栄養に関するものである．水稲やコムギでは，窒素栄養状態を葉色の測定により簡易に知ることができる．作物体の窒素吸収が多いと，葉中色素のうち光合成に必要な色素であるクロロフィル含量が高まり，葉色が濃くなる．水稲の葉色測定には，葉色カラースケールと携帯用の葉緑素計が用いられており，多くの研究から，それぞれの葉色値と作物体の窒素含有率の間には高い正の相関関係のあることが知られている．

畑で育つ作物の多くは，窒素含有率がある程度以上高まると葉色値の上昇が止まるため，葉色は窒素診断の指標とはならない．これらの作物は土壌からの窒素を主に硝酸態窒素の形で吸収する．生育の初期から栄養生長期にかけて，土壌中あるいは培地中の窒素を勢いよく吸収して急速に生長するが，このとき，作物体内では吸収が利用を上回り，高濃度の硝酸塩が葉柄や茎に蓄積する．生育最盛期に硝酸塩の蓄積量が少ない場合は窒素の不足が心配され，また蓄積量が多い場合は必要以上に窒素が供給されたことを表す．したがって，葉柄等の硝酸塩を測定することにより，窒素供給量の過不足が診断できる．

本項では，葉色および汁液の硝酸塩濃度を指標とした簡易，迅速な窒素栄養診断法について示す．生理障害の診断法および化学分析に基づいたさまざまな養分の診断法については成書[1]を参考にされたい．

b. 簡易，迅速な栄養診断法とそれに基づく施肥
1）葉色による水稲，コムギの窒素栄養診断

水稲の栽培で，窒素の不足は生育不良や収量の低下をもたらすが，窒素の過剰もまた倒伏やいもち病を引き起こし，品質低下に結びつく．とくにコシヒカリなどの良食味米では窒素施用量の許容

図6.10 葉緑素計による水稲葉色の測定

範囲が狭い．また，良食味米の生産のために米粒タンパク質含有率を下げる努力がされている．このため生育の途中で水稲の窒素栄養状態を知り，それをもとにして追肥の必要性，時期や量を決定する栄養診断は重要な技術となっている．

カラースケールおよび葉緑素計（図6.10）で測られた葉色値は葉身の窒素含有率をよく表すが，品種や地域，生育時期，年次などによって両者の回帰式は変動する．したがって葉色診断に当たっては地域，品種ごとに回帰式をきめ細かにつくる必要がある．そして各地域での理想的な生育相から得られた窒素含有率の推移に一致するように，各時期の葉色の基準値を決める必要がある．次に葉色などによる窒素栄養状態の把握に加えて，茎数，草丈×茎数，株周などを測定することにより生育量を予測し，さらに土壌からの窒素放出量の予測などを加えることによって，総合的な栄養診断システムができ上がる．各県ごとに，また品種ごとに，カラースケールないし葉緑素計による葉色の基準値が決められており[2]，診断に基づいた穂肥などの施用の有無や時期，量についてもきめ細かく設定されている．

コムギは，めん用としては10～11%，パン用としては13%以上の子実タンパク質含有率が期待されており，収量，タンパク質含有率ともに安定したコムギを生産するために葉色を指標とした栄養診断技術が検討されてきた．北海道におけるめん用秋播コムギ「チホクコムギ」「ホクシン」の葉色による窒素栄養診断[3]について示す．開花期の止葉および止葉直下葉（第2葉）の窒素含有率と収量，子実タンパク質との間には高い相関関係のあることが認められた．そこで，窒素含有率の

推定に葉色を用いて診断基準値を作成した．10%以上の子実タンパク質含有率を得るための穂揃期，第2葉の葉色値は38〜40（葉緑素計 SPAD 502の値）以上であり，それ以下では窒素追肥が必要となり，対策として尿素葉面散布が有効である．また，子実タンパク質含有率が高まりやすい「ホクシン」については，診断後の追肥量を控える必要があることも示された．最近，国産のパン用コムギが育成されるようになり，子実タンパク質含有率をいっそう高めるための施肥法が必要となっている．このような窒素の多施用により高品質が得られる場合には，環境保全の面から今までよりいっそう，栄養診断に基づいた厳密な施肥が求められることになる．

2） 汁液の硝酸塩濃度による窒素栄養診断

汁液診断の主な対象作物はキュウリ，イチゴ，ナス，トマトなどの果菜類，バラ，シクラメンなどの花き類である．施設栽培で長い期間，収穫を続ける作物，作型では，樹勢を保ち，収穫量を維持するのに必要な追肥量，追肥時期の決定のために迅速な汁液診断の導入が検討されてきた．さらに，施設土壌は養分富化に陥りやすく，養分が施設外へ排出されるなどの問題を引き起こすため，過剰施肥を抑えるための施肥管理の手段としても汁液診断が必要とされる．一方，露地野菜，畑作物を対象とした研究は少ないが，キャベツで窒素追肥の必要性および量を知るための汁液診断が検討されており，畑作物ではバレイショで検討されている[4]．

汁液診断を行うには，まず，何を診断指標とするか決める必要があり，先に示したように窒素診断には硝酸塩濃度が適する作物が多い．また，汁液などの採取法，採取部位の決定，指標となる成分の簡易分析法の検討が必要である．そして最も大切なのは各作物の収量，品質などの目標に対応した診断基準値を決定することである．個々の作物，作型ごとに基準値を決定する必要がある．さらに，品種による違いも検討する必要があるかもしれない．とくに，花きでは品種によって，養分吸収に大きな違いのあることが知られている[5]．

キュウリ，バレイショのように葉柄が多汁質で，細かく切って絞ることにより簡単に汁液が採取できる作物では，試料として汁液を得るのが最も簡便な方法である（図6.11）．しかし，バラなどのように，葉柄が硬い作物では容易に汁液を採取できない．こういうときは，試料に少量の水を加えて磨砕するか，細かく刻み，一定量の水を加えて一定時間抽出する方法をとる．抽出法は搾汁法，磨砕法より低めの成分濃度となる[5]．いずれにしても，それぞれの作物に最適の試料採取法を決定する必要がある．

診断部位は硝酸塩の蓄積が多い葉柄が適しており，作物によっては茎，まきひげなども適する．葉位，節位については，キュウリの例では下位節に比べ摘葉されることが少ない中位節以上で，栽培期間を通して硝酸塩濃度の変動幅が少ない節位として14〜16節の本葉の葉柄が選ばれている[6]．しかし，バレイショでは葉柄の汁液硝酸塩濃度は

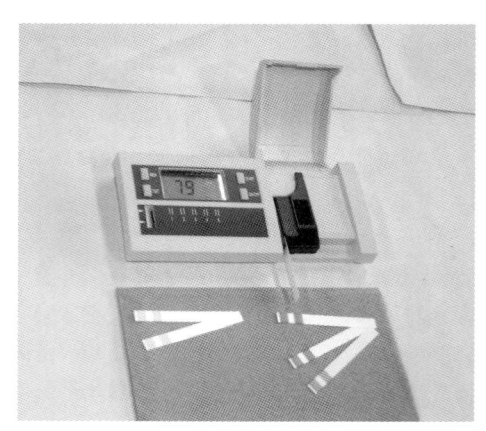

図 **6.11** 汁液の採取と硝酸塩濃度の簡易分析

葉位によって変動し，一定の傾向は見られなかった．このような作物では全葉位または複数の葉位を採取部位とする必要がある[4]．

硝酸塩濃度の測定において，時間と分析技術を必要とする精密分析に代わり，硝酸イオン試験紙，コンパクト硝酸イオンメーターなどを用いることによって簡易で迅速な分析が可能になり，汁液診断が実用的な意味をもつようになった．その後，試験紙と小型反射式光度計を組み合わせたシステム（RQフレックス）による簡易分析（図6.11）が広く用いられるようになった．ホウレンソウ，キュウリ，トマトなどでは精密分析値との比較が試みられ，精度よく硝酸塩濃度を測定できることが示されている[7]．

診断基準値の作成には，目標とする収量，品質が得られるような生育をしたときの作物の栄養状態を汁液中濃度として表す必要がある．キュウリでは，半促成栽培，抑制栽培において窒素施肥量を変えて栽培し，葉柄汁液の硝酸塩濃度の経時的変化と上物収量との関係から，時期別の診断基準値が作成された[6]．また，露地のキャベツでは収穫時の球重を目標に，バレイショでは塊茎収量とデンプン価を目標に診断基準値が作成された．

基準値作成および施肥対応の一例として，北海道のハウス夏秋どりトマトの栄養診断法[8]について示す．汁液採取部位は生育期間を通して第1果房直下葉の先端小葉の葉柄とし，診断基準値の下限は十分な収量を得ることを目標に，硝酸塩濃度4,000 mg・L^{-1}とされ，一方，上限は施肥効率の低下を防ぎ，跡地土壌への残存窒素が増大しないことを考えて，7,000 mg・L^{-1}と決められた．診断時期は各果房の果実がピンポン玉大になった時点で，施肥時期は診断直後，施肥対応としては，葉柄汁液の硝酸塩濃度が，①4,000 mg・L^{-1}以下ではN 4 g・m^{-2}を追肥する．5日後に再度診断し，7,000 mg・L^{-1}以下の場合は再度N 4 g・m^{-2}を追肥する．②4,000〜7,000 mg・L^{-1}の場合はN 4 g・m^{-2}を追肥する（施肥標準の通り）．③7,000 mg・L^{-1}を越える場合は追肥を省略する，とした．

最近，施設の野菜，花卉栽培に養液土耕栽培が導入され，広まっている．養液土耕とは点滴灌水により作物の生育ステージに合わせて作物が必要とする肥料，水を液肥の形で与えていく栽培法である．毎日の養分吸収量に見合った養分を与えていくために，リアルタイムで養分量の調整を図っていく必要がある．このような栽培法の導入によって，施設栽培における汁液診断への要望は今後ますます大きくなるものと思われる．一方，露地野菜や畑作物には分肥，追肥を行わない作目も多く，その場合，当作への施肥対応のための診断は必要がないことになる．バレイショも生育後半に窒素を吸収し続けるとデンプン価が低下するため，一般に基肥のみの施肥体系で栽培されている．しかし，今日では，大規模な畑作地帯においても，投入される窒素の過剰がその地域の環境に影響を及ぼす事態が発生している．露地野菜，畑作物の汁液診断は，輪作体系の中で有機物も含めた窒素供給量を制御する1つの指標として有効であり，露地野菜や畑作物についても今後，診断基準値の蓄積が必要になっていくと考える． 〔建部雅子〕

文　献

1) 渡辺和彦，他：植物栄養・肥料の事典（同編集委員会編），pp. 501-532，朝倉書店（2002）
2) 建部雅子，他：営農指導員のための水稲の葉色診断（全農肥料農薬部編），pp. 1-51（1990）
3) 渡辺祐志：北海道農業と土壌肥料1999（日本土壌肥料学会北海道支部編），pp. 127-130（1999）
4) 建部雅子：農業技術，**56**，245-250（2001）
5) 白崎隆夫：季刊肥料，**75**，11-21（1996）
6) 六本木和夫：埼玉園試研報，**18**，1-15（1991）
7) 建部雅子・米山忠克：土肥誌，**66**，155-158（1995）
8) 坂口雅己，他：土肥誌，**75**，29-35（2004）

6.2.3　DRIS（診断・施肥勧告総合化システム）

植物の栄養診断を化学分析で行う場合，分析自体はできてもその解釈に困難な点がいくつかある．すなわち，①サンプリング時期で分析値が違う，②診断基準がない（サンプリング時期，栽培条件，品種などの違いに対応できない），③複数の成分を分析してもそれを総合的に利用できないなどである．

このような難点をクリアするために提案されたのがDRIS（diagnosis and recommendation integrated system，診断・施肥勧告総合化システム）である．この方法は南アフリカのBeaufil（1973）[1]

が提案し，のちSumner（ジョージア大学）[2~4]らが発展させた．

植物は生長するにつれて体構成成分（炭水化物，リグニンなど）が蓄積するために，栄養成分濃度は低下してゆくのが普通である．しかし栄養成分ごとの比は吸収量の比と同じであり生育期間中であまり大きく変化しない．n 個の成分がある場合には，1つの成分ごとに $(n-1)$ 個の比が計算できるので，この比を正規化してそれらの合計を求めれば，その栄養状態を反映する指数が得られる（果樹葉のカルシウムのように生長につれて濃度が高くなる場合には，成分間の比でなく積を使えばよい）．実際には成分 A〜Z について次の計算をする．

$$指数A = [f(A/B) + f(A/C) + f(A/D) \cdots + f(A/Z)]/(n-1) \quad (1)$$

ここで，$f(A/B) = (A/B - a/b) \times 10/s$

A/B は成分 A，B の濃度の比

a/b は濃度比の基準値（norm）．高収量の，あるいは栄養状態のよい試料での濃度比の平均値を用いる．文献値を用いてもよい．

s は基準値の標準偏差

10を掛けるのは指数を読みやすくするためである．以下，成分 B，C について指数 B，指数 C …を同様に計算する．

原報では変動係数で割っているが標準偏差を用いるほうが簡単である．また計算量を少なくするためか，濃度が分母にくる成分では符号をマイナスに変え，また濃度比が基準値より小さい場合に計算式を微妙に変えるなどややこしいが，Exel でも使えば計算量が増えることに問題はないので上記（1）式のみとし，対象成分をつねに分子として濃度比を計算するほうが簡単である．この計算は実は入学試験などの偏差値と同じ考え方である．

DRIS を使うと植物の品種，生育時期などに関係なく診断が可能になり，コムギ[2]，トウモロコシ[3]，ダイズ，ソルガム，果樹など多くの応用例が報告されている．世界中の 8,000 点以上のトウモロコシのデータベースで解析[4]し，また窒素，リン，カリウム以外に硫黄，微量要素を含む 11 成分に適用した例もある．図 6.12 には筆者らがアルファルファで有効性を確かめた時の結果[5]を示す．

〔越野正義〕

文献

1) Beaufils, E. R.: Diagnosis and recommendation integrated system (DRIS). *Soil Sci. Bull.*, No. 1, 1–132 (1973)
2) Sumner, M. E.: Preliminary NPK foliar diagnostic norms for wheat. *Comm. Soil Plant Anal.*, **8**, 149–167 (1977)
3) Sumner, M. E.: Use of the DRIS system in foliar diagnosis of crops at high yield levels. *Ibid.*, **8**, 251–268 (1977)
4) Walworth, J. L., Letzsch W. S., and Sumner, M. E.: Use of boundary lines in establishing diagnostic norms. *Soil Sci. Soc. Am. J.*, **50**, 123–128 (1986)
5) Koshino, M.: Recent development in leaf diagnosis and soil testing as a guide to crop fertilization. *FFTC Ext. Bull.*, No. 397, 1–20 (1994)

6.3 作物と施肥

6.3.1 水稲の施肥

a. 施肥法の基本的な考え方

施肥法は，作物，土壌，肥料，気候の特性を踏まえた作物生育制御方法である．すなわち，目標収量・品質を得るために最適な養分吸収パターンを明らかにし，その養分吸収パターンと土壌から

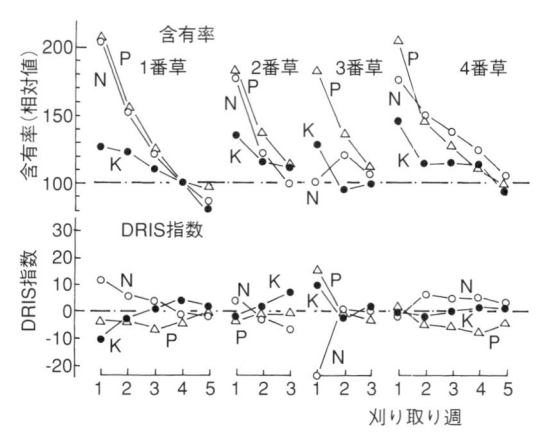

図 **6.12** アルファルファの窒素，リン，カリウム含有率，DRIS 指数の季節変化（北農試草地 3 研 1967 年のデータから計算）[5]

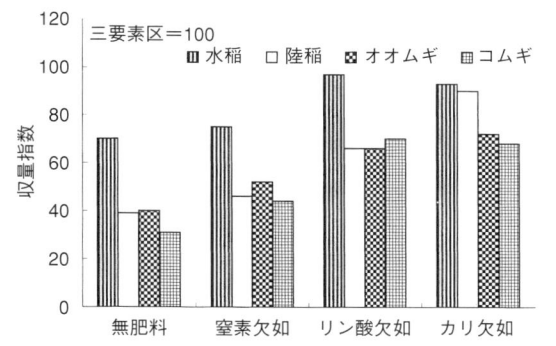

図 6.13 養分欠如試験における水稲，陸稲，ムギ類の減収程度（山根一郎：土と微生物と肥料のはたらき，農文協，1988 より作図）

の養分供給パターンの差を肥料で補給するという技術である．施肥法を広義に解釈すると，施肥機の開発と一体となった施肥位置による肥効調節（側条施肥や深層施肥），緩効性肥料の開発のような肥料自体の改良なども含まれる．また，近年は収量・品質に加えて施肥による環境への影響の軽減，大区画水田での省力施肥および地力ムラに対応した施肥も視野に入れた総合的な観点からの施肥法が求められている．

1) 土壌養分への依存度

水稲やムギ類を，無肥料あるいは肥料三要素のうちの1種類を欠如して栽培した場合の収量を整理すると，水稲が陸稲やムギ類に比べて肥料への依存度が低いことが伺える（図 6.13）．これは，裏を返せば土壌養分への依存度が大きいことを意味している．事実，表 6.7 に示すように全国平均で 6.6 kgN/10 a の窒素（地力窒素）が土壌から水稲に供給されている．水稲の窒素吸収量の平均値が 10 kgN/10 a 前後（平均反収 500 kg/10 a レベル）なので，60～70% が土壌由来の窒素と推定される．なお，窒素施肥量は 2001 年度の全国平均値が 7.3 kgN/10 a で施肥窒素の利用率は約 50% と推定される．リン酸の施用量は 2001 年度の全国平均値で 8.6 kgP$_2$O$_5$/10 a であり，その利用率はおおむね 10～38% と推定され，火山灰の影響を受けた土壌では利用率は低い．水稲に吸収されるリン酸は 4～6 kgP$_2$O$_5$/10 a 前後であるから，施肥リン酸利用率の平均値を 24%，吸収量の平均値を 5 kgP$_2$O$_5$/10 a とすると，土壌由来は約 60% と推定され，リン酸についても土壌養分への依存度が大きい．施肥リン酸の排水などへの流出は多くても数%以下であり，大部分は土壌中の鉄やアルミニウムなどと結合して水田に蓄積される．蓄積リン酸は湛水による還元の進行とともに溶け出し，当年あるいは翌年以降に水稲に利用される．カリウムの施用量は 2001 年度の全国平均値で 6.8 kgK$_2$O/10 a である．一方，稲わらの圃場への還元率は 79%（2001 年度の鋤き込み，堆肥，焼却こみ全国平均値）である．一般に水稲のカリウム吸収量（10～15 kgK$_2$O/10 a）の 7 割前後が土壌に戻るとされており，カリウムについても水稲残さを経由して土壌から供給される部分への依存度が大きい．

2) 水田における地力窒素発現パターンの定式化

水稲生育に最も影響の大きい地力窒素については，水田土壌を試験管に入れて湛水し，30℃で培養した時に有機物が無機化して生成するアンモニア態窒素量の経時的パターンが詳しく研究されている．これは水田状態をシミュレーションした培養方法なのであるが，この生成パターンを地力窒素発現パターンあるいは土壌窒素無機化パターンと呼んでいる．湛水初期に勢いよくアンモニア

表 6.7 日本における水稲に対する施肥量，土壌窒素吸収量，玄米収量の概要

土地利用		窒素施用量 (kgN/10 a)	土壌窒素吸収量 (kgN/10 a)	玄米収量 (kg/10 a)		
				三要素区	無窒素区	稲わら区
全水田 ($n=86$)	平均値	9.6	6.6	516	355	533
	標準偏差	2.4	1.3	65	69	66
単作水田 ($n=49$)	平均値	9.7	6.9	541	367	554
	標準偏差	2.5	1.4	60	75	58
二毛作水田 ($n=37$)	平均値	9.5	6.3	482	338	496
	標準偏差	2.2	1.1	58	57	63

資料）土壌環境基礎調査－基準点調査中間とりまとめデータ集（農林水産省農産課，1992）など．

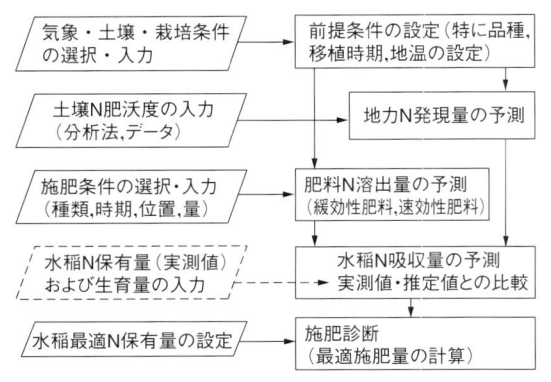

図 6.14 水稲施肥診断システムの概要（滋賀県, 2000）

態窒素が生成し，次第にその生成量が低下していく経過をたどるものが多く，通常，土壌窒素の無機化はおおむね12〜15℃以上で生じること，10℃の温度上昇で生成量は約2倍となることなどが知られている．この生成経過を温度や給源となる有機物量の関数として表すことができる．すなわち，窒素の生成経過は有機物が自分自身の量に比例した分解速度で分解するという一次反応に従い，反応速度の温度依存性は一般の化学反応と同様にアーレニウスの法則に従う．したがって，無機化量を数式で表現できるため，土壌ごとの数式や係数が決まれば無機化量の予測も可能である．施肥法を組み立てる場合には，この土壌窒素無機化パターンを基礎にすると計数的な管理が可能になる．その具体的な事例は後述する（図6.14，図6.15）．

3） 水稲の窒素施肥に対する応答

作物収量の制限因子は，光合成を行う器官（ソース）と収穫部位（シンク）に大別できる．水稲の場合，通常の気象条件ではシンクであるもみ数が制限因子となることが多い．したがって施肥法はもみ数制御が最優先される．もみ数は穂数と1穂もみ数から成るので，基肥窒素を増やせば茎数が増え穂数増に結びつく．しかし，基肥窒素は同時に草丈を伸ばす作用も大きく，コシヒカリのような品種では草丈が長いと収穫期の稈長も長くなりやすく倒伏につながるため，このリスクを避けて穂数を増やすような施肥が必要となる．もみ数を決めるもう1つの因子である1穂もみ数は出穂35日前の穂首分化期頃から25日前の幼穂形成期頃までの施肥によって穎花着生数が増加し，出穂25日〜10日前頃の施肥が穎花数の退化を抑制することが認められている．ただし，この時期の施肥（穂肥）にもリスクは伴い，施肥時期が早すぎたり施肥量が多すぎると穎花数は増加する一方で稈長も伸びる．また，もみ数が過剰になると，それに見合った光合成量が確保できない場合には，登熟歩合の低下となり，収量を下げる結果となる．施肥設計を行う場合には，気象条件なども考慮に入れて目標もみ数を設定することが重要である．

一方，シンクにデンプンなどを送るソース側についてはどうであろうか．出穂前の光合成で茎に蓄積されたデンプンは，出穂後にいったん糖に分解されたのち穂に転流され，もみの中でデンプンに再合成される．また寒地では出穂後の光合成産物がもみに転流する割合がかなり多い．このように出穂後のもみへのデンプン集積を左右するのは，出穂前と出穂後（登熟期）の光合成量である．光合成量を高めるには，窒素を多く施用すればよいが，それは同時に草丈を伸ばし群落構造を悪化

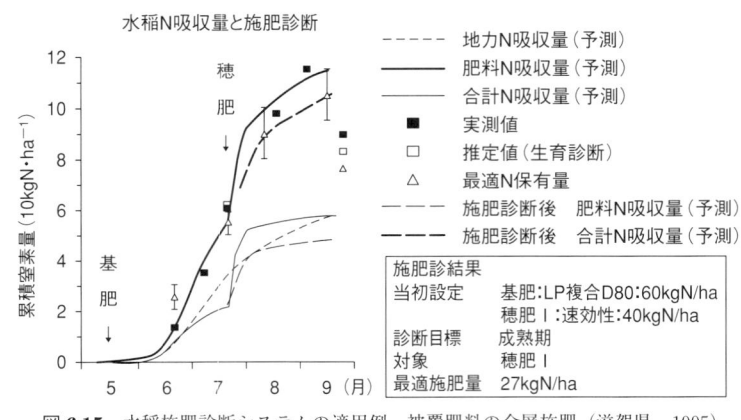

図 6.15 水稲施肥診断システムの適用例—被覆肥料の全層施肥（滋賀県, 1995）

させ，生体重の増加に伴い呼吸量を増大させ光合成産物を消費する．つまり，ソース側の制御においても施肥には微妙な調節が必要なのである．

4) 水稲施肥法の開発における理論的取り組みと課題

上に述べたように，水稲の施肥による生理反応の変化を予測して施肥設計を行う必要があるため，土壌窒素の吸収についても定量的情報が必要である．土壌窒素の無機化パターンについては，有効積算温度法（吉野・出井）あるいは，アーレニウス式による速度論的解析方法（杉原・金野）が 1980 年前後に相次いで考案されたため，施肥量計算に理論的な基盤ができた．一方，もみ数と幼穂形成期の窒素吸収量との関係，あるいは収穫期の収量と窒素吸収量との関係を品種や地域ごとに整理する作業が各県で進み，目標収量を決めた場合に水稲が吸収すべき窒素量の目標値が明らかになりつつある．したがって，水稲側の時期別の期待窒素吸収量から土壌窒素の時期別無機化量を差し引き，肥料利用率で割ることによって必要な施肥量を算定できる．このような考え方による取り組みは，青森県，秋田県，石川県，愛知県，滋賀県，福岡県などで実施され，施肥管理プログラムとして実用化している．考え方の基本は図 6.14 に代表される．このように，品種や地域が限定されれば，蓄積されたデータをもとに施肥設計を行うことも可能になってきている．その実施例を図 6.15 に示した．

しかし，土壌から無機化した窒素が，水稲にどれだけ吸収されるのかについては，未だに定式化されていないため，この部分は経験的に時期別の数値を設定している状況である．さらに，水稲は粘土質土壌のような硬盤が不明瞭な水田では，作土以下の土壌からも 20〜30% の窒素を吸収しているとされる．とくに輪換田では根が亀裂に沿って深く入るため，より多くの窒素が下層土由来であるとの報告もあり，下層土からの土壌窒素の供給は無視できない．これらの課題については，施肥管理プログラムを利用しながら関係式を改良していく必要がある．

5) 年次変動への対応——栄養診断の必要性

水田の窒素無機化量は，春先の土壌乾燥程度の違いや移植後の気温の推移により年次間で変動する．春先に土壌が乾燥すると土壌有機物の一部が分解しやすくなるため，乾燥しない年に比べてかなり多くの窒素が無機化され，これは乾土効果窒素といわれる．この窒素は生育中期の最高分げつ期頃までに水稲に吸収され，それ以降の窒素無機化にはほとんど影響を及ぼさないことがわかっている．乾土効果が大きい場合，穂肥期の期待生育量を超える場合がある．このような時には，葉色診断などによって穂肥時期を遅らせるか施用量を削減しないと稈長が伸び，倒伏しやすくなる．

一方，食味の悪化につながる玄米タンパク質含量の増加を避けるため穂肥を減肥する場合が多いが，稲体窒素含量を下げ過ぎると登熟期の高温で白未熟粒を生じ，外観品質下落の原因にもなる．したがって，適切な後期栄養を確保する意味でも葉色データを蓄積して，これに基づく栄養診断を行う必要がある．葉色診断は，葉緑素計（SPAD–502 など）が普及しており，葉色値に茎数や草丈を掛け合わせることにより，稲体の窒素吸収量と高い相関のある指標が得られる．これを利用した追肥診断の例を図 6.16 に示した．

b. 水稲施肥法の実際

1) 寒地と暖地の生育条件の比較

i) 生育期間の気温の推移　　水稲の移植限界

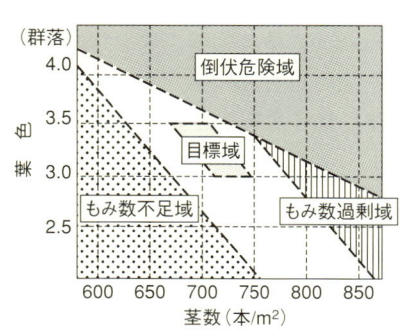

◯幼穂形成期の生育
　草丈は何cmですか？　　62.7
　茎数は何本/m²ですか？　664
　葉色はいくらですか？　　3.0

◯予測される成熟期形質
　稈　長　　　84 (cm)
　穂　数　　　441 (本/m²)
　1穂もみ数　　68 (粒)
　m²当たりもみ数　301 (×100粒)
　倒伏度　　　140

図 6.16　葉色による追肥診断の事例（福島農試）

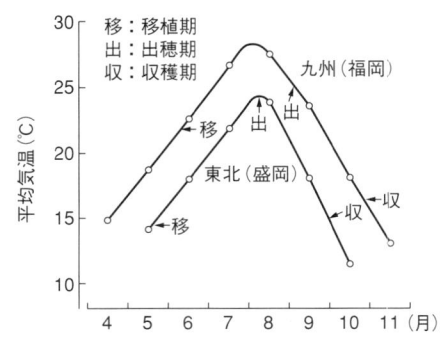

図 6.17 寒地と暖地における稲作期間と平均気温の推移（模式図）

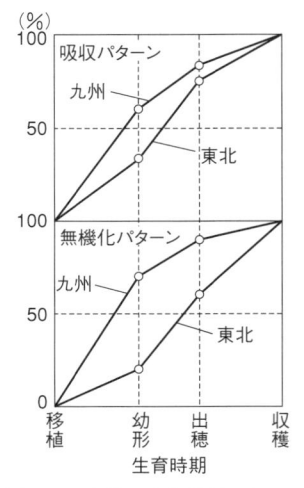

図 6.18 水稲の窒素吸収パターンと土壌窒素無機化パターン（模式図）

温度は平均気温で 13℃ とされており，寒地水稲は図 6.17 に示すようにこの限界を越えたところで移植され，ほぼ最高気温の 25℃ 付近で出穂し，登熟限界の平均気温 14℃ 頃までに収穫される．これに対し，暖地の普通栽培では 22℃ と相当気温が高くなってから移植，最高期の 28℃ をすぎてから出穂する．収穫期は 17℃ で，この期の最低気温は 14℃ である．両地の温度差は移植期では大きいが，出穂・収穫期では小さい．

寒地では全体に限界に近い低温下で生育するが，とくに穂ばらみ期と登熟後期の低温は収量をいちじるしく低下させ，冷害となることがある．また，生育前半の低温は出穂を遅らせ，その分，登熟後期に低温に遭う危険性が高い．このため，初期生育を旺盛にするのが望ましいが，不稔発生の危険性の高い減数分裂期（出穂 15～10 日前）が北日本特有の 7 月中下旬のヤマセによる低温期と重ならないような作期の設定が必要である．

ii）稲体の養分含有率と養分吸収パターン
低温下の短い期間で生産効率を上げるため，寒地では小づくりでもみ/わら比が高い品種が育成され，このような品種では茎葉中の養分含有率は高く経過する．一方，生育量が少ないため養分吸収量は暖地に比べ初期に少なく後期に多い．窒素吸収量の例を図 6.18 に模式的に示した．また，寒地では栄養生長期（移植～最高分げつ期）と生殖生長期（幼形形成期）が連続もしくは重複するが，暖地では両期の間に休止期（ラグ期）が存在する．

iii）水田土壌のタイプと特徴 水田面積の 40％ 前後は扇状地等を含む地下水位の低い場所に分布する灰色低地土で，30％ 前後は低平地に分布するグライ土であり，10％ 前後を火山灰土壌である黒ボク土が占める．とくに，寒地の東日本では火山灰の影響を受けた土壌が広く分布し，リン酸供給量は低く，また施肥リン酸も不可給化しやすく漏水田が多い．一方，暖地には花崗岩質の中粗粒質水田の分布面積が多い．

土壌から供給される窒素（地力窒素）は，土壌中の有機物が土壌微生物によって分解された無機態窒素であり，無機化量は寒地では，地温の低い移植期には少なく，気温が上昇するにつれて多くなる．これに対し，暖地では移植期にはすでに温度が高く窒素無機化量も多い．リン酸やケイ酸も同様に地温の上昇，還元の進行によって可給化するので，寒地では暖地に比べこれら養分の供給時期は遅くなる．このような土壌からの養分供給パターンの違いは，施肥法を決める場合の重要な因子であり，窒素の場合には生育への影響が大きいので定量的な取り扱いが求められる．

2）寒地稲作における施肥管理の問題点と特徴
北日本では 7 月中下旬に低温となることがあり，この期に穂ばらみとなった水稲にはいちじるしい不稔が発生する．不稔は稲体の窒素含量と高い相関があり，穂ばらみ期の窒素の過剰な吸収は避けなければならない．全施肥量に対する基肥割合は北ほど高く，南ほど追肥の割合が高くまた回数も多い傾向にある．これは，寒地では初期生育の促進が必要な一方，生育初期には土壌窒素の供

給が少ないので基肥量を高くする必要があるからである．北海道では全量基肥が原則で追肥は少ない．寒地では生育中後期に供給される土壌窒素が比較的多いので追肥の必要性は少なかったが，倒伏しやすい良質米の作付が多くなるにつれて基肥を減らし，生育状況を判断（栄養診断）して必要量だけ追肥する方式が定着しつつあり，追肥の割合は増えている．

リン酸はほとんどすべての炭素代謝，エネルギー代謝に関係し，欠乏は初期の生育（分げつ期）に現れやすい．初期生育の促進が必要な寒地ではとくに基肥多施用，側条施肥等による生育初期の吸収促進が効果的で，リン酸も全量基肥が一般的である．すでに述べたように，東日本に多い火山灰土壌で施用量が多い．火山灰土壌では通常の施肥のほかに土壌改良材として熔成リン肥（熔リン）などを施用することもある．水田の地温が上昇すると土壌からのリン酸供給が多くなるので，通常リン酸肥料の追肥は行われない．カリウムは生育の全期間を通じて吸収され，吸収量は根の活性に大きく支配される．したがってカリウム保持能の低い土壌や湿田など根の活性が低下しやすい水田では，追肥効果が認められている．北海道や北東北を除けば，窒素とともに成分ではほぼ同量追肥される場合が多い．また，有機物施用は堆肥が望ましいが，営農の現況からは稲わらすき込みが多い．稲わらすき込みは，寒地ではタブーとされてきたが，初秋のすき込みや連用により安定化することが認められ，北海道でも実施されている．低温下では養分吸収活性は低いので，稲体の必要とする養分を供給するためには，土壌中の養分濃度を高めることが効果的であり，後述の側条施肥や育苗箱全量基肥（緩効性肥料による接触施肥）が考案された．

3） 暖地稲作における施肥管理の問題点と特徴

二毛作が可能な地帯を暖地と呼ぶことにする．これらの地帯の稲作は，麦や野菜との二毛作を行う場合には，いくつかの問題点を有する．たとえばムギ跡では麦稈のすき込みの影響による初期生育の抑制という問題がある．また，野菜跡では残存する窒素を勘案した基肥減肥が必要である．養分吸収パターンでは，寒地稲作との大きな違いとして最高分げつ期から幼穂形成期に至る時期（ラグ期）の問題が古くから指摘されているが，基肥の削減による過繁茂の解消や近年の緩効性肥料の施用によって，この問題は解決されつつある．

4） 現行の施肥法および施肥量の傾向

各県は，栽培試験結果に基づいて品種・地域・土壌・作期ごとの施肥基準を策定しており，農家はこれらを参考に施肥を行っている．施肥基準は，品種の交替などによって改訂されるが，現在では収量よりも食味を重視して品種が選ばれ，施肥法が決められている．現行の良食味品種は倒伏しやすく，また窒素の多用は食味を低下させるので全体として少肥傾向にあり，1980年度の平均窒素施用量は $10.2\,\mathrm{kg}/10\,\mathrm{a}$ であったが，2001年度には $7.3\,\mathrm{kg}/10\,\mathrm{a}$ まで低下している．しかし，食味重視で窒素を減らし過ぎ，登熟期の高温に稲体が対応できずに白未熟粒などの発生を引き起こすという問題点も指摘されており，生育後期の適切な窒素栄養の指標データの蓄積が必要になってきている．

前述のように，窒素の場合，生育時期ごとに期待される吸収量がほぼ決まっており，施肥法は，この窒素吸収パターンと土壌窒素の供給（無機化）パターンに基づいて組み立てられている．両因子とも温度に支配されるため，図6.18に示すように寒地と暖地ではいちじるしく異なり，これが寒地と暖地における施肥法の差の原因となっている．また，暖地では寒地と異なり幅広く作期をとれるため移植時期によって施肥時期や施肥の配分は異なる．

5） 寒地で特徴的な窒素施肥法

寒地，とくにヤマセの影響を受ける東日本では冷害のリスクを常に考えて栽培管理を行う必要があり，施肥法もこの意味において寒地に特徴的なものとなっている．

i） 速効性肥料の全量基肥　初期生育促進に必要な移植時の土壌中の養分濃度を高めるため，全量を基肥で施用するもので，一部を表層に施すと効果的である．生育中期以降の養分は，地温の上昇に伴って増加する土壌からの供給に期待する．北海道では現在でも全量基肥が一般的で，北東北でもみられる．経営面積が大きい場合は省力

ii) 分施方式 基肥の一部を不稔発生の危険がなくなったと判断した時点で施用する方式で，昭和30年代に北海道で開発され，現在でも基本技術となっている．具体的には，標準量の15〜20%を残しておき，減数分裂期に低温が来ないと判断できたらできるだけ早く残りを施用する．

iii) 止葉期追肥 もみ数がほぼ確定し，不稔発生の危険期である減数分裂期に相当する止葉展開期に行う出穂後の窒素栄養を確保するための追肥で，相当量を施用しても減収しない．北海道農試が昭和40年代に開発したもので，もみ数や草姿には影響せず登熟歩合，千粒重増加のための実肥の効果が確認されているが，現在では二度目の穂肥として施用されている場合が多い．

6) 全国的に行われている窒素施肥法

全国的には，従来の基肥1回穂肥2回という標準的な施肥法から，最近では，食味重視や倒伏回避，あるいは省力の点から基肥1回，遅めの穂肥1回が大勢を占めるようになった．以下の項目において，i) には，多収重視の過去には重要であったが現在はあまり行われていない施肥法を含み，またii)〜iv) には将来とも普及定着が予想されるものを含めた．

i) 多収をねらった種々の追肥方式 漸増追肥は，北海道農試で昭和40年代に開発された施肥法で，水稲の吸収パターンに合わせ必要な量を少しずつ追肥する方式である．多収技術として開発されたため，食味向上の流れの中で実用化には至らなかったが，各県の多数回追肥体系の基礎的な知見となった．

区分施肥法は山形県で収量750 kg/10 aを目標として開発され，生育期を出穂40〜35日前と止葉抽出期を目途に初・中・後期に区分し，基肥は4〜6 kg/10 aと少量とし，穂首分化期につなぎ肥，減数分裂期と穂揃期に追肥，必要に応じ早期追肥，実肥も施す．1回の追肥量は2 kg/10 aを超えないとしている．

施肥配分方式は長野県で収量700 kgを目標におき開発され，基肥と追肥を1:1とするものである．基肥を4〜8 kgとし，もみ数確保と登熟向上のためほぼ同量を出穂25〜18日前に施用し，必要があれば実肥も施す．

深層追肥は，青森県農試で昭和30年代に開発されたもので，基肥を少肥とし，大部分を緩効性肥料で出穂35日前頃に作土の深部に施用するもので，初期には団子肥料を踏み込んでいたが，その後機械化された．

以上の施肥法の考え方は現在でも通用するが，施肥の省力化の要請，多収よりも良食味という栽培目標の変化のため実施面積は限られている．しかし，水田における飼料用イネ（ホールクロップサイレージ）栽培が本格化すれば，上記の施肥法が省力化された形で復活する可能性がある．

ii) 側条施肥 施肥位置によって肥効を制御するとともに省力化や環境保全の要請をも満足させようとする施肥法である．田植機に施肥装置を取り付け，施肥と田植を同時に行うもので，苗条の片側（横3〜5 cm，深さ3〜5 cm）に筋状に施用される．施肥位置は，移植期の気温を考慮して設定され，寒地では苗に近く，暖地では苗から離れる傾向がある．また，施肥ノズルの深さを2段にした側条2段施肥という方法もある．肥料は，機械によって粒状とペースト状の2種類がある．苗近くの局所施用なので，養分濃度が高まり初期生育が促進されるため，寒地向きの技術として昭和60年代に東北地方を中心に普及した．当初は肥切れが早いなどの問題はあったが，追肥体系が工夫され，省力的であることと相まって定着した．養分の田面水への移行・河川への流出が少ないので環境保全的技術として滋賀県などでも奨励され，現在では西南暖地にも広く普及している．

iii) 緩効性肥料の全量基肥（本田施用，育苗箱施用） 追肥を何回も行う施肥法は，兼業農家にもまた大規模生産者の省力化志向とも相容れないため，緩効性肥料を利用した全量基肥が普及している．2001年度に肥効調節型肥料を使用した水田面積は，北海道を除くと18〜25%で全国平均で20%である．全量基肥には，速効性肥料を組み合わせた本田施用方式と育苗箱施用方式（育苗箱全量基肥）とがあり，地力の低い地域では側条施肥と育苗箱全量基肥の併用もある．窒素肥料の利用率は，速効性肥料の基肥が20〜30%，

穂肥が30～50％前後であるのに対して，被覆尿素肥料の本田施用は50～65％前後，育苗箱施用は60～80％，不耕起播種溝条施で60～85％という高い利用率を示した．このため，慣行施肥の窒素量に比べて30～40％程度の減肥が可能である．富山県の数カ年の調査結果では，玄米収量は慣行と同等で年次間変動はむしろ少なく，精米タンパク質濃度も慣行施肥の±0.2％程度であった．なお，被覆尿素は単位窒素量あたり通常の速効性肥料の約3～4倍の価格であるが，減肥率が高いこと，施用労力が大幅に軽減されることなどから，施肥コストは慣行を下回るという試算結果（秋田農試）もある．

iv） 大区画水田における流入施肥 大区画水田整備が平坦地を中心に実施されているが，地力ムラの少ない圃場では，追肥の際に圃場内に入る必要のない方法として，流入施肥が考案された．液肥を灌漑水の流れ込む用水口に滴下する装置も開発され，圃場内を平均的に施肥する超省力的方法として意義がある．しかし，多量の給水量を必要とすることから普及地域が限られている．

v） 大区画水田における局所管理 大区画水田において工事の際の切り土盛り土に起因する地力ムラが大きい場合には，1枚の圃場を均一に施肥すると収量ムラや品質ムラを生じる．これに対処するには，地力ムラを把握して，地力を是正するように緩効性肥料を散布した上で，通常の施肥を行うのが効果的である．この技術は局所施肥管理技術あるいは精密農法と呼ばれている．この農法では，地力マップを低コストに作成することが重要なので，コストのかかる土壌採取・分析を行うよりも，収量計測コンバインを利用して施肥量と収量との関係式から場所ごとの翌年の施肥量を算出する．実際の施肥は，地力マップに従った可変施肥を行うことができるGPS付き定幅散布機が開発されており，大区画水田の面積が増えるに従って普及していくと予想される．

7） 窒素以外の施肥

水稲作では窒素の施用が最も生育収量に影響するので定量性が重視されるが，窒素以外の養分については窒素のような精緻な施肥法は必要ない．しかし，気候や土壌条件に応じた大まかな施肥の考え方は存在する．

i） リン酸 リン酸は寒地では初期生育の促進に必要なレベルを確保するために基肥として暖地よりも多めに施用する．リン酸の利用率は20～30％と見られ，施用量の過半が土壌に残留するため，水稲が吸収する分だけを補うことで十分であるとされ，施肥量は現行の約半分とする考え方もある．また，施肥を春の繁忙期を避けて秋冬期に行うことも検討されており，その場合の水稲収量は春施用と同等である．育苗箱全量基肥では，覆土の代わりに熔リンを利用して本田施用を省略する方法も普及している．この場合，育苗箱重量が重くなるが，リン酸の利用率は数％程度向上し，また田面水への溶出も少なくなるので，環境負荷を抑制する面から有利である．

ii） カリウム カリウムは，有効分げつ期頃までの吸収が一穂もみ数の確保と密接に関連するとされ，また登熟期の糖の転流と関係があるとされており，不足すると登熟が悪くなる．このため，基肥および穂肥で窒素とともに施用する場合が多い．ただし，カリウムについても稲わら全量還元の圃場が多いので，圃場からの持ち出し分を補う施用量でよいという考え方もある．カリウムの施用についても，春先の繁忙期を避けて前年秋に施用する労力分散型の施肥も検討され，休閑期の圃場からの損失はほとんどなく，水稲の吸収量は通常の基肥と変わらないとされている．

iii） ケイ酸 ケイ酸は水稲の吸収する養分の中で最も多量に吸収する成分であり，窒素のほぼ10倍の吸収量がある．葉のケイ酸含量の高い水稲は光合成量の増加や葉の受光体勢の向上，いもち病への抵抗性向上などの効果が認められ，倒伏への抵抗性も高まる事例が多い．これらが総合的に作用して乾物重の増加および玄米タンパク含量の低下に寄与することから，食味向上技術としても近年注目を集め，積極的な施用が行われている．本田では基肥として，10aあたり100kg程度のケイ酸カルシウム（ケイカル）が施用されることが多い．初期生育には，苗箱へのシリカゲル施用が効果的である．この資材は1999年に登録されpHが4.5～5.5の資材なので育苗箱での接触施用が可能であるが，10a当たり5kg前後の

供給が限度であり，本田施用との併用が必要である．また，多孔質ケイ酸カルシウム水和物から成る軽量気泡コンクリート粉末肥料は保証成分の60〜70%が水稲に吸収されるので有望な資材である．標準施用量は60〜120 kg/10 a程度である．

iv）硫黄 硫黄は秋落ちの原因としてマイナスの評価を受けることの多い元素であるが，吸収量は多量要素と微量要素の中間程度である．側条施肥で硫黄の施用なしでペースト肥料を何年か使用した場合，還元条件で硫黄欠乏が発生する事例が滋賀県で多発したことがある．現在は，肥料の硫黄含量を上げることで解決されたが，養分元素として無視せず，硫酸根系肥料も吸収量を補う程度の補給は必要であろう．

8）有機質肥料の施肥

これまでは無機質肥料の施用について述べてきたが，有機農業，資源循環型農業などに向けた動きは大きく，家畜糞尿を原料とする有機質肥料が数多く登録され施用されている．これらの肥料は肥効パターンを水稲の窒素吸収パターンに合致させるように配合することにより，緩効性肥料と同様に穂肥労力の削減や食味向上に寄与すると期待される．ただし，有機質肥料は1作期間にすべて無機化するものは少なく，後年度には累積効果があるので，連用する場合はこの点を考慮した施用がきわめて重要である．

9）直播水稲の施肥

湛水直播栽培において，最近は播種後10日間程度の落水出芽法が一般的となり酸化的土壌環境が形成されることから硝化脱窒による肥料損失が懸念される．また，本田で本格的な窒素吸収の始まる時期は，移植水稲よりも3週間程度遅れる．したがって，速効性肥料よりも緩効性肥料を使用する方が肥料利用率を上げ，施肥作業回数を減らせるので有利である．また，直播水稲では下位節から分げつが出るので過繁茂になりやすい．したがって，緩効性肥料の全量基肥を行う場合には，溶出期間の短いものは初期生育を促進して過繁茂にするおそれがあるので，肥効が遅めの緩効性肥料を使用する方がよい．また，根張りまでに時間がかかるので，移植水稲よりもやや利用率は低いと考えて施肥量を決める必要がある．

一方，肥料の土壌への混和がむずかしい不耕起直播栽培では施肥は表層か苗近傍に限られる．表層施肥は損失が多いので，緩効性肥料の普及とともに接触施肥が行われるようになった．愛知県農総試では不耕起乾田直播に播種溝条施肥方式を導入し，窒素の利用率85〜95%を達成し，直播水稲慣行分施の30〜40%減の施肥量で5〜25%の増収を可能にした． 〔鳥山和伸・関矢信一郎〕

6.3.2 畑作物の施肥

排水・通気性のよい畑土壌では有機物分解，リン酸固定，塩基の流亡などが進むので，肥沃度を維持するために作物生育に必要な養分を絶えず補給しなければならない．また，輪作が必要なので，施肥反応の異なる作物が1つの輪作系に栽培され，しかもその施肥反応が気象・土壌条件に左右される．こうした複雑さが，施肥の意味をあいまいにし，「多収のための多肥化」を助長してきたかもしれない．

しかし，現在は「高品質農産物の低コスト・環境保全的な生産」が求められる．この期待には相反する要素も含まれるが，肥効を制御でき，窒素利用率を高める緩効性肥料を用いた施肥法，土壌条件や生育状況に応じて施肥量を制御できる施肥システムの開発も進められている．そうした基本となる畑作物の施肥反応特性を，十勝地方の基幹畑作物であるムギ類，マメ類，イモ類，テンサイの窒素施肥を中心に紹介する．

a. 各種作物の栄養特性

窒素吸収 一般に，作物の窒素吸収量は茎葉重，収量に反映される．窒素吸収量の茎葉重への反映はマメ類≒バレイショ＜テンサイ＜コムギ，茎葉重の収量への反映はマメ類≒コムギ＜バレイショ≒テンサイで，作物により若干傾向が異なる（図6.19）[1]．マメ類は収量は低いがサイトウを除いて茎葉の確保が収量に結びつくこと，収量構成要素が複雑な小麦は全量基肥施用した場合には茎葉の確保が収量に結びつくとは限らないこと，塊茎に養分を貯蔵するバレイショの生産効率が高いことなどがうかがえる．一方，この場合の作物は，

生育前半は肥料窒素に，後半は土壌窒素に依存して生育し，収穫時の体内窒素は土壌窒素（マメ類は根粒窒素を含む）が大半を占めて収量や品質を決定する（図6.20）[1]．ここに追肥や分施，土壌診断に応じた施肥設計などの意義をみることができる．

各養分吸収量　作物は多くの養分を必要とし，それらの吸収量と必要度は作物の種類や栽培条件で異なる（表6.8）[2,3]．コムギは平均的に養分を吸収するが，増収には比較的多量の窒素を必

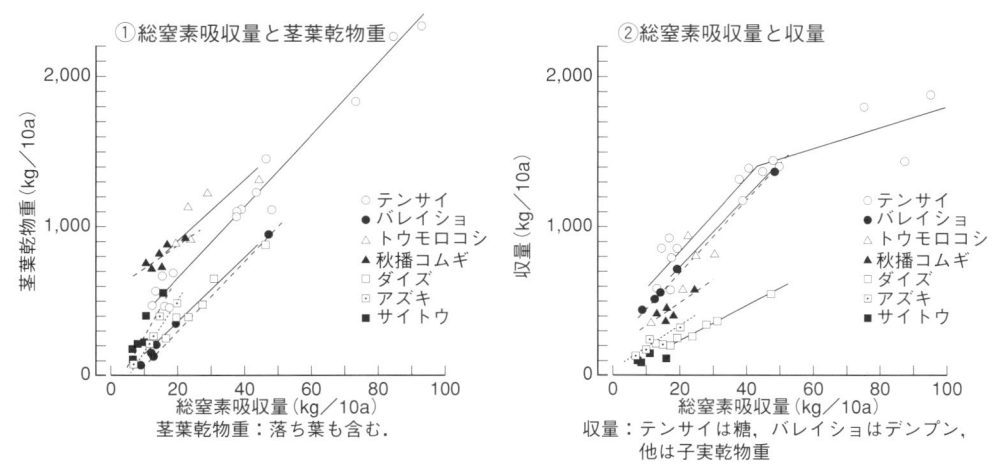

図6.19　畑作物の窒素吸収と茎葉繁茂，収量の関係（西宗，1984）
総窒素吸収量：落葉，脱穀残さ，根の窒素も含む．
テンサイの一部および他の作物は1m²の枠栽培の結果を10a当たりに換算（1970，73，74年の収穫時）

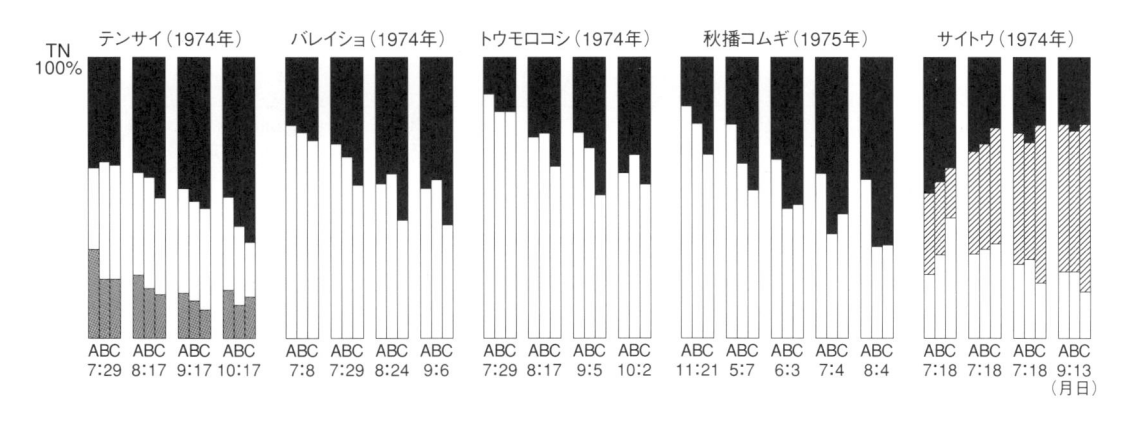

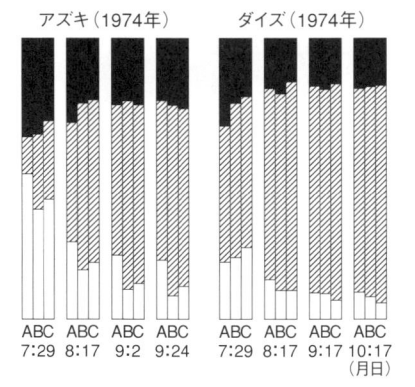

図6.20　作物の肥料，土壌および根粒由来窒素含有割合の推移（西宗，1984）

表 6.8 畑作物の養分吸収量と必要度

作物		収量 (kg/10 a)		養分吸収量 (kg/10 a)					必要養分量/乾物 100 kg 収量				
		現物	乾物	N	P_2O_5	K_2O	CaO	MgO	N	P_2O_5	K_2O	CaO	MgO
ムギ類	コムギ	492	429	15	5	17	3	2	3.6	1.3	4.0	0.6	0.4
	オオムギ	523	455	11	6	24	5	2	2.5	1.2	5.3	1.1	0.4
	ビールムギ	347	302	8	4	15	−	−	2.5	1.2	4.8	−	−
マメ類	ダイズ	337	287	26	5	13	10	4	9.0	1.7	4.9	3.4	1.3
	アズキ	223	190	10	3	9	6	11	5.3	1.3	4.5	3.2	5.9
	サイトウ	251	214	11	3	10	7	3	5.3	1.4	4.8	3.6	1.6
イモ類	バレイショ	4,880	1,091	18	6	34	7	4	1.7	0.6	3.1	0.7	0.4
	サツマイモ	4,000	1,000	14	7	35	−	−	1.4	0.7	3.5	−	−
テンサイ		5,480	1,046	30	9	47	8	8	2.8	0.8	4.5	0.7	0.8

コムギ,マメ類,バレイショは桑原 (1985),水落 (1984),サツマイモは飯塚 (1987) より作表.

表 6.9 畑作物の三要素試験

処理	コムギ		テンサイ		ダイズ		バレイショ	
	5年目	9年目	6年目	10年目	7年目	12年目	8年目	13年目
無肥料	35	17	4	13	24	28	16	8
無窒素	43	25	35	50	73	97	33	28
無リン酸	35	32	11	24	49	56	19	28
無カリ	119	93	64	46	91	73	30	2
三要素	100	100	100	100	100	100	100	100

土壌:十勝地方の乾性火山灰土壌.
北海道農業試験場畑作部火山灰土壌研究室 (1990) より作表.

表 6.10 畑作物に求められる品質と施肥上の留意点

作物		収穫部位	求められる品質	留意点
ムギ類	コムギ	子実	うどん用:タンパク含有率 10~11% パン用:タンパク含有率 12~13%	銅欠乏:銅 1.5 ppm,銅/鉄比 0.01 以下で危険 (硫酸銅施用)
	オオムギ ビールムギ	子実 子実	用途が多様 (品質が大きく異なる) タンパク含有率 10~11%	窒素追肥をしない
マメ類	ダイズ アズキ サイトウ	子実 子実 子実	高タンパク含有率 色,粒大・アン粒子,煮熟性 製アン性,煮豆適性	ホウ素過剰の回避,十分なリン酸施用,根粒固定窒素依存度:ダイズ>アズキ>サイトウ
イモ類	バレイショ サツマイモ	塊茎 塊根	デンプン価 (用途で異なる),低還元糖 多様な食用,加工適性	適正窒素,カリウム施肥 窒素過剰回避,N/K バランス
テンサイ		菜根	高糖分,低有害性成分	ホウ素施用

要とする.マメ類は,ダイズを別として,アズキ,サイトウの窒素吸収は少なく,増収に多量のカルシウムやマグネシウムを必要とする.イモ類は多量にカリウムを吸収するが,その必要度はあまり高くない.テンサイは窒素とカリウムを多く吸収するが,必要度は明確でない.一方,養分供給力の低い土壌における三要素試験では,コムギの無窒素と無リン酸,ダイズとテンサイの無リン酸,バレイショの無カリ栽培の収量の低いのが特徴的である (表 6.9)[4].

求められる品質と施肥 作物生産の最終目的は子実,茎,根に蓄積されるデンプン,タンパク質,糖である.太陽エネルギーの,人が食べることのできる可食エネルギーへの転換,蓄積が基本である.加えて,現在は用途に応じた多様な品質が求められる (表 6.10).こうした対応のため,次項以降で示す施肥標準が各地域に設定されているが,さらに気象,土壌を考慮したきめ細かい工夫が必要なので,実際の施肥はそう簡単ではない.

b. ムギ類の施肥

「ムギは肥料で取る」といわれるが，現状は複雑である．用途別に応じたタンパク質含量制御，コンバイン収穫のための倒伏防止，穂発芽・赤カビ病回避のための早期登熟，地下水への硝酸負荷軽減等を考慮した施肥が求められている．施肥だけでは対応できないが，理論と技術組み立ての上で多くの問題が顕在化しつつある．

理論上，収量構成要素は面積当たり穂数，1穂当たり粒数，粒重で，播種〜起生期の窒素施肥は穂数に，止葉期前後は1穂粒数に，出穂期〜開花期はタンパク質含量に反映するとされる（図6.21）[3]．しかし，すべてを満たす生育，登熟は不可能で，発芽から登熟の過程で越冬，低温，乾燥などのさまざまなストレスを受ける．その結果，九州での低タンパク質含量，北海道での高タンパク質含量が問題になる場合が多く，同じ北海道でも道央での低タンパク質含量と道東での高タンパク質含量が対比される場面もある．実際に「平成14年産の道東のコムギは，1穂粒数と粒重の増により例年にない多収となったために，相対的にタンパク質含量が下がった」との指摘もある[5]．ただし，「ストレスが弱いと多収・低タンパク質，ストレスが強いと低収・高タンパク質」のシナリオだけでは必ずしも説明しきれない状況にある．

施肥標準　当時の"越冬中の窒素の下層移動

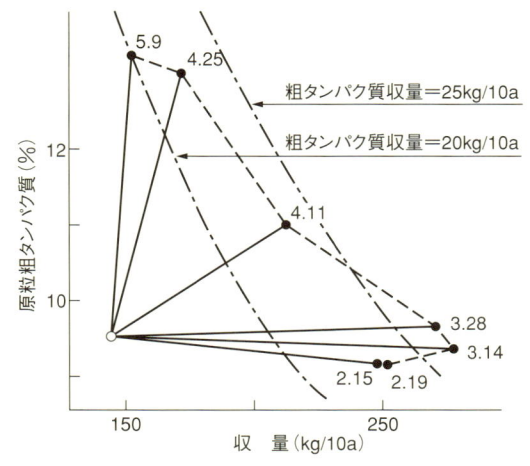

図 **6.21** コムギの収量および原粒粗タンパク質含有に対する窒素追肥の時期別効果（江口ら，1969）
図中の数字は，追肥の月日を示す．

程度，土壌窒素の無機化程度，ムギの窒素要求程度・時期"などの見積もりから，以前の窒素施肥は全量基肥であった．しかし，見積もりは様変わりし，現在の各地域の窒素施肥標準は，"タンパク質含量を制御しやすく，より利用効率を高める"土壌の窒素肥沃度を考慮した分・追肥に転換されている（表6.11）．ただし，表6.11は多条播（うね間：10〜30 cm）での標準であり，関東や九州で実施される普通条播（うね間：55〜65 cm）と散播の施肥量は，普通条播：多条播：散播＝70〜80：100：110〜150程度の割合での調節が設定あ

表 **6.11** ムギ類の施肥標準（多条播）

種類	作型	地域	目標収量 (kg/10 a)	施肥量 (kg/10 a)				P_2O_5 全量	K_2O 全量
				全量	基肥	追1[*1]	追2[*2]		
コムギ	秋播	北海道	400–550	7–12	4	(3–8)		12–15	9–10
	秋播	関東	420–550	8–12	7–12	0–3	0–2	10–13	9–12
	秋播	九州	400–540	8–14	5–6	0–6	2–3	8–12	5–14
	初冬播	北海道	350–450	13	0	7	6	12–15	7–10
	春播	北海道	300–400	6–10	6–10	0	0	12–15	7–10
オオムギ	秋播	関東	450–550	7–14	5–12	0–3	0–3	5–13	5–12
	秋播	九州	420–540	7–13	4–6	0–5	2–3	8–12	8–9
ビールムギ	春播	北海道	330–400	5	5	0	0	10–13	8
	秋播	関東	380–500	5–8	5–8	0	0	10–15	10–12
	秋播	九州	310–430	7–9	7–9	0–3	0	7–12	10–13

[*1] 分げつ肥，[*2] 穂肥．
数値は，北海道施肥ガイド，関東および九州の各県の施肥標準の（最小値－最大値）．
北海道では土壌診断による施肥標準に対する P_2O_5，K_2O 施肥率が設定されている．なお，十勝地域では土壌診断によるN施肥量が設定されている．

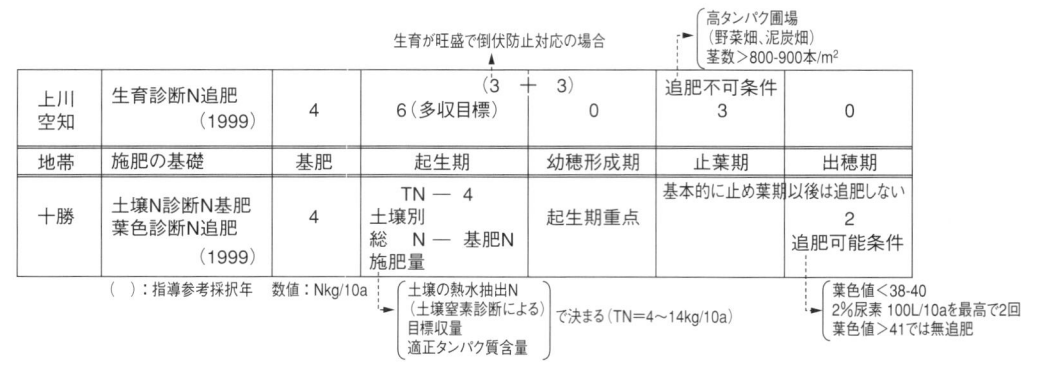

地帯	施肥の基礎	基肥	起生期	幼穂形成期	止葉期	出穂期
上川空知	生育診断N追肥（1999）	4	6（多収目標）(3＋3) 生育が旺盛で倒伏防止対応の場合	0	3 追肥不可条件	0 高タンパク圃場（野菜畑，泥炭畑）茎数>800-900本/m²
十勝	土壌N診断N基肥 葉色診断N追肥（1999）	4	TN ― 4 土壌別 総 N ― 基肥N 施肥量	起生期重点	基本的に止葉期以後は追肥しない 追肥可能条件	2 葉色値<38-40 2%尿素100L/10aを最高で2回 葉色値>41では無追肥

（　）：指導参考採択年　数値：Nkg/10a
土壌の熱水抽出N（土壌窒素診断による）で決まる（TN＝4～14kg/10a）
目標収量
適正タンパク質含量

図 **6.22** 北海道におけるホクシンのタンパク質含量のための施肥対応
平成 11 年指導参考事項（北海道農政部，1999）を中心に作図．

るいは注記されている．

北海道の施肥標準には「窒素 4 kg/10 a の基肥施用と 7～8 kg/10 a の止葉から出穂期までの必要に応じた追肥」が注記されている．さらに，新品種の窒素施肥試験を行い，たとえばホクシンについては地域に応じた施肥マニュアル（図 6.22）を策定している[6]．これには土壌診断による基肥量設定，茎数・草丈などの生育診断と葉色診断による追肥量設定の考えが導入されている．ただ，実際には上川，十勝とも倒伏や，タンパク質含量を増加させないために止葉期以後の追肥回避を前提としている．また，北海道の比較的長稈のパン用春播コムギでは，倒伏回避（コンバイン収穫が大前提）のために窒素施肥量は低く設定され，倒伏の危険のある地域，品種ではさらに窒素 30% 減肥が指導されている．しかし，同じ品種を根雪前に播種する「初冬播」では春播より成熟が 7～10 日早まり，多収となってタンパク質含量が下がるので，窒素施肥量を高め，融雪直後と出穂期の追肥が指導されている[6]．

関東の窒素施肥標準は基肥への依存度が高く，

九州の施肥標準は追肥が重視されて窒素施肥量も高い傾向にある．また，野菜跡地での基肥窒素 20～70% 減，大豆跡地での基肥窒素 20～30% 減，転換畑での初年目の無追肥と稲わらすき込み時の窒素 1～3 kg/10 a 増，幼穂形成期の高肥沃土壌での無追肥と低肥沃土壌での追肥，多雨年の幼穂形成期追肥，堆肥の施用なども注記されている．とくに暖地では降水量が多く，土壌窒素供給能の低い灰色低地土でのコムギの低タンパク質含量（7～9%）が問題にされる．対策として出穂 10 日後追肥が有効と確認されているが，場所，年次による変動も大きく，粉色や明度の低下，角張った子実粒の規格外査定（技術以前の問題）も存在している[2]．

また，オオムギの窒素施肥量，施肥配分はコムギとほぼ同レベルの設定であるが，ビールムギの施肥量はタンパク質含量を高めないためにコムギの 50～90% に抑えられている．また，ビールムギではコムギと逆に九州での施肥量が多く，一部地域では追肥も設定されている．なお，窒素以外の施肥標準では，温暖な九州のコムギ，ビールム

表 6.12 ムギの葉面散布とタンパク質含量（辻，2002）

窒素施肥量 (kg/10 a)		計	タンパク質含量 (%)		収量 (g/m²)	
土壌表面施用 基-起-幼-止	葉面散布 前-後		ホクシン	キタノカオリ	ホクシン	キタノカオリ
5-3-3-0	0-0	11	10.0	11.3	584	531
5-3-3-2	0-0	13	10.5	12.4	587	537
5-3-3-0	2-0	13	11.3	13.0	609	529
5-3-3-0	2-2	15	11.8	13.7	611	586

表面施用［基：基肥，起：起生期，幼：幼穂形成期，止：止葉期］
葉面散布［前：出穂前 10 日以内，後：出穂後 14 日以内］

表6.13 マメ類の施肥標準

マメ類	地域	作型	目標収量 (kg/10 a)	施肥量 (kg/10 a) N 全量	基肥	追肥	P_2O_5 全量	K_2O 全量
ダイズ	北海道	夏大豆	240-320	1.5-2	1.5-2	0	11-20	8-10
	関 東	中間大豆	250-300	2 -5	2 -3	0-2	4-10	6-10
	九 州	秋大豆	300	2	2	0	5- 7.5	4- 7.5
アズキ	北海道	夏小豆	240-300	2 -4	2 -4	0	10-20	7-10
	関 東	中間, 秋小豆	150-200	1.5-5	1.5-5	0	6-10	5-10
サイトウ	北海道		210-300	2 -4	2 -4	0	10-20	8-10

数値は, 北海道施肥ガイド, 関東および九州の各県の施肥標準の (最小値-最大値).
北海道では土壌診断による施肥標準に対するP_2O_5, K_2O施肥率が設定されている.

ギ, 関東の一部地域のオオムギで, リン酸が低く設定されているのが特徴的である.

窒素の葉面散布 北海道のうどん用の前基幹品種「チホクコムギ」, 現基幹品種「ホクシン」, 平成15年度北海道奨励品種となったパン用の「キタノカオリ」の葉面散布窒素の利用率は, それぞれ50, 60, 90%と異なる[7]. したがって, 防除の際に尿素を添加する場面があるが, うどん用品種のタンパク質含量を制御するには, こうした尿素窒素の利用率の品種間差の考慮も必要である (表6.12). 一方, パン用の「キタノカオリ」のタンパク質含量を高める場合には積極的な葉面散布が有効といえる.

c. マメ類の施肥

施肥標準 マメ類は子実生産に多量の窒素を必要とするが (表6.8)[2], 根粒菌が窒素を供給するので, 各地域の窒素施肥標準は低い(表6.13). 北海道での窒素施肥は初期生育のためと位置づけられ, ダイズでは土壌診断や有機物施用による減肥対象にしないこと, アズキやサイトウでも最低2 kg/10 a程度を施用することが注記されている. ただし, ダイズは窒素を施用しなくてもかなりの収量を得ることができ (表6.9)[4], 環境負荷の小さいタンパク質生産をする環境保全型輪作の主役であるべきといえる. リン酸やカリウムの施肥も比較的に低く設定される地域もあるが, 寒地で新しい火山灰土壌が多い北海道では, 無リン酸栽培の収量低下が大きいように (表6.9), リン酸施肥標準が高い. とくにダイズ, アズキでは初期生育確保が困難な地域では5 kgP_2O_5/10 aの増肥

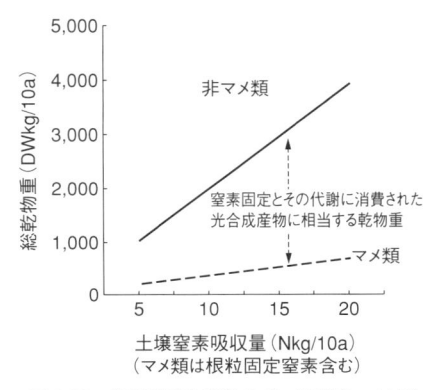

図6.23 窒素固定と乾物生産 (西宗ら, 1993)
マメ類: LDW = (SN + RN + 1.07) 0.0305
        LDW = (RN + 0.73) 0.0253
非マメ類: NLDW = (SN + 0.34) 0.00518

が注記されている. なお, 土壌診断のトルオーグP_2O_5基準値は10~30 mg/100 gであるが, ダイズの多収にはこれ以上の有効態リン酸蓄積の必要性を示唆する例もある. また, 関東と九州の施肥標準は転換畑対応が中心で, 転換初年目の20~30%減肥, 麦稈すき込みの場合の20~30%増肥, 逆に畑大豆での窒素やリン酸の増肥などが注記されている. さらに, ムギ跡不耕起栽培での3葉期の株元施用・中耕培土, 肥料が直接種子に触れない配慮なども注記されている.

窒素固定量と乾物生産 マメ類では根粒菌の窒素固定量と土壌窒素吸収量の合量が, 非マメ類では土壌窒素吸収量が増加するほど総乾物生産量が増加する (図6.23)[8]. 図6.23は, マメ類のタンパク質含量が高いこと, 増収には多量の窒素を必要とすることと裏返しになるが, 窒素吸収の割に総乾物生産量はきわめて低い. 換言すれば, 窒

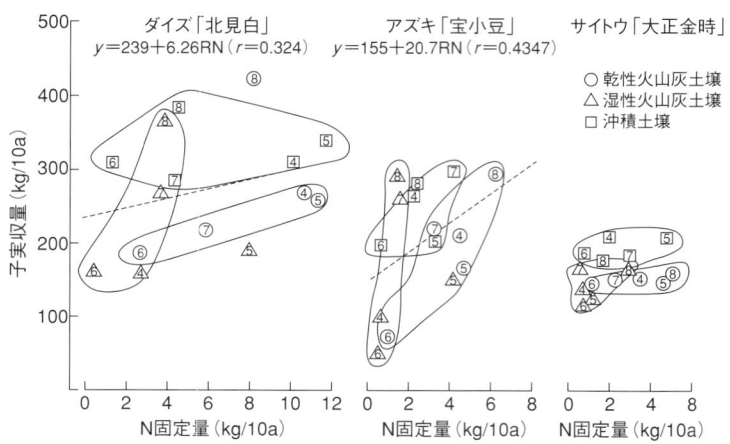

図 6.24 マメ類の生育全期間の窒素固定量と子実収量（西宗ら，1983）
N 固定量はアセチレン還元法による．記号の数字は実験年数（4：1974〜8：1978），圃場群落栽培．

素固定とタンパク質代謝にそれだけ多くのエネルギーを消費することを示唆しているとみることができる．

窒素固定量と子実収量　各地の施肥標準に根粒菌の接種が注記されているが，窒素固定量と子実収量の関係はあまり明確でない（図 6.24）[8]．窒素肥沃度の低い乾性火山灰土壌のダイズ，アズキは，収量水準は低いが窒素固定量の多い年に多収の傾向にある．窒素肥沃度の高い沖積土壌でも，アズキでは同様の傾向がみえるが，ダイズでは窒素固定量の多少にかかわらず収量水準は高い．一方，湿潤の影響を受けやすい湿性火山灰土壌での窒素固定量は少なく，高い窒素肥沃度が発現される高温年に多収，低温年に低収になる．また，サイトウでは各土壌とも窒素固定量の多少は収量に反映されない．なお，一部地域の施肥標準には「初作，長年ダイズを栽培していない畑での根粒菌接種の有効性」が注記されている．

後期窒素供給　各マメ類とも，開花後から登熟の，まだ窒素を必要とする頃[9]に根粒の窒素固定能は低下する[8]．ここに，マメ類栽培での有機質肥料施用，堆きゅう肥の投入，緑肥の導入などの古くからの篤農技術の意義があると思われる．現在も，各地で 0.8〜1.5 t/10 a の堆肥の施用が指導されている．一方，施肥標準量の速効性窒素に緩効性窒素肥料を上積み施用すると 10％ 前後

表 6.14 アズキに対する緩効性窒素の上積み施用効果
（藤田ら，1967）

窒素 (kg/10 a) AN–CN	収量 (kg/10 a)			千粒重	子実重比
	計	茎莢	子実		
4–0	441	139	302	115	100
4–2	483	164	319	118	106
4–4	537	196	341	122	113

AN：硫安態窒素，CN：CDU 態窒素．

の増収が期待できること[10]も以前からわかっている（表 6.14）．現在の北海道の施肥標準には，追肥の必要な場合にダイズでは開花始め頃，アズキでは第 3 本葉展開期，サイトウでは 6 月下旬〜7 月上旬に 5 kgN/10 a 程度を追肥することが注記されている．また，一部地域では火山灰土壌や低肥沃土壌でのダイズ開花期に，N，P_2O_5，K_2O 各 10 kg/10 a の追肥を指導している．

窒素固定作物への窒素追肥は一見矛盾するが，マメ類の求める窒素要求に応じた窒素供給の点では合理的である．伝統的なダイズ食品産業からは国産の高タンパクダイズの低コスト・安定供給が望まれている時代でもある．まずは時代の要望に応えることが環境保全型輪作の主役の座をつかむ近道かもしれない．

d. イモ類の施肥

イモ類は，穀類と異なって栄養体に養分を貯蔵

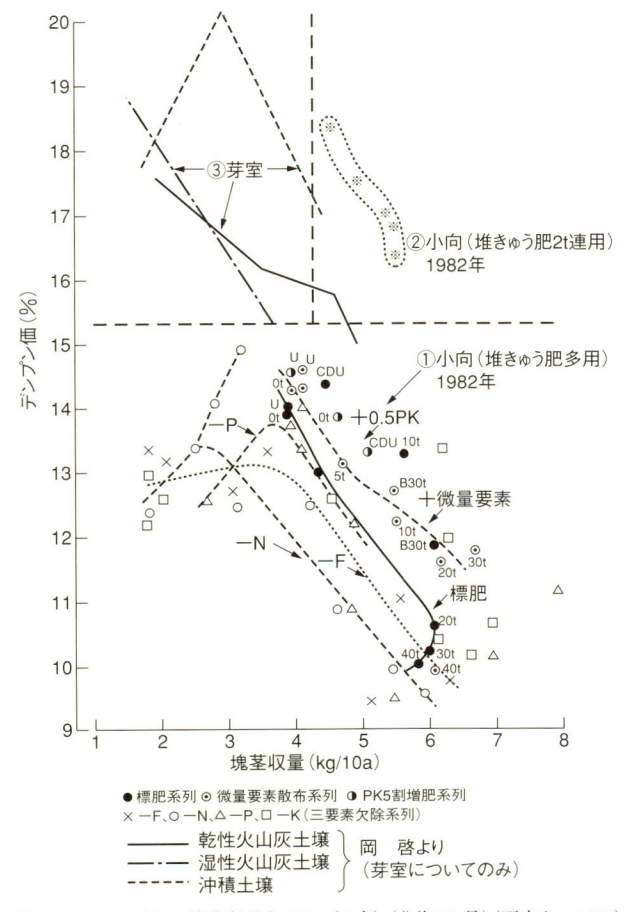

図 6.25 バレイショ塊茎収量とデンプン価（北海 62 号）（西宗ら，1985）

する強みがあり，吸肥力の強さと相まって，安定したデンプン生産を通して幾多の文明を支えてきた．農業生産の停滞打破を目指した，近代施肥理論の生みの親であるリービヒは，「発達した分岐根で豚と同じように土壌を掘り起こすバレイショは，他のすべての作物が割に合わなくなった時に作付される最後の作物の1つ」と，バレイショの食糧供給上の意義を評価し，同時に，「タンパク質含量の低いバレイショに依存したフランス，ドイツ国民の身長が低下し，徴兵基準を 10 cm ほど下げざるを得なかった」と記している[11]．一方，サツマイモは肥沃度の低い痩せ地でも育ち，温暖な地域の膨軟な土壌を好むとされている．わが国でも，約 400 年前に伝来したイモ類の「作期幅が広く乾物生産量が多いので適地が広く，災害にも強く，豊凶の差が小さい」ことが評価され，冷涼な気候に適するバレイショは寒冷地方に，温暖な気候に適するサツマイモは温暖地方に救荒作物として広められた[2]．

養分供給とバレイショのデンプン価　肥料や堆きゅう肥で窒素を多給して塊茎を増収させるとデンプン価が下がる[12]．図 6.25 の①小向は，オホーツク沿岸の肥沃度がきわめて低い重粘土壌で堆きゅう肥を 40 t/10 a まで多投した三要素試験による．同②小向は，同土壌に堆きゅう肥 2 t/10 a を連用した圃場での窒素用量試験による．同③芽室は十勝の肥沃度が低い乾性火山灰土壌での気象条件が異なった窒素用量試験による．これらの結果は，養分供給バランス，肥培管理，気象条件などの違いによりデンプン価が大きく変動することを示している．

サツマイモの吸肥特性　サツマイモはきわめて吸肥力が強く，とくに窒素過剰吸収によるつるぼけは，デンプン貯蔵器官の形成を妨げる致命的

表 6.15 イモ類の施肥標準

作目	地域	用途	作型	目標収量 (kg/10 a)	施肥量 (kg/10 a) N 全量	N 基肥	N 追肥	P$_2$O$_5$ 全量	K$_2$O 全量
バレイショ	北海道	デンプン原料用	春植え	3,700-4,800	7-11	7-11	0	14-20	11-13
		生食用	春植え	3,200-3,500	4-10	4-10	0	14-20	11-13
		加工用	春植え	3,200-3,800	4-9	4-9	0	14-20	11-12
	関東	生食用	春植え	2,000-3,000	11-15	8-15	0-3	7-18	11-18
		加工用	春植え	2,500	12	9	3	16	18
	九州	生食用	春植え	1,500-3,000	12-17	8-17	0-4	13-20	13-18
		生食用	秋植え	2,000-3,000	12-17	8-14	0-6	10-20	13-20
サツマイモ	関東	原料用	普通掘り	4,000	4	3	1	10	12
		生食用	普通掘り	2,000-3,000	1-3	1-3	0	6-10	7-10
			早掘り	800-1,800	2-4	2-4	0	5-10	8-12
	九州	原料用	普通掘り	不明	8	8	0	8	24
			早掘り	不明	6	6	0	6	18
		生食用	普通掘り	2,000-3,000	3-6	3-6	0-6	5-12	8-16
			早掘り	800-3,000	2-6	2-6	0	5-12	6-15

数値は,北海道施肥ガイド,関東および九州の各県の施肥標準の(最小値—最大値).
北海道のバレイショでは土壌診断による窒素施肥対応,施肥標準に対するP$_2$O$_5$,K$_2$O施肥率が設定されている.

問題とされる[2].イモの分化前1カ月の窒素供給を抑え,イモ分化後に光合成増大に必要な窒素を供給し,収穫時に窒素が切れてデンプン価が高まる施肥が基本である.また,イモの分化前は茎根が表層の養分を,分化後はイモ根が下層までの養分を吸収することを考慮した肥培管理が重要である.

施肥標準 従来,イモ類の用途はデンプンが中心であったが,現在は青果が主流で,加工も伸びている.生産実態の把握には作物統計と野菜統計が必要である.作型も多様で収量目標幅も広く,これらが反映されて施肥標準は地域によって大きく異なっている(表 6.15).

バレイショ: バレイショの窒素施肥標準は北海道<関東<九州の傾向で,全量基肥が原則とされるが[2],一部地域では追肥も設定されている.関東の生食用バレイショでは,堆きゅう肥1〜2 t/10 aの施用や萌芽基追肥などが注記されている.また,九州では,施肥標準の約半量の耕起前全面施用と播種時の株間施用,播種5〜10日前の全面施用,マルチ・トンネルでの全量基肥などが注記されている.さらに,萌芽期,塊茎肥大開始期,萌芽期〜本葉展開期の1回追肥,萌芽期と開花始期の2回分追肥などが多くの地域で注記されている.肥料と種いもの関係に関しては,種いもが肥料に直接触れない施肥位置,播種時の施肥溝を深くした間土,株間施用などが注記されており,6.3.2 a項で述べたように,"実際の施肥はそう簡単ではない"ようである.とくに,九州ではバレイショを野菜に位置付け,「バレイショの生育はきわめて早く,茎葉をできるだけ早く繁茂させ,その力でイモを肥大させるので,肥料は基肥を主体とし,早く追肥する」と注記している地域もある.逆に,窒素施肥標準が最も低く設定されている北海道では,早掘りでの窒素減肥が注記され,さらに土壌窒素診断による窒素施肥が指導されている[6](表 6.16).

サツマイモ: サツマイモも関東の基肥重視・九州の追肥重視といわれるが,砂土で14 kg N/

表 6.16 土壌診断によるバレイショの窒素施肥
(平成2年指導参考より作表)(北海道農政部 1990)

熱水抽出窒素 (mg/100 g)	窒素施肥量 (kg/10 a) 生食用 施肥標準 4-10	デンプン用 施肥標準 7-11
<1.4	5-12	10-15
2.5-4.4	4-10	8-13
4.5-6.4	4-9	7-11
6.5-8.4	4-8	6-9
8.5-10.4	3-7	5-8
10.5<	2-6	4-7

泥炭土壌は対象外.

10 a を追肥で重点施用する事例もある[3]．しかし，関東，九州ともにつるぼけ回避のために窒素施肥標準はバレイショより一段低く設定され，全面散布や作土混和の全量基肥施用が中心で，追肥の設定は一部地域の砂土や脊薄土，3 カ月以上の作型などに限られる．とくに，野菜跡など残存窒素の多い圃場での 0～1 kg N/10 a への減肥，黒ボク土壌での N 50% 減肥，土壌の無機態 N 4～7 mg/100 g のハウスでの無肥料栽培[2]など，窒素地力に応じた窒素調節によるつるぼけ防止が配慮されている．一方，有機物施用は食用サツマイモの形状や色を損なうとされるが[3]，実際の施肥標準には，堆きゅう肥 0.5～1 t/10 a 施用，窒素の少ない完熟堆肥の前作か作付前施用，堆きゅう肥施用に伴う減肥対応などが注記されている地域もある．

なお，カリウム施肥標準も，両イモ類とも北海道＜関東＜九州の傾向である．イモ類はとくにカリウム要求量が大きいとされるゆえに，カリウム蓄積が顕著な土壌もある．北海道のバレイショでは土壌診断によるカリウム無施用～30% 増肥の施肥対応をしてきた．九州のサツマイモでも，最近，土壌診断による土壌残存量と施肥量の和を 17 kg K_2O/10 a とする施肥法が確立されている[13]．ほかに，サツマイモでは植え付け 50 日以内の培土時カリウム追肥（遅いと食味低下），火山灰土壌でのリン酸倍量施用を注記している地域もある．

e. テンサイの施肥

テンサイは 1 年目の栄養生長により根部に糖を貯蔵し，2 年目に生殖生長して結実する 2 年生の作物で，1 年目の糖の最大蓄積時点で収穫する．テンサイ糖の工業化は，大陸封鎖にあって熱帯からの砂糖の輸入を断たれ，なお戦線を拡大するナポレオンが，銃後の備えのための甘味料（御婦人方のケーキに不可欠）の必要性から進めたといわれる．日本への導入当初，政府は屯田兵にテンサイを栽培させたが，屯田兵は種子を炒って，芽が出ないようにして畑に播いたという．理由は，テンサイを（無肥料状態で）栽培すると，主食のヒエやアワが育たなくなるほど地力が低下したため

表 6.17 テンサイの施肥標準

地域	目標収量 (kg/10 a)	施肥量 (kg/10 a)		
		N	P_2O_5	K_2O
北見	5,500～6,000	12～16	20～25	14～16
十勝	5,300～6,000	12～16	20～25	14～16
道央	5,000～5,800	12～16	20～22	14～16

数値は，北海道施肥ガイドの施肥標準の（最小値－最大値）．
B_2O_3 300 g/10 a を施用．
土壌診断による N 施肥対応，施肥標準に対する P_2O_5，K_2O 施肥率が設定されている．

とされる．屯田兵は，誰もが見る畑では政府の指示に従ったのである．実際，テンサイは好硝酸性・好塩性のきわめて養分吸収の旺盛な多肥作物で，窒素，リン酸，カリウムともに施肥標準は最も高く設定されている（表 6.17）．

塩類濃度障害の回避 テンサイは，多肥効果が最も期待される作物だが，種子の発芽から生育初期の塩類濃度障害には弱い．したがって，直播栽培の施肥では基肥を抑えて初期生育を確保してから追肥するのが普通である．しかし，生育延長による増収を目指す紙筒移植栽培[14]では，紙筒土壌の養分濃度を発芽・初期生育に最適にし，移植時に本格的な施肥をするので本圃での塩類濃度障害の壁は取り払われた．その結果，約 20 年前には N で 38 kg，P_2O_5 で 50 kg，K_2O で 34 kg，堆きゅう肥で 10 t/10 a の多肥に至った記録もあ

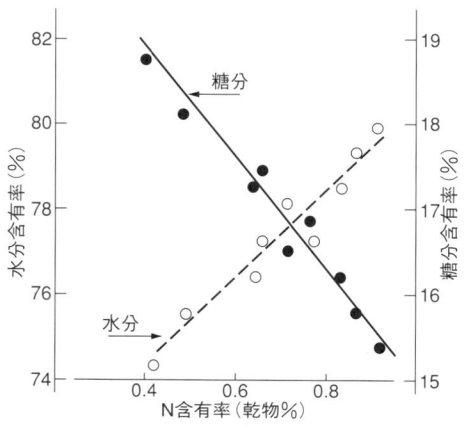

図 6.26 テンサイ根の窒素含有率と水分および糖分の関係（1970～71，収穫期）（西宗ら，1982）
糖分 = 21.58 − 6.533 N （$r = 0.9364^{***}$）
水分 = 70.51 + 9.889 N （$r = 0.9287^{***}$）
［糖分 = 68.16 − 0.6606 W］
N：窒素乾物%　W：水分%

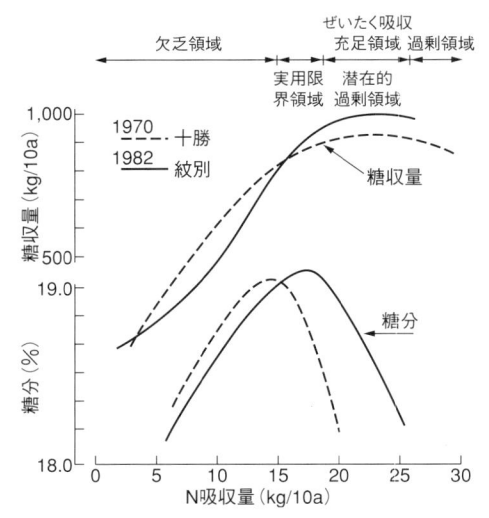

図 6.27 テンサイの窒素吸収と糖分および糖収量（報酬漸減の例）（西宗，1992）

る[15]．

窒素吸収と糖生産 テンサイは生育とともに根の水分含量が減少し，栽培目標は"糖分含量（乾物率）の高い根"の収穫である．窒素多肥により体内窒素濃度を高め，水分含量が高くて糖分含量の低い"水ビート"を生産することは避けなければならない（図 6.26）[16]．実際に，気象条件と窒素肥沃度が大きく異なる 2 土壌とも，窒素吸収量が増加すると糖分が低下し，糖収量は頭打ちになる（図 6.27）[17]．なお，図 6.27 から糖生産効率の高い適正窒素吸収領域は 17〜22 kgN/10 a とみることができる．これまでの研究蓄積でテンサイへの土壌別の窒素供給量，施肥窒素利用率がわかっているので，適正窒素施肥量は，適正窒素吸収量から式（1）（効率的糖生産のための適正窒素施肥）のように計算できる[18]．ただし，計算結果は表 6.17 の施肥標準よりかなり低い．

適正 N 施肥量 ＝（適正 N 吸収量 － 土壌 N 供給量）/
　　　　　　　14〜10 kg/10 a　　17〜22 kg/10 a　　7〜15 kg/10 a

　　　　　施肥 N 利用率/100　　　（1）
　　　　　　　70%

また，テンサイの効率的糖生産のためには「7 月下旬まで最適窒素濃度を保ち，以後，可能な限り窒素が残らないようにする」という窒素要求パターンが想定されている．この点，窒素肥沃度の高い土壌，堆きゅう肥の施用は基本的には不利といえる．とくに窒素肥沃度の高い土壌では化学窒素肥料の施用が根重単価，糖単価を下げ，収益さえ下げる場面がある（表 6.18）[19]．なお，堆きゅう肥の施用は，化学肥料の減肥によるコスト低下と糖分低下による根重単価低下とのバランスの問題である．

製糖工程上の有害性成分 圃場から収穫された根の糖分（根中糖分）の高低は製糖コストを大きく左右するので，1986 年より糖分が価格に反映されなかった長年の根重取引から，糖分が価格に反映される糖分取引に移行した．しかし，糖以外のアミノ酸，カリウム，ナトリウムなどの有害性成分が製糖工程の糖の結晶を妨げる．これは現在の取引制度に組み込まれていないが，製糖工程上，根中糖分は式（2 a）（2 b）（不純物価と修正糖分）のように修正，評価されている．

不純物価 ＝（3.5 Na ＋ 2.5 K ＋ 10 N）× 100/根中糖分
　　　　…………各成分とも％　　　（2 a）

修正糖分 ＝ 根中糖分 －〔0.343（K ＋ Na）＋ 0.094 N ＋ 0.29〕……各成分とも me/100 g　（2 b）

土壌診断と施肥 根中糖分と修正糖分に大きく関与する適正窒素施肥のためには土壌窒素診断が重要である．現在，土壌の熱水抽出窒素含量を基準にして 6 段階の施肥対応が設定されている（表 6.19）[6]．また，無窒素栽培により土壌窒素吸収量を知ることができるので，式（3）（無窒素栽

表 6.18 テンサイの窒素施肥と収益性（西宗，1991）

事例	窒素施肥 (kg/10 a)	A：肥料代 (千円/ha)	根重 (kg/ha)	糖分 (%)	糖量 (t/ha)	根重単価 (千円/t)	B：粗収入 (千円/ha)	B－A (千円/ha)	糖単価 (円/kg)
事例 1	0	0	33	13.4	4.4	13.0	429	429	96.9
	11	76	46	12.6	5.8	11.1	514	437	89.7
事例 2	0	62	43	17.3	7.4	18.1	775	712	104.6
	14	96	50	15	7.5	15.3	770	673	102.0

事例 1：礫質沖積土壌，事例 2：乾性火山灰土壌（下層：沖積土壌）．

表 6.19 土壌診断によるテンサイの窒素施肥
(平成 2 年指導参考より作表)(北海道農政部 1990)

熱水抽出窒素 (mg/100 g)	窒素施肥量 (kg/10 a)
<1.4	24
2.5- 4.4	20
4.5- 6.4	16
6.5- 8.4	12
8.5-10.4	8
10.5<	8

野菜跡などの窒素多量蓄積圃場,泥炭土壌は対象外.

培の生育量からの土壌窒素吸収量の推定)[20],各圃場の無窒素栽培のデータを把握しておけば式(1)により適正窒素施肥量を計算できる.式(3)は土壌窒素供給量の異なる 4 土壌での窒素吸収量と生育量の関係から得たもので,テンサイの窒素含量が生育の終わりに一定の値に近づくことを意味する.この方法では化学実験が不要で,無窒素栽培した根重か総重を測定するだけなので農家自身で土壌窒素診断をできることになる.

$$土壌窒素吸収量 = 無窒素栽培の根重 \times 0.0032$$
$$= 無窒素栽培の全重 \times 0.0022$$
(3)

一方,衛星リモートセンシングによるテンサイの窒素栄養診断から窒素吸収量を推定し,式(1)の適正窒素吸収量との差から窒素の過不足量を求めることができる[21].なお,土壌窒素供給量は,十勝地方はランドサット情報による土壌腐植区分システムがあり,これから大まかに区分できる.

また,カリウムは,タンパク質代謝促進,可溶性窒素低下により糖分を高めるとされるが,糖の結晶率を高めるために土壌診断による適正施肥が求められる.ナトリウムも,根重を高めるとされるが糖分向上効果は小さいので,有害性成分である点の配慮が必要である. 〔西宗 昭〕

文 献

1) 西宗 昭:北海道農業試験場研究報告,**140**,33-91 (1984)
2) 農山漁村文化協会:農業技術体系,作物編,4:畑作基本編ムギ,5:ジャガイモ・サツマイモ,6:ダイズ・アズキ・ラッカセイ (1976-2002)
3) 農山漁村文化協会:農業技術体系,土壌肥料編,6-② (施肥の原理と施肥技術)(1985)
4) 北海道農業試験場畑作部火山灰土壌研究室:昭和 55~63 年度土壌肥料試験研究成績書,pp.5-13,北海道農業試験場畑作部 (1990)
5) 南 忠:日本農業新聞,北海道,2003.1.**11**,(9)
6) 北海道農政部編:平成 10,11 年度普及奨励及び指導参考事項 (1998-1999)
7) 辻 博之:平成 13 年度研究成果情報・北海道農業,pp.252-253,北海道農業試験研究推進会議 (2002)
8) 西宗 昭,他:北海道農業試験場研究報告,**137**,81-106 (1983)
9) 下野勝昭:植物栄養・肥料の事典 (植物栄養・肥料の事典編集委員会編),pp.460-466,朝倉書店 (2002)
10) 藤田 勇,他:北海道農業試験場研究報告,**120**,51-74 (1978)
11) Liebig, J.(吉田武彦訳):北海道農業試験場研究資料,**30**,12-27 (1986)
12) 西宗 昭,他:北農,**52**(5),28-46,北農会(1985)
13) 正岡淑邦,他:平成 10 年度九州農業研究成果情報,pp.529-530 (1999)
14) 増田昭芳:甜菜の紙筒移植栽培,北農会 (1997)
15) 沢口正利,他:北農,**46**(5),24-54 (1997)
16) 西宗 昭,他:北海道農業試験場研究報告,**133**,31-60 (1982)
17) Nishimune, A.:*Ext. Bull.*,**372**,1-25,FFTC (1993)
18) 西宗 昭:北海道農業と土壌肥料 1987,(日本土壌肥料学会北海道支部編),pp.250-259,北農会 (1987)
19) 西宗 昭:てん菜,北農・新耕種法シリーズ 4 (北農会編),pp.44-50,北海道協同組合通信社 (1994)
20) 西宗 昭:新時代の土づくりと施肥技術・畑作編 (南 松雄編),pp.154-173,農業技術普及協会 (1987)
21) 本郷千春:北海道農業と土壌肥料 1999 (日本土壌肥料学会北海道支部編),pp.30-32,北農会 (1999)

6.3.3 露地栽培野菜の施肥

野菜生産においても,施肥の目的は「安定多収」と「良質収穫」であり,目的の達成には省力化,省資源化,コスト削減および環境保全が求められる.野菜生産において露地栽培は自然の気象条件に大きく影響されるため,栽培環境の改善手段としてポリマルチ被覆,保温べたがけ被覆,ビニールトンネル被覆などあるが,施設栽培に比べて栽培条件を人為的にコントロールできる範囲はせまい.露地栽培は各地域の気象条件に従った,またはそれらを生かした適地適作となる作型・作期を確立している.したがって露地栽培野菜の施肥も各地域の品目において作型・作期・品種により多

様に行われる．

a. 無機質肥料と有機質肥料

露地野菜栽培において，化学肥料すなわち無機質肥料と有機質肥料のいずれを主に用いるかは栽培者の選択に委ねられるが，一般的には化学肥料を施用することが多い．有機質肥料は有機栽培や良食味を期待した栽培に用いられ，糖含量の増加や保存性の向上などは低水分・低窒素ストレスによる[1]とされるが，有機質肥料は栽培様式に合った肥料を選択し施肥量および施用方法など適切な条件下で用いる場合にその長所が発揮される．

b. 施肥位置の選択による環境保全型施肥

作物に対する一般的な施肥方法は圃場全面に肥料を散布し作土全層に混入する「全面全層施肥」であるが，この方法は根系が分布しない位置にも肥料が施されるため施肥効率に限界がある．作物が肥料を効率的に利用する方法として最も吸収しやすい施肥位置に局所的に施用する「局所施肥法」がある．この施肥法は最小限の施肥量で十分な肥効が得られるため省資源的であり環境保全型である．局所施肥を正確かつ能率的に実施するには局所施肥機が不可欠であり，機械局所施肥は畝立て，マルチ被覆，土壌消毒などの工程も同時作業できるため，作業の省力化や軽労働化も達成できる．

c. 露地におけるマルチ被覆栽培

作物栽培の多くは一般には裸地状態で行われるが，土壌環境を改善する方法として地表面をポリマルチフィルムで覆うマルチ被覆栽培がある．マルチ被覆は土壌の水分保持と膨軟性維持，地温上昇，雑草防止，作物の汚れ防止，効果的な土壌消毒，病害虫の発生軽減など多くの利点を有するが，土壌水分と地温の変動幅を小さくして有機物の可給化や肥効調節型肥料の溶出を安定させたり，根に対するストレスを緩和する作用もある．さらに降雨による肥料溶脱を少なくし保肥力を高めて肥料の利用率を向上させるなど肥効増進と環境保全の効果も大きい．その反面，マルチ被覆は灌水や追肥に対してマイナスになる弱点もある．

d. 各種露地栽培野菜の栄養特性

野菜は品目が多種多様であり，それぞれ作型・作期が分化しており栽培条件を複雑にしている．野菜の栄養特性は品目によって異なるが，作型・作期によっても影響される．

〔葉 菜 類〕

1) レタス

生育初期の土壌中の塩類濃度が高いと生育の停滞や根部障害を招き，窒素を過剰吸収すると結球不良や形状悪化をもたらし腐敗性病害も多発させるので，速効性肥料は適量施用につとめ，肥効調節型肥料も効果的に用いる．レタスは窒素以外にリン酸の供給量が少なくても生育不良を生ずることが特徴的であり，良好な生育のためには土壌中のトルオーグリン酸（P_2O_5）は 40〜50 mg/100 g は必要である．

2) ハクサイ

窒素を多施用すると生育初期に塩類濃度障害を受けたり，生育後半まで窒素過多で推移すると窒素の代謝異常であるゴマ症やカルシウム欠乏の縁腐症，芯腐症を発生しやすい．土壌 pH が高かったり土壌が乾燥する場合はカルシウムやホウ素の欠乏症が発生しやすいので土壌改良や深耕を行う．窒素肥料に硝酸石灰を用いてカルシウムの吸収促進を図ることもカルシウム欠乏症の回避に効果的である．ハクサイは代表的な好硝酸性作物であり，硝酸態窒素の施用はアンモニア態窒素に比べて生育がよくハクサイ黄化病に対しても発生が低下する傾向がみられる．

3) キャベツ

定植後 10 日頃から 40 日頃までの生育前半期に窒素，リン酸，カリウムをスムースに吸収させて外葉を十分に生育させることが後半期の結球部肥大を確実にする．排水不良の圃場では湿害を受けやすく，反対に耕土が浅い場合は乾燥害を生じやすい．いずれの場合も三要素および石灰の吸収が低下するため，深耕などにより圃場の物理性を良好に保つ．

4) ホウレンソウ

ホウレンソウは播種してから収穫までの期間が短いため，円滑に養分を吸収させる必要がある．石灰資材を多施用すると土壌がアルカリ化してマ

ンガン欠乏症を発生させやすいため，土壌 pH は 6.5 前後に維持する．

5）セルリー

セルリーは多灌水栽培されるため養分の吸収率が低く多肥されるが，局所施肥などにより施肥効率を向上させて施肥量の削減につとめる．リン酸の施肥は初期生育を促進させ収量や品質の向上に大きく影響するため，水溶性リン酸とク溶性リン酸をバランスよく施用する．

〔果菜類〕

1）トマト

元肥は主として第 1 花房を着ける頃までの茎葉を十分生育させるための施肥であるが，この時期の窒素の多施用は過繁茂をもたらし病害を発生させやすくする．さらにトマトは樹勢が強すぎると着果数が減少したり，体内の代謝異常によるすじ腐果や石灰欠乏による尻腐果が多くなるため，元肥窒素の肥効をコントロールする．第 1 花房の肥大開始期頃よりカリウムの吸収量が増加するため，この時期は窒素とともカリウムを追肥する．

2）キュウリ

塩類濃度障害に比較的弱いため土壌の EC は $0.8\ mS \cdot cm^{-1}$ を超えないようにする．キュウリの養分吸収はカリウムと窒素と石灰がパラレルに吸収され（図 6.28）[2]，これらの要素は収穫が開始すると急激に吸収量が増大するため，養分の供給が途切れないようにする．とくにカリウムが供給不足になると尻太果や肩こけ果が多くなる．

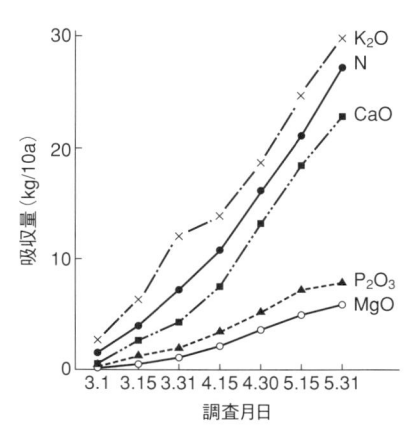

図 6.28 半促成キュウリの時期別養分吸収量の変化（五味ら，1970）

3）ナス

耕土が深く肥沃な土壌を好む一方，乾燥に弱く水分の要求量が大きいが根は酸素不足を嫌うため土壌水分の管理が大切であり，土壌の pF 値が 2.0 に達すれば 20 mm 程度灌水する．塩類濃度障害には比較的強いが，早く生育させようとして多窒素にすると茎葉を過繁茂させ落花しやすくなる．

4）ピーマン

肥沃な土壌を好むが根群の発達はトマトやナスに劣るため，完熟した有機物を施して深耕し保水性と通気性を良好にする．肥料には比較的鈍感で耐肥性は強いが，乾燥を嫌うため土壌の pF が 1.8 になれば 20 mm 程度灌水する．しかし過剰水による酸素不足にはきわめて弱いため灌水量に注意する．

5）イチゴ

根域は比較的浅いため作土層を深くして通気性と排水性および保水性も良好にし過湿と過干の防止につとめる．リン酸が不足すると根の発達が悪くなり耐寒性も低下するので有機物とリン酸資材による土づくりを十分行う．イチゴの土壌 EC は $0.3 \sim 0.5\ mS \cdot cm^{-1}$ が適域であり $0.8\ mS \cdot cm^{-1}$ を超えると塩類濃度障害を受けやすくなる．イチゴの養分吸収量は茎葉の生育期は少ないが，開花期以降において窒素とカリの吸収が急速に増大する．

〔根菜類〕

1）ダイコン

播種後 20 日頃から 40 日頃までは葉の生育が盛んで，その後は徐々に緩慢になるが，根は葉の生育増加カーブと一致した伸長経過をたどる．しかし根部の肥大は 40 日頃以降に急速に進む．窒素は葉の生育量の増加に平行して吸収されるが，カリウムは根部が肥大する生育中期以降に盛んに吸収される．三要素以外にホウ素やモリブデンなどの微量要素が不足すると欠乏症状を発生する．

2）カブ

カブの養分吸収パターンはダイコンに類似しているが，養分吸収量はダイコンなどの根菜類の約 60% 程度であり，窒素に比較してリン酸，カリウム，石灰の吸収が相対的に多い．ホウ素欠乏症は高温期に発生しやすいので前作に発生した場合

はホウ砂を10a当たり0.5〜1kg施用する．

3）ニンジン

窒素が不足すると生育前半期の葉の生育量が少なく収量低下を生ずるが，多すぎても茎葉が過繁茂し根部の肥大生長と着色が悪くなる．カリウムは根部の肥大が進行する播種後60日頃以降において盛んに吸収され，リン酸とカリウムが不足すると根部の肥大が劣り着色も悪くなる．

4）ゴボウ

ゴボウは吸肥力が大きいが，初期の生育に日数を要するため，除草や間引きを適期に行い生育が遅延しないようにする．窒素とリン酸は生育前半期の地上部の生育に大きく影響し，地上部の生育が旺盛であれば根部は順調に肥大する．カリウムは生育前半期の吸収が窒素やリン酸に比べると多いが，生育後半期の根部の伸長肥大期においても盛んに吸収される．

e．葉菜類の施肥

葉菜類の望ましい養分供給のパターンを窒素の吸収曲線により示すと図6.29[3]のようになり，「適度な肥効」と「持続性」がたいへん重要である．このような葉菜類の供給パターンは野菜全体に共通する好ましい肥効の基本型と考えられ，果菜類のように栄養生長の途中で生殖生長が加わる場合も個体全体として適量の養分を吸収させることが大切であり，この肥効の基本型を描く供給パターンが望ましい．この基本型から大きくはずれた野菜の養分供給は過剰吸収や吸収不足をもたらし，収量や品質の低下および種々の生育障害を発生させる．

1）施肥量

適度な肥効を持続させるため，適正な施肥量の把握は重要であるが，葉菜類の施肥量は品目により大きく異なり品種や気象条件，土壌条件によってもかなりの差があり，マルチ被覆の有無など栽培条件によっても異なる．葉菜類に限らず野菜の施肥適量はしばしば気象条件によっても変動するため，生育状況から元肥不足が判断された場合は速効性肥料を追肥する．追肥は遅れると効果が低いので，野菜の生育をよく観察して迅速に行う必要がある．

i）レタス レタスの場合はマルチ被覆をすることが多いが，夏レタスの産地では多肥型品種は春まき夏どり作型で窒素（以下Nと記す）15〜20 kgN/10 a，夏まき秋どり作型で12〜15 kgN/10 a，少肥型のエンパイア系品種は，春まき夏どり作型で8〜10 kgN/10 a，夏まき秋どり作型で5〜8 kgN/10 aである．冬レタスはおおむね20〜25 kgN/10 a程度である．レタスに対する窒素施肥量の多少は結球肥大，球形異常，腐敗性病害の発生などに大きく影響する．リン酸（P_2O_5）もレタスの生育に大きく影響し，黒ボク土畑では窒素の約1.3倍量，非黒ボク土畑では窒素の1.1〜1.2倍量施用する．カリウム（K_2O）は窒素の約0.8倍量施用する．

ii）ハクサイ ハクサイの場合，作型・作期，品種，栽植密度によって結球肥大性が異なるため，適正な施肥量を把握する．夏ハクサイの場合，多肥型の品種は春まき夏どり作型で20〜25 kgN/10 a，夏まき秋どり作型で16〜20 kgN/10 a，少肥型の黄心系品種は春まき夏どり作型で18〜20 kgN/10 a，夏まき秋どり作型で16〜18 kgN/10 aである．冬ハクサイの産地では秋まき秋冬どりマルチ作型で20〜25 kgN/10 a，冬まき春どりトンネル作型で22〜28 kgN/10 aである．窒素が多すぎると過大球になり縁腐症，芯腐症，ゴマ症などの生理障害や軟腐病などの腐敗性病害が発

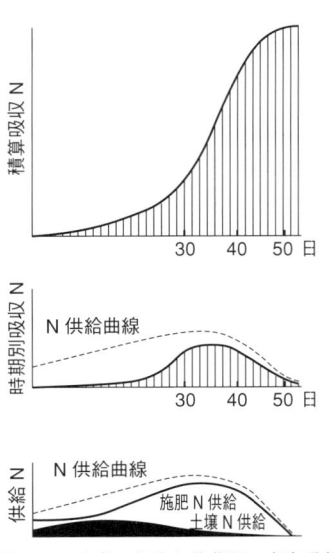

図 **6.29** 窒素の供給と葉菜類の窒素吸収

生しやすくなる．リン酸（P_2O_5）は窒素の約1.1倍量程度，カリ（K_2O）は窒素の約0.8倍量程度施用する．

iii）キャベツ 夏キャベツの窒素の施肥量は元肥に14～17 kgN/10 a施用し，定植30日後に7 kgN/10 a程度追肥し，合計で21～24 kgN/10 a施用する．リン酸（P_2O_5）は土壌のトルオーグリン酸が30 mg/100 g以上になるよう窒素の約1.2倍の全量を元肥に施用する．カリウムは元肥と追肥に窒素と同量施用する．冬キャベツの窒素の施肥量は元肥に8～10 kgN/10 a施用し，定植後30日目と60日目にそれぞれ追肥を6～8 kgN/10 a，合計20～26 kgN/10 a施用する．リン酸は窒素全量と同程度を全量元肥に施用し，カリウムは窒素と同程度の量を元肥と追肥に分施する．

2） 施肥配分

葉菜は春作や夏秋作の場合の1作の栽培期間は比較的短いため，マルチ被覆すれば速効性肥料でも全量元肥栽培ができるが，レタス―レタス，ハクサイ―ハクサイ，レタス―ハクサイなど2作を連続して栽培する場合は，肥効調節型肥料を用いることにより2作分を1回の施肥で行う省力的な「2作1回施肥」が可能である．チンゲンサイやホウレンソウなど栽培期間がさらに短い品目は露地栽培でも「3作以上の1回施肥」が行える．

3） 全面マルチ栽培の施肥法[4]

マルチ被覆の効果を最大限に発揮できる「全面マルチ栽培」はポリマルチフィルムを重ね合わせて畝の山も谷も圃場全面をマルチ被覆する方法（図6.30）[4]であり，施肥は肥効調節型肥料を用いた全量元肥施肥法や2作または3作以上の1回施肥法を実施する．全面マルチ栽培においては畝立てとマルチ被覆は乗用マルチャーによって広い面

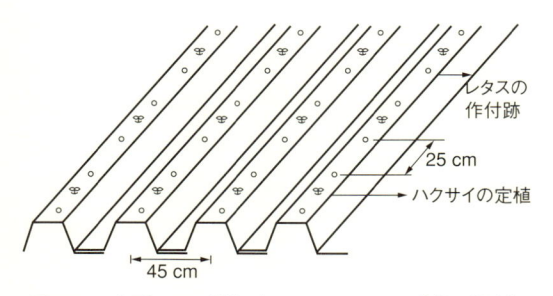

図6.30 全面マルチ栽培（レタス―ハクサイ作付の場合）

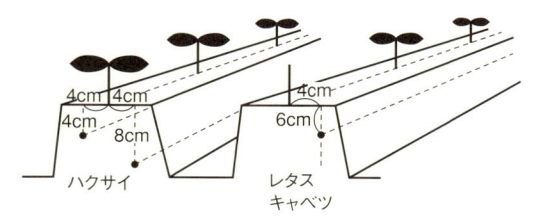

図6.31 葉菜類に対する肥効調節型肥料の局所施肥法

積を同時作業し，定植は1回に収穫できる面積を定植日をずらして行う．

4） 省力的な環境保全型の「機械局所施肥法」

レタス，ハクサイに対して60～70日型の肥効調節型肥料またはペースト状肥料を機械局所施肥・畝立て・マルチ同時作業機により図6.31[5]などの施肥位置に局所施肥すると，慣行施肥法に比べて施肥量を20～30％削減しても同程度かまたはそれ以上の収量が得られ，施肥窒素の利用率も向上する．レタス―ハクサイの全面マルチ2作栽培において図6.31のレタスの場合の施肥位置に60日型の肥効調節型肥料を1作目のレタスの施肥量の85％量を局所施肥すると1作目のレタスおよび2作目のハクサイが慣行の2作2回施肥に比べて同程度かまたは優る収量が得られ品質も上回る．この場合のレタスおよびハクサイの減肥率はそれぞれ15％と40％であり，本施肥法は省力的な環境保全型施肥法である．

5） セルリーの「ポット施肥キチナーゼ栽培法」[6]

セルリーの育苗土にシグモイド型の肥効調節型肥料を窒素（N）で5.56 g，カリウム（K_2O）で4.18 g，熔リンをリン酸（P_2O_5）で5.56 g，土壌改良資材の「育苗用キチナーゼ」を育苗土容積の10％量，混合して定植すると，本畑にN-P_2O_5-K_2O＝20-20-15 kg/10 aを局所施肥することになる．定植前にあらかじめN，P_2O_5，K_2Oを10 kg/10 a施用しておくと，施肥量の合計は慣行の施肥量に対して60％以上の大幅減肥になるが，収量および品質は慣行施肥に比べて同程度かまたは優る結果が得られ，セルリーの環境保全型の高品質栽培が可能である．

6） 葉菜類の低硝酸イオン化栽培法

食の安全性を守るため，野菜に含まれる硝酸イオン含量を少なくする方法として施肥技術は最も

期待できる．葉菜に対する機械局所施肥法やポット施肥キチナーゼ栽培法は施肥効率が高いため施肥窒素量を削減しても慣行施肥に比べて生育量が優るため，収穫物体内の硝酸イオン濃度を低下できる．

e．果菜類の施肥

果菜類の望ましい養分供給パターンも図6.29の横軸を延長した葉菜類のそれと類似している．すなわち果菜類においても適量の養分が持続的に供給されるパターンが重要である．ただし果菜類の場合は，窒素，リン酸，カリウム，カルシウム，マグネシウムの吸収量のバランスは生殖生長が加わると変化する．したがって生殖生長が始まると，窒素の供給をやや減らして開花，着果，果実形成にマイナスに作用する要因をとり除き，果実品質を維持・向上させるカリウムやカルシウムが十分吸収されるよう供給する．

1）施肥量

果菜類の露地栽培は自然の気象条件の影響を直接受けるため施設栽培に比べて降雨による肥料の溶脱が多く，生育初期や収穫後期においては低温に遭遇するため養分吸収も低下して肥効不足になりやすい．したがって栽培期間全体の肥効を十分維持できる施肥量を把握する必要があるが，過剰に施肥しないことも大切である．

2）施肥配分

果菜類は一般に栽培期間が長いので適度の肥効を持続させるために元肥と追肥に施肥を配分する．元肥は主として生殖生長期前に茎葉をつくるために費やされ，追肥は生殖生長期における開花，着果，果実肥大のためと新たに果実生産能力を増大させる茎葉形成に使われる．追肥は収穫期間の長さにより複数回に分けて行う．

3）肥料の種類

果菜類は栽培期間が長く施肥量も多いため追肥重点の施肥配分では速効性肥料が用いられるが，一般的には塩類濃度障害の回避と肥効持続のため元肥には緩効性の肥効調節型肥料が用いられ，同時に速効性肥料も初期生育を確保するため併用する．肥効調節型肥料は栽培期間の長さにより溶出型を使い分ける．追肥には施用時に迅速に吸収できる速効性肥料を用いるが，追肥回数を減らすため肥効調節型肥料の70〜90日型を使用するのもよい．

4）果菜類の施肥の実際

i）トマト　トマトの露地栽培は降雨の影響を受けて裂果したり，病害や虫害も施設栽培に比べると発生しやすいので，標高の高い降雨の少ない地帯で夏季に行われる．栽培地域や畑の地力（土壌養分供給能）などにより施肥量は異なるが，窒素で25〜35 kgN/10 a，リン酸（P_2O_5）およびカリウム（K_2O）は20〜25 kgN/10 a程度である．速効性肥料を用いる場合は窒素とカリウムの40％程度とリン酸の全量を元肥に施用し，追肥は窒素とカリウムの残りを3回ぐらいに分け第1回目は第1花房肥大開始期に施用する．全量を元肥施用する場合は速効性肥料40％と120日型の肥効調節型肥料60％を混合して施用する．

ii）キュウリ　作付の初期と後期に地温を確保し干ばつがあっても土壌水分を保持し雑草も防除するためにマルチポリフィルムで被覆する．施肥量は窒素（N）とリン酸（P_2O_5）が40〜45 kg/10 a，カリウム（K_2O）は32〜36 kgK_2O/10 a程度である．元肥は定植前に窒素とカリウムの40％程度の量を，リン酸は全量を重過石と熔リンで50％ずつ元肥に施用する．窒素とカリウムの残りは収穫開始頃から2〜3回程度に分けて根の伸長した付近に追肥施用する．全量を元肥施用する場合は120日型程度の肥効調節型肥料80％と速効性肥料20％とを混合して施用する．トマトは塩類濃度障害に比較的弱いため土壌のECは0.8 mS・cm^{-1}を超えないようにする．

iii）ナス　窒素の多肥は茎葉を過繁茂させ落花しやすくなる．さらにナスは水分の要求量が多い一方，根は酸素不足を嫌うため土壌の水分管理に気を配る．施肥量は窒素（N），リン酸（P_2O_5），カリウム（K_2O）はそれぞれ35〜40 kg/10 a程度であり速効性肥料を用いる場合は窒素とカリウムの40％程度とリン酸の全量を元肥に施用し，窒素とカリウムの残りを2〜3回に分けて追肥する．全量を元肥に施用する場合は140〜180日型の肥効調節型肥料と速効性肥料を50％ずつ混合して施用する．

iv）ピーマン　果菜類のなかでは最も高温性であり，春に定植した後は保温のためビニールトンネルをかける．施肥量は窒素（N），リン酸（P_2O_5），カリウム（K_2O）それぞれ30～35 kg/10 a 程度であり，元肥は窒素とカリウムは40%程度，リン酸は全量を施用する．追肥は残りの窒素とカリを2回位に分けて速効性肥料を定植後30日頃よりビニールトンネルをはずして施用する．全量を元肥に施用する場合は120～140日型の肥効調節型肥料70%と速効性肥料30%を混合して施用する．

v）イチゴ　露地栽培は一般には9月下旬から10月下旬に定植し，冬季の低温を経て翌年の5月上旬から7月上旬にかけて収穫される．施肥量は窒素（N）とカリウム（K_2O）がそれぞれ22～28 kg/10 a，リン酸が30～35 kgP_2O_5/10 a 程度であり，元肥は窒素とカリの40%程度を緩効性窒素肥料と速効性肥料で等量混合し，リン酸は全量を水溶性とク溶性を半量ずつ含む肥料で施用する．追肥は窒素とカリの残りを3月上旬と5月上旬の2回に分けて速効性肥料により施用する．ポリマルチフィルムは最初の追肥を行った後にかける．

f．根菜類の施肥

根菜類の栽培は肌あれ，岐根，曲根，裂根，ひげ根を発生させない高品質収穫を行うため，堆肥などの有機物は完熟したものを使用し，有機物と肥料は播種直下に高濃度に位置しないよう全面全層施用するか，または播種溝から離した側状に施用する．

1）施 肥 量

ダイコン，ニンジン，カブ，ゴボウの施肥量は品目・作型・作期によって大きく異なるが元肥に窒素は8～20 kgN/10 a，リン酸は15～35 kgP_2O_5/10 a，カリウム10～20 kgK_2O/10 a 程度を施用し，追肥する場合は窒素（N）とカリを4～12 kgK_2O/10 a 程度施用する．

2）施肥配分と肥料の種類

速効性の化成肥料や粒状配合肥料または有機質肥料を用いる場合，栽培期間が短い品目は全量元肥施肥でよいが，長い品目に対しては窒素とカリウムは施肥全量の70～60%を元肥に，30～40%を追肥に分施し，リン酸は全量を元肥に施用する．全量元肥施肥または元肥重点施肥を行う場合，肥効調節型肥料を用いると塩類濃度障害を防いで肥効切れも回避できる．その場合は栽培期間によって溶出型を選択し，速効性肥料も20～30%の割合で併用すると初期の生育も確保できる．

3）根菜類の施肥の実際

i）ダイコン　ダイコンの根は酸素要求量が大きいため土壌が過湿の場合は酸素不足に陥り生育不良になる．しかし根に蓄えられる水分は非常に多いため，みずみずしいダイコンに生育させるには過乾も防止する．そのため有機物施用や深耕などの土づくりを行い耕土を深く膨軟にし，通気性，排水性と保水性を良好にする．施肥量は産地や作期により大きく異なり，秋まき秋冬どりはN–P_2O_5–K_2O＝18-26-20 kg/10 a 程度を分施し，6月まき夏どりはN–P_2O_5–K_2O＝8-18-10 kg/10 a 程度を全量元肥施肥する．ダイコンはホウ素欠乏症が発生しやすいため土壌の乾燥に注意し，ホウ素入り肥料や有機質肥料を用いる．

ii）カブ　カブの土壌適応性は比較的幅広いが，砂壌土（SL）や黒ボク土がより適している．深い耕土を必要としないので水田転換畑でも排水対策および有機物施用などの膨軟化対策を行えば高品質生産が可能である．裂根は表皮の生育が内部肥大に追いつかずに発生するもので，土壌水分が大きく影響し生育初期から中期に土壌が乾燥し，後期に十分な降雨があると発生しやすい．したがって土壌の乾湿差が拡大しないよう灌水する．施肥量は小カブと大カブによって大きく異なり，秋まき秋冬どりの小カブは全量元肥でN–P_2O_5–K_2O＝15-18-12 kg/10 a 程度であり，秋まき秋冬どりの大カブはN–P_2O_5–K_2O＝30-35-30 kg/10 a 程度で，窒素とカリは元肥と追肥に6：4程度の割合で分施する．

iii）ニンジン　ニンジンも土壌の物理性の改善と有機物施用による土づくりが重要であり，耕土を深くして膨軟にし通気性，排水性，保水性を良好にする．とくに長根種の作付においては耕土の深い圃場を選択する．ニンジンは播種後の土壌乾燥が発芽不良を生じ，その後も根部の生育および形状や着色さらに裂根の発生に影響するた

め，土壌の保水性を高める土づくりを行う．土壌水分は生育初期にはやや多めに推移させ，生育後半は乾燥させないように管理する．施肥量は $N-P_2O_5-K_2O = 13-26-13$ kg/10 a 程度であり，全量元肥施肥または分施を行う．

iv）ゴボウ　ゴボウは 1 m 前後伸長するため耕土が十分に深いことと，過湿状態に弱く 2 日以上湛水すると腐敗が生じやすいので地下水位が低く排水が良好である圃場が要求される．さらにゴボウは黒あざ病や土壌線虫などによる連作障害が発生しやすいため，クロルピクリンや殺線虫剤による土壌消毒が必要な場合もある．ゴボウの土壌は砂土（S），砂壌土（SL），壌土（L）など粗粒質の土性が適する．施肥量は $N-P_2O_5-K_2O = 20-25-20$ kg/10 a 程度であり，全量元肥施肥または分施を行う．　　　　　　　　　　〔高橋正輝〕

文　献

1) 森　敏：有機物研究の新しい展望，pp. 85-137, 博友社（1986）
2) 高井康雄，他編：植物栄養土壌肥料大事典，p. 750, 養賢堂（1976）
3) 高橋正輝：環境保全と新しい施肥技術（安田　環・越野正義共編），pp. 176-177, 養賢堂（2001）
4) 高橋正輝：土肥誌，**69**（3），303-309（1995）
5) 高橋正輝：環境保全と新しい施肥技術（安田　環・越野正義共編），pp. 191-199, 養賢堂（2001）
6) 高橋正輝：園芸新知識 野菜号 2004 Aug, 26-28, タキイ種苗株式会社（2004）

6.3.4　施設栽培野菜の施肥

a．施設栽培における施肥の特徴と注意点

1）施設栽培における施肥の特徴

施設栽培は，プラスチックフィルム，ガラスなどの被覆資材で覆われていて，降雨が遮断されていることが最大の特徴である．露地栽培では降雨量が蒸発散量を上回るため差し引きした水の動きは土壌中を下方に向かうのに対して，施設栽培では水の動きは逆に地中から地表面へと向かい，その水は塩類を溶かして上昇する．そして施設栽培では多肥集約栽培が行われがちである．このことから施設土壌は表層に塩類が集積する傾向が強い．

施設土壌で養分・塩類が集積すると，要素の過剰害，高塩類濃度障害，また養分アンバランスによる養分吸収阻害など各種障害が起こる．また pH も酸性あるいは逆にアルカリ化し，その直接の害とともに微量要素欠乏も引き起こす．リン酸では多量に蓄積しても障害は生じにくいとされるが，有限なリン酸資源の無駄づかいは持続的生産を妨げることになる．

塩類集積は，収量低下をもたらすだけでなく，その除去の過程で環境汚染を引き起こす．雨に打たせる除塩および灌水（湛水）除塩では，硝酸イオンによる地下水汚染を引き起こす．塩類集積土壌の排土を行えば，その置き場によっては同様の環境汚染を引き起こす．イネ科作物を栽培して養分を吸わせ，刈り取って施設外に持ち出すというクリーニングクロップによる除塩は，環境汚染を起こさないが，リン酸，硫酸根などは減らない問題がある．

施設栽培では，持続的生産と環境負荷低減のために，肥料，堆肥などの施用量と方法を慎重に検討し，とにかく施用しすぎない肥施法を採らなければならない．

2）施設栽培の施肥

施肥には，養分施用量，肥料の種類，施肥時期，施肥位置という 4 要因がある．4 要因の相互関連を考慮し，肥料の利用率（施肥効率）を最大にするような施肥をする．

i）養分施用量

作物吸収量と施肥基準　　養分施用量を決める 1 つの根拠は，作物による吸収量である．表 6.20 によれば，トマト，キュウリ，ナス，ピーマンで吸収量が多くてイチゴ，メロンは少ない．養分では，窒素（N）よりもカリウム（K_2O）の吸収量が多く，一方，リン酸（P_2O_5）の吸収量は少ない．施肥効率は 100% ではないため，施肥量は吸収量より何倍か多くする．この比率を施肥倍率といい，窒素では 1.5〜1.8 倍，リン酸で 3〜4 倍，カリウムでは 1 倍という数字が出されている．

基準施肥量は，各都道府県の施肥基準として各作目，作型，土壌型等について決められている．基準は，持続的農業推進と環境保全を重視する考えから，近年見直され，以前よりも施肥量低減の

表 6.20 野菜の養分吸収量（六本木・加藤[1]より）

作物	目標収量 (kg/10 a)	養分吸収量 (kg/10 a)				
		N	P_2O_5	K_2O	CaO	MgO
トマト	10,000	24	7	43	18	5
キュウリ	13,000	32	12	45	37	11
ナス	11,000	38	11	63	19	7
ピーマン	8,500	39	15	50	34	13
イチゴ	4,000	16	6	25	11	4
メロン	4,000	14	6	17	19	7
セルリー	6,500	21	7	45	12	4

傾向がはっきりと現れている．

施設としての年数が浅い圃場ではこの基準量を施用するが，養分が集積した圃場では集積量を差し引いた量を施用する．また，堆肥など有機物を施用するときは，それに含まれる養分も勘定し，その分を差し引いた施肥量とする必要がある．

土壌中に集積した養分 作付前に土壌中の養分量を分析し，診断する土壌診断を受けるべきである．農業改良普及センター，経済連，民間などでその業務を行っている．

各養分の分析結果は，Amg/100 g（土壌）という単位で表示される．この数字は作土の厚さを 10 cm，その比重を 1 と仮定すれば，Akg/10 a と読み替えることができる．作土が 15 cm 厚なら 1.5 Akg/10 a である．施肥基準の数字から Akg 減らした施肥をすればよいわけであるが，次のような大まかな目安も実際的である．つまり，窒素については，土壌中に 10 mg/100 g 以上の残存量があれば基肥は施用せず，追肥のみとする．2〜5 mg/100 g 程度なら基肥は緩効性肥料とする．残存がほとんどない条件では基準どおり施肥を行う．

土壌の硝酸濃度は，土壌の電気伝導度（EC 値）との相関の高いことから，EC 値から推定することも行われている．ただし硫酸根が集積している圃場では EC 値と硝酸との相関が低くなるので注意する．

リン酸については，施設では一般に過剰蓄積が起こっている．有効態リン酸（トルオーグ法によるリン酸）が 50 mg/100 g 以上の富化土壌では，施肥リン酸の肥効は低くなる．リン酸集積土壌では，次のような減肥の目安がある．有効態リン酸が 100〜200 mg/100 g であれば施肥量は基準量の 1/2 程度にし，それが 200 mg 以上と高ければ無施用とする．

カリウム，カルシウム，マグネシウムではバランス（塩基バランス）に注意する．バランスの崩れで，塩基の吸収阻害が起きるからである．土壌診断の分析結果では，これらは酸化物として土壌 100 g 当りの mg で表示されており，それを mg 当量数に変換し，3 者の比をみる．地力増進法の基本指針の中で，望ましい当量比は，土壌の陽イオン交換容量（CEC）を 100 としたとき，Ca：Mg：K で，65〜75：20〜25：2〜10 と示されている．なお，バランスは Ca/Mg 比および Mg/K 比も指標となっていて，前者は 5 程度，後者は 2 程度が好適とされる．カリウムは野菜では多く必要とするが，多肥，家畜ふん堆肥の多量施用などによりカリウム過剰の圃場は多い．カリウム飽和度が 10% 以上の土壌ではカリウムを無施用とする．

石灰質資材の施用が習慣化され，施用し続けているためアルカリ化している土壌も多い．また pH が低くてもただちに石灰を施用するのではなく，EC 値を勘案する必要がある．EC 値が低ければカルシウム欠乏だが，EC 値が高いときは，硝酸イオン濃度が高いため pH が低下したもので

表 6.21 堆肥の養分含量と有効成分量のめやす一覧（藤原[2]）

種別	原料名	含水率 (%)	炭素率	成分量（現物%）					有効化率 (%)		
				窒素	リン酸	カリウム	カルシウム	マグネシウム	窒素	リン酸	カリ
家畜	牛ふん	50	15	1.0	1.4	1.4	2.1	0.6	20	60	90
ふん	豚ぷん	40	10	2.2	4.2	1.8	3.9	1.5	50	70	90
堆肥	鶏ふん	20	8	2.8	5.1	3.1	12.7	1.8	60	70	90
木質	牛ふん	60	20	0.8	1.0	1.1	1.1	0.5	10	50	90
混合	豚ぷん	50	15	1.4	3.0	1.4	2.8	0.8	30	60	90
堆肥	鶏ふん	40	10	2.3	3.8	1.9	3.9	1.7	30	60	90

あり，カルシウムが欠乏しているわけではないからである．

堆肥の中の養分 　有機物のうち，バーク堆肥，ピートモスなど，養分の少ないものは多めに加えてよいが，家畜ふん堆肥など養分の高いものは施用量に注意する．多量施用によってとくにリン酸とカリウムが蓄積する．施肥基準では，施設では堆肥類の添加量は $10\sim20\,\mathrm{Mg\cdot ha^{-1}}$ とするものが多い．

堆肥は肥料取締法上特殊肥料に位置づけられ，成分含有率が表示されている．そして，各成分の有効化率は，たとえば牛ふん木質混合堆肥では窒素で10%，リン酸で50%，カリウムで90%という値が示されている（表6.21）．施用量，成分含有率とこの有効化率の数字をかけ合わせれば，当作における有効成分量が算出される．この有効成分量を，加えるべき施肥量から差し引かなければならない．

以上から，加えるべき施肥成分量は，次のように算出される．

施肥成分量＝(施肥基準量)−(土壌診断による残存養分量)−(堆肥などに含まれる養分量)

ii) 施肥時期 　慣行の施肥法では半量程度を基肥とし，残りを作物の生育を見ながら数回の追肥で施用するというのが一般的である．基肥には肥効調節型肥料（緩効性肥料および被覆肥料）および有機質肥料が推奨されており，追肥は速効性肥料が主となっている．肥効調節型肥料の進歩により基肥だけ施用する，いわゆる「基肥一発型」の栽培も可能となっている．追肥については，作物体搾汁液あるいは土壌溶液を採取し，その中の硝酸を分析するというリアルタイムの栄養診断あるいは土壌溶液診断に基づく施用が，近年種々検討されており，望ましい方法である．

肥効調節型肥料を用いた基肥重点施肥 　追肥の手間を省くという省力化を主目的に肥効調節型肥料が使用されている．この型の肥料では，養分放出が徐々に起こるため，土壌中に無機態窒素が一時に多量に存在することがなく，濃度障害もガス揮散も起こりにくい．そのため基肥として多量施用ができ，基肥のみの一発施用も可能である．施肥効率は高く，また環境保全的でもある．

被覆肥料（コーティング肥料）には溶出期間が30日型から1年型までさまざまなものがあり，栽培作物の養分吸収曲線に適合したタイプのものを選ぶことができる．ちょうど適合するものがなければ，速効性肥料も含めて複数のものの組み合わせで，思いどおりの養分供給曲線を描かせることができる．

リアルタイム診断に基づく追肥 　肥効調節型

表6.22　野菜のリアルタイム土壌溶液診断基準値の目安（六本木・加藤[1]より抜粋）

野菜名	作成県	採取方法	収穫期間	硝酸イオン含量の診断基準値（ppm）
半促成トマト（6段摘心）	愛知	生土容積抽出法	5月中旬～7月中旬	収穫期間：100～200
半促成キュウリ	埼玉	吸引法（生土容積抽出法）	3月下旬～6月下旬	収穫期間：400～800　（250～350）
促成イチゴ（女峰）	埼玉	生土容積抽出法	12月下旬～4月下旬	収穫期間：80～160

表6.23　野菜のリアルタイム栄養診断基準値の目安（六本木・加藤[1]より抜粋）

野菜名	作成県	収穫期間	硝酸イオン含量の診断基準値（ppm）
半促成トマト（6段摘心）	愛知	5月中旬～7月上旬	5月中旬～7月上旬：1,000～2,000
半促成キュウリ	埼玉	3月下旬～6月下旬	4月上旬：3,500～5,000，5月上旬 900～1,800　6月以降：500～1,500
半促成ナス	埼玉	4月上旬～7月下旬	4月上旬～7月上旬：4,000～5,000
促成イチゴ	埼玉 岐阜	12月下旬～4月下旬	11月上旬：2,500～3,500，1月上旬 1,500～2,500　2月上旬以降：1,000～2,000

肥料による基肥重点の施肥がある一方で，リアルタイムの栄養あるいは土壌診断に基づく追肥重点施肥がある．栄養診断では作物体の，また土壌診断では土壌溶液の硝酸を分析する．両者は相関しており，いずれも使えるが，キュウリ，ナス，ピーマンでは土壌溶液診断が主であり，メロン，トマトでは栄養診断が主となる．

栄養診断では葉柄搾汁液または葉の磨砕液の，また土壌溶液診断では吸引法あるいは生土容積抽出法により採取した液の，それぞれの硝酸イオンを分析する．近年，硝酸試験紙や小型の硝酸測定機が低価格で購入でき，操作法も簡便であることから栽培者も使用可能となっている．基準硝酸濃度が，各作物の各生育段階について得られていて（表6.22, 6.23）測定値がこの基準値よりも高いときは追肥を見合わせ，低かったらただちに追肥する．

きめ細かな追肥による施肥の窮極が，養液土耕栽培である．現在，広まりつつあるこの方法では，基肥は施用せず，すべて追肥として灌水と同時に点滴で与える．施肥の自動化ができ，省力になることが大きな利点であり，リアルタイム診断を行いながらの調節により，養分の過不足の無い効率の高い施肥ができる（6.3.8「養液土耕栽培の施肥」の項参照）．

iii）肥料の種類 多くの種類の肥料が使われる．有機質肥料が混ざった有機配合肥料もメロン，イチゴなどをはじめよく使用されている．簡便性もあって，三要素を含む化成肥料，配合肥料が多用されるが，この場合，必要がない過剰成分まで加えられることも起こる．土壌診断に基づき，単肥も組み入れて必要な成分を必要量加えるという施肥法を採るべきである．

塩類集積を起こさせないために，硫酸根・塩素などの副成分を含まない肥料を施用することが望ましい．土と根にストレスを与えない意味で，ノンストレス肥料の名前がある．ただし，無硫酸根肥料を続けるとイオウ欠乏が起きることがあることも念頭におく必要がある．

iv）施肥位置 基肥施用方法は，全面施用と局所施用に大別される．標準的には，肥料を全面に散布し，ロータリー耕で土に混ぜ込む全面全層施肥が行われている．また全面全層施肥と畝施用を組み合わせた施肥も行われている．施肥効率を高める観点から近年は条施肥などの局所施肥に関心が高まっている．肥効調節型肥料を使い，所要量の全てを，育苗鉢中の培土に混ぜて施用し，本圃は無施肥とする施肥法も提案されている．

追肥施用方法は，灌水に混ぜて液肥として施用する方法が，省力と施肥効率の面から推奨されている．

b．各施設野菜の施肥

施設栽培の比率が高い野菜には，指定野菜であるトマト（施設栽培の収穫量は，露地を含む全収穫量の71%），キュウリ（同65%），ナス（同34%），ピーマン（同64%）などの果菜類があり，果実的野菜のイチゴ（同98%）メロン（温室メロン

表6.24 大玉トマトの主要作型と施肥量（kg/10a）

作型	栽植密度と目標収量	成分	合計	基肥	追肥	施肥説明
促成	栽植密度 2,300本/10a 目標収量 11,000 kg/10a 9月定植 6段 収穫11月～3月	N P_2O_5 K_2O	26 18 26	14 18 12	12 0 12	・有機質・緩効性主体．全層 ・追肥は第1果鶏卵大時にNK化成 N2～3kg．草勢に応じ2, 3回
促成長期	栽植密度 1,800本/10a 目標収量 20,000 kg/10a 9月定植 20段 収穫11月～6月	N P_2O_5 K_2O	42 18 42	10 18 10	32 0 32	・基肥は被覆肥料主体に．深層あるいは溝施用． ・追肥は液肥主体
半促成	栽植密度 2,400本/10a 目標収量 12,000 kg/10a 12月定植 6～8段 収穫3月～6月	N P_2O_5 K_2O	24 16 24	16 16 16	8 0 8	・肥料は有機または緩効性主体
抑制	栽植密度 2,400本/10a 目標収量 7,000 kg/10a 7月定植 6段 収穫10月～12月	N P_2O_5 K_2O	18 12 18	9 12 9	9 0 9	・有機質・緩効性主体．全層 ・追肥は第1果鶏卵大時にNK化成 N2～3kg．草勢に応じ2回目．

（愛知県の施肥基準から）

表 6.25 キュウリの主要作型と施肥量 (kg/10 a)

作型	栽植密度と目標収量	成分	合計	基肥	追肥	施肥説明
促成長期	栽植密度 1,000 本/10 a 目標収量 20,000 kg/10 a	N P_2O_5 K_2O	51 32 41	27 23 23	24 9 18	・基肥は緩効性主体, 全層 ・追肥は液肥主体, 灌水同時施肥. 厳寒期は化成の穴肥追肥
半促成	栽植密度 1,200 本/10 a 目標収量 14,000 kg/10 a	N P_2O_5 K_2O	34 20 30	16 14 14	18 6 16	・基肥は緩効性主体
抑制	栽植密度 1,400 本/10 a 目標収量 6,000 kg/10 a	N P_2O_5 K_2O	20 8 20	8 8 8	12 0 12	・基肥は全層施用 ・追肥は液肥主体

(愛知県の施肥基準から)

では同100％), スイカ (同27％) でも施設栽培の比率が高い. 以上の各果菜類とセルリーの通常の土耕栽培における施肥について述べる. 養液土耕栽培の施肥は別項を参照していただきたい.

1) トマト

トマトは栄養生長と生殖生長が同時に進行するタイプの野菜であり, そのバランスをとるのがむずかしい. 施肥は, 栽培初期には栄養生長を過剰に進めて木が過繁茂にならないよう窒素吸収を制限し, 果実肥大期になれば安定した収穫が得られるように養分を切らさずに与えるようにする.

作型ごとの施肥基準の例を表6.24に示す. 予想収穫段数, 収穫量によって施肥量は変わる. 施肥合計量は, 6段栽培では, NとK_2Oはともに250 kg・ha^{-1}程度, P_2O_5は180 kg・ha^{-1}程度であり, 20段の長段栽培では, NとK_2Oはともに420 kg・ha^{-1}と多くなり, P_2O_5は180 kg・ha^{-1}である. トマトはカリウム, カルシウムの吸収が多い特徴がある. 基肥には有機質肥料または被覆肥料などの緩効性肥料が推奨されている. 追肥は第1段果房が鶏卵大となる時期 (第3段花房の開花期) に1回目を施用し, 以後は草勢を見て2, 3回施用する. 追肥にはNK化成や液肥などを使う.

追肥を, リアルタイム栄養診断に基づいて行うと, 大幅な減肥となることが示された[3]. 施肥窒素量は半促成栽培で, 慣行 (310 kg・ha^{-1}) の49～68％の減肥となった. このとき, 基肥窒素は38～75 kg・ha^{-1}施用し, 栄養診断はピンポン球大の果実の近傍の小葉を採り, その汁液の硝酸濃度を硝酸イオン紙で測定した. 追肥は硝酸イオン濃度が2,000 ppmを下回ったとき, 液肥または即効性肥料で施用した.

2) キュウリ

キュウリは, トマトよりも高塩類濃度に対する耐性が弱い. 濃度障害を起こさせないために土壌診断を実施してから施肥量を決めるのが望ましい.

施設栽培の主体である春から夏に収穫する促成および半促成栽では, 栽培期間が長く収量も多いので, 施肥量はNで510 kg・ha^{-1}あるいは340 kg・ha^{-1}と多い. 秋から冬に栽培の抑制栽培では栽培期間は短く, 施肥量はNで200 kg・ha^{-1}と少ない (表6.25). 半促成栽培の後に抑制栽培を行うのが一般的であり, 土壌診断で養分が残っていれば抑制栽培では基肥を施用しない. 追肥は, 一般的には, 収穫が始まる頃第1回目を行い, 以後は収量や草勢を見ながら5～10日間隔で, 灌水を兼ねた液肥などで行う. リアルタイムの栄養診断, あるいは土壌診断により追肥時期を決める方法が望ましく, 過剰施肥を防ぐことができる.

最初に立てた畝を崩さず1年, 3作栽培する畝連的栽培では, 1作目は慣行どおりの基肥と追肥を施用するが, 2, 3作目では基肥は施用せず, 追肥のみとした. 2, 3作目の追肥は慣行よりも増量して施用すると, 収量は慣行と同等となり, 総施肥量では, 畝連続栽培では慣行栽培よりもN成分で36％の減肥となった[4].

養液土耕では, 慣行土耕栽培と比較して30％前後少ない施肥量で同等以上の窒素栄養を保持し, 収量は10％程度増収する成績が得られている[5]. 作物の吸収に合わせた施肥により根に対するストレスは少なく, 施肥効率が高まった結果である.

表 6.26 ナスの主要作型と施肥量 (kg/10 a)

作型	栽植密度と目標収量	成分	合計	基肥	追肥	施肥説明
促成	栽植密度 1,100 本/10 a 目標収量 15,000 kg/10 a 10月定植 収穫は11月～6月	N P_2O_5 K_2O	58 26 54	30 26 26	28 0 28	・基肥は緩効性主体，全面施用後耕起 ・追肥は三番果収穫頃から液肥または有機質肥料を7～14日間隔で施用
半促成	栽植密度 1,100 本/10 a 目標収量 10,000 kg/10 a 2月定植 収穫は3月～7月	N P_2O_5 K_2O	45 20 40	25 20 20	20 0 20	・基肥は緩効性主体，全面施用後耕起 ・追肥は三番果収穫頃から液肥または有機質肥料を施用

(愛知県の施肥基準から)

3) ナ ス

トマトが栄養生長過多で着果不良となりやすいのに対して，ナスは草勢が強いと着果が良くなる．耐肥性がとくに強いため，以前には窒素施肥量が1,000～1,500 kg·ha^{-1}という極端な多肥も行われた．しかし，必要以上の多肥は慎まなければならない．

施肥基準の例（表6.26）では，目標収量100 t·ha^{-1}の半促成栽培で，1 ha当りの施肥量はN 450，P_2O_5 200 kg，K_2O 400 kgである．目標収量150 t·ha^{-1}の促成栽培では，さらに多い施肥量となる．窒素とカリウムでは約半量を基肥とし，リン酸では全量を基肥とする．基肥は緩効性肥料を主体とする．追肥は窒素とカリウムを，液肥などで7～14日間隔で施用する．

肥効調節型肥料を組み合わせて，窒素溶出パターンをナスの養分吸収パターンに合わせる全量基肥施肥によって基準施肥量（700 kg·ha^{-1}）の15%減で同等の収量が得られている[6]．このとき，CDU化成を10%，80日型被覆尿素を10%，および160日型被覆尿素を80%の割合で加えている．

4) ピーマン

施設ピーマンの主な作型には，9～10月に定植して11月から5月まで収穫する促成栽培と，1月に定植して2月から5～6月まで収穫する半促成栽培がある．

ピーマンは多肥による徒長，落花は少なく，逆に肥料不足になると草勢の低下が起こる．多肥を好む作物であり，過剰施肥になりがちであるので，注意する．施肥基準の一例では（表6.27），促成栽培で目標収量130 t·ha^{-1}では1 ha当たり，N 600 kg，P_2O_5 350 kg，K_2O 400 kgの施肥量である．なお，堆きゅう肥40 t·ha^{-1}と苦土石灰1,600 kg·ha^{-1}を施用する．

ピーマンの生育，窒素吸収に適合した窒素の吸収ができるように，肥効型の異なる肥料を組み合わせたブレンド肥料が流通している．さらに肥効調節型肥料に加えて，有機質肥料，堆肥も含めて種類と配合量を決め，施用する試みも行われている．

5) イ チ ゴ

栽培は親株から始まり，施設栽培では最も多い促成栽培では，①親株定植（前年の9～11月または当年4月上旬），②採苗（ランナーから苗を採り，ポットに植える．7月），③育苗（育苗後半には花芽分化のため窒素が切れるようにする），④定植（顕微鏡観察で花芽分化を確認したらできるだけ早く定植．9月），⑤収穫（11～5月）の順となる．

表 6.27 ピーマンの主要作型と施肥量 (kg/10 a)

作型	栽植密度と目標収量	成分	合計	基肥	追肥	施肥説明
促成	栽植密度 900～1,080 本/10 a 目標収量 13,000 kg/10 a 定植 9月～10月 収穫 11月～5月	N P_2O_5 K_2O	60 35 40	35 25 20	25 10 20	・堆きゅう肥4,000 kg, 苦土石灰160 kg施用 ・基肥は全面施用でロータリー耕
半促成	栽植密度 900～1,080 本/10 a 目標収量 7,000 kg/10 a 定植1月上旬 収穫2月～5月	N P_2O_5 K_2O	32 20 20	12 10 10	20 10 10	・堆きゅう肥2,000 kg, 苦土石灰140 kg施用 ・基肥は全面施用でロータリー耕

(宮崎県の施肥基準から)

表 6.28 イチゴの施肥量

作型	栽植密度と目標収量	成分	合計	基肥	追肥	施肥説明
			kg·ha^{-1}			
促成	栽植密度 70,000 本 ha^{-1} 目標収量 45 t·ha^{-1} 定植 9 月 収穫 11 月〜5 月	N P$_2$O$_5$ K$_2$O	234 282 234	204 240 204	30 42 30	・緩効性肥料入り有機配合を施用 ・土壌は沖積砂壌土〜埴壌土について（砂土ではこれより多い施肥量となる）

（静岡県の施肥基準から）

イチゴは，好適な肥料濃度が野菜の中で最も低く，また養分吸収量も果菜の中で最も少ないという特性がある．根に障害を与えない EC 値は 0.5 程度までとされており，過剰施肥にしない注意が必要である．定植直後に肥料の吸収量が多すぎると，腋花房の分化が遅れるので注意する．有機質肥料や肥効調節肥料を使って肥効が徐々に出る施肥を行い，追肥の割合を多くすることが望ましい．

本圃の施肥量は，施肥基準の一例（表 6.28）では，基肥は 1 ha 当たり N 204 kg，P$_2$O$_5$ 240 kg，K$_2$O 204 kg で，緩効性肥料入り有機配合での施肥を推奨している．なお，堆肥 20 t も加える．追肥は，マルチを敷く直前の 10 月下旬に 1 ha 当たり N，P$_2$O$_5$，K$_2$O を 30 kg，42 kg，30 kg 施用する．施肥総量では 234 kg，282 kg，234 kg となる．なお，追肥の施用法としては，収穫期に入ってから月に 1 回程度の頻度で，1 回当たりの窒素施用量 5〜10 kg·ha^{-1} で，液肥を用いて灌水と同時に施用する方法も広く行われている．

6） メロン

メロンは，高級ネット型メロンであるアールス系（マスクメロンとも呼ばれる），アンデスなどのネット型メロン，それにホームランなどのノーネット型メロンに分類される．アールス系は多くはガラス温室で，隔離床で栽培され「温室メロン」と呼ばれる．他のネット型メロンは多くはハウスで栽培され，「ハウスメロン」と呼ばれる．

メロンは定植から収穫まで 90〜100 日という短期作物である．交配直前から果実肥大期にかけて集中的に養分を吸収し，収穫 2〜3 週間前の果実の糖度上昇期にはほとんど肥料を吸収しなくなるという特性がある．したがって，栽培終了時に土壌中に肥料分が残らないのが理想的な施肥法である．もう 1 つ，メロンの養分吸収の特性はカリウム，カルシウム，マグネシウムの要求性が高いことである．土壌診断の上，十分量の石灰を施用する．交換性カルシウムは陽イオン交換容量の 60%，交換性マグネシウムは同 10% が好適とされる．

i） 温室メロン 温室メロンは周年栽培が行われ，春メロン，夏メロン，秋メロンなどと呼ばれる．施肥基準の一例（表 6.29）では，基肥は各成分 60 kg·ha^{-1} 施用し，追肥は各成分 40 kg·ha^{-1} を 2 回施用（苗の活着後および果実肥大初期）で，合計施用量は各要素とも 140 kg·ha^{-1} である．肥料は基肥，追肥とも有機配合が推奨されている．

ii） ハウスメロン 代表的なアンデスの基準施肥量[7]は，各成分とも 120 kg·ha^{-1} の施用量で，全量基肥で施用する．有機配合がよく使われる．10〜20 t·ha^{-1} の堆肥施用が推奨されている．なお，ノーネット型メロンの施肥量は，ネット型と比較して少ない．

7） スイカ

ユウガオを台木とした接木栽培が主である．作型の例（熊本県）は，促成栽培では 10〜11 月に

表 6.29 温室メロンの施肥量

栽植密度と目標収量	成分	合計	基肥	追肥	施肥説明
		kg·ha^{-1}			
栽植密度 24,000 本 ha^{-1} 目標収量 36 t·ha^{-1}	N P$_2$O$_5$ K$_2$O	140 140 140	60 60 60	80 80 80	・基肥，追肥とも有機配合施用 ・追肥は定植後 7 日と交配後 3 日に施用

（静岡県の施肥基準から）

表6.30 スイカの主要作型と施肥量

作型	栽植密度と目標収量	成分	合計	基肥	追肥	施肥説明
			kg·ha^{-1}			
促成	栽植密度 2,500～3,300 本 ha^{-1} 目標収量 65 t·ha^{-1} 定植 10月～11月　収穫 1月～3月	N P$_2$O$_5$ K$_2$O	200 200 200			・追肥は生育をみて行う.
半促成	栽植密度 2,500～3,300 本 ha^{-1} 目標収量 31 t·ha^{-1} 定植 1月　収穫 4月～6月	N P$_2$O$_5$ K$_2$O	250 160 200			・前作が休閑地のときの施肥量. 前作により N 180～230 kg, P$_2$O$_5$ 140～200 kg, K$_2$O 80～100 kg

(熊本県の施肥基準から)

表6.31 セルリーの主要作型と施肥量

作型	栽植密度と目標収量	成分	合計	基肥	追肥	施肥説明
			kg·ha^{-1}			
冬どり	栽植密度 43,000 本 ha^{-1} 目標収量 65 t·ha^{-1} 定植 9月　収穫 12月～3月	N P$_2$O$_5$ K$_2$O	500 450 480	300 300 300	200 150 180	・堆肥 50 Mg·ha^{-1} ・基肥は緩効性, B$_2$O$_3$　3 kg も施用 ・追肥は有機配合で3回
春どり	栽植密度 43,000 本 ha^{-1} 目標収量 65 t·ha^{-1} 定植 1月　収穫 3月～5月	N P$_2$O$_5$ K$_2$O	400 300 350	240 180 210	160 120 140	・基肥は有機配合または化成 　B$_2$O$_3$　1 kg も施用 ・追肥は有機配合で2回目

(静岡県の施肥基準より)

定植して1～3月に収穫, 半促成栽培では1月に定植して4～6月に収穫する.

施肥基準の一例では, 前作の残効がない場合で, 施肥量は各成分とも200 kg·ha^{-1}程度である (表6.30). 緩効性および有機入り肥料が推奨され, 完熟堆肥20 t·ha^{-1}も施用する. 窒素過多になると果肉に繊維が多くなるなどの障害が現れるので, 土壌診断を受けるべきである. 施肥法には, 緩効性肥料を用いてすべて基肥施用する方法, および吸肥量が増す果実肥大期に追肥を施用する方法がある. 施肥法を, 肥効調節型肥料を用いた条施肥あるいは植穴施肥という局所施肥にすることにより30%程度の減肥が可能となった[8].

8) セルリー

セルリーの窒素吸収量は200 kg·ha^{-1}程度であるが, 施肥量は通常この3倍程度と多い. また多量の灌水を必要とする. 多肥, 多灌水の特異な作物である.

施設栽培セルリーには, 9月定植で12～1月に収穫する冬どりと, 1月定植で4～5月に収穫する春どりがある. 施肥基準の一例 (表6.31) では, 1 ha当たり窒素は冬どりで500 kg (基肥300 kg＋追肥200 kg), 春どりで400 kg (基肥240 kg＋追肥160 kg) であり, カリウムもほぼ同量である. リン酸の施用量はこれより少ない. 緩効性肥料および有機配合が推奨されている.

被覆肥料の鉢上げ時施肥法により施肥量が50%削減された[9]. 被覆リン硝安カリをポット(直径10 cm)内培土に混和し, 15日前後育苗してから定植し栽培する. 全量ポット内施用で, 本圃への施肥はない. この鉢上げ時施肥法では, 施肥窒素量は400 kg·ha^{-1}で, 慣行施肥の800 kg·ha^{-1} (堆肥50 tの窒素も含む) の半量であったが, 収量は同等となった. なお, 被覆肥料は, 時間経過と高地温で肥料溶出が早まるので, 育苗時地温と育苗期間に注意する必要がある. 〔上原洋一〕

文　献

1) 六本木和夫・加藤俊博：野菜花卉の養液土耕, pp. 151-174, 農文協 (2000)
2) 藤原俊六郎：堆肥のつくり方・使い方, pp. 92-96, 農文協 (2003)
3) 山本二美, 他：園学雑, **70** (別 2), 262 (2001)
4) 中島正明：農業技術大系土壌施肥編第6-①巻, pp. 92 の 40-44, 農文協 (2001)
5) 埼玉県園芸試験場：平成4～6年度・地域重要新技術開発促進事業　研究成果報告, pp. 76-77 (1995)
6) 福田　敬・石橋泰之：農業技術大系土壌施肥編第6-①巻, 技術, pp. 153-159, 農文協 (2001)
7) 田中修作：メロン　スイカ, pp. 87-94, 全国農業

8) 三原順一：メロン　スイカ，pp.141-146，全国農業改良普及会（2002）
9) 小杉　徹，他：平成14年関東東海・土壌肥料部会資料，pp.12-13，中央農業総合研究センター（2003）

6.3.5　露地栽培花きの施肥

露地栽培花きは品目が多く，気象条件も地域によって大きく異なり，同じ品目でも各地域の環境条件において適地適作となる作型・作期が確立され，施肥もそれらに応じて多様に実施される．露地栽培は設備や光熱などの経費をかけず太陽光を十分利用し，真夏の特別な高温がなく，圃場を変えて連作障害や塩類集積を回避できる利点がある．しかし花きの露地栽培は施設栽培に比べて春・秋の低温や風雨による損傷および病害虫の飛来など品質の不安定化を招きやすいので注意する．

a.　露地栽培花きの施肥方法
1）　肥料三要素の施用時期

花きの養分吸収量は一般に定植後20～30日頃から徐々に増加して生育を進展させるが，窒素とカリウムは花芽分化期頃から吸収量が急増する．リン酸は急増することは少なく吸収する絶対量も窒素やカリウムに比べると少ない．したがって窒素とカリウムは生育の前半期とともに，花芽分化期以降の生育後半期においても肥効の確保が重要であり，この時期に追肥を重点的に施す必要がある．これに対してリン酸は生育前半期の吸収量は多くないが，この期間の吸収がその後の生育・収量・品質に大きく影響するため全量元肥または元肥重点的に施用する．

2）　花きに対する追肥方法

追肥は立毛中に行うため固体肥料を用いる場合は茎葉や花に付着しないよう株間に散布するが，表面施用のため施肥効率は一般に低い．マルチ被覆した場合の追肥はさらに施肥効率が低く労力も要する．これらは液状肥料を用いると改善でき，液肥を適当な濃度に希釈して株元に散布する方法，ペースト状肥料を灌注器により株間に注入する方法，チューブ灌水時に液肥を混入させる方法などがある．追肥に用いる固体肥料は一般的には速効性肥料であるが，100～180日型の肥効調節型肥料を表面施用し灌水時に溶出させる方法もよい．茎葉への希釈液の散布は要素欠乏や肥効不足に対する緊急的対処法として効果的である．

3）　肥効調節型肥料を用いた全量元肥施肥法

花きの栽培は長期間を要する場合が多く，速効性肥料の場合は元肥と追肥に施肥配分されるが，肥効調節型肥料を用いると全量元肥施肥または元肥重点施肥が可能になり，追肥を併用する場合もその回数を減らすことができる．肥効調節型肥料を用いると肥料成分が徐々に供給され適度の肥効が持続するため，施肥効率が向上し高品質収穫の可能性が高まり，施肥の省力化と環境保全化も図れる．

4）　マルチ被覆による土壌環境の改善

花きの露地栽培においてポリマルチフィルムによる被覆は土壌の水分保持や膨軟性維持，地温上昇，雑草防除，花きの汚れ防止や品質向上，病害虫の発生軽減など栽培環境の改善効果が大きい．しかし，土壌水分と地温の変動幅を小さくして有機物の可給化や肥効調節型肥料の溶出を安定させたり，根に対するストレス緩和作用もある．さらに降雨による肥料溶脱を軽減し保肥力を高めるなど施肥に対する利点も多い．その反面，灌水や追肥に対してマイナスになる弱点もある．

5）　花き栽培における有機質肥料の使用

花き栽培では一般に化学肥料すなわち無機質肥料が用いられるが，一部では有機質肥料も根強い人気があり，元肥に施用されたり置肥など追肥に使用される．これは有機質肥料の肥効が緩効的であることやカルシウム，マグネシウム，微量要素など三要素以外の成分や有機性の生理活性物質などを含むため，花卉の生育や品質に好影響を及ぼすためと考えられる．しかし有機質肥料は施用方法を誤るとアンモニアなどのガス障害やタネバエなどの虫害を発生させる場合があり適正に施用する．

b.　各種露地栽培花きの栄養特性

花き類の栄養特性で共通した特徴は生殖生長期において，花芽分化，出蕾，開花に多くのエネルギーと栄養が必要になるため，生育前半期の栄養

生長で高められた養分吸収能力と同化能力をこの時期に発揮させて，さらに多量の養分吸収が行われることである．

〔切花類〕
1) キク

秋ギクと夏ギクでは，養分の吸収パターンがやや異なる．秋ギクは夏の高温期に生育が経過し秋の気温降下期に開花するため，定植後30日頃より花芽分化期を経て出蕾始期まではカリと窒素の吸収量積算勾配（以下「吸収勾配」と記す）が急になり，出蕾してから開花期までは吸収勾配は緩やかになる．カルシウム，リン酸，マグネシウムは定植後30日頃より開花期まで比較的一定した吸収勾配を示す（図6.32[1]）．これに対して夏ギクは秋から花芽分化前の春までの低温期に徐々に生育し養分吸収も緩慢であるが，気温上昇が進み花芽分化期頃から吸収勾配が立ち上がり，とくにカリウム，窒素，カルシウムの吸収量は出蕾してから開花期までの期間においていちじるしく増大する．

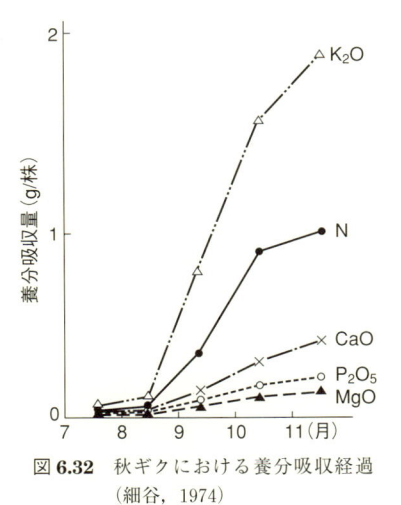

図6.32 秋ギクにおける養分吸収経過（細谷，1974）

2) アスター

アスターは暑さを嫌うので，冷涼で気温の日較差の大きい準高冷地または高冷地では，硬くて花持ちのよい高品質のものが栽培できる．作型は直播栽培および移植栽培があるが，露地栽培であっても育苗は施設内で行った方が株の揃いもよく安定した切花収穫ができる．栽培時期は4月上旬から6月上旬に定植し6月から9月にかけて収穫する．養分吸収は品種間差があるが，カルシウムの

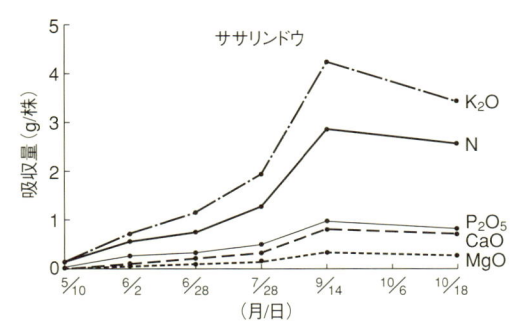

図6.33 ササリンドウの養分吸収量の推移（地上部）

吸収量がほかの切花類に比べて少ないほかは吸収のパターンはおおむねキクに類似している．

3) シンテッポウユリ

多くのユリは球根などの栄養繁殖で殖やす球根類花卉であるが，シンテッポウユリは種子繁殖ができ，かつ露地で切花栽培できる．シンテッポウユリは秋から初冬に播種して実生苗を晩霜の心配がなくなった頃に定植すれば，播種後10カ月程度で開花するため1年以内に切花できる．実生から生育が開始するため，球根を植え付ける他のユリとは異なり，切花花き類に近い養分吸収パターンを描くと思われる．

4) リンドウ

養分吸収は定植後生育の進行とともに徐々に進行し，花芽分化期頃から窒素とカリウムの吸収速度が増す．9月初め頃までは吸収勾配は大きいが，それ以降は気温低下により勾配は緩やかになり総吸収量は減少する傾向になる（図6.33[2]）が，これは球根への貯蔵移行のためと考えられる．リンドウは葉の美しさも重要であり微量要素，とくに鉄の欠乏症を出さないようにする．鉄欠乏症は土壌中の鉄含量の絶対的不足はもちろんのこと土壌pHが高い場合も不可給態になって発生する．鉄欠乏に対しては含鉄資材を施用し土壌pHは5.5前後に調製する．

5) デルフィニウム

デルフィニウムは2～3年据え置き栽培ができるが，耐寒性はあるが暑さと降雨に弱いため露地栽培は北海道および東北と中部の高冷地が適地である．養分吸収は春に定植した場合，定植後30日頃より気温の上昇とともに比較的一定した割合で養分吸収が進行するが，一番花収穫時の各要素

量の大小は，カリウム（K_2O）＞窒素（N）＞カルシウム（CaO）＞苦土（MgO）≧リン酸（P_2O_5）であり[3]，他の切花類に比べて相対的にリン酸の吸収量が少ない．

6）グラジオラス

露地栽培の場合夏咲き種は4月に植え付けて開花するまでの日数は100日前後であり6月下旬から8月上旬までに切花収穫できる．三要素の養分吸収は比較的平均して進行し，体内濃度はカリが窒素やリン酸に比較して高く推移するが，新しい球根の生育が進むと低下する傾向が見られる．

7）シャクヤク

シャクヤクは春早くに萌芽して秋の早い時期に地上部が枯死する多年草であり寒さにも強い．塊根を株分けして2年間株養成し，8月下旬頃に定植し翌年の5〜6月に切花収穫する．4〜5年またはそれ以上の長期にわたって栽培できる．萌芽後40〜50日は茎葉がほぼ直線的に生育するため，養分吸収も平行して進むと考えられる．

〔球根類〕

球根類は春夏に生育して開花し秋の低温で休眠する春植え球根と秋春に生育して開花し夏の高温で休眠する秋植え球根に大きく分けられる．春植え球根のグラジオラスや秋植え球根のチューリップ，ユリ，アイリスなどの球根類花きは園芸産業としては切花出荷する栽培と養成球根を出荷する栽培がある．

1）チューリップ

露地栽培は10月の中下旬に植え付けて翌年の5月初めに開花するが，切花栽培では開花始期に切花して出荷し，球根養成栽培では開花始期に摘花して6月まで球根を肥大生長させる．吸水量は萌芽期頃は非常に少ないが，茎葉の生育に伴い4月に入ると急激に増大し開花期に最大になる．窒素，リン酸，カリウム，カルシウム，マグネシウムの養分吸収パターンは類似しているが，とくに窒素とカリウムの吸収量のカーブは吸水量のそれとほぼパラレルである[4]．チューリップの要素欠乏症にはカルシウム欠乏症やホウ素欠乏症がみられ，これらは粗粒質土壌で要素含量が少ない場合に発生するが，土壌pHが高い場合や干ばつが続いた時も発生しやすい．

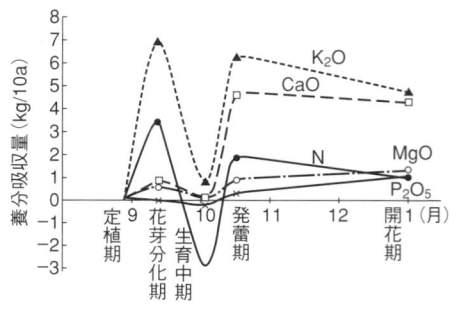

図6.34 テッポウユリの暮出し栽培における養分吸収量の推移（伊東ら，1979より作図）

2）ユリ類

ユリは種類が多く，養分吸収特性が調べられたものは限られるが，種類によって吸収パターンの相違がみられる．テッポウユリ（図6.34）は定植直後からただちに養分吸収が行われるのに対して，アカカノコユリの場合は生育初期にはほとんど吸収されず母球の貯蔵養分によって茎の伸長や根群が発達するため，花蕾数など品質の良し悪しは球根の貯蔵養分に影響される[5]．したがってユリ類の合理的な施肥管理を行うためには，ユリの種類によって養分吸収の異なる特性を把握する必要がある．

3）アイリス

アイリスは暖地性であるが低温に比較的強く夜温が5℃程度でも生育する．アイリスの露地の球根養成栽培では，全期間をとおしてカリウムの濃度は高く推移し，次いで窒素の濃度が高く推移するのに対し，カルシウムの濃度は低くリン酸とマグネシウムはさらにいちじるしく低く変化もほとんどない．時期別にはカリと窒素は定植して急速に濃度を高め，30日ほど経過した頃に濃度のピークが生じてからは徐々に低下する．その後生体重が盛んに増加する2月下旬頃に再びカリウムと窒素の濃度が高まるが4月以降は低下する[6]．

〔鉢植花き類〕

露地で園芸栽培される鉢植花き類の栽培法は地域による個別性があるが，鉢植え花き類に共通した点は，鉢に充填される用土の選択と灌水方法が栽培の成否を分けることである．

1）鉢植ギク

園芸作物としての鉢植ギクはポットマム，ボサギクなどがあり，ボサギクは露地栽培されるがポ

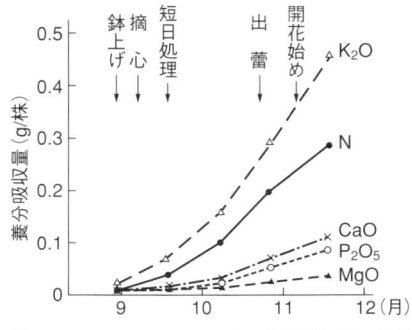

図6.35 ポットマムにおける養分吸収量の推移

ットマムは施設栽培が多い．ポットマムの養分吸収（図6.35[7]）は9月に定植してからカリウムと窒素は平均して直線的に吸収するのに対し，カルシウム，リン酸，マグネシウムは定植後しばらくは吸収量が少なく，30日あまり経てからは直線的に吸収量が多くなり，秋ギクの気温降下期前の吸収パターンに類似している．

2) ゼラニウム

ゼラニウムの養分吸収特性は，窒素の過剰施用は草姿を乱し花数を減少させ花色を悪くするが，窒素の形態では硝酸態窒素の比率が高いほうが生育はよい．リン酸は通常は不足して問題になることはないが，カリウムの欠乏は生育に影響しやすく窒素量と同程度施用する[8]．

3) 鉢植リンドウ

鉢植リンドウは矮性種が用いられ，養分吸収特性はあまり調査されていないが鉢上げ後は基本的には切花栽培に類似していると推測される．

4) ハイドランジア

鉢上げ後は秋の遅い時期まで露地で栽培管理ができる．花（がく片）の色は用土のpHによって変動するため，青色系品種はpH 5.0〜5.5に，桃色系品種はpH 7.0〜7.2に調製する．青色系品種の鉢用土には硫酸アルミニウムを$1\,g\cdot L^{-1}$を添加し，肥料はカリを多量施用すると青色が鮮明になり，桃色系品種にはリン酸を多量施用すると桃色が鮮明になる[9]．

c. 切花類の施肥

1) キ ク

土壌pHは6.5前後が適域である．キクの施肥量は土壌条件によっても変わるが，おおむね秋ギクは窒素（N），リン酸（P_2O_5），カリ（K_2O）それぞれ15〜18 kg/10 a程度であり，夏ギクは窒素（N），リン酸（P_2O_5），カリ（K_2O）それぞれ20〜25 kg/10 aである．キクは生育初期に土壌ECが$1.0\,mS\cdot cm^{-1}$以上であると塩類濃度障害を受けるため，秋ギクは元肥に窒素とカリを50%程度，リン酸は全量を施用し，残りは花芽分化期に施用するが，全量元肥の場合は70%を120日型の肥効調節型肥料で30%を速効性肥料で施用する．夏ギクは元肥に窒素，リン酸，カリをそれぞれ30%程度施用し，追肥として4月に窒素とカリの30%とリン酸の70%を施用し，花芽分化期に窒素とカリの40%を施用する．

2) アスター

アスターは比較的土壌pHの高い条件を好み6.4〜6.8程度が適している．連作すると萎ちょう病などの土壌病害が発生しやすいので輪作を行う．施肥量は$N-P_2O_5-K_2O=30-40-35\,kg/10\,a$程度であり，元肥は窒素とカリの60%とリン酸の全量を施用し，追肥は花芽分化期頃に窒素とカリウムの残りを施用する．全量元肥で施用する場合は施肥量の70%を肥効調節型肥料の120日型で30%を速効性肥料で施用する．

3) シンテッポウユリ

土壌は保水性と排水性がともに良好な圃場を選び土壌pHは5.7〜6.3が適域であり，アルカリ化すると鉄欠乏を生じやすい．施肥量は$N-P_2O_5-K_2O=35-42-37\,kg/10\,a$程度であり，窒素とカリの60%とリン酸の全量を元肥に施用し，窒素とカリウムの残りは花芽分化期に追肥する．シンテッポウユリは塩類濃度障害を受けやすいので置肥的な施用は避ける．追肥は灌水を兼ねて液肥を300倍程度に希釈して施用してもよい．

4) リンドウ

圃場は比較的冷涼な地域で排水性がよく，乾きすぎない場所が適している．水田転換畑に作付する場合は地下水位は60 cm以下であり，飽和透水係数が深さ20 cmで$10^{-3}\,cm/sec$程度の透水性の良好な畑を選ぶ．リンドウは酸性を好み土壌pH 5.5前後に調製する．施肥量は定植年ではN-P_2O_5-$K_2O=15$-17-15 kg/10 a程度であり元肥は窒素とカリの60%とリン酸の全量を施用し追肥

は残りの40%を開花する60日前頃に施用する．2年目以降の施肥量はN-P$_2$O$_5$-K$_2$O=25-28-25 kg/10 a 程度にする．追肥は立毛中のため液肥で施用すると省力的であり，ポリマルチ被覆した場合，液肥は施肥効率が高い．

5) デルフィニウム

デルフィニウムの土壌 pH の適域は 6.0〜6.5 である．施肥は元肥と 1 番花収穫後に分施するのがよい．施肥量は N-P$_2$O$_5$-K$_2$O = 20-25-20 kg/10 a 程度であり，元肥に窒素とカリの 50% とリン酸の全量を施用し，追肥は窒素とカリの残りを一番花の収穫直後とその 30 日後の 2 回に分けて追肥する．追肥は施肥効率が高い液肥を施用するのもよい．

6) グラジオラス

土壌 pH は 6.0〜6.5 程度が適している．3 年以上連作すると首腐病，乾腐病などによる生育不良を生じるため輪作が必要である．施肥量は球根養成栽培では窒素（N）を 15〜20 kg/10 a 施用するが，切花栽培では全般的に少なく，窒素（N），リン酸（P$_2$O$_5$），カリ（K$_2$O）とも 7〜12 kg/10 a 程度である．施用窒素が多いと倒伏しやすくなり，アンモニア態窒素が過剰だと葉先枯れや球根の腐敗が多くなるため硝酸系の肥料を施用する．速効性肥料を用いる場合は元肥と追肥は 7：3 ぐらいに施肥配分するが，90 日型程度の肥効調節型肥料を用いると全量元肥施用できる．

7) シャクヤク

冷涼で排水性がよく乾燥しない圃場をえらび，土壌 pH を 6.5 前後に調整する．堆肥は 3〜4 t/10 a 施用して定植する．施肥は有機質肥料を 1 年目は窒素（N），リン酸（P$_2$O$_5$），カリ（K$_2$O）とも 10 kg/10 a 程度を全量元肥施用し，2 年目以降は 20 kg/10 a 程度を萌芽期に 30%，切花収穫直後に 50%，60 日後に 20%，株間や畝の両肩部に施用し，茎葉刈り取り後は土づくり肥料を地力回復のため 100 kg/10 a 程度施用する．

d. 球根類の施肥

1) チューリップ

チューリップは湿害と乾燥害を回避できる場所を選ぶ．球根類は排水性が悪いとバクテリアによる腐敗や土壌病害を発生しやすいので水田転換畑で耕盤があれば破壊する．土壌 pH は 6.0〜6.5 が適域であるが，6.8 を超えるとカルシウム，ホウ素，鉄の欠乏症が生じやすくなる．施肥量は気象や土壌条件によって，N-P$_2$O$_5$-K$_2$O = 10-12-18 kg/10 a から保肥力の低い粗粒質土壌での N-P$_2$O$_5$-K$_2$O = 20-26-26 kg/10 a まで大きく異なる．施肥配分は元肥に 60% 程度施用し，12 月の 1 回目追肥に 20%，4 月の 2 回目追肥に 20% を株間に施用する．元肥に肥効調節型肥料を用いる場合は 90〜100 日型を用いる．

2) ユリ類

ユリは保水性と排水性を兼ね備えた土壌 pH 5.5〜6.2 の圃場が適している．連作 3 年目以降はいちじるしく収量が低下するので，3 年以上輪作する．施肥量は栽培地域や土壌条件によって，N-P$_2$O$_5$-K$_2$O = 22-26-24 kg/10 a から 38-48-40 kg/10 a まで幅が広い．元肥は 40% 程度を肥効調節型肥料の 180 日型を用いて施用する．春の萌芽期から養分吸収が増加して球根が肥大するため，5 月から 7 月にかけて速効性肥料なら 20% ずつ 3 回程度，90 日型の肥効調節型肥料なら 60% を 1 回に追肥する．

3) アイリス

排水性と保水性が良好で土壌 pH が 6.4〜6.7 の圃場が適している．球根類は一般に 1 作栽培すると地力養分を多量に吸収するため，完熟の有機物を作付する 30 日前に補給する．土壌病害などの連作障害を避けるために連作は行わない．施肥量は N-P$_2$O$_5$-K$_2$O = 20-20-25 kg/10 a から 30-30-35 kg/10 a 程度である．元肥に窒素とカリの 40% 程度とリン酸の全量を施用し，追肥は 11 月と 3 月に窒素とカリをそれぞれ 30% ずつ施用する．

e. 鉢植花き類の施肥

1) 鉢植ギク

鉢用土の材料としては水田や畑の土，川砂，もみがら，ピートモスなどが用いられる．用土は細粒質と粗粒質を混合した排水性が良好で保肥力の高い団粒構造をもつ土壌に完熟堆肥または腐葉土を容積の 20〜30% 量混ぜて使用する．元肥に N-P$_2$O$_5$-K$_2$O = 30-60-20 g/100 L を施用し，追肥は

$N : P_2O_5 : K_2O = 10 : 4 : 8$ などの液肥の1,000倍液を灌水ごとに施用する．

2) ゼラニウム

鉢用土は赤土2に腐葉土（または粗いピートモス）1の割合で混合し，土壌pHは6.0〜6.5に調整する．施肥は栄養繁殖系の場合，硝酸態窒素を50%以上含む化成肥料を窒素量で用土容積1L当たり0.32g施用し追肥は5号鉢の場合，同じ肥料を2カ月に1回の割合で窒素量で0.8g施用する．追肥は硝酸態窒素の割合の多い液肥を窒素濃度で100〜150ppmにして1週間に1回の割合で灌水を兼ねて施用してもよい[7]．

3) 鉢植リンドウ

鉢上げ用土は鹿沼土，バーミキュライト，ピートモスを混合したものが適しており，用土のpHは5.5〜6.0に調整する．活着後は鉢替えするまで窒素濃度が100〜150ppm程度の液肥を施用し，鉢替えは同じ用土を用いて4〜4.5号の平鉢で行う．追肥は鉢替え2週間後にIB系の大粒化成を鉢当たり窒素で0.5g置肥するかまたは同じ濃度の液肥を施用する．

4) ハイドランジア

5月に赤玉土，鹿沼土，川砂を等量混合した用土に挿し芽を行い6月に3号鉢に鉢上げし，7月に1回目の摘心をして5号鉢に植え替え8月に2回目の摘心をする．鉢用土は赤土7に対して腐葉土2と完熟堆肥1を混合する．9月〜10月に花芽分化させ，1〜2月に加温して，3月に出荷する．水分管理はスプリンクラーによる頭上灌水が適している．鉢の下に木質チップ廃材を敷いて鉢に入った過剰水を円滑に排水し灌水ムラも緩和する管理法も行われている．施肥は適宜，灌水時に液肥を希釈混入させて施用する．

〔高橋正輝〕

文献

1) 細谷　毅：花卉の栄養生理と施肥, pp.124-137, 農文協 (1987)
2) 中村孝志：福島農試農芸化学部試験成績書, pp.102-109 (1991)
3) 細谷　毅．三浦泰昌編：花卉の栄養生理と施肥, pp.222-226, 農文協 (1995)
4) 馬場　昂：肥料科学, 第9号, pp.65-121, 肥料科学研究所 (1986)
5) 飯尾京子：花卉の栄養生理と施肥（細谷　毅・三浦泰昌編）, pp.255-267, 農文協 (1995)
6) 松川時晴：福岡農試園芸分場報告, No.3, pp.1-18 (1964)
7) 細谷　毅：埼玉園試特別研究報告第1号 (1985)
8) 米村浩次：花卉の栄養生理と施肥（細谷　毅・三浦泰昌編）, pp.342-348, 農文協 (1995)
9) 鶴島久男：東京都農試研究報告 No.7 (1974)

6.3.6 施設栽培花きの施肥

a. 施設切り花土壌の特性と問題点

高収益を追求する施設花き栽培では，多収・高生産性を目的として，多肥栽培を行ってきたため，塩類集積・養分富化が顕著に進み，生産力および品質低下を招く事例が増加している．ここでは，連作を余儀なくされる施設花き土壌の実態についてまとめる．

1) 塩類集積

降雨を遮断された閉鎖系環境下の施設栽培では塩類集積がいちじるしい傾向がみられる．一般には養分吸収量をかなり上回る多肥栽培の傾向にあるため，吸われずに残った養分が蓄積して塩類の上昇を招いている．通常施設園芸では，肥料から

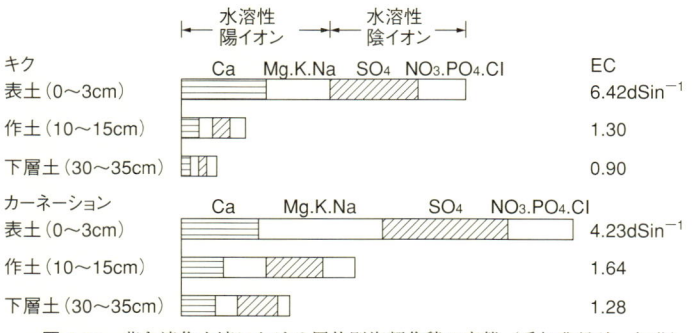

図6.36 花き連作土壌における層位別塩類集積の実態（愛知農総試・加藤）

ナトリウム，塩素が持ち込まれることは少なくないが，土づくりのために施用される牛ふん堆肥などに多量に含まれるため，十分雨にあたっていない牛ふん堆肥を施用するとナトリウムや塩素の過剰集積を招くことになる．

一方，硫酸根は，園芸用化成肥料にはほとんど含まれており，有機配合肥料にも硫酸カリとして加えられている．また過リン酸石灰その他の化成肥料にも硫酸根は含まれている．硝酸根は施設土壌に持ち込まれる機会が多い．

キク，バラ，カーネーションなどの切り花花きにおいては，連作年数が長いハウスで陰イオンのうち硫酸根の占める割合が多く，硫酸根を上回る事例が増加している（図6.36）．前述の肥料のほか，畜ふん堆肥などの有機施用が硫酸集積の原因と考えられる．従来，施設土壌のECは硝酸態窒素との相関が高いといわれており，ECを測定して栽培跡地の残存無機態窒素の推定が行われてきた．しかし，硫酸根の割合が高いときには硝酸態窒素が少なくてもEC値は高くなるため「EC値が高かったので指導で元肥を減らしたら初期生育が不良となった」ということも起きる．これはEC測定法が硝酸態窒素の推定法として使えない事例が増えていることを物語っている．硫黄(S)そのものは必須成分であるが硫酸根が必要以上に集積してEC値が高まれば定植時活着不良を起こすとも懸念されるため，硫酸根の効率的除去法，硫酸根を集積させない施肥技術の確立が望まれる．

2) 塩基・リン酸の富化と微量要素欠乏

花きのハウスにおいて，連作年数が長いほど作土中の塩基類やリン酸が集積する傾向にある．リ

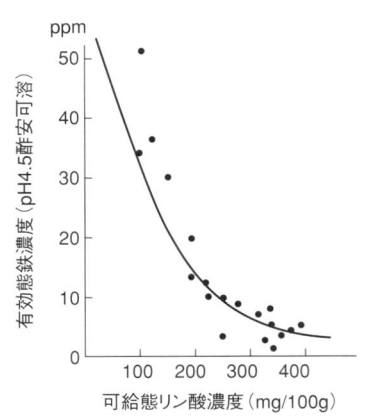

図6.38 有効態リン酸濃度と有効態鉄濃度の関係（促成夏ギク作土，中粗粒灰色低地土）(加藤)

ン酸については高品質を期待して山（∧）型の施肥が行われており，吸収量をはるかに上回る施肥を行っているため，年々蓄積される量も多い．施設土壌でも家畜ふん堆肥などの有機物を投入して土づくりを行っている事例が多いが，これらの有機物から持ち込まれる塩基およびリン酸の量は相当な量に達する．カリウム過剰の施設も一部みられている．一方，マグネシウムが必要以上に富化された施設が増加している．塩基バランスの乱れによる生育障害の発生も多い．また，アルカリ化・リン酸富化は微量要素の可給性を低下させるため（図6.37, 6.38），鉄，亜鉛，マンガンなどの微量要素の欠乏による生育障害の発生事例も多いので注意したい．

3) 微生物性の悪化・単純化

施設栽培では単一作物を連作する傾向が強く土壌伝染性病害虫の激発する傾向が高まっている．これらの回避対策として，蒸気消毒，クロルピク

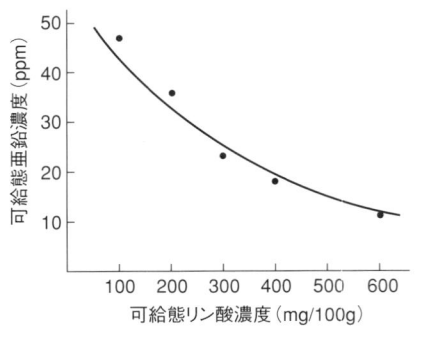

図6.37 可給態リン酸濃度と可給態亜鉛濃度との関係（加藤，1989）

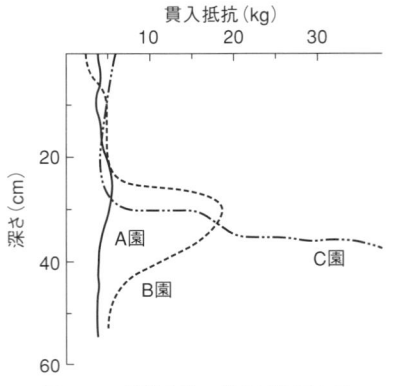

図6.39 施設土壌の貫入抵抗測定例

リン，DD 剤などの薬剤消毒が過酷に行われた結果，硝化菌などの有用菌も死滅し，土壌微生物間の適度な生態系が破られている．そのため有害微生物に対する抵抗力が低下して，土壌伝染性の病害が発生しやすくなっている．硝化菌の死滅により，アンモニアや亜硝酸の過剰による生育障害を起こすことも多い．

4） 土壌構造の悪化—下層土の物理性不良

施設土壌はトラクターなどのロータリー耕によって作土下層に耕盤（圧密層）が形成され，下層の物理性は不良となり，下層の硬度が 20 mm 以上の場合，根はほとんど見られない．キクでは（図6.39）深耕により作土が深く，下層土の物理性の良好な A 園に比べ，耕盤ができ作土の浅い園では（B 園，C 園），排水性・通気性が不良で，過湿になっていたため，根系は浅く不良で，生育はおとり，不ぞろいで下葉の枯れ上がりが目立った．耕盤があると根張りも不良で濃度障害が発生しやすく，除塩効率も悪く，土壌消毒効果が減退し，生育障害も発生しやすい．

b． 施設花きにおける施肥方式

キク，バラ，カーネーション，トルコギキョウ，ユリなどの切り花の施肥法についてはいくつかのタイプがある．

施設花きで利用されている施肥方式を下記に示す．

① 有機質肥料（ペレット肥料）タイプ
② 有機質肥料（ペレット肥料）タイプ＋液肥追肥タイプ
③ ボカシ肥料基肥主体タイプ
④ 緩効性肥料主体＋液肥追肥タイプ
⑤ 肥効調節型肥料主体タイプ
⑥ 肥効調節型肥料主体＋液肥追肥タイプ
⑦ 肥効調節型肥料主体＋有機質肥料追肥タイプ
⑧ 液肥主体タイプ（ドリップ・ファーティゲーション）

施設花きの追肥は，今まで有機質肥料（ボカシ肥料も含む）主体の施肥方式や，緩効性肥料主体あるいは肥効調節型肥料主体の液肥方式がとられてきたが，今後は液肥主体タイプの導入，すなわちより自動化・省力化，そしてリアルタイムで養液の供給濃度をコントロールできるシステムの導入が期待されている．本方式は養液土耕栽培（ドリップ・ファーティゲーション）と呼ばれ，灌水と施肥を同時に行う栽培法である．

c． 切り花花きの養分吸収量・養分吸収パターン

切り花の産地が全国的に拡大していく中で，生産性向上・品質向上・低コストを図る生産技術の開発がより強く求められている．消費者はボリュ

表 6.32 切り花の養分吸収量（細谷，1995）

種類	収量など（a 当たり）	養分吸収量 (kg/a)					N (100) に対する比			
		N	P_2O_5	K_2O	CaO	MgO	P_2O_5	K_2O	CaO	MgO
アルストロメリア	13,000[*2]	1.84	0.66	4.91	0.82	0.26	36	267	45	14
カーネーション[*1]	25,730[*2]	7.92	3.30	13.46	4.93	1.66	42	144	62	21
キク	5,960[*2]	1.63	0.42	2.79	0.70	0.28	26	171	43	17
キンギョソウ	3,400[*3]	1.80	0.60	3.55	1.50	0.60	23	197	83	33
シュッコンカスミソウ	590[*5]	0.81	0.33	1.73	1.04	0.58	41	214	128	72
スイートピー	2,000[*3]	1.67	0.45	1.23	1.21	0.34	27	74	72	20
スターチスシヌアータ	440[*3]	1.44	0.66	2.04	0.38	0.75	46	142	26	52
ストック	5,990[*3]	2.04	0.56	3.22	1.60	0.25	27	158	78	12
デルフィニウム	490[*3]	1.22	0.35	2.72	0.68	0.54	29	223	56	44
トルコギキョウ（ユーストマ）	3,100[*3]	1.24	0.22	1.46	0.16	0.28	18	118	13	23
バラ	12,120[*2]	2.37	0.62	2.30	0.86	0.37	26	97	36	16
フリージア	15,000[*4]	1.29	0.33	2.09	0.42	0.25	26	162	33	19
ユリ	2,880[*4]	0.67	0.08	1.69	0.61	0.17	12	252	91	25
リンドウ	715[*3,*6]	2.57	0.90	2.72	1.21	0.18	35	106	47	7

[*1] 実栽培面積当たり，[*2] 切り花本数，[*3] 定植株数，[*4] 定植球根数，[*5] 1 年株，[*6] 開花 4 年目．
注）吸収量は栽培方法などにより大きく異なるので目安程度とみること．

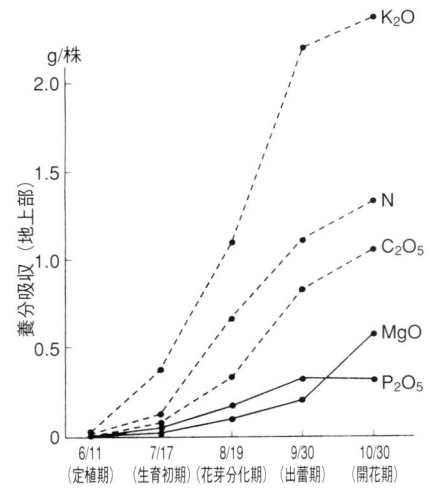

図 **6.40** 「秀芳の力」（季咲き）の養分吸収経過
（青山ら，1988）
品種：「秀芳の力」（3本仕立て，6/19 摘心）
施肥量：N：P₂O₅：K₂O＝35：35：35（kg/10 a）

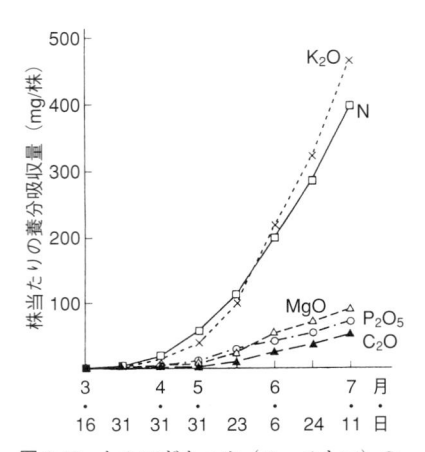

図 **6.42** トルコギキョウ（ユーストマ）の養分吸収量の推移（松尾，1990）
3月16日定植，6月下旬開花，無加温栽培
供試品種：霧の峰
窒素：リン酸：カリ＝20：20：20 kg/10 a

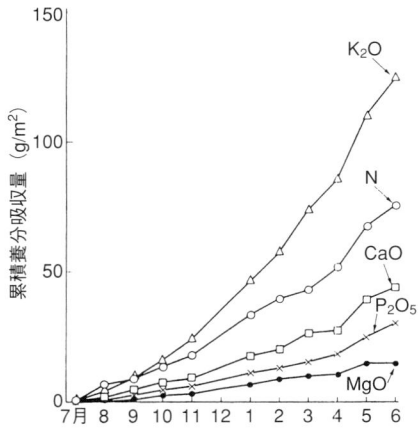

図 **6.41** カーネーション（バーバラ）の累積養分吸収量の推移（千葉暖地園試・松尾）

業が叫ばれる今日，よりいっそうの施肥の適正化・合理化が求められている．

そのためには，種類ごとの養分吸収特性を解明し，生育ステージ別の吸収に合わせた合理的かつ効率的な施肥技術の開発と体系化が必要である．切り花は種類も多く，養分吸収量・養分吸収パターンの明らかでないものも多い．ここでは，花き全体を統一的にとらえ，大まかに類別し，そのグループごとに施肥技術のモデル化を図りたい．

切り花は，一・二年草，宿根草，球根，木本植物などきわめて種類が多い．切り花の養分吸収量は種類により大きく異なる（表 6.32，図 6.40，6.41，6.42）．吸収量は，同一種類でも品種，系統，栽培方法によって異なる．栽培時期，栽培期間，収穫本数によっても吸収量は異なる．また，同一作物でも品種，系統がいちじるしく多く，作

ームのある切り花よりも日持ちのよい内部品質の優れた切り花を求めている．また，環境保全型農

タイプ	I 連続採花型	II 複数採花サイクル型（二山型など）	III 短期山型	IV 尻上がり型
花きの種類	バラ（ダラ切り） ガーベラ スィートピー	バラ（一斉切り） キク（二度切り） キク（三度切り） カーネーション	夏秋ギク，秋ギク ストック アスター スプレーギク キンギョソウ	カスミソウ トルコキョウ スターチス 夏ギク
養分吸収パターン	（連続吸収）	（二山型吸収）	（一山型吸収）	（中〜後期吸収）

図 **6.43** 花きの種類と養分吸収パターン（愛知農総試・加藤）

型がいちじるしく分化して栽培様式も多種多様である．したがって，同一作物においても好適養分吸収量，養分吸収パターンは必ずしも同じとはならない．

花きにおける養分吸収パターンを次のように分類した（図6.43）．

① 連続吸収タイプ：バラ（ダラ切り），ガーベラ，スィートピーなど連続して採花するタイプで，コンスタントな養分吸収が特徴である．

② 二山型吸収タイプ：バラ（一斉切り），カーネーション，キク（二度切り）など，採花を2回以上くり返す複数採花サイクル型で，山型の養分吸収パターンをくり返すのが特徴である．

③ 山型吸収タイプ：秋ギク，夏秋ギク，アスター，ストックなど初期から中期にかけて吸収のピークとなり，収穫期の吸収が下がる．

④ 尻上がり型タイプ：初期生育の遅いトルコギキョウ，スターチスなどは初期の養分吸収は少なく，中期から収穫期にかけて尻上がりに吸収が増加する．

d. 花き栽培における環境保全的施肥管理
1) 塩類集積のない施肥管理

施設栽培で副成分をもつ硫酸アンモニウム（硫安），過リン酸石灰（過石），硫酸カリ（硫加）を施用した区と，副成分のない硝酸アンモニウム（硝安），リン酸カリ，硝酸カリを施用した区で，塩類集積や野菜の生育を比較したところ，副成分のある肥料を施用した区では，pHが低下し，ECは高くなったのに対し，副成分のない肥料を施用した区では，作付回数が増加しても，土壌pHやECは作付前と変わらず，適正な状態に保たれていた（図6.44，小野ら1994）．このように施設土壌の塩類集積は，副成分のない肥料を用いることによって回避することができる．塩類集積したハウスを除塩するよりも，塩類集積させない施肥技術が重要である．

2) 富化養分を活かした施肥管理

施設農家は一般的にその地域で決められた施肥基準に従って施肥管理を行っている．しかし，施肥基準は養分富化が比較的少ない土壌での基準を示したもので，必ずしも連用を想定した基準ではない．したがって，連用を続けると作物に吸収利用されなかった養分が土壌中に存在し，次第に養分富化土壌・塩類集積土壌が生成される．

とくに，養分吸収の顕著なのはリン酸である．リン酸は窒素やカリと同量かそれ以上に施用されているが，作物による吸収量は窒素の30%程度で，吸収されないリン酸は土壌に蓄積していく．さらに，施設では有機物の施用が多く行われ，それらに伴って搬入されるリン酸も上乗せされ，いっそう富化が増す．土壌中の有効態リン酸は100g中60〜80 mgあれば十分であるが，実際には200〜500 mgと15〜20作分に相当するリン酸が蓄積している施設も多い．有効態リン酸が100〜200 mgあれば，リン酸施肥量を半量，200 mg以上あれば無施肥としても作物生育には支障がない．

また，施設では長年の過剰施肥や有機物施用によって，窒素やカリウムも富化している．易分解性の有機体窒素（地力窒素）は栽培期間中に微生物の働きによって無機化され，施肥基準に沿った管理を行っていても，土壌中窒素はよりいっそう高まる傾向にある．有機物の多用によるカリウム

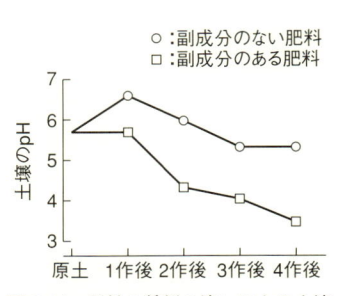

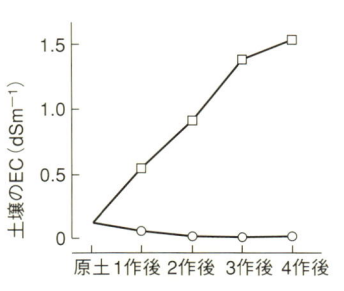

図6.44 肥料の種類の違いによる土壌pH，ECの経時的変化（小野ら，1994）

表 6.33 「秀芳の力」のシェード栽培におけるリン酸, カリ無施用および窒素の減肥が切り花品質, 収量に及ぼす影響

(愛知農総試・加藤)

試験区	窒素施用量 (kg/10 a)	減肥率 (%)	リン酸, カリ無施用区					リン酸, カリ施用区				
			開花日 (月日)	茎長 (cm)	葉数	茎の太さ (mm)	特級品率 (%)	開花日 (月日)	茎長 (cm)	葉数	茎の太さ (mm)	特級品率 (%)
1. 標準区	30		10/15	91.6	53.6	5.4	76	10/15	99.3	55.3	5.7	68
2. 半量区	15	(50)	10/15	94.0	54.4	5.4	68	10/16	98.4	54.2	5.5	60

注1) CDU窒素で施用
注2) 定植前 (有効態リン酸 365 mg/100 g, 交換性カリ 167 mg/100 g)

の富化が顕著な施設も多い．また，pH 調整のための石灰資材の長年の連用により，カルシウム，マグネシウムなどの塩基の富化した施設も多く見られる．表 6.33 は土壌診断の結果，リン酸，カリウムがいちじるしく富化されていたため，キクにおいて減肥して栽培した結果であるが，リン酸，カリウムの無施用，減肥した場合でも，生育，切り花収量の低下はみられない．畜ふん堆肥を施用する場合，その作において，吸収可能な養分量の測定を確立し，これ以上の塩基集積およびリン酸，塩基などの富化を回避する必要がある．

施設栽培は土壌に蓄積した養分を上手に利用して，施設外への養分流出を極力抑える施肥管理法が求められており，そのためには，栽培期間中の土壌や作物体内養分を迅速にかつ簡易に測定できる診断法を開発し，作物生育に必要な養分だけを供給するといった明確な考え方が必要である．

3) 根を大切にする施肥管理・灌水管理

根の働きはいうまでもなく作物体を支えること，作物生育に必要な養水分を吸収することであり，その吸収した養水分を地上部に送り，代謝活動を活発にすることにある．しかし，根は土壌の環境条件の変化に大きく反応し，とくに細根・毛根の先端部分は敏感である．たとえば，土壌中の高い肥料濃度に接すると，根の発達が悪くなったり，極端な場合には肥料焼けで枯死してしまうこともある．さらに，土壌水分の変化によっても，乾燥害や湿害を起こし根の機能を失うことになる．根は水分，養分と同時に酸素を必要とするため，とくに酸欠を起こしやすい夏季高温時は酸素不足による根の機能低下がいちじるしい．点滴灌水は散水灌水に比べ，根圏を好適水分状態に保つことが可能で，過湿による酸欠，水分不足による高ECストレスを招きにくい (図 6.45).

以上のように，慣行の養水分管理では無意識のうちに根の発達や機能にストレスを与えていることが多い．したがって，作物の生育を十分促すためには，根にストレスを与えずに，しかも，根域の養水分および酸素を適正にコントロールできるシステムが求められる．

4) 土壌溶液の養分濃度コントロール

作物は土壌溶液中の養分を吸収するが，現行の施肥法では基肥，追肥として一度に多量の施肥が行われるため，一時的に土壌溶液の養分濃度が高まったり，低くなったりしてその変動が激しい．その結果，根に対しストレスを与え，ひいては養分の過不足を生じて生育に悪影響をもたらす．一方，花きの種類によって好適養分濃度が異なることが知られている．このように作物の生育ステージによっても最適養分濃度は異なっているので，作物の安定生産を維持するには，従来の基肥主体＋追肥の施肥管理体系では対応できない側面がある．これからは，作物の生育と養分吸収量・吸収速度を十分把握し，それに応じた土壌溶液中養分濃度をコントロールする施肥管理が重要である．

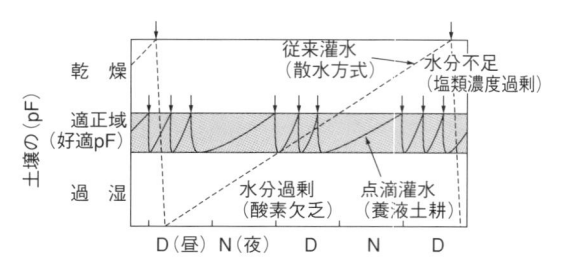

図 6.45 灌水方式と土壌水分 (pF) の変化
点滴灌水による灌水の適正化・好適水分管理 (愛知農総試・加藤)

5) 養分吸収特性に合わせた施肥管理

花きの養分吸収パターンは，栄養生長，生殖生

長，その両者が併行して生長するなどその生育特性あるいは目的とする収穫物の収穫時期（季節）によっていちじるしく異なる．このため，事前に養分吸収パターンを把握し，それに応じて養分を供給するならば，効率的な養分管理ができる．そのためには，作物体の健康チェック，すなわち栄養診断が欠かせない．作物体の診断部位，時期，そして簡易分析法の確立によって，リアルタイムに栄養診断が行われ，その結果がただちに対策に結びつけることが求められている．

6) 肥効調節肥料を利用した効率的・省力施肥法

栽培期間の長いカーネーションやガーベラ，キクの二度切り栽培などでは肥効調節肥料を効率的に利用することにより，省力化と施肥量の削減が可能となる．肥効調節肥料は溶出期間や溶出パターンにより，多くの種類があるが，肥効調節肥料と速効性化成肥料・液肥・有機質肥料を組み合わせて，栽培作物のステージごとの吸収特性に合わせ合理的に施用することにより，窒素などの養分吸収利用率を向上させることが可能である．キクの二度切り栽培で，二作分を全量一括基肥施用することで，慣行の有機ペレット肥料を35%減肥しても切花収量は同等以上となる．肥効調節肥料の局所施用した場合，肥料直下に細根がいちじるしく発達する（図6.46，表6.34）．肥効調節肥料の溶出をコンスタントに促すためには，ドリップチューブを肥料の上に配置し少量多回数の灌水をすることが望ましい．液肥と組み合わせることで，基肥施用量をさらに削減できる．

7) 好適土壌構造・根を大切にする土づくり

キク，カーネーション，バラなどの花きの多くは夏季高温期にも栽培されるが，過湿・酸欠に弱いため，低pF状態においても孔隙量（気相）が十分あることが大切であり，深耕ロータリーなどによる下層土の物理性改良効果が高い．下層土でも十分な孔隙が必要であり，含空気孔隙が20%程度でキク，カーネーションの生育が優れる（図6.47，6.48）．

深耕により，下層土の物理性は良好になる．キク，カーネーションなどの切り花では深耕ロータリーなどによる40cm程度の深耕で十分な根系

を確保できる．深耕により改良された土壌構造を長期間維持するためには，深耕と同時にピートモス，ヤシがらチップ，良質なバーク堆肥などの有機物を下層に投入し，混合するとよい．

花きの中でも深根性のバラは有効土層60cm

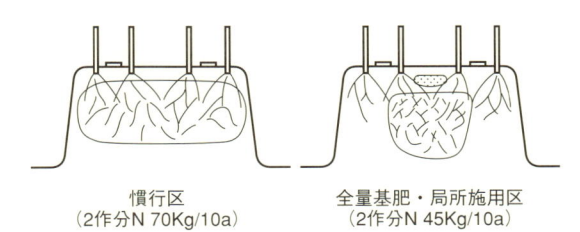

図6.46 肥効調節肥料の全量局所施用による施肥量35%削減（「秀芳の力」2度切り終了後の根系）

慣行区（2作分N 70Kg/10a）　全量基肥・局所施用区（2作分N 45Kg/10a）

表6.34 「秀芳の力」2作目養分吸収量（切り花のみ）(kg/10 a)

試験区	N	P_2O_5	K_2O	CaO	MgO
1．慣行区	13.82	4.23	23.45	9.42	2.96
2．全量基肥区	14.78	4.35	20.81	9.17	2.56
3．基肥重点・1作追肥	13.68	4.14	19.85	9.23	2.81
4．基肥重点・2作追肥	14.61	4.65	20.33	9.97	2.86

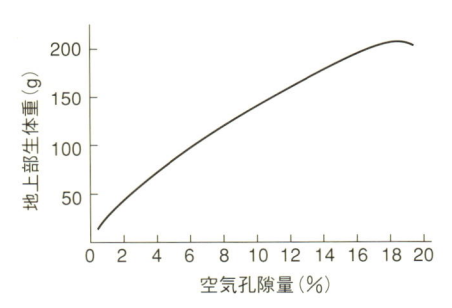

図6.47 空気孔隙量とキクの生育との関係（Paul ら，1976）

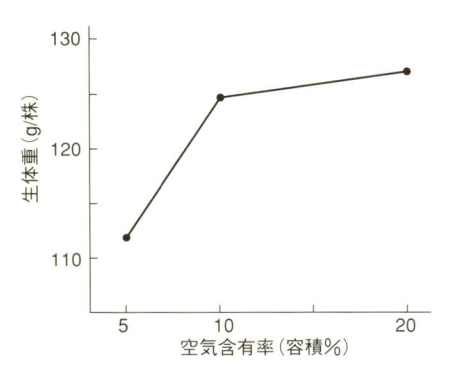

図6.48 土壌中の空気含有量がカーネーションの生長におよぼす影響
品種：'ウイリアム・シム'（van Wijk ら，1970）
(小西，1980)

表 6.35 各種有機物の特性

有機物の種類		原材料	施用効果			施用上の注意
			肥料的	化学性改良	物理性改良	
堆　　　　　肥		稲わら，麦桿および野菜くずなど	中	小	中	最も安心して施用できる
きゅう肥	（牛ふん尿）	牛ふん尿と敷料	中	中	中	肥料効果を考えて施用量を決定する
	（豚ぷん尿）	豚ぷん尿と敷料	大	大	小	
	（鶏ふん）	鶏ふんとわらなど	大	大	小	
木質混合堆肥	（牛ふん尿）	牛ふん尿とおがくず	中	中	大	未熟木質があると虫害が発生しやすい
	（豚ぷん尿）	豚ぷん尿とおがくず	中	中	大	
	（鶏ふん）	鶏ふんとおがくず	中	中	大	
バ　ー　ク　堆　肥		バークやおがくずを主体にしたもの	小	小	大	同　上
もみがら堆肥		籾がらを主体としたもの	小	小	大	物理性の改良効果を中心に考える
稲わら，川ヨシ，ケイントップ			小	小	中	窒素固定による濃度障害の回避
ピ　ー　ト　モ　ス			小	小	大	分解の進んだものは過湿になりやすい
も　み　が　ら			小	小	大	

以上を必要とする．バラ園では作土（0～30 cm）の物理性はどの園も比較的良好であるが，下層土がち密で有効土層の浅いところでは，根系が浅く樹勢が不良な園が目立つ．

五十右らがバラの品質と土壌条件の関係を調べた結果，優良園は，黒ボク土で腐食含量が10%以上と高く，団粒構造がよく発達し，仮比重が小さく，保水力は大きいが孔隙率が大で透水性がよく，気相率が高い．さらに，有効土層が深く，下層に圧密層がなく，また荷圧によっても圧密層ができにくい土壌である．このような土壌では根群が全面層に発達している．

一方，不良園は，①有効土層が浅い，②下層圧密層（耕盤）が存在する，③地下水位が高く排水が不良である．そしてこれらの場合はいずれも根群の発達が不良で，かつ浅いとしている．地下水位が高いと湿害を受けやすい．水田地帯や地下水位の高い温室では暗きょなどの排水対策が必要である．

長期にわたって土壌の物理性を良好に保持するためには，土壌を団粒化するためにも有機物施用がかかせない．ただし，ハウス，ガラス室での有機物の多量施用はカリウム過剰や塩類集積を起こし，活着不良，生育不良をまねく．濃度障害や窒素飢餓を起こさずに，長期間土壌の物理性を良好に維持できる資材を適量施用する．

バラ，キクなどの土耕栽培においては，長期にわたって排水性，通気性，保水性など好適根圏環境を維持できる「培地」づくりがポイントである．粗粒ピートモス，バーク堆肥，ココヤシ繊維（ヤシがらチップ），ケイントップなどは，持続性に優れ，土壌の物理性などの改善効果が高い．この

A. 従来の施肥（有機質肥料主体）

B. リアルタイム土壌診断を活用した施肥（有機質肥料主体）

C. リアルタイム土壌診断を活用した施肥
（液肥による灌水施肥栽培・養液土耕）

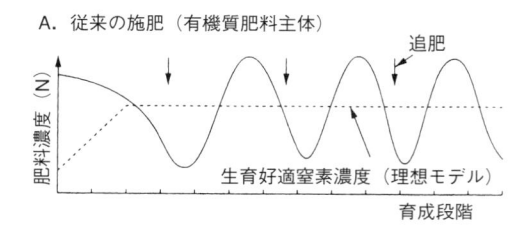

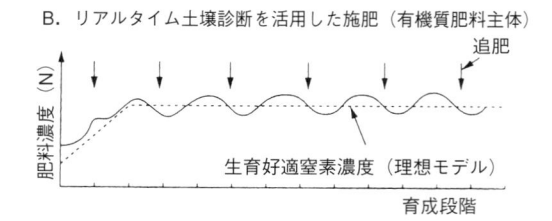

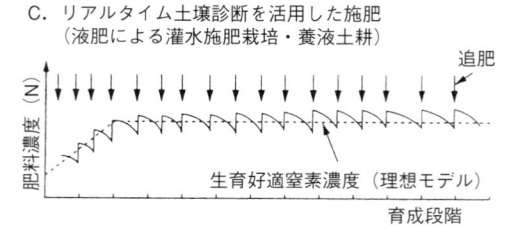

図 6.49 リアルタイム診断を活用した施肥の方法と肥効パターン（愛知県農試・加藤）

表 6.36 バラの灌水施肥法（養液土耕）による栽培事例（kg/10 a）（愛知農総試・加藤）

栽培性	改良資材	堆肥	N	P_2O_5	K_2O	CaO	MgO	微量要素
A. 灌水施肥法（夏期休眠）	ベラボン・ビートモス	単肥肥料	46	18	48	24	13	○
B. 灌水施肥法（夏期休眠）	ビートモス・バーク堆肥	単肥肥料	60	0	0	0	0	－
C. 灌水施肥法（周年）	粗ビートモス・バーク堆肥	メーカー複合肥料	60	30	56	30	15	○
D. 灌水施肥法（周年）	稲わら・バーク堆肥	メーカー複合肥料	64	36	64	29	16	○
E. 灌水施肥法（周年）	粗ビートモス・ベラボン	メーカー複合肥料	56	28	60	20	10	○
F. 慣行施肥（夏期休眠）	バーク堆肥・ビートモス	有機質肥料主体	85	48	72	－	－	（Feのみ施用）

注）A, B, F：従来のパイプノズル灌水，C, E：ドリップチューブ，D：地中ドリップ灌水，B, C, Eについては土壌溶液診断を実施，Bはリン酸，カリウムの富化土壌でN肥料だけを灌水施肥．

表 6.37 カーネーションの灌水施肥による施肥事例（kg/10 a）（愛知農総試，加藤）

培地・栽培法	土つくり	N	P_2O_5	K_2O	CaO	MgO	Fe・B
A. 地床	粗粒ピート多施用／堆肥も施用	46.0	30.0	56.0	－	－	
B. 地床	ケイントップ／元肥肥効調節（50％）	57.0	49.2	67.5	9.4	3.0	○
C. 地床	もみがらも多施用／堆肥も施用	37.8	33.3	39.0	13.5	4.2	○
D. ピートベンチ	調整ピート・粗粒／ビートモス	63.6	50.7	87.0	19.7	5.9	○
E. プランター栽培購入培土	液肥のみ	78.0	49.0	67.6	36.0	6.9	○
F. プランター栽培購入培土	肥効調節肥料／定植後施用（15％）	48.6	48.6	48.6	13.8	4.2	○
G. プランター栽培購入培土	液肥のみ	50.0	50.0	50.0	16.7	5.0	○

注）B〜G 微量要素（Fe, Mn, B）入り灌水施肥用肥料を使用．
カルシウム，マグネシウムは液肥としての施用量，石灰資材も他に施用．

表 6.38 切り花の灌水施肥栽培での窒素，日施用量の目安

種類	生育ステージ	N-P_2O_5-K_2O 割合	N 施用量 g/10 a/日	N 施用量 kg/10 a/週
輪ギク	生育初期	1-1-1, 1-2-1	20〜50	0.1〜0.3
	初期後半	1-1-1, 2-1-2	40〜90	0.2〜0.6
	生育盛期・着蕾	2-1-3, 1-0.7-3	120〜230	0.8〜1.6
スプレーギク	定植-初期	1-1-1, 1-2-1	10〜25	0.05〜0.15
	初期後半	1-1-1, 2-1-2	20〜80	0.14〜0.6
	生成盛期・着蕾	2-1-3, 1-0.7-3	75〜210	0.5〜1.5
バラ	定植-初期	1-1-1, 1-2-1	75〜130	0.2〜0.8
	初期後半	1-1-1, 2-1-2	130〜210	0.8〜1.2
	収穫盛期	2-1-2, 2-1-3	180〜260	1.0〜1.4
カーネーション	定植-初期	1-1-1, 1-2-1	20〜50	0.1〜0.3
	初期後半	2-1-3, 2-1-2	80〜150	0.5〜1.0
	収穫盛期	2-1-3, 3-1-5	150〜180	1.0〜1.2
ガーベラ	定植-初期	1-1-1, 1-2-1	20〜70	0.15〜0.5
	初期-開花始	2-1-2.5, 2-1-2	80〜120	0.5〜0.8
	収穫盛期	2-1-2.5, 2-1-3	120〜150	0.8〜1.0

ような数種の有機物の資材とパーライトなどの無機質の資材を混合施用して物理性に優れた生産力を長期に持続させる好適培地づくりをする（表6.35）．

8）リアルタイム診断を活用した効率的施肥

土壌溶液採水法あるいは生土容積抽出法によるリアルタイム土壌診断とリアルタイム栄養診断に基づき，追肥時期および施肥量を決定するリアルタイム施肥管理が，好適土壌養分の維持管理および栽培作物の好適栄養状態の維持管理を図るうえで強く求められている．すでに，リアルタイム土壌診断は生産現場で行われている事例も多い．すでに養液土耕農家は，土壌溶液診断を行い，効率的かつ適正な施肥に活用している．その結果，施肥量が低減されている．

図6.49にリアルタイム土壌診断を活用した施肥の方法とそのパターン（たとえば連続採花型のバラ）を示した．従来の有機質肥料主体の施肥（A）は，栽培者の勘と経験で施肥診断された場合の無機態窒素濃度の肥効をモデル化して示したものである．1回当たりの施肥量も多いため，好適窒素濃度（理想モデル）を維持することは困難である．好適窒素濃度より，高くなりすぎたり，低くなりすぎる．これに対し，リアルタイム土壌診断を活用し，しかも有機質肥料主体の施肥（B）では，少量多回数の施肥となるため追肥回数は増えるものの，好適窒素濃度を維持しやすい．さらに，同様にリアルタイム診断を活用し，液肥主体の灌水施肥すなわち養液土耕（C）を行う場合は，好適窒素濃度に近い肥効パターンを示す．この場合，追肥回数はいちじるしく増加するが，灌水施肥のシステム化，自動化を図ればいちじるしく省力化される．リアルタイム土壌診断を活用した灌水施肥栽培（ファーティゲーション），養液土耕栽培（ドリップ・ファーティゲーション）はロックウール栽培の肥効パターンに近く，しかも肥料の効率が高く，施肥の適正化・合理化と省力化の両立が可能である．リアルタイム診断を活かせる合理的な施肥法といえる．

バラの灌水施肥の事例（表6.36）とカーネーションの灌水施肥の事例（表6.37）を示した．慣行の施肥に比べ，窒素施用量は削減されているが，さらにリアルタイム土壌診断，栄養診断を活用することで，より施肥の効率化が実現できる（表6.38）．

〔加藤俊博〕

6.3.7 養液栽培の施肥

a. 培養液の種類と管理
1）培養液処方の種類

培養液処方　養液栽培に用いられる処方の多量要素組成を一覧表（表6.39）に示す．

現在広く用いられているのは園試処方や山崎処方であるが，どの処方も土耕栽培と異なり，窒素源としてアンモニア態窒素よりも硝酸態窒素を多用していることに特徴がある．これは養液栽培では，硝酸化成菌によるアンモニアから硝酸への硝化作用が期待できないからである．また多くの作物ではアンモニア態よりも，硝酸態の割合が多いほうが良好な生育を示す．

微量要素　植物の生育に微量であるが必要不可欠な成分である．微量要素の濃度はppm（ピーピーエム）で表す．これは1L中に溶けている元素の濃度のことで，たとえば1mgの鉄（Fe）が1Lの水中に溶けていれば1ppmである．

微量元素濃度は適正幅が狭く，適正幅をはずれた場合には，鉄欠乏やホウ素過剰などの生育障害がみられる．また鉄が十分にあってもマンガン（Mn）濃度が高すぎると鉄欠乏が生じるなど要素間のバランスも大切である．

表6.40に園試処方と汎用処方の微量要素濃度を示す．

培養液に使用する肥料塩と単位　ある物質の分子量を，その分子がもっている原子価で割った数字を1グラム当量といい，その1,000分の1を1ミリグラム当量（me）という．この1ミリグラム当量分が1Lの水に溶けている濃度を1me/L（ミリイクイバレント・パー・リットル）という．たとえば原子量40で原子価2のカルシウムが1L中に20mg溶けていると1me/Lである．植物生育に用いる肥料塩には陽イオンと陰イオンが必ず当量ずつ含まれているためmeで表示すると便利なのである．培養液調製に用いられる主な肥料塩の分子式，分子量，meと肥料塩1meあ

6.3 作物と施肥

表 6.39 主な培養液の多量要素組成(濃度 me/L)

処方	NO₃-N	NH₄-N	P	K	Ca	Mg	S
園試処方	16	1.3	4	8	8	4	4
山崎処方							
トマト	7	0.6	2	4	3	2	2
ナス	10	1.0	3	7	3	2	2
ピーマン	9	0.8	2.5	6	3	1.5	1.5
キュウリ	13	1.0	3	6	7	4	4
メロン	13	1.3	4	6	7	3	3
イチゴ	5	0.5	1.5	3	2	1	1
レタス	6	0.5	1.5	4	2	1	1
ミツバ	9	1.7	5	7	2	2	2
シュンギク	12	1.3	4	8	4	2	4
ホウレンソウ	12	1.3	4	8	4	4	4
ネギ	9	2	6	7	2	2	2
クレソン	4.5	1	3	3.5	1	1	1
コカブ	7	0.5	1.5	5	2	1	1
神奈川園試トマト	10	0	4	6	10	4	8.8
千葉農試イチゴ	11	1	3	6	5	4	4
千葉農試ネギ	8	4	6	6	2	2	4
大阪農技センターホウレンソウ	18.6	1.7	5.3	10.5	6.4	5.3	5.3
愛知農総試ホウレンソウ	10.7	0.9	2.7	5.3	5.3	2.7	2.7
高野処方	13.0	1.3	4.0	6.0	7.0	4.4	4.4
福井県立短大トマト	9.0	1.0	6.0	5.0	4.0	1.5	1.5
静大メロン	8.0	1.0	3.0	6.0	8.0	4.0	10.0
大塚化学 A	16.6	1.6	5.1	7.6	8.2	3.7	3.7
大塚化学 B	15.0	1.4	3.9	8.0	7.8	4.0	4.0
千葉農試ロックウール処方							
トマト	10.5	0.5	4.5	7.0	7.5	2.0	5.0
ナス	11.4	0	3.9	5.4	7.0	2.1	0
ピーマン	12.0	0.25	3.75	6.25	6.5	2.25	2.0
バラ	13.0	0.7	5.2	6.0	9.0	2.0	3.0
バラロックウール処方							
愛知園研	11.0	2.0	3.5	4.5	6.5	2.0	2.0
京都山城園研	11.0	2.5	4.6	3.4	5.8	1.5	1.5
奈良農試	13.05	4.35	3.0	6.55	8.0	3.5	4.0
オランダロックウール処方							
バラかけ流し式	11.0	1.25	3.75	5.0	7.0	1.5	2.5
バラ循環式	4.3	0.5	1.5	2.3	2.2	0.8	1.0
カーネーションかけ流し式	13.0	1.0	3.75	6.25	7.5	2.0	2.5
キク循環式	12.75	1.25	3.0	7.5	5.0	2.0	2.5
ガーベラかけ流し式	11.25	1.5	3.75	5.5	6.0	2.0	2.5
ガーベラ循環式	7.5	1.0	2.25	4.25	3.5	1.0	1.5

(高辻正基編, 1997, p.87 (位田晴久) より引用)

たりの重量 (mg) と重量%, ならびにその肥料塩の溶解度を表6.41に示す. また me/L 以外の濃度表示との換算係数を表6.42に示す.

2) 培養液の管理

i) 原水

原 水 養液栽培に用いる培養液をつくるための水のことを原水という. 地下水や水道水や雨水を用いるが, 原水として適しているのは EC 0.4 dSm^{-1} 以下である. 0.4〜0.8 dSm^{-1} の値を示す場合には, 栽培中に培養液濃度が高くなりすぎるので, いつでも培養液交換が可能な水量を備えている必要がある. EC 1.0 dSm^{-1} を超える原水は適さない. 原水中に窒素, リン, カリウムが高濃度で含まれていることは, 普通はない. これらは作物生育に必要な養分なので害にはならないが, 高い時は, 圃場に施された肥料や家畜の糞尿が地下水へ混入したことを疑う必要がある. また, 原水中の鉄の濃度は1ppmまでならよいが, 井戸

表 6.40 微量要素濃度および成分

処方名		Fe	B	Mn	Zn	Cu	Mo
園試処方		3	0.5	0.5	0.05	0.02	0.01
		Fe-EDTA : 22.6	H_3BO_3 : 2.86	$MnSO_4 \cdot 4H_2O$: 1.81	$ZnSO_4 \cdot 7H_2O$: 0.22	$CuSO_4 \cdot 5H_2O$: 0.08	$Na_2MoO_4 \cdot 2H_2O$: 0.025
汎用処方（中林）		2	0.3	0.5	0.05	0.02	0.01
		Fe-EDTA : 15.1	H_3BO_3 : 1.72	$MnSO_4 \cdot 4H_2O$: 1.81	$ZnSO_4 \cdot 7H_2O$: 0.22	$CuSO_4 \cdot 5H_2O$: 0.08	$Na_2MoO_4 \cdot 2H_2O$: 0.025

注：各処方とも上段：ppm，下段：入れる物質名と培養液1tあたりの調合量（g）．

表 6.41 多量要素単位濃度の換算係数

元の単位	交換後の単位	NO_3-N	NH_4-N	P	K	Ca	Mg	S
mM	→ me/L	×1	×1	×3	×1	×2	×2	×2
mM	→ ppm	×14	×14	×31	×39	×40	×24	×32
me/L	→ mM	÷1	÷1	÷3	÷1	÷2	÷2	÷2
me/L	→ ppm	×14	×14	×10.3	×39	×20	×12	×16
ppm	→ mM	÷14	÷14	÷31	÷39	÷40	÷24	÷32
ppm	→ me/L	÷14	÷14	÷10.3	÷39	÷20	÷12	÷16

（佐田晴久（高辻正基編）：1997, p. 89 より引用）

表 6.42 培養液調製に用いる肥料塩

肥料塩	分子式	分子量	当量重 (mg/me)	成分含有量（肥料塩1me当たり）		成分含有量（肥料塩1me当たり）		溶解度 (20℃) (g/L)
				(me)	(mg)	(%)		
硝酸カリウム	KNO_3	101	101	NO_3-N 1, K 1	NO_3-N 14, K 39	NO_3-N 14, K 39		316
硝酸カルシウム	$Ca(NO_3)_2 \cdot 4H_2O$	236	118	NO_3-N 1, Ca 1	NO_3-N 14, Ca 20	NO_3-N 12, Ca 17		1293
硝酸アンモニウム	NH_4NO_3	80	80	NO_3-N 1, NH_3-N 1	NO_3-N 14, NH_4-N 14	NO_3-N 18, NH_4-N 18		1920
硝酸マグネシウム	$Mg(NO_3)_2 \cdot 6H_2O$	256	128	NO_3-N 1, Mg 1	NO_3-N 14, Mg 12	NO_3-N 5, Mg 9		1,000 以上
硫酸アンモニウム	$(NH_4)_2SO_4$	132	66	NH_4-N 1, S 1	NH_4-N 14, S 16	NH_4-N 21, S 24		754
塩化アンモニウム	NH_4Cl	53	53	NH_4-N 1, Cl 1	NH_4-N 14, Cl 35	NH_4-N 26, Cl 66		372
硫酸カリウム	K_2SO_4	174	87	K 1, S 1	K 39, S 16	K 45, S 18		111
硫酸マグネシウム	$MgSO_4 \cdot 7H_2O$	246	123	Mg 1, S 1	Mg 12, S 16	Mg 10, S 13		355
リン酸二水素カリウム	KH_2PO_4	136	45	K 0.3, P 1	K 13, P 10.3	K 29, P 22		330 (7℃)
リン酸二水素アンモニウム	$NH_4H_2PO_4$	115	38	NH_4-N 0.3, P 1	NH_4-N 4.6, P 10.3	NH_4-N 12, P 27		227 (0℃)

注）リン酸二水素カリウムは肥料でいうリン酸一カリウム，リン酸二水素アンモニウムはリン酸一アンモニウムのこと．

（佐田晴久（高辻正基編）：1997, p. 89 より引用）

水には多く含まれ，灌水用ノズルのつまりのもとになることがある．作物の鉄の過剰害は少ないが，マンガンとのバランスも重要なので5 ppmを超えないほうがよい．また，マンガンは0.5 ppm以下，ホウ素や亜鉛は0.2 ppm以下，銅とモリブデンは0.05 ppm以下であることが望ましい．その他，カドミウム，水銀やクロムなどの有害物質も事前にチェックすべきである．

ナトリウム　ナトリウムは作物生育に不要で，濃度が高いとトマトでは尻腐れ果が発生しやすくなるなど，作物生育に不具合を生じるので，原水中の濃度は60 ppm以下が望ましい．水道水では200 ppm以下でよいと定められているので，水道水といえども気を許せない．また，海岸に近い地下水中の濃度は400 ppmを超えることがあるから，原水のチェックが必須である．

カルシウム，マグネシウム　原水中の濃度がマグネシウムで20 ppm，カルシウムでは60 ppmを超える場合には，肥料成分の硫酸マグネシウム量を減らしたり，硝酸カルシウムの代わりに一部分を硝酸カリウムに変えるなどの工夫が必要である．また，水道水ではカルシウムとマグネシウム等は硬度としてその合計値が300 ppm以下でよいと定められているので，水道水といえどもこれらの成分のチェックは必要である．

重炭酸濃度の測定　採水したばかりの原水1 Lに0.1 Mの塩酸（濃塩酸10 mLを1.2 Lの純水に溶かしたもの）を1 mLずつ加えて撹拌し，pHを測定する．こうしてpHが4.5に低下するまで加えつづけ，加えた合計値を記録する．加えた塩酸のこの合計値に係数6.1を乗ずれば原水中の重炭酸濃度（ppm）の目安とすることができる．たとえば，0.1 Mの塩酸を15 mL必要としたなら重炭酸濃度約92 ppmということになる．

緩衝作用　たとえばpH 7の純水1 tをpH 6に下げるには96％濃硫酸18 mol/L（36 N）を数滴加えればよい（硫酸は強酸性物質なので皮膚につかないようにゴム手袋をするなど取り扱いに注意する）．ところが，原水や培養液では多量に（たとえば10～20 mL）加えなくてはならない．これは主に原水中に重炭酸イオン（HCO_3^-）が含まれるために，加えた酸が水の生成に消費されて，酸の添加がそのまま水素イオン濃度の増加に結びつかないという緩衝作用のためである．化学式では次のとおりである．

$$H_3O^+ + HCO_3 \rightarrow H_2CO_3 + H_2O \rightarrow 2\,H_2O + CO_2\uparrow$$

残留塩素　残留塩素（HClO）は水道法では1 ppm以下と定められているが，アンモニウムイオンと結合すると結合塩素（クロラミン）と呼ばれる物質に変化し，植物の根を褐変させて傷めることがある．水道水から塩素臭がする場合には，調合したての培養液を施用せず，ばっ気しながら1日置くか，急いで施用せねばならないときには培養液1 tあたりチオ硫酸ナトリウム（ハイポ）を2.5 g，もしくはアスコルビン酸（ビタミンC）を約2.8 g添加すると残留塩素が除去されて改善される．

水量　養液栽培では，良質な水が大量に必要である．トマトやメロンなどの果菜類では生育盛期では1株あたり1.5 L以上吸水するので，10 aの栽培施設で2,400本植えたとして，1日あたり4 tの水が必要である．井戸水だけでの供給に不安がある場合には，水道水や雨水との併用を考えたほうがよい．

水温培地内の培養液の温度は冬でも10℃以上，夏でも30℃以下で管理されるべきで，15℃～25℃の範囲が望ましい．

ⅱ）培養液の調製

pH　pHは水中の水素イオン[H^+]のモル濃度の対数値を示し，酸性ないしアルカリ性の指標となる．純水のpHは7で，これよりもpHが低いと水素イオン[H^+]が多いことを示し，これを酸性といい，pHが高いとアルカリ性という．養液栽培に好適な培養液のpHは，おおむね5.5～7.5の範囲である．測定にはガラス電極式のpHメーターを用いる．この電極はガラスの薄膜でできていて破損しやすいため，プラスチック製のプロテクターを付けて取り扱うとよい．測定後はガラス電極を乾かさないように水に浸しておき，少なくとも数日おきにpH標準液でメーターを校正する．

EC　培養液濃度を知る目安としてEC（電気伝導率）を測定する．ECは断面積1 m，距離1 mの相対する電極間にある溶液がもつ電気抵抗

の逆数であると定義されている．つまり，栄養などの塩類が多く溶けている培養液は，抵抗が小さく電気がよく流れるので，ECの値が大きい．ECの単位はmS/cm（ミリジーメンス・パー・センチ）が用いられていたが，現在ではdSm^{-1}（デシジーメンス・パー・メートル）で表わされる．培養液の値はEC 1～3 dSm^{-1}であることが多い．ECメーターは数日おきに，日常的に用いている標準培養液で狂いがないかチェックしたほうがよい．正確を期す場合には0.01 MのKCl（塩化カリウム）溶液でECを1.41 dSm^{-1}にあわせる．

培養液作成法の実際　養液栽培には純度の低い土耕用の肥料は使用できないので，十分な注意が必要である．また，培養液は原水に肥料塩を直接に溶解するのではなく，いったん50～100倍の濃厚液を調合してから薄めて使うのが一般的である．しかし，すべての肥料をこの濃度で混合すると，カルシウムイオンと硫酸イオンが反応して沈殿し，作物が吸収できなくなってしまうので，普通は硝酸カルシウムだけを別に溶かす．わが国の古くからの代表的な処方である園試処方（園試興津処方第1例）の100倍液（100倍濃くしたもの）を例にしてつくり方を示す．まず，100 L容のポリバケツ2つ（A，B）と，40 L容のポリバケツ（C）を1つ用意する．これで培養液10 t分（1単位濃度）の準備ができる．100 L容のポリバケツ（A）に約30 Lの水を入れ，5.00 kgの硫酸マグネシウムを加えて完全に溶かす．次に別の40 L容器（C）に40 Lの水をいれ，これに8.10 kgの硝酸カリウムを溶かし，全部溶けきったら，硫酸マグネシウム溶液（32 L）の入った100 Lポリバケツ（A）に入れて混合する．続いて，使い終わった40 Lバケツ（C）に約20 Lの水を入れ，1.55 kgのリン酸アンモニウムをよく溶かして，100 Lポリバケツ（A）に入れてさらによく混ぜる．こうして3種類の肥料を混合するとポリバケツの肥料液は約96 Lぐらいになる．これに約4 Lの水にあらかじめ溶かしてある標準培養液10 t分の各種微量成分（280 g）を混ぜて，100 Lにあわせると，A液ができる．微量成分の多くは着色しているから，A液（黄色）とB液（透明）の見分けに便利である．もう一方のB液は100 Lのポリバケツ（B）に約70 Lの水を入れ，9.50 kgの硝酸カルシウムを透明になるまでよく溶かして，さらに水を加えて100 Lの目盛りに合わせてでき上がる．溶かしていると水温が下がるが心配は不要である．

A液とB液は決して直接に混合してはいけない．園試処方の一単位濃度（EC 2.4 dSm^{-1}程度）の培養液が1 t必要なときは，1 tの原水にA液を10 LとB液を10 Lを混ぜる．同様に1 tの原水にA液，B液をそれぞれ5 L混ぜると0.5単位（EC 1.3 dSm^{-1}程度）の培養液ができる．なお，冬季で水温が低く，A液がすべて溶けにくいときは，便宜上，A液の成分のうち，硝酸カリウムの半量をA液容器に入れる代わりにB液に溶かしてもかまわない．A，Bの2液を同量混合後の培養液組成は同じである．

iii）栽培中の管理

pH調整　各種の培養液処方は良質な水で調合すれば，pH 5.5～7.0の範囲におさまるが，栽培ベッド内の培養液のpHは，栽培の経過とともに変化する．実用的にはpH 5.0～7.5の範囲で管理すれば大きな問題はないが，トマトやナスやレタスなどは栽培中にpHが上昇しがちで，pH 7.5を超えることがある．pHを下方修正したい場合には下方修正法がある．しかし，pHを一度に1以上変化させたり，pHを5.0以下に下げてはいけない．

pHの下方修正法　たとえば，1.5 mmol/L（約90 ppm）の重炭酸を含むpH 7の培養液1 tを96％濃硫酸（18 mol/L，36 N）を用いてpH 6に調整する場合は，硫酸を25 mL加えると重炭酸が約50 ppm消費されて40 ppm程度となり，かつ，培養液のpHは6となる．ちなみに重炭酸濃度は多少のpH緩衝能を発揮する30～50 ppmが適切な値であり，0 ppmにする必要はまったくない．同様の目的で，85％リン酸（H_3PO_4）を用いると，所要量は硫酸の約2.4倍の60 mL必要であるが，硫酸と比べると取り扱いが安全である．また，リン酸は養分としての効能もある（肥料成分のリン（P）濃度が27 ppm（2.6 me/L）増加する）が，高濃度すぎてもいけないので培養液1 tあたり70 mLの添加を限度とする．

pHの下方修正法の実際　自分で使用する培養液に酸を添加する前のpHと，培養液1t当たりに酸を5mLずつ70mLに達するまで加え続け，その都度よく攪拌してpHを測定して記録し，グラフにしておくとよい．1tの培養液が準備できない時はバケツに10Lの培養液を入れて，水道水で100倍に薄めた酸を用いてもほぼ同じ結果を得ることができる．pHの変化の仕方は，培養液の濃度によっても異なるので1単位濃度の培養液のほか0.5単位濃度の場合にも同様にpHを測定してグラフ（縦軸にpH，横の目盛りに酸の添加量（酸添加mL/培養液1t当たり））にしておくと便利である．

pHの上方修正　キュウリを長期栽培したり，アンモニウム塩肥料を多用したりした場合，栽培中に培養液のpHが5近くまで下がることがある．この場合には5.5か，6程度まで上げたほうがよい．上げるためには培養液1tあたり，0.2L程度の水に溶かした2～4gの炭酸カリウムもしくは水酸化カリウムを，pHを測定しながら，少しずつ時間をかけて混合する（とくに水酸化カリウムは強アルカリ性なので皮膚につけたり，目に入らぬように十分注意する）．これらアルカリ性の薬品は必ず混合タンクや地下タンクに入れるべきで，決して肥料原液に入れてはいけない．他の肥料成分が沈殿してしまう．

排液　かけ流し式の養液栽培施設では培地への塩類集積を防ぐために，通常供給培養液の10～30%を排出する．農地に余裕があれば，肥料吸収量の多いトウモロコシやソルガムなどを施設わきに栽培して刈り取り，系外に移すのがよい．1999年に地下水中の硝酸態窒素濃度の水質基準10ppmが環境基準に格上げされたこともあり，排液には十分な注意が必要である．ちなみに水溶性栄養液を用いずに緩効性肥料に給水する方法によって，排液中の栄養塩類濃度を下げられる可能性がある．

b. 適用作物

1）葉菜類

i）ミツバ　生育を揃えるための種子の予措や，発芽後の種皮や未発芽種子などの除去は培養液の腐敗をさけるために重要な作業である．園試処方培養液の0.5～1単位（EC 1.2～2.4 dSm^{-1}）でも，よく育つが，高濃度で根腐れ病防止の効果が期待されるためEC 2.5～4.0 dSm^{-1}で栽培される．pHは5～6で十分生育するが，同様の目的でEC 4.5～5.5 dSm^{-1}で管理することもある．また，培養液温の上昇が発病につながりやすいため，夏期は25℃以下に冷却する．

ii）サラダナ　育苗はEC 0.8～1.0 dSm^{-1}の培養液で行い，本葉3枚程度で，EC 1.0～3.0 dSm^{-1}の培養液濃度とする．pHは5.5～7.0でよい．葉のチップバーンの発生は商品価値を低下させるが，これは培養液の更新時にアンモニア濃度が低く，カルシウム濃度の高い更新時専用の培養液（千葉大処方：NO$_3$-N 12 me，NH$_4$-N 0 me，P 4 me，K 8.3 me，Ca 5 me，Mg 2 me，SO$_4$ 2 me）を用いると防止できる．ミツバ同様に水温は15～25℃で管理される．

iii）その他　ホウレンソウやネギ用の培養液組成は園試処方に準じるが，純度のよい硫酸アンモニウムなどでアンモニア態窒素の割合を増やすと，葉色が濃くなる．一方，オオバでは葉色の濃いものは好まれないので，ECを低め（1～1.5 dSm^{-1}）で管理すること．また，ホウレンソウでは種子に含まれる発芽抑制物質を除くため，水洗後12時間，流水中に浸種すること，ネギでは夏期の高温強日射下では寒冷遮や近紫外線カットフィルムで遮光する場合があること，オオバでは冬期の培養液温度を最低20℃に保つ必要があることを付記する．

2）果菜類

i）トマト　園試処方が広く用いられている．施用培養液濃度は春夏季作では定植時にEC 1.2 dSm^{-1}からはじめ第3果房開花期頃から高くし，摘心時以降を1.8 dSm^{-1}程度とするのがよく，培地内はEC 2.4 dSm^{-1}を超えないように管理する．高濃度にすると尻腐れ果が発生しやすい．冬季作でも同様にEC 1.2 dSm^{-1}から給液をはじめ，摘心時以降を2.0 dSm^{-1}程度までとするのがよく，培地内はEC 2.8 dSm^{-1}を超えないようにする．

pHは5.5～7.0の範囲がよいが，pH 8近くま

ではね上がることがある．pH 8を超えるようであれば，pH 7程度までpHの下方修正をすると，数日間pH 8以下を保てるが，何日も続くようであれば，培養液の一部を更新する．給液量は間断給液（循環式）の場合，培地の水はけにもよるが，春夏作では6〜10回，冬作では4〜8回（0.5〜0.8 L/株・回）とする．

ii）キュウリ 園試処方，山崎処方とも栄養組成に大きな違いはない．どちらにせよ，キュウリは生育が速いため，定植後早めに培養液濃度を上げる必要がある．定植後にEC 1.2〜1.5としても10日〜2週間後にはEC 2.0 dSm^{-1}程度まで上げる必要がある．このため定植時からEC 2.0 dSm^{-1}とし，摘心まで同一濃度で管理することもある．収穫期はEC 2.2〜2.4 dSm^{-1}を保つとともに微量成分を3〜5割増にすると栄養障害果実が少なくてすむ．また，pHは5.5〜7.0でよいが，長期栽培の場合には5.5を下回ることがある．この場合には老廃物蓄積の可能性もあるので，アルカリによるpH上方修正よりは培養液の一部交換で対応したほうがよい．キュウリは根の酸素要求量の多い作物なので，湛液型ではタンク内培養液を流動させるか通気をし，かけ流し式でも湛水状態にしないために，灌水回数はトマトより少なめにし，1回の給液量を多めにして排液時間は合計30分以内にするなど通気に気を配ったほうがよい．

iii）メロン 培養液は比較的に窒素成分が少なく，果実の仕上がりのよい山崎メロン処方や静大処方（表6.39）がよい．春季栽培では定植時からEC 2.0 dSm^{-1}とし，交配前1〜2週間と交配後2週間は結果枝の充実と果実肥大のためにやや高めのEC 2.4 dSm^{-1}で管理し，その後は再び2.0 dSm^{-1}程度とする．秋冬季作ではこれより1〜2割高く，夏季作では1割低くしたほうがよい．培養液のpHは5.5〜7.5でよく，ECも3までがよいが，この範囲を出ても栽培期間が短いため問題になることは少ない．間断給液の場合には1日10〜15回とし，根部の乾湿の差をつけないほうがよい．また，土耕栽培と異なり，給水（液）停止による水切り操作は行わないほうがよい．

iv）イチゴ 親株から発生しているランナーの子苗（3葉程度）のクラウンを，EC 0.4 dSm^{-1}程度培養液をなじませたウレタンやロックウールなどの固形培地に仮植する．処方は山崎処方や千葉農試処方がよい．発根までの1週間は根部にミストを噴霧して加湿するとよい．発根後，EC 0.6 dSm^{-1}の培養液を施用するが，育苗後期には培養液を用いずに原水（必要に応じて微量成分も）だけを供給して，窒素中断によって花芽分化を計る．花芽分化の前後に定植をするが，どちらにしても花芽分化を確認してから培養液（EC 0.8 dSm^{-1}）の供給を再開する．収穫開始以降はEC 1.2〜1.5 dSm^{-1}とし，1.6 dSm^{-1}以上にすることはまれである．またpHは5.5〜7.5の範囲で大きな問題はない．栽培後期に急激なpHの低下がみられた時は，培養液を更新するとよい．給液量は1日1株あたり0.3〜1.0 Lと栽培方式や品種によって大きな差がある（なお，短日・夜冷法によって花芽分化を促進する場合にはEC 0.6 dSm^{-1}の培養液を与えつづける）．

3）花き

i）バラ バラはロックウール栽培事例が多い．培養液濃度は夏期EC 1.0〜1.2 dSm^{-1}，冬期1.4〜1.8 dSm^{-1}で管理すればよいが，採花しない場合はやや低めでよい．培養液組成は園試処方よりもバラ専用処方がよい．pHは5.5〜6.5でよい．微量要素は栽培法や品種間で差があるが，Fe/Mn比が4，Mn/Cu比は10がよいとする報告がある．

ii）カーネーション ロックウールに挿し芽をする場合にはEC 0.4 dSm^{-1}程度の培養液を，メリクロン苗を仮植する場合にはEC 0.6〜0.8 dSm^{-1}を十分に含ませてから植える．その後は作型にもよるが，定植から活着まではEC 1.2 dSm^{-1}，採花時にはEC 1.8〜2.2 dSm^{-1}とする．pHは5.5〜6.5でよい．

iii）ガーベラ 培養液濃度は定植時にEC 1.2 dSm^{-1}程度とし採花期には1.6〜1.8 dSm^{-1}程度とする．ガーベラは培養液中のマンガン過剰による鉄欠乏を呈しやすいので，マンガン濃度は0.5 ppmをこえないようにする．pHは5〜6でよい．

4) その他

リンゴ，ミカン，ナシ，ブドウなどの水耕栽培が行われているが実用技術としては野菜栽培より遅れている．培養液濃度は野菜栽培用の2分の1から数分の1であることが多い．また好適pHはウンシュウミカンやブルーベリーでは比較的に低いpH4であったり，ブドウでは6～8であったりと幅広い．薬用植物ではミシマサイコやトウキなどが園試処方の1/2単位濃度で栽培が試みられている．また，ダイコン，ニンジンおよびゴボウも同様な濃度である．　　　　　〔中林和重〕

文献

1) 板木利隆，他：最新養液栽培の手引き（日本施設園芸協会編），誠文堂新光社（1998）
2) 日本施設園芸協会編：新訂施設園芸ハンドブック，日本施設園芸協会（1987）
3) 農文協編：野菜園芸大百科15 共通技術・先端技術—品質・鮮度，養液栽培，施設・資材，バイオテクノロジー—，農山漁村文化協会（1998）
4) 高辻正基編：植物工場ハンドブック，東海大学出版会（1997）
5) デニス・スミス（池田英男・篠原 温訳）：野菜・花きのロックウール栽培，誠文堂新光社（1989）
6) 茅野充男，他：養液栽培と植物栄養（日本土壌肥料学会編），博友社（1996）
7) 養液栽培の新技術（農耕と園芸編集部編），誠文堂新光社（1986）
8) 伊藤 正，他：養液栽培マニュアル21（養液栽培研究会編），誠文堂新光社（1998）
9) 加藤 徹：施設野菜の生育障害，博友社（1986）
10) 加藤俊博：切り花の養液管理—ロック・新培地・養液土耕・水耕—，農山漁村文化協会（1994）
11) 武川満夫編：水耕栽培百科，富民協会（1986）
12) 静岡県農業水産部農業技術課編：そこが知りたい養液栽培，静岡県農業試験場（1988）
13) 農文協編：野菜園芸大百科22，養液栽培，養液土耕（2004）
14) Carleton, E. et al.: Soilless Culture of Horticultural Plants, Agrobios (1946)
15) James, S.D.: Advanced guide to Hydroponics [Soilless Cultivation] New Edition, Pelham Books (1985)
16) McNeal, B. L. et al.: Advanced Series in Agricultural Science 24 (B.Yaron), Springer (1994)
17) Carleton Ellis et al: Soilless Culture of Horticultural Plants, Agrobios (reprint 1999～2000)

6.3.8 養液土耕栽培の施肥

a. 養液土耕栽培の考え方とねらい
1) 養液土耕栽培の考え方と特徴

「養液土耕」とは，点滴養液土耕栽培のことで，点滴灌水（ドリップチューブの利用）により，土壌のもつ機能（緩衝能）を活かしながら，「作物の生育ステージに合わせ，作物が必要とする肥料，水を吸収可能な状態（液肥）で，リアルタイム栄養診断，土壌溶液診断を利用して過不足なく与える栽培方法」のことである．

海外では施設園芸において，「ファーティゲーション」（灌水施肥栽培，灌水同時施肥栽培）が古くから行われているが，イスラエル，スペインなどの水の貴重な国ではドリップチューブを利用した灌水施肥栽培—ドリップ・ファーティゲーション（点滴灌水施肥栽培）が行われている．この灌水法は水の効率的利用など学ぶ点が多い．

ファーティゲーションは「fartilizer（肥料）+ irrigation（灌漑）」による造語であり，ドリップチューブを利用したドリップ・ファーティゲーションを養液土耕栽培と位置づける．

i) 養液土肥栽培の灌水・施肥の特徴

① 基肥なし（基本的には改良資材・有機物の

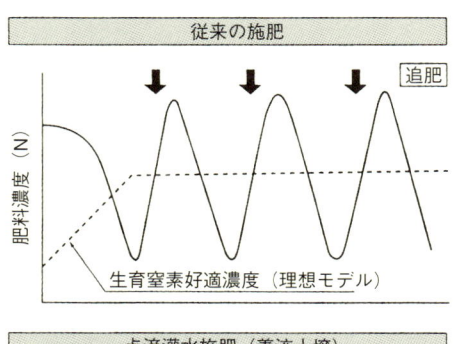

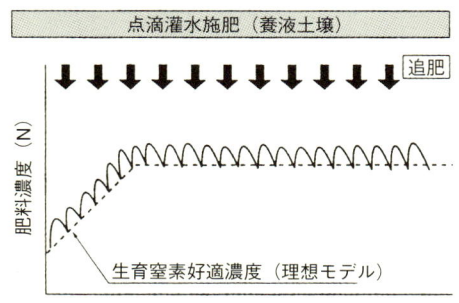

図 **6.50** 施肥方法と肥効パターン（愛知農総試，加藤）

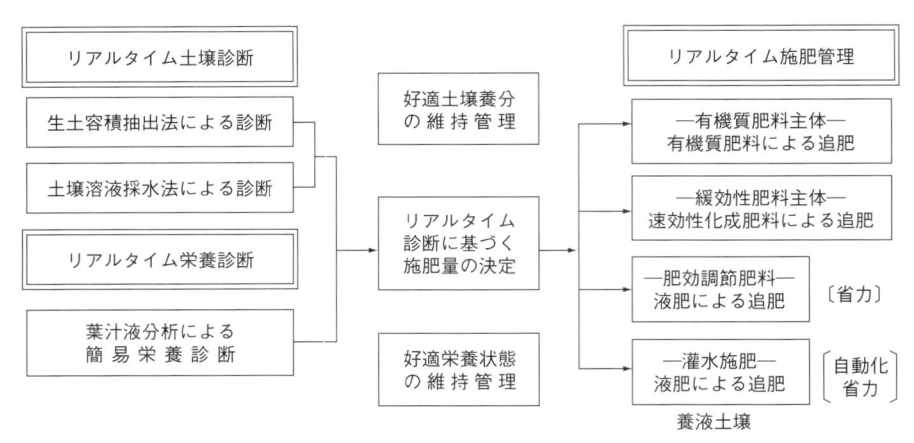

図 6.51 リアルタイム診断を活用した効率的施肥（愛知農総試，加藤）

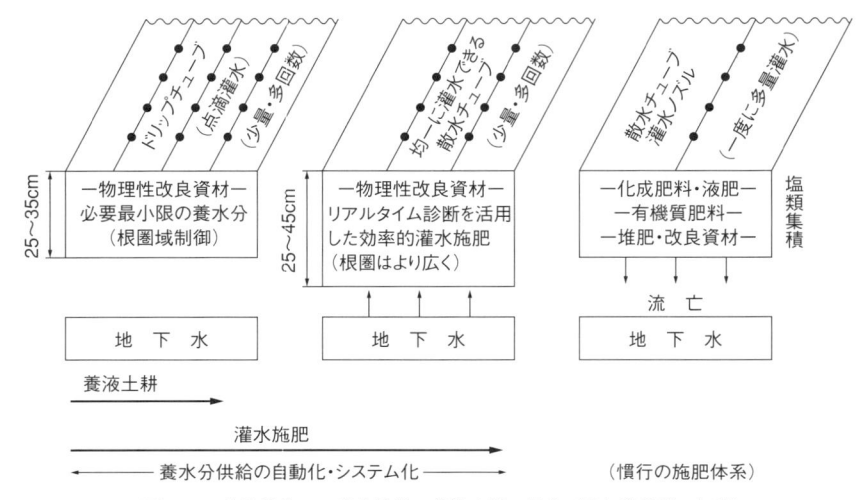

図 6.52 施設栽培での灌水施肥・養液土耕の概念（愛知農総試・加藤）

み施用）
② 水と肥料を液肥で同時に灌水施用する（1日のうちで施肥と灌水を分ける方法もある）
③ 毎日灌水施肥する
④ リアルタイム土壌・栄養診断を行う
⑤ ドリップチューブを必ず利用する
⑥ 緩衝能のある土壌を培地として利用する
⑦ 灌水が自動化され省力的である

基肥中心で数回追肥を行う従来の施肥法では，栽培作物の養分要求に対して過不足なく与えることは容易ではなかった．点滴チューブを利用して，1日に数回液肥で日施用量を灌水同時施肥することで，土壌中の養分および作物体の栄養状態を好適濃度に維持することが養液土耕栽培では容易にできる（図6.50）．養液土耕栽培の効率的施肥はリアルタイム診断を活用することによって可能となる（図6.51）．

ii) 点滴灌水で根圏を制御　養液土耕システムは図6.52に示すように，点滴灌水により必要最小限の養水分を供給し，根域を深さ25〜35cm程度に制限するため，任意に養水分をコントロールすることが可能で，生育コントロール，草勢コントロールすることが容易である．養液土耕栽培システムは，根圏の環境条件すなわち土壌水分・養分・酸素を栽培作物の生育，とくに根の機能（養分吸収力），細根の発達に最適に保つことが可能である．

養液土耕栽培は，毎日液肥および水を少量・多回数で点滴灌水することにより，根圏の土壌水分・養分・酸素が最適になるようにコントロール

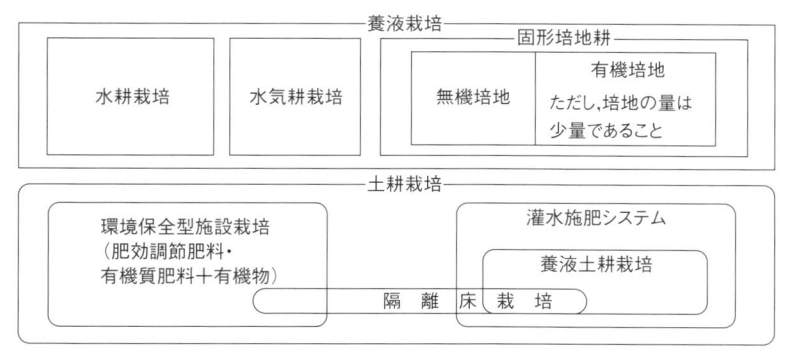

図 6.53 施設生産における養液栽培と養液土耕栽培（愛知農総試・加藤）

する必要がある（6.3.6項の図6.45）．したがって，点滴灌水に合った土壌条件（培地づくり），均一に灌水・施肥できる水分・養分供給装置，作物の養分吸収に合った施肥灌水マニュアルが，安定生産のためには重要でかつ欠かせない．

一定量の養水分を，少量ずつ1日あたりの灌水量を，何回にも分けて与えることにより，養水分が地表より 25～35 cm 程度（ソイルマット状）に均一に湿潤し，ここに細根が集中して発達する．ただし，栽培作物の種類によっては（たとえばトマト，キュウリ，ナスなど），根域をさらに深く広くしたほうが安定栽培できる．養液土耕栽培の根域制御では，土質・土壌条件・作物の種類に合

わせ，点滴灌水により養分を流亡させることなく，生育制御と安定生産を両立できる根系の深さ（湿潤土層深）が必要である．このためには，栽培土壌の土質（保水力）に合わせた湿潤土層深（根圏の深さ）を決定する1回の灌水量（灌水時間）の設定が重要である．

2）養液栽培と施肥・灌水の考え方の違い

養液土耕栽培は，あくまで土耕栽培であり，基本的に養液栽培とは別の生産システムと考えたい（図 6.53）．養液土耕栽培が養液栽培と異なるのは，土の機能すなわち緩衝能，養分保持力，養分供給力を活かしている点である．

養液土耕栽培はドリップチューブを利用して点

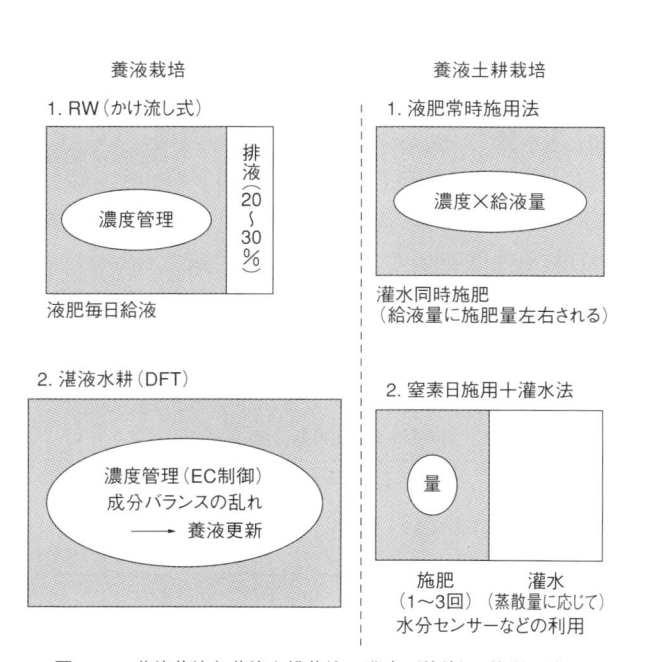

図 6.54 養液栽培と養液土耕栽培の灌水（給液）・施肥の違い
（愛知農総試・加藤）

```
┌─液肥日施用＋灌水法 ┬─ 窒素の日施用量＝窒素濃度×液肥給液量/日（天候にかかわらず施用）
                     └─ 1日の灌水量＝液肥給液量＋水の灌水量（好適pFに制御）
```

図 6.55　窒素など日施用＋灌水法

滴灌水を行う生産システムであるが，地床だけでなく，隔離ベッド栽培を利用する場合も図6.53に示すように，養液栽培と養液土耕栽培では施肥・灌水の考え方が異なる．図6.54に示すように養液栽培の固形培地耕では栽培作物の吸収組成にあった培養液を毎日，吸水量の2～3割増で給液して濃度管理する．湛液水耕では多量の培養液を利用して濃度管理により，生育コントロールを行っている．濃度制御中心で量の制御が十分できない特徴がある．これに対して，養液土耕栽培では毎日必要量の養分吸収組成に合った液肥を施用して，肥料を量制御（濃度×給液量）している．液肥と灌水を分ける窒素日施用＋灌水法では最小限必要量だけの量制御が可能となる．養液栽培に比べ，より綿密な施肥コントロールが可能な環境保全型生産システムとして位置づけられる．

b．養液土耕栽培における施肥管理の考え方
1）液肥の使用法
養液土耕栽培における施肥管理の方法としては，大きく分けて窒素など日施用＋灌水による生育制御法と，液肥常時供給による生育制御法がある．

i）窒素など日施用供給＋灌水法　生育ステージ別に好適日施用量を毎日1～数回で施用し，後は灌水だけ行い土壌水分を自動制御して高品質・多収を目指す．窒素の日施用量は週単位で設定することが多い（図6.55）．

ii）液肥常時供給法　生育ステージ別の養分要求量に合わせ液肥濃度，組成を変えて生育制御を行う．土壌水分制御を行うと天候により1日の灌水量が変化して，液肥の給液量が変化するため，窒素の日施用量も変化する．土壌養液診断を必ず行い窒素供給濃度を補正する（図6.56）．

2）施肥の考え方・施用比率
基本的には養液土耕栽培は，液肥での施用が前提となるが，新土での栽培時には，一部基肥を施用する（表6.43）．とくに，pH調整のための塩基，リン酸は基肥施用する．

トマトなど定植活着後の灌水を控え，ある程度根を深く張らせたい時に少量基肥施用することもある．その場合窒素成分で2～4 kg/10 aまでとする．生育ステージ別の各養分の吸収特性に合わせ，窒素，リン酸，カリの施用比率をかえて吸収組成に合わせた合理的施肥を行う．

たとえばトマトなどの果菜類の事例では，生育ステージで施用比率を変える．
① 定植後の初期生育（根張り期）
　　　　　　N：P：K＝1：1：1
② 栄養成長期（～開花・着果）
　　　　　　N：P：K＝2：1：3
③ 収穫期　　N：P：K＝2：1：3～4

根張り期はリン酸をやや高く，収穫期はカリの比率を高くする．ナス，キュウリ，ピーマンなどの果菜類でもトマトとほぼ同様な比率で施用する．なお，交換性カリ含量・粘土含量（CECの

```
┌─液肥常時施用法 ┬─ 窒素の日施用量＝窒素濃度×液肥給液量/日（天候により変化）
                  └─ 1日の灌水量＝液肥給液量（好適pFに制御）
```

図 6.56　液肥常時施用法

表 6.43　養分レベル，土壌タイプとファーティゲーション（灌水施肥），基肥施用の考え方

養分レベル	砂土（sand）	壌土（loam）	埴土（clay）
不足（新土）	ファーティゲーション	基肥施用＋ファーティゲーション	基肥施用①＋ファーティゲーション
中庸	ファーティゲーション	ファーティゲーション	一部基肥施用＋ファーティゲーション
富化（過剰）	ファーティゲーション	ファーティゲーション	ファーティゲーション

3) カルシウム・マグネシウム・微量要素の施用

カルシウム，マグネシウムについても種類ごと，生育ステージごとの吸収組成に合わせた好適濃度で施用する．塩基，リン酸が富化した連作施設土壌では，微量要素の可給性が低いため（図6.58）微量要素についても診断に基づいて好適濃度で施用する．微量要素は適正幅が狭く，ホウ素，マンガンなどが過剰に施用された場合に生育障害がでるなどの危険性もあるので，微量要素については診断が欠かせない．養液土耕栽培でより高生産・高品質を実現するには，微量要素の適量施用が重要なポイントとなる．

4) 窒素の施用形態

養液土耕ではほぼ毎日液肥で灌水施肥するため，窒素の施用形態は栽培作物の好適吸収組成に合わせる．施用割合は硝酸態窒素60～80％程度とし，アンモニア態窒素20～30％程度，尿素態窒素も20～30％は利用可能である．メロン，キュウリ，トマト，ナスなどの果菜類は硝酸態窒素に対してアンモニア態窒素10～30％の割合のときに生育・収量が優れる．ただし，トマト，ピーマンでは夏季高温期アンモニア態窒素の割合が多すぎると，尻腐れ果が多発生するため，硝酸化成能の低下した消毒土壌では，とくに硝酸態窒素主体の施肥が必要となる．

5) 地力発現窒素の活用

i 土壌有機物の分解に伴う地力窒素の発現

土壌中の有機物が微生物の働きにより分解され無機化されることにより，地力発現窒素として栽

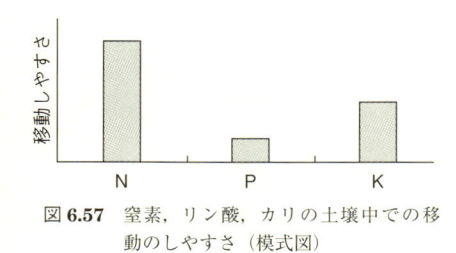

図6.57 窒素，リン酸，カリの土壌中での移動のしやすさ（模式図）

大小）によって，カリの施用比率を変える．養液土耕栽培では根域がある程度制限され，しかも細根が発達して養分吸収力が旺盛になるため，トマト，キュウリ，ナスなどのカリウムの要求量の大きい果菜類では，カリウムの供給が不足した場合，急激なカリ不足による生産力・品質の低下を招くことも多い．地力窒素が多い圃場では，いちじるしく窒素施用量は減らせるものの，カリウム吸収量は多くなるため，根圏土壌中のカリウム含量の低下を招きやすい．土壌診断の結果，カリウム含量の低下した圃場では，ケイ酸カリを基肥施用するとよい．なお，リン酸は有効態リン酸含量に応じて，窒素に対する施用比率を変える．有効態リン酸100 mg/100 g 乾土以上のリン酸富化土壌の場合はリン酸の施用比率を下げる．

生育ステージごとの施用比率は作物の吸収特性に合わせ，また土壌（作土）のリン酸，カリウムの含量に応じて決める．なお，液肥としての窒素，リン酸，カリウムの土壌中での移動しやすさは異なり，硝酸態窒素は吸着されずに移動しやすいが，リン酸は吸着，結合しやすく移動しにくい（図6.57）．

図6.58 イチゴ圃場の土壌分析結果（中島，1993）

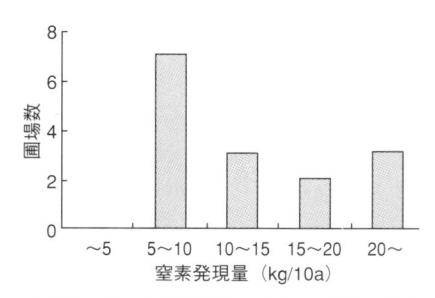

図6.59 トマト栽培圃場での9～4月期の窒素発現量の圃場分布
(地力窒素の推定は30℃4週間培養：渥美普及センター，2002)

培作物に利用される．すなわち，土壌中の有機態窒素であるタンパク態窒素，アミノ態窒素などが微生物により分解されアンモニア態窒素となる．地力窒素の発現量は圃場ごとの有機物施用前歴により異なる．トマト産地での栽培圃場の作付け期間中（9～4月）の地力窒素の発現量は5.6～25.6 kg/10 aと圃場間差が大きいことがわかる（図6.59）．もともと窒素含量の高い有機物施用が制限されているトマトでは地力窒素の発現量が少なく，施肥コントロールしやすい圃場が多い．

ii) 地力窒素の発現に影響する要因 地力発現窒素は微生物の働きやすい栽培条件により異なる．

① 温度： 適温は25～30℃で培地温が高くなるほど地力窒素の発現は大きくなる．
② 水分： 最大容水量の60％程度が適する．
③ 酸素： 有機物分解菌は好気性細菌であるため，酸素が十分あると有機物分解が早い．
④ 土壌の種類： 無機化速度は砂土＞灰色低地土＞赤黄色土＞火山灰土（黒ボク土）の順で，砂質な土壌ほど，有機物の分解が早い．
⑤ pH： 中性pH 6～7で有機物の分解が進む
⑥ 腐植含量： 堆肥などの連用により，腐植含量の高い圃場，C/N比の小さい圃場の無機化量は大きい．

地力の発現に影響する要因は，有機物分解菌を活性化する要因といえる．これらの要因の中で地力窒素の発現に最も影響するのは積算地温である．

iii) 地力窒素の時期別（季節別）発現量

地力窒素の発現量は季節による差が大きく，6～9月の高温期の地力窒素の発現量は大きく低温期は少ない．図6.60に地力窒素の時期別発現量の模式図を示した．トマトの促成栽培では，定植直後の地力窒素の発現量は多くても，窒素要求量の高まる3段から6段開花にかけて低下する．夏秋トマトの場合，定植直後（4月）の地力窒素発現量は比較的少なくても，養分吸収の高まる果実肥

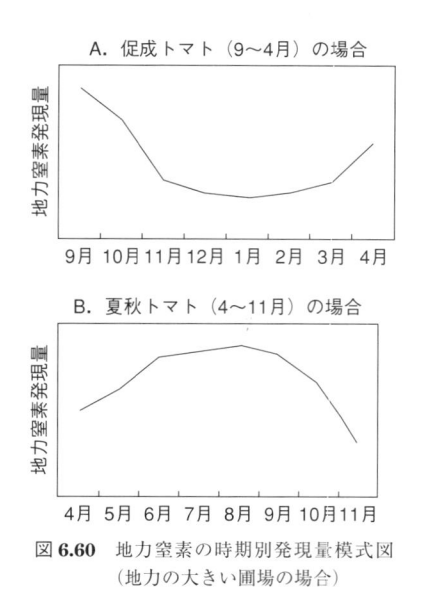

図6.60 地力窒素の時期別発現量模式図
（地力の大きい圃場の場合）

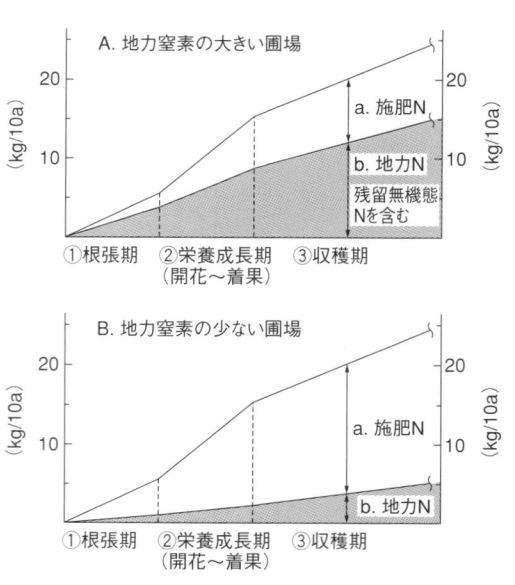

図6.61 地力窒素発現量の大小とトマトの累積養分吸収と窒素施肥（愛知農総試・加藤）

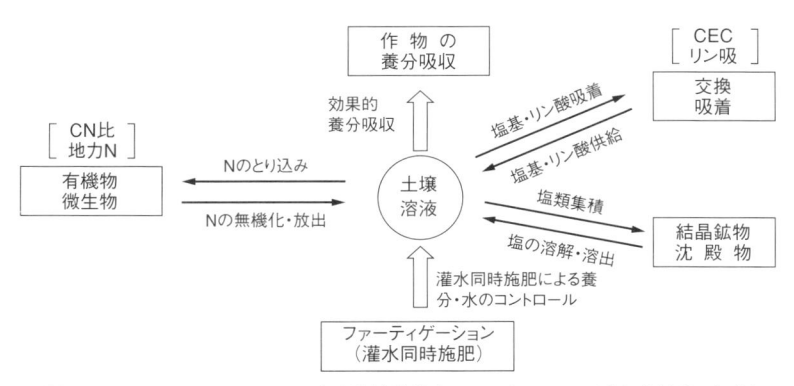

図 6.62 ファーティゲーションと土壌溶液濃度のコントロール（愛知農総試・加藤）

大・収穫期にかけては徐々に窒素発現量は増加する傾向である．

iv) 地力窒素の診断・評価と活用 地力発現窒素の診断・予測法としては，作土を用いて30℃（最大容水量の60％の水分状態）4週間培養して得られる培養窒素量と積算地温から土壌窒素無機化量を推定する．栽培期間中の積算有効地温と培養窒素量と根圏域から栽培中の無機化窒素発現量（Nkg/10a）を推定する．

好適施用窒素量＝(好適窒素吸収量－地力窒素発現量)
／窒素吸収利用率

診断結果から推定予測される①栽培期間中窒素無機化量 18 mg/100 g の場合約 $100^3 ≒ 100$ t の培地から18 kg/10 a が，②12 mg/100 g の場合12 kg/10 a が，③6 mg/100 g の場合6 kg/10 a の地力窒素が発現すると推測される．養液土耕における窒素の吸収利用率を0.9として計算すると，それぞれ，①20 kg/10 a，②26 kg/10 a，③33 kg/10 a が適正施用窒素量として計算される．たとえば図6.61に示すように地力窒素の小さい圃場では，トマトの窒素吸収量と施肥窒素量の差は少ないが，地力窒素の大きい圃場では，地力発現窒素量（残存無機態窒素を含む）の割合が大きく，施肥窒素量はかなり削減される．ただし，トマトなどの事例では，窒素の要求量が最も高まる第3花房～第6花房開花期に施肥量が不足すると，いちじるしく草勢の低下を招くので注意したい．この地力窒素（残存無機態窒素＋発現窒素）は養液土耕栽培導入後，作付け回数が増加するにつれ減少するため，正確に評価し，適正量灌水施肥する．地力窒素の発現量が時期別に簡易に予測推定できれば，地力窒素を活用して効率的に灌水施肥できる．

v) 地力窒素が果菜類の生育・収量・品質に及ぼす影響 マスクメロンは地力発現窒素の影響を最も受けやすいため，正確に評価して施肥量を減らすことで高品質メロンが得られる．ついで地力発現窒素の影響の大きいのはトマト，イチゴである．キュウリ，ナス，ピーマンでは，品質に対する影響は少ないものの，地力発現窒素を有効的に活用することで施肥量を削減できる．

6) 養液土耕での施肥と土壌養液コントロール

i) 養液土耕では土壌養液濃度をコントロール
養液土耕の施肥は基本的には液肥を用いて行う．養液土耕栽培では，作物の養分吸収特性と要求量に合わせ，毎日必要な量を施用する．すなわち，養液土耕は「作物の生育ステージに合わせ，作物が必要とする肥料と水を液肥で，リアルタイム栄養診断・土壌溶液診断を利用して過不足なく与える栽培方法」で，土壌のもつ緩衝能を生かしながら，点滴灌水でほぼ毎日養水分を供給するところに特徴がある．

なお，図6.62に示すように，土壌溶液は土壌からの養分の放出，交換，吸着，作物による養分吸収などの影響を受けており，常に動的平衡状態にある．こうした，土壌のもつ養分供給能，保肥力を生かしながら，灌水同時施肥（ファーティゲーション）で，根圏（湿潤域）の土壌溶液の養分濃度をコントロールして栄養管理する．養液土耕栽培では，毎日の必要量の各養分を液肥で施用する．C/N比の小さい有機物の過剰施用による無機態窒素の多量放出は生育初期に窒素過多を招

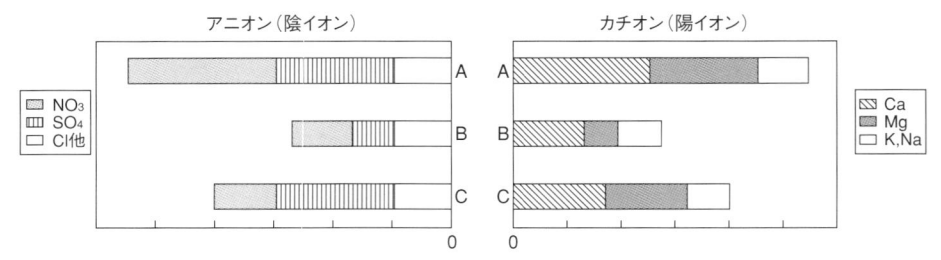

図 **6.63** 硫酸根の量と土壌溶液中の Ca, Mg のバランス
硫酸根の不足は土壌溶液の Ca, Mg 濃度を低下させる.
A：NO_3^-, SO_4^{2-} とも多い場合（慣行栽培）
B：NO_3^-, SO_4^{2-} とも少ない場合（養液土耕栽培）
C：NO_3^- 少ないが, SO_4^{2-} 適量ある場合（養液土耕栽培）

き, また C/N 比の大きい稲わら, ケイントップなどの施用による無機態窒素の多量取り込みは生育初期に窒素飢餓を起こすため, 適正な栄養コントロールが不可能となる（培地管理の項参照）.

ii） 土壌溶液のカチオン濃度をコントロールするアニオン（硫酸根）の重要さ　土壌溶液中ではカチオンとアニオンは等量でバランスよく存在する. カルシウム, マグネシウムなどのカチオンの吸収にとって硫酸根, 硝酸根などのアニオンが適量必要である. 図 6.63 に示したように, 毎日施用するものの 1 回の施肥量の少ない養液土耕栽培では, 土壌溶液中の NO_3 濃度は比較的低いため, アニオンのうち硫酸根の存在は大きく, 硫酸根がいちじるしく少ない時（図 6.64 の B）に土壌溶液中へ溶出するカルシウム, マグネシウムの量が低下するためカルシウム欠乏, マグネシウム欠乏を招きやすい. 硫黄は要求量の高い必須養分であるとともに, 硫酸根として, アニオンとしての重要な役目をもつため, 過不足のない適量施用が重要なポイントである.

7） 複合肥料と単肥による灌水施肥

養液土耕栽培では液肥で灌水同時施肥を行うため, 濃厚原液を作成する必要がある. 養液土耕栽培用のシステムには 1 液タイプと 2 液タイプがある. 1 液タイプは通常, 専用の複合肥料を溶かして濃厚原液を作成する. 2 液タイプは低コストの単肥肥料を利用して単肥配合を行うことができる.

養液土耕栽培（灌水施用）用の複合肥料には, カルシウムを含むタイプとカルシウムを含まないタイプがある. ファーティゲーションの先進国であるイスラエルでは, 石灰資材を pH 調整のため基肥施用するためカルシウムを含まないタイプの複合肥料が利用されている. 複合肥料と硝酸カリウム, 硝酸アンモニウムなどの単肥を組み合わせ

表 **6.44**　トマト単肥配合例

単肥肥料	配合割合		全窒素	硝酸態窒素	アンモニア態窒素	リン酸	カリ	石灰	苦土
ニトロカルシウム	1	配合割合*	100.0	81.5	18.5	54.8	153.2	61.7	17.2
硝酸カリウム	1								
第一リン酸カリウム	0.4	成分(%)	11.6	9.5	2.2	6.4	17.8	7.2	2.0
硫酸マグネシウム	0.4	*全窒素=100							
硝酸アンモニウム	0.4								

表 **6.45**　単肥肥料による濃厚液の配合量（トマト単肥配合例 1 の場合）

単肥肥料	配合割合	配合量 (kg/100 L)	タンク	微量要素	配合量 (g/100 L)	タンク
ニトロカルシウム	1	12.5	A	キレート鉄	50	A
硝酸カリウム	1	12.5	A (A, B)	微量要素配合	200	B
第一リン酸カリウム	0.4	5	B			
硫酸マグネシウム	0.4	5	B			
硝酸アンモニウム	0.4	5	B			
合　計		40				

である．トマトにおける単肥配合の事例を表6.44，表6.45に示す．

viii) 施肥と灌水の均一性

給液精度の高いドリップチューブの利用 養液土耕栽培では，均一灌水のできるドリップチューブを利用することで，均一灌水と均一施肥が可能である．したがって給液精度の高いドリップチューブを利用することが安定生産の重要なポイントである．点滴チューブは散水タイプに比べ給液精度がきわめて高く（図 6.64；井手ら，1998），短い灌水時間で均一灌水が可能である（図 6.65）．点滴チューブの吐出量にもよるが，3～6 分程度の灌水時間で高い給液精度を示す．

培地の物理性・化学性の均一性が必要 養液土耕栽培は必要最小限の灌水と施肥で栽培を行うため培地＝作土が均一であることが重要である．圃場の位置により地力窒素の発現量，養分含有量などの化学性および地下水位の高さ（図 6.66），保水力，透水性，排水性などの物理性が不均一であると栽培作物の生育にバラつきを生じる．物理性・化学性の均一な培地に給液精度の高いドリップチューブを利用して均一灌水・施肥を行うことで，生育が揃う．

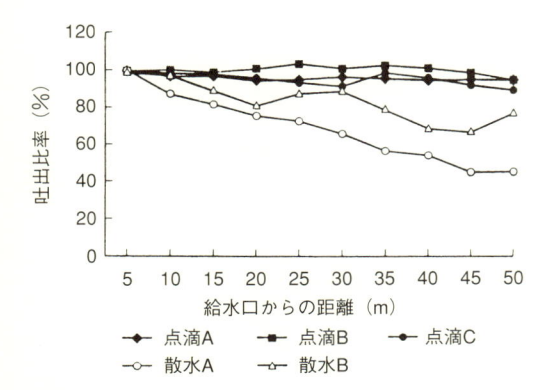

図 6.64 灌水チューブのタイプ別給液精度（井手ら，1998）

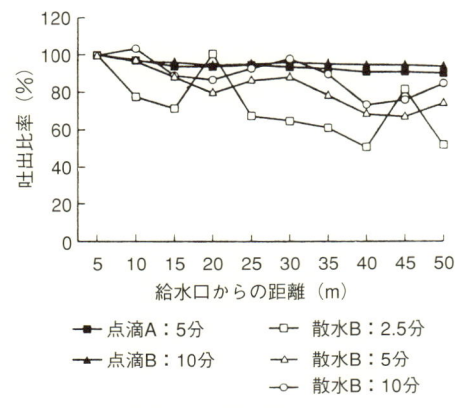

図 6.65 灌水時間と給液精度（井手ら，1998）

て濃厚原液を作成してもよい．単肥配合は，土壌診断結果に基づいて単肥肥料を組み合わせることで，富化養分を積極的に利用できるため，塩基，リン酸などが富化された連作土壌で養液土耕栽培を実施する場合，合理的かつ効率的な灌水施肥法

c. 養分吸収特性を生かした施肥管理の実際

1) 果菜類の養分吸収特性を生かす施肥

i) 養分吸収量から得られる好適養分吸収比

養液土耕栽培における適正施肥量は点滴灌水施

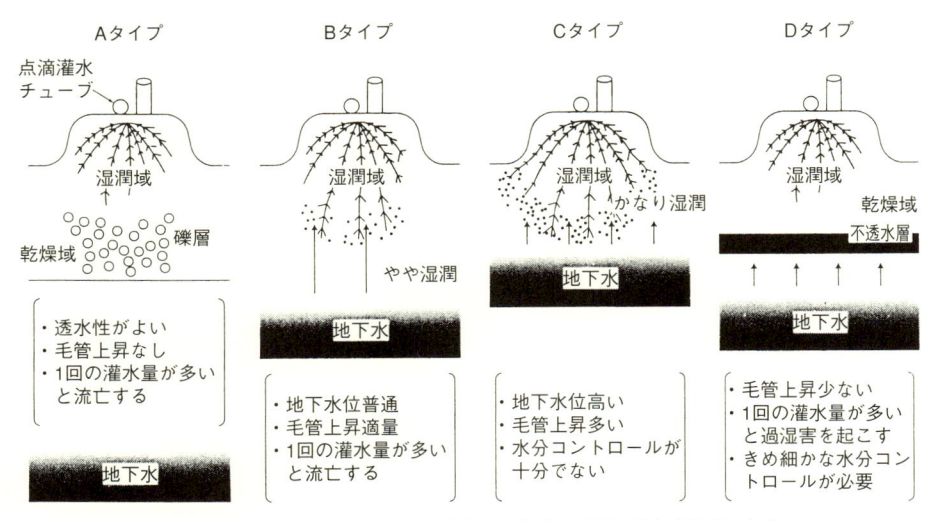

図 6.66 養液土耕における地下水位と毛管水の利用（愛知農総試・加藤）

表6.46 アールスメロンの養分吸収量・吸収比

成分	N	P₂O₅	K₂O	CaO	MgO	備考
株当たり吸収量（g/株）	5.48	2.22	6.70	7.48	2.58	3月定植
養分吸収量（kg/10a）	14.2	5.8	17.4	19.4	6.7	2,600株/10a
養分吸収比（N 100）	100	40	122	137	47	

（増井，1967のデータ参考）

表6.47 野菜の養分吸収量（農業技術大系野菜編より作表）

作物名	収穫物1tを得るに必要な養分吸収量（kg）					N（100）に対する吸収比			
	N	P₂O₅	K₂O	CaO	MgO	P₂O₅	K₂O	CaO	MgO
トマト	2.95	0.85	5.00	3.20	0.75	29	170	108	25
キュウリ	2.55	0.85	4.01	3.30	0.75	33	157	129	29
ナス	3.80	0.90	5.85	1.80	0.40	24	164	47	11
ピーマン	6.80	1.10	7.40	2.50	0.90	19	128	43	16
イチゴ	4.65	1.75	6.10	5.10	1.70	38	131	110	37
ネギ	2.30	0.50	2.60	1.60	0.20	22	113	70	9
ホウレンソウ	5.30	1.30	6.90	1.70	1.30	25	130	32	25

（養液土耕栽培の理論と実際，2001より再引用）

肥で最高の収量・品質の得られる養分吸収量を基本として求める．ファーティゲーションの先進的なイスラエルでも定期的に作物体全体を採取し，生育期間（7日，10日）ごとの養分吸収量を求め，これからステージごと，1日ごとの養分の必要量・施肥量を求めている．生育ステージ，作物の種類によって各養分の吸収比率は異なるものの作物の種類ごとの好適養分吸収比は養分吸収量から求められる．たとえば表6.46のようにメロンの養分吸収比は窒素100，リン酸（P₂O₅）40，カリウム（K₂O）122，カルシウム（CaO）137，マグネシウム（MgO）47となる．これを参考にして，メロンの各養分の施用比率が算出できる．ただし，地力窒素，有効態リン酸，カルシウム，マグネシウム，カリウムの土壌中の含量を考慮して施肥養分組成を決定する．表6.47にその他の果菜類の養分吸収量および養分吸収比を示した．窒素に対するカリウムの吸収比はトマトが最も多く，ナス，キュウリの順である．その他トマト，キュウリのカルシウム吸収量が多いのに対して，ナス，ピーマンの吸収量は少ない．種類ごとの吸収特性は異なっている．

ii）収量が多くなれば養分吸収量は増える

表6.47の養分吸収量は慣行施肥法で収穫物1tを得るに必要な養分吸収量であるため，目標とする収量をかけて，これを1.2で割って（養液土耕は慣行施肥に比べ窒素の生育効率を120％として計算）総養分吸収量を算出する．トマトで10tの収量を目標として，N 23.6，P₂O₅ 6.8，K₂O 40.0，CaO 25.6，MgO 6.0 kg/10a となる．トマトで16tの収量を目標とする場合は，N 37.8，P₂O₅ 10.9，K₂O 64.0，CaO 41.0，MgO 9.6 kg/10a が総養分吸収量として算出される．この養分吸収比と各成分の土壌中含量から施肥養分組成を決定する．収量がかわれば，養分吸収量が変わるため，適正施肥量も変わる．

2）生育ステージ別の吸収特性

慣行の施設栽培の施肥法として有機物肥料主体の施肥事例が多いが，この場合基肥主体の施肥で，追肥時期は勘に頼って決定しているため，適正な施肥（養分濃度）コントロールは十分できないことが多い．ところが，養液土耕栽培においては，毎日液肥を灌水施肥することで好適な土壌養液濃

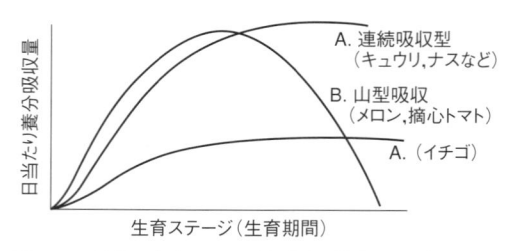

図6.67 果菜の生育ステージと養分吸収経過の模式図（愛知農総試，加藤）

度にコントロールできる．基本的には生育ステージごとの養分吸収量（日当たり好適必要量）に合わせ日施用する（図 6.67）．収穫後期には施肥を中止して，作土中に残存肥料を残さないようにする．

i）果菜類の養分吸収パターン　果菜類の養分吸収パターン（窒素の吸収）は図 6.67 のように分類できる．キュウリ，ナス，ピーマン，イチゴ，パプリカ，長段栽培トマトなど（栄養生長・生殖生長同時進行型）は連続吸収タイプで，温室メロン，摘心トマト（栄養生長・生殖生長転換型）は高品質生産を図る山型吸収タイプである．

野菜の種類別の養分吸収特性により，日施用量調節により土壌溶液濃度を維持する A タイプと日施用量調節により窒素の総量を施肥コントロールする B タイプに分けられる．

A：日施用量調節による土壌溶液（窒素）濃度維持法・連続吸収タイプ
（キュウリ，ナス，ピーマン，パプリカ，イチゴなど）

B：日施用量調節窒素総量管理法・山型吸収タイプ
（温室メロン，摘心トマトなど）

ii）生育ステージ別の養分吸収特性を施肥に生かす　夏秋トマトの養分吸収量の調査結果（広島農技センター，2000）によれば（図 6.68），株当たり 7.8 kg の収量で窒素の吸収量は 22.5 g/株である．3 段開花から 8 段開花期の窒素吸収量が最も多く，この 1 カ月で窒素 6.1 g/株吸収している．長段の夏秋トマトでは，3 段開花から 6，7 段開花にかけて 1 日当たりの窒素吸収量が最大となる．図 6.69 に夏秋トマトの生育ステージ別の養水分管理の概念を示した．3 段開花から 6，7 段開花にかけて窒素の日施用量を最も多くして草勢を後半まで維持して高品質・多収を実現する．表 6.45 にトマトの作型別・生育ステージ別の窒素日施用量の目安を示した．地力の少ない圃場を想定しており，地力発現窒素の多い圃場はこれよりも窒素の日施用量は少なくする．少量隔離栽培の場合は地力窒素の供給は少ないため，地床栽培より，ステージごとの窒素日施用量はやや多く必要とする．

3）養分吸収特性を生かす施肥管理のポイント

i）トマトの養分吸収特性と施肥管理のポイント　トマトの初期の生育コントロールのため，過不足なく施肥を行い，3 段開花から 6，7 段開花にかけて窒素要求量の最大となるステージに不足させないよう窒素の日施用量を供給し，摘心後の窒素施用量は少しでよい．カリウムの吸収量は窒素の 1.8 倍あるため，土壌診断結果に基づいて，カリ不足とならないように N/K の施用比率を決定する．収穫期には $N \cdot P_2O_5 \cdot K_2O = 2\text{-}1\text{-}3 \sim 2\text{-}1\text{-}4$ とカリウムの施用比率を高くする．

ii）キュウリの養分吸収特性と施肥管理のポイント　キュウリの養分吸収比は，N 100 に対し P_2O_5 33，K_2O 157，CaO 127，MgO 29 である．カリウムの吸収量も多いが，カルシウムの吸収量

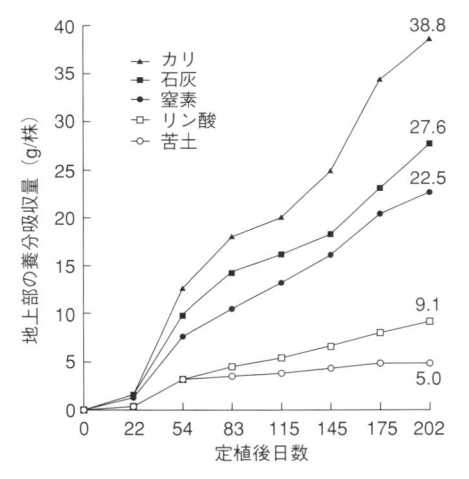

図 6.68 夏秋トマトの時期別の養分吸収量
（広島農技センター，1998）
品種：桃太郎 8，定植日：5 月 6 日
1～15 段果房まで収穫（収量 7.8 kg/株）
使用肥料：窒素：リン酸：カリ＝14：8：25
窒素施肥量：20 g/株 作，1,940 株/10 a

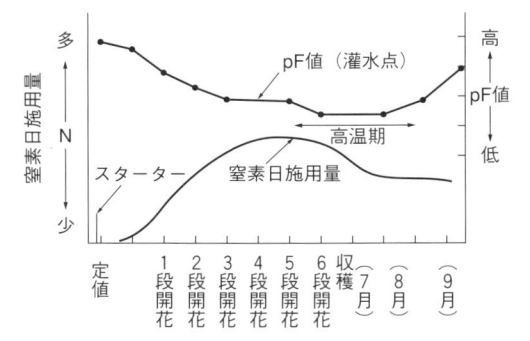

図 6.69 夏秋トマトの養水分管理の概念

も多い特性をもっている．定植後，根張期にはN，P_2O_5，K_2O の吸収比は，1-1-1 とし着果収穫初期は 2-1-3 で収穫後期まで 2-1-3 とする．ただし，キュウリはリン酸過剰の影響をうけやすいため，リン酸富化土壌ではリン酸の施用比率を減らす．適正な養水分供給と環境管理でキュウリは茎葉と果実のバランスをうまくとることで，高品質，多収を実現することができる．ハウス内が乾燥しやすい養液土耕栽培では通路散水などの湿度管理がポイントである．

iii) ナスの養分吸収特性と施肥管理のポイント

ナスの養分吸収比は N 100 に対し，P_2O_5 24，K_2O 154，CaO 47，MgO 11 である．窒素に対しカリウムの吸収量は多いが，カルシウム（石灰），マグネシウム（苦土）の吸収はやや少ない．ナスはマグネシウムの吸収力が弱いため，マグネシウム欠乏によるクロロシスを発現しやすいため留意する．水不足，窒素不足で草勢が衰え，果実品質が低下するため，収穫期には肥料不足とならないように適正に養水分管理を行う．肥料不足，光不足で草勢が衰えると短花柱花となり落下する．長花柱花となるように草勢コントロールするため施肥管理，環境管理を適切に行う．また，通路散水により湿度を適正にコントロールする．

iv) メロンの養分吸収特性と施肥管理のポイント

メロンの養分吸収比は表 6.46 に示したように，N 100 に対し P_2O_5 40，K_2O 122，CaO 137，MgO 47 である．キュウリと比較しても K_2O の吸収はやや少ないが，CaO，MgO の吸収が多い特徴がある．メロンの窒素とカリの吸収のピークは交配から 10 日後であり，その後は低下するが，ネット発生期にかけてカルシウムの吸収は高まる．栄養成長期には草勢をコントロールするため，控えめに窒素を施用し，開花から 10 日間は最も多く施用する．ネット形成期にかけて施用量を減らし，成熟期（交配 30 日後）から収穫期にかけては灌水だけとする．交配期の窒素過多は果実の肥大不良を招き，後半の窒素過多は糖，食味の低下を招くため留意する．メロンの良品生産のためには，生育ステージ別の吸収特性に合わせた施肥と灌水を行い，バランスのとれた草姿をつくることがポイントである．

v) ピーマンの養分吸収特性と施肥のポイント

ピーマンの養分吸収比は N 100 に対し P_2O_5 19，K_2O 128，CaO 43，MgO 16 とナスと比較してカリウムの吸収量はやや少ないが，比較的吸収量は類似している．ピーマンは適正な灌水施肥により草勢コントロールして，茎葉と果実の生育バランスをとり，高品質・多収とする．窒素が多く過繁茂になると花つきが悪くなり，窒素不足では短花柱花となって落花しやすい．ピーマンの湿度不足は果実の肥大，品質低下を招くため，通路散水などにより湿度を高める．シシトウもピーマンとほぼ同じ施肥管理でよい．

vi) イチゴの養分吸収特性と施肥のポイント

イチゴの養分吸収比は，N 100 に対し P_2O_5 38，K_2O 131，MgO 37 である．イチゴは他の果菜類に比べリン酸とマグネシウムの吸収が多い特性をもつ．イチゴは浅根性で，水分不足，過湿，養分過多に弱いため，生育ステージに合わせ適正に灌水・施肥を行う．茎葉と果実のバランスをとり，着果の波をなくし高品質・多収を実現する．イチゴでは低温期の根圏温度を確保して，窒素，リン酸，微量要素の吸収をスムーズに行う．

〔加藤俊博〕

6.3.9 飼料作物の施肥

a. 各種飼料作物の栄養特性

飼料作物とは牛，羊などの草食家畜の飼料用として生産される植物の総称である．一般に飼料作物という言葉は，広義では牧草と飼料作物の両方を，狭義には飼料作物のみを意味するが，ここでは広義に解釈して牧草と長大型飼料作物を対象とする．

飼料作物は茎葉を利用する牧草，茎葉と子実を利用する長大型飼料作物，ムギ類，ヒエ類，根部を利用する根菜類まで多種にわたる．牧草はイネ科牧草とマメ科牧草に，また環境適応によって寒地型牧草と暖地型牧草に大別される．牧草類は大部分が永年生であるが，短年生や一年生の草種，さらに利用目的の違いから採用用と放牧用，あるいは兼用草種などに分けられる．主な寒地型牧草の草種としてはオーチャードグラス，チモシー，

ペレニアルライグラス，イタリアンライグラス，トールフェスクなど，暖地型牧草地としてはダリスグラス，バヒアグラス，ローズグラス，ギニアグラス，バミューダグラスなどがある．マメ科牧草としてはアカクローバ，ラジノクローバ，シロクローバ，アルファルファなどがある．長大型飼料作物としてはトウモロコシ，ソルガム類，青刈ムギ類としてはエンバク，ライムギ，ライコムギなどが，ヒエ類としては飼料用ヒエなどが，根菜類としては飼料用カブやビートなどがある．

平成16年度の飼料作物の全栽培面積は牧草が約78.8万ha，長大型を含む飼料作物が約12.6万haで，合計91.4万haとなっている．牧草の70％近くが北海道に，飼料作物の70％近くが都府県に作付されている．

1) 寒地型牧草の栄養特性

i) 生育特性 寒地型牧草の生育適温は月平均気温10℃以上，22℃以下であって，5℃以上10℃以下および22℃以上での生育量は適温の約半分に減少する．また，牧草の正常な生育には月平均180時間以上の日照時間が必要とされる．寒地型牧草は光合成のカルビンサイクルを有するC3植物に属する．

寒地型牧草の生育量は春から5～6月にかけて旺盛な生育を示し，スプリングフラッシュ（早春の旺盛な生育）といわれる1年で最も生産量の多い時期を迎える．梅雨から真夏になると，牧草の適温を越えるため一時生育が衰えてくる．秋になり，気温が下がって適温になると牧草は再び生育を始めるが，気温が5℃以下に下がると生育は停止する．牧草生産は刈取りまたは放牧で茎葉を利用したのち，再生によって茎葉をふたたび繁茂させるくり返しである．したがって，再生は牧草の生育特性の特徴であり，栄養生理とも深い関係がある．牧草は刈取りによって同化器官である茎葉の大部分が失われるため，その後の再生にはまず刈取り時の株や根に貯えられている貯蔵養分（フラクトサン）を利用して新葉をつくり，新根を出す．以後は新根と新葉により養分吸収と光合成とで生長していくのである．

牧草の養分吸収量は草種，生育段階，収量，土壌および気象条件で異なるが，一般に，窒素とカリウムはほぼ同量でかつ最も多く，リン酸は窒素やカリウムの5～6分の1である．カルシウムはイネ科牧草ではリン酸より少ないがマメ科牧草ではリン酸の2倍程度であり，マグネシウムは窒素やカリウムの10分の1程度である．イネ科牧草では窒素とカリウム，マメ科牧草では窒素，カリウム，カルシウムが多い．牧草の窒素吸収速度は全生育期間を通して1日当たり$1〜2\,kg\cdot ha^{-1}$である．

ii) 施肥反応 一般に草種によって施肥反応が異なり，イネ科牧草では窒素，リン酸，カリウム，マメ科牧草では窒素は根粒菌により固定窒素が自給されるので，リン酸，カリウム，カルシウムの施肥効果が大きい．また，生育段階によっても施肥反応は異なり，播種直後の幼牧草ではリン酸の要求度が大きく，根群が発達した経年草地では窒素，カリウムの要求度が増す．季節的には春期に牧草生産量が大きく，それに伴う養分吸収も多いため施肥効果が年間で最大となる．生育が停滞する夏期の施肥効果は小さいが，秋期には再び高まる．

窒素，リン酸，カリウムの肥料三要素が十分与えられていても，年月が経つにつれて土壌は次第に酸性化し，牧草の生育は明らかに悪くなり，葉色も淡くなってゆく．混播草地では，まずマメ科牧草が草地から消えてイネ科優占草地になり草種構成が変化する．次にイネ科牧草が衰退するに伴い裸地ができ，雑草の進入も多くなって草地が荒廃していく．これに対して，酸性改良のための石灰質資材（炭酸カルシウム）やマグネシウムおよびリン酸を適宜施用してやると，草種構成割合が保たれて，草地の維持年限を伸ばすことができる．

iii) 飼料品質特性 一般に，暖地型牧草や長大型飼料作物に比べて粗タンパク含有率やミネラル含有率は高いが，繊維などの炭水化物含有率や乾物率は低い特徴がある．

牧草体内のミネラル含有率は施肥量の過不足に影響される．リン酸は牛の嗜好性の改善に有効で，窒素もある程度までは嗜好性を向上させる．ただし，窒素を過剰に施肥すると牧草への繊維の蓄積を低下させ，水分が多くエネルギーの低い材料になってしまい，サイレージや乾草にも適さないも

のになる．同時に硝酸態窒素も増加して，牛の硝酸塩中毒の原因をつくってしまう．硝酸塩中毒とは，摂取された硝酸塩が牛の第1胃内で還元される過程で亜硝酸塩が多量に生成され，それが血液中に吸収されてメトヘモグロビンを形成し，牛が酸欠状態で急死（メトヘモグロビン血症）する疾病である．急性中毒をもたらす飼料中の硝酸態窒素濃度の許容限界は，乾物当たり0.2%以内とされている．カリウムは収量に大きく影響するが，必要以上に施用すると牧草中のカルシウムやマグネシウム含有率を低下させてしまう．これはカリウムがぜいたくに吸収される（牧草の収量を上げることなく，カリウムが高濃度に吸収される現象をいう）のに対して，カルシウムやマグネシウムの吸収にはエネルギーが必要で，しかもカリウムによって吸収が抑えられるからである．ひどくなると牛のグラステタニー症（低マグネシウム血症）の原因となる．グラステタニー症とは，牛の胃内でのマグネシウム吸収が阻害されて血液中のマグネシウム濃度が低下し，牛が興奮やけいれんなどの神経症状を示す疾病である．現在，飼料中のミネラルバランス（$K/(Ca+Mg)$）は2.2以下が望ましいとされている．家畜への栄養バランスの面から，混播草地でのイネ科牧草とマメ科牧草のバランス維持も大切である．マメ科牧草はカルシウムやマグネシウム含有率がイネ科牧草よりも高く，牛への供給源となるからである．マメ科牧草の生育を促進するにはリン酸を十分に施肥し，カルシウムやマグネシウムを補給した上で窒素を少量に，カリウムを多めに施肥することである．イネ科牧草の生育促進には窒素とカリウムが有効である．

2) 暖地型牧草の栄養特性

i) 生育特性 暖地型牧草の生育適温は25～35℃の高温で，夏期に生育が旺盛で，10℃以下の低温では生育が停滞ないし停止する．暖地型牧草は平均気温22℃以上の高温下でも光合成能が高く，多くの草種は光合成のジカルボン酸サイクルを有するC4植物に属する．このように，暖地型牧草は寒地型牧草とは異なる光合成の経路を有し，十分な水分が供給される条件下では高い気温と強い日射量（あるいは照度）から高い生育量を示す．バヒアグラスやローズグラスなどの草種では，無窒素における乾物収量が1～5 $t \cdot ha^{-1}$に対して，年間の窒素施肥量が450 $kg \cdot ha^{-1}$の場合，乾物収量は23 $t \cdot ha^{-1}$程度まで増収するとされる．わが国では沖縄の亜熱帯地域や九州・四国地域の低標高地，東京都の一部が栽培地域である．

ii) 施肥反応 一般に窒素施肥に対する施肥反応が高く，窒素の増肥に対して増収率は高い．よって窒素の適量は高い．ただし，暖地型牧草の窒素反応は高いとはいえ，窒素の施肥効果は土壌水分の供給が十分な条件下でより高まる．多くの暖地型牧草は窒素の年間施肥量として450 $kg \cdot ha^{-1}$までは乾物収量が直線的に増加し，900 $kg \cdot ha^{-1}$までは増収する．窒素の吸収利用率は地上部で50～70%である．リン酸に対する施肥反応は寒地型牧草と大差ないが，リン酸の吸収能には草種間差がある．ローズグラスでは開花前期のリン酸含有率（Pとして）が0.23%を越えると，収量増加に対するリン酸施肥の効果がほとんどなくなる．カリウムに対する施肥反応は，窒素のような敏感な収量増加はみられないが，カリウムの吸収量は寒地型牧草と同様に多い．カリウム，ナトリウム，カルシウムおよびマグネシウムの吸収は草種によって異なり，ローズグラスはナトリウムが多く，マグネシウムが少ないが，逆にダリスグラスはマグネシウムが多い．

iii) 飼料品質特性 一般に，暖地型イネ科牧草は繊維含有率が高い上に，消化されにくい構造となっているために家畜による乾物消化率が低く，しかも粗タンパク含有率も低い．ミネラル含有率も寒地型牧草より低い．ネピアグラスの出穂期の値を例示すると，水分含有率84.7%，乾物中の粗タンパク含有率11.5%，粗繊維含有率31.1%，DCP（可消化粗タンパク質）含有率7.2%，TDN（可消化養分総量）含有率60.1%である．

3) トウモロコシ，ソルガム類の栄養特性

i) 生育特性 トウモロコシの生育適温は夏作物でおおむね15～30℃で，低温で登熟が不安定な北海道の一部を除いてほぼ全国で栽培される．トウモロコシの乾物生産過程はシグモイド曲線で表される．すなわち，生育初期の乾物増加量は少ないが，生育が進むにつれて増加速度が大き

くなり，その後再び増加量が少なくなり，成熟期には停止する．各器官別では生育初期では葉身と根がまず増加し，ついで稈の増加が始まり，絹糸抽出期以降は雌穂の増加が大きい．雌穂の乾物増加はほとんど出穂期以降に生産された同化産物である．養分の吸収経過をみると，生育初期からカリウムの吸収が最も早く行われ，ついで窒素，カルシウム，マグネシウムなどの吸収が盛んとなり，リン酸が最も遅い．ほとんどの養分は絹糸抽出後も吸収されるが，窒素やリン酸は生育後期まで吸収が続く．このように，窒素は生育の全期間にわたり吸収される必要があるが，3～4葉期まではやや抑えめに，生育中期には多量に，生育後半から収穫期までは緩やかに吸収されることが理想とされる．リン酸は生育初期の吸収が重要で，カリウム，カルシウム，マグネシウムはともに窒素に似た吸収経過をとるが，カリウムはぜいたく吸収が強いこと，マグネシウムは生育初期に影響の大きく出ることが特徴である．

ソルガム類の生育適温は 25～30°C で，トウモロコシよりやや高い．暖地から温暖地が栽培の中心である．トウモロコシと比べて初期生育や低温伸長性は劣るが，耐旱性，耐湿性，耐倒伏性などは優れる．ソルガム類は草型の変異が大きく，青刈り，ホールクロップサイレージ，乾草とさまざまな利用形態がとられる．

ii）**施肥反応** トウモロコシ収量に及ぼす肥料要素の影響は，窒素の肥効が最も高く，ついでリン酸，カリウムの順である．窒素の効果が高いことは茎葉を利用する牧草類と同様である．窒素の施用量を増やすほど収量は増え，200 kg·ha^{-1} までは増収効果が認められる．リン酸の施肥効果は土壌条件で反応に差違があり，一般にリン酸肥沃度の低い火山灰土壌ではリン酸施肥の効果が大きく，沖積土壌やリン酸肥沃度の高い火山灰土壌などでは効果が小さい．カリウムについては要求度が比較的低いが，ぜいたく吸収されやすい．

ソルガム類はトウモロコシと同様に窒素の施用効果がいちじるしい．窒素の増肥は生育期間を短縮し，乾物生産量や粗タンパク含有率を高めるが，400 kg·ha^{-1} 以上では窒素の吸収量は高まるが収量の増加はみられない．ソルガム類の乾物収量はトウモロコシと遜色ない．

iii）**飼料品質特性** 牧草と比べると，トウモロコシはエネルギー価は高いものの，タンパク質，カルシウムおよびビタミン A 含有率が低い特徴がある．ソルガム類の家畜による消化性や嗜好性はトウモロコシよりやや劣る．

b．寒地型牧草の施肥

牧草は繊維に富み，しかもタンパク質やミネラルを含んでいることから，家畜の生産や健康に欠かせない飼料として重要な役割を果たしている．草地は土壌が悪く，しかも気象条件の劣悪なところに位置する場合が多いので，養分管理を怠るとすぐさま収量や品質は低下してしまう．したがって，牧草地の養分管理は，家畜の餌として量，質ともに優れた牧草を生産する手助けをすることである．追肥は草地の生産性に役立つとともに，草量調節，草種構成調節および永続性の維持に大きく関与する．

牧草の生育量は春から初夏にかけて旺盛な生育を示し，1年で最も生産量の多い時期を迎える．牧草の急速な生育は盛んな養分の吸収を伴うため，この時期に年間施肥量の大半を施用し，残りを刈取り利用後に追肥する．梅雨から真夏になると，牧草の適温を越えるため一時生育が衰えてくる．この時期は牧草にとって非常に厳しい条件なので，牧草を痛めないように追肥は控える．秋になり，気温が下がって適温になると牧草は再び生育を始める．しかし夏までに養分は牧草に吸収されているので，翌年の生育の準備として根や株に同化産物を十分貯蔵できるようにしてやる．そのため，地上部の生育が衰えても養分を十分に与えなくてはならない．とくに窒素は翌年の分げつの芽を増加させ，生産量の増加につながる．この越冬準備を秋施肥と呼んでいるが，とくに冬枯れの厳しい地域では効果的な施肥法である．

1）施肥法

草地の施肥は利用形態の影響が大きいので，利用形態別に述べる．

i）**採草地** 牧草を刈り取って乾草やサイレージをつくる採草地の場合には，スプリングフラッシュを利用して牧草の収量を高めるような施

肥管理が行われる．

土壌の種類　草地土壌としては火山灰由来の黒ボク土，岩石が風化した褐色森林土，赤黄色土（褐色森林土や赤黄色土の大部分は花崗岩質の岩石からできているが，これらは通称マサ土と呼ばれている）が分布するが，黒ボク土と褐色森林土で約70%を占めている．

草種　北海道・東北地域にはチモシー，オーチャードグラス，ペレニアルライグラス，リードカナリーグラス，トールフェスク，シロクローバ，アカクローバなどが，関東や中部地域にはオーチャードグラス，チモシー，メドフェスク，トールフェスク，ペレニアルライグラス，シロクローバ，アカクローバなどが，西日本地域にはオーチャードグラス，トールフェスク，アカクローバ，アルファルファなどが，九州の高標高地にはオーチャードグラス，トールフェスク，ペレニアルライグラスなどが，中標高地にはトールフェスク，オーチャードグラス，フェストロリウム，リードカナリーグラスなどが，低標高地にはトールフェスク，リードカナリーグラスなどの草種が適する．

施肥管理　生草収量がha当たり50～60tの場合，混播採草地の施肥量は黒ボク土で窒素（N）100～120 kg，リン酸 P_2O_5 100 kg，カリウム K_2O 120～150 kg，赤黄色土で窒素 100 kg，リン酸 80 kg，カリウム 100 kg，イネ科優占草地の施肥量は黒ボク土で窒素 160～200 kg，リン酸 100 kg，カリウム 150 kg，赤黄色土で窒素 160 kg，リン酸 80 kg，カリウム 100 kg を標準とする．褐色森林土の採草地の施肥量は黒ボク土よりも20%程度少なくする．ただし九州の高標高地では，生草収量がha当たり50tの場合，窒素 200 kg，リン酸 120 kg，カリウム 190 kg，中標高地では窒素 180 kg，リン酸 120 kg，カリウム 180 kg，低標高地では窒素 190 kg，リン酸 120 kg，カリウム 180 kg を標準とする．

刈取り回数は収量水準，土壌の種類，草種構成などによって異なるが，生草収量が50～60tでは3回，それ以上の収量では3回以上とする．

窒素とカリウムは年間を通して数回に分施するが，重点はスプリングフラッシュを利用して多収をねらった早春施肥におく．窒素とカリウムの年間配分割合は3回刈りの場合，早春50%，一番刈り後25%，二番刈り後25%とし，4回刈りの場合，早春40%，一番刈り後20%，二番刈り後20%，三番刈り後20%とする．

最終刈取り後の窒素とカリウムの施肥は牧草の越冬，翌春の一番草の萌芽や高収量につながるので，ha当たり20～30 kgを分施する．また，窒素よりもカリの施肥量を多くすると，牧草はカリウムをぜいたくに吸収してカルシウムやマグネシウムの吸収が押さえられてミネラルのバランスを崩してしまうので，窒素対カリウムの施肥比は3対2程度にする．

リン酸の施肥は通常早春に全量施肥するが，褐色森林土では黒ボク土よりも土壌への吸着・蓄積が少なく，少量のリン酸施肥で牧草のリン酸含有率を高めることができるので，施肥量を黒ボク土よりも少なくする．また，高標高地では越冬のための養分貯蔵や株の分けつを促すなどの効果があるので，晩秋に全量を1回施肥する．

牧草収量は，造成後3年くらいは草生密度が高くて高い水準に維持されるが，4年目くらいから草生密度が低下しはじめて雑草の進入がいちじるしくなり，5～6年目になるとピーク時の50～60%まで低下する．これは土壌中のカルシウムやマグネシウムの流亡低下に伴う土壌の酸性化が進行するためであるが，進行を防ぐために4年目くらいから土壌診断を行い，その結果に基づいてカルシウムやマグネシウムを補給する．カルシウムやマグネシウムの施用は牧草や家畜の栄養面，マメ科牧草の維持，草地の利用年限の延長などにとって欠かせないので，マグネシウム入りの石灰質資材（苦土炭カルなど）を用いて2～3年ごとに土壌診断結果から求めた必要量を施用する．施用時期は早春または晩秋とする．

マサ土での施肥は，腐植が少なく土壌の緩衝能が小さいので，窒素肥料の効果が早く現れるが，その一方で過剰施肥すると土壌の酸性化を促進する．また，窒素の過剰施肥はマメ科牧草を衰退させてイネ科牧草の株化をもたらし，ひいては裸地を多く発生させて草地の荒廃を招いてしまう．草地の荒廃化を防ぎ，夏枯れ（夏場の高温や干ばつなどの影響で，牧草が衰退し，やがて枯れてしま

う現象）を抑え，牧草のミネラルバランスを適正に保つためには，窒素やカリウムの適正施肥を守るとともに，カルシウムやマグネシウムの施用が必要である．カルシウムやマグネシウムを施用する場合，マサ土の緩衝能が小さいことや土の微量要素の供給力が低下することを考え合わせて，必要以上に施用しないことが重要である．また，本土壌は作物が吸収しやすい有効態のリン酸が少ないが，リン酸吸収係数が小さいので，少量のリン酸施肥で効果が発揮されやすい．マサ土の下層土を草地として利用する場合には，微量要素であるホウ素を施用するとマメ科牧草の維持効果が大きい．その施用はホウ砂でha当たり5～10 kgとする．

ii) 放牧草地

草種 放牧用草種としては，チモシー，オーチャードグラス，ペレニアルライグラス，ケンタッキーブルーグラス，メドフェスク，トールフェスク，フェストロリウム，ケンタッキーブルーグラス，レッドトップ，クローバ類などが適している．標高が低い草地では，高温に強いリードカナリーグラスなどの草種が適する．最近，東北地域では放牧草地へのフェストロリウムの導入が進みつつある．

施肥管理 放牧草地では牛のふん尿によって肥料成分が草地に還元されるので，この分に見合う肥料量が削減されている．北海道地域では生草収量がha当たり40～45 tの場合，火山灰土における混播放牧地の施肥量は窒素80～150 kg，リン酸80 kg，カリウム80～150 kgを標準とする．本州では生草収量がha当たり50 tの場合，混播放牧地の施肥量は窒素144～150 kg，リン酸72～100 kg，カリウム40-48～96-100 kgを標準とする．なお，カリウム施肥量の低い数値は土壌のカリウム供給力の高い草地，高い数値はカリウム供給力の低い草地での値である．九州地域では，生草収量がha当たり50 tの場合，施肥量は窒素140～160 kg，リン酸90～110 kg，カリウム130～140 kgを標準とする．

放牧草地では草丈を低くし，牧草中の養分の高い状態で放牧利用するが，そのためには季節生産性を一定に保つためにスプリングフラッシュ時の施肥を抑え，夏期の生育停滞を防ぐような施肥配分をとり，牧草の密度を維持することを優先させる．また，硝酸態窒素の蓄積やミネラルのアンバランスも避けなければならない．さらに，窒素対カリウムの施肥比は，土壌中にカリウムが蓄積して供給力の高い草地ではカリを1として窒素が3～4に，供給力の低い草地では同じく窒素を1.5～2にする．窒素とカリウムは年3～4回の分施を基本とするが，その年間施肥配分は早春（3月上旬～中旬）に20%，晩春～初夏（5月中旬～6月上旬）に30%，夏（7月下旬～8月上旬）に30%，晩秋（終牧後11月中旬～下旬）に20%を標準とする．ただし，採草地との作業競合や傾斜草地での施肥作業は人力に頼らざるを得ない場合が多いので，施肥回数を減らすことも重要であり，それには地域によっても異なるが晩春～初夏（5月中旬～6月上旬）と夏（8月上旬）の2回とする．その場合の窒素とカリウムの施肥配分は晩春～初夏に40～50%，夏に60～50%とする．なお，リードカナリーグラス草地では生育のピークが6月になるので窒素とカリウムの配分を変える．すなわち，早春（3月上旬～中旬）に30%，晩春～初夏（5月中旬～6月上旬）に20%，夏（7月下旬～8月上旬）に30%，晩秋（終牧後12月上旬～中旬）に20%とする．

最近は，多少値段が高くなるが緩効性の窒素肥料（たとえば被服肥料など）が市販されており，これを利用することで施肥回数の削減（1回施用）や季節生産の一定化などが可能となってきている．ただし，この場合でもカリウムは緩効化してないので分施が必要となる．リン酸は終牧後に全量施用し，カルシウムやマグネシウムは晩秋に施用する．とくに，グラステタニー症（低マグネシウム血症）の発生が危ぶまれる地域や過去にマグネシウムの施用されていない草地では，マグネシウムの施用は必須である．カルシウムやマグネシウムの施用は土壌の違いや草地の酸性化および荒廃状況などを考慮して決める．

c. 暖地型牧草の施肥

1) 土壌の種類

九州地域には黒ボク土，亜熱帯（沖縄）地域に

は赤色土と暗赤色土が分布する．沖縄での草地土壌はマージ土壌（国頭マージや島尻マージ）と総称されている．ともに養分に乏しく，生産性の低い土壌である．

2）草　種

わが国では九州地域の低標高地（標高 300 m 以下，年平均気温 15～16℃），沖縄の亜熱帯地域，東京都の一部などで栽培されている．九州地域の低標高地における適草種としてはバヒアグラス，バミューダグラス，亜熱帯（沖縄）地域での適草種としてはローズグラス，ギニアグラス，パンゴラグラス，ジャイアントスーダングラスおよびネピアグラスである．

3）施肥管理

i）採草地　九州の低標高地におけるバヒアグラスの採草地では，乾物収量が ha 当たり 15～20 t（年 5～6 回の多回刈り）の場合，年間施肥量は窒素（N）250～300 kg，リン酸（P_2O_5）150 kg，カリウム（K_2O）250～300 kg を標準とする．なお，乾物収量は，省力的なロールベール体系による年 2 回刈取りの場合でも ha 当たり約 15 t は得られる．

沖縄を中心とした亜熱帯地域における採草地（火山灰土以外）の年間施肥標準量は，刈取りにより収奪される年間の養分量を補う程度とされ，目標収量（生草）が ha 当たり 90～150 t に対して窒素 400～550 kg，リン酸 160～220 kg，カリウム 320～440 kg を標準とする．施肥は年 6～7 回の刈取りごとに分施するが，生育旺盛な夏期に多く配分し，他の時期は草量に応じて配分する．とくに晩秋には施肥を少なくして，牧草体内の硝酸態窒素濃度の上昇と冬期から早春での雑草の生育を抑えるようにする．亜熱帯から熱帯地域では気温が高く有機物の分解が早いので，有機物を施用して補う必要がある．有機物の施用効果は，肥料分の供給に加えて，土壌物理性の改善や土壌侵食からの土壌保全効果が大きいからである．化学肥料と併用して安全に連年施用できるふん尿の施用量は，年間 ha 当たり牛ふん堆肥が 100 t，液状きゅう肥が 150 t とされる．また，国頭マージ土壌では，降水量が多いため土壌養分とくに無機塩類の溶脱がいちじるしくて痩せた酸性土壌になりやすい．造成 4 年目頃から草生および品質の劣化が顕著になってくるので，土壌診断を行ってカルシウムやマグネシウムの不足分を補給する必要がある．

ii）放牧草地　九州の低標高地のバヒアグラス放牧草地では，放牧期間の延長，牧草生産の平準化，良質牧草の生産に重点が置かれる．目標収量を ha 当たり 40～50 t とした場合の年間施肥量（黒ボク土）は，窒素（N）130～150 kg，リン酸（P_2O_5）70～100 kg，カリウム（K_2O）110～120 kg を標準とする．なお，赤黄色土ではリン酸の施肥量をやや多めにする．

放牧草地ではふん尿が草地へ還元されるが，その還元量は局所的で土壌の地力は不均一になる．ふんと尿は養分としての効率が異なるので，これを加味した放牧草地の年間施肥標準量が設定されている．沖縄の亜熱帯地域での放牧草地（火山灰土以外）の年間施肥量は，目標収量（生草）が ha 当たり 40～70 t に対して窒素 220～340 kg，リン酸 80～100 kg，カリウム 100～150 kg を標準とする．

d．トウモロコシ，ソルガムの施肥

飼料畑では窒素，リン酸，カリウム，カルシウム，マグネシウムの作物による収奪量が多く，また飼料作物の収量・品質が土壌の養分状態の影響を強く受けるので，収量・品質を維持するためには化学肥料や家畜ふん尿などでこれらの成分を補給する必要がある．関東地域の飼料畑の施肥に関する調査事例（1997 年）によると，ふん尿の施用が十分であるにもかかわらず，さらに化学肥料を過剰に施肥している酪農家も数多く存在するという．また，1999 年に実施された全国の公立研究機関や専門技術員に対するアンケート調査結果では，施肥標準にのっとって施肥管理をしている農家が多い一方で，施肥標準をとくに意識せずふん尿を投棄的に施用している農家もかなりあり，適正な施肥管理が十分に浸透していない実態があることも指摘された．

1）飼料作物の作付体系

夏作に多収のトウモロコシやソルガム類が，冬作にイタリアンライグラス，エンバクやライムギの体系がとられる．東日本ではトウモロコシ＋イ

タリアンライグラスの組合わせが，西日本ではソルガム類＋イタリアンライグラスまたはムギ類の組合わせが主流である．多収体系の例として，ソルガム＋ライコムギの組合わせでha当たり年間30tの乾物収量をあげた例がある．暖地では夏作にトウモロコシ，ソルガム，暖地型牧草を，冬作または秋作にイタリアンライグラス，エンバクが組み合わされる．1975年代後半からロールベール・ラップサイレージ体系の普及に伴いスーダングラスなどのソルガム類の作付がのび，一方でトウモロコシの作付が減少していたが，最近トウモロコシ向けの細断型ロールベール収穫技術が開発されたので，トウモロコシの作付の拡大も期待される．

2) 施肥管理

飼料作物の施肥はふん尿の利用を前提に，ふん尿から供給される肥料量を勘案して不足する養分を化学肥料で補ったり，土壌中での蓄積程度に応じて過剰な養分は減肥するなど実態に応じた適切な施肥管理をすることである．施肥の効果を十分に発揮させるためには，飼料作物の種類や目標とする収量を得るために必要な吸収量を把握した上で，適正な時期に適正な施肥量を施用することである．

各県で改訂・発行（1999年前後）された「農作物施肥標準」あるいは「飼料作物栽培技術指針」の中から，トウモロコシとソルガム類を対象とした標準施肥量について整理すると，以下のとおりである．

i) 飼料用トウモロコシ　目標生草収量はha当たり62t（平均値）に設定されており，これに対する施肥量はha当たり窒素（N）135 kg，リン酸（P_2O_5）131 kg，カリウム（K_2O）107 kg，堆肥40 t，苦土石灰500〜3,000 kg，溶リン250〜800 kgである．窒素とリン酸に比べてカリウムの施用量が少ない．これは堆肥に含まれるカリウムの肥料効果が高いことを評価して，カリウムの施肥量を減じている．石灰質資材とリン酸資材はほぼ全国的に施用されている．

地域的には北日本地域よりも西南日本地域で三要素施肥量が多い．これは北日本地域に比べて西南日本地域ほど降水量が多く，肥料成分の流亡が多いのでその分増肥しているからと推察される．最近の調査結果によると，トウモロコシの養分吸収量はha当たり窒素で154 kg，リン酸で69 kg，カリウムで237 kg（乾物収量15.9 t・ha^{-1}）となっている．

ii) ソルガム類　目標生草収量はha当たり69 t（平均値）に設定されており，これに対する施肥量はha当たり窒素（N）176 kg，リン酸（P_2O_5）136 kg，カリウム（K_2O）139 kg，堆肥41 t，苦土石灰500〜2000 kg，溶リン250〜800 kgである．トウモロコシに比べて窒素とカリウムが多くなっていることから，とくに西南日本地域におけるソルガム類の多収のねらいが推察される．トウモロコシと同様に，窒素よりもカリウムの施肥量が少なく，また地域的には西南日本地域の施肥量が北日本地域よりも多くなっている．ソルガム類の刈取り回数が北日本地域の1〜2回なのに比べて西南日本地域では多回となるので，そのことも影響している．ほぼ全国的に石灰質資材とリン酸資材は施用されている．ソルガム類の養分吸収量はha当たり窒素215 kg，リン酸49 kg，カリウム172 kg（乾物収量14.7 t・ha^{-1}）となっている．

e. 草地診断および土壌診断の必要性

草地の植生は経年化に伴って変化していく．混播草地では，まずマメ科牧草が減少・消滅してイネ科牧草が優占草地となり，さらにイネ科牧草が衰退するにしたがって裸地ができ，雑草も多く進入して草地が荒廃していく．このように植生が変化していく草地において，裸地がどの程度あり，植生がどのような状態（草種の構成）にあり，生産量がどれほどあるのか，これからどのように移り変わってゆくのかを明らかにするのが植生・収量診断である．一方，土壌について堅さ（ち密度），通気性，根張り，土壌養分の検定や分析を行い，土壌の生産環境について把握することが土壌診断である．植生・収量診断と土壌診断を総合したのが草地診断であるが，一定の期間をおいて草地診断をくり返すことで草地の生産力の動きや変化の方向などがつかめる．

草地診断は施肥により草地の生産性が改善可能かどうかを判断する手段である．一般に，牧草密

度が高く優良なイネ科牧草の優占度が高い場合には施肥の効果が高いが，地下茎型のイネ科牧草が主な牧草で，しかも裸地や雑草の割合が高い場合には施肥の効果はほとんど期待できない．植生・収量診断の要因として，裸地率，雑草割合，優良イネ科牧草割合およびマメ科牧草割合，牧草被度，雑草被度などが取り上げられている．

土壌は牧草の収量と飼料品質を決定する重要な入口であるから，土壌中の養分状態を把握することは適切で有効な施肥管理に欠かせない．土壌診断は土壌の養分状態（過不足）や変化の方向を把握する手段であり，人間の健康診断に例えられる．人間の健康診断には，定期的な診断と体調が異常なときに受ける診断があるように，土壌診断にも定期的に分析をして圃場（土壌）の状態をチェックする場合と，飼料作物の生育障害が発生したときにその原因を追求するために行う場合がある．その結果は施肥改善や草地更新などの生産性改善方策に活用する．すなわち，診断結果が適正な範囲に入っていれば基準量の施肥で牧草地の肥培管理を続ければよい，もし過不足の診断結果が出たら，その処方箋に基づいて施肥量を増減していかねばならない．土壌診断結果に基づく施肥対応について，北海道の草地土壌の例を示した（表6.48と表6.49）．草地および飼料畑土壌の診断基準値とそれに基づく施肥対応については，都道府県において作成されているので，それを参考にするとよい．

北海道の混播草地の例であるが，植生の状態と土壌診断に基づいた養分の補給を行うことによっ

表 6.48 土壌診断に基づく草地のリン酸施肥対応（火山性土）

	土壌区分	基準値未満	基準値	基準値以上
有効態リン酸含量（ブレイ No.2 法，$mgP_2O_5/100\,g$）	未熟火山性土 黒色火山性土 厚層黒色火山性土	29 以下 19 以下 9 以下	30～60 20～50 10～30	61 以上 51 以上 31 以上
施肥標準量に対する施肥率（%）	共通	150	100	50

注）減肥の可能年限はほぼ3年である．
（北海道施肥ガイド2002より）

表 6.49 土壌診断に基づく草地のカリウム施肥対応（火山性土）

	土壌区分	基準値未満	基準値		基準値以上
交換性カリウム含量（$mgK_2O/100\,g$）	未熟火山性土 黒色火山性土 厚層黒色火山性土	6 以下 8 以下 9 以下	7～9 9～12 10～13	10～30 13～40 14～45	31 以上 41 以上 46 以上
施肥標準量に対する施肥率（%）	共通	125	100	75	50

注）減肥の可能年限は1年である．
（北海道施肥ガイド2002より）

表 6.50 草地および飼料畑における家畜ふん尿の施用基準

草種	予想生草収量（t/ha）	牛（t/ha）		豚（t/ha）堆肥	鶏（t/ha）乾燥ふん
		堆肥	スラリー		
牧草・イネ科草地	50～60	30～40 (140-0-0)	50～60 (80-30-0)	20～30 (80-0-50)	5 (80-0-80)
牧草・混播草地	50～60	30～40 (60-0-0)	50～60 (0-30-0)	20～30 (0-0-50)	5 (0-0-80)
トウモロコシ	50～60	30～40 (140-70-0)	50～60 (80-110-0)	20～30 (80-0-50)	5 (80-0-80)
イタリアンライグラス	40～50	30 (110-0-0)	40～50 (60-50-0)	20 (60-0-40)	5 (60-0-60)

注）（ ）内の数値は併用する化学肥料の窒素（N）－リン酸（P_2O_5）－カリ（K_2O）量（kg/ha）
（草地試資料1983より）

て，マメ科牧草の割合を維持しながら年間収量を高いレベルで10年以上も維持しうることが実証されている．土壌診断の励行と施肥をうまく組み合わせてやれば高い収量で永く草地を維持しうる例として参考になる．土壌診断の実施率は全国平均で50%程度と低く，府県ではきわめて低い値となっているので，今後の向上が望まれる．

一方，生育途中の作物の栄養状態を迅速に把握することは，施肥の効果を高めるために必要である．そのためには生育途中に作物がみせる外観的な特徴を観察するとよい．

f. ふん尿の適切な利用法

適切に処理された家畜ふん尿を適正量土壌還元することにより，作物へ養分を供給するだけでなく，土壌の物理性・化学性および生物性を改善する効果も期待され，化学肥料の施用量を節約できる．家畜ふん尿の土壌還元に際しては過剰施用にならないよう施用量に注意する．家畜ふん尿の施用量は，飼料作物の生育に大きな影響を及ぼす窒素を基準にして連年施用することを前提に，作物の収量性および品質，土壌および環境への影響などを総合的に勘案して決められる．しかし，家畜ふん尿だけで施肥量をまかなうと三要素の施肥量間にアンバランスを生じるので，化学肥料と併用することが重要である．このような考え方に基づいて，草地・飼料畑のふん尿施用基準が作成されている（表6.50）．ふん尿の標準施用量はイネ科優占草地，混播草地および飼料畑のトウモロコシともに（目標生草収量50～60 t·ha^{-1}），牛の堆肥でha当たり30～40 t，スラリー（液状きゅう肥）で50～60 tである．この施用量で化学肥料と同等の効果を示す窒素，リン酸，カリウムの投入量が異なるため，併用する化学肥料の量に違いが生じる．飼料作物に対するふん尿の施用基準は都道府県で整備されている．しかし，最近では牛の健康面からカリウムへの関心が高く（カリウムはグラステタニー症や乳熱に及ぼす影響が大きい），カリウムを基準にしてふん尿の施用量を見直す動きも活発で，一部ではあるが早速「飼料作物の栽培技術指針」に盛り込んだ県もある．しかし，家畜ふん尿の還元量の実態は施用基準を上回り，化学肥料換算で10 a当たり窒素50 kgを越えるような投棄的な事例も多い．多量還元するほど家畜ふん尿の肥料効果をきちんと評価して，その分の化学肥料を控えるように施肥設計を組むとともに，耕起深を拡大したり，より多収性の作物を導入するなどの工夫も大切である．

ところで，ふん尿の過剰施用が飼料作物の品質に及ぼす悪影響を整理すると，①乾物率の低下，②高タンパク-低カロリー，③硝酸態窒素集積，④カリウム過剰，カルシウムやマグネシウムの低濃度・欠乏などが挙げられ，家畜の硝酸塩中毒，グラステタニー症，繁殖障害，産後起立不能症などとの因果関係が取りざたされている．ふん尿施用が飼料作物の品質に及ぼす悪影響は，ふん尿を施用したことが悪いのではなく，ふん尿に含まれる肥料成分を過剰に施用したことが原因である．いい換えれば，ふん尿施用にあたって適正施用量と標準施肥量を守れば飼料作物の品質悪化は避けられる．

〔畠中哲哉〕

文　献

1) 集約放牧マニュアル，(社)北海道農業改良普及協会 (1995)
2) 草地管理指標—草地の維持管理，土壌管理及び施肥編，(社)日本草地協会 (1996)
3) 草地診断の手引き，(社)日本草地協会 (1996)
4) 農業技術大系，畜産編7 飼料作物，農山漁村文化協会 (1979)
5) 農業技術大系，土壌施肥編6-②施肥の原理と施肥技術 (2)，農山漁村文化協会 (1985)
6) 農林水産省草地試験場．昭和58年度家畜ふん尿処理利用研究会会議資料 (1983)
7) 北海道農政部．北海道施肥ガイド (2002)
8) 酪農家のための土づくり講座，酪農学園大学エクステンションセンター (2003)

6.3.10　果樹の施肥

a. 各種果樹類の栄養特性

1) 多年生果樹の特徴

果樹類は植え付けてから結実するまでに3年以上，さらに成園に達するには普通10年程度かかる．幼木から成木にかけて葉，果実，枝幹，根の構成比率が異なるので，栄養特性にも違いが見られる．モモを例にとると，乾物生産量は成木とな

る7年生まで急激に増加し，その後は一定で推移する．乾物の分配をみると，若木の間は主として木の生長に用いられ，成木になると果実生産に向けられる．窒素の吸収量は成木まで急激に増加するが，その後は微増となる．カリウムは収量の増加とともに吸収量も増加してゆくが，リン酸，カルシウム，マグネシウムは成木で吸収量がほぼ一定となる．吸収した窒素は樹体の増加にも利用されるが，成木になるに従い，大部分が葉や果実に分配される．11年生ともなると，窒素とリン酸では前年までに樹体に持ち越された量とその年の養分吸収量の比率がほぼ同程度となる．カリウムは含量の高い果実が収穫されるので持ち越し量が少なく，養分吸収量の比率がいちじるしく高い．カルシウムは樹体の含有率が樹齢とともに高くなるので，持ち越し量は最も多い．マグネシウムは，吸収量，持ち越し量ともに最も少ない．

2) 年間の生育過程と栄養特性

春先の開花・展葉期から新梢伸長の初期までの生長は，前年の秋以降，貯蔵養分として樹体内に蓄えられた炭水化物や窒素化合物などの転流によるところが大きい．落葉果樹では，地下部の根や地上部の枝幹が貯蔵器官となるのに対し，常緑果樹のカンキツでは前年展葉した旧葉の割合が高い．新葉が展開し新梢伸長が充実する頃から吸収養分の割合が高くなり，6〜7月になると養分吸収も盛んで乾物量の増加も多くなる．この頃になると新梢伸長も停止し，果実の発育盛期となるので，必要量に見合う養分供給が求められる．落葉果樹の場合，収穫期から落葉期までは，枝や花芽が充実し，樹体内に貯蔵養分を蓄積する時期となる．

無機成分の吸収時期は，根の活動できる地温の影響も大きい．窒素とカリウムは生育初期から吸収され，夏期に吸収量が最大となり，秋にかけて減少する．カルシウムも同様の吸収経過を示すが，秋以降も落葉時まで吸収される．リン酸とマグネシウムの吸収は窒素に比べ少なく，生育期間にわたって吸収される．年間の主要養分吸収量の割合は，窒素10に対しリン酸は3（範囲2〜6），カリウムが10（範囲5〜16）であり，カルシウムは窒素と同程度かやや多めであり，マグネシウムはリン酸と同程度である．

年間の三要素吸収量は，結実樹の樹齢，品種，収量の多少，植栽密度，露地や施設といった栽培方法により異なってくるが，主要樹種について単位面積（ha）当たりの養分吸収量の範囲が試算されている．常緑果樹類の養分吸収量は多く，カンキツとビワでは，窒素（N）164〜235 kg，カリ（K_2O）150〜182 kg，リン酸（P_2O_5）35〜40 kgの範囲にある．落葉果樹の窒素吸収量は66〜152 kgの範囲となり，ニホンナシ，ウメで多く，リンゴ，ブドウで少ない．カリの吸収量はウメ，キウイフルーツで154〜220 kgと多く，クリ，ニホンナシ，モモ，カキは56〜99 kgと少ない．リン酸の吸収量は樹種間差異が少なく，大部分が20〜40 kgの範囲にある．

年間養分吸収量について成木の樹体内分布をみると，新生器官とくに葉の分配が多く，窒素，リン酸，カリで45〜55％，カルシウムとマグネシウムで50〜70％程度であり，ついで果実や当年枝などの器官に分配される．

3) 主要養分の生理作用

窒素は，樹体生育や果実品質に最も影響の大きい成分である．不足すると生長不良となり，果実の肥大は劣り，収量も少なく不安定となる．過剰になると，枝の徒長，花芽着生の減少，熟期の遅れや果実品質を低下させる．また，樹体内窒素の栄養状態は，花芽分化や枝の充実に影響し，翌年の着果変動の原因となる．

リン酸は窒素やカリに比べ必要量が少ない．リン酸は細胞分裂の盛んな組織に多く移行するので，幼木期に不足すると，葉は小さくなり，梢や根の伸長もいちじるしく低下する．また，果実重が減少し，果肉歩合の低下や酸含量が増加して，果実品質を低下させる．果樹園では，開墾地など土壌中にリン酸が極端に少ない場合を除き，欠乏症はまれである．多くの圃場試験の結果から，果実品質にはリン酸増肥効果の認められないことが多いが，極端に減肥すると品質に影響が現れることもあり，リン酸の肥効は小さいもののある程度認められている．

カリウムは果実に多く含まれ，窒素と同様に吸収量が多い．幼木で不足すると，果実の肥大不良や酸含量が低下し，糖含量が増加する．過剰では，

着色不良や果皮が厚くなり，酸含量が増加する．果樹園では土壌からの供給量も多いので，施肥反応は明瞭でなく，むしろ多肥により土壌に集積してマグネシウム欠乏の原因となることが多い．

カルシウムは，葉や枝・幹に多く含まれる．細胞壁のペクチン酸と結合して不溶性となり組織の結合を強化したり，水溶性カルシウムとして細胞の代謝制御にかかわる．不足すると，リンゴではビターピットなど果実に生理障害を引き起こす．土壌からの供給量は多いが，施肥により溶脱されると，土壌酸性化を引き起こす．この防止には土壌診断を実施し，必要に応じて石灰質資材を施用する．

マグネシウムは，葉緑素の構成成分となるので，葉に最も多く含まれる．不足すると，葉が黄化し早期に落葉しやすくなる．マグネシウムとカリウムの吸収には拮抗作用があるので，土壌中の塩基バランスを適正範囲に保つようにし，苦土石灰などの資材を施用したり，カリ肥料の多肥を避けるとよい．

4) 果樹の施肥法

果樹では収量とともに品質が重視されることから，樹体の養分吸収量，肥料成分の利用率，施肥試験の結果，予想収量から適正施用量が求められ，これに地域ごとの土壌の養分供給量や養分保持特性，さらに降雨など気象条件による溶脱を考慮して施肥基準値が設定されている．

果樹の施肥時期や施肥回数は，樹体の吸収特性だけでなく果実品質への影響を考慮して決められ，年間の施肥回数は，リンゴ，モモ，ブドウで1〜2回と少なく，ミカンやイチジクでは3〜6回と多くなっている．このため，施肥の呼び方もさまざまである．

落葉果樹では，基肥として肥料成分の多くを落葉後の休眠期に施用することが一般的で，肥料成分は土壌中に浸透して，春以降に吸収利用される．また，不足分は追肥として生育期間に施用されてきた．一方，春先の初期生育に必要な養分は，前年秋以降に吸収された貯蔵養分の転流にかなり依存していることが明らかになったことから，収穫後や果実品質に影響の出ない9〜10月に秋肥として施用し，樹体への養分吸収を図るとともに葉の光合成機能を維持して貯蔵養分の充実を促している．11月以降に施用するのを冬肥といい，春以降の吸収利用を図る．冬期に積雪が多い地域や，保肥力が少なく降水で流亡しやすい園地では3〜4月に施用し春肥と呼んでいる．

常緑果樹の温州ミカンでは，3月頃の春肥，6月頃の夏肥，11月上旬までに施用する秋肥の3回分施が一般的である．

圃場での果樹の施肥反応は，明瞭でない場合が多い．この理由として，展葉後の初期生育は前年の貯蔵養分に依存する割合が高いことや，樹勢の強弱で養分吸収に差を生じたり，せん定や摘果といった栽培管理で生育や結果量が大きく影響を受けるからである．せん定が強いと残された芽に養分が移行するので新梢伸長が長く，せん定が弱いと芽数が多くなり，個々の新梢では伸長量が小さくなる．また，果樹の根系は広く深いことから，樹体の吸収する窒素は，施肥窒素に比べ土壌由来窒素の割合が高いことも要因となる．〔梅宮善章〕

b. カンキツ類の施肥

西南暖地の温暖多雨な生産環境下で栽培されるカンキツ類は，地形的に急傾斜地園が多く表土や肥料の流亡が多いこともあって，適切な肥培管理が高品質安定生産の基本とされている．施肥管理で配慮すべき点は，消費ニーズに応える高品質・高付加価値化，安定生産のための隔年結果軽減，高齢化などに対応した機械化・省力化，持続的生産のための環境負荷低減などである．各産地では肥培管理の指標として，品種系統，栽培様式，土壌肥沃度，樹齢，単収などに対応した施肥量，時期，割合などのきめ細かな施肥基準が設定されている．戦前の施肥管理には主として魚かす，油かすなどの有機質肥料が使用されたが，戦後の経済復興に伴う食生活の向上と化学肥料の大量供給を背景に，1960年代には増植増産・多肥多収の時代を迎えた．しかし，多肥栽培に起因する土壌の酸性化は，マンガンの過剰吸収からウンシュウミカンの異常落葉を多発させ，各地で実態調査や対策試験が行われた．その結果，適期適量施肥の重要性が認識されて施肥改善対策が講じられ，'60年代後半には施肥基準の年間窒素施用量はウンシュウミカンで20〜25 kg/10 a，中晩生カンキツで

30～35 kg/10 a 程度まで削減された．現在の各県施肥基準も量的にはほぼこの水準に設定されている[1]．またリン酸とカリウムは，多少の変動があるものの多くの産地でおおむね窒素施用量の60～80％程度が施されている．生産現場における施肥実態も，品質偏重による少肥栽培の普及で施肥基準を下回る時期もあったが，隔年結果の増大などで施肥の重要性が見直され，近年はおおむね施肥基準に近い施肥管理がなされているようである．年間施肥量と比べて時期別の施肥割合は，産地によって大きな差異が見られる．かつては春肥のみや春肥＋夏肥2回施肥の時代もあったが，現在では基本的に春肥・夏肥・秋肥の3回分施であり，春肥は地温が10℃付近を超す3月に，夏肥は幼果の発育が始まる5～6月に，秋肥は地温が10℃付近を切る1カ月前の10～11月頃に施用されている．重窒素を用いた施肥窒素の追跡調査では，春肥の施肥窒素は根から吸収されて新梢・新葉に多く移行し，夏肥では幼果と新梢に，秋肥窒素では地下部に多く配分されることが報告されており[2]，春肥は春枝伸長と葉数確保を図る基肥，夏肥は幼果発育と新梢充実を促す追肥，秋肥は樹勢回復と貯蔵養分集積に寄与する礼肥の役割を果たしている．

主要産地の施肥基準をみると，熊本・長崎県などでは春肥が秋肥よりやや多く夏肥を少なめに設定しており，愛媛・和歌山県などでは早期出荷を重視する極早生温州や早生温州で夏肥の中止と秋肥重点施肥を基本とし，極早生温州や中晩生カンキツでは肥切れ・肥焼けを避けるため秋肥を初秋肥と晩秋肥の2回分施としている（表6.51）．夏肥中止は窒素の遅効きによる着色遅延や浮き皮発生を防止する狙いがあるが，樹勢低下や隔年結果の増大が懸念される．一方，静岡・神奈川県などでは，施肥時期の地温が高く肥料の吸収効率が良い夏肥を重視する施肥指導が行われ[3]，隔年結果が緩和される傾向がみられる．果実の発育後期に窒素レベルを高くすると，着色が遅れ浮き皮果が発生しやすくなるが，貯蔵出荷主体で浮き皮が出にくい青島温州ではその弊害が比較的小さいと推測される．

従来からウンシュウミカンの施肥基準は早生温州と普通温州に大別して設定されてきたが，非破壊選果機の導入が進む中で高品質生産技術として，シートマルチ栽培，コンテナ栽培，高うね栽培，ハウス栽培，隔年交互結実栽培，越年完熟栽培など，多様な栽培様式が開発・実用化されてきた．これらの肥培管理では，従来の露地栽培条件を前提に作成された施肥基準をそのまま適用することができず，各栽培様式に適応した施肥体系が検討されている．たとえば，高糖系温州の隔年結果性を逆用して，全摘果する遊休年と多量着果する生産年を交互に設定する隔年交互結実栽培では，遊休年の春肥10 kgを割愛して遊休年と生産年の夏肥各5 kgを10 kgに倍増し，2年間の窒素（N）施用量は従来と同量の25 kgとする施肥技術が開発されている[4]．シートマルチ栽培では，樹冠下の地表面が透湿性シートに被覆されるので養分の溶脱などは少ないが，適期施肥には被覆除去が必要である．これに対して被覆前の夏肥施用

表 6.51　愛媛県のカンキツ施肥基準（抜粋）

品　種	年間施肥量（kg·ha^{-1}）			窒素の時期別施肥割合（％）			
	窒素	リン酸	カリ	春肥	夏肥	秋肥	
極早生温州	200	140	140	35（3/上）	―	40（10/上）	25（11/上）
早生温州	200	140	140	45（3/上）	―	55（10/下）	
普通温州	250	170	190	40（3/上）	20（5/下）	40（11/上）	
早生温州*1	250	170	170	36（3/上）	20（5/下）	44（収後）	
温室ミカン*2	200	150	170	―	60（収後）	20（覆前）	20（10/上）
温室ミカン*3	220	160	180	―	46（収後）	27（覆前）	27（10/下）
早生伊予柑	320	230	250	28（3/上）	28（6/下）	22（8/下）	22（11/上）
清見	340	270	280	26（3/上）	26（6/下）	24（9/上）	24（11/上）

注）露地栽培の目標収量は40 t/ha，ただし*1 シートマルチ栽培，*2 早期出荷型で収量は6 t，*3 後期出荷型で収量は70 t/ha．

と被覆除去直後の秋肥施用という施肥体系が提案されている．また，コンテナ・高うねなどの根域制限栽培では好適な土壌培地量とそれに応じた施肥量・回数が提案されている．これらの栽培技術では，土壌乾燥による養分吸収阻害を補完する意味で，尿素等の葉面散布が多用されている．温室ミカンでは夏枝利用の早期出荷型と春枝利用の後期出荷型で被覆時期・収穫時期とも異なるため，年間施肥量は露地並みとして，施用時期は被覆直後・収穫直後・秋肥の3回に設定されている．

カンキツ類の施肥基準は窒素肥料を骨格に設計され，リン酸については園地土壌に有効態リン酸が集積しており，成木での品質向上をねらって葉面散布・深層施用・枝幹注入など多くの試みがなされてきたが，圃場レベルでは実用的な効果があまり認められておらず，火山灰土壌などを除いて積極的に増施する必要はないと考える．カリも同様である．肥料の種類としては，春肥は肥焼け・肥切れを避けるため有機配合を，夏肥は成熟期の窒素遅効きを嫌って，また秋肥は地温低下前の吸収促進をねらって化成肥料を使うことが多い．

また，中玉生産に重点を置くウンシュウミカンに対して，年明け以降に出荷する中晩生カンキツは着色の早晩よりも大玉生産が重視されるので，肥培管理には肥効が長期間持続する有機質肥料や被覆肥料が適している[5]．最近では，消費者の高品質志向を反映して「不知火」「はるみ」など果実のシンク機能が強く糖度の高い品種の栽培面積が増加しているが，これらは肥効持続と濃度障害防止のために春肥や秋肥を分施し年間に4，5回施肥することが多く，作業効率の観点から肥効調節型肥料への移行が検討されている．

〔高辻豊二〕

文　献
1) 青葉幸二：果樹の土壌管理と施肥技術（千葉　勉編），pp.155-162，博友社（1982）
2) 加藤忠司：農業および園芸，57 (12)，1473-1478 (1982)
3) 中間和光：ミカンは夏肥重点で，pp.19-67，農文協（1994）
4) 宮田明義：農業および園芸，74 (2)，279-283 (1999)
5) 石川　啓，他：愛媛果樹試研報，15，21-34 (2002)

c. リンゴの施肥
1) リンゴ樹の施肥反応と年間吸収養分量

リンゴ樹は永年性で初期成育は貯蔵養分に依存し，年間吸収養分の大半は根から吸収される土壌由来養分であり，根域も広く施肥反応はすぐには現れにくい．とくに草生管理では表層部での養分循環が盛んで，施肥成分の流亡を抑えるが直接的吸収はわずかである[1]．しかし新梢伸長や葉色，花芽分化，果実肥大，果皮色発現や地色のクロロフィル褪色および色沢などの外観，さらに収穫時の果肉硬度，うどんこ病発生などの多様な形質は樹体の窒素含有量と高い相関関係が認められる[2〜4]．また，土壌の酸性化や石灰の過剰施用などによる陽イオンの異常バランスは，カリウム欠乏による葉縁の褐変，マグネシウム欠乏による葉脈間黄変，カルシウム欠乏による果実斑点などの欠乏症を招きやすい．さらに，微量要素のホウ素は土壌や有機物から供給され一般には必要量を満たすが，適量範囲が狭いため乾燥条件や切り土，造成地などでは幼果の凹斑など欠乏症も散見され，また過剰散布による障害も出やすい．

リンゴ樹の年間養分吸収量は，土壌条件や施肥法，樹齢や台木などにより異なるが，マルバ台樹の解体による解析によれば，果実やせん定枝，脱落物および肥大部などから算出したhaあたり年間養分吸収量は，窒素（N）で100〜150 kg，リン酸（P_2O_5）30〜40 kg，カリ（K_2O）120〜130 kgと推定され，一方土壌からの天然供給窒素量も80〜90 kgとされ，成木では窒素無施用でも生産が長期間維持できることが実証されている[2,4]．

2) 土壌条件に応じた施肥基準

環境に配慮し高品質果実を安定生産するには，土壌特性および樹体生育状況に応じた施肥管理が不可欠である．1970年代までの生産拡大期には多量の窒素が施肥され，土壌酸性化による障害も多く見られたが，ふじなどへの品種変化と品質重視の中で合理的施肥法が検討され，1980年前後から徐々に半量以下に削減され，現在は窒素（N）60〜150 kg・ha^{-1}前後が標準とされる．高品質果実の安定生産には，花芽の充実や貯蔵養分を豊富にし，春期の窒素吸収により初期成育・肥大を安定させること，および新梢伸長停止期から夏期の

表 6.52 リンゴ主産県の成木園の標準施肥量

		施肥量 (kg·ha^{-1})		
		窒素 (N)	リン酸 (P$_2$O$_5$)	カリ (K$_2$O)
青森県	成木	150 (4月消雪後)	50	50
	10年生	100	30	30
	5年生位	50	20	20
福島県	中肥沃度	50 (9〜10月) 30 (12月)	80 (9〜10月)	120 (9〜10月)
	高肥沃度	70 (9〜10月)	80 (9〜10月)	120 (9〜10月)
	黒ボク土	30 (9〜10月) 30 (2〜3月)	80 (2〜3月)	120 (2〜3月)
	多雪中肥沃度	40 (9〜10月) 30 (2〜3月)	80 (9〜10月)	120 (9〜10月)
長野県	高肥沃度	120*	40	100
	中肥沃度	150*	50	120
	低肥沃度	200*	60	140

注) *9〜11〜3月に 20-60-20%,他は 11〜3月.

窒素吸収を抑制し体内水溶性窒素を低減することが重視される[1]. リンゴ主産県では表6.52のように施肥基準が設けられ,さらに黒ボク土と沖積土壌,土層の浅い園,多雪地,着色不良園,強樹勢園,一挙更新年,樹勢衰弱園,水田転換園,客土園,新植園,生理障害発生園など条件に応じた施肥量や時期の調整,葉面散布の追加などの指導にあたっている[5]. また樹齢や生育状況により15年生以上の成木は全面散布とし,10年生は2/3,5年生は1/3量を目安に調整し,若齢樹やわい化栽培では,樹列または樹冠下に重点的に施肥する.

3) 秋期基肥による高品質化

旧来の晩秋や消雪後の基肥は生育中後期の窒素過剰となり品質低下に陥りやすい[3,4]. 1985年前後からは施肥窒素の動態解析試験[6]により,秋期9〜10月の施肥窒素が根伸長促進や葉の同化能力を維持し,枝梢や根に分配され,果実肥大で消耗した樹体栄養を回復させ,さらに花芽の充実や翌春の安定成長,高品質生産に効果的なことが解明され[4,6],秋基肥方式が拡大している. 施肥期は福島・長野県では,つがるなどが9月上中旬,中生種が9月中下旬,ふじが9月下旬〜10月上旬とされ,いずれも収穫前である. ただし9月初旬は施肥窒素の10%以上が果実に分配され,強樹勢や高窒素の樹,肥沃地では果実着色不良や糖度低下を招く場合があるため,土壌や樹体,気象を考慮して量・時期を調整する[5].

4) 有機質と葉面散布

リンゴ栽培では流通肥料の多くが有機質成分を含み,肥効の持続性が期待されるが有機質の特効は解明されておらず,絶対量や施肥時期が重視される. リンゴ園地からの有機物減耗の補填にはha当たり10〜20tの有機物施用が必要とされるが,リンゴ樹自体からの土壌還元が0.5t程度あり,草生管理では刈草が乾物で0.8〜1t生産される. また低肥沃度園では1〜2tの堆肥,普通園では0.6t程度のわらなどの樹冠下施用が基準とされる. リンゴ樹では有機物の過剰施用は夏秋期の窒素の過剰や遅効きにより品質低下や樹勢攪乱に陥りやすいため,家畜糞堆肥の施用は注意を要し,窒素代替資材として成分換算を行い化学肥料を減肥する.

また,リンゴ樹は,樹冠が大きく貯蔵養分が豊富なため,施肥は土壌施用を基本とし,一般に葉面からの養分供給は行わない. しかし,樹勢衰弱時の尿素や窒素主体の葉面散布剤や,マグネシウム,カルシウム,ホウ素などの欠乏症の応急措置として硫酸マグネシウム2%液,塩化カルシウム0.3%液など,ホウ酸0.2%(生石灰半量加用)液の葉面散布が有効とされる. その他着色促進のための無窒素液肥の葉面散布は,効果は一様ではない[5].

〔駒村研三〕

文 献

1) 佐藤雄夫:リンゴ園の土壌管理と施肥技術,果樹園の土壌管理と施肥技術(千葉 勉編),pp.257-290,博友社(1982)
2) 駒村研三,他:リンゴ園における長期窒素施肥の生育,収量及び果実品質に及ぼす影響,園学雑,

3) 近藤 悟,他:リンゴ「ふじ」の収量,品質に及ぼす施肥及び各種管理の影響,秋田果試研報, **18**, 23-33 (1987)
4) 齊藤 寛:リンゴの樹体生長,収量および果実品質におよぼす窒素多肥の影響,弘大農報, **58**, 198-314 (1994)
5) 長野県:果樹指導指針, pp.85-90 (2001)
6) 加藤公道,他:リンゴ園における窒素施肥に関する研究(第2報)窒素施肥時期,福島果試研報, **17**, 68-90 (1999)

d. ブドウの施肥
1) 生育特性と養分吸収

ブドウの養分吸収は1~2月にかけて開始し,細根の無機態窒素濃度は,この時期に増加する.根のリン酸も樹液の流動とともに他の器官に移動し,新生部位となる芽に養分が転流されるようになる.地上部では4月中下旬に萌芽,展葉が開始され,この期間の生長は主として結果母枝,根の貯蔵養分に依存している.果実肥大期には新梢伸長も盛んであり,窒素の吸収量が最も多くなるが,過剰になると果実品質へ悪影響を及ぼす.夏頃から光合成産物は果実以外にも枝や幹,根に分配されはじめ,収穫後には大部分が移行する.ブドウ'デラウェア'の養分吸収量は,窒素102 kg,リン酸20 kg,カリ72 kg,カルシウム75 kg程度であり,カルシウムの吸収量は比較的多い.その他の品種では,窒素吸収量が53~63 kgと若干少ない.また,葉面積が増加したり収量が異なると吸収量も変化する.なお,旧年枝はせん定で除去される割合が高いので,新たに吸収した無機成分の70~90%は新生器官の果実,葉,枝に分配される.

窒素の吸収量は5月から7月にかけて多く,リン酸とマグネシウムは,吸収時期に大きなピークが見られないが,生育期間を通じてわずかずつ吸収され,翌年の初期生育には貯蔵態無機成分の役割が高い.カリウムは8月上旬まで吸収が盛んで,収穫期以降,吸収量は減少してゆく.カルシウムは6~7月頃から吸収量が増加し,9月から10月初めまで多く吸収される.また,施肥窒素の利用率を若木の測定事例でみると,47~58%と約半分が吸収されていた.

2) 施肥法
i) 中粒種の施肥法

'デラウェア'などの中粒品種の施肥基準は,ha当たり窒素(N) 120~140 kg,リン酸(P_2O_5) 80~110 kg,カリ(K_2O) 80~110 kgであり,施肥量は多めとなっている.施肥回数は,基肥に追肥を加えた1~2回が多く,基肥は10~11月に年間窒素量の50~70%を施用し,追肥は収穫後の9月に30%が施用される.リン酸は,生育初期に濃度を高めると果実品質が良好になるが,圃場ではリン酸が蓄積して施肥反応が判然としないこともあり,基肥を主体に施用するとよい.

ii) '巨峰'(大粒種)の施肥法

'巨峰'の施肥反応は,樹勢と窒素天然供給量の影響が大きい.樹齢5~7年生までは,地力窒素の高い土壌ほど,花振るいが多く結実も不安定となる.樹齢が増加すると,地力窒素に依存せず窒素無施用で花振るいが多くなる.このため,樹勢が強い若木の時期は2~3年生までを窒素無施用とし,4~7年生ではha当たり30~50 kgの少肥で,地力窒素にあわせて施肥量を調節する.8年生以上になると,施肥量は窒素(N)でha当たり60~80 kg,リン酸(P_2O_5),カリ(K_2O)は100~120 kgの

表6.53 ブドウ'巨峰'の施肥基準(茨城県施肥基準から抜粋) ($kg \cdot ha^{-1}$)

土壌の種類	樹齢	成分	総量	基肥	追肥	礼肥
火山灰土	2~3	窒素	0			
		リン酸	30	30		
		カリ	30	15	15	
	4~7	窒素	30		15	15
		リン酸	60	60		
		カリ	60	30	30	
	8~	窒素	60		30	30
		リン酸	120	120		
		カリ	120	60	60	
沖積土	2~3	窒素	0			
		リン酸	20	20		
		カリ	20	10	10	
	4~7	窒素	40	30		10
		リン酸	50	50		
		カリ	50	25	25	
	8~	窒素	80	60		20
		リン酸	100	100		
		カリ	100	50	50	
砂土	8~	窒素	100	60	20	20
		リン酸	100	100		
		カリ	120	60	40	20

注)基肥は11~2月下旬に施用;追肥は落花直後6月中旬~下旬に施用;礼肥は9月下旬に施用;7~8月に結果枝の着房近辺の葉がいちじるしく退色したときは窒素を30 kg追肥.

範囲にあり，地力窒素の少ない土壌や樹勢の弱い場合は，施肥量を100～120 kgに増やす．無核処理では窒素を20 kgほど増肥する．

施肥時期は土壌の種類で異なり，黒ボク土では結実の安定した6月中旬の追肥が花振るいも少なく無難であるが，施用量が多いと糖度の低下や枝の登熟不良を引き起こすので，同量の窒素を9月下旬に施用する．基肥にはリン酸の全量とカリ半量を11月以降に施用する．黒ボク土以外の土壌で，成木となり樹勢が落ち着くと，基肥を11月頃に窒素で67～75%施用し，礼肥は9月下旬に施用する．なお，追肥として6月中旬に施用する産地もある．リン酸は基肥に施用し，カリも基肥の割合が高い（表6.53）．

iii）施設栽培　施設栽培では，早期加温栽培から無加温栽培まで生育に3カ月の違いがあるので，作型に適した施肥時期がある．無加温栽培‘巨峰’や‘デラウェア’の施肥基準では，ha当たり窒素110～130 kg，リン酸80～100 kg，カリ120～150 kgである．無加温栽培では，10月下旬から11月中旬にかけて基肥として窒素を70%，リン酸，カリは全量を施用し，3月の被覆直前に窒素の10%，結実が判明した時期に10%，収穫直後に10%を目安とする．1月加温作型では地温が低く根からの養分吸収が不十分であり，年間施肥量を20～30%多めにする．また，マグネシウム欠乏が発生しやすいことから，苦土肥料も2割程度増やす．

〔梅宮善章〕

e．ナシの施肥
1）生育特性と養分吸収

ナシは深根性であり有機質に富む深い土壌や砂壌土に適し，根域の深さは70 cm以上必要とされる．ナシの生育は，2月頃から根の伸長が開始され，4月の開花後から5月中下旬までは果実細胞が盛んに分裂する．この時期までの生長は，樹体内に蓄えられた炭水化物，窒素化合物など，貯蔵養分によるところが多い．新梢の伸長と展葉は5月に最も活発であり，6月下旬～7月上旬に停止する．新梢は必要な葉面積を確保して早めに伸長を停止し，果実発育に移行するのが，同化産物の分配から望ましく，このような生育に対応した窒素の供給が必要とされる．果実の発育は7月から収穫期までに急激に増加するため，水分と養分の十分な吸収が欠かせない．収穫期から落葉期までは，秋根も伸長し養分の吸収も活発となる．枝や花芽を充実させるため，必要な養分を貯蔵する時期にあたるので，落葉期までの樹体栄養の良否が，翌年の初期生長を左右することになる．

ナシ成木の養分吸収量は，収量が20～30 tの‘二十世紀’で，窒素（N）75～108 kg，リン酸（P_2O_5）12.9～48.4 kg，カリ（K_2O）69.3～99.2 kgの範囲にあり，高生産樹の養分吸収量はさらに高くなる．

窒素の時期別養分吸収量を，れき耕栽培の‘長十郎’について見ると，5～7月に吸収が最大になり，8月は一度減少するが，秋の9～10月に再び吸収が盛んになる．また落葉後の12～3月の間も少量ずつ吸収が続く．さらに，時期別に窒素を欠除して，果実の肥大成熟，品質，伸長への影響が調べられ，品質を重視した施肥として，生育前半の5月までと，9月の収穫期以降に十分窒素供給を行い，6～8月の生育後半から果実成熟期は供給を控えるのが理想的とされた（吉岡，1982）．

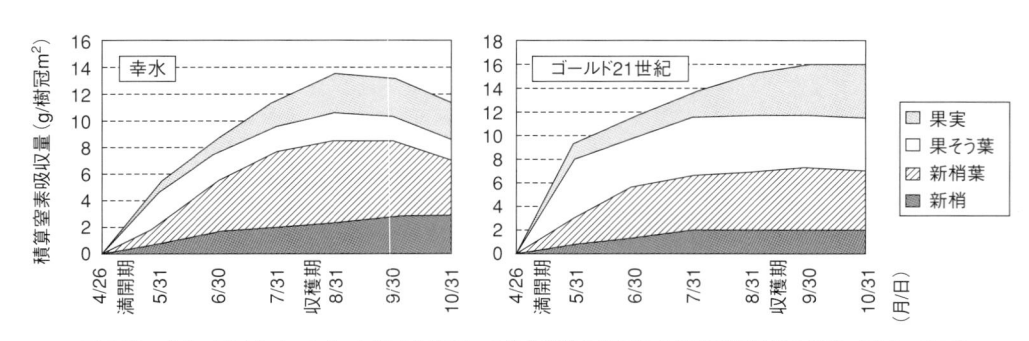

図6.70　ナシ‘幸水’と‘ゴールド二十世紀’の地上部新生器官による窒素吸収量の推移（折本，2001）

窒素の吸収特性には品種間差異がみられる（図6.70）．地上部新生器官の増加量をみると，'幸水'では満開期以降，ほぼ直線的に窒素吸収量が増加し8月末の収穫期に最大となり，果実肥大期全体を通して吸収されている．'二十世紀'は'幸水'と異なり，収穫期の9月末に増加量は最大となるが，満開後1月後の5月末までに60％が吸収され，果そう葉へ多く分配されている．これから，'幸水'は'二十世紀'に比べ生育中期の窒素要求が高く，生育期に途切れることなく窒素が供給されるような施肥が望ましいとされる（折本，2001）．また'幸水'では，生育初中期の樹体栄養が良好であると，収量や腋花芽着生率が向上することも示されている．

カリウムの吸収は，窒素の吸収と同様で，5月と7月に吸収増大期があり，果実肥大期の吸収量が多い．カリウムが不足すると果実の発育が不良となり，カリの施用量が増えると果実は大きくなるが，窒素と等量程度が基準とされる．圃場試験では，土壌中のカリ含量や，マルチの有無などにより効果はさまざまであるが，カリの施肥量は，窒素と同程度を基準として，土壌中のカリ含量や，マルチや有機物から供給されるカリ含量を考慮して施用する必要がある．

リン酸は窒素やカリに比べ要求量が少なく，生育期間中に吸収され，時期別による吸収量はさほど違いがみられない．ナシ園でリン酸欠乏が発生することはまれで，有効態リン酸が乏しい黒ボク土でも，土壌改良を十分行い，通常量のリン酸肥料を施用していれば，リン酸不足を生じることはないと考えられている．リン酸欠乏土壌に植栽された幼木では，リン酸施肥による生育促進効果が大きい．

2）施肥法

ナシの施肥体系は，'二十世紀'の施肥法が，主要品種である'幸水'に踏襲されていることも多い．主要県の窒素施肥基準（ha当たり）は'幸水'，'豊水'で200 kg前後で，160～250 kgの範囲にあり，'二十世紀'はやや少なく150～200 kgの範囲にある．リン酸，カリは，窒素10に対し4～5，7～8の割合となり，基肥に施用されることが多い．

主要県の窒素の施肥時期と施肥割合は，基肥として年間の70～80％を11～12月に施用する．また秋肥として，収穫直後の9～10月に残りの20～30％を速効性肥料で施用する．

樹勢の弱い場合や草生栽培では，窒素を20％程度多く施用し，増加分を草の生育する4月中旬に追肥する．肥料成分が流亡しやすい土壌では，基肥の割合を50％とし，3月から6月に20％を施用する．'二十世紀'では，急激な窒素の肥効が黒斑病を助長することから，分施回数も5回程度と多くする主産地もある．

'幸水'に適した施肥法として，表層腐植黒ボク土に生育する若木では，樹体の窒素吸収特性に沿って，窒素施肥量の30％を果実肥大期の5月上旬と6月上旬の2回に分施すると，収量や果実品質を低下させることなく，窒素施肥量も減肥可能となることが示されている（折本，2001）．

ナシの施肥実態は概して基準値より高い事例が多く，有機物の施用量も多めとなっている．これは，樹体に吸収される窒素のうち，施肥窒素の利用率が20～30％程度と少なく，これに対し土壌由来の窒素の割合が高いことから，生育や果実収量に施肥時期や施肥量の差が顕著に現れにくいことによる．最近では，主要品種の'幸水'で高樹齢化に伴い収量が低下したことから，樹勢強化と果実肥大を期待して施肥量も増加している．しかし，窒素の多肥で，成熟期まで肥効が残ると，糖度の低下や熟期を遅らせ品質低下が問題となり，また過剰窒素が溶脱して，地下水の硝酸性窒素濃度を高めて環境負荷を生じることから，過剰な施肥を避ける．

〔梅宮善章〕

文 献
1) 吉岡次郎：ナシ園の土壌管理と施肥技術，（千葉勉編著：果樹園の土壌管理と施肥技術），博友社（1982）．
2) 折本善之：関東東海農業の新技術 **17**, 197-201（2001）．

f. その他の果樹

1）モ モ

モモは，浅根性の果樹で，発芽に先立って根の伸長，吸収が開始される．4月上～中旬の開花後

に新梢伸長が開始し，5～8月に盛んに窒素が吸収され，短期間に果実の成熟が完了する．また貯蔵養分蓄積期の9月にやや少ないが窒素吸収のピークがある．高品質果実生産のためには，果実生産に必要な葉面積を生育初期に確保することが重要であるので，5～6月中旬を主とした窒素吸収が望ましいとされている．

モモ成木の養分吸収量は，ha当たり窒素（N）104～145 kg，リン酸（P_2O_5）25～33 kg，カリ（K_2O）107～131 kgの範囲にあり，成木では，吸収量の多くが葉と果実で占められるので，収量が多い場合は，施肥量を増やす．窒素過剰になると，徒長枝が多発して果実と養分競合を引き起こし，生理落果が多くなる．また，果実の着色不良や熟期が遅れたり，翌年の花芽形成が不良になる．窒素不足になると，葉が小さく黄色くなり，樹勢が弱く新梢も伸びず，生理落果も多くなる．カリの過剰では，葉にマグネシウム欠乏を引き起こしやすい．

主産県の施肥基準値はha当たり窒素120～140 kg，リン酸80 kg，カリ120 kg程度であり，早生種は中晩生種より20 kg窒素量が少ない．土壌肥沃度が高いと基肥窒素を20 kg減らす地域もある．施肥時期は，基肥と秋肥の2回に分施され，基肥は10～2月頃で，早生種や暖地では早く，年間窒素施用量の60～80％とリン酸，カリの大部分を施用する．秋肥は，8～9月に年間窒素施用量の20～40％を施用するが，窒素吸収利用率が高いことから施肥割合を60～75％と高める地域もある．

2）ウメ

ウメは，果樹でも生育時期が早く，低温期から開花が始まり，新梢伸長は5月以降旺盛で，果実は4～6月に肥大して収穫される．夏以降に翌春の花芽が分化し，貯蔵養分も7～10月にかけて蓄積される．このため根も活動期間が長く，2～9月にかけて伸長する．

ウメ成木の養分吸収量はha当たり窒素（N）142 kg，リン酸（P_2O_5）34 kg，カリ（K_2O）154 kg，カルシウム129 kg程度と推定され，葉中濃度も窒素，リン酸，カリは他の果樹に比べ高く，養分吸収量が多い．このため，主産県の施肥基準はha当たり窒素200～240 kg，リン酸120 kg，カリ200 kgと多く，多収栽培ではさらに増加する．3要素の施肥時期は3～4回に分施され，基肥は11月頃，果実肥大期の5月頃に実肥，収穫後の6月下旬に礼肥が施用される．施肥割合は6月以降の年内に年間窒素施用量の40～50％が施用され，貯蔵養分の蓄積を重視した施肥法がとられている．また，カルシウムの吸収量も多いので，石灰を年間2,000 kg全面施用する．

3）カキ

カキは3月下旬頃から根の活動，萌芽が始まり，4月以降展葉，新梢伸長が盛んになる．5月中旬には結果枝の生長が停止するが，未結果枝では樹勢が旺盛な場合，8月以降に二次生長がみられる．また，果実は6月から10月にかけて肥大してゆく．カキ根系の特徴は，深根性であり，細根は耐湿性に強いが乾燥には弱く，高濃度の塩類や窒素で障害を受けるので，1回の施用量には注意が求められる．新根による養分吸収は4月から11月頃まで続くが，窒素とカリは盛夏期に盛んに吸収され，リン酸は盛夏期から秋期の吸収がいちじるしい．夏から秋にかけて吸収された養分は根に貯蔵される割合も多く，翌年の果実を着けるまでの生育は主に貯蔵養分に依存しているので，施肥反応は鈍いとされる．

カキ成木の養分吸収量は，ha当たり窒素115 kg，リン酸（P_2O_5）27 kg，カリ（K_2O）99 kg程度である．主産県の施肥基準はha当たり窒素（N）160 kg，リン酸120 kg，カリ160 kg付近にあり，施肥回数も2～3回が多く，基肥は11月から2月にかけて年間窒素施用量の45～70％，夏肥を施用する場合は，20～30％，秋肥は15～36％が施用される．リン酸は基肥を主体に，カリは基肥と夏肥に分施される．早生品種では熟期が早いので，施肥時期を早め夏肥を減らし，年間施肥量も10～20％少ない．

4）クリ

クリは深根性の果樹であり，保水性と排水性がよく，有機物に富み窒素供給力の高い酸性土壌で生育が良好となる．クリ根面には外生菌根菌が着生し養分吸収などに関与するが，多肥や草生栽培になると着生量が減少する．クリは4月上旬の萌芽，展葉，6月上旬の開花，新梢伸長期にかけて

養分吸収量は増加し，7月下旬の新梢伸長停止期から9月下旬の収穫期までが吸収量は最大となり，収穫後から吸収量は急激に減少する．樹勢が旺盛であると，果実も大果となり収量が高く，凍害や病害による枯死も少ない．若木と成木で樹勢や施肥反応が変化するので，窒素施肥量は樹齢により大きく異なる．また，リン酸吸収力がきわめて強く，難溶性のリン酸も利用できる．クリ成木の養分吸収量の測定事例は，窒素（N）123 kg，リン酸（P_2O_5）30 kg，カリ（K_2O）56 kg である．主産県の施肥基準は ha 当たり窒素 160〜200 kg，リン酸 120 kg，カリ 160 kg 程度で，施肥時期は基肥，夏肥，秋肥の 3 回分施が多い．基肥は 11 月下旬から 2 月上旬に，年間窒素とカリ施用量の 50〜60% が施用される．夏肥は果実肥大のため 7 月頃，秋肥は 9 月に施用し，貯蔵養分の蓄積と雌花分化を促す．また，草生園では草との養分競合から分施回数を増やす．

5) イチジク

イチジクは，新梢の伸長に伴い基部から 1 節ずつ上の節へ花芽が発生分化し，枝が伸長できる温度では次々に花芽ができる．このため，収穫期間も約 4 カ月と長いことが特徴である．イチジクの養分吸収量の割合は，窒素（N）10 に対し，リン酸（P_2O_5）3，カリ（K_2O）12，カルシウム（CaO）15 とカルシウムの吸収量が最も多い．窒素，リン酸，カリウムは果実中に 45〜60% と多く含まれる．主産県の施肥基準は窒素 180 kg，リン酸 120 kg，カリ 170 kg 付近にあり，収穫期間中は肥料を切らさないことが重要とされ，追肥回数も多く，4 回程度分施される．リン酸は基肥で施用し，窒素とカリは，基肥で 80%，追肥で 10% 程度が施用される．

6) オウトウ

主要品種の'佐藤錦'では，発芽から収穫までの期間が約 80 日と短く，初期生育にしめる貯蔵養分の役割は高い．夏期には翌年の花芽形成が開始し，これにも貯蔵養分の過不足が大きく関与する．また，樹勢の維持，回復には施肥だけでなく，土壌改良の効果が高い．主産県の施肥基準は ha 当たり窒素（N）100〜150 kg，リン酸（P_2O_5）60〜80 kg，カリ（K_2O）70〜120 kg の範囲にあ

り，砂質土では増肥する．施肥時期は 9〜10 月に 1〜2 回施用される基肥の窒素割合は 70〜80% と高く，礼肥は収穫後の 7 月頃に，樹勢の回復と花芽形成促進のため，窒素割合の 20〜40% が速効性化学肥料で施用される．土壌中のカリとマグネシウムの含量が結実と密接に関係し，酸性が強いと結実不良になりやすく，カリの比率が高いと果実品質を低下させる．オウトウは，ホウ素要求量が多く，土壌中のホウ素含量が低いと欠乏症を生じるので，不足する園地では，ホウ酸などの資材を計画的に土壌施用する．また，土壌乾燥によっても欠乏症が助長されるので，灌水や敷きわらで乾燥を防止するとよい．

〔梅宮善章〕

6.3.11 茶樹の施肥

a. 茶樹の栄養特性

1) 茶樹の管理作業と生育の特徴

茶園は一度定植されると，少なくとも数十年は改植されることなく単作過程を続ける．一般畑土壌のように毎年耕起して土壌を均一化し，肥培管理を行うようなことはない．

茶園では伸長しつつある新芽を年に 2〜4 回摘むので，定植後は樹高を抑えながら効率的に摘採できる樹形に仕立ててゆく．茶樹の生長に伴ってうね間の被覆率も高くなり，定植後 4〜5 年経過すればほぼ全面が覆われる．細根は定植後 3〜4 年でうね間の中央まで伸長する．

新芽の生長は，気温が約 10℃ となると始まる．生育が盛んな期間は地域によって異なるが，東海地域ではおおむね 4 月上旬から 10 月下旬である．その間，5 月上旬に一番茶，6 月下旬〜7 月中旬に二番茶などの摘採作業が行われる．根は地上部よりやや低い温度でも生長し，3 月上旬〜12 月上旬が活動期である．より温暖な地域では生長期間が長くなる．

茶樹の生育を器官別にみると，葉は 4〜9 月にかけて生育が盛んであり，枝幹は 9 月に，根は 10〜11 月にかけて生育が盛んである．養分吸収量をみると，窒素は大部分が 4〜11 月にかけて吸収され，4〜9 月には葉や茎など主に地上部の生育に利用され，その後は根の生育に利用される割

表 6.54 茶葉の要素含量 (乾物当たり)[2]

要素名	含量(%)	要素名	含量(%)	要素名	含量(ppm)
窒素 (N)	3.5〜5.8	硫黄 (SO_4)	0.6〜1.2	亜鉛 (Zn)	45〜65
リン酸 (P_2O_5)	0.4〜1.0	塩素 (Cl)	0.2〜0.6	銅 (Cu)	15〜20
カリ (K_2O)	2.0〜3.0	マンガン (MnO)	0.05〜0.3	モリブデン (Mo)	0.4〜0.7
石灰 (CaO)	0.2〜0.8	鉄 (Fe_2O_3)	0.01〜0.02	ホウ素 (B)	20〜30
苦土 (MgO)	0.2〜0.5	アルミニウム (Al)	0.1〜0.2		

合が多くなる．リン酸はその大半が4〜9月に吸収され，最初は地上部に，後期は根に多く利用される．カリウムは窒素の場合と似ており4〜11月にかけて吸収され，4〜8月は葉に，10〜11月は根に多く利用される[1]．

茶樹は耐酸性の強い作物であり，好適土壌pHは4〜5である．pHが6より高い土壌では，生育が劣る．

2) 養分吸収特性

茶葉の要素含量を表6.54に示した．窒素は乾物当たり3.5〜5.8%と高含量であり，次いでカリウム，硫黄，リン酸となっている．他の作物と比べるとマンガン，アルミニウムが顕著に多い．

茶樹の養分吸収には次のような特徴がある．

窒素 茶樹は好アンモニア性植物である．アンモニア態窒素と硝酸態窒素のいずれも吸収するが，アンモニア態窒素の方を速やかに吸収する．茶の旨味成分として重要なアミノ酸類の含量は，アンモニア態窒素を施用する方が高くなる．アミノ酸類の中でテアニンは茶に特有のアミドであり，茶葉のアミノ酸類の50〜70%を占める．茶樹は過剰に吸収したアンモニアをテアニンに取り込むことで解毒していると考えられている．

リン酸 茶樹は，難溶性のリン酸(リン酸鉄，リン酸アルミニウム)も利用することができる[3]．その理由の1つとして，根に共生するVA菌根菌の関与が推定されている．

カリウム 窒素に次いで茶樹に多く含まれ，茶葉中の含量は2〜3%である．茶樹の耐寒性と関係するといわれる．茶園ではカリ肥料の施用量が多くなっているので，拮抗作用によるマグネシウムの吸収抑制に注意する必要がある．

アルミニウム 土壌中のアルミニウムが活性化しているので，茶葉には乾物当たり0.1〜0.2%のアルミニウムが蓄積される．一般畑作物にとって高濃度のアルミニウムは有害であるが，茶樹の生育にとってはむしろ促進的に働くといわれる．水耕で栽培すると，培養液にアルミニウムを10〜40ppm含んでいる方が，無添加区より地上部，根ともに生育がよい．

硫黄 茶樹は硫黄の吸収が多く，茶園で多用される硫安は硫黄の給源となる．茶の硫黄化合物は香気成分としても重要である．

文　献

1) 高橋　薫・石間　尚：茶業試験場彙報, **14**, 1-29 (1938)
2) 石垣幸三：茶, **32** (12), 22 (1979)
3) 池ヶ谷賢次郎：茶業試験場研究報告, **10**, 133-208 (1974)

b. 施　肥　法

茶樹は葉を収穫する作物で，年に数回の新芽の摘採や整せん枝が行われるので樹体内養分の消耗が激しい．そのため，生育・収量を維持するためには肥料成分の積極的な補給が必要である．茶園土壌においてとくに消耗の激しい肥料成分は，窒素，リン酸，カリウム，カルシウム，マグネシウムの5成分である．

1) 施　肥　量

茶樹に対する標準施肥量は，毎年の摘採による肥料成分の収奪量を基に，各肥料成分の茶樹による利用率を考慮して算出される．これに圃場における試験結果などが加えられて施肥基準が設定される．

10a当たり生葉1,800kgを収穫する場合，平均的な要素含量を基に収奪量は窒素，リン酸，カリがそれぞれ27.0，4.5，12.6kgとなる．利用率を50，25，45%とすれば，標準施肥量は54，18，27kgとなる．永年性作物の茶樹において，肥料の利用率は残効を含めた値である．肥料の利

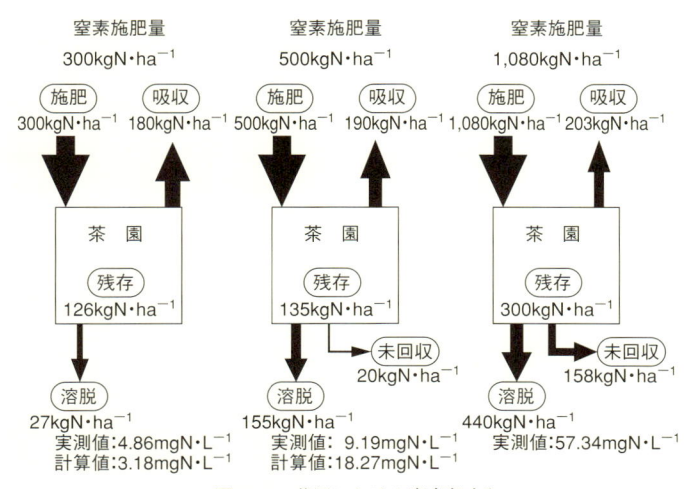

```
窒素施肥量          窒素施肥量          窒素施肥量
300kgN・ha⁻¹       500kgN・ha⁻¹       1,080kgN・ha⁻¹

施肥    吸収        施肥    吸収        施肥    吸収
300kgN・ha⁻¹ 180kgN・ha⁻¹  500kgN・ha⁻¹ 190kgN・ha⁻¹  1,080kgN・ha⁻¹ 203kgN・ha⁻¹

       茶園                茶園                茶園
       残存                残存                残存
    126kgN・ha⁻¹       135kgN・ha⁻¹       300kgN・ha⁻¹
                        → 未回収              → 未回収
                         20kgN・ha⁻¹          158kgN・ha⁻¹

    溶脱              溶脱                溶脱
  27kgN・ha⁻¹       155kgN・ha⁻¹        440kgN・ha⁻¹
実測値:4.86mgN・L⁻¹  実測値:9.19mgN・L⁻¹  実測値:57.34mgN・L⁻¹
計算値:3.18mgN・L⁻¹  計算値:18.27mgN・L⁻¹
```

図 **6.71** 茶園における窒素収支[1]

用率は，肥料の種類をはじめ土壌の種類や肥沃度，地形，気象条件，栽培管理法で異なる．

図6.71は，茶園における窒素収支をライシメーターで調査した結果である．窒素施用量を増やしても吸収量の増加はわずかであり，溶脱量が大きく増加する．環境に配慮した窒素施用量とするためには，このような系外への流出量に加えてたい肥などの資材からの投入量を考慮する必要がある．

2） 施肥時期

窒素の施肥は秋肥（8月下旬～9月中旬），春肥（2月下旬～3月上旬），芽出し肥（4月上旬），夏肥（一番茶後，二番茶後）というように茶樹の生育に応じて施用する．括弧内に示した時期は，静岡県での目安である．施肥回数は秋肥，春肥，夏肥2回の合計4回が基本である．一般には，芽出し肥を加えたり，秋肥および春肥の分施回数を増やすことにより年6～8回の施肥が行われている．茶樹による窒素吸収は，早春から晩秋まで長期にわたって行われるので，このように肥料を分施することによって必要とされる時期に必要とされる量を供給する．分施回数が多いと，総施用量が多くなりやすいので注意が必要である．

新芽が摘採された後，茶樹の窒素吸収は早い時期ほど活発に行われることから，夏肥の追肥は摘採後なるべく早い時期に行う．強度のせん枝を行うと三要素の吸収量は激減し，1カ月程経過してから活発な吸収が行われるようになる．

リン酸は土壌に固定されやすいが，茶樹は難溶性のリン酸も利用できるので，秋肥と春肥の2回の施用でよい．カリウムは窒素に次いで収奪量が多いが，窒素ほど溶脱はせず土壌に保持されるので，秋肥および春肥の2回の施用が適当である．

幼木園での施肥は，定植後1～2カ月して幼木が活着してから始める．定植後の年間施肥量は成木園の施肥量に対し初年目20%，2年目50%とし，その後も徐々に増量して5～7年目で100%とする．

3） 肥料の種類

茶園ではアンモニア態窒素で施用するのが有利である．従来，硝酸化成は酸性土壌では阻害されると考えられてきたが，茶園土壌ではpH3程度でもその条件に適応した硝酸化成菌により硝酸化成が行われている．

硫安は芽出し肥を中心に春肥から秋肥まで広く用いられる．硫安の副成分の硫黄は，茶の香気成分に含まれ，茶園での意義は大きい．とくに即効性を期待する場合，硝安を春肥から夏肥に施用してもよい．尿素は夏肥に多く施用される．

肥効調節型肥料は肥効を月単位から年単位で調節できるので，早春から晩秋に至るまでの窒素供給を必要とする茶樹のような永年性作物には有効な肥料である．余剰分が流亡する危険性が少ない上，施肥回数を削減することができる．また，時期によっては速効性肥料を併用するのがよく，地域に応じた施用法が開発されている．

リン酸肥料としては，重焼リン，熔成リン肥，過リン酸石灰などが用いられる．リン酸は溶脱されにくいこと，摘採によるリン酸の収奪量は少ないこと，茶樹は難溶性リン酸とされるリン酸アルミニウムやリン酸鉄も利用できることから，標準施肥量以上に施用する必要はない．

カリ肥料としては硫酸カリまたは塩化カリが用いられるが，茶樹は塩素の害を受けやすいため，硫酸カリを施用することが多い．

有機質肥料としては，なたね油かす，大豆油かす，魚かすおよび骨粉などが用いられる．施用に当たっては化学肥料と配合し，主として秋肥と春肥に施用する．

配合肥料や化成肥料を用いる際は，窒素以外の成分にも注意を払う．最近では，リン酸およびカリが余分に投入された結果，土壌養分のバランスをくずした茶園が散見される．

微量要素については，有機質肥料や敷草に含まれるため，それらを施用している茶園ではとくに補給する必要はない．微量要素肥料を用いる場合には，過剰とならないよう注意する必要がある．

4) 施肥位置

幼木園は，根の分布が浅く根量が少ないので株元への施肥は避け，根系の広がりを想定して根の先端近くに施肥する．開園後，3～4年経過するとうね間中央まで根が広がるので，うね間全面に施肥する．成木園の施肥位置は通常，うね間に限られる．施肥後は，土と軽く混ぜ，肥料成分の流亡を防ぐ．成木園において，うね間の面積は茶園全体の1/5から1/6に相当するため，施肥量が多いと根は濃度障害を受けやすく，また，余剰分は流亡することになる．

通常のうね間施肥では樹冠下土壌の肥料成分は非常に希薄となっている．それに反して，樹冠下はうね間に比べて根量が多く，また，根の活性も高い．樹冠下へ施肥することで，肥料利用率の大幅な向上が期待される．ただし，茶樹への影響がより直接的となるため，濃度障害や土壌の劣化が起きないようにすることが大切であり，副成分の投入量はできるだけ抑える．茶園への降雨は主幹を伝い株元に集中するので，樹冠下の土壌水分が欠乏して肥効発現が不安定になる場合があること，施肥や中耕の作業性が悪いことなどが問題である．施肥法や施肥機の開発が進められている．

また，灌水チューブなどを利用した樹冠下への液肥施用が検討されている．この方法により窒素の利用効率が高まり，茶樹はよい生育を示す．必要なときに必要な量の肥料と水分を供給でき，大幅な省力化も可能である．茶園に応用されてから間もない施肥法であり，液肥の濃度，組成などの検討が進められている．

5) 施肥に起因する土壌の酸性化とその対策

茶園土壌の酸性化は施肥に関連してうね間で顕著である．茶園の使用年数に応じて土層の深くまで酸性化が進む．茶樹の好適pHは4.0～5.0であるが，多くの茶園のうね間土壌はpH 3.0～4.0であり，極端な場合，pH 3.0以下の茶園も存在する．土壌が酸性化する要因は主に，生理的酸性肥料の多肥による硫酸イオンや硝酸イオンの蓄積とそれらのイオンの移動に伴う塩基類の溶脱およびアルミニウムの活性化である．酸性化しすぎると，根の活性低下や根量の減少がみられるようになる．したがって，定期的な土壌診断が必要である．酸性矯正のための石灰量は緩衝曲線を作成して求めるのが基本であるが，一般には苦土石灰100～150 kg/10 aを秋に施用する．塩基飽和度の改善目標は25～50%である．適度な酸性条件とするため，塩基飽和度は一般畑土壌に比べて低めの設定となっている．

6) 施肥窒素の茶葉への吸収利用

各茶期の茶葉に含まれる窒素はそれぞれ直近の施肥窒素に由来すると考えられがちであるが，実際にはそれ以前に施用された窒素あるいは樹体内に蓄積された窒素の方が多い．ポット試験でみた秋肥，春肥及び芽出し肥の一番茶芽への吸収の寄与率（一番茶新芽の窒素構成割合）は，秋肥窒素20%，春肥窒素31%，芽出し肥窒素22%，残りの窒素は主に前年夏肥以前の土壌窒素由来であった[2]．圃場条件では，春肥窒素および芽出し肥窒素の寄与率はこれより低い．永年性作物である茶樹は，秋から冬にかけて葉でつくられた同化養分と根から吸収した肥料成分を一時的に貯蔵し，翌春の新芽の生長に利用するため，根の生育を旺盛にする土壌条件をつくることが重要であり，土壌

表 6.55 茶園土壌に還元される落葉，整枝葉量および窒素量[2]

調査年次	項目	落葉	枝葉秋整	合計
1974年5月～1975年9月	乾物量 t/ha/y	10.2	1.7	11.9
	窒素量 kgN/ha/y	258	57	315
1977年2月～1978年2月	乾物量 t/ha/y	4.1	1.3	5.4
	窒素量 kgN/ha/y	115	36	151

の表層から下層までの物理性や化学性を良好にする必要がある．

7) 有機物からの養分供給

茶園では人為的に投入される改良資材のほかに，茶樹から土壌系に取り込まれていく有機物はかなり多い．茶樹は正常な生育下においてもかなり落葉している．また，樹形を整えたり茶樹を更新するために整せん枝が行われるが，このときに刈り取られた枝や葉はうね間に落とされ，堆積されている．土壌改良や根の更新のため行われる深耕によってもかなりの断根を生じる．

茶試枕崎の5～6年生茶園で調べられた土壌に還元される落葉および整せん枝葉量は1年間に10a当たり乾物重で500～1,200 kg，その窒素量は15～32 kgであり（表6.55），そのうち約20%の窒素が1年以内に茶樹により再吸収される．この窒素量は，茶園で循環利用されているとみなし，施肥量には含めない．

〔野中邦彦〕

文 献

1) 徳田進一：研究成果第409集（農林水産省農林水産技術会議事務局編），p.51（2003）
2) 保科次雄：茶業試験場研究報告，**20**，34-74（1985）

6.4 日本の伝統的な施肥用語

荒代施肥（あらしろせひ） 水田を荒起こしする直前に施肥する基肥施肥法の1つ．耕起直前に堆きゅう肥や化学肥料を散布したのち耕起・粉土することから，肥料は作土全体に混合され，施肥窒素の損失を防ぎ，利用効率は向上する．長期にわたって肥効が持続する反面，初期の肥効はやや劣る．

お礼肥（おれいごえ） 果樹の追肥の一種であり，果実肥大による樹体の衰弱を回復し，翌春の生長に必要な貯蔵養分を十分に蓄積させ，耐寒性の向上や花芽形成の促進のために施用する．カンキツ類，リンゴ，ナシなどでは秋肥に相当する．

寒肥（かんごえ） 果樹などの永年作物で春の雨の多い季節に施用すると流亡するおそれのある時，冬季に施用して徐々に吸収させるための施肥をいう．寒肥は根の活動が弱いときに施用するため，あまり地温が低いと肥料の利用率はきわめて低い．

穂肥（ほごえ） 水稲の幼穂形成期に行う追肥のことをいう．出穂25～20日前に施用するが，この窒素追肥は穎花の退化を抑えて1穂当たりのもみ数を確保するという意義がある．また，近年では出穂15～10日前の後期穂肥を施用して登熟期間の窒素栄養を確保することが一般的に行われている．

待ち肥（まちごえ） 作物がある程度生長した時に根が伸長すると予想される位置に，定植前に緩効的な肥料を投入する施肥法である．待ち肥は一般的に吸収力が高い作物で，追肥がしにくい作物や栽培体系の場合に行われる．水稲の深層施肥や二段施肥は待ち肥の一種であるといえる．

実肥（みごえ） 果樹の果実肥大期と水稲の登熟期以降の追肥をいう．果樹では玉肥ともいわれ，果実肥大のために，5月下旬から7月下旬に施用される夏肥，カンキツ類などで収穫期の遅いものでは，初秋肥に相当する．最近では窒素過多の樹園地が多く見られ，玉肥の施用は窒素過多を助長し，果樹の晩熟，糖度不良を招く恐れがあるので，施用が限定される傾向である．水稲では実肥として窒素を出穂以降に施用すると登熟の向上が認められているが，食味を低下させるおそれがあるので，現在ではあまり行われない．

芽出し肥（めだしごえ） 茶樹や桑などの永年作物の新芽がよく出るようにするために早春に施用される肥料であり，春肥ともいう．茶樹では一番茶の品質と収量を向上させるために，出芽前の数週間まえに施用するので春肥とは区別している場合もある．春肥は緩効性肥料や有機質肥料を主体にしているのに対して，芽出し肥は速効性の窒素を主体とし，硫酸アンモニウムや尿素などを用いる．

〔尾和尚人〕

7. 施肥と作物の品質

7.1 コ メ

 コメの生産現場ではこれまで以上に産地間競争が激化し始めた．この産地間競争は良食味米の生産と低コスト化が中心的な課題となっている．とくに良食味米の生産には各産地とも品種改良と肥培管理技術の開発にしのぎを削っている．良食味米生産のための施肥技術は米のタンパク質含有率を低下させるための穂肥を中心とした窒素施肥法に関するものが多い．このほかには土壌中における有効態のケイ酸とその施肥に関するものがみられ，さらに透水性の改良などが加わり，それぞれの地域に適した肥培技術が確立されようとしている．これら低タンパク質米の生産技術に共通することは窒素の玄米生産効率すなわち玄米収量を成熟期の窒素保有量で割った値が高くなっていることがあげられる．窒素の玄米生産効率を高める1つの方法としては水稲の窒素吸収量を制限し，加えて乾物生産量をでき得る限り増すことが有効であるとする施肥技術が多い．コメの品質は玄米の外観や容積量などから判断される検査等級と内部成分に影響される食味に分類される．本項では施肥とコメの食味，とくに内部成分の関係について示す．

a. コメの食味

 食物の食味は人にとって栄養摂取の際のマーカーである．すなわち消化の難易や代謝調節のシグナルとしての機能をもつ．たとえば塩味はミネラル，甘味はエネルギーの補給，うま味はアミノ酸のバランスなどの機能を有する．コメ，ムギ，イモなどの主食は呈味成分よりもむしろデンプンの糊化の程度を示すテクスチャーにより味の多くが判断されているのも栄養摂取と関係していると考えられる．すなわち，コメの食味は多くの成分と物理的性質が複雑に関与しながら構成されているが，その多くはご飯の理化学性を解析することで評価できる．ご飯の理化学性に影響する要因にはデンプンの糊化性と老化性およびタンパク含有率が挙げられる．

 デンプンの糊化とその老化は表裏の関係にありご飯の食味を考える上で重要である．生デンプン中のアミロース，アミロペクチン分子は主に相互の水素結合によりできているが，分子の密な所ではブドウ糖残基当たり1～2個の結晶水を保有している．炊飯時に起きる糊化は米に多量の水を加え熱することにより，水分子がデンプンの網目構造の間に入り込み水素結合をつくることをいい，糊化の難易は米飯の物理的性質に大きく関与する．米飯の老化は糊化の逆作用で水分子が離れ，分子の会合が起こり分子間の結合が安定化することである．デンプン中のアミロース分子はブドウ糖が6個で1巻となった形で，脂肪酸と螺旋状の包接化合物をつくっている[1]．アミロース脂肪複合体は，アミロペクチンと比較するとはるかに熱糊化しにくい耐熱性の構造であることがわかっている．米の熱糊化性はアミロースの増減と密接な関係にある．またアミロースはアミロペクチンと異なり直鎖状で分子量が比較的小さいため糊化しても老化しやすい．このようなことで，米飯の硬さ，粘りなどのテクスチャーにはデンプンの熱糊化，老化性に関係するアミロースが支配的に働くと考えられる．

 一方，コメの食味はタンパク質の含有率と多くの場合に負の関係が認められ，良食味水稲の施肥技術にとって重要な因子となる．コメの中に集積するタンパク質はプロテインボディーと呼ばれる

タンパク質顆粒をつくるが，このタンパク質顆粒はプロテインボディーⅠとⅡに分類される．プロテインボディーⅠはプロラミンより成り，直接集積によって蓄積される1～3μmの比較的小さなタンパク質顆粒である．これに対しプロテインボディーⅡはグルテリン，グロブリンでつくられており，これがブロック状に集合して形成され間接集積される3～5μmの大きなものである．プロテインボディーⅠは耐熱性の構造で，圧力釜で炊飯した後に電子顕微鏡で観察した例[2]ではデンプンやプロテインボディーⅡが原形をとどめなかったのに対し，プロテインボディーⅠはほとんど形をくずさなかった．プロテインボディーⅠはその年輪構造に含硫ポリペプチドが関与しており，施肥技術との関連が注目される．低タンパク質の米生産にはプロテインボディーⅠをいかに低下させ得るかに重点を置くことが必要と思われる．

食味の評価には，簡易であり消費者，生産者の双方が利用できる方法が必要である．アミロース含有率，タンパク質含有率を説明変数とする食味の推定として，APS (amylose protein score) 評価法が提案されている．

b. 低アミロース米の生産と施肥

アミロース含有率はデンプンの糊化と老化に関係し，食味に大きな影響を与える．北海道における実験によると，アミロース含有率の品種・栽培環境変異は大きいほうから品種，生産年度，土壌，生産地帯，収穫時期の順であった．アミロースの変動要因は品種の遺伝的なものを除くと登熟期間中の温度条件，とくに登熟の後半よりも前半で，昼間よりも夜間に大きく影響されるとともに，分げつ節位や着粒位置によっても変動する．また，アミロース含有率は窒素，リン酸，カリ，マグネシウム，ケイ酸および微量要素の圃場用量試験による差がきわめて小さく，普通の水田では各種養分の過不足によるアミロース含有率の変動はきわめて小さいものと判断されている[3]．アミロース含有率の施肥による変動はそう大きなものではないが，この要因は施肥による出穂期，穂揃性，着粒位置の相違に関係しているものと考えられる．北海道や本州高冷地では北陸や西南暖地よりも登熟温度が明らかに低く，アミロース含有率を高める要因となる．このような地帯では健苗育苗，早期移植，リン酸施肥，表層施肥，側条施肥などの初期生育向上技術による出穂促進が低アミロース米の生産に有効と考えられる．

c. 低タンパク米の生産と窒素施肥

窒素は水稲の生育・収量・食味に対して大きな影響を与える成分である．水稲における窒素の部分生産効率に関する研究によると，吸収した窒素は主に生長点近くの展開葉に移行し生長を促進するとしている．最近，後藤ら[4]は重窒素硫安を利用した水稲の時期別追肥試験を実施し，生育時期別の窒素吸収が米粒中のタンパク質含有率に与える影響を解析している．

図7.1にその結果を示した．分肥施用した窒素が白米に移行する割合は，出穂期から出穂後20日目の間に施用した追肥で高まっていた．この傾向は米粒の外側部よりも中心部で顕著であった．この時期は胚乳の伸長と中心部細胞の発達が盛んな時期であるため，吸収した窒素が他の器官よりも多く集積したものと考えられる．タンパク質含有率に影響の小さい追肥は幼穂形成期1週間後までの期間であり，それ以降は基肥窒素量にかかわらず高まっていた．

図7.2に示すように白米中のタンパク質含有率

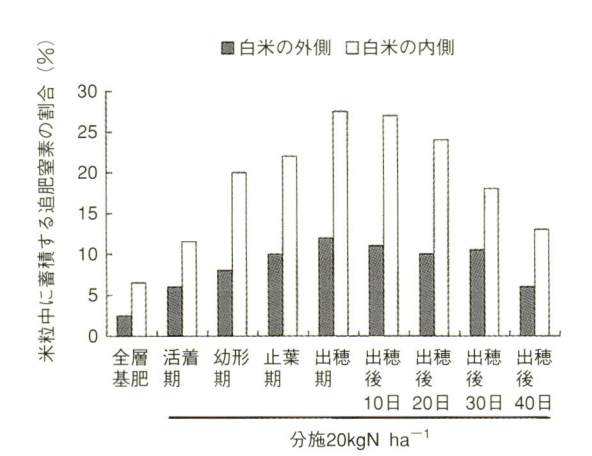

図 **7.1** 分肥時間が窒素の白米利用率に与える影響（後藤ら）
分肥区の基肥は全層施肥 60 kgN ha^{-1}，全層基肥区は 80 kg N ha^{-1}，試験規模は圃場に1区 1.2 m^2 の枠を設置して実施，追肥窒素には 7.16 atom%重窒素硫安を使用，白米外側は 90% 精白米の外側 18% 部分，白米内側は 90% 精白米の内側 82% 部分．

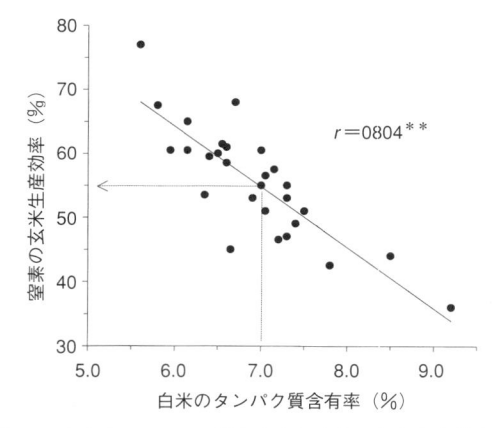

図 7.2 白米中のタンパク質含有率と窒素の玄米生産効率の関係（稲津ら）

$$窒素の玄米生産効率 = \frac{精玄米収量（\mathrm{kg\,ha^{-1}}）}{窒素保有量（成熟期の \mathrm{kg\,ha^{-1}}）}$$

と窒素の玄米生産効率の間には有意な相関が認められている[5]．幼穂形成期1週間後までの窒素追肥は穂数，一穂粒数の増加に効果的に働き，窒素の玄米生産効率を高めるが，登熟期間に吸収した窒素は玄米生産効率を低下させることが多いものと思われる．またタンパク質含有率を高める要因は登熟期間における窒素吸収だけでなく，基肥窒素量が多い場合や，気象条件などにより出穂期近くまで稲体の窒素含有率の高いことがあげられる．北海道，東北から九州までの多数にわたる窒素施肥とタンパク質含有率に関する報告を通覧すると，基肥窒素量は初～中期の過剰生育を抑制するために施肥量の水準を低く設定する傾向にあり，タンパク質含有率にはそう大きな影響を与えない．また出穂期前20～25日の穂肥やそれより早い追肥はタンパク質含有率に与える影響が小さい．この時期より遅い穂肥や実肥はタンパク質含有率を高めている頻度がいちじるしく高い．したがって低タンパク米の生産には基肥窒素量の水準を低くし，登熟期間中に吸収される窒素量をできる限り少なくできる施肥が有効である．

一方，米粒のタンパク質含有率は土壌から供給される窒素によって影響される．標準的な基肥窒素量の場合は幼穂形成期1週間前後で基肥から供給される窒素の大部分を吸収し，その後に吸収される窒素は土壌由来と考えられる．タンパク質含有率は土壌型によって異なり，土壌窒素の放出が遅れる湿田タイプよりも乾田タイプで低く，窒素放出量の多い泥炭土や鉱炭土は鉱質土壌よりも高い．このように土壌型によるタンパク質含有率の差は登熟期間における窒素吸収の多少に影響されているものと思われる．

早生種は晩生種と比較してタンパク質含有率が高くなりやすい．これも土壌からの窒素供給と生育の遅速のタイミングによる登熟期間の窒素吸収に影響されているものと思われる．また，土壌からの窒素吸収は耕起層より下層からの吸収が幼穂形成期頃から始まり，登熟期間に旺盛となるため，タンパク質含有率を高める要因に下層土の窒素供給量があげられる．成熟期の窒素保有量は施肥窒素からほぼ40％，土壌窒素からほぼ60％の割合と考えられるが，白米中では施肥窒素から20～30％，残り70～80％が土壌由来の窒素で構成されている．したがって，低タンパク米の生産には生育後半に吸収される土壌窒素の制御が重要な課題となる．土壌から供給される窒素を制御する1つの方法として密植により1株当たりの根の領域を制限し，さらに生育個体（株）間における窒素の吸収に競合を起こさせる技術が提案されている．このように窒素施肥は地域の気象条件と土壌の窒素供給力を勘案し，低タンパク米の生産に必要な生育時期別の最適な窒素吸収量となりうる工夫が必要であると考えられる．

d. 低タンパク米の生産とケイ酸施肥

イネはケイ酸を積極的に吸収し，成熟期には窒素のほぼ10倍位も保有する代表的なケイ酸植物である．イネのケイ酸吸収は土壌からのケイ酸供給力に大きく依存するが，施肥からのケイ酸供給も重要となる．イネが吸収できるケイ酸は土壌中にある単分子状ケイ酸といわれているが，イオン状のケイ酸とアンモニウムやカリウムイオンがカウンターイオンとなって吸収するとした考察もある．また，土壌からのケイ酸供給力やイネの吸収力は低温で低く，高温で高い温度依存性が認められており，低温（冷害）年にはケイ酸供給力に対する温度依存性の小さいケイ酸石灰の施肥が有効となる．

ケイ酸資材の施肥試験例を通覧すると，イネに対するケイ酸資材の施肥は生育の初期段階からケ

イ酸の吸収を促進し，乾物生産量はケイ酸無施肥に比較すると明らかに向上されている例が多い．このため窒素の玄米生産効率が高められるとともにコメのタンパク含有率が低下し，食味向上が図られている．この食味向上効果はイネに対するケイ酸の役割として認められている病害虫抵抗性と環境適応性，耐倒伏性，受光態勢の改善と登熟性の向上，根活性の維持および向上，過剰蒸散の抑制などによるものと考えられる．これらはイネが健全に生育するのに欠くことのできない役割を担うことを示しており，低タンパク米生産を登熟性の向上を通じて達成する重要な施肥技術である．

低タンパク米の生産を目標としたイネのケイ酸保有量は $130\,g\,kg^{-1}$ 以上が適正域であり，湛水保温静置法による可給態ケイ酸含量を $160\,mg\,kg^{-1}$ 以上とする指標が示されている[6]．またケイ酸資材の施肥法としては幼穂形成期1週間後の追肥が低タンパク米の生産に有効なことが示されている．

〔稲津 脩〕

文 献

1) 中村道徳：デンプン科学, **21**, 81-106；**22**, 230-254 (1974)
2) 田中國介・小川雅広：生物と化学, **24**, 756-758 (1986)
3) 稲津 脩：北海道立農業試験場報告, 66号, 41〜52 (1988)
4) 後藤英次・野村美智子・稲津 脩：土肥要旨集, **40**, 123 (1994)
5) 稲津 脩・柳原啓司・宮森康雄・谷口健雄：土肥要旨集, **36**, 87 (1990)
6) 宮森康雄：土肥誌, **67** (6), 696-700 (1996)

7.2 畑 作 物

7.2.1 ムギ類

国内で生産されているムギ類として，コムギ，二条オオムギ，六条オオムギ，ハダカムギなどがあり，作付面積は計 272,400 ha（農林水産省「平成16年産4麦の収穫量」）に達するが，コムギがその 78% を占めていることから，ここでは主として小麦の品質と施肥との関係について述べる．

a. 小麦の品質

各種のコムギ品質項目の中で，一般に重要とされているものに粒重（粒大，容積重），タンパク含有率，アミロ値，粉色などが挙げられる．このうち粒重（容積重）は粒の充実度を表す指標であり，充実の良い粒ほど製粉歩留が高い[1]．したがって，平成17年産から開始される民間流通の品質ランク区分では，833 g／リットル以上が基準値となっている．

製粉されたコムギ粉は水を加えて練り，生地にしてからパンや麺，お菓子などに加工される．生地の生成はコムギ粉に含まれるタンパク質（グルテン）によることから，コムギの加工用途はタンパク質の量や特性に大きく影響される．タンパク含有率の高いコムギ粉はグルテンが多く，加水してこねたときの生地の弾力が強いため強力粉と呼ばれ，主としてパンに使われる．タンパク含有率の中庸な中力粉は主としてうどんなどの日本麺に使われ，タンパク含有率の低い薄力粉はクッキーやスポンジケーキなどのお菓子に使われる（表7.1）．国産コムギのほとんどはタンパク含有率が中庸であるため，主としてうどんなどの麺類に使われている[2]．日本麺用コムギの子実タンパク含有率の品質ランク区分では 9.5〜11.5% が基準値，8.0〜13.0% が許容値となっている．

アミロ値とはデンプンに水を加えて加熱したときの粘り（アミログラフ最高粘度）を表し，粘りが大きく低下（およそ 300 B.U.）したものが低アミロコムギである[2]．低アミロコムギの発生には穂発芽（収穫前の降雨などにより穂中で子実が発芽する現象）が大きく影響し，この過程で生成した α-アミラーゼによりデンプンが分解されるため粘度が低下する．低アミロコムギはデンプンの粘度が低いために，加工適性が劣り利用が困難とされている．したがって，民間流通の品質ランクでも評価対象となっており，フォーリング・ナンバー[2]という簡易粘度計で 300 以上が基準値，200 以上が許容値となっている．

コムギ粉の色（粉色）は最終的な製品の色にも大きく影響を及ぼすため，加工上重要な品質項目である．うどんなどの麺では「明るく，さえた色調」が好まれるが，コムギ粉の色が明るくきれい

表7.1 コムギ粉の種類・等級と主な用途

コムギ粉の種類	1等粉(灰分0.3〜0.4%)		2等粉(灰分0.5%前後)	
	タンパク含有率(%)	主な用途	タンパク含有率(%)	主な用途
強力粉	11.5〜12.5	パン	12.0〜13.0	パン
準強力粉	10.5〜11.5 11.0〜12.0	中華麺 パン	11.5〜12.5	パン
中力粉	8.0〜9.0 7.5〜8.5	ゆで麺 菓子	9.5〜10.5 9.0〜10.0	多用途 菓子
薄力粉	6.8〜8.0	菓子	8.0〜9.0	菓子

(長尾精一:小麦の科学,朝倉書店,p.63 表3.1を一部変更)

表7.2 起生期追肥と尿素の葉面散布が収量と品質に及ぼす影響

窒素施肥 (kg/10a)			穂数 (本/m²)	成熟期	子実収量 (kg/10a)	千粒重 (g)	子実タンパク含有率(%)
基肥	起生期	葉面散布					
4	4	無	472	7/23	350	40.7	9.7
4	4	有	560	7/25	401	41.4	11.4
4	8	無	583	7/25	450	40.0	10.4
4	8	有	578	7/26	473	41.0	11.6

注)道立十勝農試.1995〜96年の平均.供試品種は秋まきコムギ「ホクシン」.
葉面散布は乳熟期に3%尿素液100L/10a(1.38Nkg/10a)を2回施用.

なほど,麺の色も明るく官能評価も高まる.一般に,国産コムギはオーストラリアなどの輸入麦よりも粉の色が劣るとされており,粉色の改善が求められている.粉色には子実中の灰分の影響が指摘されており,一般に灰分が高いほど粉色が劣るとされている[2].したがって,民間流通の品質ランク区分では1.60%以下が基準値,1.70%以下が許容値となっている.

b. 施肥による影響

以上述べたコムギの品質は品種固有の特性であると同時に,気象や土壌などの自然環境にも左右され,さらに施肥などの人為的な栽培条件の影響も受ける.施肥の中でもとくに大きな影響を及ぼすのが窒素施肥である.

窒素施肥でも施用時期によりその効果は異なり,生育の前半に施用された窒素は主として草丈や茎数などの収量構成要素に影響し,後半に施用された窒素は粒重や子実タンパク含有率などの品質に影響する[3].起生期と乳熟期の窒素施肥が収量と品質に及ぼす影響を検討した結果[3],起生期の窒素増肥では穂数増加により大幅な増収効果を示し,タンパク含有率も0.7ポイント高まっている(表7.2).一方,乳熟期の尿素溶液の葉面散布追肥は収量も高めているが,粒重およびタンパク含有率を高める効果が大きい.尿素の葉面散布以外でも止葉期や出穂期の窒素追肥(硫酸アンモニウムなどの土壌表面散布)が粒重やタンパク含有率の上昇に効果を示すことが知られている.これらの施肥技術に生育途中の植物体窒素栄養診断(葉色測定)を組み合わせることにより,用途別に求められるタンパク含有率にコントロールすることが試みられている[4].

このように後期窒素追肥は粒重増大とともに子実中のタンパク含有率を上昇させるが,タンパク含有率はコムギ粉の色にも影響を及ぼすことが知られている[4〜6].北海道内各地から収集されたコム

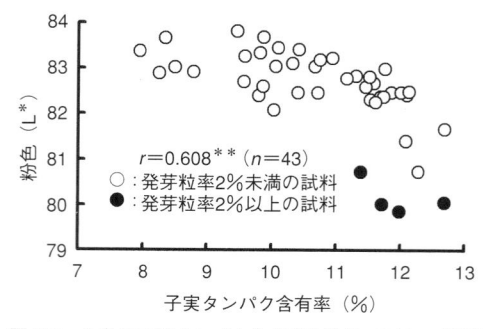

図7.3 小麦の子実タンパク含有率と粉色(L*)の関係
(1995年,道内各地から収集した「ホクシン」43点)
**1%レベルで有意.

ギ試料について，子実タンパク含有率と粉色の明るさ（L*，数値が高いほど明るい）の関係を検討した結果，全体に右下がりの傾向で，タンパク含有率が高いほど明るさが低下し，とくにタンパク含有率11％以上で粉色の低下が目立っている（図7.3）．表7.2でも尿素追肥によりタンパク含有率が11％以上に高まるとL*が低下している．これらのことから，一般に麺用中力粉の子実タンパク含有率の上限は11％程度とされている．

窒素増肥は増収に結びつくが，過剰施肥では徒長や過繁茂により倒伏を引き起こす危険性がある．倒伏したコムギでは多湿条件で経過するため穂発芽しやすく，低アミロコムギが発生することが多い[6]．倒伏により粉色が劣化することもよく知られている[3,6]．また，窒素増肥条件では成熟期が遅れるため刈り遅れ，この間に降雨にあたると穂発芽し低アミロ化や粉色の低下を招くことがある．図7.3で，タンパク含有率が高くしかも発芽粒率2％以上のコムギで粉色が低下しているのはこれらの影響によると考えられる．このように，窒素施肥は直接あるいは間接にコムギ品質に大きな影響を及ぼしていることから，土壌診断や栄養診断を活用した適切な窒素施肥が求められる．

窒素以外では，リン酸増肥による容積重や子実タンパク含有率の低下[5,6]，あるいは粉色に及ぼす影響[3]などが指摘されている．カリ施肥については品質に及ぼす影響は低いと考えられる[3]．

〔中津智史〕

文　献

1) 星野次汪，他：日作紀，**63** (1)，21-25（1994）
2) 長尾精一：小麦とその加工，pp. 62-64, 98-99, 170, 196-199, 建帛社（1984）
3) 江口久夫，他：中国農試報，**A 17**，81-111（1969）
4) 北海道農政部：平成11年普及奨励ならびに指導参考事項，pp. 226-228（1999）
5) 佐藤暁子，他：日作紀，**65** (1)，35-43（1996）
6) 中津智史，他：土肥誌，**70** (4)，514-520（1999）
7) 佐藤暁子，他：日作紀，**61** (4)，616-622（1992）

7.2.2　マ　メ　類

マメ類に求められる品質は，それを利用する立場によって重要度が異なる．流通業者や製餡業者では，外観，異物混入の有無，貯蔵性，製品の歩留まりなどが問題とされる．消費者に直接製品を販売する製菓業者や煮豆加工業者では，製造時の取り扱いの難易，製品の外観・食味や日持ち性といった商品適性が重視される．さらに，エンドユーザーである消費者からは，外観，食味，栄養成分や機能成分に関心が寄せられ，個々人の好みに基づいた美味しさが求められる．

生産・流通段階においては，農産物検査法に基づいた農産物規格規定により，整粒歩合，外観（被害粒，未熟粒，異種粒や異物）および水分を調査して品位（等級）を定めている．加工段階においては，用途に応じて求められる品質特性が異なるため，一概に言及できないが，一般に粒大，種皮色などの外観や煮熟性または嗜好性が評価基準として重視される．なお，マメ類の品質は品種や生産地，栽培年次，栽培法の影響を受けるので，実際には品種や生産地を考慮しつつ，用途に適したものが選択される．

a．ダ　イ　ズ

ダイズの成分組成や加工適性は，一般に遺伝的要因（品種）の影響が大きいが，一部の成分組成については環境要因（栽培条件）の関与が大きい場合も認められる[1]．炭水化物および灰分含量は品種のほかに栽培地の影響を受け，マンガン含量は還元状態にある転換畑で高く，また，カルシウム含量は高温で増加する．脂質や脂肪酸含量は，登熟期間中の気温の影響を受けるので，収穫年次による変動もある．すなわち，温暖な条件では脂質およびオレイン酸含量は高くなり，リノレン酸含量は低くなる．タンパク質や脂質含量は播種期の影響も受け，カロチノイド含量は播種の遅延に伴い増加する．一般に，ダイズに対する窒素供給は根粒菌によるところが大きく，施肥窒素は初期生育におけるスターター的な役割であるため，施肥量，追肥の有無，栽植密度，中耕培土や深耕などの栽培法が，成分組成に及ぼす影響は小さい．

用途別の品質特性については，一般に大粒種は煮豆や菓子に，中粒種は味噌や豆腐に，小粒種は納豆に用いられる．豆腐はダイズからタンパク質成分を抽出してつくるため，原料の外観品質は重

視されず，高収率の原料が望まれる．豆腐の収量は，豆乳中固形物抽出率と関係が深く，タンパク質含量の高いダイズで固形物抽出率が高い．豆乳中固形物抽出率の品種間差異は小さいため，原料には中粒褐目や外国産を用いることが多い．なお，国産ダイズは輸入ダイズに比べてタンパク質含量が高く，脂質含量は低い傾向にある．味噌，納豆，煮豆用などでは，加工適性に関連する形質が原料により大きく異なる．製品の品質には蒸煮ダイズのかたさが強く影響し，種皮や臍（目）の色の濃いものは嫌われる．淡色系の味噌の原料としては，明るい色調が好まれる．これらの形質は，施肥などの栽培条件よりも品種の影響が大きいため，適切な品種の選択が重要となる．

また，ダイズには種々の生理活性物質が含まれており，骨粗しょう症予防や更年期障害の症状軽減効果のあるイソフラボンが注目を浴びている．イソフラボンはフラボノイドと呼ばれるポリフェノール類の一種であるが，その含量は栽培地によっても異なり，北海道産ダイズについては米国産や中国産に比べて含量が高いといわれている．このように，生理活性物質の一部は品種の違いのみならず，栽培環境によってもその含量や生理活性は変動することが知られている．

b．アズキ

アズキの品質については，種皮色や粒大などの外観形質や一部の成分では，栽培条件により変動するものもあるが，主として品種による影響が大きい．アズキはダイズやインゲンマメと異なり，開花と登熟が同時に進行するため，この間の気象条件に影響を受ける．種皮色は登熟期間中の気象に影響を受け，収穫年次や生産地により種皮色は大きく異なる．とくに，明度（L^*値）にみられる年次間や栽培地間における変動は，施肥などの栽培条件よりも登熟期間の平均気温に大きな影響を受けていることが指摘されている[2]．また，明度は収穫時期の早晩とも関係があり，一般に成熟を早める条件により明度が低くなるため，種皮色は濃くなる傾向にある．粒大や成分組成も気象条件による変動がみられるほか，土壌の種類により一部の成分含量に差を生ずる．タンパク質含量の変動要因としては，気象条件以外にも，施肥量および施肥法により窒素集積量が変化するといわれており，土壌窒素や追肥条件の差異が影響している可能性も指摘されている[3]．このほか，堆肥などの有機物の施用により，タンパク質含量が増加し，種皮色の明度が低下する場合がある．

アズキの加工用途としては，大部分の普通アズキは餡として利用され，大納言などの大粒種は甘納豆をはじめとする和菓子の原料になっている．製餡適性に関しては，煮えむらや餡の収率にかかわる煮熟性が重視される．アズキは品種や栽培環境によっても煮熟性が異なるが，一般に，種皮の割合が少ない粒大の大きいものほど，餡収率は高い傾向にある．アズキの吸水部位は他のマメ類と異なり種瘤部分に存在する吸水孔のみで，種皮からはほとんど吸水しない．このため，種瘤部分に何らかの生理的障害を受けて，吸水性のいちじるしく劣る硬実が生産される年次があり，煮えむらをもたらすことがある．また，嗜好性を左右する要因の1つとして，餡の舌ざわりがあるが，一般に100〜200メッシュ（150〜75 μm）の粒径の餡が好ましいといわれている．餡粒子の大きさは，粒大に大きく影響を受け，平均餡粒径と百粒重の間には高い正の相関関係が認められる．種皮色は淡色を呈するものが一般に好まれる傾向にあり，餡色に影響を及ぼすことから重視される．

c．インゲンマメ

インゲンマメは菜豆とも呼ばれ，金時類，手亡類，鶉類または大福類のようなつる性のものなど多くの種類があり，その外観も多種多様である．種皮色や粒大，粒形といった外観形質などには遺伝的要因が強く関与しているため，これらの品質特性には品種によりきわめて大きな違いがある．また，粒大や成分組成は，収穫年次や生産地，栽培条件などの環境要因の影響も受けるが，土壌または施肥などの栽培条件よりも気象条件の影響が大きいことが知られている．

インゲンマメの加工用途としては，主に金時類や花豆類は煮豆として，手亡類や大福類は餡として利用される．また，品種によっても成分組成や種皮色は大きく異なり，できあがる製品も品種の

特性を強く反映したものになるため，それぞれの目的に応じた品種の選択が必要である．餡用途では，種皮色の違いを除けば，アズキと同様の加工適性が求められる．煮豆用の加工適性としては，基本的にはダイズの場合と同様であるが，成分組成はダイズと大きく異なり炭水化物含量が最も高く50%以上を占め，その大部分はデンプン質である．タンパク質含量は20%前後であるが，脂質は2%程度でダイズの1割程度しか含まれていない．なお，煮豆の加工適性としては，煮豆の硬さが嗜好性を左右する重要な要因としてあげられるが，金時類の煮熟硬度には土壌の種類や理化学性，施肥量による差異は認められず，気象要因との関連が指摘されている[4]．すなわち，煮熟硬度は降水量とは負の，日照時間とは正の高い相関が認められ，子実肥大期の降水量が少なく，日照時間が長いほど煮熟粒の硬度は高くなる傾向にある．

〔加藤　淳〕

文献

1) 平　春枝：日食工誌，**39**，122-133（1992）
2) Kato, J. et al.: Plant Prod. Sci., **3**, 61-66 (2000)
3) 沢口正利：北海道立農試報告，**54**，1-87（1986）
4) 加藤　淳，目黒孝司：土肥誌，**69**，379-385（1998）

7.2.3 イモ類

a. バレイショ

バレイショは生食用，食品加工用，デンプン原料用として栽培されており，それぞれ用途に応じた品質が求められている．品質要因としては，外観品質，内部品質，調理品質がある．最も重要な品質項目はデンプン価（比重測定より得られたデンプン含量）である．ポテトチップスなど油加工用はデンプン価は高い方がよく，デンプン原料用も品種の能力にあった高いデンプン価が求められる．

加工用品種トヨシロはデンプン価16.3%以上60〜360 gの塊茎を30 t・ha^{-1}以上収穫するのに必要な窒素吸収量は地上部最大期で114 kg ha^{-1}であった．塊茎収量は窒素吸収量150 kg ha^{-1}程度まで増加するが，デンプン価は窒素吸収量が増加するに従い低下した[1]．生食用，デンプン原料用については，生育期間の長さなど品種特性と収量，デンプン価などの目標値との関係から，生食用（男爵イモ）は110 kg ha^{-1}，デンプン原料用（紅丸）は130 kg ha^{-1}の窒素吸収が望ましいとされている．このように窒素吸収量の制御がデンプン価と収量に強く影響する．窒素栄養が必要なのは終花期頃までなので土壌診断に基づく基肥体系をとっている．紅丸に比べ茎長が短く倒伏しにくいコナフブキでは開花期に40 kg ha^{-1}の窒素追肥によりデンプン収量を5〜15%高める．追肥は登熟期間の延長をもたらすが，秋の霜が遅く，気象条件が良好な地帯での追肥効果が高い[2]．

カリウム施用量の増加もデンプン価を低下させるため，土壌の交換性カリウム含量が極端に低くない限り施用量はやや少ない方がよい[1]．

前作物残さ，有機物を施用する場合には，その窒素，カリウム含有量に応じ肥料換算して減肥する．とくに，テンサイ茎葉には窒素，カリウムが大量に含まれているので減肥が重要である．

生食用の場合は調理用途によって望ましいデンプン価がある．品種間で水煮後の硬さは明らかに異なる．同一品種であれば，デンプン価が高いほど水煮後の硬さは軟らかく，かつ煮くずれしやすい．粉ふきいも，ふかしいも，電子レンジ加熱およびフライドポテトではデンプン価が高い（16%）ほど良く，肉じゃがおよびカレーなどの煮物調理ではデンプン価が低い（12%）ほど煮くずれが少なく評価が高い[3]．しかし，レトルト加工においては硬さとデンプン価の間には正の相関関係が認められている．デンプン価が低い場合に煮崩れを起こす[4]．外食など業務用に利用されるカット・ピール製品の褐変程度は品種間差があり，ポリフェノールオキシダーゼ活性との関係が高い．枯ちょう期に近づくにつれポリフェノールオキシダーゼ活性は低下するので自然枯ちょうして適期に収穫されたものを用いる[5]．

ポテトチップスなど油加工の際に還元糖はアミノ酸とメイラード反応を起こし，褐変してカラー値を低くする．その含量は過剰施肥などに起因する未熟イモでやや多いが，問題となるのは5℃以下の低温貯蔵による増加である．

バレイショのビタミンCは調理における減少

が少なく重要な品質項目である．ビタミンC含有率は窒素施用量を $10\,\mathrm{gN\,m^{-2}}$ から $20\,\mathrm{gN\,m^{-2}}$ へ増加する場合には減少すると報告されている[6]．

農林水産省有機農産物等特別表示ガイドライン（1994年3月実施）により類別したバレイショの品質（デンプン価，ビタミンC含量，タンパク質含量，遊離アミノ酸含量）には有機栽培と慣行栽培の栽培法間に差は認められていない[5]．

バレイショデンプンの粒子径と粘度には品種による差が見られ，塊茎重による変動もある．リン含有率が高いデンプンほど食塩を含む糊液の老化（離水）が速く，水産練り製品などを貯蔵した際の品質低下につながり問題となるが，現行品種のリン含有率を施肥でコントロールするのは困難であろう．

バレイショ406品種（系統）を分析した結果，新鮮物でタンパク質は $10.0\sim23.4\,\mathrm{g\,kg^{-1}}$，リンは $225\sim746\,\mathrm{mg\,kg^{-1}}$ の範囲であった．品種と窒素の減肥や栽培環境を考慮することにより低タンパク質，低リン含有率の病人食用途の可能性がうかがえる[5]．

品質上，問題となる各種の障害として，病害虫以外に形状が悪い，周皮異常（皮目肥大，粗皮，亀の甲），受傷（切り傷，打撲，爪痕傷），緑化，塊茎内部では内部黒変，中心空洞，褐色心腐・黒色心腐，維管束褐変などがある．これらは培土方法，土壌環境，収穫作業によって強く影響を受けるが，窒素の過剰施用による急激な肥大，生育遅延に起因する場合もある．

土壌病害のそうか病に罹病するとカサブタ状の病斑が塊茎表面に残り外観品質が悪く，生食用としては商品価値をいちじるしく損ねる．アロフェン質淡色黒ボク土で硫安を作条に施用，あるいは三要素（硫安，過石，硫加）を作土全層に施用して，塊茎が生育する領域の土壌pHを低下させると発病度は低くなり，無病に近い健全イモが得られる[7]．　　　　　　　　　　　〔谷口健雄〕

文献

1) 谷口健雄：土肥誌，**63**，723-727（1992）
2) 東田修司・佐々木利夫：道立農試集報，**77**，59-63（1999）
3) 小宮山誠一，他：日本調理科学会誌，**35**，334-342（2002）
4) 中野敦博，他：平成10年度新しい研究成果―北海道地域，pp.122-124（1999）
5) 日本土壌肥料学会北海道支部編：北海道農業と土壌肥料1999，**138**，261-262，138-139（1999）
6) 建部雅子・米山忠克：土肥誌，**63**，447-454（1992）
7) 水野直治，他：土肥誌，**68**，686-689（1997））

b. サツマイモ

1) サツマイモの特性

サツマイモは利用目的によって，青果用および加工食品やデンプンなどに利用される原料用に大別される．最近では，有色サツマイモに高含有率で含まれるアントシアニン，ポリフェノール，β-カロテン，抗酸化能などを利用した加工食品も多く製品化されている．

一般に青果用，加工目的の品種に対する施肥量はデンプン用に比べて少ない．また，サツマイモは窒素施肥量の3倍程度のカリウムを必要とする特殊な作物でもある．

2) 土壌の違いとサツマイモ塊根の外観品質

土壌のタイプがサツマイモ塊根の外観品質に及ぼす影響（表7.3）をみると，アカホヤ土壌で栽培したものが最も良い．また，黒ボク土壌にアカホヤを客土することによって，品質の向上を図ることができる．砂で栽培されるサツマイモの事例は少ないが，塊根が丸くなる傾向がみられる．アカホヤ土壌と黒ボク土壌の物理性を比べると，孔隙率が異なるが，孔隙率が高いほど品質の良い塊根が生産されるようである．

3) 施肥量とサツマイモ塊根の外観品質

サツマイモを施肥量を変えて栽培した場合，黒ボク土壌では，10 a 当たり窒素施用量3 kg 栽培の塊根収量が6 kgの場合を上まわっている（表

表7.3 土壌の違いが青果用サツマイモ「ベニオトメ」の外観品質に及ぼす影響

土壌 \ 項目	A品率(%)	B品率(%)	C品率(%)	長さ/直径
1. 黒ボク	66.2	32.3	1.5	3.6
2. アカホヤ	87.1	12.9	0	3.6
3. 砂	55.6	44.4	0	3.0
4. 黒ボク＋アカホヤ	73.7	26.3	0	3.9
5. 黒ボク＋砂	63.1	31.6	5.3	3.2
6. アカホヤ＋砂	60.3	39.3	0	3.2

表7.4 窒素施肥量の違いが青果用サツマイモ「ベニアズマ」の
収量と外観品質に及ぼす影響

土壌	窒素施用量	塊根重 (kg/a)	長さ/太さ	皮色の色調		
				L	a	b
黒ボク土	3	255	3.7	30.6	22.7	24.0
	6	216	4.1	31.6	24.2	23.0
淡色黒ボク土	3	231	3.8	32.8	20.8	24.0
	6	250	3.6	32.5	21.4	34.0
中粗粒灰色台地土(洪積土)	3	232	2.7	30.3	24.0	42.0
	6	199	2.7	33.1	24.3	28.0

施肥量：kg/10 a, 肥料の成分：8-12-24, L：明度, a：赤み, b：黄色み.

表7.5 肥料形態の違いが青果用サツマイモ「土佐紅」の塊根内部の品質に及ぼす影響

土壌	デンプン (%)	全糖 (%)	抗酸化能	ポリフェノール (mg%)	色調		
					L	a	b
1. 化学肥料	27.7	13.3	0.21	22.0	64.7	-3.5	26.7
2. 牛ふん堆肥	24.5	12.3	0.20	29.4	64.2	-4.0	26.6
3. 鶏ふん＋牛ふん堆肥	24.4	13.4	0.20	24.4	63.3	-3.9	25.9
4. 無肥料	23.5	13.0	0.15	37.6	61.0	-3.7	24.3

新鮮物：デンプン, 蒸しイモ：糖, 抗酸化能, 色調, ポリフェノール, 抗酸化能：津志田法.

7.4)．同様の傾向が中粗粒灰色台地土でもうかがえるが，淡色黒ボク土では，施肥量が多いほど収量も高まっている．一方，黒ボク土壌では，土壌が膨軟なためか，塊根が長くなる傾向がうかがえる．

窒素施用量が外観品質に及ぼす影響については，概して施用量が多くなるほど，皮色の赤みが強くなる傾向がみられるが，黄色みと施肥量の関係は明らかではない．

4) 肥料形態の違いが青果用サツマイモの塊根内部品質に及ぼす影響

速効性の化学肥料栽培を施用した場合には，堆肥を単独施用した場合と比べて，デンプン含量が高くなる傾向がうかがえる（表7.5）．また，牛ふん堆肥だけで栽培した場合には，全糖含量は低く，ポリフェノール含量は高くなる．抗酸化能については，肥料形態の種類によって，その影響は受けていない．ポリフェノール含量が無肥料区で高いのは，収量低下による生体濃縮と考えられるが，他の成分については，このような傾向はみられない．また，蒸しイモの色調については，肥料の形態の違いは影響を及ぼさない．

5) 施肥とサツマイモの品質

サツマイモは窒素施用量が多すぎるとつるぼけを起こし，低収となるため，窒素施用量は3～8 kg/10 aが適量である．アカホヤ土壌で栽培した場合，外観品質が良くなる．一般に土壌孔隙率が高いほど塊根が長くなり，品質の良い塊根が生産される．また，施肥量が多くなるほど，皮色の赤みが強くなり，牛ふん堆肥などを施用して継続的に養分供給が行われる条件下では，全糖含量は低く，ポリフェノール含量は高くなる傾向がうかがえる．

〔上村幸廣〕

7.2.4 テンサイ

テンサイの品質成分としては，目的成分であるショ糖が最も重要であり，ショ糖含有率（以下，根中糖分）に及ぼす施肥の影響を中心に記載する．

図7.4[1]に，大型テンサイ礫耕栽培槽にテンサイの苗を移植した時期から開始した，窒素，リン酸，カリの施用期間が収穫期の根中糖分に及ぼす影響を示す．初期生育時に窒素，リン酸，カリが欠乏した場合には生育そのものがいちじるしく不良になるため，図7.4には，窒素については75日以上，リン酸とカリについては60日以上の施用期間の影響を示してある．根中糖分は，窒素では施

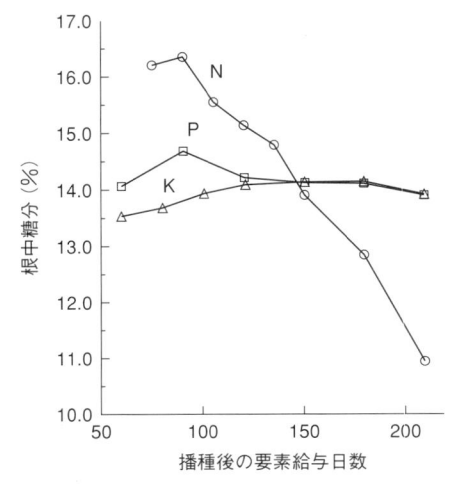

図 7.4 窒素，リン，カリウムの給与日数が根中糖分に及ぼす影響
日本野菜甜製糖(株)，礫耕実験場，帯広市，1972年
（窒素系列のリン，カリウムは全期間，リンとカリウム系列の窒素は 135 日給与）

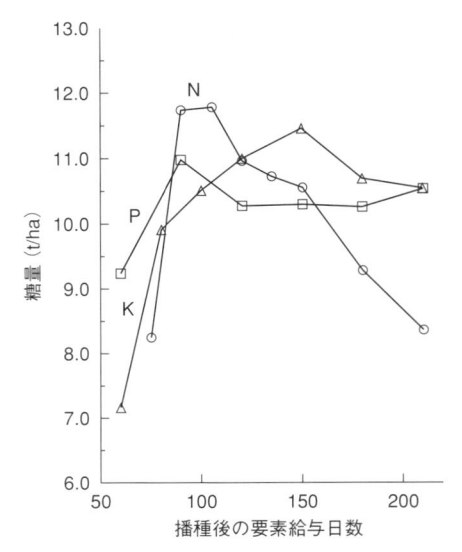

図 7.5 窒素，リン，カリウムの給与日数が糖量に及ぼす影響

用が 90 日以上になると，施用期間が長くなるほど直線的に低下し，リン酸およびカリウムでは 60 日目以後の継続施用によって影響を受けないとみることができる．

根重×根中糖分で得られる糖生産量（以下，糖量）は，窒素では移植後 90～105 日間の施用で最大になり，施用期間がそれより短くても長くても減少する（図 7.5）．一方，リン酸では，糖量は 90 日間の施用でやや多く，それ以下の施用期間では明瞭に減少し，それ以上の施用期間ではやや減少して収穫期までほぼ一定であり，カリウムでは施用期間が 150 日間までは施用期間が長いほど増加し 150 日間以上の施用によって減少する．施用期間が短い場合の糖量の減少は，窒素，カリウム，リン酸の順に大きい．

したがって，根中糖分が高く，糖量が多いテンサイを得るためには，生育前期の地上部を早期に確保し，生育後期の窒素供給をできるだけ少なくする施肥管理が重要である．

窒素については，現在一般的である紙筒栽培では苗育成時に 0.1 kgN/紙筒 8,400 本（10 a 相当数）の窒素肥料を施用しており，この条件では本畑窒素施用量が少ないほど根中糖分が高く，最大糖量が得られる本畑窒素施肥量は最大根重が得られる施肥量より 2～3 kg/10 a 少ない[2]．

リン酸については，移植テンサイは直播テンサイとは施肥反応が異なり，苗育成時に 0.9 kg P$_2$O$_5$/10 a のリン酸質肥料を施用しておけば，その苗をリン酸無施用の本畑に移植しても，リン酸質肥料を標準施肥量である 20～25 kg/10 a 施用した場合と変わらない根重，根中糖分および糖量が得

表 7.6 0.9 kg P$_2$O$_5$ および 0.05 kg K$_2$O/10 a を苗育成時に施用した紙筒移植栽培における本畑土壌の有効態リン酸および交換態カリ水準が根中糖分および糖生産量に及ぼす影響

有効態リン酸 (mgP$_2$O$_5$/100 g)	圃場数	根中糖分 (%)	糖生産量 (t/ha)	交換態カリ (mgP$_2$O$_5$/100 g)	圃場数	根中糖分 (%)	糖生産量 (t/ha)
<5	145	17.11	9.34	<15	40	16.82	8.33
5～10	217	16.99	9.22	15～25	210	16.85	8.54
10～15	152	17.04	9.22	25～35	207	17.04	9.26
15～20	80	16.98	8.86	35～45	168	17.12	9.56
20～25	43	17.04	9.00	45～55	102	17.22	9.80
25～30	26	17.22	9.05	55≦	33	17.06	9.80
30≦	97	16.86	9.14				
合 計	760	17.02	9.18	合 計	760	17.02	9.18

られることが示されている[3]. 1986～87年に，北海道のテンサイ移植栽培圃場760カ所で実施した調査の結果[4]では，苗育成時に0.9 kg P_2O_5/10 a のリン酸質肥料を施用して苗を移植することによって，トルオーグ法による有効態リン酸含量が5 mg以下～30 mg P_2O_5 以上に分布する土壌に生育するテンサイの根中糖分は，根重と同様に有効態リン酸含量との関連は認められなかった（表7.6）. テンサイは連作障害を受けやすい作物であり，コムギ，バレイショ，マメ類などと輪作栽培をされている．これらの作物には適量のリン酸質肥料が施用されるので，移植テンサイに対するリン酸施用は，苗育成用の紙筒に対する0.9 kg/10 a 程度のリン酸施用でも十分である畑地が多いと考えられる．

カリについては，0.05 kg K_2O/10 a を苗育成時に施用し，この苗を畑に移植した結果，交換態カリ含量が15 mg以下～55 mg K_2O 以上に分布する760カ所におけるテンサイの根中糖分は，交換態カリ含量の上昇によって16.8%から17.2%にわずかに上昇する程度であった（表7.6）.

テンサイはアルミニウム耐性が低いために，pHの低い土壌では生育不良になり，糖量も減少する．したがって，テンサイの栽培では炭酸石灰を施用してpHを5.5～6.5に矯正することが推奨されている．しかし，近年バレイショにジャガイモそうか病の発病地帯が増加したため，その対策として土壌pHを低く維持する必要性が発生している．同じ輪作体系の中で，テンサイは5.5～6.5の高pH側で栽培し，バレイショは5.0～5.5の低pHで栽培するというpH管理は事実上困難なため，バレイショには生理的酸性肥料を株周辺部に局所施肥して塊茎形成部位のpHを低くし[5]，テンサイは生育不良にならないレベルの低pH条件で栽培するというpH管理が求められている．

北海道のテンサイ栽培では，当初には，マグネシウム欠乏，ホウ素欠乏やマンガン欠乏が随所に発生して，生育のみならず根中糖分の低下をももたらしたが，現在，使用されているすべてのテンサイ用化成肥料には三要素の他にマグネシウムとホウ素が含まれており，一部にはマンガンも含まれており，現在ではこれらの微量要素欠乏症は見られない．

〔井村悦夫〕

文献

1) 日本甜菜製糖(株)：窒素，リン酸，カリウムの給与日数がテンサイの根重，根中糖分，糖量に及ぼす影響（礫耕実験）．未発表 (1972)
2) 早坂昌志，他：てん菜研究会報, **31**, 80-86 (1989)
3) 井村悦夫，他：てん菜研究会報, **29**, 118-126 (1987)
4) 増田昭芳，他：畑作地域における地力増進システムの創出に関する研究（要約版），pp.7-9，(社) 北海道総合文化開発機構 (1988)
5) Mizuno, N. et al.：*Soil Sci. Plant Nutr.*, **46** (3), (2000)

7.2.5 サトウキビ

a. 三要素と蔗汁品質

1) 窒素

サトウキビの品質に及ぼす施肥の影響として，窒素過剰による蔗汁糖度の低下がよく知られている．しかしその具体的数値は，各産糖国によってかなり異なる．たとえば，オーストラリアにおいては15 kgN/10 a を超えるとブリックスの低下を生じるという結果を得，メキシコでは22.6 kgN/10 a までの範囲で窒素施用量の増加に伴い若干の品質低下をみている．ところが台湾では明らかなブリックス低下を生じる施用量は40 kgN/10 a と結論している[1]．降水量などの気象条件のちがいが窒素肥料の肥効に対して大きな影響を及ぼしているとみられる．

窒素施用については，施用量と施用時期が同程度のウェイトで糖度に関与することも留意しなければならない．沖縄県の国頭マージ（細粒赤黄色土，洪積世堆積，強酸性）造成畑における夏植え試験では，最終追肥量12 kgN/10 a （全窒素施用量：60 kg/10 a）を収穫10カ月前の3月に施用すると基準窒素量8 kg/10 a との間にブリックスの差はないが，収穫6カ月前の7月施用では1～2度のブリックス低下を引き起こした（図7.6）．しかし後期多量追肥はブリックス低下を補って余りある増収のため，産糖量では標準施肥に優る結果となった．株出し栽培では，収穫6カ月前の10 kg/10 a の窒素施用はブリックスの低下を見ることなく増収するが，糖熟初期の低ブリックスは避け

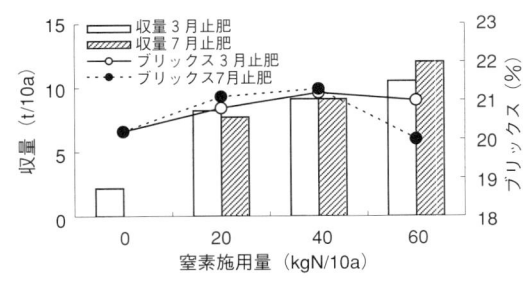

図 7.6　国頭マージ造成畑における窒素施用量が収量とブリックスに及ぼす影響

られず，潜在的な低下要因として注意する必要はあろう．さらに品種による施肥反応も異なり，日本でかつて主流品種であった中熟性の NCo 310 は，後期多量追肥によるブリックス低下程度がやや早熟性の F 177 より大きい傾向にあった．

サトウキビでは品質取引制度の導入以前は収量確保の面から（とくに肥沃度の低い土壌が多く分布する沖縄県においては）多肥の傾向にあったが，現在は農家の高齢化対策としての省力化や営農から生じる環境負荷が問題視されるに至ったこととともあいまって，肥効調節型肥料を用いた利用率向上による減肥技術が検討されつつある．当該肥料の使用に際しては，作型に合った窒素溶出日数と緩効率に基づいて使用する肥料を選定しなければ産糖量が低下する恐れがあるので，注意が必要である．

2）リン酸

リン酸については，極端な欠乏土壌におけるリン酸増施が収量増を促し，その結果産糖量が増加するが，品質そのものに与える影響はほとんど無かったとする台湾の報告がある[2]．一方，沖縄県におけるリン酸施肥試験および現地調査では，サトウキビのリン酸施肥反応は熟畑では低いこと[3]，サトウキビによるリン酸吸収量は多くて 5 kg/10 a 程度であること[3]，土壌によるリン酸の固定はリン酸施肥履歴の古い圃場では問題にならず[3]，リン酸多施は甘蔗糖度の低下を誘発する傾向にあることなどが示唆されている（図 7.7）．化学肥料のなかで，リン酸の原料コストが最も高いので，低コスト化と環境負荷軽減の面からリン酸肥料の減肥は必要不可欠である．

3）カリウム

カリ施用が蔗汁糖度に及ぼす影響として，台湾では 27 kgK$_2$O/10 a の施用で高糖度を得るという結果を得，フィリピンでは 12 カ年の試験結果から無施用が糖の歩留まりが高いと結論し，インドでは 15 カ年の試験で K 施用効果を確認できなかったと報告している[1]．沖縄県における 8 カ年のカリ施肥試験では，カリ施用がブリックスの増加に寄与することはなく，むしろ多量施用による低下が見られた．さらに現地調査の結果から，交換性カリ含量の高い圃場のサトウキビほどカリ含有率が高く，甘蔗糖度は低い傾向にあることが明らかになった（図 7.8）．とくに，早期高糖性品種として普及している NiF 8 はその傾向が強い．

以上窒素，リン酸，カリの施肥とサトウキビ品質の関係について記したが，サトウキビ栽培の目的がより多くのショ糖を生産することにあるのであるから，施肥は植物体の健全な生育と高産糖量を得るために必要な最低限の量（栽培地の土壌肥沃度ごとに異なる）を基本とすべきであろう．

b．施肥と病虫害

サトウキビの蔗汁品質に影響を及ぼす要因として，虫害も無視できない．一般に窒素過多による

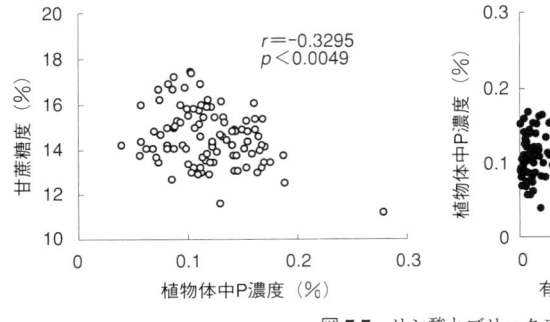

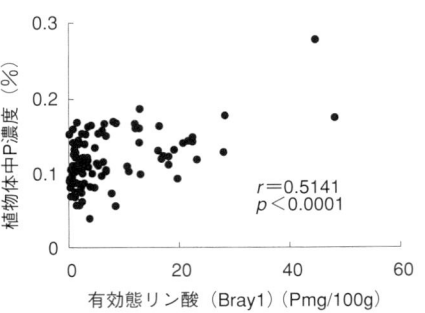

図 7.7　リン酸とブリックス

7.2 畑 作 物

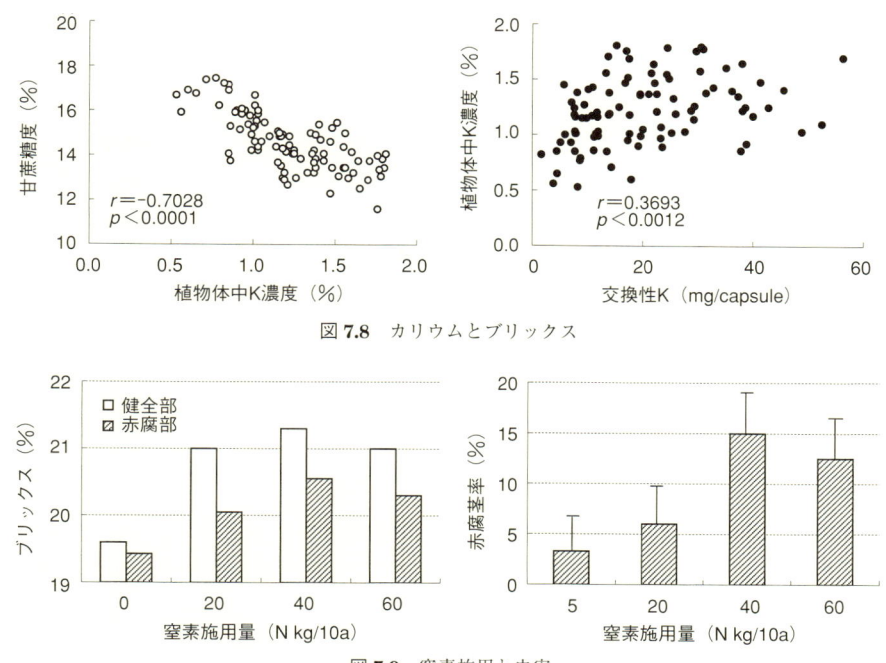

図7.8 カリウムとブリックス

図7.9 窒素施用と虫害

組織の柔軟化の結果,害虫の食入が容易になるといわれているが,その傾向はサトウキビでも観察されている.沖縄県の国頭マージ(細粒赤黄色土)における夏植えで,収穫茎の健全部位と害虫の食入に起因すると思われる赤腐部位のブリックスを比較した結果,被害茎は平均して1度低い値を示した(図7.9).さらに窒素施用レベルと赤腐茎率との関係を調査し,20 kgN/10 a では被害率は低いが,40 kgN/10 a 以上の窒素施用は1割以上の被害茎を生じる結果を得ている(図7.9).このことは窒素過多が品質低下に及ぼす直接的な生理的影響に加え,二次的影響として無視できない.

一方,レイド(Raid)らはアパタイト(リン灰鉱石)からリン酸肥料を製造する際に副産物として生じるケイ酸カルシウムさい(滓)の施用によって,虫により伝播する輪斑病が軽減できたと報告している[4].そのメカニズムとして,葉身のSi吸収を促進することによって葉の表皮の硬化が図られ,虫の食入が困難になるためとする仮説を立てている.鉱さい利用に当たっては,アンダーソン(Anderson)の指摘するSi/MgあるいはCa/Mgバランスの乱れからくると思われるサトウキ

表7.7 サトウキビ施肥(量)基準

		春　値			株　出			夏　値		
		N	P_2O_5	K_2O	N	P_2O_5	K_2O	N	P_2O_5	K_2O
鹿児島	種子島	15	12	12	15	12	12	18	15	15
	大島	18	8	10	20	9	12	22	10	13
沖縄	国頭マージ	20	10	10	23	11	11	27	12	12
	島尻マージ	20	6	6	22	7	7	24	8	8
	ジャーガル	19	8	5	22	9	6	26	10	7
オーストラリア		12~15	2~8	8~10	16~20	0~4	10~12	16~20	2~8	10~12
台湾		18~24	0~4	8~12						
キューバ		9.8	2.6	7.6						
ジャマイカ		9.8	11.2	9.8	作型別の基準なし					
ケニア		8~13	0~10	0						
ネパール		8~10	6	4						
バングラデシュ		16	8~12	10~17						

ビ生育への影響も懸念されるので[5]，圃場の塩基状態をよく把握した上で施用量を決める必要がある．

c. 各国のサトウキビ施肥基準

サトウキビ生産国の施肥基準量を表7.7にあげた．各国内でも地域により気候・気象，土壌肥沃度，化学肥料購入力など条件が異なるが，一般的な施肥量を紹介する．

オーストラリアでは土壌診断に基づく施肥を基本としている．肥沃度の高い地域では通常の施肥量では生育が旺盛になって倒伏し，その結果品質低下をきたすので，8 kgN/10 a を超さないように指導している．カリ肥料については経済的施肥反応を重視し，不況時には減肥量が普及員から通知されるしくみになっている．さらにその他の要素についても細かく検討され，必須元素中施肥効果のない Fe と，欠乏症の確認されていない Mn 以外の Ca, Mg, S, Cu, Zn, Cl, Mo も基準が作成されている．台湾ではハワイと同様に，土壌診断に加え栄養診断を活用した施肥体系を提唱している．降雨量の多少，あるいは灌漑施設の有無により異なるN施用量がオーストラリアとネパールでは設定され，水分状態の良い圃場では多めに調整されている．バングラデシュではSとZnの施肥もサトウキビ栽培条件に入っている．

〔久場峯子〕

文　献

1) Wang Chawn Chaw：TAIWAN SUGAR, **7・8**, 167-171 (1976)
2) Pan, Y.C. and Eow, K.L.：*Sugar Journal*, **12**, 17-20 (1978)
3) 久場峯子：ペドロジスト, **7** (2), 56-66 (1993)
4) Raid, *et al.*：*Crop Protection*, **11**, 84-88 (1992)
5) Anderson, *et al.*：*Fertilizer Research*, **30**, 9-18 (1991)

7.3　野　菜　類

7.3.1　野菜の品質構成要素と品質変動要因

a. 野菜の品質

農作物の生産においては，収量性とともに生産物の品質の良否が問題とされてきた．とくに野菜では品質が重要視されてきたが，その内容は外観品質から，内部品質（内容成分的品質）に視点がおかれる時代へと変わってきた．

野菜の品質構成要素の分け方の一例を示すが，外観品質と内部品質の2つに分けることができる（図7.10）．内部品質には栄養性や機能性，嗜好性，安全性などの内容が含まれる．また，日持ち性の良否や，輸送時の耐性などの流通特性も，野菜のもつ成分量や硬さなどの関与が大きく，内部品質の一部と考えることができる．栄養性・機能性は人が健康に生活していくために必須の項目で

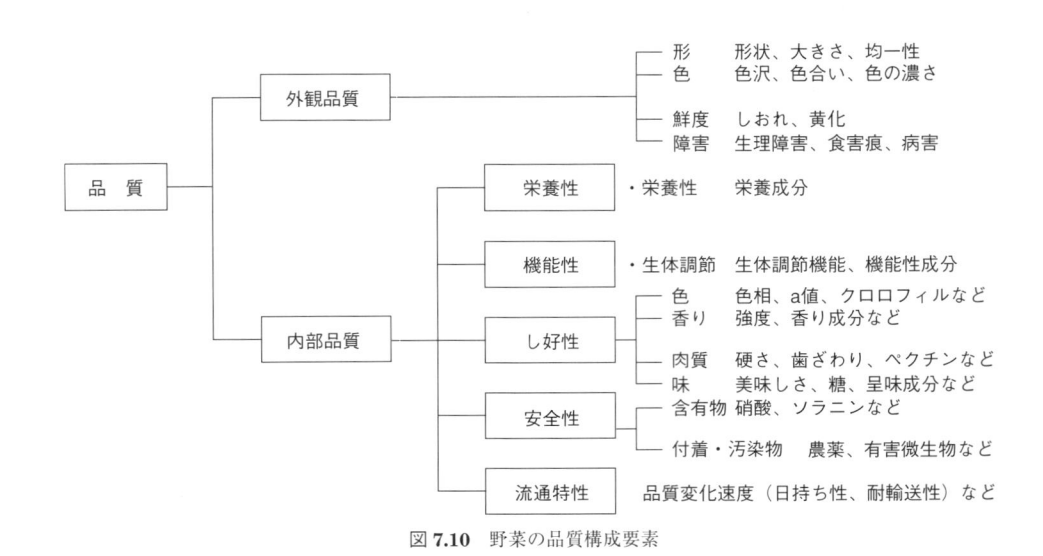

図 **7.10**　野菜の品質構成要素

あり，安全性は，食品として本来，問題点となってはならない項目ではある．また嗜好性の項目は，食べることの楽しみに関与する特性といえる．ここでは，品質の対象として内部品質を扱うことにする．

b. 品質の多様性と判断基準

野菜の品質構成要素のうち，各要素の重要度は，消費者や実需者のおのおのの考え方や，野菜の種類，その用途などによって異なる．トマトを例にすると，「栄養価（成分の特定も必要）」なのか，「味」なのか，また味は「甘味」なのか，「酸味（糖酸比）」なのか，それとも「総合的な官能評価」なのかなど多様である．このように品質判断の基準は，目的とする内容により変化するものであり，品質の評価も異なる場合が想定される．

c. 品質変動要因と施肥の影響

野菜の品質評価の場面としては，生産現場からの出口となる「収穫時の品質」と，収穫後の流通条件などの影響を強く受けた「商品としての品質」を考えることができる（図7.11）．いずれにしても，多くの場合「収穫時の品質」が良好でなければ，流通後の高品質は望めない．施肥との関係を除き，生産時における内部品質の品質変動要因について，葉菜類あるいは果菜類の代表的な野菜であるホウレンソウとトマトを例に，その概要を示す．

季節的変動（あるいは地域性） 栽培時期による季節的な成分含量の変化は，ホウレンソウの全糖含量やビタミンC含量で顕著にみられる．全糖含量は栽培適期である冬場に高く，気温の高まる夏場に大幅に低下する．ビタミンCは糖を前駆物質として，つくられることが知られており，一般的には糖含量とビタミンC含量の間に正の相関関係が認められる．ビタミンC含量の季節的変動は，糖含量と同様に夏場に低く，冬期に高い傾向が認められる．一方，トマトのビタミンC含量は日照時間の長い夏場に高く，冬場には低いという季節的変動が認められる．

品　種 栽培技術で対応可能な要因のうちで，品種は最も品質への影響力が強いと考えられる．そのため，品質向上を目的として品種の選択を行う意義は大きい．しかし，作型や栽培条件が異なる場合には，相違した反応を示すことがあるので，栽培する現地で，品種の特性を調査し，確認する必要がある．

土壌水分 ホウレンソウの灌水を収穫期まで行うと，収量は増加するが糖およびビタミンC含量は低下し，内部品質は低下する．また，トマトでは灌水量を減らすと収量は減少するが，果実中の糖やビタミンC含量が高くなることが知られている．

光条件，遮光 ビタミンC含量は光の影響を強く受け，ホウレンソウの場合は被覆資材による遮光条件など弱日射下では低下する．さらに，温暖期のビタミンC含量は収穫前の天候で左右され晴天続きで上昇，曇雨天で低下するといわれる．トマトの場合も同様に果実の遮光度合いが強いほど，糖およびビタミンC含量はいずれも低下

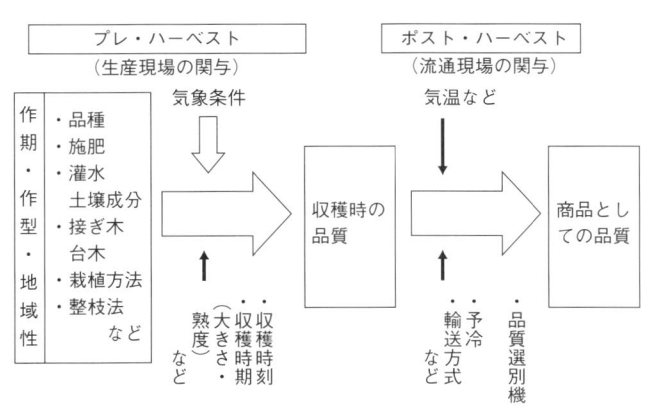

図7.11 野菜の品質に関する要因

する．

収穫時期，収穫時刻 ホウレンソウの収穫時刻とビタミンC含量の関係では，快晴の条件下でビタミンC含量は収穫時刻が遅い方が高い傾向にあるといわれる．トマトの収穫熟度と糖度，ビタミンC含量の関係では，熟度の進行に伴い両成分とも上昇する傾向にあるが，ビタミンCは70～90%着色期以降の上昇は少ない．

次に，施肥を含めた各種の品質変動要因の品質への影響度合いを表7.8に示した．これらの結果は，それぞれ限られた範囲の試験成果からまとめられたものである．施肥あるいは肥料の品質への影響度合いは，対象とする品質項目（成分）により異なるが，ホウレンソウの硝酸含量などでは強い影響力がある．しかし，一般的にみれば野菜の品質への影響（成分量の変化）は品種や作期（収穫時期）の影響の方が強いといえる．

なお，施肥の影響については，たとえば肥料を三要素に限っても，その施用量や肥料の種類（有機質を含め）など多種多様な組み合わせや処理が想定される．さらに，肥料成分の形態（アンモニア態窒素や硝酸態窒素など）や副成分（随伴イオンの種類や量など），試験処理に伴う副次的な要因（EC値の変化など）など，肥料の増減以外の影響も想定される．しかし，それらの問題点については，必ずしも十分に検討されていない場合も多く，施肥の品質への効果が異なる事例も多々みられる．そのような現状にあるが，ここでは主として，①施肥量の違いの品質への影響と，②有機質肥料の品質への効果について，いくつかの試験成果の整理を行った．

7.3.2 葉菜類

a. ホウレンソウ

ホウレンソウについては，品質のうちの安全性にかかわる成分である硝酸およびシュウ酸をはじめ多くの研究が行われている．

1）硝酸

硝酸の多少が安全性の面から問題とされるのは，硝酸イオンが人体内などで亜硝酸イオンに変化しやすく，亜硝酸イオンによるメトヘモグロビン血症の発生や発ガン性物質であるニトロソアミンの生成が懸念されるためである．また，かつては硝酸イオンが缶詰の缶の腐食を促進してスズを溶出させ，スズが食中毒を発生させた事例が知られている．

ホウレンソウの硝酸含量は，窒素施肥や土壌の残存硝酸態窒素含量の影響を強く受けることが知られており，窒素施肥量の増加は体内の硝酸含量

表7.8 野菜の品質に対する各種栽培条件の影響

品 目	成 分	各種要因の影響度
ホウレンソウ[*1]	糖	栽培時期≫遮光≫品種≒生育ステージ≒肥料
	シュウ酸	肥料＞生育ステージ＞品種≒遮光≒栽培時期
	硝酸	肥料≫遮光≫生育ステージ≒品種≒栽培時期
	クロロフィル	肥料≫品種≒生育ステージ
ホウレンソウ[*2]	ビタミンC	作期＞品種＞施肥条件≒収穫時期≒土壌
ホウレンソウ[*3]	β-カロテン	生育段階≫紫外線＞K肥料・浸透圧・品種＞N肥料≫被覆条件
	α-トコフェノール	品種≫浸透圧・被覆条件・N肥料≫紫外線≫生育段階・P肥料・K肥料
キャベツ[*2]	全糖	作期≒品種≒収穫時期≒施肥＞土壌≒栽培密度
	遊離アミノ酸組成・含量	品種≒作期≒施肥＞収穫時期＞栽培密度≒土壌
	肉質	品種≒作期≒施肥＞栽培密度＞収穫時期≒土壌
	日持ち・貯蔵性	品種≒作期≫収穫時期≒施肥≒土壌
レタス[*2]	日持ち・貯蔵性	品種≒収穫時期＞施肥
ニンジン[*2]	全糖	作期≒品種≒施肥≒収穫時期
	根色	品種≒収穫時期＞施肥

[*1] 亀野ら（1990），[*2] 矢野（1984），[*3] 東尾（2000）．
それぞれの試験の結果の中で，まとめられたものである．

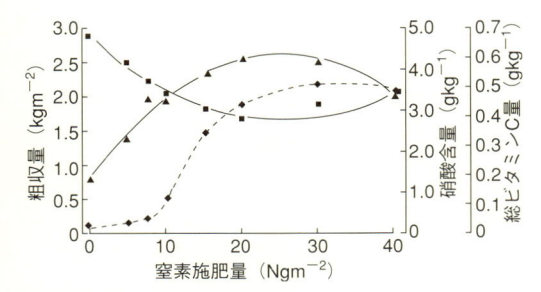

図 7.12 窒素施用量とホウレンソウの収量および硝酸，ビタミンC含量の関係
▲：粗収量，◆：硝酸含量，■：総ビタミンC含量

を高める．図 7.11 には総ビタミン C 含量の推移もあわせ，窒素施肥量と硝酸含量の関係を示した．土壌の窒素残存量が少ない条件では，窒素施肥量 $10 g m^{-2}$ までは硝酸の増加も少なかったが，10g を越えるとホウレンソウの硝酸含量は急増し，また 20g 施肥を越えるとその増加率は小さくなった[1]．また，土壌の硝酸態窒素の残存量が多いハウス栽培条件などでは，窒素施肥量の増減とホウレンソウの硝酸含量に正の相関関係がみられない場合も多くみられる．

2）シュウ酸

シュウ酸は直接的中毒が問題となる場合はほとんどないが，人体内へのカルシウムの吸収阻害や結石の原因物質として安全性にかかわり，低含量化が望まれている．

シュウ酸と施肥との関係について，いくつかの報告があるが，その結果は必ずしも一致するものではなかった．すなわち，窒素施肥とシュウ酸含量について，増肥あるいは追肥によるホウレンソウのシュウ酸含量低減の報告や無窒素栽培における低含量化など窒素施肥の影響を認める場合や，また影響がなかったとするものがある．これらの結果に対して，建部ら[2]は，作物体が吸収した硝酸を体内で還元するときにシュウ酸が生成されるとの考え方で，窒素施肥とシュウ酸含量の関係について整理した．すなわち，硝酸が多い場合にはシュウ酸の生成が増加することを想定した．さらに水耕栽培において培地の硝酸態窒素とアンモニア態窒素の比率を変えることにより，窒素をアンモニア態で吸収させ，シュウ酸含量を低下させうることを明らかにした．それらの結果からは，ホウレンソウの低シュウ酸化には，窒素施肥の減肥と，かつ硝酸態窒素の比率を低く維持する栽培法の実現が必要と考えられる．

リン酸施肥およびカリ施肥がシュウ酸含量に及ぼす影響については，とくに影響を認めなかった試験結果や，リン酸，カリの増肥はシュウ酸含量を低減させるとする報告もある．リン酸とカリ施肥の影響については，窒素施肥の影響もあわせさらに整理が必要であろう．

3）糖，ビタミン C

ホウレンソウの糖およびビタミン C の変動要因としては，栽培季節の影響がきわめて大きいため，絶対量の論議においては注意が必要である．たとえば，糖については亀野ら（1990）のまとめでは冬に高く高温期には極端に低下し，その変動の幅は全糖で新鮮物中 $0.4 \sim 21 g kg^{-1}$（0.04～2.1%）であった．また，ビタミン C の季節間差については，夏場に低いことが一般的にも認識されており，「五訂日本食品標準成分表」（科学技術庁）では標準値としての 35 mg（可食部 100 g 当たり）のほか，夏どり 20 mg および冬どり 60 mg の数値が備考として示されている．

建部ら[2]は窒素施肥量 0, 10, 15, 30 $g m^{-2}$ の処理で試験を行い，全糖含量は葉身部，葉柄部とも 10 g 区で最も高く，15 g, 30 g では順次減少した．また総ビタミン C 含量は N0 区で高く窒素吸収量が増すにつれて低下する傾向を示した．また，ビタミン C および糖（スクロース）は，生育量が小さく窒素含量が低く乾物率の高い個体ほど高い含量を示すとしている．

ホウレンソウの糖，ビタミン C とも窒素の施肥量が増加すると，その含量は低下する傾向にあるといえる．また，施肥（とくに窒素施肥）が品質に及ぼす影響の評価においては，収量が品質成分含量に密接な関係をもつことから，生育量に関する視点も重要である．

4）その他の成分

東尾[3]はビタミン A 効力や抗酸化性などの機能性をもつ β-カロテンについて，窒素およびリン酸，カリの影響を水耕栽培で検討した．その結果，リン酸濃度による影響は明らかでなかったが，窒素は高濃度処理区で，カリは濃度の低い区

ほど β-カロテン含量が多くなったとした．しかし，β-カロテンの高含量化の結果を肥料成分の直接的な効果とはせず，高窒素濃度処理では培養液のEC値の上昇による塩類ストレスが，また低カリ濃度区の場合はカリ不足が，ホウレンソウの生育量を抑制した結果であることを示唆している．

b. キャベツ

キャベツの品質と栽培環境との関連については，早く1980年代から野菜試験場の矢野ら[4]により試験・調査が行われた．施肥条件がキャベツの品質に与える影響については，糖含量および組成，結球葉の硬さが検討されている．三要素の影響では，標準量に対し，窒素の3倍施用，リン酸およびカリの5倍施用で実施し，窒素多施用区でグルコース，フルクトースおよび全糖の低下を認めたが，リン酸およびカリ多施用の影響は小さかった（表7.9）．キャベツの結球葉の硬さについては標準施肥と三要素それぞれ多施用区で比較がなされ，硬さの評価法とされた貫入応力および切断応力とも品種・作型によってほぼ決定され，施肥条件の影響は小さかった．

キャベツの遊離アミノ酸含量および組成への窒素施肥量の影響は，$N\,15\,g\,m^{-2}$ および $22\,g\,m^{-2}$（標準），$33\,g\,m^{-2}$の3段階で調査され，窒素施肥量が増えるほど遊離アミノ酸含量は上昇した[5]．同様に北海道の夏どりキャベツを対象にした試験では，ビタミンCおよび全糖，食物繊維，ビタミンU（塩化メチルメチオニン）について，窒素施肥量を含めた各種変動要因の影響を検討した．その結果窒素施用量が増加するほど，キャベツの結球重は増加したが，ビタミンC，全糖および食物繊維含量は低下した．しかし，遊離アミノ酸の一種であるビタミンU含量は高まる傾向が認められた．

有機質肥料の影響について，矢野らが標準 $N\,20\,g\,m^{-2}$ に対して，油かすと鶏糞を $N\,25\,g\,m^{-2}$ 施用した有機質肥料区で比較を行い，いずれの糖（全糖，還元糖）も有機質肥料区で最も高い含量を示した．しかし，収量と全糖含量の間に負の相関関係が見られることから，収量を高めようとすると糖含量が低下する傾向があることを指摘した．また，浅野[6]が野菜試験場で行った油かす施用と化成肥料の比較では，ともに $N\,30\,g\,m^{-2}$ の条件でキャベツが栽培され，油かすの施用により全糖含量の上昇を認めた．なお，同様の試験においてダイコン，レタスにおいても全糖含量が上昇した．このいずれの作物も収穫時の体内全窒素含量と全糖含量の間に負の相関関係があり，これら全糖含量が上昇した作物は油かすの窒素の肥効が抑制的に作用することの多かった作目であると指摘している．体内窒素含量の抑制が，体内糖含量を高めることはほぼ間違いないとしている．

c. その他の葉茎菜類

コマツナの糖，ビタミンC，硝酸およびシュウ酸含量に対する窒素施用の影響は，ホウレンソウと同様な傾向にあった（建部ら，1995）．すなわち，窒素施用増により硝酸含量は上昇し，ビタミンC含量は窒素の施用により低下傾向に，糖は部位によりやや異なるが，全般的には窒素増により低下する．なお，コマツナの全シュウ酸含量はホウレンソウの約100分の1と少なく，品質上問題とされる値ではなかった．

吉田[7]は，チンゲンサイについて窒素施肥量を標準と1/2および2倍量で品質への影響を検討し

表7.9 キャベツの施肥条件と糖含量（矢野ら，1981）

処理区	収量 (kg)	グルコース (g)	フルクトース (g)	スクロース (g)	全糖 (g)
標準施肥	448	1.52	1.65	0.13	3.30
窒素多施用	529	1.35	1.44	0.13	2.92
リン酸多施用	472	1.52	1.65	0.12	3.29
カリ多施用	458	1.58	1.73	0.19	3.48
有機質肥料	352	1.84	2.13	0.29	4.26

注）品種「石井中早生」，収量はa当たり生重，数値は生重100g当たり．
（矢野昌充，他：野菜試験場報告 A, 8, 53-67(1981)のp.58の表15の字句を修正）

た．生育は1/2倍量区ではやや劣るが，2倍量区では正常な生育であった．硝酸は施肥量の増加とともに高まり，ビタミンCは逆に低下し，ホウレンソウと同様な結果を示した．β-カロテン含量については，あまり影響がみられなかった．

7.3.3 果菜類

a. トマト

果菜類の内部品質（糖やBrix（ブリックス）ほか）への施肥の影響については，葉菜類ほど明瞭な例はあまり見あたらない．篠原のまとめ[8]では，窒素の増肥によるビタミンCの上昇や，カリの増肥によるビタミンCの上昇の報告があるとし，カリウムは果実内で有機酸と結合していることも多く，カリの増肥によって有機酸や糖含量が上昇するが，有機酸の一種でもあるビタミンCもそれに伴って上昇するものであるとしている．また，リン酸の増施によるビタミンC含量の低下に関して，下位果房の果実にみられ，上位果房では影響がみられないことを指摘し，リン酸の過剰施肥により作物体の過繁茂を招き，下位の果実が茎葉の陰となり，光条件の影響の大きいビタミンCの含量が低下したとの考えを示している．

トマト栽培における有機質肥料（ナタネ油かす，骨粉および鶏ふん灰）と化成肥料の比較試験では，有機質肥料によるものは水分が少なく，一方ビタミンC含量は高かった（吉田，1996）．さらに呈味成分である糖と酸の含量とも有機質肥料によるものが高く，また官能検査結果においても良好であった．いずれの成分も有機質肥料によるものの変動係数が小さく，比較的安定した内容のトマトが得られたとしている．また，関連して化成肥料施用区の各果房ごとのトマトの水分含量は，採取2～3日前の降雨量と相関があり，天候の影響を受けやすいのに対し，有機質肥料区はその影響をあまり受けず安定した内容を保っていた．

b. メロン

山崎ら[9]の隔離ベッドにおけるアールスメロンの栽培試験では，施用窒素量と果実Brixの関係を検討し，春作と秋作の作型によりやや異なる結果を示した．秋作メロンでは，元肥，追肥とも，施用窒素量の増加につれて果実のBrixが低下した．一方，春作メロンでは，元肥6～9g（1株当たり），追肥で5g程度の施用でBrixが高く，それ以上や以下の施用窒素量ではBrixが低下する傾向を示した．過剰な窒素施用と収穫前の窒素追肥が果実Brixの低下を招くことについては，いくつかの報告があり，一般的には窒素の過剰施用によりBrixが低下するといえよう．なお，ほぼ同じ施用窒素量でも作型によりBrixの反応が異なった原因については，春作の収穫果実が大きく，草勢の維持などにより多くの窒素量を必要とし，窒素不足を招いたためと推察している．

メロンの糖度へのリン酸やカリ施用の影響については，斉藤ら[10]の結果では施用量による差は認められていない．

c. その他の果菜類

キュウリの糖含量について，窒素施肥量との関係がいくつか検討されているが，いずれも窒素施肥量の影響はみられなかった．

7.3.4 根菜類

a. ニンジン

矢野ら[4]は，糖の含量および組成に関する三要素の影響を，窒素では標準の3倍施用，リン酸およびカリでは5倍施用条件で，また有機質肥料の影響については化成肥料の標準$N\,20\,g\,m^{-2}$に対して，油かすと鶏ふんを$N\,25\,g\,m^{-2}$の施用で検討した．その結果，施肥条件の違いによる影響は品種や作型に比べ小さいことを示した．しかし，その中にあって窒素多施用区では他の処理区より含量がやや低く，逆に有機質肥料区ではフルクトースと全糖含量がやや高かった（表7.10）．また，収量との関係では前述したキャベツと同様に収量と全糖含量の間に負の相関関係が認められた．

中川ら[11]による有機質肥料および化成肥料施用による品質比較では，硬度，色（色差），糖，カロテン（α，βおよび全）や新鮮物の官能検査などが実施された．有機質肥料については米ぬかボカシ区とアルファルファ・蒸製骨粉・ヤシ油かす灰

表 7.10　ニンジンの施肥条件と糖含量（矢野ら，1981）

処理区	収量 (kg)	グルコース (g)	フルクトース (g)	スクロース (g)	全糖 (g)
標準施肥	290	0.84	1.11	3.46	5.49
窒素多施用	330	0.78	0.92	3.11	4.81
リン酸多施用	286	0.85	0.96	3.29	5.10
カリ多施用	305	0.90	1.08	3.23	5.21
有機質肥料	245	0.85	1.52	3.26	5.63

注）品種「新黒田五寸」，収量はa当たり生重，数値は生重100g当たり．
（矢野昌充，他：野菜試験場報告 A, **8**, 53-67(1981) の p.60 の表21の字句を修正）

区の2区が設定され，各施肥とも2水準（およそ $7.5\,\mathrm{g\,m^{-2}}$ と $15\,\mathrm{g\,m^{-2}}$）の設定であるが，品質比較では込みの条件とされた．その結果，有機質肥料で栽培されたニンジンは化成肥料のそれと比較して，軟らかく，色は明るくかつ黄色傾向で薄かった．また，糖およびカロテン含量が少なく，官能検査の「香り」が弱く，「総合評価」が低い傾向にあった．なお，品種および栽培年が肥料種間における品質差に影響したとしている．硝酸含量については，どの処理群間においても明確な差はなかった．

b. ダイコン

イソチオシアネートはダイコンを特徴づける辛み成分であるが，窒素不足の土壌ややせ地に栽培した場合辛みが強くなると経験的にいわれている．石井[12]は普通畑の既耕地と未耕地で施肥条件を変えて栽培し，辛み成分を比較測定したところ，無肥料区で辛み成分が高い傾向を示し，さらに窒素供給力の小さな未耕地では施肥量を増すほど辛み成分が低下する傾向を認めた．しかし，既耕地の土壌窒素供給力が十分な畑では，辛み成分に対する施肥量の影響は小さく，通常の圃場の栽培条件下では辛み成分含量に対する施肥の影響は小さいとした．

野菜栽培における施肥と品質の関係について，限られた資料の中からではあるが整理し記載した．上記したように，ホウレンソウの硝酸含量など施肥要素の増減により，直接的効果がみられる場合もあるが，生育量などを介した間接的な施肥の影響や，施肥の影響が小さいとされる場合なども少なくない．また，それらの影響も栽培環境条件により異なる反応を示す例も見受けられる．

野菜の品質に対する施肥の影響の検討は，その多種類の品目や品種さらに栽培時期など多様な要因の中から選定された，きわめて限定された条件の中で行われている．今後とも，施肥法の改善による野菜の高品質化に向けて，試験成果の積み重ねと施肥効果に関する理論の構築が望まれる．

〔目黒孝司〕

文　献

1) 目黒孝司，他：土肥誌，**62**（4），435-438（1991）
2) 建部雅子，他：土肥誌，**66**（3），238-246（1995）
3) 東尾久雄：農業技術大系 土壌施肥編 2，作物栄養 V，p.137 の 9-14，農文協（1997）
4) 矢野昌充，他：野菜試験場報告 A，**8**，53-67（1981）
5) 古舘明洋・目黒孝司：家政誌，**53**（2），199-203（2002）
6) 浅野次郎：農業および園芸，**57**（11），1399-1404（1982）
7) 吉田企世子：栄養と健康のライフサイエンス，**1**（3），27-32（1996）
8) 篠原　温：農業技術大系 野菜編 12，品質・鮮度，pp.9-15，農文協（1989）
9) 山崎浩司・徳橋　伸：高知農技セ研報，**1**，33-39（1992）
10) 斉藤忠雄，他：土肥誌，**58**，12-20；509-516（1987）
11) 中川祥治，他：土肥誌，**74**（1），45-53（2003）
12) 石井現相：農業技術大系 土壌施肥編 2，作物栄養 V，pp.141-146，農文協（1987）

7.4　飼料作物

施肥は，飼料作物の養分濃度に大きな影響を与えるので，飼料の品質に大きく影響する．家畜生産に必要なすべての養分について濃度やバランスが適切に保たれるように施肥管理する必要があ

る.一方,家畜の要求量を満たす飼料中の養分濃度と飼料作物の生育を確保するために必要な養分濃度は必ずしも一致していない.たとえば,わが国の酪農家の飼料給与調査とミネラル分析の結果をもとにしたモデル調査[1]の場合,自給飼料を4割給与するタイプでは,飼料中ミネラル濃度は,カリウムおよび鉄では家畜の要求量の2倍以上を超えているが,マグネシウム,イオウ,銅,亜鉛では80%程度しか充足していないとされている.また,飼料作物にとってCa/P比,あるいはK/(Ca+Mg)当量比は,通常,飼料作物の生育に大きな影響を与えることはないが,家畜にとっては生産性や健康のために重要な指標となっている.さらには,生育を確保するため,十分な窒素肥料を投入して飼料作物中に硝酸塩の蓄積を招くと,これを給与された家畜に死廃事故など深刻な被害を与えることもある.つまり,飼料作物に対する施肥は,作物の生産量を確保すると同時に,家畜栄養のために作物中の養分濃度に配慮することが重要である.

まずはじめに,代表的なミネラル栄養に起因する家畜の障害について整理する.低マグネシウム血症は全身の強直を起こし,死廃事故につながる栄養障害である.低マグネシウム血症の発症メカニズムは十分には解明されていないが,低マグネシウム血症はグラステタニーとしてよく知られており,早春の低温条件において牧草のマグネシウム吸収が十分でなく,窒素あるいはカリウムを高濃度で含む牧草を利用する放牧家畜に発生しやすい.マグネシウム塩を注射することにより快復する.家畜のマグネシウム要求量は飼料中濃度として2 g kg^{-1}DW程度である.飼料作物においてマグネシウム吸収はカリウム吸収と拮抗するが,牛の体内においてもカリウムはマグネシウム吸収を抑制することが知られている.飼料中のカリウム濃度が高い場合,必要とされるマグネシウム濃度は通常よりも高くなり3 g kg^{-1}DW程度とされている.低マグネシウム血症の発症を避けるために,飼料作物中のK/(Ca+Mg)当量比が2.2以下を保つような施肥管理が推奨されている.

低カルシウム血症は,主に乳牛の起立不能や乳熱を誘発する疾病である.低カルシウム血症は乳量に影響があるだけでなく,繁殖障害,食滞,ケトーシス,第4胃変位などの発生率を高めるなど生産に大きく影響する.低カルシウム血症の発症メカニズムには,飼料中のカルシウム濃度に加えて分娩や暑熱ストレスなどの諸要因が複雑に関係しており,飼料中のカルシウム濃度を要求量とされる5.7 g kg^{-1}DW程度に保つだけでは低カルシウム血症の発症を防止できないと考えられている.さらに,要求量以上のカリウムおよびリン(P)給与がカルシウム吸収を抑制することが知られており,飼料中のカリウム濃度を10 g kg^{-1}DW以下,Ca/P比を1~3程度にすることも大切である.さらに,近年,低カルシウムあるいは低K濃度飼料の給与やイオンバランスの維持などの対策が開発されたが,このようなミネラル濃度を高度に制御した飼料を生産する施肥管理技術は未だ確立されていないのが現状である.

硝酸塩中毒は,反すう家畜が硝酸塩を含む飼料を摂取した場合に,硝酸塩が第1胃内で亜硝酸塩に還元された後,血液中のヘモグロビンと亜硝酸が結合して安定なメトヘモグロビンを形成することにより,ガス交換がいちじるしく滞ることにより発症する.家畜が急死することも珍しくない.亜硝酸塩によるメトヘモグロビン形成は,ヒトのブルーベビー症と同じしくみである.低レベルの硝酸塩を持続的に給与した場合の家畜生産や健康に対する影響が生産現場では懸念されているが,学術的には明確な結論は得られていない.急性中毒を回避するための硝酸塩の基準は,硝酸態窒素として2 g kg^{-1}DWとされている.硝酸塩の低減対策は,硝酸塩が飼料作物に蓄積されないように養分の過剰施用をさけることであるが,現実には,家畜ふん尿の余剰を抱えているわが国の多くの畜産農家では,養分施用量を遵守する以外にも硝酸塩の低減対策が必要となっている.

微量要素に関して,わが国では家畜の銅,コバルト,セレン欠乏およびモリブデン過剰の報告例があるが[2],ほとんどが局地的で,土壌母材の性質に起因している.補助飼料の役割が高くなっている現在では,微量ミネラルの欠乏が顕著に生じることはまれである.一方,自給飼料中の亜鉛や銅濃度が要求量を充足している例は少ないので,土

壌にこれらの元素を施用して牧草中の濃度を高めるべきとする考え方もある．しかし，亜鉛や銅を施用した場合，土壌に強く吸着あるいは固定されるので施肥効率が悪く，家畜に補助飼料や固形塩を給与して家畜の要求量を補完するほうが効率的である．また，土壌pHに依存して微量元素の可給性が大きく変化することは，飼料中の微量元素濃度に大きな影響を与える．

7.4.1 牧　　　草

a.　寒地型イネ科牧草

オーチャードグラス，ペレニアルライグラス，リードカナリーグラス，メドウフェスク，ケンタッキーブルーグラスなどの寒地型イネ科牧草では，通常，窒素濃度が14～24 g kg^{-1}DWであり，成牛の要求量を満たしており，欠乏が問題になることはない．むしろ集約的な放牧草地では，窒素を多施用して再生草を比較的短期間に利用するために，牧草の窒素濃度が高くなりやすいことに注意することが必要である．草地のイネ科牧草において硝酸塩の蓄積が問題となるのは，窒素施用後，十分な期間を待たずに利用した場合である．一般的には，実際の刈取り収量が施肥時に設定した目標収量以下となった場合には注意が必要である．

寒地型イネ科牧草の窒素画分は，第1胃で分解されてアンモニアを生成する割合が高いが，アンモニアの大部分は肝臓で尿素に合成されて腎臓から尿中に排泄される．窒素負荷量が増えると血中の尿素態窒素（BUN）が高くなるが，BUNが高すぎる栄養条件は，乳牛の代謝エネルギー不足や繁殖機能に関係するとされる．また，肝臓で尿素が合成されるときに必要とされるエネルギー損失により生産性の低下を招くことも懸念されている．

さらに，イネ科牧草に対する窒素施肥はタンパク質含有率を決めるだけではなく，窒素施肥量を増すことにより消化率，可消化タンパク質，消化管通過速度，可消化養分総量が増大するという報告があるが，一方では，嗜好性が低下するともいわれており，飼料価値に関係する可能性が指摘されている[3]．

家畜におけるカリウム要求量は 8 g kg^{-1}DW程度である．とくに高産次の乳牛では，飼料中のカリウム濃度が 11 g kg^{-1}DW では問題がないが，カリウム濃度を 21 g kg^{-1}DW とすると供試牛の半数に乳熱の症状が認められたことが報告されており，周産期の乳牛では高K濃度が問題となる．一方，寒地型イネ科牧草においては 10 g kg^{-1}DW 程度のカリウム濃度では乾物収量が十分に得られない欠乏域である．オーチャードグラスでは，カリウム欠乏とぜいたく吸収を生じさせないで乾物生産量を確保するためのK濃度は 21～25 g kg^{-1} DW とされており[4]，家畜のカリウム要求量と牧草生育の確保に必要なカリウム要求量には大きな隔たりがある．牧草収量の確保と低カリウム飼料生産の両立は困難である．草地のカリウム肥沃度は，葉色などの外観から判断することはむずかしく，牧草や土壌を分析して診断することが必要である．

家畜のリン要求量は 3 g kg^{-1}DW 程度とされるが，家畜の生産目標水準が高くなるに伴い3割程度高くなる．わが国の草地に広く分布する火山灰土では，一般にリン肥効が低く牧草のリン濃度が要求レベルに達しないことは珍しくない．どちらかといえば，家畜の要求量を満たすリン濃度は，牧草ではぜいたく吸収が生じている条件に近く[4]，このような施肥を実施することは，かえって土壌におけるリン蓄積や施肥効率の低下，環境負荷などの問題を生じる．したがって，家畜に高い生産性を求める場合には，リン酸カルシウムなどのリン塩を直接給与してリンを補うことが合理的である．

寒地型イネ科牧草のカルシウム濃度は低く，家畜の要求量を満たすことはほとんど不可能である．カルシウムを施用しても，施肥反応は鈍くカルシウム濃度をいちじるしく高める効果は期待できない．したがって，カルシウム濃度の高いマメ科牧草や炭酸カルシウムなどのカルシウム塩を補うことが一般的である．一方，マグネシウムについては，牧草が十分に生育する条件であれば家畜の要求量を満たしていると考えられる．ただし，前述したように寒地型イネ科牧草では，グラステタニーに対する配慮が必要で，放牧草地における

カリウム，カルシウム，マグネシウムの施肥量を適切に保つことが重要である．

b. マメ科牧草

クローバーなどのマメ科牧草は，多くの場合イネ科牧草との混播草地において利用されるが，マメ科率の維持のために窒素施肥が抑制されるので，窒素の過剰施肥に起因する問題はほとんど発生することはない．また，マメ科牧草の窒素濃度は飼料の要求量よりも高いが，これは混播草地の飼料全体の窒素濃度を保つために重要な役割を果たしている．

一方，カリウムについては，混播草地のマメ科率を維持するために十分に施用されるのでイネ科牧草と同様に，家畜の要求レベルをはるかに越えるカリウム濃度を示すことが多い．チモシー・クローバー混播草地において，牧草のカリウム濃度を抑制するための試験研究では[5]，カリウム施用量を抑制しながらマメ科率を 15～20% に維持しうるカリウム施用量の下限値は 20～25 g m^{-2} であることが明らかにされている．この場合においても，チモシーおよびクローバーのカリウム濃度は，それぞれ 18 および 25 g kg^{-1} DW 程度であり，家畜の要求量に比べれば低い水準ではない．

一方，アルファルファは単播されることが多いが，多施肥にすると硝酸塩あるいはカリウムが蓄積されて問題を生じる可能性があるので，極端な施肥を避けるべきである．

マメ科牧草では，イネ科牧草よりもカルシウムおよびマグネシウム濃度が高くなりやすいので K/(Ca+Mg) 当量比が 2.2 以上になる危険性は低いが，Ca/P 比が高くなりすぎる場合がある．このようなイネ科とマメ科のミネラル濃度における対照的な性質を利用して，オーチャードグラス中の K 濃度に対して K/(Ca+Mg) 当量比が 2.2 以下となるようにマメ科の混播割合を設定する方法が提案されている[3]．

7.4.2 トウモロコシ

トウモロコシを代表とする飼料作物類は，草地で栽培される牧草とはまったく異なった肥培条件で栽培されることが多い．飼料畑では，家畜ふん尿の余剰を背景として，家畜ふん尿主体の肥培管理が行われるので，飼料作物類では，硝酸塩やカルシウムの過剰な蓄積が問題となりやすい．とくに，家畜ふん尿などの有機物を多量に連用した場合には残効を生じるので，ふん尿施用により圃場の窒素肥沃度が高くなった場合，数年間，ふん尿や肥料の施用を基準量以下に制限することが必要である[6]．

トウモロコシは，ふん尿が多量に還元された圃場で栽培された場合においても，他の牧草や飼料作物類に比べてカリウムや硝酸塩の過剰な蓄積が起こりにくい特性を有する．黄熟期のトウモロコシでは，家畜ふん尿の多量施用条件においてもカリウム濃度はせいぜい 20 g kg^{-1} DW 程度，硝酸態窒素は 2 g kg^{-1} DW 程度であり，他のイネ科飼料作物に比べて問題が生じにくい．

一方，収穫適期とされる黄熟期の窒素濃度は 1% 前後であり，家畜の要求量を満たしていない．しかし，寒地型イネ科牧草の場合とは異なり，窒素をさらに施用してもトウモロコシの窒素濃度はわずかに上昇する程度で，その上昇分はほとんどが硝酸態窒素として蓄積される．窒素施用に対して粗タンパク質濃度が上昇せず，硝酸態窒素が蓄積する性質は，ソルガムおよび暖地型牧草にも共通である．したがって，これらの飼料作物において粗タンパク質濃度を高めるには，窒素肥料を施用するのではなくマメ科牧草などの高窒素濃度の飼料と混合して家畜に給与するのがよい．

また，市販品種においてミネラル蓄積に関する遺伝的変異が認められており，品種選択によりカリウム濃度，K/(Ca+Mg) 当量比および硝酸塩濃度の改善ができることが示されている．トウモロコシでは子実のカルシウム濃度が極端に低いことが特徴である．

7.4.3 ソルガムおよび暖地型イネ科牧草

ソルガムは子実型，兼用型，ソルゴー型と種内に非常に大きな形態上の変異が存在する．たとえば，硝酸塩はほとんど茎にしか含まれていないので，作物全体に占める茎の割合の影響を大きく受

ける．茎の割合の小さい子実型，兼用型品種では，他のタイプに比べて硝酸塩が蓄積しにくく，とくに茎が乾性の遺伝型をもつ品種群では出穂後5週目には窒素多量施用条件においても硝酸態窒素が $2\,\mathrm{g\,kg^{-1}DW}$ 程度になることが明らかとされている[7]．また，立毛中ソルガムの硝酸態窒素濃度を簡易に診断後，硝酸塩中毒の危険水準とされる乾物当たり $2\,\mathrm{g\,kg^{-1}DW}$ を超えるようであれば，硝酸塩が茎の下部に高濃度で蓄積されていることを利用して，高刈りにより硝酸塩濃度を低減させる方法がある．品種にもよるが，刈り取り高さを $35\,\mathrm{cm}$ にした場合，乾物収量の減少率は1割程度であるのに対して硝酸態窒素濃度は3割以上低減させることができる[7]．

スーダングラス，ギニアグラス，ローズグラスは最も硝酸塩が蓄積しやすい飼料作物である．これらの牧草を収穫適期とされる出穂期頃に収穫すると，粗タンパク質濃度は家畜の要求量以下にしかならないが，粗タンパク質濃度を高めるために標準施肥量を超える窒素を施用してはいけない．前述したように硝酸塩濃度が非常に高くなってしまうためである．また，これらの牧草は高温条件で利用されるので，施用された家畜ふん尿や土壌中に含まれる有機物の分解が進みやすく，有機物の施用についても注意が必要である．圃場試験や現地調査では乾物中の硝酸態窒素濃度が安全基準を大幅に越えて $10\,\mathrm{g\,kg^{-1}DW}$ にも達する例がみられる．ソルガムの場合と同様に硝酸塩のほとんどは茎の下部に蓄積されているが，作業的な面からロールベールや乾草を調製する際には高刈りによる低減法は適用がむずかしい．一方，品種選択は硝酸塩の低減に効果がある[8]．これらの牧草にはくれぐれも窒素を施用しすぎないことが重要である．一方，短草型のバヒアグラスでは窒素を多投しても硝酸塩濃度が高くなりにくい．バヒアグラスは硝酸塩が蓄積しにくい葉部を利用するためと考えられる．

ソルガムや暖地型牧草の場合，家畜の要求量に比べてカリウム濃度が高く，カルシウムおよびマグネシウム濃度が低くなりやすい．とくに，家畜ふん尿を主体とする肥培管理条件下ではこの傾向がいちじるしく，K/(Ca＋Mg) 比は基準とされる2.2をはるかに超えてしまうことが知られており，これら飼料作物の吸収量に見合った家畜ふん尿を適切に利用することが重要である．

7.4.4 イタリアンライグラスとムギ類

イタリアンライグラスの場合，肥料に対する反応は他の寒地型イネ科牧草と同様であるが，草地ではなく飼料畑で単年利用されるので，ふん尿の多投により硝酸塩とKの蓄積が問題になる．イタリアンライグラスでは，窒素の多量施用により硝酸塩が安全基準以上に蓄積する事例がこれまでに数多く報告されている．このような場合，イタリアンライグラスにおける有効な硝酸塩低減対策は硝酸塩蓄積における遺伝的変異の利用である．現在では，硝酸塩濃度の低い2倍体品種が見出されているばかりでなく，系統育成も進められている[9]．一方，カリウム過剰に対する対策技術は，適切な養分施用量の遵守以外にはない．

ライコムギやライムギにおいても，イタリアンライグラスと同様に土壌の窒素肥沃度が高まることにより硝酸塩濃度が高くなる．堆肥を主体とする施肥条件では，春先の地温が十分に高まらない時期にライムギの硝酸塩濃度が高くならない事例があり，有機物からの窒素の放出に地温が関係することがライムギの硝酸塩濃度に影響を与える可能性がある．秋作エンバクにおいては，冬季の低温により乾物率が上昇して，収穫時の硝酸塩濃度が低下する．明確な効果を得るためには出穂期を11月初旬として1月中旬までに収穫期の乾物率を 50% 程度にする[10]．さらには，秋作エンバクとトウモロコシの黄熟期利用を組み合わせた周年作付け体系では，窒素多量施用条件においても硝酸塩濃度を危険水準以下にできる．〔原田久富美〕

文　献

1) 畜産技術協会：家畜飼料新給与システム普及推進事業飼養給餌マニュアル，平成7年度報告書，p.48 (1996)
2) 久米新一：畜産の研究，**52**，798-802, 903-908 (1998)
3) 杉原　進：農林水産文献解題 No 15，自然と調和した農業技術（農林水産技術会議事務局編），pp. 461-469 (1989)

4) 渡辺治郎:農林水産文献解題 No 21, 環境保全型農業技術（農林水産技術会議事務局編）, pp.262-267 (1995)
5) 三枝俊哉, 他:土肥誌, **67**, 265-272 (1996)
6) 正岡淑邦, 他:九農試報告, **36**, 91-100 (1999)
7) 原田久富美:畜産技術, **567**, 2-5 (2002)
8) 須永義人, 他:草地飼料作研究成果最新情報, **16**, 89-90 (2002)
9) Harada, H. et al.: *Euphytica*, **129**, 201-209(2003)
10) 原田久富美, 他:日草誌, **567**, 2-5 (2002)

7.5 果樹類

7.5.1 落葉果樹

わが国において, 果実品質に対する要求レベルはきわめて高い. 食味はもちろんであるが, それと同等あるいはそれ以上に外部品質が重視される傾向がある. すなわち大きい果実が好まれ, 果形の良否, 外傷や病虫害痕の有無, 着色の良否などが果実品質の決定要因となっている. そのため, それらの要求を満足させるため, 窒素の多肥, 精緻な整枝・剪定法, 強い摘果, 果実の着色管理など, わが国独特の栽培技術を発展させてきた.

施肥と果実品質との関連を考える上で最も重要な要素は窒素である. 窒素は樹体生長および果実肥大を促進して収量を増加させるが, 過剰の窒素施肥は果実品質に悪影響を与えることが知られている.

以下に, わが国の主要な落葉果樹について施肥と果実品質との関係を述べる.

a. リンゴ

主要生産県のリンゴに対する施肥基準量は, 窒素 $100 \sim 150\ kg\ ha^{-1}$, リン酸 $50 \sim 80\ kg\ ha^{-1}$, カリウム $80 \sim 100\ kg\ ha^{-1}$ の範囲である. 施肥時期は積雪の少ない地帯（岩手, 福島, 長野）では収穫後から3月の冬季に年間施肥量の70〜80%, 残りを9月下旬から10月上旬に施肥するが, 積雪地帯である青森県では4月上・中旬に80〜100%, 6月下旬に0〜20% 施肥することが指導されている. これは融雪水による溶脱を防止するためと考えられる. これらの中間的なのが秋田県と山形県で, 秋田県では4月に60%, 9月下旬・10月上旬に40%施肥することが, 山形県では全量を9月下旬に施肥することが奨励されている.

リンゴ果実の収量・品質に最も大きな影響を与える肥料要素としては窒素があげられる. わが国では強剪定, 強摘果が行われるので窒素を多肥しても収量増大効果はさほど大きくなく, 着色不良, 貯蔵性の低下, 生理障害の多発など, 果実品質に悪影響を及ぼす. わが国において外部果実品質を決定する最も大きい要因は果実の大きさと着色である. 窒素を多肥し, 大玉にすると着色が不良となることはよく知られており, 着色管理作業に多くの時間を費やしているのが現状である. 着色不良に関して, その原因は窒素多肥によって枝葉が繁茂し, 光条件の悪化のために着色が不良になったというよりは, 果実の生理的条件が着色に不利になることが主要因と考えられる. リンゴ果皮に含まれる主要なフラボノイド化合物は赤色色素であるシアニジン-3-ガラクトシドと各種ケルセチン配糖体である. 両アグリコンの生合成経路はジヒドロケルセチンまでは共通である. シアニジンはジヒドロケルセチンからロイコシアニジンを経て合成され, ケルセチンはジヒドロケルセチンが還元されて合成される. 窒素を多肥した果実と無窒素の果実を比較した場合, ジヒドロケルセチンまでのフラボノイド合成系の活性に両者間でほとんど差はないが, 窒素を多肥した果実ではケルセチン合成系の活性が無窒素の果実より強く, シアニジン合成系の活性は無窒素果実で窒素多肥果実より強いことが明らかとなった. このことが窒素多肥によりリンゴ果実の着色が不良となる直接の原因と考えられる.

リンゴ果実の特徴の1つとして貯蔵性の高さがあげられる. 貯蔵期間は品種によって異なるが, 普通冷蔵で1〜6カ月, 現在は CA 貯蔵技術の発展により, 収穫翌年の7月ごろまで貯蔵が可能となった. リンゴ果実の生長は開花後3〜4週間までの細胞分裂時期とその後の細胞および細胞間隙の拡大期に分けられる. 窒素多肥による果実の玉伸びは後者によるところが大きい. 大玉の果実は硬度が低く, 軟化が速い. さらに果実中の窒素濃度が高いと呼吸が促進され, リンゴ酸濃度の低下が速

やかに行われ，いわゆるボケが速まることによって食味が低下し，貯蔵期間が短縮される．一方，窒素を多肥すると果実が肥大し，大玉化するが，果実の大きさと貯蔵障害の発生率間に有意な正相関が存在することが知られている．したがって，窒素多肥は貯蔵障害の多発によっても貯蔵性を低下させるといえる．貯蔵障害には，寄生病害によるものと生理障害によるものがある．後者は窒素の影響を受けやすい．生理障害の例として，内部褐変がある．これは果芯の維管束外側の果肉組織が褐変する現象で，蜜症状の激しい果実で起こりやすい．蜜症状はわが国ではおいしいリンゴを示す指標として好まれるが，一種の生理障害である．蜜症状発生部位の細胞間隙は水で満たされている．そのため，貯蔵中にその部位が還元的となり，褐変すると考えられている．蜜症状はカルシウム欠乏が一因とされる．カルシウム欠乏が原因とされる生理障害にビターピット，コルクスポットならびに'紅玉'に特有なジョナサンスポットおよびゴム病がある．これらはいずれもまれに樹上で発生することもあるが，主として貯蔵中に発生する．リンゴ果肉中の無機元素濃度は乾物当たり N 0.2%，P 0.05%，K 1.5%，Ca 0.04%，Mg 0.06% 程度で，カルシウム濃度はきわめて低い．窒素多肥によりカルシウム欠乏が発生する原因として，果実の肥大によりカルシウム濃度が希釈されたためと考えられる．カルシウム欠乏を論じる上でカリウム，カルシウム，マグネシウムの塩基バランスを考慮する必要がある．長年の施肥によりリンゴ園土壌にはカリが蓄積しており，塩基バランスがくずれていることが指摘されている．塩基バランスを考慮した施肥が望まれる．窒素が糖濃度におよぼす影響は，摘果が適切に行われていればさほど大きくない．リンゴ酸濃度におよぼす影響も大きくない．味覚よりは窒素多肥により果実硬度が低下することによる食感への影響が大きいといえる．

リン酸については，リンゴはリン酸の要求量が少なく，リンゴの品質に及ぼす影響はほとんどないといえる．

カリウムについては，リンゴ果実のカリ濃度は他の無機元素より高い．カリの多肥は果実中のリンゴ酸濃度を高める効果をもつ．しかし，前述したように塩基バランスをくずし，ビターピットなどの生理障害をもたらす危険性があるため，カリ施肥は慎重にすべきである．

リンゴ果実の品質に影響を及ぼす微量元素としてホウ素が挙げられる．ホウ素欠乏が乾燥地のリンゴ園あるいは乾燥年にしばしば発生する．果実に及ぼす影響は，果実内部が褐変，コルク化する縮果病あるいは果皮がコルク化して痘痕状になったり，裂果したり，奇形を呈する症状を示す．欠乏樹にはホウ砂を1樹あたり 50～200 g 施肥する．

わが国においては，他の微量元素の欠乏はほとんどない．マンガンについては，欠乏よりは過剰障害が問題である．酸性土壌，排水不良の土壌ではマンガンが可溶化し，過剰吸収する．枝に発疹状の突起が現れ，次第に粗皮症状を呈するようになる．また，果そう葉に脈間クロロシスを生じる．リンゴのマンガン過剰障害を粗皮病という．粗皮病に罹病すると収量は低下し，果実肥大が抑えられる．

b．ナ シ

主要生産県の成木に対する年間施肥基準は，窒素 $150～250\ kg\ ha^{-1}$ の範囲で $200\ kg\ ha^{-1}$ 程度が多い．リン酸は $100～200\ kg\ ha^{-1}$ で $150\ kg\ ha^{-1}$ が多い．カリウムは $100～200\ kg\ ha^{-1}$ である．9～10月に全量の 25～30% を，11～12月に 70～75% を施肥する冬季重点施肥法が行われている．

ナシにおいても収量，品質に最も強い影響を与える肥料要素は窒素である．窒素多肥は樹勢を強くし，隔年結果性を高め，結実安定性を悪化させる．収量は増加するが，熟期は遅れ，品質が不均一になる傾向がある．少肥では生育・収量ともに劣る．また，窒素多肥は果実中の糖濃度を低下させる．窒素施肥量が収量と果実中糖濃度に及ぼす影響は相反する傾向がある．'豊水'では，窒素を多肥することによって果実肥大は促進され，比重，硬度，糖度を低下させ，蜜症状の発生が助長される傾向がある．'二十世紀'では，窒素多肥により生育後期まで果実は肥大するが黒斑病への罹病性が高まり，糖度も低下し，品質は悪化する．黒斑病の多発園ではカリを多く施肥する方がよ

い．リン酸の要求量は多くない．

c. モモ

主要生産県の施肥基準は，窒素 100～150 kg ha^{-1}，リン酸 60～80 kg ha^{-1}，カリウム 100～120 kg ha^{-1} である．施肥時期は 11～12 月に年間施肥量の 60～70% 程度を施肥し，9 月に残量を施肥するのが一般的である．

モモにおいても収量，品質に最も強い影響を及ぼす肥料要素は窒素である．樹体生長に関しては窒素が多すぎると新梢を徒長させ，生理的落果を助長する．少ないと葉色が劣り，新梢生長が阻害され，落葉が早まる．窒素多肥により収量，果実肥大とも増加する．しかし，窒素施肥量の増加により，着色は低下し，良果率は低下する傾向がある．また，窒素多肥は果実中の糖濃度を低下させる．果実肥大が収穫時まで続くと糖濃度を低下させる．酸濃度に窒素の大きな影響は認められない．窒素の施肥時期については，3 月に施肥すると新梢が 7 月下旬まで遅伸びして着色などの果実品質が劣り，9 月に施肥すると着色良果率が高まることが報告されている．

モモはカリの要求量が多く，窒素とのバランスがとれている必要がある．カリが欠乏すると生理的落果が多くなり，品質が不良となる．カリが多すぎると窒素の吸収を阻害する．

d. ブドウ

主要生産県での施肥基準は，窒素 120～180 kg ha^{-1}，リン酸 100～150 kg ha^{-1}，カリウム 100～150 kg ha^{-1} の範囲である．11～12 月に年間施肥量の窒素は 60～70%，リン酸は全量，カリは 70% 程度を基肥として施肥する．9～10 月に窒素とカリの残量を施肥する．

窒素の吸収開始は開花前頃で，吸収が最も盛んになるのは果粒の肥大が活発になる時期である．開花前に多量の速効性窒素を与えると花ぶるいを起こし，新梢が徒長するので避ける．開花期より着色期までは窒素が不足しないようにし，着色期以降は少なめがよい．着色期以降に窒素が効き過ぎると着色を遅らせ，糖度の低下などの品質を低下させる．醸造用品種においては，多量の窒素施用は酒質を悪化させるのでひかえる必要がある．

リン酸は 2 月頃より吸収が開始され，葉が最も繁茂する時期から果房の肥大期に最大になる．生育前期（6 月まで）のリン酸供給は果実の着色促進，糖度上昇，酸度低下など品質を向上させる．

カリの吸収は生育の進行とともに増大し，果実の成熟期まで吸収は持続する．果実のカリ要求量は大きい．アメリカ系品種ではカルシウム，マグネシウムの吸収が旺盛でカリ欠乏が発生しやすい特徴がある．

三要素以外で欠乏が認められる要素はマグネシウムとホウ素である．マグネシウム欠乏は 6 月下旬頃から新梢基部葉に脈間クロロシスが認められ，欠乏が激しいと夏に落葉する．成葉中の限界濃度は 0.25% 程度である．マグネシウム欠乏はカリの施肥量が多いと発生しやすい．ヨーロッパ系品種はカリの吸収が旺盛でマグネシウム欠乏を発症しやすい．対策としては，苦土肥料を 200～300 kg ha^{-1} 与えるか，3～4% 硫酸苦土溶液を葉面散布する．ホウ素が欠乏すると受精が不良となり不稔粒が生じる結果，えび状果といわれる症状を呈する．成葉中の限界濃度は 20 ppm 程度である．ホウ素が欠乏した場合には，ホウ酸またはホウ砂を 20～40 kg ha^{-1} 施肥する． 〔齊藤 寛〕

7.5.2 カンキツ類

カンキツ（柑橘）類の品質構成要素は，果実糖度，酸濃度，香気性，含核数，果肉歩合，じょうのう膜厚，剥皮性などの内的品質と果実重，果形，果皮色，果面粗滑，浮き皮，果皮障害などの外的品質に分けられる．これらの中で，近年は消費ニーズを反映して糖度，酸濃度などの食味と剥皮性，じょうのう膜厚などの食べやすさが重視されている．ウンシュウミカンの肥培管理で生育，収量，品質に最も影響を及ぼすのは窒素肥料で，窒素施用量の増加に伴って葉中窒素濃度が上昇し収量性も向上するが，一定水準を超すと微増あるいは水平に転じることが多い．また品質面では，浮き皮果が増加し，果皮が厚くなり，着色歩合が低下することが知られている．果実糖度に対する窒素施肥の影響は少なく，クエン酸濃度について

表7.11 窒素施用量試験におけるウンシュウミカンの施肥反応

処 理	葉中窒素(%)	収量(kg/樹)	単収(kg/m²)	隔年結果指数	糖度(Brix)	酸含量(g/100mL)	着色程度	浮皮指数
N 0	2.51	25.7	4.0	25	10.3	1.15	5.1	7
N 1	2.61	50.3	5.6	15	10.6	1.01	6.4	14
N 2	2.78	68.7	6.3	12	10.8	0.97	6.7	22
N 3	2.92	81.1	6.9	8	10.7	0.96	6.8	34
N 5	3.09	84.8	6.8	7	10.4	0.95	6.5	44
N 7	3.09	86.6	6.9	8	10.4	0.97	6.3	43
有意性	**	**	**	**	NS	**	**	**

注) 長崎果樹試 (1997) より作表．1968～95年の平均．N 3区が県施肥基準で22 kgN/10 a，他はその0/3，1/3，2/3，5/3，7/3倍量．

は好適範囲があって，それ以上でも以下でも上昇する傾向がみられる[1]．これらの窒素施肥反応を総合的に勘案して，多くの県施肥基準では年間窒素施用量が20～25 kg/10 aに設定され，葉分析による診断基準で窒素の好適範囲が2.8～3.0%付近に設定されている．中晩生カンキツもウンシュウミカンと類似の窒素施肥反応を示すが，大玉果の商品性が高いことや収穫時期が遅く着色遅延は大きな障害とならないことから，施肥基準の窒素施用量はやや高めに設定されている．

ウンシュウミカンに対するリン酸の品質向上効果としては，幼木試験などで酸濃度の低下，果肉歩合の増加，粗面果の減少などが認められているが，大半の園地が熟畑化して土壌診断基準の有効態リン酸下限値を大きくうわまっている現状では，黒ボク火山灰土壌や根域制限栽培など一部の培地条件を除いて増施効果はあまり期待できない．慣行の表面施肥に対して，吸収増進を図るために深層施用，葉面散布，樹幹注入など多くの方法が試みられてきたが，成木園での顕著な品質向上効果はあまり得られていない．カリに対する施肥反応としては，幼木試験で収量の増加，果実の肥大促進，果皮厚の増加・酸濃度の上昇などが報告されている．しかし，既存成木園の土壌中交換態カリ含量は十分高い水準にあって，カリ肥料の増施による品質向上効果はあまり期待できず，逆に堆肥連用園ではマグネシウムとの拮抗関係などからカリ成分の減肥が指導されている．

果実品質に対する有機質肥料と化学肥料の優位性については，戦前から多くの論議と実証的検討がなされてきたが，明確な結論は得られていない．ウンシュウミカンを対象に魚かす，油かすなどを主体とした有機質肥料と高度化成肥料を17年間にわたって比較した肥料試験でも，品質調査や食味評価ではほとんど差が認められていない[2]．また，近年は施肥管理の省力化を目的に肥効調節型の被覆肥料が多方面で検討され実用的と判定されているが，慣行栽培で施用されている有機配合肥料や化成肥料と比較して，葉中窒素や生育・収量・品質などの面で一定の優劣は認められていない．これらのことから，施用する肥料の種類を変えるだけで，簡便に品質向上効果を期待することは困難と推察される．

ウンシュウミカンの最も重要な品質構成要素である果実糖度について，環境・栽培要因との関係を多変量解析した結果では，果実肥大後期から成熟期にかけての秋期降水量の影響が最も大きく，次いで梅雨期降水量，有効土層深の順で，窒素施用量の影響は比較的小さかった[3]．したがって，糖度が高い高品質果実を生産するには，秋期に園地土壌を人為的に乾燥させる方法が最も効果的であり，コンテナ栽培，高うね栽培，断根栽培など多くの手法が検討されてきたが，透湿性シートを用いたシートマルチ栽培が効果，経費，労力などの面で最も実用性が高く，西南暖地を中心に急速に普及している．シートマルチ栽培では，糖度や果皮色の向上だけでなく，健康増進効果を有する機能性成分のβ-クリプトキサンチン濃度が大幅に上昇することが知られている[4]．このような糖度向上栽培における過度の土壌乾燥は，養水分吸収の阻害や細根活性の減退から樹勢低下や収量減少をまねきやすく，窒素栄養を高めに維持して樹勢

強化を図ることで相乗的な糖度向上効果が得られるとされている[5]．施肥管理と果実品質の関係については，肥料の種類や施用量の直接的な影響よりも，水分ストレス条件下での適正な施肥管理による円滑な物質生産・転流の確保という間接的な効果が大きいと推測される．また，窒素施用量の不足が隔年結果を助長することはよく知られており，窒素栄養の低い木では裏年の着果不良で葉果比が大きくなり，粗面果，着色不良果，酸高果などの品質低下を起こしやすい．いずれにしても適期適量の施肥管理と適切な結実管理を行って樹勢維持と安定着果を確保し，秋期にはシートマルチなどで水分ストレスをかけることが高品質安定生産の基本である．　　　　　　　　〔高辻豊二〕

文　献

1) 石原正義：果樹の栄養生理，pp.75-87，農文協（1982）
2) 長崎県果樹試験場：指定試験（土壌肥料）第37号，1-83（1997）
3) 高辻豊二：圃場と土壌，**244**・**245**，75-82（1989）
4) 福永悠介，他：九州沖縄農業研究成果情報，**17**（上），287-288（2002）
5) 鈴木晴夫：静岡柑試報，**22**，41-44（1986）

7.6　チャ（茶）

a. 茶（せん茶）の品質

茶の品質は，形状，色沢，水色，香気，滋味について官能審査によって決定される．形状，色沢は茶の外観であり，水色，香気，滋味は茶の内質である．内質は化学成分によって支配されるが，茶の品質は多くの成分を総合した結果である．

b. 窒素と茶の品質

窒素は味，香りなど品質にかかわる成分との関係が深い．茶の味は渋味，苦味，旨味，甘味で構成される．アミノ酸やアミドが多い茶は，味がよく，品質評価も高い傾向にあるといえるが，最も大切なのは，これら構成要素の調和である．渋味はカテキン，苦味はカフェイン，甘味は遊離糖などが主に関係する．茶に特有のテアニンは，根で合成される量が多い上，葉に転流してからも代謝速度が遅いので，新芽中には高濃度で蓄積されることになる．これまで，茶の旨味の主体はテアニンであるとされてきたが，近年，他の呈味成分も総合的にとらえる必要性が指摘されている[1]．

茶の香気成分は300種を超える．窒素を含むインドールやヨノン系化合物が窒素多肥で増加しすぎると茶の香りの低下につながることが指摘されている[2]．

c. 窒素施用量と茶の品質

茶の品質に関係する茶葉のアミノ酸含量を高めるためには一定量の窒素吸収が必要である．しかし，茶の品質評価においては，旨味の成分であるアミノ酸含量や窒素含量があまりにも重視されてきた．このことが，実際の茶栽培において窒素が多肥されてきた根拠であるが，施肥量を極端に多くしても品質向上との関連は必ずしも明らかではない．

図7.13に窒素施用量と茶の収量指数の関係を示した．また，図7.14に窒素施用量と茶の品質指数との関係を示した．10a当たり窒素100kgを

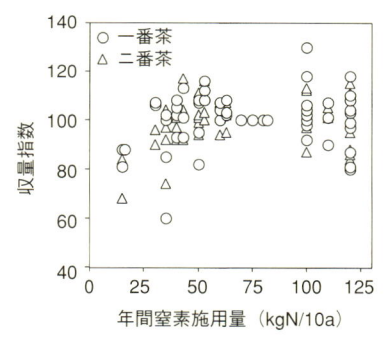

図7.13　窒素施用量と茶の収量指数[3]
1970～76年，N：60kg/10a施用を100．

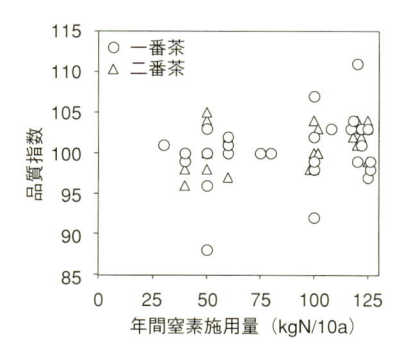

図7.14　窒素施用量と茶の収量指数[3]
1970～76年，N：60kg/10a施用を100．

超えるような施肥をしても，必ずしも収量・品質が優れるとは限らない．これらの肥効の違いは土壌の理化学性，気象，栽培条件などが影響して複雑であり，肥料の吸収利用率が影響していることが明らかである．品質向上に有効な施用量の限界値は必ずしも明確にされているわけではないが，各県の施肥基準に多い10a当たり50～60kgより多量の窒素を施用しても，品質に対する効果が認められないことはほぼ明らかになっている．しかし，現実にはこれを超える量の肥料が施用される例も見受けられる．施肥量を増やした当初は窒素吸収量がやや増加することもあるが，多肥栽培を継続すると，細根は濃度障害を受けて腐敗し活性が低下することから肥料の利用率は低下する．それを補うためにさらに肥料を増やすという悪循環をくり返すことになる．

d. 有機質肥料と茶の品質

肥料を有機質肥料と無機質肥料に分類すると，チャの場合には他の作物に比べて有機質肥料の施用割合が大きい．これは，有機質肥料の連用が茶の品質向上に結びつくと長年の経験から知られているためであるが，その作用機作については十分解明されていない．有機質肥料の連用による土壌物理性の改善効果は認められている[4]．

e. 要素欠乏・過剰症[5]

茶樹のような永年性作物は，長い年月にわたって同じ場所から養分の吸収と収奪をくり返すため，その間には微量要素が不足する可能性がある．微量要素欠乏は，有機質肥料や堆肥および敷わらなどの施用が実施されていれば，通常，発生することはないが，特殊な土壌条件で発生することがある．要素欠乏・過剰症の発生は，茶の品質低下と直結する．

i) 苦土欠乏症 葉緑素が減少して葉脈間が肋骨状に黄化する．一番茶開葉前の古葉に発生が多い．茶園土壌は酸性が強いので苦土の溶脱が多くて発生しやすい場合がある．茶葉の苦土含量が0.1%以下，土壌の交換性苦土含量が10mg/100g乾土以下になると発生する．酸度矯正のために苦土石灰を施用していれば，通常，発生

ことはない．

ii) 鉄欠乏症 新葉が網目状に黄化する．マンガンとの拮抗作用が強いので排水不良園などのマンガンの多い強酸性土壌に発生が多い．

iii) 亜鉛欠乏症 新葉に黄色の斑点が現れ，葉は小さくよじれて節間が短くなる．夏場に発生が多い．リン酸との拮抗作用が強いので，土壌中の有効態リン酸がいちじるしく多い条件で発生する．

iv) 塩素過剰症 葉がしおれ，葉の先端が赤褐色を呈し，はなはだしい場合は落葉する．茶樹は塩素の過剰に敏感で，塩アン，塩化カリを連用したり，過剰に施用すると発生する．台風の後に塩害を受けることがある． 〔野中邦彦〕

文 献

1) 堀江秀樹，他：茶業研究報告，**93**，55-61（2002）
2) 渕之上弘子：茶，**33**（6），24-30（1980）
3) 石垣幸三：茶，**32**（12），19-20（1979）
4) 辻 正樹：茶，**46**（1），10-14（1993）
5) 石垣幸三：新茶業全書（静岡県茶業会議所編），pp. 166-168，静岡県茶業会議所（1988）

7.7 花 き 類

a. 切り花の品質評価

切り花の品質は外部品質と内部品質に分けられる（図7.15）．キクで考察してみると，業務用需要の中心であるためいわゆる規格＝外部品質が流通，共選共販産地および小売店からも重要視されてきた．その規格とは花の長さ，重さの基準でいわゆる階級基準と等級基準（表7.12）がある．花，茎，葉のバランスがとれていること．花型・花色とも品種本来の特性を備え，きわめて良好なも

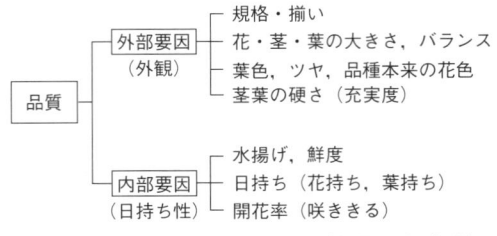

```
              ┌ 規格・揃い
      ┌ 外部要因 ┤ 花・茎・葉の大きさ，バランス
      │ （外観） │ 葉色，ツヤ，品種本来の花色
品質 ─┤         └ 茎葉の硬さ（充実度）
      │         ┌ 水揚げ，鮮度
      └ 内部要因 ┤ 日持ち（花持ち，葉持ち）
        （日持ち性）└ 開花率（咲ききる）
```

図7.15 切り花の品質構成要因（愛知農総試，加藤）

表 7.12 キクの等級基準，階級基準

ア 等級（品質）基準

評価事項	等級		
	秀	優	良
花・茎・葉のバランス	曲がりがなくバランスが特によくとれているもの	曲がりがなくバランスがよくとれているもの	優に次ぐもの
花型・花色	品種本来の特性をそなえ，花型・花色ともにきわめて良好なもの	品種本来の特性をそなえ，花型・花色ともに良好なもの	品種本来の特性をそなえ，花型・花色ともに優に次ぐもの
病虫害	病虫害が認められないもの	病虫害がほとんど認められないもの	病虫害がわずかに認められるもの
損傷等	日やけ，薬害，すり傷などが認められないもの	日やけ，薬害，すり傷などがほとんど認められないもの	日やけ，薬害，すり傷などがわずかに認められるもの
切り前	切り前が適期であるもの	切り前が適期であるもの	切り前が適期であるもの

注）多花性の品種にあっては，開花数および着色花蕾数の合計が3輪以上でなければならない．

イ 階級（草丈）基準

輪ギク，スプレーギク		小ギク	
表示事項	草丈選別基準	表示事項	草丈選別基準
90 以上	90 cm 以上	80 以上	80 cm 以上
80	80 cm 以上 90 cm 未満	70	70 cm 以上 80 cm 未満
70	70 cm 以上 80 cm 未満	60	60 cm 以上 70 cm 未満
60	60 cm 以上 70 cm 未満	60 未満	60 cm 未満
60 未満	60 cm 未満		

ウ 入れ本数基準
　1箱当たりの標準入れ本数は，原則として200本または100本のいずれかとする．

エ 包装基準
　包装容器は段ボール箱とし，箱の幅（内法）はおおむね30 cmまたは50 cmとするが，長さ，深さについては，階級（草丈），入れ本数に応じて適宜調整するものとする．

オ 表示基準
　外装には，種類名，品種名，等級，階級（草丈），入れ本数，出荷者（団体）名を表示するものとする．

の，病虫害のあとが認められないもの，薬害，日やけ，あるいは葉の損傷が認められないもの，切り前が適期であるもの，スプレーマムについてはさらに花房の形（スプレーフォーメーション）が整い，花首は品種の特性を備えバランスの良いものなどが等級基準とされている．すなわち現状の規格は外見で評価する基準である．キクについては業務用需要の伸びとともに，「共選共販」が拡大してきた．いわゆる規格品が良品として市場で評価されてきた．これはキクだけでなくその他のバラ，カーネーション，トルコギキョウ，ユリ，ガーベラなどの切り花においても同様である．それぞれ産地に種類ごとの規格があり花，茎，葉のバランスがとれ，長く，ボリュームのある外観の優れた切り花が良品とされる．すなわち長いもの，ボリュームのあるものなどの外部品質の良否が市場価格を左右する傾向がある．

しかしながら，切り花の消費の動向が変化し，切り花の市場価格が低下する傾向にあり，業務用および稽古用の需要が減少し一般の消費（ホームユース）が増加する流れの中で，切り花に対して業務用に向く長く大きい切り花よりも，大き過ぎず適度な長さで，長く鑑賞できる特性，すなわち，水揚げが良く長く日持ちし，しかもすべての花が咲ききるいわゆる内部品質の優れた切り花が良品として評価され始めた．小売店にとっても，水揚げが良く，長く日持ちし，しかもすべての花が咲ききる（開花率100%）ロス率の少ない切り花を求める傾向が強くなった．品質保証＝日持ち保証を進める共選産地，小売店が増える中で切り花の内部品質（日持ち性）がますます重要視されてきた．品質に影響する要因は，温度，湿度，日射量，CO_2濃度，土壌水分などの環境要因の影響も大きいが，ここでは施肥との関連で考察する．

b. 土壌条件と切り花品質
1）土壌化学性と切り花品質

土壌pHは養分の溶解や，花きによる養分吸収・利用に大きく関与し，生育だけでなく，葉色，花色など切り花品質に影響する．酸性土壌ではカルシウム，マグネシウムの吸収は低下するが，マンガン，亜鉛，銅の微量要素の吸収が増える（図

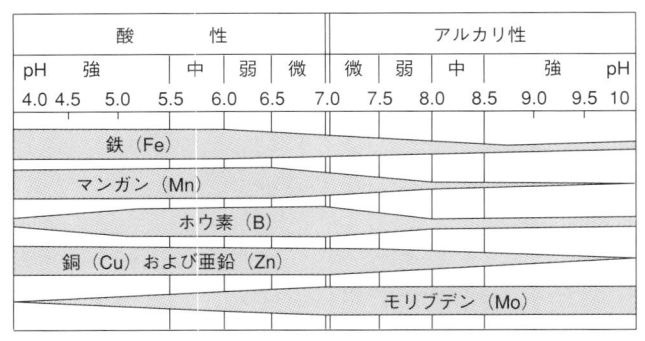

図 7.16 土壌の反応と微量要素の溶解利用度

7.16）．pH の低下がマンガン過剰を招き，ストックでは褐色の小斑点を生じ，品質低下をまねく．露地栽培ではホウ素は酸性下で流亡しやすく，チューリップではホウ素欠乏による首折れが発生し，花弁の色ぬけによりいちじるしく品質低下を招く．トルコギキョウでも花弁の退色による品質低下を招く．アルカリ土壌ではホウ素，鉄，マンガン，亜鉛，銅などの微量要素吸収が低下するため，新葉に鉄やマンガン欠乏などによるクロロシスを発生して切り花の品質低下をまねきやすい．またアルカリ土壌ではホウ素欠乏などにより奇形花，新葉の奇形化をまねくため商品性を損なう．

2） 土壌の物理性と切り花品質

土壌の物理性は根群の大きさ，根の活力に影響し，その結果切り花の品質に影響する．定植から収穫時まで根の活力を維持できる土壌構造，好適物理性が必要となる．商品性の高い切り花を得るためには収穫期まで根の活力を維持できる好適な根圏環境が必要である．また地上部の生育に合った高品質切り花の得られる根圏環境は，地下水位が高くなく，排水性，通気性に優れた好適三相組成の物理性に優れた団粒構造の土壌である．高品質生産のためには T/R 比のバランスのとれた，活力の高い根群の発達が必要である．

c. 肥培管理と切り花の品質
1） 施肥と切り花の品質

切り花の茎，葉，花の大きさ・ボリュームに大きく影響する成分は，窒素，リン酸，カリウムの三要素である．もちろんその他のカルシウム，マグネシウム，鉄，マンガンなどの微量要素も切り花の品質にいちじるしく影響する．切り花の品質は花だけではなく花を引き立てる葉が品質の大きな要素であり，クロロシスやネクロシスのない健全な葉が大切である．

切り花栽培において施肥は，長さ，大きさなどのボリュームのほかに茎の硬さ，花の大きさ，厚さ，葉の色・ツヤ，花の数（輪数）などの外観品質に影響するだけでなく，内部品質である日持ち性に影響を与える．そのため，高品質生産のためには品目の養分吸収特性に適した効率的施肥が重要である．その中でも窒素，リン酸，カリウムの三要素の施肥が重要である．

ⅰ） 窒 素　窒素は生育開花への影響が最も大きい．不足すれば葉色も淡くなり，生育も劣り，開花が遅れて外観品質が劣る．多すぎると葉は大きく濃緑となり，生育は旺盛となるものの，軟弱徒長し，開花日が遅れる．窒素過多では花と茎葉のバランスが不良となり外観品質が低下するだけでなく，切り花の水揚げ，日持ち性が悪くなる．また，窒素肥料は生育，葉色，花の大きさなどの外部品質に対して最も影響が大きい．種類ごとの窒素吸収パターン，生育ステージごとの窒素吸収パターンに合わせ，効率的に施用，吸収させ，生育をコントロールすることによって花，茎，葉のバランスのとれた規格品＝良品生産が可能となる．たとえば輪ギクでは図 7.17 のように生育ステージごとの窒素の施肥コントロールで下から上まで葉の大きさが揃い，花も大きく，花，茎，葉のバランスのとれた良品切り花を生産できる．初期の肥効は強いものの着蕾頃の窒素吸収が不足した場合には，花も小さい品質不良の切り花となる．また，生育初期から収穫まで窒素施用および灌水量が多い場合は，全体に過繁茂となり花も小さく

品質不良の切り花となる．窒素の施肥コントロールによってキクの草姿コントロールができ，良品生産が可能である．

スプレーギクは輪ギク以上に窒素の栄養管理が重要で，品種間差が大きいものの，栄養生長期の窒素の吸収が多すぎると，スプレーフォーメーションが乱れいちじるしい品質低下をまねく．スプレーギクでは栄養生長期の窒素施用を制限して，茎葉を過繁茂にさせずに花芽分化期から花蕾発達期にかけて適正量の窒素を施用することにより，スプレーフォーメーションの優れた良品生産が可能となる．スプレーギクでは葉中窒素含量と切り花品質との相関が高く，窒素の吸収が多いと花房が乱れる（図7.18）．とくに秋ギクタイプの品種よりも夏秋ギクタイプの品種で窒素が多く葉色の濃い場合に，花房が乱れ品質低下をまねく．

ii）リン酸　リン酸は窒素についで影響が大きい要素で，不足すると葉色は暗緑色となる．また生育，開花が不良となり，花弁数が減少し，花の大きさが小さくなる．開花日が遅れ，またいちじるしい場合は開花しない．リン酸は花肥えとされ，従来山（∧）型の施肥が行われてきた．ただし，リン酸は三要素の中では最も吸収量が少なく，土壌中で可給態リン酸が富化されている花き連作圃場が多い．リン酸が必要以上に多いと，むしろ切り花の品質を低下させる．キクでは水溶性リン酸が多いと一部の品種（精興の誠）では葉に白斑を生じていちじるしく品質を低下させる．カーネーションでは，可給態リン酸 350 mg/100 g 以上で切り花本数の減少，茎長の短縮・軟弱化が起こる．また，バラやキクでは葉に鉄，マンガン，亜鉛などの微量要素欠乏によるクロロシスを発生し，いちじるしい品質低下をまねく．

iii）カリウム　カリウムはバラ，スィートピーなどの一部の種類を除けば最も吸収量の多い要素である．不足すれば葉や茎の伸長が劣るだけでなく，葉の葉縁にネクロシスを起こし，花色の劣化，開花不良となり，切り花収量だけでなく，切り花品質の低下をまねく．また，カリウムが過剰の場合はに拮抗作用によりカルシウム，マグネシウムの吸収を抑制し品質低下をまねく．バラではカリ過剰により茎葉の軟弱化が生じる．

iv）カルシウム，マグネシウム　カルシウム，マグネシウムは三要素についで吸収の多い成分であり，高品質切り花を得るためには過不足なく吸収させる必要がある．とくに，カルシウムは窒素の吸収との関連が深く，窒素の適正施肥によって十分なカルシウムを吸収させることで，茎葉の充実した高品質切り花が得られる．高温多湿による切り花の急速な生長はカルシウムの移行を抑える．高温期にアンモニア態窒素の割合を高めると N/Ca 比が大きくなり，軟弱となり日持ち低下の原因となる．日持ちする切り花はカルシウムが多いとされる（船越）．カルシウムは植物体中でペクチンと結びつき，ペクチン酸石灰として組織を固くする役目をする．カーネーションでは硬い茎の切り花のほうが，軟弱な切り花に比べ，カルシウムの含量が高く窒素含量が低い傾向が見られる．マグネシウムは不足すると下葉の葉脈間にクロロシスを生じ，品質低下をまねく．カルシウムとマグネシウムの吸収については土壌中におけるカリとの塩基バランスが重要である．

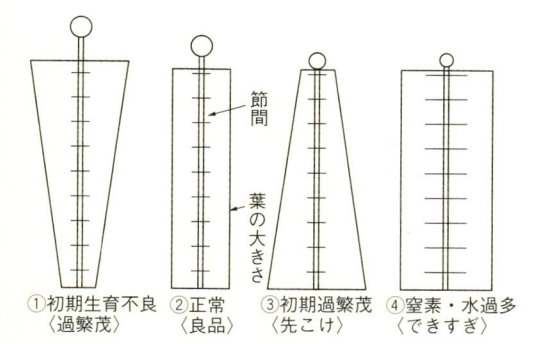

図 7.17　施肥コントロールと輪ギクの草姿（愛知農総試・加藤）
① 初期生育不良〈過繁茂〉　② 正常〈良品〉　③ 初期過繁茂〈先こけ〉　④ 窒素・水過多〈できすぎ〉

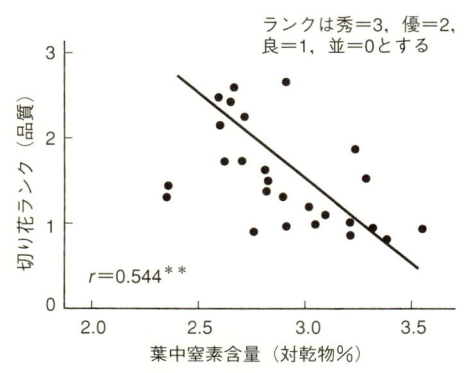

図 7.18　スプレーギクの葉中窒素含量と切り花品質（山県園試）
ランクは秀=3，優=2，良=1，並=0とする
$r=0.544^{**}$

v) ケイ酸 切り花ではケイ酸を施用することにより，根の張りが良くなり，茎葉が充実して日持ちが長くなるなど品質が向上する．カーネーションでは日持ちが1～2日長くなる．キクでは下葉の黄化枯れ上がりが減り，日持ちが1～2日長くなる．ストックでは根張りが良くなり，1本当たりの切り花重量が増加する．カスミソウでは茎が硬く，節間も短くなり品質が向上する．ユリ，チューリップなどでは球根の肥大が良くなる．

vi) 鉄，マンガン，亜鉛，銅，ホウ素など微量要素 切り花では葉も商品であるため，微量要素の施肥は重要である．土壌中の絶対量は足りても，アルカリ化，塩基およびリン酸の過剰により可給性のいちじるしく低下している鉄，マンガン，亜鉛などの微量要素は不足してクロロシスを招くことが多い．バラ，ユリなどは微量要素不足によるクロロシスの発生で商品性の低下を招く．バラでは赤系の品種は鉄欠乏によりブルーイングする．切り花連作圃場においては鉄，マンガン，亜鉛の施用によりクロロシスを防ぎ，高品質の切り花を生産できる．一方で，マンガン，亜鉛，銅の過剰は鉄欠クロロシスにより品質低下をまねく．また亜鉛，銅の不足は窒素代謝の異常をまねき，茎葉が軟弱化する．ホウ素は切り花の収量・品質に及ぼす影響が大きく，不足すると茎葉が軟弱化したり花に異常を起こす．キクではホウ素の過剰は日持ち性をいちじるしく低下させる．マンガンや銅はリグニン合成系に関与しているため，欠乏すれば軟弱となる．ホウ素もペクチンの安定化とともにリグニン合成に関与しているため，欠乏により茎が軟弱化するとされる．花だけでなく葉が商品である切り花にとって微量要素は，微量でよいものの，重要な必須養分であり，適量施用により品質がいちじるしく向上する成分である．

2) 根の活力と切り花の日持ち性

収穫するまで根を多く維持して，活力のある細根を健全に保つことが重要である．根の働きは水や養分の吸収だけでなく，花の生育・品質に重要な影響を与えるサイトカイニンや，ジベレリン，アブシジン酸など各種の植物ホルモンの合成の場である．さらに葉や花の老化に関与しているエチレンやその前駆体であるACCも灌水過多や根の機械的刺激によって，根で多量に生成され，根や茎葉の老化に大きな影響を及ぼしている．とくにサイトカイニンは水とともに茎葉や花に移行し，それらの生長や成熟に大きな影響を及ぼす．根量が不足したり，あるいは根傷みを起こして根からのサイトカイニンの供給が不足すると，葉が老化して黄化する．

根の生理的活性は切り花の外観形質に関係するだけでなく，生け花後の葉の黄化，しおれなど日持ち性の重要な要因となっている（図7.19，船越，1984）．地上部環境および地下部環境が根の生理的活性に及ぼす影響は大きい．天候不順などの地上部の不良環境条件は，光合成生産物の供給低下をまねき，茎の維管束の発達不良，これに伴う茎葉の軟弱化，気孔の開閉能の低下に伴う水分の異常蒸散，これによる葉身の萎凋などにより日持ち性が低下する．一方，施肥過多による濃度障害，病害虫による根群の減少，排水不良など地下部環境の悪化が根の生理的機能を低下させ，サイトカイニンの供給が不足して日持ち性を低下させる（図7.20，太田）．キク等の切り花では採花期まで

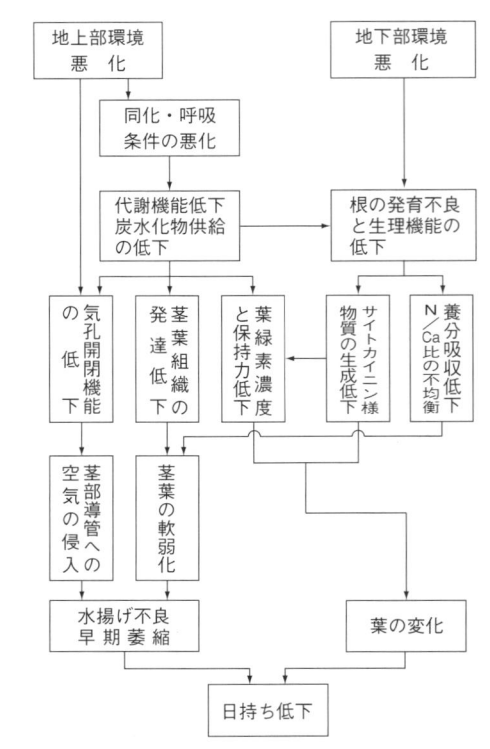

図7.19 キク切り花の日持ち支配要因模式図（船越・静岡農試）

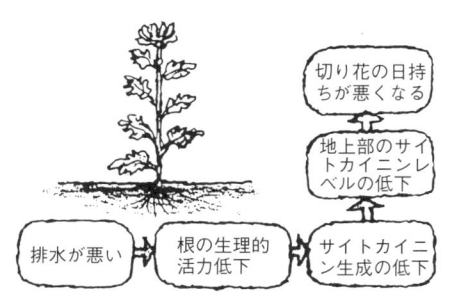

図 7.20 キク切り花の日持ちと根の生理的活力 (太田, 1987)

活力のある根を維持し, 下葉を黄化させない土壌管理, 施肥・灌水管理が重要である.

3) 水管理・水分ストレスと切り花の品質

土壌水分管理が切り花の生育・品質に及ぼす影響は大きい. 一般的にはpF2.0〜2.4程度で栽培したキクは, pF1.5〜1.8程度の多水分で栽培したキクに比べ, 適度な水分ストレスにより茎葉が硬く, 日持ちなどの品質が優れる. 水分ストレスは植物の代謝に影響する. 水分ストレスが作物に及ぼす影響について, Hsiaoが整理している (図7.21). 軽度の水分ストレスにより細胞の伸長が抑えられる. 強い水分ストレス状態では蒸散を抑えるため気孔が閉鎖され, その結果光合成が低下して, 作物の生育が抑制される.

切り花品質を高めるためには, 軽い水分ストレスが必要とされる. 軽い水分ストレスで細胞の大きさが小さくなり, 地上部の生育をやや抑え, 地下部の発達を促して根張り, 根の活力を良くして, 茎葉の充実した切り花が生産できる. キクでは収穫前に灌水を控えることで, 日持ちの良い切り花が得られる. 土壌水分の制御がキクの生育に及ぼす影響について調べた結果 (須藤, 次ページ表7.13) では, pF2.5を灌水点として毎回10mmの灌水を行う標準区と, その3/4, 2/3, 1/2の灌水量区を設けて栽培した結果, 灌水量の減少にともなって葉面積, 生育は低下したものの乾物率はいちじるしく増加した. 水ストレスが大きくなるほど茎葉は硬く充実し, 切り花品質は向上するものの切り花のボリュームは小さくなる.

d. 環境管理・施肥管理と切り花品質

1) 天候不順時の施肥管理と切り花品質

天候がよく日射量が十分あり, 十分に光合成が行われ, 炭水化物が不足していなければ, 葉中の硝酸態窒素がアンモニア→アミノ酸→タンパク質と同化されるが, 天候不順で日射量が不足して, 光合成が行われず炭水化物が不足した場合には, 硝酸態窒素および未同化窒素が蓄積して茎葉が軟弱となり, 切り花の日持ちも低下する.

日射量が不足する時期の窒素肥料の多施用は, 茎葉の軟弱化, 日持ちを低下させ, いちじるしく品質を低下させる.

2) 夏季高温期の施肥管理と切り花品質

周年栽培される切り花においては, とくに高温期の品質低下が問題となる. 夏季高温期には生育スピードも早く, 茎葉の充実が不十分となりやす

図 7.21 作物体の水ポテンシャルが生理作用に与える影響 (Hsiao, 1973) (田中ら, 1986 による)
実線の範囲では, 生理作用が速やかに影響を受ける. 点線部分は, 影響が一定せず今後さらに要検討. また全体として作物が健全に生育し, 急激なポテンシャルの変化がないことを前提とする.

表 7.13 灌水量と電照ギク（秀芳の力）の生育・切り花品質（須藤，野菜・茶試）

		土壌含水比	土壌水ポテンシャル	切り花				葉形質乾重	乾物率（％）		
				茎長	切り花重	花重	葉面積		葉	茎	花
灌水標準地区		48.8%	−2.3 har	78 cm	58 g	11.4 g	9.6 dm^2	39 mg cm^{-2}	13.7	27.1	12.0
対	3/4	82%	127%	86%	82%	96%	88%	107%	105%	106	95
標準	2/3	71	241	70	61	73	66	119	118	118	104
区比	1/2	64	285	65	57	69	63	122	120	113	105

表 7.14 キクの栽培環境条件と切り花の日持ちおよび貯蔵性（船越，1984）

換気条件	灌水条件	施肥条件	1級品切り花本数（本）	①無貯蔵区の日持ち（日）	②20日間貯蔵区の日持ち（日）	貯蔵性 $\frac{②}{①}\times 100$
不良	多量	N多量	3.5	14.7	9.1	62
不良	多量	標準	0.5	14.5	8.0	55
不良	標準	N多量	3.5	15.1	8.2	54
不良	標準	標準	8.0	14.1	7.9	56
標準	標準	N多量	45.0	17.9	17.6	98
標準	標準	標準	45.0	18.4	17.4	95
標準	多量	N多量	43.0	16.6	17.7	107
標準	多量	標準	62.5	18.6	18.0	97

注）切り花本数　1.4 m^2 当たり
　　換気：不良　35℃でビニル製チャンバーのすそ換気
　　　　　標準　30℃でガラス室の天窓，側窓開放
　　灌水：多　PF 1.5，標準　PF 2.2〜2.5で灌水
　　施肥：N多　6.3 kg a^{-1}　標準　4.1 kg a^{-1}
　　　　　P$_2$O$_5$，K$_2$Oは両区とも 4.1 kg a^{-1}
①無貯蔵区とは切り花後すぐに生け花にした場合
②20日間貯蔵区とは，20日間 2℃で保冷した後に生け花にした場合

く花色も薄くなる．酸素不足による根の活力低下，日持ち性の低下，茎葉の軟弱化などにより切り花の品質低下をまねきやすい．カーネーション，ガーベラなどはホウ素などの微量要素の要求量が多いため，過不足のないように灌水施肥することで品質向上を図る．

3）環境管理・施肥管理と切り花品質

切り花品質は，施肥管理，水分管理だけでなく環境管理の影響が大きい．受光態勢を考慮した栽植密度，換気などによる湿度管理，温度管理，CO$_2$濃度管理など光合成を促進する地上部管理と根群を発達させ，根の活力を高める（サイトカイニン活性など）地下部管理に加え，バランスのとれた過不足のない施肥および軽い水分ストレスにより，日持ちの良い切り花が得られる．キクでは換気することで日持ちが向上するとともに切り花の冷蔵庫での貯蔵性が向上する．この場合施肥管理以上に地上部の環境管理の影響が大きいとされる（船越，表7.14）．花き栽培で日持ち性に影響する内部品質を高めるためには，施肥・灌水管理と環境管理を総合的に行い，収穫時まで根の活力を維持することが重要なポイントである．

〔加藤俊博〕

8. 施肥と環境

8.1 地域環境の汚染

　21世紀は,「環境の世紀」といわれている.農業は工業などに比べて環境,とくに土壌,水および大気の汚染と不可分の関係にある.施肥は食料問題,すなわち,人口問題を解決する鍵となる技術の1つである.施肥の意義は,これだけにとどまらず,不良土壌の改良を介して,とくにわが国を含むモンスーンアジア地域では水田農業の適地を拡大し,緑地を拡大し,洪水の防止など農業の多面的機能を拡大している.しかしながら,無機化学肥料,有機質肥料を問わず,肥料成分の不適切な管理や土壌・地下水系での動態を制御する技術が未確立なために,わが国をはじめとするOECD加盟等の先進各国では,過剰な施肥が環境,とくに土壌・水・大気環境に影響を与え,人の健康に影響を及ぼしている.一方,食料不足に悩む発展途上国では,施肥の不足が人の健康・環境に影響を及ぼしている.施肥をめぐって,南北格差が顕在化している.

　地域環境の汚染と地球環境の汚染について,かつては明確な区分が可能であった.しかし,今日では明確な区分が困難になりつつある事例が増加している.たとえば,環境ホルモン作用を有する難分解性の有機化合物による地球規模の生物汚染は,明らかに地球環境の汚染である.一方,硝酸態窒素による地下水から河川,湖沼,近海に至る水系の汚染は,明らかに地球環境の汚染である.しかし,『奪われし未来(増補版)』は環境ホルモン作用物質と硝酸態窒素との相乗作用を懸念している.懸念が事実とすれば,硝酸態窒素による水系の汚染は,明らかに地域環境の汚染問題となる.また,農薬などによる水生生物への急性毒性は,かつては地域環境の汚染であった.しかし,一部の除草剤に不純物として含まれていたダイオキシンは,食物連鎖を介して,地球環境の汚染となっている.

　農業は多面的機能(食糧生産,土砂崩壊・洪水防止,国土保全,地下水涵養,水質浄化など)を有している.一方,農業による環境負荷も多様で,多面的である.農業生産における播種から収穫物の調製までの長い行程における各行程の多面的な環境負荷を,主要な負荷ごとに量的尺度を用いて評価しようとする農業環境ライフサイクルアセスメント(LCA)の手法が研究開発されている.区分が困難な地域環境影響と地球環境影響の両者を,とりあえず多様な軸とスケールで総合的に評価しようとする試みである.今後,しばらくの間,地域環境と地球環境は便宜的・暫定的な類型化によって評価されると思われる.

　農業生産活動は,工業生産活動に比べて土壌・水域環境と密接に関係している.水田農業は,多面的な環境保全機能を有している.しかし,代かき・田植え時の不適切な水管理によって,懸濁物質を多量に含む濁水を水系に排出する弱点をもっている.畑作,畜産を含めた不適切な栄養塩類の管理は,地域環境・とくに水域環境の汚染,すなわち,富栄養化を引き起こしている.

　無機態のアンモニウム塩や分解しやすい有機物に含まれる窒素は,酸化的条件の土壌中では比較的速やかに酸化・分解され,水溶性の硝酸態窒素NO_3-Nなどへ形態を変化させる.これら形態の窒素に加えて懸濁態物質に含まれるリンが,栄養塩類による水域環境汚染を引き起こす主要元素である.栄養塩類とは,窒素,リン,硫黄,カリウム,ケイ素など生命を維持し,親から子,孫へと生命のつながりを確保するうえで必要な主要元素とマ

ンガンなどの微量元素で，炭素，水素および酸素以外の主に塩類として吸収されるものの総称である．

わが国では，農業の機械化，大規模化，単作化などを伴う農業近代化による農業生産性の向上は，化学肥料や農薬の施用により土地生産性とともに労働生産性の大幅な上昇をもたらした．一方で，耕種と畜産との乖離や労働力の不足などにより堆きゅう肥の供給が円滑に進まなくなり，堆きゅう肥の施用は少なくなった．このため，土壌の作物生産力が低下し，低下した作物生産力を補完するために，化学肥料施用の増大にますます依存するようになった．さらに，施肥労力の節減を図るために作物の生長にあわせた分施などの施肥技術も軽視された．こうしたことが積み重なって，次第に過剰な肥料が施用されるようになり，結果として肥料成分の作物による吸収率が小さくなり，作物根圏外，すなわち，外部環境に放出される肥料成分量が大きくなった．

とくに窒素成分に関していえば，吸収されなかった窒素は，微生物の酸化・分解作用によって，無機，有機を問わずに，最終的に硝酸イオンの形態になり，降雨などにより下層，さらには地下水層にまで溶脱流亡し，地下水の硝酸態および亜硝酸態の窒素濃度を上昇させる．一方，水田・湛水土壌の条件下では，これら形態の窒素のかなりの部分が土壌の還元層において窒素ガスあるいは亜酸化窒素として大気中に放出される．このこと自体は，水田の窒素浄化機能の発揮であるが，施肥窒素の損失であると同時に，温室効果ガス亜酸化窒素の放出による大気汚染への負荷でもある．

人の健康との関連でとくに重要視されているのが，地下水の硝酸態および亜硝酸態窒素濃度の上昇である．これらの形態の窒素濃度に関する飲料水基準は，国際的にほぼ同等の値で，1 L あたり 10 mg（ヨーロッパ共同体では，硝酸イオンとして 50 mg，窒素として約 11 mg）と決められている．この基準を超える水を妊婦が恒常的に飲料水として使用すると，胎児に重い脳障害（ブルーベビー症）を引き起こすため，地下水の環境基準値も同じ値を採用している．地下水の硝酸態窒素濃度に最も影響を与えているのが，農業生産に欠くことので

きない施肥窒素であり，畜産から排出される糞尿に含まれる窒素であることはよく知られている．

野菜や茶栽培などの集約的な農業ならびに大規模畜産に付随する家畜糞尿の不適切な管理は，地下水，河川，湖沼，内湾の水域環境を富栄養化し，水質を劣化させている．耕地から流出する過剰な施肥成分，家畜糞尿，事業系ならびに生活系の排水に由来する硝酸塩が，環境への負荷をもたらしている．

一方，リンに関しては，窒素と異なり過剰に施肥されても，ある程度までは土壌に吸着・吸収されて，地下水層にまで溶脱流亡されることはまれである．しかしながら，過剰なリンの施用は，土壌粒子のリン濃度を上昇させることになる．代かき・田植え時の不適切な水管理や台風などの強降雨時に，土壌粒子は水系に流出し，流出場所から離れた流れの穏やかな湖沼や内湾で沈殿する．この沈殿層が還元状態になると，土壌粒子に保持されているリンが放出され，水域の富栄養化を引き起こし，内湾の赤潮，青潮の原因となる．内湾などでは，無機態リンが低下しても，有機態リンは魚に対して有毒なプランクトンの栄養源となり，内湾の生態系を攪乱する．

富栄養化は，主に土壌浸透水に含まれる水溶性の窒素ならびに土壌粒子に吸着されて主として土層表面を水とともに流れ去る懸濁態リンによって引き起こされる．水域環境では，わずかな水溶性窒素とリンとがあれば，水温の上昇を条件として，アオコが増殖する．空中窒素を固定するアオコは，リンが増殖の制限要因となっている例が多い．加えて，発がん性が懸念されている物質（ミクロキスチン）を生産するアオコも発生する．ミクロキスチンは難分解性で，紫外線照射などによっても分解しない．世界保険機構 WHO は水質基準の1つとして 1 L 当たり $1\,\mu g$（= 1 ppb）を設定している．発がん性を考慮して，基準値を 0.1 ppb へと厳しくした国も出てきている．

以上のように，過剰な施肥の環境影響は，水域で最も顕著に現れており，影響を最小限に抑制する施肥効率の高い技術の開発と普及が緊急の課題となっている．

全国で展開されている「環境保全型農業」は「農

業のもつ物質循環機能を生かし，生産性との調和などに留意しつつ，土づくり等を通じて化学肥料，農薬の使用などによる環境負荷の軽減に配慮した持続的な農業」と定義されている．肥料窒素やリンによる環境負荷の軽減はその大きな目的の1つになっている．環境保全型農業では，こうしたことに対する配慮を最も大きな課題の1つとして取り組まれている．

また，広義の環境保全型農業には，環境に負荷の少ない農業に加えて，ゴミとして排出されている有機態の未利用資源などを農業生態系外から取り込んで，都市と農村との物質循環により，都市を含む環境の保全を目的とする農業が含まれている．こうした取り組みがあって，都市の環境問題の一部が，農業によって解消されている．これは，都市周辺に一定の農業地帯が存在してはじめて発揮される農業の物質循環機能である．

8.1.1 地下水硝酸汚染とその影響

食料生産に不可欠な施肥成分，とくに窒素ならびにリンが水域環境へと流出し，水域環境ではその過剰が人の健康ならびに水域生態系に重大な影響を及ぼしている．栄養塩類の適正な管理技術の開発と制度政策的な取り組みによる普及により，農業生産，食料消費スタイルなどを改革し，健全な水域環境の保全と次世代への継承が緊急な課題となっている．

地下水は重要な飲料水源であり，わが国では，水道水源の約1/4を地下水に頼っている．硝酸汚染が進むと水道水の浄化対策が必要となり，自治体によっては高額な浄化装置を取り付けている．

公共用水域における人の健康の保護に関する環境基準として，カドミウムなどの重金属，全シアン，ヒ素などの有害元素，PCBならびにジクロロメタンなどの有機塩素化合物，チウラムなどの農薬のほかに，硝酸態窒素NO_3-Nおよび亜硝酸態窒素NO_2-Nの合計濃度が，前述したように年間平均して1L当たり10 mg以下と定められている．空気中に78%に含まれる窒素はそれ自体無害であるが，酸化されると比較的安定な硝酸態窒素へと形態を変える．基準を超える飲料水を妊婦が多量に摂取されると，胎児が重い酸素欠乏症を引き起こす．リンとともに水中の栄養塩類として富栄養化の原因になるため，地下水質の基準が設定されており，これを超えると汚染状態とされる．

わが国の環境基本法に基づく水質環境基準などの目標は，これまで人の健康の保護と栄養塩類による水域の富栄養化防止を目的に定められてきた．しかし，2003年夏には，水生生物の保全を目的として，新たな水質環境基準が導入された．すなわち，環境基準項目としての亜鉛，要監視項目としてのクロロホルムなど3物質の導入である．水生生物の保全の視点から，地下水の硝酸汚染と他の物質や元素との相互作用に関しては，懸念が表明されている段階で，現時点では明確な結論は出されていない．

a. 地下水硝酸汚染の実態

熊沢(1999)[1]は，①全国的に地下水の硝酸態窒素汚染は欧米なみに進行，②面積当たりの施肥量の増大とともに地下水濃度が上昇，③とくに茶園地帯において上昇，④果樹園・野菜畑において汚染地が広く分布，⑤畜産経営近傍では地下水の汚染が多い，⑥一般畑地帯でも汚染が進行，⑦水田地帯においては一般的に汚染は認められないか軽微と要約している．水田地帯では，窒素利用効率が比較的高いことと既述した窒素浄化作用により，硝酸態窒素10 mg L^{-1}以上の井戸水はきわめて少ないが，その他の地帯では，環境省モニタリング結果の全国平均約6%よりもはるかに高い．

環境省は平成14年12月18日付けで，平成13年度に国と地方公共団体が実施した全国の地下水水質測定結果を取りまとめている．地域の全体的な地下水質の状況の把握を目的とした「概況調査」の結果は以下のとおりとなっている．調査を実施した井戸4,722本のうち，環境基準を超過した項目が1項目以上あった井戸は，7.2%に相当する341本存在した．項目別の超過率として，硝酸態窒素および亜硝酸態窒素が5.8%と最も高く，次いでヒ素が1.3%，フッ素が0.7%となっている．カドミウムほか15項目については，環境基準を超過している井戸はなかった．硝酸態窒素および亜硝酸態窒素の低下対策が，緊急の課題と位置づけ

られるゆえんである．

b. 地下水硝酸汚染の発生機構と農地の窒素環境受容量

① 窒素は，家庭排水，工場排水，不適切な施肥，家畜ふん尿などにより供給され，元来は有機態であっても，分解されて硝酸態窒素へと形態を変える．硝酸態窒素は，水溶性で土壌にほとんど吸収・吸着されない．わが国では8月を除いて降水量が蒸発散量を上回るため，土壌浸透水の下方移動とともに地下水層に到達する．こうして，土壌中に無機態や分解されやすい有機態の窒素が多量に存在すると，地下水を汚染する．無機態の代表例が，作物栽培に不可欠ではあるが吸収されずに残っている化学肥料由来であり，分解されやすい有機態の代表例が管理の不適切な家畜糞尿である．なお，窒素の排出源は，工場，事業所からの「事業系」，家庭からの「生活系」，農耕地を含む「その他系」と区分されている．また，汚染源は面源と点源に区分される．面源の代表例が家庭から排出される生活排水由来の生活系と農耕地を含むその他系であり，点源の代表例が工場や畜産団地などの事業系である．

② 農業地帯における地下水の硝酸汚染は，主に肥料や家畜糞尿の過剰施用など窒素の不適切な管理に起因する．すなわち，作物収穫後には，作物による土壌からの吸水がなくなり，土壌中の水の動きは，土壌面からの蒸発以外には一方的に下向きとなる．窒素は，無機・有機肥料ならびに家畜糞尿由来を問わず，作物生産のために投入される．しかし，作物に吸収されない，または，収穫物として持ち出されないで，作物収穫後の土壌中に残存する水に溶けやすい窒素がha当たり80 kg残されたと仮定する．さらに，わが国の平均的降水量1,600 mmの1/2が土壌中に浸透したとすると，この際の土壌浸透水の窒素濃度は，平均して1L当たり10 mgと算出される．すなわち，年間を通した土壌表層での窒素収支として，土壌水に溶けやすい窒素がha当たり80 kgを超えて残存すると，長い間にはその地域の地下水を汚染することになる．こうした意味の閾値は農地・作物系の窒素環境受容量（土壌・作物における窒素環境受容量）と呼ばれている．

③ OECDでは，加盟各国の土壌表面における窒素収支が，地下水への硝酸態窒素による環境負荷の潜在的指標として，インベントリー化されている．わが国の窒素収支はha当たり約250 kg ha^{-1}で（食品などで輸入された窒素も含む），先の受容量の3倍強に相当し，世界一高いと評価されている[2]．また，わが国では地域を限定すれば，「窒素収支/浸透水量」が地下水の窒素濃度ときわめて高い相関を示すことから，この式は地下水への窒素負荷の指標として好適と判断されている[3]．

④ わが国では農地からの硝酸態窒素の排出に規制がない．農地では，窒素が作物生産のために投入され，硝酸態窒素の濃度変動がきわめて大きいことに起因する．農地以外の硝酸態窒素排出に対する規制の足取りは以下のとおりとなっている．

1999年2月：公共水域および地下水の環境基準健康項目としてNO_3+NO_2-Nの追加を告示（10 mg L^{-1}以下）．2000年2月：指定内湾（東京湾，伊勢湾および瀬戸内海）における第五次総量規制で化学的酸素要求量CODに加え，窒素ならびにリンを追加，同年11月：指定内湾の総量規制案を答申，集水域内における事業所からの排水基準を$NO_3+NO_2+NH_4-N$の合計で100 mg L^{-1}以下に設定，同年12月：公共水域および地下水（指定内湾を含む）にNO_3+NO_2-Nの排水基準を答申し，畜産事業所については$NO_3+NO_2+NH_4-N$の合計で100 mg L^{-1}，ただし3年間は暫定基準1 500 mg L^{-1}を設定，農地については，土壌汚染に係る環境基準としてNO_3+NO_2-Nについて基準値を設定せず．2001年7月にNO_3+NO_2-Nの排出・地下水浸透等について，水質汚濁防止法施行令の一部改正を施行．

⑤ 以上のように，都道府県の施肥基準はガイドラインであって，法的規制に基づくものではない．土壌残存窒素成分を土壌診断により定量し，土壌中の残存窒素に見合う分を，自治体が定める施肥基準量から減らすことが必要である．しかし，規制力がないために，土壌診断がなされずに，作付けごとに施肥基準量を投入しているケースが大部分であった．さらに，堆きゅう肥からの窒

素・リン供給量を考慮していないケースが多かった．これらの結果，土壌中に窒素が過剰に投入され，集積され，地下水が硝酸で汚染される原因となっている．

c. 地下水硝酸汚染が人体に及ぼす影響

環境水一般の水質基準項目の1つとして，国際的にほぼ同等の値で亜硝酸を含む硝酸態窒素の濃度が定められている．すなわち，窒素として 10 mg L^{-1} を越えると飲料水として適さず，とくに，胎児に重い脳障害（メトヘモグロビン血症，通称ブルーベビー症）をもたらすため，この値が採用されている．胎児だけでなく，乳幼児に対しても影響は甚大である．わが国においても，粉ミルクを 30〜40 ppm の井戸水に溶かして飲ませていたために酸素欠乏に陥った生後 3 週間の乳幼児の例が報告されている．欧米では患者数が報告例の 10 倍といわれている．硝酸汚染飲料水の人体に及ぼす影響があまり広範には知られていないことに起因している．

高濃度の硝酸を含む地下水はやがて湧水となり地表水にも影響し，河川，湖沼，近海の富栄養化現象に関与する．

8.1.2 河川，湖沼，近海の富栄養化とその影響

下水道普及率の高まりとともに河川などの水質が近年になってやや改善されているものの，湖沼・近海の水質はほとんど横ばい状態にある．

外部との水の交換が少ない湖沼，内海などを閉鎖性水域という．こうした水域では流入してくる負荷物質が，外部へ流出しにくいため，水域内に蓄積する．大都市や工業地帯に面している閉鎖性水域では水質汚濁がいちじるしく，富栄養化が進行している．都市化が進んだ地域の霞ケ浦，諏訪湖，手賀沼などの湖沼ではアオコが発生している．外洋との海水交換が悪く，周辺からの流入負荷の大きい東京湾，伊勢湾，瀬戸内海などでは赤潮，青潮が発生している．

公共用水域の水質汚濁に係る環境基準は，人の健康の保護および生活環境の保全に関し，年間の平均値として，それぞれ定められている．人の健康の保護に関する環境基準は，すべての公共用水域につき，ただちに達成・維持されるように努めるものとするされており，8.1.1 項に記したとおりである．生活環境の保全に関する環境基準は，可及的速やかにその達成維持を図るものとするされている．各公共用水域につき利用目的の 5 類型に応じて，全窒素 1 mg L^{-1} ならびに全リン 0.1 mg L^{-1} を上限として定められている．農業用水については，全リンの基準値は適用しないと定められており，全窒素 1 mg L^{-1} 以下が基準となっている．

a. 河川，湖沼，近海の富栄養化の実態

環境省は平成 14 年 12 月 25 日付けで，平成 13 年度に国と地方公共団体が実施した全国の公共用水域の水質測定結果をとりまとめている．今回の調査では健康項目について 5,686 地点，285,392 検体，生活環境項目では 3,515 水域の 8,613 地点，427,854 検体について調査を実施した．このうち，健康項目 26 項目の環境基準達成率は 12 年度と同程度の 99.4% となり，生活環境項目の環境基準の達成率は，有機汚濁の代表的な水質指標である生物的酸素要求量 BOD（河川）・化学的酸素要求量 COD（湖沼および海域）項目で見た場合，河川で 81.5%，海域で 79.3%，湖沼で 45.8%，全体で 79.5% に達している．しかし，湖沼の達成率に見られるように閉鎖性水域での環境基準達成率は依然として低い．なお，全窒素と全リンの両項目で環境基準を達成していた湖沼，海域の割合は湖沼 36.7%，海域 82.1% となっており，湖沼の達成率が依然として低い．河川では，水の交換が多く，水中で酸素が乏しくなることも比較的少ないために，富栄養化しにくい．しかし，事業系から大量の栄養塩類が流入する状態にあると，富栄養化状態が継続する．

b. 湖沼・近海における富栄養化の発生機構

① 水中の藻類や植物性プランクトンが太陽光線を受けて，流入する窒素やリンなどを栄養源として増殖し，冬になるとこれらが枯死し腐敗する過程で窒素やリンを水中に放出する．このサイクルによって，湖沼・近海などの閉鎖性水域で栄養

塩類の濃度が次第に増加していく現象を富栄養化という．本来は数千年かかるこの現象が，近年では有機リン洗剤を含む生活排水や懸濁物質などが流れ込むことによって急激に加速された．

② 湖沼やダムなどにおける富栄養化の発生機構は，地下水の富栄養化と異なり，栄養塩類の外部からの流入と内部生産である．この内部生産は，懸濁物質に吸着されて湖沼や内湾に運ばれてきた窒素やリンが，湖沼・海の底に貯まり，酸素が消費され，気温が高くなると，無機化され，アオコなどが発生し，これによる大気中窒素の固定を促すことに起因する．冬には生物の遺体が，再び湖沼や閉鎖性内湾の底に堆積する．全窒素は，流入と窒素固定による増加ならびに底質における脱窒と水の流れに伴う流出およびヒトや鳥による取り出しによる減少と均衡するまで増加すると考えられる．一方，リンは流出と循環が基本で，水の流れに伴う流出はごくわずかであり，取り出しがわずかであれば，総量として減少せず，流入する分だけ年々増加することになる．

③ 懸濁物質の由来は，「事業系」や「生活系」の排水とともに農耕地を含む「その他系」からの土壌粒子流出などに起因すると指摘されている．閉鎖性水域の水質改善のために，流れ込む栄養塩類の総量を規制する計画が実施されている．濃度規制から総量規制への移行は，環境受容量の考え方からすれば当然のことである．また，流入を規制しても，上記の富栄養化の発生機構から，底質の除去やリン回収技術が開発・普及しない限り，水質改善にはかなりの時間が必要になると考えられる．

生活排水は，調理，洗濯，入浴などの日常生活に伴い公共用水域に排出され，工場などから排出される産業排水と区別されている．「水質汚濁防止法」（昭45法139）により今日まで工場排水などの規制，取り締まりを続けた結果，産業排水については改善されつつある．生活排水については対策が進まず，平成2年水質汚濁防止法を改正し，排水対策の総合的推進に関し規定が設けられた．これにより下水道の整備，し尿と台所などの雑排水をともに処理する合併浄化槽など地域に応じた施設の改善，普及が進められている．公共下水道が未整備な地域では，生活雑排水はそのまま川に流される．排水には，食物のカスや食用油，醤油，アルコール，合成洗剤，シャンプーなど様々な物質のほか，リンや窒素からなる有機物が含まれている．これらが河川，湖沼，海水の汚染や富栄養化を引き起こす．

水質汚濁が深刻な手賀沼やリンを含む洗剤の代りに石鹸の使用を推進する運動にもかかわらず富栄養化が進む琵琶湖など，生活雑排水は様々な地域で問題化している．東京湾の汚濁原因も，その44％が生活雑排水由来といわれている．

④ 土壌粒子の流出は以下の要因が重なると発生することが観察されている．強い降雨による土壌粒子の分散，圃場の傾斜による表面流去水の発生，土壌の無被覆などによる粒子を補足する植物の欠除などである．わが国は，土壌粒子などの懸濁物質が流出しやすい環境にある．すなわち，夕立，梅雨，台風などの気象条件，山地から平野までの距離の短い傾斜のきつい地理条件，普通畑作物に比べて生育期間の短い野菜の多回作による裸地状態の多発と長期化などの条件が整っている．

最近では，森林で間伐や枝打ちなどの手入れがきわめて不十分になり，林木間に太陽光が差し込まないために，林木間の土壌が下草によって被覆されず，土壌の保水機能が失われている．こうした状態のところに台風などの豪雨が襲うと林木間の土壌表面に堆積していた落ち葉などのリーターは速やかに土壌表面を流出し，続いて土砂流出が発生する．土砂はダムに流入し，富栄養化とダムの貯水能力の低下をもたらしている．

⑤ 近海における富栄養化の発生機構は，湖沼などにおける発生機構と類似している．異なる点は，近海では，アオコ発生に見られるような爆発的な窒素固定は起こらない．一方，湖沼などで沈殿しなかった微細な懸濁態物質が，高い塩類濃度によって，内湾などの近海で沈殿する．外洋との海水交換が悪く，周辺からの流入負荷の大きい東京湾，伊勢湾，瀬戸内海などでは，莫大な有機態リンが底質として蓄積していると見積もられている．これら閉鎖系水域における「その他系」からの流入負荷の寄与率は，各水域における集水域の大きさや事業所の数と規模，さらには生活系とし

ての人口により異なっているが，10～20% の範囲内にある．農業以外からの栄養塩類の排出対策が進むに連れて，この割合は上昇すると予測される．

c. 河川の富栄養化が生態系に及ぼす影響

河川の富栄養化により，新種の有毒な渦鞭毛藻が爆発的に増殖し，水中，大気中へと有毒なガスを放出し，河川に生息する魚を直接的に加害する例が報告されている．しかし，わが国での明確な報告事例は，幸いにして見あたらない．

d. 湖沼の富栄養化が生態系に及ぼす影響

湖沼やダムなどの閉鎖性水域では，富栄養化が進むと水中の溶存酸素が不足し，魚類や藻類が死滅し，水は悪臭を放つようになる．こうした状態に至らなくとも，水道水源として利用するとカビ臭が残るために，上水道処理場では，膨大な量の活性炭を投入して，カビ臭の除去に努めている．発がん物質の疑いがもたれている急性毒性物質ミクロキスティンを放出するアオコもいる．世界的には年間 100 名以上の急性中毒が報告されており，WHO は 1 L 当たり 1 μg の基準を設定している．わが国では湖沼に対して，「湖沼水質保全特別措置法」に基づく窒素・リンに係る汚濁負荷量規制を実施している．

e. 近海の富栄養化が生態系に及ぼす影響

外洋との海水交換が悪く，周辺からの流入負荷の大きい東京湾，伊勢湾，瀬戸内海などでは赤潮，青潮，貝毒が発生している．これらを防止するために「水質汚濁防止法」(昭 45 法 138)，「瀬戸内海環境保全特別措置法」(昭 48 法 110) などの排水規制をはじめとする措置が採されている．b 項⑤に記したように，周辺からの流入負荷の大きい東京湾，伊勢湾，瀬戸内海などでは，莫大な有機態リンが底質として蓄積していると見積もられており，流入する河川の水質が改善されても，今後も赤潮，青潮，貝毒は発生すると思われる．

赤潮とは，微小な藻類がいちじるしく増殖し，水が赤褐色になる現象をいう．赤潮などの発生は，しばしば魚介類の大量死をもたらし，漁業をはじめとする産業に多くの被害を与える．こうした現象を引き起こす原因は主として富栄養化にあるとされている．赤潮は北半球温帯域の工業化，人口集中の進んだ国の内湾，内海に多くみられたが，最近では発生がより大規模化，長期化し，発生海域が世界的に拡大している．

栄養塩類が内湾に流入し，その浄化能力（海洋生態系の有する受容量）を越え海水が富栄養化し，プランクトンが大量発生することがある．青潮とは，このプランクトンの大量発生により底層に貧酸素水塊ができ，風などによって岸近くの水面に移動し，青色ないし白濁色を呈する現象をいう．東京湾などで青潮の発生がみられ，アサリが死滅するなどの被害が出ている．

瀬戸内海などではカキ貝に貝毒が発生している．原因は，有害プランクトンが異常増殖し，カキなどがこれを蓄積することにある．最近では，海水中全リンの濃度が高くないのにもかかわらず，貝毒が発生している．毒素を生産しないプランクトンは，懸濁物質に含まれる有機態リンを栄養源にできないが，有毒プランクトンは有機態リンを栄養源に増殖が可能なことに起因すると考えられている．

日本海には，大量の栄養塩類が沿岸諸国から流入しており，巨大クラゲが我が国に漂着するなどの生態系への影響が懸念される．

8.1.3 地域環境の汚染制御法

汚染の原因は，面源としての家庭から排出される生活排水由来の生活系と農耕地土壌由来などのその他系であり，点源としての工場や畜産団地などの事業所由来の事業系である．面源と点源それぞれに対策が必要となる．富栄養化をもたらす栄養塩類として，溶存態の窒素と懸濁態のリンを対象にする必要がある．対策の基本は，面源・点源における排出量の削減につきる．具体的には，排出量削減のための生産技術と消費スタイルの全般にわたる再構築が必要であり，それぞれの分野におけるライフサイクルアセスメント LCA 手法による見直しに基づく削減計画の立案・実行，主要な地点を対象とするモニタリングによる計画の妥当性の点検が欠かせない．以下，面源対策として

の農耕地からの栄養塩類による汚染の抑制法を，技術的ならびに制度的な側面などから記述する．

a. 技術的な側面

土壌がさまざまな化学物質などを収着，保持，分解する機能は，環境負荷物質の拡散防止，浄化の機能として評価されてきた．しかし，先進各国では農業など人間活動の量的・質的増大によって，土壌生態系の受容量を超えて負荷が加わるため，浄化機能をもつ土壌が二次的汚染源となっている．ここに，問題の深刻さがある．現在の生産技術は，農業生態系のもっている窒素や有害物質などの環境受容量をはるかに超えていると思われる．環境と共生した安心・安全を優先した技術の開発・普及や食生活の改善による消費の抑制などが急務である．

速やかに実施する必要がある課題として，投入する窒素，リンの削減のために，施肥基準の刷新が不可欠である．その際に，①面積あたりの窒素投入と作付体系を重視した年間の窒素収支に基づいた窒素の施用量と施用法の見直し，②かつての施肥概念の転換と土壌診断に基づく施肥，すなわち，わが国の畑土壌の大部分はリン酸欠乏，水稲の冷害軽減にリン酸多肥が有効などの施肥概念を転換し，土壌蓄積リンの診断に基づく施肥リンの削減と局所施肥等の導入は避けて通れない．さらに，崩壊している畑作体系について，③土壌残存養分の回収と流出防止を重視した環境保全のための作付け体系（とくに冬期の裸地解消）の復活，ならびに，④養分の農地外流出防止技術の導入（グリーンベルトなどの設置）である．

開発すべき技術として，①養分利用率の高い野菜の育種，②養分利用率を飛躍的に向上させる施肥技術，③耕種農家に歓迎される家畜糞堆きゅう肥の調製技術，④土壌や堆きゅう肥などの有機質資材からの窒素，リンの供給量予測技術，⑤リンの農地外流出量と土壌蓄積量の定量的把握，⑥農業者による資材投入量削減の評価方式が上げられる．

b. 制度政策的側面

技術的課題の解決と研究成果の普及のために，制度政策的な支援が不可欠である．農地からの硝酸態窒素の排出規制先進国EUでは，法的規制力を有する硝酸塩指令（EEC）676/91が機能している．その概要を西尾（2002）は，以下のようにまとめている[4]．

①対象とする地帯（ゾーニング）：1L当たりの硝酸NO_3として50 mg（NO_3-Nとして11.3 mg）以上かその恐れのある地下水・表流水ならびに富栄養化したかその恐れのある表流水の地帯，②硝酸塩脆弱地帯の指定（国全体としても指定可能）と水質モニタリングの実施，③指定地帯内では行動計画の遵守と地帯外では優良農業行為規準の遵守と義務化，④指定地域内での還元可能な家畜糞尿窒素量の年次計画に基づく段階的削減行動計画の策定と実施，⑤必要な措置の実施が不十分な国に対する欧州裁判所による提訴．

なお，硝酸塩脆弱地帯内での行動計画の要件として，ⅰ養分投入を禁止する期間（時期）の指定，ⅱ養分施用禁止期間に貯留する家畜糞尿貯留装置の容量を策定，ⅲ家畜糞尿の土壌還元量の制限（170 kg N/ha以下），さらに，硝酸塩脆弱地帯外の優良農業行為規準の要件として，ⅰ農地への肥料の施用が不適切な期間，ⅱ急傾斜地などへの肥料施用条件，ⅲ水飽和，冠水，凍結または積雪状態の農地への肥料施用条件，ⅳ水系近傍の土地への施肥条件，ⅴサイレージ廃液や家畜糞尿の表面流去や漏水による地下水や地表水の汚染防止方策を含む家畜糞尿の貯留装置の容量と建設条件，ⅵ水系への養分流出を許容水準以下に維持するための施用量および均一散布を含む化学肥料と家畜糞尿双方の農地への施用方法などが総括的に，かつ，定量的に定められている．

わが国においても，都道府県などの長が調査結果に基づいて地下水の硝酸態窒素汚染を削減する計画の立案と推進，モニタリングによる計画の妥当性判定，必要があれば計画の再検討を行うことが，2002年に決定している．

施肥による水域環境の汚染を抑制するためには，制度政策による誘導が必要であり，その国民的なコンセンサスとして，ⅰ国民の共有財産としての水域環境を保全する，ⅱこのために必要な法的規制を行う，ⅲより効果的な養分利用技術を開

発・普及する，ⅳ共有財産としての水域環境の保全に努力する農業者に作物収量減を補う直接的な奨励金を支給する，などが必要であろう．

c. わが国における地域環境汚染制御の具体例

農耕地からの硝酸塩の溶脱を防止するための肥料形態や施肥技術についてはきわめて多くの試験結果が集積されている．これらのなかで，実際に一定の地域的広がりをもって実践され，効果を挙げている事例の一部を紹介する．

① 鹿児島県茶農業試験場の現地圃場試験結果では，秋肥窒素の一部を家畜ふん堆肥で代替し，春肥，夏肥，秋肥の年3回に被覆尿素配合を利用し，これに芽出し肥（速効性の化成肥料）を組み合わせることにより，収量，品質を維持しながら年間窒素投入量を従前の多肥栽培の10a当たり92kgから50kgまで低減させることに成功している．年間の生茶収量はほとんど変わらず，溶脱する窒素の平均濃度は多肥栽培の1L当たり20mgに比べて8.3〜9.4mgと50%以上低下し，環境規準値をクリアしている．

家畜ふん堆肥，窒素の放出を制御できる被覆肥料ならびに従来の速効性化成肥料を組み合わせた，窒素放出特性を考慮した総合的な施肥窒素管理による具体例として注目される．

② 岐阜県各務原市のニンジン栽培地域では，ニンジンに対する施肥量を大きく減少させることにより，地下水の硝酸態窒素の濃度を減少させることに成功した．施肥量は1970年の10a当たり26.6kgから1991年の13.3kgへと半減し，結果としてその地域の地下水の硝酸汚染はいちじるしく改善された．すなわち，最高汚染区域でも1988年の1L当たり25〜30mgから1997年には10〜15mgに下がっている．

岐阜県農業試験場による施肥試験結果によれば，慣行区（10a当たり21.0kg）では肥料窒素の吸収率が27.3%に対して，被覆緩効性肥料を用いた減肥区（16.3kg）では，44.0%と算出されている．施肥法の改善による肥料窒素の吸収効率の向上がいちじるしい．各務原市は施肥窒素基準量として15.0kgに設定し，さらに，土壌の作物生産力の向上と土壌に蓄積した窒素の回収を目的として，クリーニングクロップとしてソルゴーやトウモロコシを導入し，その作付面積が年々増加している．

作物の窒素吸収様式にあわせた被覆緩効性肥料を中心とする施肥法の改善とクリーニングクロップ導入による具体例として注目される．

③ 沖縄県の宮古島はサンゴ石灰岩を基盤とした比較的平坦な島で，河川はなく，飲料水を含むすべての用水を地下水に依存している．この地下水の硝酸態窒素濃度は1960年代末には1L当たりわずか2mg程度であったが，1980年代には約4倍の8mg程度に増加していることが判明した．このため，1988年に宮古島地下水水質保全対策協議会が組織され，地下水の硝酸汚染対策に積極的に取り組んできた．全島にわたる地下水水質調査が定期的に行われ，その主要原因とされるサトウキビに対する施肥の改善やその他の対策が効果をあげ，主要な水道水源の硝酸態窒素濃度は，昭和62〜平成元年度の飲料水基準を超える寸前の値をピークにして漸減し，平成5年度以降ほぼ横ばいになっている．全島民に地下水の硝酸汚染に関する情報がよく伝えられ，窒素施肥量の節減などに対する協力が得られたためである．

宮古島でとられた対策は総合的である．生活排水の浄化槽処理と処理水の灌漑利用，主要作物サトウキビの窒素施肥量を10ha当たり年間10.8〜35.7（平均20.7）kgに抑制し，施肥時期をサトウキビの窒素吸収に対応するように改善した．また，肥効調節型肥料や緩効性肥料の施用による窒素吸収率の向上と窒素溶脱の減少を図った．さらに，宮古島で盛んな肉牛飼養から産出される堆きゅう肥を積極的に農地還元し，化学肥料の節減を図った．馬鈴薯，葉たばこ，カボチャなどの輪作ならびに緑肥作物の導入なども効果を挙げる要因になっている．宮古島における肥料による窒素供給量の推移は，最高時に比べて30%以上に及ぶ顕著な減少を示している．

宮古島の窒素収支はほぼ完全に把握され，窒素収支が地下水の硝酸濃度に及ぼす影響も一定の前提のもとに推定されている．すなわち，施肥と家畜ふんなど有機物に由来する年間の窒素負荷量と寄与率，年間の降雨量と地下への浸透水量を基に

して，地下水への年間の窒素負荷量と寄与率が推定されている．このように，地域における地下水への窒素負荷量が推定され，この結果に応じて地域における家畜ふんなど有機物の循環を考慮して，環境保全型農業の施肥基準などが樹立された具体例として注目される． 〔上沢正志〕

文 献

1) 熊沢喜久雄：土肥誌, **70**, 207-213 (1999)
2) 袴田共之：インベントリー, **2**, 21-22 (2003)
3) 西尾道徳：土肥誌, **72**, 522-528 (2001)
4) 西尾道徳：土肥誌, **73**, 256-258 (2002)

8.2 地球環境の汚染

8.2.1 温室効果ガスの発生とその評価

a. 温室効果ガスの発生実態

1) 地球温暖化と温室効果ガス

大気中に存在する温室効果ガスにはさまざまなものがあるが，地球温暖化に対する寄与から，二酸化炭素，メタン，亜酸化窒素，およびハロカーボン類（フロンなど）がその主要なものとされる．このうち，二酸化炭素，メタン，および亜酸化窒素はもともと自然界に存在していたものであるが，いずれも，産業革命以降，急激に大気中濃度を増加しており，明らかに人間活動の拡大が関係していると思われる（図8.1）．これらの温室効果ガスの大気中での増加により，過去100年間に地球の平均気温は0.6℃上昇し，地球全体の雪氷面積の減少，海面水位の上昇など地球環境の変化がすでに顕在化していることが示されている．そして，21世紀末には地球の平均気温は1.4～5.8℃上昇し，さまざまな気候変化の引き起こされることが懸念されている[1]．

地球温暖化に対するそれぞれの温室効果ガスの効果は，大気中の濃度と地表から放射される赤外線の吸収効率から求められる．それぞれのガスの赤外線吸収効率は，種類によって異なっており，二酸化炭素を1とした場合の地表から放出された単位質量あたりの温暖化効果の比，すなわち，地球温暖化係数（GWP : global warming potential）で表される．それぞれの温室効果ガスの大気中での寿命が異なるため，GWPはその残留効果を考慮に入れて評価されるが，100年間の累積では，メタンと亜酸化窒素のGWPは，それぞれ，23および296と算出される[1]．このように，メタンも亜酸化窒素も二酸化炭素よりもはるかに高い赤外線の吸収効率を示すため，大気中濃度が二酸化炭素の百分の1以下であるにもかかわらず，大きな温室効果をもたらす．産業革命以降におけるメタンと亜酸化窒素の地球温暖化への寄与率は，二酸化炭素が全体の64%であるのに対し，それぞれ全体の約20および6%を占めている．

2) 成層圏オゾンの減少へのかかわり

大気中の水蒸気，メタン，亜酸化窒素，およびハロカーボン類は成層圏において光化学反応により解離し，反応性の高いラジカル（OH, NO, Clなど）を生成する．これらのラジカルは，その触媒作用によって次々と連鎖的にオゾンを分解してゆく（(1)～(3)）[2,3]．

$$X + O_3 \rightarrow XO + O_2 \quad (1)$$
$$XO + O \rightarrow X + O_2 \quad (2)$$
(X は OH, NO, Cl などを示す．)

$$合計：O_3 + O \rightarrow 2O_2 \quad (3)$$

南極上空に毎年春（9～10月）に出現する「オゾ

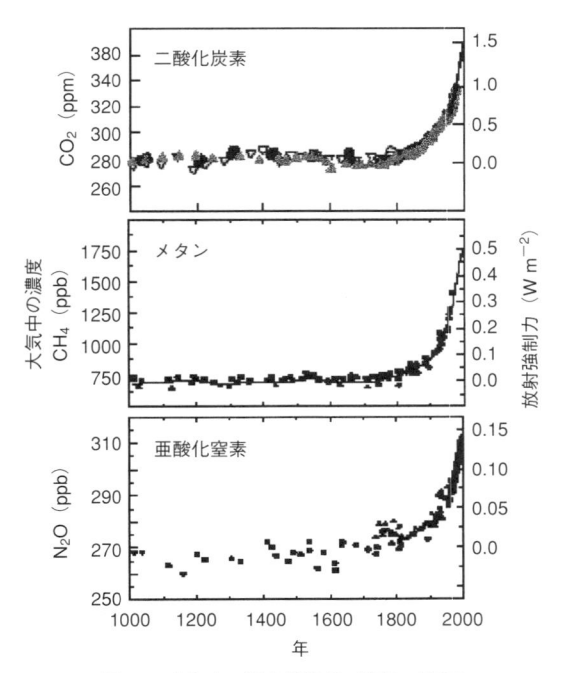

図8.1 大気中の温室効果ガス濃度の変化[1]

ンホール」に代表される，近年の成層圏オゾン破壊の進行は，主として，フロン，ハロン，ハイドロクロロフルオロカーボン，臭化メチルなど，ハロカーボン類の大気中濃度の増加による[3,4]．しかし，メタンと亜酸化窒素も成層圏オゾンの生成・分解反応に深くかかわっている．

メタンの場合は，成層圏オゾンの分解を促進する方向にも，抑制する方向にも働く．メタンは成層圏での分解反応から水蒸気を供給するが，水蒸気から生成された OH ラジカルは式 (1) の反応によりオゾンを分解する．一方，メタンは Cl ラジカルと反応し，これを不活性な HCl とすることで，塩素によるオゾン分解サイクルを終結させる作用をもつ．したがって，人為起源のハロカーボン類の放出がなかった過去の地球では，ハロカーボン類によるオゾン破壊を緩和していると考えられる．

亜酸化窒素の成層圏オゾンに対する効果もメタンの場合とよく似ている．亜酸化窒素そのものは，成層圏で NO ラジカルを生成することから式 (1) によりオゾンを破壊する．モデル計算によると，ハロカーボン類のない場合，大気中の亜酸化窒素濃度が 2 倍になると全高度の総オゾン量を約 6% 減少させることが示されている[5]．一方，ClO ラジカルが存在する場合，亜酸化窒素から生成する NO ラジカルがこれを不活性化するため，ハロカーボン類によるオゾン破壊が緩和される．

3) 施肥に伴う温室効果ガスの発生

以上述べた大気の温室効果増大や成層圏オゾン減少に影響を及ぼす微量ガスのうち，施肥との関係が重要であるのは亜酸化窒素とメタンである．これらのガスは，いずれも，化学肥料と有機質肥料の施用により農業生態系内での窒素と炭素の循環量が増加した結果，農耕地土壌からの発生量が増加している．

図 8.2 に，気候変動に関する政府間パネル（IPCC）がまとめた地球規模での亜酸化窒素とメタンの発生源とその発生量推定値のうちわけを示す[6]．亜酸化窒素については，約半分が海洋，森林，サバンナといった自然発生源から，残りの約半分が農耕地，畜産廃棄物，バイオマス燃焼，その他の産業活動といった人為発生源である．これら人為発生源のそれぞれが，大気亜酸化窒素の濃度増加にかかわっていると考えられるが，そのなかでも農業活動の寄与はきわめて大きい．メタンについては，湿地，シロアリ，海洋などの自然発生源からの発生量は全体の約 30% で，残りが人為発生源からのものである．このうち，人為発生源は大きく 2 つに分けられ，天然ガスの採掘，輸送時の漏れ，石炭採掘，石油工業過程，および石炭燃焼といった化石燃料起源のものと，反すう動物の消化活動，水田耕作，バイオマス燃焼，埋立て地，畜産廃棄物，および下水処理といった生物圏起源のものに分けられるが，こちらも農業セクターの重要性が示唆される．加えて，第二次大戦後における世界的な窒素肥料使用量の急激な増加や水田耕作面積の大幅な拡大が，これらのガスの大気中濃度増加に大きく影響してきたことは明らかである．

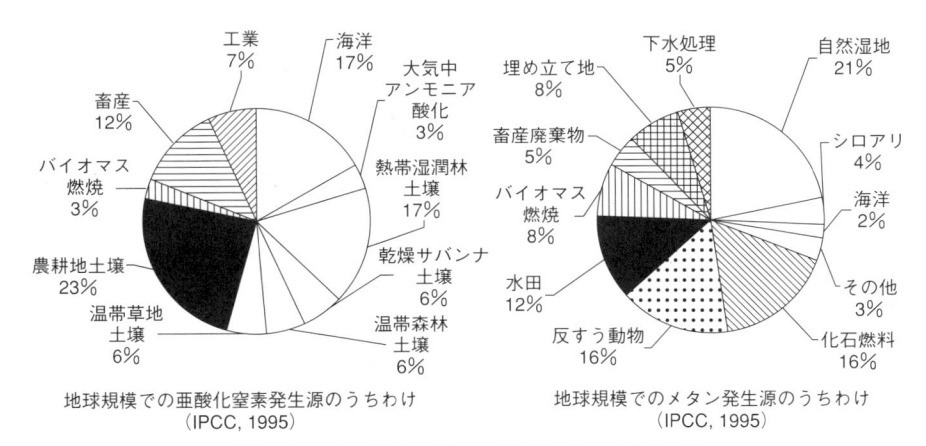

図 8.2 地球規模での亜酸化窒素およびメタンの発生源[6]
白抜きは自然発生源を，パターンの入っているものは人為発生源をそれぞれ示す．

地球規模での亜酸化窒素発生源のうちわけ（IPCC, 1995）
- 工業 7%
- 海洋 17%
- 大気中アンモニア酸化 3%
- 熱帯湿潤林土壌 17%
- 乾燥サバンナ土壌 6%
- 温帯森林土壌 6%
- 温帯草地土壌 6%
- 農耕地土壌 23%
- バイオマス燃焼 3%
- 畜産 12%

地球規模でのメタン発生源のうちわけ（IPCC, 1995）
- 下水処理 5%
- 自然湿地 21%
- 埋め立て地 8%
- シロアリ 4%
- 畜産廃棄物 5%
- 海洋 2%
- バイオマス燃焼 8%
- その他 3%
- 水田 12%
- 反すう動物 16%
- 化石燃料 16%

b. 施肥窒素からの亜酸化窒素発生の評価
1） 発生機構

亜酸化窒素は土壌中で，アンモニウム態窒素（NH_4-N）が好気条件で酸化を受け硝酸態窒素（NO_3-N）へと変換される硝酸化成（＝硝化），および硝酸態窒素が湛水土壌や好気土壌の団粒内部などの嫌気条件下で還元を受け窒素ガスへと変換される脱窒の両方の過程で副生成物として生成される．硝化および脱窒は，ともに，主としてそれぞれの反応に特異的に関与する微生物により進められる[7]．同じガス態の窒素酸化物であり，光化学スモッグや酸性雨の原因物質である一酸化窒素（NO）も同様にこれらの過程での副生成物として生成される[8]．

土壌中での硝化過程は，アンモニウムから亜硝酸への酸化と，亜硝酸から硝酸への酸化の2段階からなり，それぞれ別の微生物群により反応がすすめられる．硝化過程での亜酸化窒素生成には，2段階の反応系のうち，前者のアンモニウムから亜硝酸への酸化が関係し，式(4)に示す生成経路によると考えられる．

$$NH_4^+ \rightarrow NH_2OH \rightarrow [HNO] \rightarrow NO_2^- \rightarrow NO_3^- \quad (4)$$
（NO_2^-の上にN_2O）

一方，脱窒については，硝化とは異なり，きわめて広範囲の微生物がこの活性能を有する．式(5)に示すように，脱窒過程において，亜酸化窒素はこの過程における中間生成物であり，亜硝酸からの亜酸化窒素生成速度と亜酸化窒素から窒素への生成速度の差により，この過程における亜酸化窒素生成速度が決定される．

$$NO_3^- \rightarrow NO_2^- \rightarrow [X] \rightarrow N_2O \rightarrow N_2 \quad (5)$$
（[X]とN_2Oの間の上にNO）

化学肥料が土壌に加えられた場合，アンモニウム態あるいは硝酸態のものであれば直接これらの硝化・脱窒作用を受ける．尿素の場合は，まず，土壌中のウレアーゼ活性によりアンモニウムに変換される．有機態肥料，作物残渣，および土壌有機物などの有機態窒素の場合，微生物による分解を受けて放出されるアンモニウム態窒素が上記の硝化・脱窒反応を受ける．

これらのガスの生成プロセスは，図8.3で示されるような「穴あきパイプモデル（hole-in-the-pipe model）」により概念的に表すことができる[9]．すなわち，硝化・脱窒のそれぞれの過程で，変換される窒素の一部がパイプの穴から漏れ亜酸化窒素や一酸化窒素になるが，パイプの穴の大きさ，すなわちこれらの微量ガスの生成割合は様々な要因によって制御される．

2） 発生実態と発生制御要因

畑地や草地などの農耕地土壌では，窒素施肥に伴った特徴的な亜酸化窒素発生パターンを示す．図8.4は，茨城県つくば市の淡色黒ボク土圃場に

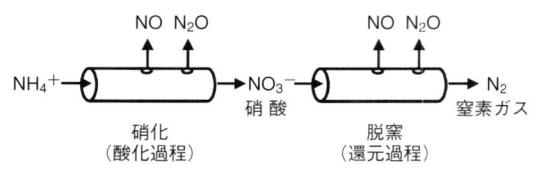

図8.3 微生物（硝化細菌，脱窒細菌）による一酸化窒素（NO）と亜酸化窒素（N_2O）の生成の「穴あきパイプモデル（hole-in-the-pipe model）」[9]

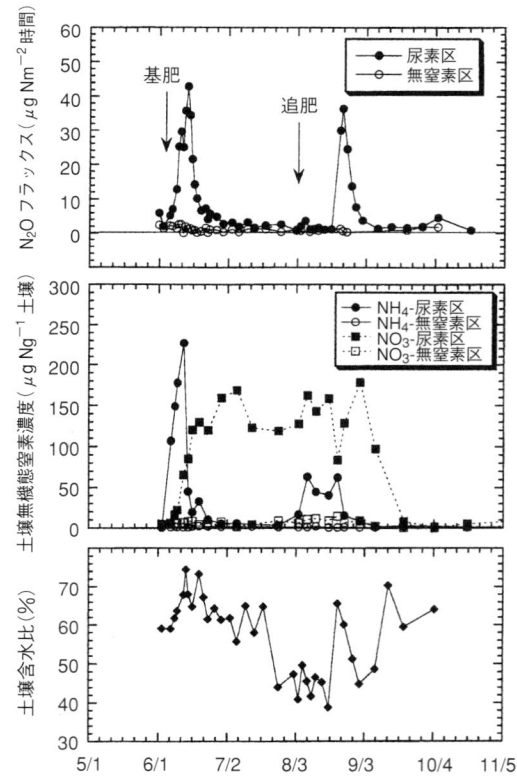

図8.4 ニンジン畑からの亜酸化窒素発生量，土壌無機態窒素濃度および土壌含水比の変動

おいて6月から10月までニンジンを栽培しながら調査を行った結果であるが，亜酸化窒素フラックスは基肥施肥の直後にピークを示している[10]．土壌の無機態窒素のデータは，この時期に活発な硝化が進んでいたことを示し，硝化過程による亜酸化窒素の生成と発生を示唆している．一方，8月はじめの追肥後，亜酸化窒素はごくわずかしか発生していない．この時期は降雨がほとんどなく，土壌がきわめて乾燥した状態であったことが亜酸化窒素発生を抑制したと考えられる．しかし，8月中旬の降雨により土壌水分含量が高まると栽培初期と同程度の大きな亜酸化窒素フラックスのピークが現れているが，ここでも活発な硝化が進んでいたことが示唆されている．ここで示されるように，畑地からの亜酸化窒素発生には窒素施肥に伴う土壌中の無機態窒素濃度の増加とそれらの変換速度が決定的な制御要因となっている．これに加えて，土壌の水分や温度による反応の制御もきわめて重要な要因である．

一方，土壌や気候条件によっては，脱窒過程からの亜酸化窒素発生が重要である場合がある．この場合には，施肥による対応ではなく，土壌中の硝酸態窒素の蓄積と降雨や雪解けなど土壌水分量の変化に伴って脱窒活性が高まり，その結果，亜酸化窒素発生ピークの現れる場合が多い．

水田における湛水期間中の亜酸化窒素発生は無視できる程度のものであるが，収穫前の落水処理後とその後の非湛水期間にはある程度の亜酸化窒素発生が見られる．一方，水稲耕作期間であっても，窒素施肥量が多かったり，強い中干しなどの比較的長期にわたる落水処理を行った場合には，大きな亜酸化窒素発生が報告されており，水田からの亜酸化窒素発生には，施肥のタイミングとともに湛水-落水サイクルといった水管理が重要な要因となる[11]．

農耕地土壌から直接大気へ発生する以外に，施肥窒素由来の亜酸化窒素発生プロセスとして，農業地帯の地下水や河川水からの脱ガスによる亜酸化窒素の間接発生が指摘されている[8]．このプロセスにおける亜酸化窒素の生成過程や発生量については，十分明らかにはされていないが，IPCCの報告書では，その地球規模の発生量は土壌の直接発生量に匹敵する可能性が指摘され，重要な未解明の発生源とされている[1]．

3） 発生量評価

前述のとおり，農耕地からの亜酸化窒素発生に対し，施肥窒素量とそれによる土壌中の窒素代謝量がきわめて重要な制御要因となっている．そこで，亜酸化窒素発生量の評価には，施肥窒素量あたりの発生率（または排出係数）が用いられる．発生率は式（6）により求められる．

$$R = (E - E_0)/N_{appl} \times 100 \quad (6)$$

ここで，R は施肥由来の亜酸化窒素発生率(%)，E は窒素施肥区からの亜酸化窒素発生量（kg N ha^{-1}），E_0 は窒素無施用区からの亜酸化窒素発生量（kg N ha^{-1}），N_{appl} は窒素施肥量（kg N ha^{-1}）をそれぞれ表す．

これまでに世界の各地で農耕地からの亜酸化窒素発生量が測定されている．その結果，亜酸化窒素発生量や発生率(R)は，投入される窒素肥料の種類と量，農地の土壌タイプ，土壌水分，地温，栽培作物などにより変動することが示されている．Bouwman(1996)[12]は，これらのデータベースを構築・解析し，農耕地からの亜酸化窒素発生量が式（7）に表される単純な式により回帰されることを示した．

$$E = 1 + 0.0125 \times N_{appl} \quad (7)$$

ここで，E は亜酸化窒素発生量(kg N ha^{-1})，N_{appl} は窒素施肥量（kg N ha^{-1}）をそれぞれ表す．すなわち，土壌からのバックグラウンドの亜酸化窒素発生量の平均値が1 kg N ha^{-1}であり，これに窒素施肥量(N_{appl})に発生率(R)の平均値である1.25%を乗じて求めた施肥由来の亜酸化窒素発生量を加えることにより，農耕地からの亜酸化窒素発生量を推定可能だということである．この式と，1990年における世界の窒素使用量（窒素換算で8千万t）と耕地面積（14.4億ha）から，バックグラウンドおよび施肥由来の農耕地からの亜酸化窒素発生量は，それぞれ，1.4および1.0 Tg N（窒素換算でそれぞれ140万tおよび100万t）と推定される．

わが国においては，1992～1994年にかけて行われた，農耕地からの温室効果ガス発生に関する全国的なモニタリングデータをもとに亜酸化窒素発

生量の評価が行われた[13]．その結果，作物，施用窒素形態，および有機物管理の異なる試験結果のほとんどで，施肥窒素量に対する亜酸化窒素発生率（R）が 0.1～5％ の範囲内であるが，多くの場合，Bouwman により求められた 1.25％ よりは低いこと，一方，茶園土壌できわめて高い発生が見られることなどが明らかになった．また，わが国の農耕地土壌からの化学肥料施用による亜酸化窒素総排出量（4.42 Gg N yr^{-1}，窒素換算で年間 4,420 t）が推定され，わが国の排出目録（インベントリー）の基礎として使用されている．

4）発生制御法

農耕地土壌から発生する亜酸化窒素を制御するためには，まず，施肥窒素量を削減するなど，土壌中のアンモニウム態および硝酸態窒素プールをできるだけ小さくし，硝化や脱窒により変換される無機態窒素量を少なくすることが考えられる．しかし，このことは同時に，作物が吸収できる窒素量を制限することになる．したがって，より現実的には，作物による無機態窒素吸収効率を高め，無駄に環境中へ放出される窒素の流れを制御することである．このことは，亜酸化窒素や一酸化窒素などのガス発生だけでなく，施肥窒素由来の別の重要な環境問題である地下水の硝酸汚染軽減にもつながるものである．

作物による施肥窒素の吸収効率を高め，環境への窒素のロスを少なくするためには，作物が必要なときに必要なだけ窒素を施用する必要がある．そのための技術としては，①窒素肥料の施用時期の改善，②窒素肥料のより頻繁な分施の実行，③局地施肥など作物にとってより効率的な位置への窒素肥料の施用，などが考えられる．また，一般に，窒素肥料投入量の増加に対して，作物収量はあるところまでは直線的に増加するが，一定量以上では頭打ちになる一方，環境負荷はどこまでも増加し続ける．作物の収量や品質と窒素肥料の投入量との関係を作物や土壌タイプごとに検討し，土壌環境容量を超えず，かつ高い収量が維持されるような食糧生産と環境保全とを調和させるための適正な窒素肥料投入量と投入方法を示し，広く普及させる努力も必要であろう．さらに，土壌微生物による土壌中無機態窒素の固定化を促進するために，有機物施用を促進することも効果的であろう．

別の方策として，肥料の種類を選択することによる亜酸化窒素発生の制御も可能であろう．亜酸化窒素発生率は窒素肥料の形態により異なるが，亜酸化窒素発生率の高い無水アンモニアの使用や硝酸態窒素を水分含量の高い土壌に施用することを避け，発生率の低い形態の肥料を使用することが勧められる．一方，緩効性肥料や硝化抑制剤，ウレアーゼ阻害剤など新しいタイプの肥料の使用も亜酸化窒素発生の抑制に効果的であろう．さまざまな被覆型，あるいは化学結合型緩効性肥料は無機態窒素の土壌中への放出を制御し，作物による窒素吸収効率を高めるものである．その結果，窒素のロスを減少させ亜酸化窒素発生や硝酸の溶脱を軽減することが期待される．

c. 水田からのメタン発生の評価

1）発 生 機 構

他の多くの発生源と同様に，水田において，メタンはメタン生成菌と呼ばれる一群の絶対嫌気性細菌の活動により生成される．メタン生成は，嫌気条件下での物質代謝の最終ステップであり，メタン生成菌は他の生物が複雑な有機物を分解して排出した低分子化合物からメタンを生成する（図 8.5）．絶対嫌気性細菌であるメタン生成菌の特性

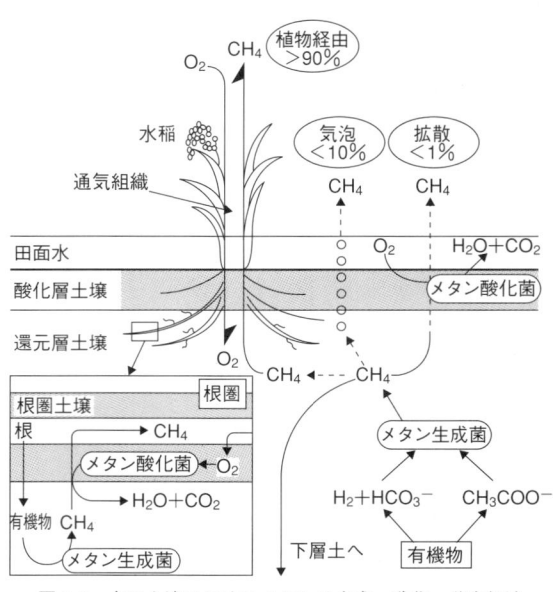

図 8.5 水田土壌におけるメタンの生成・酸化・発生経路

から，土壌中でのメタン生成には，湛水に伴う土壌の還元の発達が不可避な条件となる水田土壌では，湛水開始後，土壌中の酸化物質が徐々に還元され，酸化還元電位(Eh)が－150 mV 程度に低下した後，メタン生成が開始される[14]．

水田では，土壌中で生成されたメタンは，①気泡として，②田面水中を拡散して，③水稲を通って，のいずれかの経路で大気へと放出される（図8.5）．また，一部は水の浸透とともに下層や水平方向に移行する．このうち，量的に最も重要なのは，水稲を通って放出される経路である．稲やアシのような水性植物では，稈（茎）や根の内部に通気組織と呼ばれる空気の流通する組織が発達している．通気組織は，大気中の酸素を強い還元環境下にある根の細胞に運ぶ経路となっており，この組織の発達により水性植物は還元的な土壌においても生育可能となる．

水田の場合，水稲がある程度成長してから後は，多くのメタンがこの経路を酸素と逆の向きに通って大気へ放出される．この場合，水稲根内外の濃度差から根内に入ったメタンは即座にガス化し，通気組織を拡散して地上部に輸送され，茎下部の葉鞘内部の節板付近や葉鞘表面の微小な孔（micropores）より放出される[15]．

水田土壌中にはメタンを酸化分解する別の一群の細菌（メタン酸化菌）が存在する．一般に，メタン酸化菌の活性には酸素（O_2）を必要とすることから，水田土壌においては，その活性は土壌表層の酸化層や水稲根圏などに限られている．土壌表層と田面水中を拡散して行く発生経路では，土壌表層の高いメタン酸化活性により，大部分のメタンが分解され発生量は少なくなる．

2) 発生実態と発生制御要因

水田からのメタン発生にはいくつかの特徴的な変動パターンがみられる．1日のうちでは，フラックスは午後から夕方に高く，早朝に低いといった表層土壌の温度変動に伴う日変動が観察される．また，1日のフラックスの振幅は日ごとに異なった大きさとなっている．このようなメタンフラックスの日変動は表層土壌の温度変動と相関が高く，地温の日変動に伴う土壌中でのメタン生成速度の変動が，メタンフラックスの日変動に直接反映することを示している．

一方，水稲栽培期間の各ステージにおいてもメタン発生は顕著な季節変動を示す．世界の各地で測定された季節変動パターンはさまざまであり，地温以外のいくつかの要因がかかわっていると考えられる．一般的には栽培の後期に高いフラックスがみられる場合が多いが，栽培初期や中期に高いフラックスがみられる場合もある．図8.6に茨城県の水田での一例を示す．この場合，土壌を湛水し水稲を移植後，水管理に伴って多少の振動はあるものの時間の経過とともにメタンフラックスは少しずつ増加している．そして，9月上旬の落水に伴い，土壌中に蓄積されていた多量のメタンを放出した後，メタン発生はほぼ終了している．

世界の各地で測定されたメタンフラックスの季節変動パターンは様々であり，同一の土壌でも処理や測定年次により異なる．これは，地温以外のいくつかの要因がフラックスの季節変動に大きくかかわっていることによると考えられる．そのなかでも，最も重要な要因は，新鮮有機物の分解と土壌の酸化還元電位（Eh）の変動であろう．栽培初期に見られる高いメタン発生は刈り株や雑草，

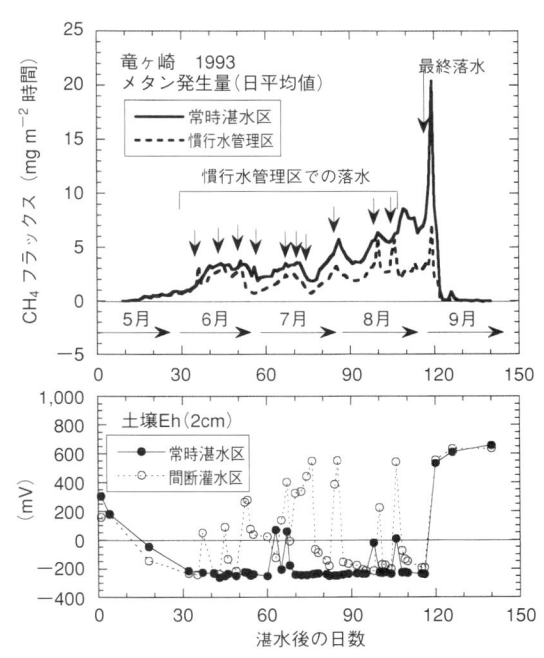

図 8.6 水管理が水田からのメタン発生の季節変動に及ぼす影響

表8.1 水田からのメタン発生軽減技術の候補とそれぞれの技術の評価

抑制技術	メタン発生抑制効果	適用時の問題点							
		適用範囲		経済性		収量への影響	地力への影響	開発時間	他のトレードオフ効果
		灌漑水田	天水田	費用	労力				
水管理									
間断灌水	◎	○	●	～	↑	+	～	○	N$_2$発生の可能性有り
短期湛水	◎	○	●	～	～	−	−	○	N$_2$発生の可能性有り
排水促進	◎	○	●	↑	↑	+	～	○	硝酸溶脱の可能性有り
肥料・資材									
硫酸肥料	◎	○	○	↑	～	△	−	○	硫化水素障害の可能性有り
含鉄資材	◎	○	○	↑	↑	△	−	○	
客土	○	○	○	↑	↑	−	−	○	
有機物管理								○	
堆肥化	◎	○	○	↑	↑	+	+	○	
酸化分解促進	◎	○	○	～	↑	～	～	○	
燃焼	○	○	○	～	↑	～	～	○	大気汚染
その他									
深耕	○	○	○	↑	↑	−	−	○	
不耕起	?	○	○	～	↓	−	−	○	
輪作	○	○	△	～	↑	−	−	○	
品種選抜	○	○	○	～	～	～	～	●	

◎きわめて効果的, ○効果的, 問題なし, △場合による, ●問題あり, ?不明.
↑増加, ↓減少, ～同程度, ＋プラス効果, −マイナス効果.

あるいは有機質肥料の急激な分解に由来する．また，水田の湛水に伴う土壌 Eh の低下は，メタン生成菌の活動のための必須条件であり，土壌 Eh の変動は土壌中のメタン生成量そのものを左右するものである．栽培中期および後期に見られるフラックスのピークは，土壌 Eh が低下し温度が上昇した結果であることが多い．さらに，中干しなどの水管理によりメタンフラックスの急激な減少が観察される．そのほかに，水稲バイオマスの増大がメタンフラックスの増大と相関を示すことが報告されており，有機物の供給や大気への輸送に関する水稲の役割が示唆されている．

3) 発生量評価

1980年代以降，世界の各地で水田からのメタン発生の測定が行われ，発生量と気候や処理によるその変動が報告されている．これらの測定結果をまとめると，水稲栽培期間の1時間平均のメタンフラックスは多くの場合1 m^{2}当たり数 mg～数十 mg，栽培期間全体のメタン発生量は1 m^{2}当たり1 g～100 gの範囲にあり，測定地点や処理によりメタン発生量が大きく異なる．とくに，有機物を多く施用した場合，大きなメタン発生が観察されている．世界各地の水田におけるメタン発生量の変動は，温度や降雨などの気候条件，土壌の理化学性，有機物や水管理などの耕作管理方法，水稲品種の違いなど，様々な要因が関係し，図8.5に示される生成─酸化─発生の各プロセスが複雑に絡み合った結果である．

このような世界各地における実測データをもとに，発生制御要因の効果を考慮した単位面積あたりのメタン排出係数と水稲栽培期間・栽培面積の統計値を掛け合わせる方法により，広域でのメタン発生量が評価される[16]．このような方法により推定された，地球規模での水田からの年間メタン発生量については，1990年以降，IPCCの報告書に取りまとめられており，1995年の第二次報告では約60 Tg（6千万 t）で，その誤差範囲は20～100 Tgとされている[6]．近年，プロセスモデルの適用など，広域での発生量を推定する手法が開発され，発生量推定値の大きな誤差範囲を改善する試みがなされている[17]．

わが国においては，1992～1994年にかけて行われた，農耕地からの温室効果ガス発生に関する全国的なモニタリングデータをもとに発生量評価が行われた[13]．この全国調査の結果は，水稲1作当たりのメタンフラックスの平均値は，稲わらを秋に

土壌還元した処理区で $19.0 \pm 12.5 \mathrm{g\,m^2}$ であったことが報告している．さらに，このデータを土壌タイプごとに集計し，有機物無施用や堆肥などの有機物施用実態とそれによる発生量の変化を考慮すると，わが国の水田からの年間メタン発生量は $330\,\mathrm{Gg}$ (33万 t) と推定される[16]．

4) 発生制御法

水田からのメタン発生量を少なくするために世界の水田面積を減少させることは，現在の食料需要から考えれば，とうてい不可能なことである．したがって，この問題解決には，それぞれの水田において，単位面積当たりのメタン発生量を減少させることが求められる．そして，その方策の基本は，前述したメタンの発生・酸化・発生いずれかのプロセスを制御するような水田管理を行うことである．このような観点から，制御技術の候補が数多く提案されているが，そのなかには，現行の水田耕作技術として，実際，行われているものもある．これらの技術には，水管理を用いるもの，肥料または資材を用いるもの，有機物管理を用いるもの，土壌改良を用いるもの，その他の技術がある．表 8.1 にそれらをまとめて示すが，それぞれの技術によるメタン排出抑制効果は圃場レベル，あるいは実験室レベルで定性的には検証されているものが多く，いくつかは定量的な分析も行われている．とくに，水稲収穫後に稲わらをそのまま土壌にすき込むのではなく，堆肥化してから施用するような有機物管理や，中干しや間断灌水を利用した水管理の改善 (図 8.6) が，水田からのメタン発生制御技術として有効であることが実証されている．

表 8.1 は，同時に，技術の適用範囲，技術を行う場合の費用と労力，水稲収量や地力への長期的な影響，トレードオフ効果によりもたらされる他の環境問題，および技術の開発時間といった技術の適用にかかわるさまざまな問題点をも示している．このような問題点を考慮すると，実際の水田耕作に適用可能で比較的効果の大きい技術として，わが国や他の温帯地域の水田については，排水期間を長くするような間断灌水や暗きょなどによる排水促進などの水管理技術と，稲わらの堆肥化・持ち出し・酸化分解促進などの有機物管理技術，および輪作などが挙げられる．また，熱帯アジアについては，灌漑設備の整備に伴う水管理技術，稲わらの堆肥化と酸化分解促進などの有機物管理技術，およびメタン発生の低い水稲品種の選抜が考えられる．

〔八木一行〕

文 献

1) IPCC (Intergovernmental Panel on Climate Change)：Climate change 2001, the scientific basis, Cambridge university press (2001)[http://www.ipcc.ch/, または http://gispri.or.jp/kankyo/ipcc/ipccreport.html にてダウンロード可]
2) 野内 勇：地球環境変動と農林業 (陽捷行編著), pp. 71-111, 朝倉書店 (1994)
3) WMO (World Meteorological Organization)：Scientific Assessment of Ozone Depletion：1998, WMO Global Ozone Research and Monitoring Project, Report No. 44 (1999)
4) 八木一行：土肥誌, **71**, 718-725 (2000)
5) 島崎達夫：成層圏オゾン 第2版, 東京大学出版会 (1989)
6) IPCC (Intergovernmental Panel on Climate Change)：Climate change 1995, the scientific basis, Cambridge University Press (1995)
7) 楊宗興：土壌圏と大気圏(陽捷行編著), pp. 85-105, 朝倉書店 (1994)
8) 鶴田治雄：土肥誌, **71**, 554-564 (2000)
9) Firestone, M. K. and Davidson, E. A.：Exchange of Trace Gases Between Terrestrical Ecosystem and the Atmosphere, pp. 7-21, John Wiley & Sons (1989)
10) 鶴田治雄, 他：農環研資・生科集録, **11**, 49-58 (1995)
11) 農業環境技術研究所：農業環境研究成果情報, **19**, No. 24 (2003)
12) Bouwman, A. F：*Nutr. Cycle. Agroecosys.*, **46**, 53-70 (1996)
13) 日本土壌協会：土壌生成温室効果等ガス動態調査報告書 (概要編)(1996)
14) 高井康雄：水田土壌学(川口桂三郎編), pp. 23-55, 講談社 (1978)
15) Nouchi, I. *et al.*：*Plant Physiol.*, **94**, 59-66(1990)
16) 八木一行：農業環境叢書第15号, p. 23-50, 農業環境技術研究所 (2004)
17) 犬伏和之：環境負荷を予測する(長谷川周一他編), pp. 155-174, 博友社 (2002)

8.2.2 酸性雨原因ガスの発生とその評価

a. 酸性雨原因ガスの発生実態

地球の大気には，0.03%の二酸化炭素が含まれているが，二酸化炭素が水に溶解して飽和に達すると，pHは5.6程度となる．したがって，一般にpHが5.6以下を示すような降水を酸性雨と呼び，二酸化炭素以外の酸性物質が溶解して，pHが5.6以下を示すと考えられている．しかし，実際には，地球上でどんなに清浄な場所の大気中の水もその他の物質を含んでおり，pHが5.0以下の降水を酸性雨としている国もある．

酸性雨の原因となる大気汚染物質を含むガスとして，含硫ガスと含窒素ガスとがある．火山の噴火活動（自然起源）あるいは化石燃料である石油や石炭の燃焼（人為起源）によって発生する含硫ガスの主要な成分は，硫黄酸化物 SO_x，硫化水素 H_2S，ジメチルサルファイド CH_3SCH_3（DMS），ジメチルジサルファイド CH_3SSCH_3，メチルメルカプタン CH_3SH，二硫化炭素 CS_2，カルボニルサルファイド COS などである．含硫ガスの発生量は88～146.5 Tg S y^{-1}で，人為起源（化石燃料の燃焼，焼畑，森林の燃焼）が70%を占める[1]．含硫ガスの中で，最も多量に大気中に存在するカルボニルサルファイドの発生量は，0.56 Tg S y^{-1}とされている．一方，自然起源（海洋，土壌，植物，火山）の含硫ガスは17～64 Tg S y^{-1}と見積もられ，陸域生態系からの含硫ガスの発生量割合は，カルボニルサルファイド47%，ジメチルサルファイド27%，硫化水素20%，二酸化炭素3%，ジメチルスルホニオプロピオン酸 $(CH_3)_2SCH_2CH_2COOH$（DMSP）3%である．わが国から発生する含硫ガスは，人為起源の二酸化硫黄が0.5 Tg S y^{-1}，自然（主要12活火山）起源の二酸化硫黄[2]が0.5 Tg S y^{-1}である（図8.7）．

窒素酸化物 NO_x の主要な成分は，亜酸化窒素 N_2O と一酸化窒素 NO である．亜酸化窒素は，対流圏ではほとんど反応せず，したがってその寿命が長く，半減期は120年と見積もられている．対流圏における亜酸化窒素濃度は，310 ppbvで，年0.25%の割合で増加の傾向にある[3]．その発生源となるのは自然起源では海洋，湿潤熱帯林生態系が最も多く，それぞれ 3.0 Tg N y^{-1} が，また人為起源では農耕地が 3.3 Tg N y^{-1} である[3]．一酸化窒素は反応性に富み，大気中での寿命は1日程度と短く，主として酸化されて二酸化窒素になる．一酸化窒素の発生源と発生量は，化石燃料の燃焼からが最も多く，24 Tg N y^{-1} が，次いで土壌から12 Tg N y^{-1} が発生している[4]．アンモニアは窒素酸化物ではないが，酸性雨原因ガスの仲間として扱う．それは，アンモニアの大気中での寿命は数日で，エアロゾルに変化しやすく，エアロゾルは雲の核となり，最終的に雨に含まれて土壌に沈着し，その後，アンモニウム態窒素は土壌中で硝化され，硝酸態窒素となる過程で，プロトンを生成するからである．したがってアンモニウム態窒素は潜在的な酸と考えなければならない．アンモニアの発生源および発生量は，家畜糞尿からが最も

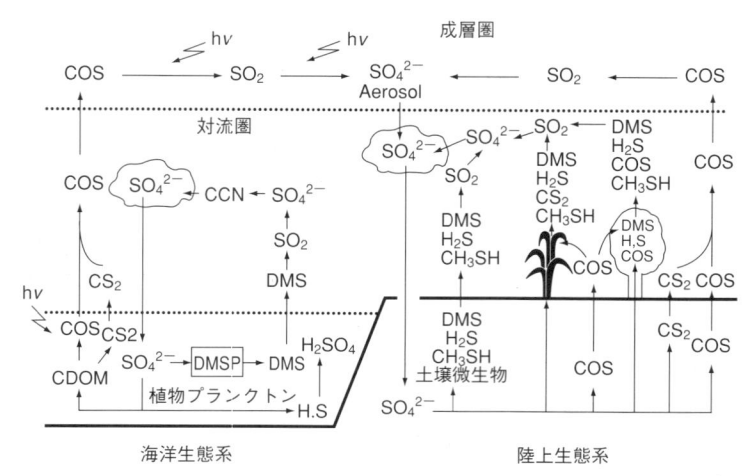

図8.7 含硫ガスサイクル（野内・神田，2000）

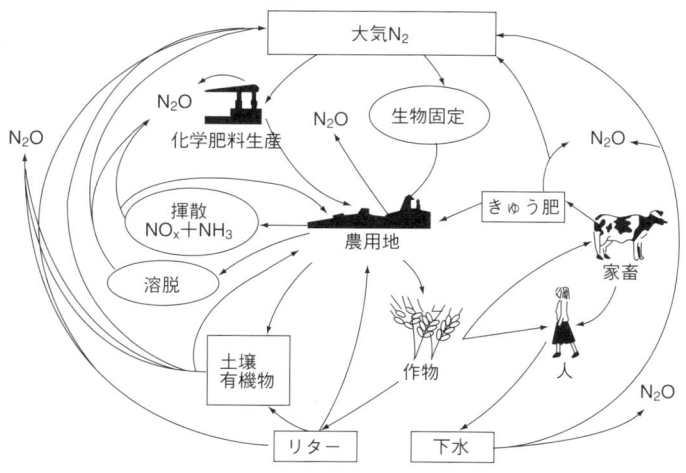

図 8.8 窒素化合物サイクル（鶴田，2000）

多く，26 Tg N y^{-1} で，ついで海洋から 11 Tg N y^{-1}，施肥された土壌から 7 Tg N y^{-1} である．発生している窒素化合物の総量は，130 Tg N y^{-1} となり，その窒素化合物の 12% が亜酸化窒素であると見積もられている．わが国から発生する窒素化合物については，亜酸化窒素が 70 Gg N y^{-1} で，一酸化窒素が 680 Gg N y^{-1} であるとみられる（図 8.8）．

b. 酸性雨の発生機構

含硫ガスの主要な成分は，硫黄酸化物，硫化水素，ジメチルサルファイド，ジメチルジサルファイド，メチルメルカプタン，二硫化炭素，カルボニルサルファイドなどであるが，カルボニルサルファイドを除いて硫化水素やジメチルサルファイドなどは対流圏の OH ラジカルによって酸化され，二酸化硫黄 SO_2 となる．他方，カルボニルサルファイドは対流圏では酸化されず，成層圏において光解離・光酸化されて二酸化硫黄となる．二酸化硫黄は，さらに，気相中の OH ラジカル，液相中のオゾン O_3 や過酸化水素 H_2O_2 によって酸化され，硫酸あるいは硫酸塩となる．気相反応による二酸化硫黄の酸化の大部分は OH ラジカルとの反応によるものであり，

$$OH + SO_2 + M \rightarrow HSO_3 + M \quad (1)$$

ただし，M は反応の第3体で触媒とみなされる．

$$HSO_3 + O_2 \rightarrow SO_3 + HO_2 \quad (2)$$
$$SO_3 + H_2O \rightarrow H_2SO_4 \quad (3)$$

の反応により硫酸を生成する．液相中では，二酸化硫黄は

$$SO_2 + H_2O \rightarrow SO_2 \cdot H_2O \rightarrow HSO_3^- + H^+$$
$$\rightarrow SO_3^{2-} + 2H^+ \quad (4)$$

のように解離する．生成した亜硫酸は過酸化水素あるいはオゾンによって酸化されるが，pH 4〜5 では，過酸化水素の反応が優先する．

$$HSO_3^- + H_2O_2 \rightarrow O^- - \underset{O}{S} - OOH \quad (5)$$

$$O^- - \underset{O}{S} - OOH + H^+ \rightarrow 2H^+ + SO_4^{2-} \quad (6)$$

$$O^- - \underset{O}{S} - OOH + HB \rightarrow 2H^+ + SO_4^{2-} + B^- \quad (7)$$

ただし，HB はバッファーである．
亜硫酸イオンは (5) から (7) のように反応して，硫酸イオンを生成する．

気相反応で生成した硫酸はエアロゾルになる．滞留時間は数日〜2週間程度とされ，含硫ガスに比べて滞留時間が長いため，雲の生成や太陽放射の吸収，散乱にも影響する[5]．したがって大気エアロゾルの増加は，酸性雨の発生ばかりでなく，地球温暖化の引き金の1つであるとみなされている．

一方，窒素化合物は，亜酸化窒素，一酸化窒素，二酸化窒素，アンモニアなどであるが，含硫ガスと同様に大気中で OH ラジカルによって気相中で酸化される．窒素化合物の酸化過程として，気相での均一過程，雲・雨などの液滴内部での液相過程，エアロゾル・土壌粒子表面などにおける不

均一相で進行する不均一過程が知られている[5]が，硝酸の生成に関しては，液相反応は無視してもよく，二酸化窒素とOHラジカルとの反応(8)，NO_3ラジカルとガス状有機化合物の反応(9)と(10)である．

$$NO_2 + OH + M \rightarrow HNO_3 + M \quad (8)$$
$$NO_2 + O_3 \rightarrow NO_3 + O_2 \quad (9)$$
$$NO_3 + RH \rightarrow HNO_3 + R \quad (10)$$

ただし，RHは炭化水素やアルデヒド類のような有機化合物を示す．

気相反応で生成した硝酸は飽和水蒸気圧が高いので，蒸気として気相に存在する．このように生成した硝酸が，アンモニアと反応すると硝酸アンモニウムが生成するが，硝酸アンモニウムは飽和蒸気圧が低いために，エアロゾルとして存在することになる．

c. 施肥起源の酸性雨原因ガスの評価

植物および土壌微生物は含硫ガスを生合成し，放出する．落葉樹からはジメチルサルファイド，硫化水素，カルボニルサルファイドがほぼ同量放出され，マツからはカルボニルサルファイドが最も多く放出されている[6]．森林土壌は一般に窒素が不足の状態にある．その森林土壌に窒素が負荷されると，樹木そのものの活性が高まるのと同時に土壌中の微生物活動が活発となり，二硫化炭素やカルボニルサルファイドのフラックスが増加する．

畑作物であるアスパラガス，ニラからは二硫化炭素が，またコムギ，アルファルファからはジメチルサルファイド，メチルメルカプタン，硫化水素，二硫化炭素などが放出されている．農耕地土壌から放出される含硫ガスの主体は，ジメチルサルファイド，二硫化炭素，カルボニルサルファイドであるが，窒素肥料が施用されると含硫ガスの放出量が増加する．畑土壌からの年間放出量は，ジメチルサルファイドが$1.2 \sim 6.0$ mg S m^{-2}y^{-1}で最も多く，二硫化炭素が$1.3 \sim 2.8$ mg S m^{-2}y^{-1}，カルボニルサルファイドが$0.5 \sim 2.2$ mg S m^{-2}y^{-1}で，含硫ガスの放出量には日変化および季節変化が認められる[7]．

世界の作付けされている畑面積を$1,227 \times 10^6$haとし，畑の含硫ガス年間放出フラックスを

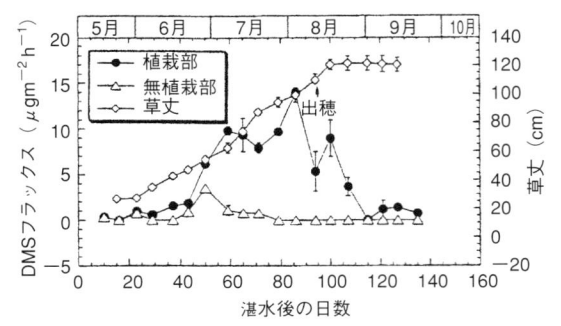

図8.9 水田からのジメチルサルファイドのフラックス（Nouchi et al., 1997）

$5.6 \sim 17.0$ mg S m^{-2}y^{-1}とすると，畑から放出される硫黄は，$0.06 \sim 0.20$ TgSと見積もられる．

水田土壌からの含硫ガスの主要成分はジメチルサルファイドで，そのフラックスは$0 \sim 130$ ng S m^{-2}min^{-1}であるが，ジメチルサルファイドの大部分は水稲自身が生合成したものである（図8.9)[3]．水田面積を148×10^6haとし，水田からの含硫ガス年間放出フラックスを$5.7 \sim 9.9$ mg S m^{-2}y^{-1}とすると，水田から放出される硫黄は，0.008〜

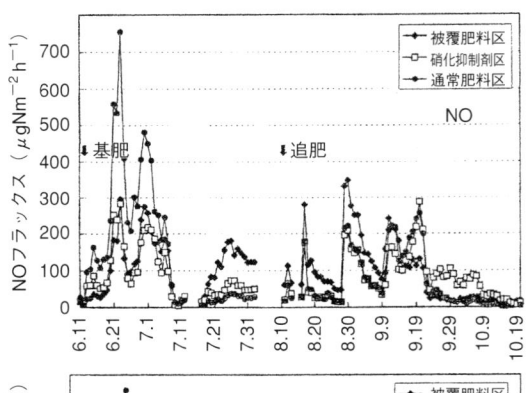

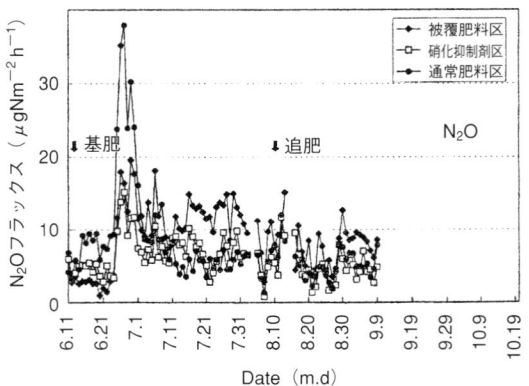

図8.10 畑からの一酸化窒素および亜酸化窒素のフラックス（鶴田, 2000）

0.014 Tg S と見積もられる．したがって，農耕地から放出される含硫ガスは，世界中で生成・放出される含硫ガスの 0.05～0.25% を占めることになる．

一方，窒素化合物の一酸化窒素，亜酸化窒素は，硝化過程においても脱窒過程においても生成する．施肥した畑土壌（黒ボク土）から放出される窒素化合物の中で，一酸化窒素は亜酸化窒素よりも 10 倍程度多く，施肥後 1～2 週間に極大値をもつ（図 8.10）．この期間の亜酸化窒素は，硝化過程によって生成したと推定される．施肥窒素に対する一酸化窒素の発生割合は 1.2% であり，亜酸化窒素の割合は 0.1% 未満であった．窒素肥料施用による亜酸化窒素の発生については，温暖化ガス（8.2.1 項）を参照されたい．

農用地から亜酸化窒素の発生を抑制するためには，窒素施用量を削減する，作物への窒素の吸収量を高める，硝化抑制剤などの新しいタイプの肥料を開発し，新しい施肥法を提示するなどの方法が提案され，現在の亜酸化窒素の発生量を 20% 程度削減できるといわれている． 〔岡崎正規〕

文　献

1) 野内　勇・神田健一：土肥誌，**71**，903-913 (2000)
2) 太田一也・藤田慎一・外岡　豊：第 31 回大気汚染学会講演要旨集，p.442 (1990)
3) 鶴田治雄：土肥誌，**71**，554-564 (2000)
4) IPCC：Climate Change (Houghton, J. H.)，Cambridge University Press (1996)
5) 泉　克幸：続身近な地球環境問題—酸性雨を考える—((社) 日本化学会・酸性雨問題研究会編)，コロナ社 (2002)
6) Lamb, B., Westberg, H., Allmine, G., Bamesberger, L. and Guenther, A.：*J. Atmos. Chem.*, **5**, 469-491 (1987)
7) Kanda, K., Tsuruta, H. and Minami, K.：*Soil Sci. Plant Nutr.*, **41**, 1-8 (1995)
8) Nouchi, I., Hosono, T. and Sasaki, K.：*Plant Soil*, **195**, 233-245 (1997)
9) 鶴田治雄：圃場と土壌，**31**，31-38 (1999)

8.2.3　施肥と関連した地球環境の汚染制御法

地球大気に存在して，地球を暖かく包み，温室効果をもつとして知られているガスには，二酸化炭素，メタン，亜酸化窒素，オゾン，ハロカーボン類（フロンはハロカーボン類の 1 つで，クロロフルオロカーボンの商品名）があるが，水蒸気も温室効果をもつ．このうち施肥と最も関連の深いメタン，亜酸化窒素を取り上げて制御法を提示する．メタンは大気中に 1.72×10^3 ppb が存在しており，年々 28～37 Tg ($Tg = 10^{12}$ g) が増加する傾向にある．メタン濃度の増加は，化石燃料の燃焼などにより一酸化炭素やメタン以外の炭化水素の放出量が増加し，これらが大気中の OH ラジカルと反応して，大気中の OH ラジカル濃度が減少したために，光化学反応によるメタン消失速度が減少した結果であると推定されている．さらに，メタン生成には，反すう動物の胃・腸内に生育しているメタン生成菌や土壌中のメタン生成菌が深くかかわっている．土壌からのメタン生成は絶対的嫌気性菌であるメタン生成菌（*Methnobacterium, Methnosarcina, Methanosaeta, Methanobrevibactor* など）の特性から還元の状態を必要としている[2]．メタン生成の経路の 1 つは，$4 H_2 + HCO_3^- + H^+ \rightarrow CH_4 + 3 H_2O$ の炭酸還元反応であり，もう 1 つは，$CH_3COO^- + H_2O \rightarrow CH_4 + HCO_3^-$ のメチル基転移反応である[1]．メタン生成は土壌の種類，有機物や肥料の施用により変化する．たとえば，稲わらを 6～12 t ha^{-1} 施用すると年間のメタン生成量は 2～3.5 倍増加することになるが，稲わらを堆肥化するあるいは施用の時期を工夫するなどの方法によってメタン生成を抑制することができる．また，中干し，間断灌漑のような水田の酸化を促す水管理もメタン生成を抑制する．

亜酸化窒素は，脱窒の中間産物および硝化の副産物として土壌中で生成される．土壌中の多くの細菌が脱窒能を有しており，脱窒菌は $NO_3^- \rightarrow NO_2^- \rightarrow NO \rightarrow N_2O \rightarrow N_2$ のように窒素の形態を変化させ，中間産物として N_2O を生成する．一方，硝化の過程で亜酸化窒素は，アンモニウム酸化に関与するアンモニア酸化菌により，ニトロキシル NOH を経由して，あるいは NO_2^- の還元過程によって生成されるとされている．亜酸化窒素の生成を抑制するためには，窒素肥料の施用を抑制する，あるいは肥効調節型窒素肥料の使用など施肥方法を変えるなど亜酸化窒素の発生量を抑制する方策がとられている．

オゾンを直接破壊する物質は，水素原子，OHラジカル，酸化窒素，塩素原子である[3]．オゾンとの反応は，

$$X + O_3 \rightarrow XO + O_2 \quad (1)$$
$$XO + O \rightarrow X + O_2 \quad (2)$$

であり，(1)と(2)を合計すると

$$O + O_3 \rightarrow 2O_2 \quad (3)$$

となり，Xは自らは反応に関与しない触媒とみなすことができる．

これらオゾンを破壊する物質の水素原子の供給源は水，メタン，水素ガスであり，NOの供給源は亜酸化窒素，塩素原子の供給源はハロカーボン類である．したがって，オゾン層破壊ガスとしても作用するメタン，亜酸化窒素の発生抑制および土壌消毒に用いられているハロカーボン類の1つである臭化メチルの使用を禁止するなど地球環境に配慮した農用地管理が求められている．

〔岡崎正規〕

文 献

1) 八木一行：土壌圏と大気圏—土壌生態系のガス代謝と地球環境—（陽捷行編著），pp. 55-84，朝倉書店（1994）
2) 犬伏和之：土肥誌，**71**，400-409（2000）
3) 八木一行：土肥誌，**71**，718-724（2000）

8.3 不良土壌における緑化と施肥

8.3.1 砂漠の緑化と施肥

「降水量が少ないかあるいは土壌が乾燥するために植物がないか，ほとんどない地域」のことを砂漠（desert）という．したがって，砂漠化（desertification）とは，砂漠の条件が強化あるいは拡大する現象と定義することができる．いいかえると「土壌侵食あるいは塩類集積が引き起こされた結果，植物がもはや生育できなくなり，土地の牧養力，穀物生産の減少および人間生活の減退が引き起こされる現象」とみなすことができる[1]．現在，毎年600万haの土地が土壌侵食および塩類集積によって不毛の土地になりつつある．塩類集積のいちじるしい土地における緑化と施肥については8.3.3項で述べる．激しい土壌侵食を受けた土地は植物の生育を保障せず，これを元に戻すことは容易ではない．

年間降水量は300～400 mm yr^{-1}以下であるが，乾燥地といえども降雨がある．乾燥地における降水分布はかたよりが大きく，一度に100 mmを超えることも珍しくない．常に乾燥している乾燥地の土壌が激しい降雨に見舞われると，いちじるしい土壌侵食（水食）が発生する．もちろん水食は降水量の多い湿潤地域では深刻である．しかし，降水が少ない乾燥地における水食も無視できないものであり，土壌が侵食されやすい性質であれば，その被害は大きい．世界中で水食に悩まされている地域は，約10.9億haにも及び，土壌劣化が認められる地域の55.6%を占め，風食よりも水食の影響を受けている地域は広い．水食による土壌劣化は，表土損失が84.1%，土地改変・流出が15.9%を占め，世界的に見れば水食を未然に防止する方策が最重点課題とみなされている．

風による土壌侵食（風食）は，約5.5億haに及ぶ．世界の土壌劣化の27.9%を占める．風食は表土損失，土地改変，風食物による被覆の3種類に類別されているが，表土損失は風食による土壌劣化の82.8%（454.2百万ha）にも達する[2]．風食による土壌粒子の移動は，風の強さ，土壌の性質（土壌粒子の結合力），地表面の状態，植物の被覆状態などによって変化する．たとえば，強い風が長時間続けば跳躍，浮遊する土壌粒子量が増加する．乾燥すると単粒になりやすい土壌や砂は粒子間の結合力が弱く，飛散しやすい．地表面付近の土壌水分含量が低いときには，土壌粒子は吹き飛ばされやすい．そこで，防風ネットによって風の力を弱めたり，マルチング（地表面を被覆する）材によって地表面を被覆することができれば土壌粒子の飛散を抑制できる．また，単粒の土壌粒子を結びつけて団粒を形成させることができれば，同様に土壌粒子の飛散を抑制できる．土壌粒子を固定することが砂漠化地域の緑化の第1歩である．

中国の乾燥地において広く分布し，緑化に用いられている乾燥ストレスに強い植物の高木から低木，草本までの植物を表8.2に示す[3]．ポプラ（*Populus*）は10～30 m程度にまで生育し，中国の

表 8.2　中国の乾燥地の緑化に用いられている樹種(真木, 1996)

〔高木・中木〕
　Populus L.
　　Populus pruinosa Schrenk.
　　Populus euphratica Oliv.
　　Populus alba
　　Populus canadensis Moench
　　Populus laurifolia Ledeb.
　Pinus sylvestris
　Tamarix chinensis
　Haloxylon Bge.
　　Haloxtlon ammodendron
　　Haloxtlon persicum
　Calligonum L.
　Elaegnus angustifolia L.
　Ulmus pumila L.
　Salix L.
　　Salix psammophila
　　Salix gordejevii
　Hedysarum L.
　　Hedysarum scoparium Fisch.
　　Hedysarum mongolicum Turcz.
　Caragana Fabr.
　　Caragana korshinskii Kom.
　　Caragana microphylla Lam.
　Hippophae rhamnoides L.
　Xanthoceras sorbifolia Bge.

〔低木・草本〕
　Nitraria tangutorum Bobr.
　Lespedeza bicolor Turcz.
　Alhagi sparsifolia Shap.
　Capparis spinosa L.
　Artemisia arenaria DC.
　Agriophyllum squarrosum Meq.
　Aristida pennata Trin.

図 8.11　*Tamarix chinensis*（宇都宮大学―前宣正氏提供）

乾燥地において最も重要な高木樹種となっており，混植，間植されている．ヨーロッパアカマツ（*Pinus sylvestris*）も耐乾性が強く，15～30 m 程度にまで生育し，防風林として利用されている．タマリスク（*Tamarix chinensis*）（図 8.11）は，3～5 m 程度の中木であるが，10 m を超えることもある．枝根の伸張性が大きいために砂の埋没に対しても強い特徴をもつので，乾燥地緑化用の高木・中木として重要な位置を占めている．ソウソウ（*Haloxylon*）は 3～8 m 程度の中木で，風食にも，砂による埋没にも強い．ナワシログミ属の*Elaegnus angustifolia* は耐乾，耐風にすぐれている上に，根粒菌が着生することから，土壌改良にも役立つ．

土壌粒子の飛散が減退すれば，作物，牧草の生産が可能となるが，砂漠化の進行した土地はすでに表土が失われており，有機物を含めた有効な施肥管理を行うなど，植物の生育を保障する努力が必要である．

文　献

1) UNEP and ISRIC：World Map on Status of Human-induced Soil Degradatio, An Explanatory Note, pp. 27, UNEP and ISRIC（1990）
2) Center for Global Environmental Research：Data Book of Desertification/Land Degradation, pp. 68, Center for Global Environmental Research（1997）
3) 真木太一：中国の砂漠化・緑化と食料危機, pp. 145-164, 信山社（1996）

8.3.2　酸性硫酸塩土壌における緑化と施肥

空気中の酸素あるいは土壌中の硫黄酸化菌，鉄

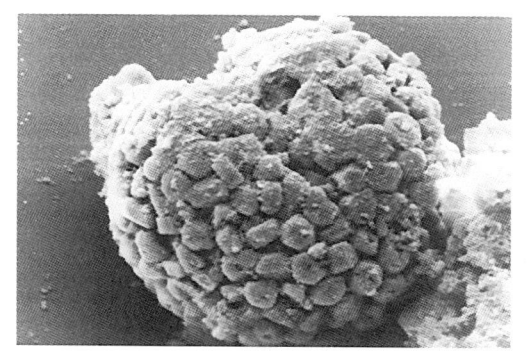

図 8.12　パイライト（1000 倍）（高橋敦子氏提供）

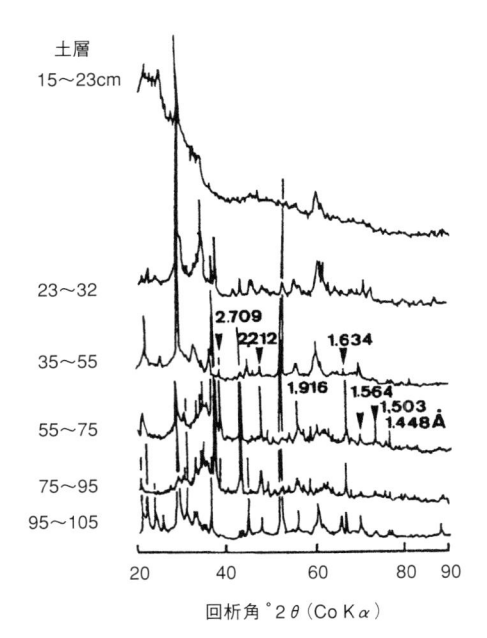

図 8.13 パイライトの X 線解析
▼：パイライトのピークを示す.

酸化菌によって土壌中の硫化物が酸化されると，いちじるしく強い酸性を示す土壌を酸性硫酸塩土壌 acid sulfate soils と呼ぶ．パイライト（黄鉄鉱）pyrite FeS_2（図 8.12, 図 8.13）は，①硫黄を含むマグマ水蒸気が高温，高圧下で化学反応し，パイライトなどの硫化物（火成性パイライト）鉱床，②硫酸イオンを含む海水の影響を受けた地域には，硫酸還元菌の働きでパイライト（海成パイライトと呼ばれる）が生成される．これら生成要因の異なるパイライトが，硫黄酸化菌，鉄酸化菌によって最終産物である硫酸にまで，あるいは空気中の酸素によって元素状硫黄にまで酸化された後に，硫黄酸化菌，鉄酸化菌の働きで元素状硫黄から硫酸が生成され，強い酸性を示すようになる．

海成パイライトは，ヒルギ（マングローブという植物はなく，海岸に生育する数種類のヒルギ種から構成される一群の植物群落を総称してマングローブという）が生育するような汽水域環境下で，硫酸還元菌の働きによって生成される．以下に海水中でパイライトが生成される過程，それに引き続くパイライトの酸化過程において硫酸イオンおよび酸が生成される過程を示す[1]．海水中には 2,650 mg L^{-1} の硫酸イオンが存在する．嫌気的な条件下で硫酸イオンは硫酸還元菌によって硫化物に還元される．硫酸還元菌は，絶対的嫌気性菌であり，分子状の酸素が存在する条件では生育が困難である．その一方で，硫酸還元菌は有機栄養微生物であるため，エネルギーを獲得するためには有機物を必要とする．したがって，硫酸還元菌の働きで生成するパイライトは，浅海堆積物中で溶存酸素が到達せず，有機物が供給される一定の位置に生成される．すべての層位に満遍なくパイライトが見られないのは，硫酸還元菌の生活域と強く関連しているからである．

$$SO_4^{2-} + 8H^+ + 8e^- \rightarrow S(-II) + 4H_2O \quad (1)$$

ここで，S(-II) は H_2S, HS^-, S^{2-} を表す．硫化物が生成されると，土壌中に大量に存在する鉄 Fe^{2+} と反応して硫化鉄が生成する．

$$Fe^{2+} + S(-II) \rightarrow FeS \quad (2)$$

生成した硫化鉄（非晶質硫化鉄の溶解度積：$10^{-16.9}$）[2]は，還元的な土壌中で必ずしも安定な化合物ではなく，元素状の硫黄が

$$2Fe^{3+} + S(-II) \rightarrow 2Fe^{2+} + S^0 \quad (3)$$

のように生成されると元素状の硫黄は硫化鉄などの硫化物と反応して，直接パイライトを形成するか，多硫化物アニオンを生成した後，硫化鉄と反応して，

$$FeS + S^0 \rightarrow FeS_2 \quad (4)$$
$$Fe_3S_4 \rightarrow FeS_2 + 2FeS \quad (5)$$

溶解度の小さいパイライト（溶解度積：$10^{-27.6}$）を生成する．こうして生成されたパイライトが酸化されなければ，強い酸性を示すことはない．しかし，ひとたびパイライトが硫黄酸化菌，鉄酸化菌，あるいは空気中の酸素によって酸化されると

$$2FeS_2 + O_2 + 4H^+ \rightarrow 2Fe^{2+} + 4S^0 + 2H_2O \quad (6)$$
$$4Fe^{2+} + O_2 + 4H^+ \rightarrow 4Fe^{3+} + 2H_2O \quad (7)$$
$$2S^0 + 3O_2 + 2H_2O \rightarrow 2SO_4^{2-} + 4H^+ \quad (8)$$

のように酸を生成する．酸の生成に伴って pH が 3 以下になった土壌溶液中では

$$FeS_2 + 2Fe^{3+} \rightarrow 3Fe^{2+} + 2S^0 \quad (9)$$
$$2S^0 + 12Fe^{3+} + 8H_2O \rightarrow 12Fe^{2+} + 2SO_4^{2-} + 16H^+ \quad (10)$$

のように反応し，元素状硫黄が酸化されて，酸が生成する．酸が海水中の水酸化物イオンによって中和されると，非晶質水和酸化鉄，ゲータイトお

よびジャロサイトが生成される条件が整えられ，

$$Fe^{3+} + 3H_2O \rightarrow Fe(OH)_3 + 3H^+ \quad (11)$$

ゲータイトが生成される．ゲータイトの生成条件よりも多少とも高い pH 条件が維持できるようになると，以下のようにジャロサイトを生成する．

$$Fe^{3+} + 2H_2O \rightarrow Fe(OH)^+ + 2H^+ \quad (12)$$

$$3Fe(OH)^+ + 2SO_4^{2-} + K^+ \rightarrow KFe_3(SO_4)_2(OH)_6 \quad (13)$$

生成したジャロサイトはさらに加水分解し，

$$KFe_3(SO_4)_2(OH)_6 \rightarrow 3FeOOH + 2SO_4^{2-} + K^+ + 3H^+ \quad (14)$$

のようにゲータイトと酸を生成する．ジャロサイトの加水分解によっても酸が生成されることも忘れてはならない重要な事項である[3]．したがって，(9) と (10) から，最終的にパイライト 1 mol から水素イオン 16 mol が生じることになる．

パイライトの酸化によって強い酸性を示している酸性硫酸塩土壌を顕在的酸性硫酸塩土壌といい，パイライトを保持しているが，現時点では強い酸性を示してはいない土壌を潜在的酸性硫酸塩土壌ということもある．

わが国において海岸干拓埋立地の土壌の一部は酸性硫酸塩土壌である．しかし，現在は海岸ではなく内陸部に位置している地域であっても，日本列島は幾度となく沈降と隆起をくり返しており，かつて海水の影響を受けていた地域の一部が内陸にも存在し，酸性硫酸塩土壌（化石的酸性硫酸塩土壌）となる可能性がある[4,5]．

酸性硫酸塩土壌を農用地として積極的に利用する場合には，高畝などを造成し，パイライト，ジャロサイトを完全に酸化させた後，酸化生成した酸性物質を降水によって洗浄し，その後石灰を用いて中和する方法が採用されている．酸化が不十分であると，緩慢なジャロサイトの加水分解によってゆっくりと酸が生成され，作物根に作用し，酸性害を発現することもある[3]．メコンデルタの酸性硫酸塩土壌地帯を林地として利用する場合においても，帯状の盛土を造成し，農用地と同様に酸化させ，生成した酸性物質を降水や洪水によって洗浄する．洗浄の結果，発生する酸性水の流出にも配慮が必要である．盛土の高さは，メラルーカ (*Melaleuca*) では 20～50 cm で十分であるが，ユーカリ (*Eucalyptus*)，アカシア (*Acacia*) では 70～100 cm を必要とする[6]．干拓地に発現する酸性硫酸塩土壌や現在は丘陵地・台地になっているが，かつて海水の影響を受けた地域は海成パイライトを保持しており，パイライトの酸化によって発現する酸性硫酸塩土壌が日本全国に分布している．干拓地に発現する酸性硫酸塩土壌を水田として利用することについては，わが国は長い研究の歴史と対策法を実施しており，確立した対処法がある[7~9]．高速道路建設など丘陵・台地に分布する潜在的な酸性硫酸塩土壌が切土工事に伴って露出した場所での法面緑化には，水田とはやや異なる対処法が考案されている[10]．

文 献

1) 久馬一剛：東南アジアの低湿地，pp. 57-79, 農林統計協会 (1986)
2) van Breemen, N.: Genesis and Solution Chemistry of Acid Sulfate Soils in Thailand, pp. 1-263, PUDOC (1976)
3) 久馬一剛編：熱帯土壌学，pp. 200-226, 名古屋大学出版会 (2001)
4) 河井興三・福田 理：関東平野およびその周辺丘陵地域，今井秀喜・河井興三・宮沢俊弥編，日本地方鉱床誌，pp. 18-75, 朝倉書店 (1973)
5) 春成秀爾・小池裕子：縄文時代，pp. 100-108, 東京大学出版会 (1987)
6) 中林一夫：農林業協力専門家通信，**20**, 22-40, 国際農林業協力協会 (1999)
7) 米田 茂・川田 登：土肥誌，**25**, 36-40 (1954)
8) 入沢周平：低位生産地調査事業十周年記念論文集，pp. 748-768 (1957)
9) 秋田農業試験場：八郎潟干拓地土壌の特性と耕地化過程に関する土壌学的研究 (1972)
10) 横濱充宏・斉藤惣一・石渡輝夫：土肥誌，**68**, 703-707 (1997)

8.3.3 塩類土壌における緑化と施肥

塩類集積は，土壌中の塩が水に溶解すること，あるいは灌漑水に含まれていた塩が灌漑によって土壌表層に集まることによって起こる．塩の溶解度（表 8.3）[1] から土壌中の塩がどの程度水に溶解するのかを理解することができる．塩化物を除いて，ナトリウム塩は，カルシウム塩，マグネシウム塩よりも溶解しやすいという傾向がある．現在は大陸の中央部に位置し乾燥地・半乾燥地と呼ば

表 8.3 塩の溶解度[1]

塩		溶解度[*1] 20℃
塩化カルシウム	$CaCl_2 \cdot 6H_2O$	42.7
塩化マグネシウム	$MgCl_2 \cdot 6H_2O$	35.3
塩化ナトリウム	$NaCl$	26.38
硫酸マグネシウム	$MgSO_4 \cdot 7H_2O$	25.2
炭酸ナトリウム	$Na_2CO_3 \cdot 10H_2O$	18.1
硫酸ナトリウム	$Na_2SO_4 \cdot 10H_2O$	16.0
炭酸マグネシウム	$MgCO_3$[*2]	2.6
硫酸カルシウム	$CaSO_4 \cdot 2H_2O$	0.205
炭酸カルシウム	$CaCO_3$	6.5×10^{-3}

[*1] 溶解度は飽和溶液(この場合は水)100 g 中に含まれる無水物 g である.
[*2] 1 atm において CO_2 で飽和,$Mg(HCO_3)$ として溶解.

表 8.4 海水中の塩類[2]

塩類	海水 1 kg 中の質量 (g)	総塩類質量に対する百分率(%)
塩化ナトリウム	23.476	68.08
塩化マグネシウム	4.981	14.44
硫酸ナトリウム	3.917	11.36
塩化カルシウム	1.102	3.20
塩化カリウム	0.664	1.93
炭酸水素ナトリウム	0.192	0.56
臭化カリウム	0.096	0.28
その他	0.053	0.15
計	34.481	100.00

れる地域も,かつては海であった場所もあり,その土壌は,海水中の塩類(表 8.4)[2]を多量に含む.乾燥地,半乾燥地の土壌に含まれる塩類は,年降水量 300 mm 以下のわずかな降水や地下水であっても溶解する.この地域に特有の気候条件は,蒸発散量が降水量をはるかに上回るために,土壌中を水が上向きに移動し,最終的に水だけを激しく蒸発させ,地表面あるいは地表近くに塩類を置き去りにする.こうして塩類濃度の高い土壌がつくられる[3].乾燥地といえども多少とも降る雨は土壌中の塩類を溶解し,湿潤溶解,乾燥析出プロセスによって塩類集積土壌を生成させる.塩類土壌およびナトリウム含量の高い土壌の分布面積は,それぞれ 1 億 4,000 万 ha,5,700 万 ha と見積もられている[4].

表層土壌中の塩類濃度が 500 mg kg^{-1} を超えると,塩類に感受性の高い植物は塩類障害を受けるようになり,4,000 mg kg^{-1} を超えるといわゆる耐塩性植物しか生育することができない塩類濃度となる[5].こうして土壌中の塩類濃度がいちじるしく高くなると耐塩性植物さえも生育できない不毛の地が形成される.

塩類ストレスは,浸透圧ストレスとイオンストレスとによって植物の生育にインパクトを与える.土壌溶液中の塩類濃度が増加すると植物の水ポテンシャルが低下して,吸水が困難になり,植物細胞の膨圧が失われる.これが植物の浸透圧ストレスである.もう 1 つは,塩類のイオンストレスで,それぞれのイオンのもっている特有の生理作用に基づいて植物の代謝を阻害する作用である.

植物の耐塩性は,①生態的,②形態的,③生理的な「仕組み」によって実現されている[5].植物は発芽初期に塩ストレスを受けやすい.したがって,種子が発芽を終えてから,母木から脱落させるヒルギのような植物も存在し,生態的に塩類障害を回避している.一方,ハマアカザ類のように塩毛をつくり出し,塩毛の袋状細胞へ塩類を押し出すことによって塩類濃度を低下させ,最後に,塩毛を切り離して,植物体中の塩類濃度を一定以上にはさせないようにしている植物もある.また,塩類障害を回避するために,葉を小さくするあるいは葉数を減少させるなど形態的に形状を変化させる植物もみられる.さらに,植物は生理的にも塩類障害を克服しようとしており,塩類を生理的に排除すると同時に,みずから高い浸透圧状態をつくり出し,塩類障害を免れる.植物細胞中のイオン濃度が一定の範囲を超えると代謝異常が発生することはよく知られている.植物にとって過剰のナトリウムイオンはイオンストレスを引き起こし,ある種の植物は根に障壁をつくり,ナトリウ

図 8.14 塩類集積地(トルファン)(宇都宮大学 一前宣正氏提供)

ムイオン吸収を抑制する．しかし，植物は根から吸収したナトリウムイオンをできる限り根にとどめておこうとし，葉身への輸送を抑制するとともに，地上部に移行したナトリウムイオンを根に再転流させるなど光合成の働きに重要な葉身へのナトリウムイオンの移行を阻止する．さらに高濃度のナトリウムイオンに対しては，塩腺（salt gland）をもつ植物であれば塩腺から排出し，塩腺をもたない植物では細胞内の液胞にナトリウムイオンを隔離する．このとき，一方的にナトリウムイオンを隔離してしまうと，細胞質内の膨圧が低下する．そこで膨圧を低下させないように適合溶質（compatible solutes）[6,7]を合成して，その濃度を高め，調節している．土壌中の高い塩類濃度に対して，浸透圧を調節し，生理活性を維持しながら生きるために，植物は糖（ショ糖 sucrose など），糖アルコール（ソルビトール sorbitol，マンニトール mannitol，など），アミノ酸（プロリン proline など），ベタイン類（グリシンベタイン glycine betaine，プロリンベタイン proline betaine，3-ジメチルスルホニオプロピオネート（DMSP）など）などを適合溶質として利用する．適合溶質は，塩ストレスに対してただちに応答できるものでなければ意味がない．適合溶質を含む溶液に種子を浸漬させる，あるいは適合溶質を葉に塗布させると，植物は適合溶質を吸収し，細胞内の浸透圧を高め，高い塩類濃度にも耐えられるようになる．高い塩類濃度に対する植物の応答に関する研究のいっそうの進展が待たれるのは，世界中の乾燥地・半乾燥地における塩類集積がきわめて早いスピードで迫ってきているからである．

植物は，水を葉と土壌の水ポテンシャル勾配によって吸収する．土壌の浸透圧が高ければ，それ以上に葉の浸透圧を高めない限り，水を吸収できず，脱水，枯死する．したがって，植物は浸透圧を高める物質を体外から吸収するか，体内で合成することになる．植物根は必要な元素を選択的に吸収するが，高い塩類濃度の土壌から塩類を吸収しなければ水を吸収することができないために，必然的に過剰の塩類を取り込むことになる．植物にとって毒性の強いアンモニウムイオンやマグネシウムイオンであれば，植物はイオン障害を受ける．一方，ナトリウムイオンは，それ自身の毒性はそれほど強くはないが，ナトリウムイオンとカリウムイオンの合量が一定の濃度を超えると濃度障害を引き起こす．植物の相対生長量と吸収したナトリウム含量との関係を求めた研究によれば，耐塩性の強い植物のナトリウム含量は，耐塩性の弱い植物のナトリウム含量よりも高いが，同一の科内の植物の葉中ナトリウム含量で比較すると，耐塩性の強いものの方が弱いものよりもナトリウム含量が低い傾向がある[8]．このことは，耐塩性の強い植物が，吸収したナトリウムイオンの葉への移行を排除する機構を備えていることを示しているとみられている．

塩類濃度の高い土壌の改良には，塩の洗浄を目的とする灌漑水量を確保すると同時に系外に排出しうる一定の排水量を必要とする．排水を確実に確保できた土壌からは脱塩が期待できる．古くから十分な灌漑水を得ることができる地域では，湛水するまで灌漑して塩を洗浄し，この湛水期間に水稲を栽培する方法が採用されている．

ナトリウム含量の高い土壌の改良には，まずナトリウム含量の低い灌漑水によって洗浄し，適切な土壌の分散や膨潤性を保つ塩濃度とした後，さらにナトリウム含量を低下させるために，土壌に含まれているナトリウムをカルシウム塩によって交換させるために硫酸カルシウム（石膏）を施用する．ナトリウム含量がきわめて高い土壌は，塩化カルシウムなどの溶解度の高いカルシウム塩を用いる．

塩類土壌や高いナトリウム含量の土壌を改良しつつ，塩に強い植物の栽培を行う方法が世界の乾燥地で試みられている．たとえば，中国黄河下流域では陸稲，コムギ，トウモロコシ，サツマイモ，ワタ，テンサイ，ヒマワリなど耐塩性作物を組み合わせた合理的な輪作体系が確立している[9]．また，森林伐採による農地化が塩類集積を引き起こした東北タイでは，ユーカリ（*Eucalyptus*）が植栽され，土壌の乾燥化を促進し，明瞭な地下水位の低下をもたらした[10]．地域の実情に適合した栽培体系が採用され，緑化が進められている．

文献

1) 日本化学会：化学便覧 基礎編 改訂4版, pp. II-161-167, 丸善 (1993)
2) 近藤精造・平山勝美：一般教養地学, p.4, 建帛社 (1975)
3) United States Department of Agriculture Soil Conservation Service: Keys to Soil Taxonomy by Soil Survey Staff, p. 10, 13. United States Department of Agriculture (1994)
4) FAO: An Explanatory Note on the FAO World Soil Resources Map at 1:25,000,000 Scale. World Soil Resources Reports No. 66. FAO (1991)
5) 高橋英一：植物における塩害発生の機構と耐塩性, 塩集積土壌と農業（日本土壌肥料学会編）, pp.123-154, 博友社 (1991)
6) 間藤 徹：植物栄養・肥料の事典（植物栄養・肥料の事典編集委員会編）, pp. 319-321, 朝倉書店 (2002)
7) 和田敬四郎：遺伝, **53** (1), 58-62 (1991)
8) 山内益夫：塩集積土壌と農業（日本土壌肥料学会編）, pp. 155-176, 博友社 (1991)
9) 但野利秋：中国の黄淮海平原に分布する塩類土壌における環境に調和した持続的生物生産技術の開発, 東アジアにおける地域の環境に調和した持続的生物生産技術開発のための基礎研究, (代表者佐々木恵彦), 09 NP 0901, pp. 137-141, 東京大学 (2000)
10) Miura, K. and Subhasaram, T.: *Trop. Agr. Res. Series,* **24**, 186-196 (1991)

8.3.4 熱帯地域の低生産性土壌における緑化と施肥

熱帯地域に分布する低生産性土壌には，すでに述べた酸性硫酸塩土壌（チオニックフルビソル），のほかに，フェラルソル（Ferralsols），赤黄色土壌（アクリソル Acrisols），リクシソル（Lixisols），ニティソル（Nitisols），ポドソル，泥炭土壌（ヒストソル Histosol）などがある[1,2]．ここでは，フェラルソルとアクリソル（図8.15）における緑化と施肥について述べる．

1) フェラルソル

フェラルソルは，更新世あるいは更新世よりも古い堆積物上に発達した風化を強く受けた土壌で，現在は，湿潤熱帯林，半落葉樹林下に見られる．風化しやすい鉱物はすでに強い風化を受けて消失した結果，易風化鉱物の含量は低く，粘土画分はカオリナイトと鉄・アルミニウム酸化物あるいは水和酸化物からなる．したがって，土壌は安定した構造をもつことになる．土層は数十m以上となっていることも珍しくないほど深く，赤色を示し，鉄を主体とする結核（ノジュール）や硬盤層をもつことが多い．熱帯地域には7億4千万haほどが分布している（図8.15）[3]．

フェラルソルの生成は，①一次鉱物の加水分解によって生じる鉄・アルミニウム・ケイ酸複合体（R_2O_3とSiO_2複合体），遊離ケイ酸イオン，アルカリ・アルカリ土類金属ケイ酸塩，遊離アルカリ・アルカリ土類金属イオンが共存するような高いpH条件下で，アルカリ土類金属炭酸塩の蓄積が起こる（初期段階），②降水量が多く，排水良好な地域で，長期にわたる脱塩基・脱ケイ酸が進行して土壌の荷電ゼロ点が上昇（pH 5～6）すると，脱塩基がさらに加速される（第2段階）という2つのステップを必要とする．このようなフェラルソルの生成条件は，一次鉱物の風化速度が大きいために，風化によって生成した塩基類を急速に溶脱させ，土壌有機物を急速に二酸化炭素にまで分解させて，酸性物質を土壌に残存させない[4]．

フェラルソルの物理的な性質は，土壌構造が安定で，侵食を受けにくく，透水性が良いという特徴をもつ．しかし，重量機械などで圧密を受けると構造が破壊され，クラストを形成しやすくなる．一方，フェラルソルの化学的性質は貧弱で，イオン交換容量は小さく，養分は不足し，しかもリン酸は植物に吸収しにくい形態となっている．さらにアルミニウムやマンガンが過剰に存在するため，農用地に利用する際にはフェラルソルの化学的性質を施肥によって改善する必要がある．熱帯林を伐採して造成された東南アジアに分布するフェラルソルの農地には，オイルパーム，ゴム，コーヒーなどが栽培されることが多い．しかし，農用地がなんらかの原因で放棄されると，その時点から二次遷移が始まる．かつてはフタバガキ科（*Dipterocarpacea*）樹木が優占した林地であった立地といえどもフェラルソルの土壌侵食が激しく，フタバガキ科の個体が残存しない場合には，フタバガキ科の回復は困難である．したがって，二次遷移はメラストーマ（*Melastoma*），マカランガ（*Macaranga*）などの先駆植物やツル性のロタンが侵入し，きわめて不規則な森林構造をもつ森林がつくられる．人工林の造成は，早生樹種と呼

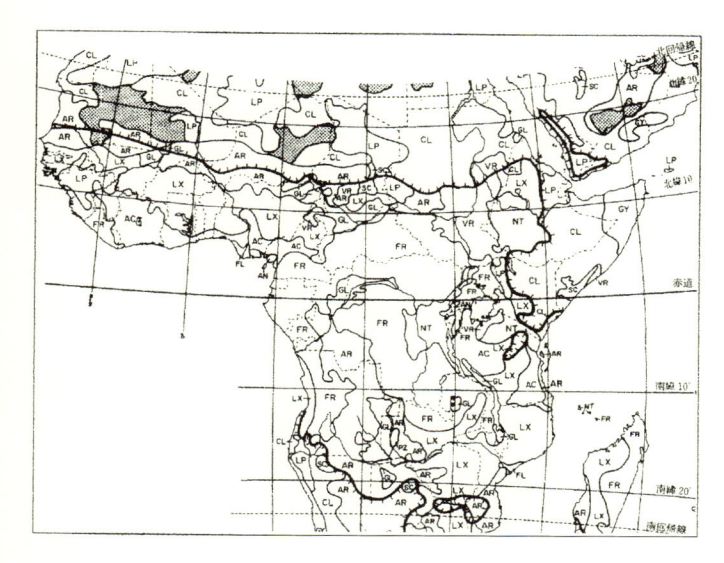

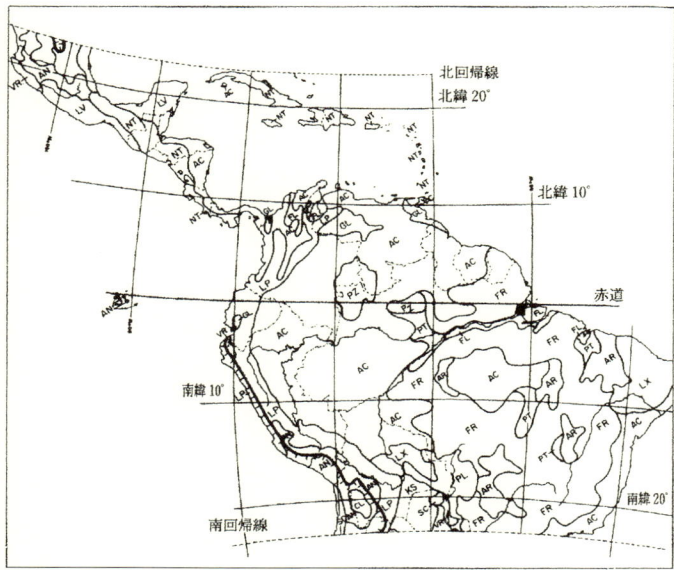

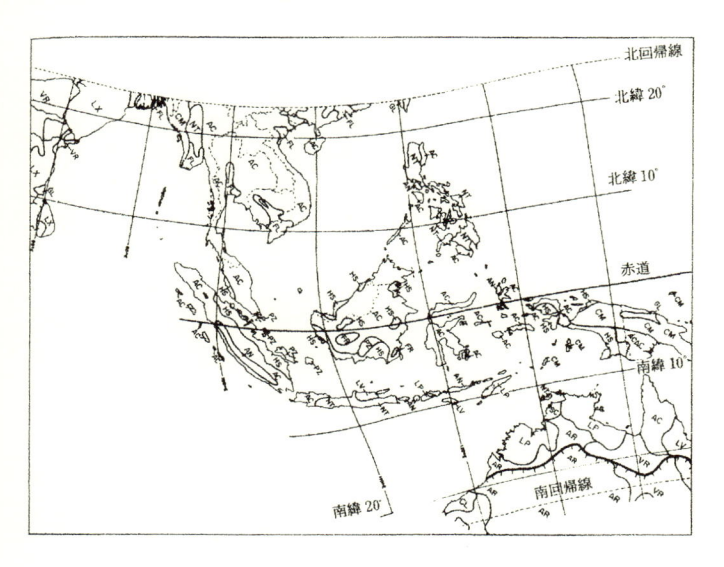

8.3 不良土壌における緑化と施肥

FA：フルビソル，グライソル，カンビソル
GL：グライソル，ヒストソル，フルビソル
RG：レゴソル，カンビソル
CH：チェルノゼム，フェオゼム，グレイゼム
LV：ルビソル，カンビソル
PL：プラノソル
LP：レプトソル
AR：アレノソル
AN：アンドソル
PD：ポドソルビソル，ルビソル
PZ：ポドソル，ヒストソル
LX：リクシソル
VR：バーティソル
CA：カンビソル
CL：カルシソル，カンビソル，ルビソル
AC：アクリソル，アリソル，プリントソル
NI：ニトソル，アンドソル
FR：フェラルソル，アクリソル，ニトソル
GY：ジプシソル，カルシソル
SO：ソロンチャク，ソロネッツ
KS：カスタノゼム，ソロネッツ
PT：プリントソル
HS：ヒストソル，グライソル
▨：移動砂
|||||：作物生育可能期間（LGP）90日の限界線

図 **8.15** 土壌図（FAO/UNESOC, 1991）

ばれる生長の早い樹種，ユーカリ (*Eucalypus*)，アカシア (*Acacia*)，メリア (*Melia*)，アルビジア (*Albizzia*)，マツ科植物 (*Pinaceae*)，マメ科 (*Leguminosae*) 植物が選択され，5～10年程度で伐採，収穫され，パルプ・チップ，用材として利用されている．しかし，これら早生樹種は外来種が多く，地域本来の生態系を変化させている[5]．

2) アクリソル

アクリソルは季節的な乾燥から湿潤な熱帯地域の台地，丘陵のような古い地形面上に発達する長期の風化を受けた土壌で，カオリナイトを主要粘土鉱物とし，カオリナイトの下層への移動，集積がみられる．また，易風化性の一次鉱物は少なく，土壌養分は貧弱で，強い酸性を示し，アルミニウムの過剰およびリン酸の固定がいちじるしい．自然植生は，熱帯常緑樹林および落葉樹林で，伝統的な焼畑農業を支えてきたが，近年は過剰な焼畑によってサバナに変化している地域も多い．この土壌の物理的性質，化学的性質はともに不良であり，集約的な農業利用は，現時点では制限されなければならない．アクリソルは，世界中では10億ha，熱帯地域には8.2億haが分布しており，熱帯地域ではフェラルソルよりも分布面積が広い[3]．

アクリソルの作物生産能力からすれば，適切な休閑期間をおいた焼畑が適しているといわれている．東南アジアの焼畑は，タロイモ，キャッサバなどのイモ類とバナナを主要作物としている．東北タイの半落葉季節林の地上部には，窒素 942 kg ha^{-1}，リン 110 kg ha^{-1}，カリ 446 kg ha^{-1} が蓄積されている[6]が，樹木の燃焼によって土壌に還元される成分は，窒素 54 kg ha^{-1}，リン 72 kg ha^{-1}，カリ 455 kg ha^{-1} で，系外に失われる成分は，窒素 140 kg ha^{-1}，リン 62 kg ha^{-1}，カリ 265 kg ha^{-1} と見積もられている[7]．土壌に還元される成分のすべてが，休閑期間中に半落葉季節林の地上部に蓄積されなければならない．したがって，一定の休閑期間を必要とする．アクリソルに展開される農業に対しては，より持続的な土壌管理が求められている．例としてインドネシア・ランポン州のアクリソル地帯におけるキャッサバと陸稲・トウモロコシの間作体系で窒素，リン，カリの三要素を施用した研究[8]を取り上げる．アクリソルはカリウム欠乏であることが多い．キャッサバは他の作物に比べてカリウムを多く吸収する．したがって，キャッサバと陸稲・トウモロコシの間作を行う場合には，カリを陸稲に対して 30 kg ha^{-1}，キャッサバに対して 60 kg ha^{-1} を施用しなければ，土壌窒素が低下し，一定の作物収量が維持できない．アクリソル地帯において持続的に農業を展開するためには，標準的な施肥量を決め，過剰とならないような注意深い施肥が必要であるといえよう．

〔岡崎正規〕

文 献

1) 岡川長郎：酸性土壌とその農業利用（田中明編），pp. 21-49, 博友社 (1984)
2) 荒木 茂・小崎 隆：熱帯土壌学（久馬一剛編），pp. 71-110, 名古屋大学出版会 (2001)
3) FAO : An Explanatory Note on the FAO World Soil Resources Map at 1 : 25,000,000 Scale. World Soil Resources Reports No. 66. FAO (1991)
4) 佐久間敏雄：酸性土壌とその農業利用（田中明編），pp. 51-100, 博友社 (1984)
5) 小林繁男：沈黙する熱帯林，pp. 275-297, 東洋書店 (1992)
6) Tsutsumi, T., Yoda, K., Sahunalu, P., Dhanmanonda, P. and Prachaiyo, B. : Shifting Cultivation (Kyma, K. and Pairintra, C. eds)., Kyoto Univ. (1983)
7) Tulaphitak, T., Pairintra, C. and Kyuma, K. : *Soil Sci. Plant Nutr.,* **31**, 239-249 (1985)
8) Wayan, S. A., Abe, T., Ando, H., Kakuda, K. and Kimura, M : S*oil Sci. Plant Nutr.,* **48**, 365-370 (2002)

索　引

ア　行

IB　136
IBOU　136
アイリス　258, 260
亜　鉛　346
亜鉛欠乏症　342
青　潮　355
赤　潮　355
アカホヤ土壌　320
秋落ち現象　125
秋基肥　302
秋　肥　299, 309
秋施肥　291
アクリソル　376
亜酸化窒素　147, 358, 366, 369
亜硝酸　56
アズキ　318
アスター　257, 259
アセトアルデヒド縮合尿素　137
アヅミン　150
アニオン　284
アパタイト　93
あまに油かす　163
アミノ酸　375
アミロース　313
アミロ値　315
アメリカ系品種　339
荒代施肥　311
アリストテレス　1
アルカリ性窒素肥料　84
アルカリ分　148
アルコール類　200
アルデヒド類　200
アルファルファ　335
アルミニウム　308
アレニウス式　188, 225
安全性　326
アンモニア　12
　──の性質　75
　──の製造　73
アンモニア化成作用　83
アンモニア系化成肥料　124
アンモニア合成工程　75
アンモニア・ソーダ併産法　81
アンモニウム態窒素　85, 360
餡粒子　318

Eh　362

硫　黄　157
硫黄華　157
硫黄酸化菌　371
硫黄酸化物　366
イオンストレス　374
育苗箱全量基肥　228
EC　249, 273
異常落葉　299
イソブチルアルデヒド縮合尿素　136
イソフラボン　318
イタリアンライグラス　336
イチゴ　243, 247, 253
　──の培養液　276
　──の養分吸収特性　288
一酸化窒素　360, 366
一リンアン　97, 97
遺伝的変異　335
稲わら堆肥　174
イ　ネ　42, 43
イネ科牧草　288
イモ類　236
インゲンマメ　318

ウィリアムス　208
浮き皮発生　300
浮き皮果　339
ウニワポリン肥　102
ウレア-Z　137, 139
ウレアーゼ　83, 147
ウレアーゼ阻害剤　362
ウレアホルム　134
ウレアホルム類似化合物　140
上積み施用　236
ウンシュウミカン　339
雲母系鉱物　196

エイド　88
栄養塩類　349
栄養管理　283
栄養診断　316, 218, 250, 326
栄養性　326
栄養特性　290, 298
液化アンモニア　75
液状窒素肥料　89
液体ケイ酸カリ肥料　118
液体微量要素複合肥料　155
液体複合肥料　118
液体副産窒素肥料　89
液体副産マンガン肥料　154
液中燃焼法　95

液肥常時供給法　280
NK化成　126
エネルギー　76
　肥料三要素の製造に必要な──　76
　肥料の製造に必要な──　76
　流通・施用に必要な──　77
エネルギー消費（コンポスト製造に必要な）　78
エネルギー量（コンポスト化に必要な）　78
エビ　198
えび状果　339
エプソム塩　149
FTE　155
塩アン　80
塩化アンモニウム　80
　──の性質　81
塩化カリ　110
塩化ジメチルジアリルアンモニウム・二酸化硫黄共重合体系資材　203
塩基性肥料　69
塩基バランス　249, 346
えんじゅかす粉末　163
塩析法　81
塩　腺　375
塩素過剰症　342
塩田法　110
塩　毛　374
塩類集積　248, 373
塩類ストレス　374
塩類土壌　373
塩類濃度障害　239

欧州環境庁　168
黄鉄鉱　372
黄リン　95
大蔵永常　10
オガクズ　200
おから堆肥　179
オキサミド　139
オストワルド　75
オゾン　369
オーチャードグラス　334
オッダ法　88
汚泥肥料　107
お礼肥　311
温室効果ガス　358
温室メロン　254
温度変換日数（DTS）　189

カ 行

貝化石　197
貝化石肥料　149
貝化石粉末　181
貝殻肥料　181
外観品質　326
回収硫酸アンモニウム　79
貝　毒　355
カイニット　109
外部品質　342
加温栽培　304
化学工場汚泥　190
化学合成緩効性肥料　70
化学肥料　6, 15, 73, 359
可給態ケイ酸量　152
可給態窒素　209
可給態リン酸　209
家きん加工くず　180
隔年結果　300, 341
隔年結果性　338
隔年交互結実栽培　300
加工苦汁カリ肥料　118
加工鉱さいリン酸肥料　153
加工ホウ素肥料　155
加工マグネシウム肥料　150
加工マンガン肥料　154
加工リン酸肥料　106
果実品質　337
果　樹　42
過剰施用　297
可食エネルギー　232
ガス分離循環法　82
化成肥料　71, 118
下層施肥　211
家畜排泄物堆肥　177
家畜ふん堆肥　250
家畜糞尿　350
活性化エネルギー　188, 189
活性係数　136
家庭園芸用複合肥料　130
カドミウム　56
カーナライト　109
カーナリタイト　109, 110
カニ殻　198
カーネーションの培養液　276
カブ　243, 247
カプロラクタム回収硫酸アンモニウム　79
ガーベラの培養液　276
カポック油かす　163
紙筒移植栽培　239
可溶性成分　62
カリウム（カリ）　49, 229, 298, 319, 345, 375
　　──の分析　65

$K/(Ca+Mg)$ 当量比　333
カリウムレナニット　108
カリ鉱石　108, 109
カリシェ　87
カリ質肥料　10, 13, 42, 108
仮登録　57
刈取り回数　292
過リン酸石灰　50, 100
カルサイト　198
カルシウム　49, 299, 345
カルシウム欠乏　338
カルシウムシアナミド　11, 84
カルシウム質肥料　148, 182
Ca/P 比　333
カルボニルサルファイド　366
簡易分析法　220
灌漑水量　375
環境管理　348
環境基準健康項目　352
環境負荷　362
環境保全型施肥　242
環境保全型農業　15, 213, 351
環境保全型輪作　235
環境保全的施肥管理　265
還元鉄法　63
緩効性窒素　236
緩効性窒素肥料　134, 293
緩効性肥料　70, 250, 357, 362
　　──の全量基肥　228
寒　肥　311
換算係数　272
乾式リン酸　95
完熟堆肥　187
カンショ　42, 43
緩衝作用　273
間接発生　361
完全循環法　82
甘草かす粉末　163
乾燥菌体肥料　163
寒地型牧草　288
含窒素ガス　366
稈　長　224
含鉄資材　201
含鉄物　182
乾土効果窒素　225
間土施肥　211
カンラン岩　102, 103
含硫ガス　366

規格品　344
聞き取り調査　214
キ　ク　257, 259
気候変動に関する政府間パネル（IPCC）　359
基準温度　189
季節生産性　293
季節変動　327, 363

キーゼライト　149
キチナーゼ栽培法　245
キチン質　198
キテナーゼ　198
ギニアグラス　336
機能性　326
キノリン重量法　64
基　肥　226, 234
キャベツ　242, 245, 330
吸引法　217
給液精度　285
救荒作物　237
吸　湿　124
吸水性ポリマー　203
吸着複合肥料　129
吸着保持材　204
旧取締法　50
牛ふん堆肥　177
牛毛くず　171
キュウリ　243, 246, 252
　　──の培養液　276
　　──の養分吸収比　287
供給熱量総合食料自給率　47
魚かす　170
局所施肥　211, 242, 356
巨　峰　303
ギルバート　9
均一灌水　285
均一施肥　285
均一な培地　285
菌密度低下　184

グアニル尿素　138
グアノ　8, 90, 181
グアノリン酸　187
グッゲンハイム法　88
苦　土　49
苦土過リン酸石灰　101, 102, 106
苦土欠乏症　342
苦土重焼リン　106
苦土質肥料　149
区分施肥法　228
ク溶性成分　62
グラジオラス　258, 260
グラステタニー　290, 333
クラスト　376
グラセライト　109
グラニュラー　111
グリオキサール縮合尿素　139
グリコールウリル　139
クリーニングクロップ　248, 357
クロトン二尿素　137
クローバー　335
クロム　56
クロラミン　273

ケイカル　150

索 引

経済的施肥反応　326
ケイ酸　49, 229, 346
ケイ酸カリ肥料　117
ケイ酸カルシウム　229
ケイ酸カルシウムさい（滓）　325
ケイ酸質肥料　150
軽焼マグネサイト　103
ケイ藻土焼成粒　196
系統流通銘柄　60
鶏ふん堆肥　178
軽量気泡コンクリート粉末　153
軽量気泡コンクリート粉末肥料　230
下水汚泥　190
下水汚泥肥料　157
ゲータイト　372
ケルセチン配糖体　337
原子吸光測定法　65
原　水　271
懸濁態リン　350
ケンタッキーブルーグラス　334
絹紡蚕蛹くず　162
原　料　73

好アンモニア性植物　308
甲殻類質肥料　171
甲殻類質肥料粉末　161
効果発現促進材　157
交換性カリウム　209
後期窒素供給　236
工芸作物　42
鉱さい　182, 201
鉱さいケイ酸質肥料　150
鉱さいマンガン質肥料　154
抗酸化能　321
幸　水　304, 305
合成アンモニア　73
合成資材　203
合成肥料　67
合成法　116
合成硫酸アンモニウム　79
鉱石精製法　116
耕地面積　24, 26, 30, 32, 32, 34, 36, 38, 40, 42
公定規格　50, 53, 157, 165, 169
公定肥料分析法　61
好適土壌構造　267
好適養分吸収比　286
硬　度　124
高度化成　14, 71, 120, 124
侯徳榜　80
坑内採鉱法　92
高粘度懸濁複合肥料　128
鉱物系資材　201
効率的施肥　344
小型反射式光度計　221
黒斑病　338
穀物自給率　29, 32, 33, 33, 35, 38, 40, 47

穀物収量　24, 28, 31, 33, 34, 37, 41
穀物生産量　23, 26, 27
固　結　125
ココピート　199
五酸化二リン　95
骨炭粉末　180
骨　灰　180
コーティング肥料　250
小寺房治郎　73
コーヒーかす　172
コーヒーかす堆肥　180
ゴボウ　244, 247
ごま油かす　163
コマツナ　330
コムギ　43, 315, 316
ゴム病　338
コ　メ　312
米ぬか　172
コルクスポット　338
コールマナイト　155
根域制限栽培　301
根圏環境　344
混合カリ質肥料　118
混合石灰質肥料　149
混合窒素質肥料　89
混合有機質肥料　164
混合微量要素複合肥料　155
混合マンガン質肥料　154
混合リン酸質肥料　107
根菜類　288
混入される肥料　157
コンポスト　16
コンポスト化　167
　　──に必要なエネルギー量　78
コンポスト製造　78
　　──に必要なエネルギー消費　78
コンポスト製品　169
根粒菌　235
根粒窒素　231

サ　行

最小養分律　3, 207
採草地　291
最大効率最少汚染農業　15, 17, 21
サイトカイニン　346
材　料　157
魚かす　170
酢酸苦土肥料　150
作条施肥　211
作付体系　294, 356
雑　穀　42
佐藤錦　307
砂漠化　370
サーモホス　102
サラダナの培養液　275
サールス湖　155

酸化還元電位　363
産業廃棄物　52
　　──に係る基準値　169
三重過リン酸石灰　100
酸性雨　365, 366
酸性雨原因ガス　368
酸性肥料　68
酸性硫酸塩土壌　371
酸素不足　348
残存窒素　239
サンプリング　61
蚕蛹油かす　162
三要素　48
三要素試験　232
残留塩素　273
シアナミド　85, 89
シアナミド法　11
シアニジン-3-ガラクトシド　337
紫外部吸光光度法　64
事業系排水　354, 355
シクロジウレア　137
嗜好性　326
ジシアンジアミド　86, 138
施設栽培　304
湿式リン酸　93
　　──の濃縮　95
シートマルチ栽培　300, 340
し尿処理施設　167
ジヒドロケルセチン　337
飼肥料作物　42
ジメチルサルファイド　366
ジメチルジサルファイド　366
ジメチルスルホニオプロピオン酸　366
シャクヤク　258, 260
煮熟硬度　319
ジャモン岩　102, 103
ジャロサイト　372
汁液診断　220
収穫時期　328
収穫時刻　328
収穫漸減の法則　6, 208
重過リン酸石灰　100, 101
重金属　165
シュウ酸　329
シュウ酸ジアミド　139
重焼リン　105
重炭酸カリ肥料　118
重炭酸濃度　273
終末処理場（下水道の）　165
集落排水処理施設　166
収量構成要素　233
縮果病　338
縮合リン酸　96
主食用穀物自給率　47
主成分　53
種皮色　318

シュプレンゲル　4,5
硝　化　360
浄化槽　166
硝化抑制剤　362
硝化抑制剤入り肥料　70
止葉期追肥　228
上限値　214
硝　酸　328
　　──の製造　75
硝酸アンモニアソーダ肥料　88
硝酸アンモニウム　87
硝酸イオン試験紙　221
硝酸塩　219,335
硝酸塩脆弱地帯　356
硝酸塩中毒　290,333
硝酸化成　360
硝酸化成作用　146
硝酸化成抑制材　123
硝酸カルシウム　88
硝酸苦土肥料　88
硝酸態窒素　335,360
硝酸態窒素濃度　350
硝酸ナトリウム　87
硝酸マグネシウム肥料　88
蒸製魚鱗およびその粉末　161
蒸製鶏骨粉　161
焼成下水汚泥肥料　107
蒸製骨　171
蒸製てい角　171
蒸製てい角粉　161
蒸製てい角骨粉　161
蒸製皮革粉　162
焼成リン肥　104
硝　石　109
消石灰　149
蒸留法　63
除　塩　248
植生・収量診断　295
植生は経年化　295
植物質肥料　67
食糧自給率　47
食糧生産　23
助　材　167,169
ショ糖　321
ジョナサンスポット　338
処方箋　216
シリカゲル　229
シリカゲル肥料　152
シリコカーノタイト　107,108
飼料価値　334
飼料作物　288
飼料品質特性　289
飼料用イネ　228
シルビット　109,110
シルビナイト　109,110
真空蒸発法　95
人　口　23,25

人口増加率　23,28,29,32,33,35,38,40,41
真珠岩　196
深層追肥　228
深層施肥　211,223
シンダーサンド　202
診断基準値　217,220,296
診断指標　219
診断・施肥勧告総合化システム　221
シンテッポウユリ　257,259
浸透圧ストレス　374
新取締法　50
人ぷん尿　181

水域環境　351
スイカ　254
水酸アパタイト　93
水酸化マグネシウム肥料　150
水質環境基準　351
水蒸気改質法　73,74
水　食　370
水生甲殻類　198
水田管理　365
水道水　271
水稲施肥法　225
水　分　61
水分ストレス　347
水溶性成分　61
水　量　273
スーダングラス　336
ステンゲル法　87
ストレス　233
スーパーフォス法　122
スーパーリン酸　96,99
スプリングフラッシュ　291
スプレーフォーメーション　345
スラグ　14
スラリー式（アンモニア系）　120
スラリー式（硝酸系）　121
スルファミン酸　56
ズン岩　103

製餡適性　318
生育適温　290
生育特性　290
生活系排水　354,355
制御技術　365
成形複合肥料　118,129,134,157
生産業者保証票　59
生石灰　149
成層圏オゾン　358
静電選鉱法　112
生物多様性　17
精密農法　229
斉民要術　6
生理的アルカリ性肥料　69
生理的酸性肥料　69

生理的中性肥料　69
生理的反応による分類　69
生理的落果　339
ゼオライト　195
積算地温　282
石綿母岩　103
石　灰　49
石灰資材　148
石灰質肥料　148
石灰処理肥料　181
石灰石　148
石灰窒素　11,12,84
石コウ　182,202
接触施肥　19,21,227
接触施肥栽培　19
施　肥　337
施肥位置　211
施肥回数　293
施肥改善　218
施肥灌水マニュアル　279
施肥管理プログラム　225
施肥基準　212,302
　　サトウキビ生産国の──　326
施肥効率　248
施肥コントロール　344
施肥時期　211
施肥窒素　301,350
施肥窒素管理　357
施肥配分方式　228
施肥倍率　248
施肥反応　290,299
施肥標準　232,233,294
施肥法　17,18
施肥マニュアル　234
施肥量　24,27,30,42
　　──の決定　212
施肥利用効率　17
ゼラニウム　259,261
セルリー　243,255
セルロース　198
漸増追肥　228
全層施肥　211
選択養分吸収　69
剪定屑堆肥　176
剪定枝堆肥　200
全面散布施肥法　211
全面全層施肥　242
全量基肥　233
全量元肥施肥法　256

そうか病　320
総合的な施肥窒素管理　357
草姿コントロール　345
草生管理　301
草生栽培　305
草生密度　292
草地診断　295

索　引

草本性植物油かす　163
草本性植物種子皮殻油かすおよびその粉末　173
草木灰　173
側条施肥　211, 223, 228
速度論的解析方法　225
粗製カリ肥料　117
組成均一化促進材　157
粗繊維含有率　290
ソーダ灰　80
粗タンパク含有率　290
速効性肥料　18, 70, 227
その他系排水　354, 355
粗皮病　338
ソルヴェー　80
ソルガム　335

タ　行

ダイオキシン　168, 170
ダイオキシン類対策特別措置法　166
代替え農業　15
大気汚染物質　366
堆きゅう肥　237
ダイコン　243, 247, 332
対策診断　214
ダイズ　43, 317
堆　肥　173
高峰譲吉　10
脱　窒　360
脱窒菌　369
脱窒作用　147
脱フツリン酸カルシウム　104
たばこくず肥料粉末　163
多肥作物　239
多硫化物アニオン　372
多量要素　48
炭酸アパタイト　93
炭酸カルシウム　197
炭酸カルシウム肥料　148
炭酸苦土肥料　150
炭酸マンガン肥料　154
湛水直播栽培　230
暖地型牧草　288
タンパク質　233, 315
タンパク含有率　316, 317
単　肥　71, 118
単肥配合　284

地域環境の汚染　349
地下水　270
　　──の硝酸汚染　362
地下部環境　346
地球温暖化　358
地球環境の汚染　349
遅効性肥料　70
地上部環境　346

チタン　56
窒　素　49, 298, 344
　　──など日施用供給＋灌水法　280
　　──の吸収利用率　210
　　──の施用形態　281
　　──の分析　63
　　──の無機化促進　205
窒素栄養診断　241
窒素過剰吸収　237
窒素過剰による蔗汁糖度の低下　323
窒素環境受容量　352
窒素吸収　230
窒素吸収量　319
窒素固定量　235
窒素酸化法　11
窒素質肥料　42
窒素収支　309
窒素浄化機能　350
窒素施肥量　27, 30, 32, 34, 36, 39, 41
窒素施用レベルと赤腐茎率　325
窒素対カリウムの施肥比　293
窒素肥沃度　236
窒素肥料　11, 73, 76, 362
窒素無機化のシミュレーション　190
窒素無機化の速度式　187
窒素無機化モデルの類型　188
窒素溶出日数と緩効率　324
チップダスト　200
チモシー　335
チャ（茶）　341
茶かす堆肥　180
着色材　157
着色遅延　300
着蕾期　344
厨芥類堆肥　178
中性肥料　69
中晩生カンキツ　340
柱房法　110
チューリップ　258, 260
長大型飼料作物　288
調理用途　319
貯蔵障害　338
貯蔵養分　298, 303, 304, 305, 306, 307
チリ硝石　8, 87
地力増進基本指針　215
地力増進法　191
地力窒素　223, 226
地力発現窒素　281

追　肥　234
通気組織　363
通気法　63
つるぼけ　237

テアニン　308, 341
低アミロコムギ　317
低アミロース米　313

低カルシウム血症　333
泥　炭　192
低タンパク質米　312, 313
低投入持続型農業　15
低品位リン鉱石　107
低マグネシウム血症　290, 333
適合溶質　375
適正施用量　297
適正窒素施肥量　240
適正範囲　214
鉄　346
鉄欠乏症　342
鉄酸化菌　371
テトラフェニルホウ酸ナトリウム重量法　65
デバルダ合金法　63
デラウェア　303
デルフィニウム　257, 260
転化反応工程　74
転換畑　235
電気伝導度　249
点　源　352
テンサイ　43, 239, 321
点滴灌水　277
点滴灌水施肥栽培　277
天然供給窒素量　301
天然肥料　67
天然物質　184, 237
デンプン　320
デンプン価　319

糖　239, 329, 375
糖アルコール　375
冬季重点施肥法　338
糖熟初期の低ブリックス　323
島しょ型リン鉱石　90
動植物系資材　197
豆　腐　317
豆腐かす乾燥肥料　163
豆腐かす堆肥　179
倒　伏　234
動物質肥料　67
動物の排せつ物　181
動物の排せつ物の燃焼灰　181
糖分取引　240
トウモロコシ　335
トウモロコシ浸漬液肥料　163
トウモロコシ胚芽　162
トウモロコシ胚芽油かす　163
特殊肥料　50, 51, 52, 157, 170
特定普通肥料　168
都市廃棄物堆肥　178
土　壌
　　──の酸性化　310
　　──の酸性中和　198
　　──の窒素無機化曲線
　　──の物理性　344

土壌改良資材　186
土壌診断　213, 214, 249, 295, 352
　　──に基づく施肥　326
土壌診断基準値　213, 214
土壌診断システム　216
土壌水分　327
土壌水分含量　361
土壌団粒形成作用　203
土壌窒素　231
土壌窒素診断　240
土壌窒素無機化パターン　224
土壌病害の軽減　205
土壌腐植区分システム　241
土壌溶液　283
土壌溶液診断　250
都道府県知事登録　57
ドベネックの要素樽　5, 15
トマト　243, 246, 252, 331
　　──の培養液　275
止葉期追肥　228
ドラッグライン　92
トリアジン系化合物　140
トリアゾン　89
ドリップチューブ　278, 285
トリポリリン酸　99
トレードオフ　365
トロナ法　11
ドロマイト　148
豚ぷん堆肥　177

ナ　行

ナイター　109
内部生産　354
内部品質　326, 342
内容成分的品質　326
内陸型リン鉱石　90
中干し　361
ナシ　338
ナス　243, 246, 253
　　──の養分吸収比　288
ナタネ油カス　190
夏肥　309
ナトリウム　374
生ごみ堆肥　178
生土容積抽出法　217
鉛　56

肉かす　170
二酸化炭素　78, 369
二重過リン酸石灰　100
二十世紀　304, 305
二水石コウ法　94
二水－半水石コウ法　94
日施用量調節窒素総量管理法　287
日施用量調節による土壌溶液窒素濃度維
　　持法　287

ニッケル　56
日数変換の考え方　189
ニトロキシル　369
ニトロフミン酸　88
煮豆　318
二メチレン三尿素　135
尿酸　140
尿素　82, 316
尿素団子　134
二硫化炭素　366
二リンアン　97
二リン酸　96, 99
二酸化炭素　366
ニンジン　244, 247, 331

根　266
熱緩衝液不溶性窒素　136
熱水結晶法　111
熱水抽出窒素　240
根の活力　344, 348
年間施肥配分　293
年間の窒素収支　356
年間養分吸収量　301

農業環境ライフサイクルアセスメント
　　349
産業廃棄物に係わる基準値　165
農業用水のケイ酸濃度　209
濃縮リン酸　96, 99
農書　6
農薬　157
農薬肥料　84
農林水産大臣登録　57
ノルウェー硝石　11, 88
ノルスクヒドロ法　122

ハ　行

排液　275
配合式　122
配合式普通化成　119
配合肥料　71, 72, 118
排出係数　361
排水処理施設　166
ハイドランジア　259, 261
培養液作成法　274
培養液処方　270
培養秘録　10
パイライト　372
パイライトさい　201
ハウスメロン　254
ハクサイ　242, 244
バーク堆肥　175, 193, 250
播種溝条施方式　230
肌肥　211
畑作物　230
鉢植リンドウ　259

鉢物栽培の用土　199
発酵かす　173
発酵乾ぷん肥料　181
発生率　361
発泡消化剤製造かす　181
バナドモリブデン酸アンモニウム法　65
花振るい　303
ハーバー　73
ハーバー・ボッシュ法　4
バーミキュライト　196
パーライト　196
ハライト　109
バラの培養液　276
春肥　299, 309
バレイショ　42, 43
ハロカーボン　369
ハワード　4
半落葉季節林　378
半減期　190
半水石コウ法　94
半水－二水石コウ法　94
販売業者保証票　59

ビウレット　83, 140
ビウレット性窒素　56
pH　273
pH調整　274
BM熔リン　103
光条件　327
肥効調節　223
肥効調節型肥料　18, 19, 134, 250, 324,
　　357
肥効率　216
菱マンガン鉱　154
比重選鉱法　111
肥飼料検査所　58
微生物学的調節　134
微生物資材　204, 206
微生物性の改善　199, 205
ヒ素　56
ビターピット　338
ビタミンC　319, 329
ヒダントイン　140
必須要素　48
ピートモス　250
1人当たり穀物生産量　45, 46
1人当たり平均穀物生産量　45
肥培管理　296
BB肥料　72, 130, 133
被覆カリ肥料　117
被覆苦土肥料　150
被覆尿素　142
被覆肥料　70, 134, 250, 357
　　──の溶出シミュレーション　143
　　──の溶出機構　142
被覆複合肥料　129, 142
微粉炭燃焼灰　182, 202

索　引

日変動　363
ひまし油かす　163
ピーマン　243,247,253
　　──の養分吸収比　288
日持ち性　343
日持ち保証　343
標準施肥量　295,297
表面施肥　211
肥沃度　237
肥料塩　272
肥料簡易鑑定法　66
肥料消費量　23,24,27
肥料成分量　214
肥料窒素　231
肥料登録　58
肥料取締法　50,53,157,164
肥料の化学的反応　68
肥料の定義　50
肥料の量制御　280
肥料分析法　61
微量要素　48,270
　　──の濃度　272
　　──の施肥　346
　　──の適量施用　281
微量要素複合肥料　155
肥料養分の吸収利用率　209
肥料利用率　225
ヒルギ　372
ビルケラン　88
品質　232,315,316
　　──の構成要素　326
　　──の多様性　327
　　──の評価　342
　　──の変動要因　327
　　──の保証　343
品種　327
品種間差　235
品種選択　335

ファウザー法　13
ファーティゲーション　277
VA菌根菌　194
風乾土壌　190
風食　370
富栄養化　350
フェノール硫酸法　64
フェノール類　200
フェラルソル　376
フェロニッケル鉱さい　103
複合液肥　127
複合肥料　60,71,72,118
副産カリ肥料　117
副産苦土肥料　150
副産植物質肥料　164
副産石灰肥料　149
副産窒素肥料　89
副産動物質肥料　164

副産複合肥料　130
副産マンガン肥料　154
副産リン酸肥料　106
副生アンモニア　73
副成分　57,68
副生硫酸アンモニウム　12,79
複分解法　114
不耕起直播栽培　230
浮上　125
腐植酸アンモニア肥料　88
腐植酸カリ肥料　117
腐植酸質資材　194
腐植酸マグネシウム肥料　150
腐植酸リン肥　106
腐植説　2
フタバガキ科　376
普通化成　71
普通過リン酸石灰　100
普通肥料　50,164
物質循環機能　351
沸石　195
フッ素アパタイト　93
ブドウ　339
部分酸化法　73,74
部分生産能率　210
浮遊選鉱　92
浮遊選鉱法　110
冬肥　299
フライアッシュ　202
フラックス　361
フルオロカーボン　369
ブルーベビー症　353
プレーナー屑　200
フレーム光度法　65
分解特性　183
粉状配合肥料　133
粉色　315,317
分施　292
分・追肥　233
ふん尿施用基準　297

米国環境保護庁　168
閉鎖性水域　353
平炉さい　201
ヘキサフルオロケイ酸　96
ヘキサメチレンテトラミン　140
ペースト肥料　128
ベタイン類　375
β-クリプトキサンチン　340
ペレニアルライグラス　334
変成アンモニア　73
変成法　113
ベントナイト　195

方解石　198
ホウ砂　155
ホウ酸塩肥料　155

ホウ酸肥料　155
報酬漸減の法則　6
豊水　305
ホウ素　49,307,346
包装容器　58
ホウ素質肥料　154
放牧草地　293
ホウレンソウ　242,328
ボカシ肥料　187
ボーキサイトさい　201
牧草　288
穂肥　311
干鰯（ほしか）　10
干魚肥料　170
干蚕蛹　172
保証成分量　55
圃場廃棄物堆肥　173
保証票　55,166,167,168,169
ボッシュ　73
ポット施肥　245
ホームユース　343
ポリアクリルアミド系資材　203
ポリエチレンイミン系資材　197
ポリビニルアルコール系資材　197
ポリフェノール　320
ポリリン酸アンモニウム　99
ホルムアルデヒド加工尿素肥料　134
ホルムアルデヒド法　63

マ　行

マカランガ　376
マグネシウム　49,299,345
マグネシウム質肥料　149
待ち肥　311
マトリックス肥料　134
マメ科牧草　288
マメ類　42,235,317
マルチング　370
マレイン酸・エチレン共重合体系資材　203
マンガン　49,346
マンガン質肥料　154
マングローブ　372

ミクレア　139
ミクロキスチン　350
実肥　311
未硝化窒素　347
水管理　364,365
水造粒化成肥料　133
水ビート　240
水ポテンシャル　374,375
蜜症状　338
ミッチェルリヒ　6,208
ミツバの培養液　275
ミネラルバランス　292

無化学肥料栽培　21
無機栄養説　3, 4, 9
無機塩　186
無機化速度定数　188
　　――の温度係数　188
無機化特性値　188
無機質肥料　67
無機態窒素濃度　361
ムギ類　42, 233
麦わら堆肥　174
無水石コウ法　95
むろ式普通化成　119

メイラード反応　319
芽出し肥　309, 311
メタン　358, 369
メタン化反応　74
メタン酸化菌　363
メタン生成菌　362, 369
メチルメルカプタン　366
メチレン二尿素　135
メチロール尿素　135
メチロール尿素重合肥料　139
メドウフェスク　334
メトヘモグロビン　333
メトヘモグロビン血症　353
メラストーマ　376
メロン　254, 331
　　――の培養液　276
　　――の養分吸収比　288
面　源　352

木酢液　200
木質系廃棄物堆肥　175
木質堆肥　200
木　炭　194
目標収量　225
目標生草収量　295
基　肥　226, 234
もみがら　199
もみがらくん炭　199
もみ殻堆肥　174
モ　モ　339

ヤ　行

焼畑農業　7, 378
野　菜　42
野菜屑堆肥　174
山型吸収タイプ　287
ヤマセ　226

有害成分　52
　　含有を許される――　56
有機汚染物質　170
有機化成　126
有機栽培　21

有機質肥料　67, 359
　　――の一般的な作用　159
　　――の総生産量　158
有機質肥料等推奨基準　165
有機態窒素量　188
有機農法　15
有機肥料　6, 15
有機物　239
　　――の循環　358
　　――の施用効果　294
　　――の分解促進　205
有機物管理　365
有効成分　53
有効積算温度法　225
有色サツマイモ　320
有用微生物の活性　205
輸入業者保証票　59
ユ　リ　258, 260

養液栽培用肥料　128
溶液循環法　83
養液土耕　277
溶　解　373
溶解結晶法　111
溶解採鉱法　110
葉　色　218
葉色診断　219, 225
熔成ケイ酸カリ肥料　117, 153
熔成ケイ酸リン肥　153
熔成微量要素複合肥料　155
熔成ホウ素肥料　155
熔成リン肥　102, 155, 227
容　積　315
養分吸収量　231, 298, 304, 305, 306, 307
養分欠如試験　223
養分の生産能率　210
養分の天然供給　208
葉面散布　235, 302, 316
葉面散布用液肥　128
羊毛くず　171
葉緑素計　219
予防診断　214
ヨーロッパ系品種　339
四リン酸五カルシウム二ナトリウム
　　107

ラ　行

ライコムギ　336
ライ麦　336
ラグ期　226
落葉果樹　337
落花生油かす　163
ラングバイナイト　109
ラングバイナイト法　114

リアルタイム栄養診断　270

リアルタイム土壌・栄養診断　278
リアルタイム土壌診断　270
リグニン苦土肥料　150
リードカナリーグラス　334
リービヒ　3, 8, 207, 237
リモートセンシング　241
硫アン　78
硫化水素　366
硫化鉄　372
粒　形　124
硫酸アンモニウム　78
硫酸カリ　113
硫酸カリマグネシウム　115
硫酸カルシウム　202, 375
硫酸還元菌　372
硫酸根　68, 284
硫酸根肥料　68
硫酸第一鉄　157
硫酸マグネシウム肥料　149
硫酸マンガン肥料　154
粒状尿素　83
粒状配合肥料　60, 130
硫青酸化物　56
粒度分布　124
流入施肥　229
良品生産　344
緑　肥　182
　　――の多面的機能　183
呂氏春秋　6
輪換田　225
リン含有率　320
リンゴ　337
リンゴ樹　301
輪　作　230
リン酸　49, 229, 298, 345
　　――の分析　64
リン酸アルミニウム　108
リン酸アルミニウム鉱　107
リン酸アンモニウム　14, 97
リン酸カリ　118
リン酸カルシウム　92
リン酸質肥料　42
　　――の減肥　324
リンドウ　257, 259, 261
冷却結晶法　111
冷水不溶性窒素　136
レタス　242, 244
レナニアリン肥　104
レナニット　105, 108
連作障害の防止　199
連続吸収タイプ　287

ロイコシアニジン　337
老朽化水田　201
ローズ　9
ローズグラス　336
露天採鉱法　92

ロングショウカル　88

欧　文

ACC　346
AIC 法　188
AM　146
AN　236
AOX　170
AS　20, 141
AS-N　20
ASU　146
ATC　146
AV　131

BASF　12, 73, 82
BB 肥料　130
BM 熔リン　103, 154
BOD　353
BPL　92
BSE　159
BUN　334

Ca/P 比　333
CAN　20, 88
CDU　69, 122, 135, 137, 138, 236
CEC　215, 249, 280
CN　236
COD　352, 353
CODEX　184
COS　366

DAP　123
DCP (可消化粗タンパク質) 含有率　290
DCS　146
Dd　146
DD 剤　263
DEHP　170
DMSP　375
DNA　49
DRIS　221
DTS　189

EC　125, 249, 273
EDTA　182

EEA　168
EEC　356
Eh　363
EU　168

FAO　184
Fns　141
Fs　141
FTE　155

GWP　358

IB　136
IBDU　136
IPCC　359, 364
IPT　95

JAS 法　184
JISZ　152

K/(Ca+Mg) 当量比　333

LAS　170
LCA　349, 355
LDW　235
LISA　15
LNG　74, 77
LP　141
LPG　74, 77

MAP　123
MBT　146
MEA　74
MEMPA　15
MQI　131

N K 化成　126
NOH　369
NP　126
NPE　170
NRC　168

OECD　349, 352
OMHP　137
OMU　137

PAH　170
PCB　170, 351
PCDD　170
pH　273
pH 調整　274
PK　126
POC-AS　20
POCCa-N　20
POC-DAP　20
POCU　20
POCU-Dd　20
POCU-N40　20
PPDA　147

RCK　141
RH　368
RN　235
RNA　49
RQ　217

SC　141
SCNK　141
SCU　141
SGN　131
S-IB　136
SL　247
SN　235
SOD　49
SPAD　220, 225
SR　141
ST　146

TDN (可消化養分総量) 含有率　290
TPL　92
TVA アンモニエーターグラニュレーター　97

UF　134, 138
UI　131
US-EPA　168

VA 菌根菌　194
VDLFUA　5

WHO　84, 350, 355

肥料の事典

2006年1月30日　初版第1刷
2009年4月20日　　第2刷

編者	尾 和 尚 人
	木 村 眞 人
	越 野 正 義
	三 枝 正 彦
	但 野 利 秋
	長 谷 川 功
	吉 羽 雅 昭
発行者	朝 倉 邦 造
発行所	株式会社 朝倉書店

東京都新宿区新小川町 6-29
郵便番号　１６２−８７０７
電　話 03（3260）0141
Ｆ Ａ Ｘ 03（3260）0180
http://www.asakura.co.jp

〈検印省略〉

© 2006〈無断複写・転載を禁ず〉

新日本印刷・渡辺製本

ISBN 978-4-254-43090-5　C 3561

Printed in Japan

植物栄養・肥料の事典編集委員会編

植物栄養・肥料の事典

43077-6 C3561　　　　Ａ５判 720頁 本体23000円

植物生理・生化学，土壌学，植物生態学，環境科学，分子生物学など幅広い分野を視野に入れ，進展いちじるしい植物栄養学および肥料学について第一線の研究者約130名により詳しくかつ平易に書かれたハンドブック。大学・試験場・研究機関などの専門研究者だけでなく周辺領域の人々や現場の技術者にも役立つ好個の待望書。〔内容〕植物の形態／根圏／元素の生理機能／吸収と移動／代謝／共生／ストレス生理／肥料／施肥／栄養診断／農産物の品質／環境／分子生物学

前九大 和田光史・滋賀県大 久馬一剛他編

土　壌　の　事　典

43050-9 C3561　　　　Ａ５判 576頁 本体22000円

土壌学の専門家だけでなく，周辺領域の人々や専門外の読者にも役立つよう，関連分野から約1800項目を選んだ五十音配列の事典。土壌物理，土壌化学，土壌生物，土壌肥沃度，土壌管理，土壌生成，土壌分類・調査，土壌環境など幅広い分野を網羅した。環境問題の中で土壌がはたす役割を重視しながら新しいテーマを積極的にとり入れた。わが国の土壌学第一線研究者約150名が執筆にあたり，用語の定義と知識がすぐわかるよう簡潔な表現で書かれている。関係者必携の事典

根の事典編集委員会編

根　の　事　典

42021-0 C3561　　　　Ａ５判 456頁 本体18000円

研究の著しい進歩によって近年その生理作用やメカニズム等が解明され，興味ある知見も多い植物の「根」について，110名の気鋭の研究者がそのすべてを網羅し解説したハンドブック。〔内容〕根のライフサイクルと根系の形成(根の形態と発育，根の屈性と伸長方向，根系の形成，根の生育とコミュニケーション)／根の多様性と環境応答(根の遺伝的変異，根と土壌環境，根と栽培管理)／根圏と根の機能(根と根圏環境，根の生理作用と機能)／根の研究方法

前森林総研 渡邊恒雄著

植 物 土 壌 病 害 の 事 典

42020-3 C3561　　　　Ｂ５判 288頁 本体12000円

植物被害の大きい主要な土壌糸状菌約80属とその病害について豊富な写真を用い詳説。〔内容〕〈総論〉土壌病害と土壌病原菌の特性／種類と病害／診断／生態的研究と諸問題／寄主植物への侵入と感染／分子生物学。〈各論〉各種病原菌(特徴，分離，分類，同定，検出，生理と生態，土壌中の活性の評価，胞子のう形成，卵胞子形成，菌核の寿命，菌の生存力，菌の接種，他)／土壌病害の生態的防除(土壌pHの矯正，湛水処理，非汚染土の局部使用，拮抗微生物の処理，他)

千葉大 本山直樹編

農　薬　学　事　典

43069-1 C3561　　　　Ａ５判 592頁 本体20000円

農薬学の最新研究成果を紹介するとともに，その作用機構，安全性，散布の実際などとくに環境という視点から専門研究者だけでなく周辺領域の人たちにも正しい理解が得られるよう解説したハンドブック。〔内容〕農薬とは／農薬の生産／農薬の研究開発／農薬のしくみ／農薬の作用機構／農薬抵抗性問題／化学農薬以外の農薬／遺伝子組換え作物／農薬の有益性／農薬の安全性／農薬中毒と治療方法／農薬と環境問題／農薬散布の実際／関連法規／わが国の主な農薬一覧／関係機関一覧

日本作物学会編

作　物　学　事　典

41023-5 C3561　　　　Ａ５判 580頁 本体20000円

作物学研究は近年著しく進展し，また環境問題，食糧問題など作物生産をとりまく状況も大きく変貌しつつある。こうした状況をふまえ，日本作物学会が総力を挙げて編集した作物学の集大成。〔内容〕総論(日本と世界の作物生産／作物の遺伝と育種，品種／作物の形態と生理生態／作物の栽培管理／作物の環境と生産／作物の品質と流通)。各論(食用作物／繊維作物／油料作物／糖料作物／嗜好料作物／香辛料作物／ゴム料作物／薬用作物／牧草／新規作物)。〔付〕作物学用語解説

上記価格（税別）は 2009 年 3 月現在